浓香型白酒工艺学

李大和 主编

中国轻工业出版社

图书在版编目（CIP）数据

浓香型白酒工艺学/李大和主编．—北京：中国轻工业出版社，2023. 11

ISBN 978-7-5184-4453-3

Ⅰ．①浓…　Ⅱ．①李…　Ⅲ．①白酒—酿造　Ⅳ．①TS262. 3

中国国家版本馆 CIP 数据核字（2023）第 103107 号

责任编辑：江　娟　　责任终审：白　洁

文字编辑：狄宇航　　责任校对：朱燕春　　封面设计：锋尚设计

策划编辑：江　娟　　责任监印：张　可　　版式设计：锋尚设计

出版发行：中国轻工业出版社（北京东长安街 6 号，邮编：100740）

印　　刷：三河市万龙印装有限公司

经　　销：各地新华书店

版　　次：2023 年 11 月第 1 版第 1 次印刷

开　　本：787×1092　1/16　印张：32. 25

字　　数：760 千字　插页：1

书　　号：ISBN 978-7-5184-4453-3　定价：120. 00 元

邮购电话：010-65241695

发行电话：010-85119835　传真：85113293

网　　址：http://www. chlip. com. cn

Email：club@ chlip. com. cn

如发现图书残缺请与我社邮购联系调换

210231K1X101ZBW

本书编委会

主　编　李大和

副主编　李国红　刘　念

编　委　林　勇　潘建军　郭　杰　李　觅

彭　奎　王超凯　余　航　蔡海燕

尚红光　倪海斌　张家旭

序

浓香型是中国白酒三大基本香型之一，产量居全国十二种香型之冠。四川是浓香型白酒主要产地，酒质优美，历届全国评酒中，川酒独具优势，深受消费者喜爱。

四川具有得天独厚的地域优势，气候温和、湿润，水质优美，土质适于建窖，有适于酿酒微生物繁衍的自然环境，有世代相传的酿酒技艺和众多优秀的技术人才，四川占尽“天时、地利、人和”。川酒具有“窖香幽雅、陈香舒适、柔和绵甜、尾净余长”的独特风格。

四川省食品发酵工业研究设计院有近八十年的历史，早在1957年，食品工业部制酒工业管理局特嘱部属四川省糖酒研究室（现四川省食品发酵工业研究设计院有限公司）等15个单位配合协作，对泸州老窖大曲酒的传统工艺进行较全面的查定和总结，陈茂椿教授牵头，通过查定写实，编写出版了《泸州老窖大曲酒》（中国轻工业出版社，1959.7）。该院数十年来，几代科研技术人员，对中国白酒，特别是浓香型白酒，进行了较深入的研究，取得了不少重大成果，发表了许多有实用价值的科研论文。

李大和是中国著名白酒专家、教授级高级工程师，从事酿酒科研与实践50余年，有丰富的经验积累，长期深入在酿酒生产第一线，足迹遍及全国各地，培养了众多的酿酒生产技术骨干，编写出版了《浓香型大曲酒生产技术》等十余部专著，发表论文100余篇。

通过近几十年的研究和发展，浓香型白酒在原料的认识和处理、微生物的研究、制曲和酿酒工艺上不断完善与创新，机械化、智能化；特别是后工序的研究，对酒体的剖析，创造了人们喜爱的不同风格、不同香型的产品。

该书主要介绍浓香型白酒酿造原辅材料、相关微生物、制曲、酿酒工艺、酿造技艺的传承与创新、人工老窖、酒的贮存、品评、酒体设计、酿酒生产设备、生产计算、酒的过滤及包装等内容。该书由李大和教授担任主编，组织该院一批富有实践经验的科技人员，查阅了大量技术文献，结合他们的科研、设计、生产实践，共同编写，是一本理论与实践相结合，较全面、系统、有较高实用价值的浓香型白酒生产专著。本书适合于从事白酒生产和研究的工人和技术人员培训、阅读，也可供相关专业科研院所参考和大专院校作专业辅助教材。

曾祖训*

2021.9.26

* 曾祖训简介：中国著名白酒专家、全国第五届评酒会专家组成员、中国食品工业协会专家委员会高级顾问、四川酒协专家委员会主任、教授级高工，1992年起享受国务院政府特殊津贴。

前　言

中国白酒是世界六大蒸馏酒之一，历史悠久，源远流长，是珍贵的民族遗产。中国白酒现有十二种香型，浓香型是三大基本香型之一，生产企业众多，数以万计，产量占全国白酒产量70%以上，深受饮者喜爱。

为总结和继承浓香型白酒的代表——泸州老窖大曲酒这份珍贵的民族遗产，1957 年10 月，食品工业部制酒工业管理局特嘱四川省糖酒研究室（现四川省食品发酵工业研究设计院有限公司）等 15 个单位配合协作，对泸州老窖大曲酒的传统工艺进行较全面的查定和总结，编写出版了《泸州老窖大曲酒》（中国轻工业出版社，1959. 7）。为了对浓香型白酒传统工艺进行更系统、科学的总结，四川省食品发酵工业研究设计院于 1981 年曾编写《浓香型大曲酒生产基本知识》讲义，作为该院举办（或承办）省内、外白酒技术培训班的教材，曾在《黑龙江发酵》（1982 年增刊）发表。此讲义在全国广为流传，深受欢迎。在上述讲义基础上，我们进行了加工、整理，写成《浓香型大曲酒生产技术》一书，由中国轻工业出版社于 1991 年 3 月出版发行。由于该书理论与实践结合、通俗易懂、内容丰富实用，读者甚众，多次重印，仍未能满足需求。后来几年，酿酒技术又有了许多重大进展，1997 年应中国轻工业出版社之约，对《浓香型大曲酒生产技术》做了重大修改、增补，内容更加丰富，实用性更强，作为该书第二版出版发行，至今已有 20 余年。

近 20 年来，浓香型白酒生产技术，在传承的基础上，又有许多发展、创新。为了配合现代职业教育体系，培养更多高素质技术技能人才、能工巧匠、大国工匠，也给企业职工提供一本更系统、全面、实用的培训教材，特编写《浓香型白酒工艺学》，全面、系统介绍此酒的历史、现状和生产技术，此书也可作为白酒行业的科研院所、大专院校相关人员重要参考资料。此书的出版，是酿酒科技工作者的心愿，为“十四五”期间白酒行业的发展尽绵薄之力。

本书共分十五章，由我国著名酿酒专家李大和教授级高级工程师任主编，策划各章节并审核、统稿。第一章、第六章由李大和编写，第二章、第三章由李觅编写，第四章、第五章由李国红、林勇、刘念、尚红光、张家旭编写，第七章、第八章由王超凯编写，第九章至第十一章由潘建军编写，第十二章、第十四章、第十五章由彭奎、郭杰、余航编写，第十三章及各章中的分析检测由蔡海燕负责编写，附录由倪海斌收集整理。

本书的编写出版，得到白酒泰斗、90 岁高龄的曾祖训老先生的大力支持，并乐意作序。承蒙四川省食品发酵工业研究设计院有限公司、中国轻工业酿酒工程及应用重点实验室、中国轻工业白酒智能制造工程技术研究中心、国家固态酿造工程技术研究中心分中心、酿酒生物技术及应用四川省重点实验室、国家职业技能鉴定所（川—131）、四川省高技能人才培训基地、成都市温江区老科协等单位的支持和帮助，在此一并致谢。

由于我们的水平和时间所限，收集资料也不够全面，书中错误和不足之处在所难免，恳请专家和读者指正。

编委会

2021 年 9 月 29 日于成都温江

目　录

第一章　绪　论

第一节　浓香型白酒简介

以粮谷为原料，采用浓香大曲为糖化发酵剂，经传统泥窖固态发酵、蒸馏、陈酿、勾调而成的，不直接或间接添加食用酒精及非白酒发酵产生的呈香呈味物质的白酒，谓之浓香型白酒，又称泸型白酒（GB/T 10781. 1—2021）。自全国第一届评酒会后，把泸州老窖特曲作为浓香型白酒的典型代表。该酒窖香浓郁，绵软甘洌，香味谐调，尾净余长。这体现了整个浓香型白酒的酒体特征。

中国白酒是世界六大蒸馏酒之一，历史悠久，源远流长，是珍贵的民族遗产。中国白酒现有十二种香型，浓香型是三大基本香型之一。浓香型白酒生产企业众多，数以万计，产量占全国白酒产量 70%以上，深受饮者喜爱。

中华人民共和国成立后，共进行了五次全国评酒会，浓香型白酒在国家名酒中都占有重要地位。1952 年第一届全国评酒会，泸州老窖特曲被评为四大名白酒之一；1963 年第二届全国评酒会，浓香型白酒五粮液、泸州老窖特曲、全兴大曲、古井贡酒为八大名白酒之四种；1979 年第三届全国评酒会，浓香型白酒五粮液、剑南春、古井贡酒、洋河大曲、泸州老窖特曲为八大名白酒之五种；1984 年第四届全国评酒会，浓香型白酒五粮液、洋河大曲、剑南春、古井贡酒、泸州老窖特曲、全兴大曲、双沟大曲为十三大名白酒之七种；1989 年第五届全国评酒会，浓香型白酒除上届七种之外，还新增宋河粮液和沱牌曲酒，共九种。浓香型国家名酒，一届比一届多。

一、 中国蒸馏酒传统酿造技艺特色

（一）自然制曲

中国蒸馏酒传统使用的糖化发酵剂是大曲和小曲，均采用自然接种，使用的原料是小麦、大麦、豌豆、大米（米饭）、黄豆等，有的还添加中草药，尽管使用的原料不尽相同，但都是网罗空气、工具、场地、水中的微生物在不同的培养基上富集，盛衰交替，优胜劣汰，最终保留着特有的微生物群体，包括霉菌、细菌和酵母菌等，对淀粉质原料的糖化发酵和香味成分的形成，起着十分关键的作用。由于制作工艺，特别是培菌温度的差异，对曲中微生物的种类、数量及比例关系，起着决定性的作用，造成各种香型白

酒微量成分的不同和风格的差异，使中国蒸馏酒具有丰富多彩、独具特色的风味。

大曲培菌中，又分高温曲、偏高中温曲、中温曲、低温曲等，造就了白酒三大基本香型及以其为基础演变的多种香型，曲起着重要的作用。

（二）采用间歇式、开放式生产，并用多菌种混合发酵

中国蒸馏酒主要采用传统的固态发酵法生产，主要是手工操作，生产的主要环节除从原料蒸煮起到灭菌作用外，其他过程都是开放式的操作，种类和数量繁多的微生物，通过空气、水、工具、场地等渠道，进入酒醅，与曲中的微生物一同参与发酵，产生出丰富的芳香成分。

（三）采用配糟、双边发酵

中国蒸馏酒生产大多采用配糟来调节酒醅的淀粉浓度，酸度，浓香型白酒使用“万年糟”，更有利于芳香物质的积累和形成。固态法酿酒，采用低温蒸煮、低温糖化发酵，而且糖化与发酵同时进行（即双边发酵），有利于多种微生物共酵和酶的共同作用，使微量成分更加丰富多彩。

（四）独特的发酵设备

中国蒸馏酒的发酵设备与其他蒸馏酒比较，差异甚大，十分独特。发酵设备对白酒香型的形成做出重要贡献。酱香型白酒发酵窖池是条石砌壁、黄泥作底，有利于酱香和窖底香物质的形成；清香型白酒采用地缸发酵，减少杂菌污染，利于“一清到底”；浓香型白酒是泥窖发酵，利于已酸菌等窖泥功能菌的栖息和繁衍，对“窖香”的形成十分关键。这些设备为中国白酒三大基本香型风格的形成提供了基础条件。

（五）绝无仅有的酿造工艺

中国蒸馏酒以茅台、泸州老窖、汾酒等为代表，都是珍贵的民族遗产，千百年来，世代相传，积累了丰富的经验，因地制宜采用了不同的酿造工艺，创造了多种香型的白酒。酱香型白酒以高粱为原料，采用高温制曲、高温堆积、高温发酵、高温馏酒、发酵周期长、贮存期长的“四高二长”工艺；清香型白酒采用清蒸二次清、高温润糁、低温发酵的“一清到底”工艺；浓香型白酒则是以单粮或多粮为原料，采用混蒸混烧、百年老窖、万年糟、发酵期长的工艺。这些独特的工艺酿造出丰富多彩的中国蒸馏酒。

（六）固态甑桶蒸馏

中国白酒传统上采用固态发酵、固态蒸馏，采用独创的甑桶蒸馏设备。白酒蒸馏甑桶呈花盆状，虽然它的形状结构极其简单，但其机理至今尚未解决清楚。有人认为，甑桶是一个无数层的填料塔（可能是从酒精蒸馏的角度考虑）。在蒸馏过程中，甑桶内的糟醅发生着一系列极其复杂的理化变化，酒、汽进行激烈的热交换，起着蒸发、浓缩、分离的作用。固态发酵酒醅中成分相当复杂，除含水和酒精外，酸、酯、醇、醛、酮等芳香成分众多，沸点高低悬殊。通过独特的甑桶蒸馏，使酒精成分得到浓缩，并馏出微量芳香组分，使中国蒸馏酒具有独特的香和味。

由于中国蒸馏酒沿用千百年来的传统工艺、操作、设备，使中国白酒在世界酒林中独树一帜，充分显示了中国酿酒技艺源远流长，是中华民族珍贵的遗产。

二、 浓香型白酒酿造的基本特点

浓香型白酒酿造的基本特点，可归纳为几句话，即以高粱等为制酒原料，优质小麦、大麦、豌豆混合配料，培制高、中、低温大曲，泥窖固态发酵，采用续糟（或楂）配料，混蒸混烧，量质接酒，原度酒贮存，精心勾兑。最能体现浓香型白酒酿造工艺特点而有别于其他诸种香型白酒工艺特点的三句话则是“泥窖固态发酵，续糟配料，混蒸混烧”。现做如下简要阐述：

泥窖，用泥料制作的窖池。窖池与缸、桶功能一样，是一种发酵设备，仅作为蓄积糟醅进行发酵的容器。浓香型白酒中各种风味物质多与窖泥相关，故泥窖固态发酵是其酿造工艺特点之一。

在各种类型、不同香型的白酒生产中，配料方法不尽相同，而浓香型白酒生产在工艺上，则采取续糟配料。所谓续糟配料，就是在原出窖糟醅中，按每一甑投入一定数量的酿酒原料高粱（或多粮）与一定数量的填充辅料稻壳拌和均匀进行蒸煮。每轮发酵结束均如此操作。这样一个窖池的发酵糟醅，连续不断，周而复始，一边添入新料，同时排出部分旧料。如此循环不断使用的糟醅，在浓香型白酒生产中人们习惯称它为“万年糟”。这样的配料方法，又是其特点之二。

所谓混蒸混烧，是指在将要进行蒸馏取酒的糟醅中按比例加入原料、辅料，通过人工操作上甑将物料装入甑桶，调整好火力，做到首先缓火蒸馏取酒，然后加大火力进一步糊化酿酒原料，在同一蒸馏甑桶内，采取先以取酒为主，后以蒸粮为主的工艺方法，这是浓香型白酒酿造工艺特点之三。

浓香型白酒生产从酿酒原料淀粉等物质到乙醇等成分的生成，均是在多种微生物及酶的共同参与、作用下，经过极其复杂的糖化、发酵过程而完成的。依据淀粉成糖，糖成酒的基本原理，以及固态法酿造特点可把整个糖化发酵过程划分为三个阶段，见表1-1。

表1-1　　浓香型白酒的三个不同发酵期

主发酵期	生酸期	产香味期
淀粉→糖→酒精（边糖化、边发酵），温度缓慢上升，产生二氧化碳	乳酸、乙酸大量生成，温度稳定	酯类生成，尤其是己酸乙酯、乙酸乙酯、乳酸乙酯生成及其他风味物质产生；温度下降，趋于稳定

三、 川酒的特色和优势

“川酒云烟”，脍炙人口。川酒历史悠久，地域特点明显，酿酒技艺世代相传并创新和发展，四川是中国浓香型白酒的发源地。第五届全国评酒会评出的17个名白酒中，浓香型白酒占9个，川酒就占5个。“泸型”酒是“浓香型”白酒的早期称谓。近半个世纪，川酒的查定总结和科学研究推动了全国浓香型白酒的发展和技术进步。以下从地域优势、传统技艺、风味特色和推动行业技术进步诸方面，做简要的介绍，以增加人们对川酒的认识。

（一）浓香正宗

川酒历史源远流长，浓香型白酒起源于何时，未见确实证据报道，不敢妄言。据《四川名酒史志丛书》载：在泸州酒史上，宋代之所以是一个相当重要的时期，还在于当时泸州人已经掌握了烧酒制法。《宋史·食货志》载："太平兴国七年，罢（榷酤之制），仍旧（由官府）卖曲。自是，唯夔、达、开、施、泸（今泸州市）、黔、涪、黎、威州、梁山、云安军不禁（民间酿酒）。自春至秋，酤成即鬻，谓之小酒，自五钱至三十钱，有二十六等；腊酿蒸鬻，侯夏而出，谓之大酒，自八钱至四十三钱，有二十三等。凡酿用秫、糯、粟、黍、麦等及曲法曲式，皆从水土所宜。"也就是说，宋太宗太平兴国七年（公元983年）以来，四川境内的奉节、泸州等地已经出现了"小酒"和"大酒"，酿造工艺有了引人注目的变化。所谓"小酒"，是指"自春至秋，酤成即鬻"的"米酒"。这种酒，当年酿制无需贮存，所用原料为"酒米"（即糯米）。这就是四川民间广泛流传自酿的"醪糟"。所谓"大酒"，就是一种蒸馏酒。从《宋史》的记载可知，大酒是经腊月下料、采用蒸馏工艺、从糊化后发酵的高粱酒糟中烤制出来的酒。而且，经过"酿""蒸"出来的新酒，还要贮存半年，待其自然醇化老熟，方可出售，即"侯夏而出"。这种"大酒"，在原料选用、工艺操作、发酵方式以及酒的品质等方面，都已与今天泸州酿造的浓香型白酒非常接近。

1996年12月，中华人民共和国国务院在我国历史上第一次把一群古老的酿酒发酵地——泸州老窖窖池，列为全国重点文物保护单位，四口始建于明代万历年间（公元1573年）的老窖窖池，历400余载寒暑而完好无损。国务院文物专家委员会呈国务院报批的鉴定书中写到："泸州老窖特曲（大曲）老窖池，是我国保存最好、持续使用时间最长的酒窖池。其生产仍保持了传统工艺，以粮糟拌曲在该窖池发酵烤出的酒，酒质特好，成为中国浓香型大曲酒的发源地，具有很高的历史价值和科学价值，属文物保护单位中的缺类"。

宜宾五粮液酒厂城区车间，拥有众多老窖，是该厂前身"利川永""长发升""德盛福""张万和"等作坊遗留下来的古老窖池。坐落在宜宾市顺河街、长春街之间的五粮液酒厂顺字小组，具有典型明代建筑风格的"长发升"作坊，古朴、典雅的明初的画栋雕梁，古老的土灶、天锅、木甑、石碾、石磨等遗留下来。"六百年窖池活性窖泥"作为故宫博物院永久收藏，充分展示出川酒的悠久历史，五粮液优美酒质的由来。这种老窖，只要用手指在窖泥上摸一下，沾在手上的微量窖泥，就会散发扑鼻醉人的浓郁芳香，经久不散。

古城蜀都，人杰地灵。千百年来，文人墨客对成都酒的诗词歌赋多有妙句。蒸馏酒在成都何时出现，是川酒人和白酒行业十分关注的。据《全兴大曲酒史话》载：最能反映成都古代酒业发展程度的记载，要数在成都地区大量出土的东汉画像砖。其中"酿酒""酒肆""宴饮"等画像砖，不仅是反映当时绘画、雕刻等艺术的宝贵文物，同时也是研究成都酒文化史的宝贵资料。从第一块汉砖（《酿酒图》，图1-1），可清楚地看到，当时成都酿酒生产已趋于完备和系统，出现了生产流程中的分工和配合，画面上左手扶着酿缸上大圆锅的妇人，右手正在搅动着锅内的冷却水，这个圆锅，酒厂俗称"天锅"；缸右的那位男子的任务是烧火为缸加温，酒槽左端的那位男子则神情专注地观察接酒的过程，并把握接酒的质量。槽前那三根正对着尖底酒坛的椭圆小口的管子，就是用以接酒的“明流子”（牛尾巴）。冷却槽前并列着三只小酒坛，用以承接不同质量的酒。画面下方肩挑两桶的当是糟坊中负责供水的人员。除了生产人员外，那画面上方还有一人正推着独轮车（鸡公车）往外送酒，他是糟坊中负责运输和推销的能手。

图 1-1　酿酒图

第二块汉砖（《酒肆图》，图 1-2）向人们展现了当时酒的贸易场景：铺面临街，酒坛累累，柜台内站着酒店的主人，他正在应酬台前沽酒的客人。左上方另有两位饮客正朝酒店缓缓踱来。左下方那辆鸡公车，则与《酿酒图》相呼应，俨然是从后面作坊运酒出来，显示出当时成都酒坊“前店后坊”的真实写照。这两块画砖描述的酿酒与卖酒，从后来发掘的“水井坊”遗址，得到充分的佐证。

图 1-2　酒肆图

水井坊位于成都老东门大桥外，一直是全兴大曲的生产场地，是一座元、明、清三代川酒老烧坊的遗址，2000 年被国家文物局评为 1999 年度全国十大考古发现之一。此遗址 2001 年 6 月由国务院公布为全国重点文物保护单位，以后又被载入世界吉尼斯之最，“世界上最古老的酿酒作坊”。显示出元、明、清古窖群，有明、清和现代三个晾堂。独特的斗檐房顶有利于摊晾时蒸汽散发。有酒窖 8 口，炉灶 4 座，灰坑 4 个，并出土大量的陶瓷酒具和用具。水井坊是一处前店后坊的综合经营场所，集生产和销售为一体。国内外著名专家、学者对水井街酒坊遗址考古成果和重要价值予以高度评价：水井街酒坊遗址是我国目前首例经科学发掘的古代白酒酿造作坊遗址。上溯明代，下至当今，连续五、六百年未断生产，堪称中国白酒第一坊，是一部无字史书。水井街酒坊遗址发掘填补了我国酒坊遗迹专题的考古发掘空白。

绵竹剑南春“天益老号酒坊”遗址是继成都“水井坊遗址”和江西“李渡烧酒作坊遗址”之后，我国发现的又一处大型酒坊遗址，其生产规模之大、工艺要素之完整、保存之完整在全国均属罕见。获 2004 年“全国十大考古新发现”。2005 年被国务院列为“全国重点文物保护单位”。

据《剑南春史话》载：从金、元到清代康熙年间，是绵竹酒的重要发展阶段。拥有“烧春”“蜜酒”“鹅黄”的绵竹酒，数百年中经历了酿酒技艺的变化，到清代康熙年间，绵竹人在原有白酒的基础上酿造出“剑南春”的前身——绵竹大曲。绵竹大曲又称“清露大曲”。《绵竹县志》载：“大曲酒，邑特产。味醇香，色洁白，状若清露”。绵竹大曲的出现，使绵竹境内相继开办了成百家曲酒作坊，以“朱、杨、白、赵”四姓酿酒之家为代表，尤以“朱天益作坊”驰名。“天益老号”酒坊遗址位于绵竹市棋盘街传统酿酒街坊区，分布范围北起春溢街口，南至王麻巷口，南北长 260m，东西宽 240m，分布面积约 $62000m^2$。从遗址发掘中清理出一大批和白酒酿造工艺有关的遗迹，光是酒窖就分为 7 组 26 口，大的酒窖有 2m 深，窖底的黄泥已变成灰白，千年的酒香仿佛穿越时空扑鼻而来。除了酒窖，包括水井、炉灶、晾堂、水沟、池子、蒸馏设备、粮仓和墙基一应俱全，展现了从原料浸泡、蒸煮、发酵再到蒸馏的酿酒全过程。而且古代街坊酒肆布局规模也生动地展现出来。在“天益老号”遗址考古发掘中，考古专家发现南齐纪年砖一块，砖长 31cm，宽 19m，厚 5.5cm，色青灰，基本完整，中部有竖行铭文“永明五年”四字，同时还出土了青釉盘口壶一件，完好，是东晋时期酒具。这一发掘报告明确称：天益老号作坊的地下酿酒窖池建造年代不晚于南齐永明五年（481 年），距今已有 1500 多年。

沱牌曲酒的所在地射洪县，与四川省其他名酒一样，酿酒历史悠久。唐代即有“射洪春酒”。宋代，射洪、通泉二县春酒酿制业兴盛，酢坊二百余家。太平兴国年间，春酒作坊改进传统工艺，用多种谷物混合酿酒，采取“腊酿蒸鬻，倾夏而出”，酿成“大酒”。与泸州当时酿酒相似。明嘉靖四十至四十一年（1561—1562 年），射洪县人谢东山（嘉靖二十年进士，历任兵部主事，右佥都御史）利用其家居古涌泉郡故城涌泉山下（今太和镇城南谢家坝），“山林茂密，涵濡水源，有泉甚旺，注入涪江”的自然条件，在家中自设酢坊，躬身实验。在继承发扬古遗六法的基础上，将“易酒法”应用于“春酒”酿造，形成固态发酵、固态蒸馏技术独特的“谢酒”酿造工艺。沱牌曲酒继承“谢酒”传统技艺，创新发展。

通过上述史料的简述，可见川酒悠久的历史，不愧为浓香型酒的鼻祖，值得川酒人为之自豪。

（二）地域特色

1. 四川就是一口天然的酿酒发酵池

“如果要研究中国白酒，比研究原子弹制造还复杂。但不管多复杂，酿造中国白酒，天然菌群、水质、土质、气候、技艺、粮食、历史以来形成的口感及酿造技艺等元素，是具有决定意义的天然条件。”在四川沱牌舍得集团从事酿酒数十年，终生观其色、择其型、闻其香、尝其味的中国酿酒大师李家民认为，中国白酒是大自然恩赐给中国人的美味，自然界是有条件的，不是说想在哪里生产就能在哪里生产，想怎么生产就能怎么生产的。一个品牌的出现，需要条件，一个品牌的生存，需要历史和文化的积淀与传承。

四川巨大的盆地，整体形状就是大自然留给人间的一口天然酿酒发酵池。四川白酒以四川原产地糯红高粱、软质小麦为酿酒原料，以金色纯黏性黄泥筑窖发酵，通过高温蒸馏技术萃取“酯香、窖香、糟香、粮香、曲香、陈香、柔香”，将四川独特的水质、土壤、气候、空气“山水灵气”融为一体的玉液琼浆，是以四川积习达数万年的偏辛、香、甜、麻、酸、辣复杂饮食口味为酒体风格的中国美味。

四川盆地位于中国西南腹地，地处长江上游，东西长 1075km，南北宽 921km。深处内陆，没有海洋气候，季风影响不大。整个盆地，西依青藏高原和横断山脉，北近秦岭，与黄土高原相望，东接湘鄂西山地，南连云贵高原，盆地北缘米仓山，南缘大娄山，东缘巫山，西缘邛崃山，西北边缘为龙门山，东北边缘为大巴山，西南边缘为大凉山，东南边缘相望于武陵山，四周高山环绕，把四川拱卫成了一口巨大的酿酒发酵池，拥有了这样得天独厚的条件。

（1）微生物菌群极为丰富、稳定　四川地处内陆，又是四周高山环绕的盆地，把季风等重大自然风力挡在了山外。就这样，四川与同纬度地区相比，年平均温度明显偏高，尤其冬季，由于冷空气受北方秦岭大巴山阻挡，四川盆地冬季平均温度比长江中下游地区高很多，与广东北部相当。年积温比同纬度高，无霜期也较同纬度地区长。封闭的盆地，四周山区东南部相对较低有利于水汽进入，西北部山区相对较高不利于水汽的散失，导致空气湿度高，多阴雨天气，多雾，是我国年日照时间最少的地区。就这样，成就了四川常年浓雾紧锁、闷热的温湿润气候，非常利于酿酒微生物繁殖。

（2）植被丰茂　四川盆地中植物近万种，古老而特有，物种之多为中国其他地区所不及。在盆地边缘山地及盆东平行岭谷尚可见水杉、银杉、鹅掌楸、檫木、三尖杉、珙桐、水青树、连香树、领春木、金钱槭、蜡梅、杜仲、红豆杉、钟萼木、福建柏、穗花杉、崖柏、木瓜红等珍稀孑遗植物及特有品种。在湿热河谷可见桫椤、小羽桫椤、乌毛蕨、华南紫萁、里白等古热带孑遗植物。

（3）水质优良　四川盆地从四周高山渗透下来的泉水，是最纯净的天然矿泉水，境内长江及无数江河均是上游河段，汇聚中国西部 156 万 km^2 的纯净水源，经千里沃野过滤汇聚在四川盆地内，再经四川盆地紫色沙壤沉淀，成就为优质井水，硬度适宜，能促进酵母的生长和繁殖；水质清冽甘甜，呈弱酸性，利于糖化和发酵；富含锶、钡、锌、磷、钾等矿物质，口感柔和甘爽，醇香浓郁，煮沸后不起垢，成就了川酒千年玉液琼浆的天生丽质血液。

（4）土壤肥沃　四川盆地四周的高山主要由紫红色砂岩和页岩组成，这些岩石极易风化发育成紫色土。这些紫色土富含丰富的钙、磷、钾等营养元素，是中国最肥沃的自然土壤。四周高山上的土壤，随着长年累月的雨水冲刷，积淀到盆地中，就形成了四川盆地营养物质最丰富、有机质含量最高的肥沃土壤，筑窖酿酒，酒体所吸收的营养物质，是中国乃至全世界任何地区都不具备的健康酒质和口感风味。

（5）最优质的粮源　酿酒，粮食是其优异品质的源头。四川农业素有精耕细作的传统，形成了夏收作物、秋收作物、晚秋作物一年三季的耕作制度。常年农作物种植面积 14500~15000 万亩（1 亩 = 666.67m^2，下同），其中粮食作物 10000 万亩左右。粮食作物中水稻、玉米、糯红高粱、软质小麦等种植优势明显，特别是其中的糯红高粱、软质小麦，投入酿酒，特醇特香，是中国酿酒的第一优质原粮。

（6）最精湛的酿造技艺　四川盆地四周高、中间低，在亚热带季风气候作用下，湿气较重。人们生活为了除湿的需要，就必须以麻、辣、酸、辛味食品为主。同时，四川又是一个多民族聚居地，有汉、满、苗、彝、藏、羌、回、蒙古、土家、傈僳、纳西、布依、白、壮、傣等55个民族，在中华56个民族大家庭中，四川就占了55个席位。四川55个民族不同的酿酒技艺，在盆地内不同地区，一代代人凭借口传心授的梅瓣碎粮、打梗摊晾、回马上甑、看花摘酒、手捻酒液等有如中国功夫一样独具魅力的传统技艺被完整保留下来。随着科技的发展，渐渐进入分层蒸馏、加回减糠、低温入窖、尝评勾调、原酒洞藏等技艺科学改良，更将质量与品味推向中国顶级白酒新高度。

就这样，四川酿酒拥有了独具优势的气候、环境、光热、积温、水质、土壤、微生物菌群、传统酿造技艺等独一无二的核心竞争力，在全世界范围内不可复制。

李家民认为，四川从总体来看，是一口巨大的酿酒天然发酵池。盆地介于东经97°21′~108°33′和北纬26°03′~34°19′之间，拥有跨度相对较大的经纬度分割，经纬度不同，其自然气候、水热条件、自然植被、生态环境就自然不同了。

同时，进入四川境内，其地形地貌又极为复杂。四川位于中国大陆地势三大阶梯中的第一级和第二级，即处于第一级青藏高原和第二级长江中下游平原的过渡带，高低悬殊，西高东低的特点特别明显。西部为高原、山地，海拔多在3000m以上；东部为盆地、丘陵，海拔多在500~2000m。全省可分为四川盆地、川西高山高原区、川西北丘状高原山地区、川西南山地区、米仓山大巴山中山区五大部分。

川西高原为青藏高原东南缘和横断山脉的一部分，地面海拔4000~4500m，分为川西北高原和川西山地两部分。川西高原与成都平原的分界线便是今雅安的邛崃山脉，山脉以西便是川西高原。川西北高原地势由西向东倾斜，分为丘状高原和高平原。丘谷相间，谷宽丘圆，排列稀疏，广布沼泽。川西山地西北高、东南低。根据切割深浅可分为高山原和高山峡谷区。川西高原上群山争雄、江河奔流，长江的源头及主要支流在这里孕育着古老与神秘的文明。

就这样，经不同经纬度分割和不同地形地貌的区隔，四川这口天然“发酵池”内就又有了不同的小环境“发酵池”：东部冬暖、春旱、夏热、秋雨、多云雾、少日照、生长季长，日温≥10℃的持续期240~280d，积温达到4000~6000℃，气温日较差小，年较差大，冬暖夏热，无霜期230~340d。盆地云量多，晴天少，雨量充沛，年降水量达1000~1200mm；西部海拔高差大，气候立体变化明显，从河谷到山脊依次出现亚热带、暖温带、中温带、寒温带、亚寒带、寒带和永冻带，总体上以寒温带气候为主，河谷干暖，山地冷湿，冬寒夏凉，水热不足，年均温度在4~12℃，年降水量500~900mm；川西南为山地亚热带半湿润气候区，其河谷地区受焚风影响形成典型的干热河谷气候，山地形成显著的立体气候，天气晴朗，日照充足，日照时间长，年日照多为2000~2600h，气候垂直变化大。

就这样，四川酿酒总体上虽然是“辛、香、甜、麻、酸、辣”众味平衡的最佳饮品，但在川酒这口大窖池内的不同的区位“窖池中”进行着第二次、第三次以致第 n 次发酵，生成的口感口味，酒体风格，又灿若星辰了。

四川这口天然发酵池，川菜、白酒、豆瓣、豆油、醋、料酒等，都是集色、香、味于一体的中国美味。就这样，四川盆地55个民族绽放出来的五粮液、泸州老窖、剑南春、郎酒、沱牌、全兴六朵金花，都是四川集大成于一体，由四川这口大窖池内不同的区位“窖池”中，经长期发酵、精心酿制而成的不同口感口味，大自然赐给人类的美味极品。

川酒独特的魅力与四川的气候、水土、生态环境紧密联系，不可复制。近一二十年，北方有些厂为了发展和提高自身的酒质，不惜花重金不远万里从四川将曲药、窖泥、酒糟、黄水等运往北方，建窖投产，还聘请了四川的酒师亲临督导。因投产时主要物料来自四川，头几排酒尚带“川酒”味，但一排不如一排，老师傅无计可施。这是气候、水土、微生物菌群的差异，非人力所能及。北方一些著名企业在半个世纪前就已派人员到四川取经，川酒人毫无保留传授技艺，返回后经多方努力，结合本地实际，创新发展，使酒质大大提高，但风格各异。

2. 气候温和湿润适于酿酒微生物繁衍

“天府之国”地处中纬度地带，属于亚热带季风气候，空气温和湿润，日照量少。许多北方人到四川都感觉很不适应，冬天、春天很难见到太阳。长年温差不大，极适于酿酒微生物繁衍，四川制的大曲，皮薄、菌丝分布均匀，有益微生物种类繁多数量充足，曲香扑鼻，为生产浓香型优质酒提供足够的“动力”。由于气候温和湿润，窖泥保水良好，不会出现北方常见的“缺水、老化”现象，为浓香型白酒生产提供良好的基础。

3. 地产原料适于酿酒

四川隆昌、泸州、宜宾等地盛产优质糯高粱（红粮）。当地产的糯高粱，颗粒饱满，淀粉含量高，且几乎全是支链淀粉，吸水性强，易于糊化，出酒率和酒质远超过粳高粱。川南一带产的软质小麦，适于制曲，加之得天独厚的自然条件和传统的制曲技艺，“平板曲”和“包包曲”各有特色，但外表都有颜色一致的白色斑点或菌丝，皮张薄，断面像猪油色，并有黄、红斑点，具特殊的曲香。

“水是酒的血”，四川水质优良。以泸州龙泉井水为例：无色透明，微甜，呈微酸性，矿物质含量适宜，有利于酿酒微生物的生长繁殖。宜宾、绵竹、沱牌、水井坊历史上都用泉水酿酒，以至酒质优美。

4. 优质黄泥与百年老窖

1996年，国家文物局古建筑专家组组长罗哲文教授在考察泸州老窖时说：“如今发现一样设备，别的设备越老越没用，唯有这种设备越古老越好，这就是具有400余年历史的泸州大曲酒老窖池，它继承了几千年来酿酒工艺的精华和奇妙的酿制技巧。泸州老窖池精选了城外五渡溪优质黄泥和凤凰山下龙泉水掺和踩揉建成，其酒窖历经数百年连续酿酒，已成为独有的富含各类有益微生物的庞大体系。窖池越老，有益微生物越多，泥窖连续投入时间越长，窖池中栖息的微生物越丰富，其生命活动代谢所产生的复合窖香气就越浓郁，酿糟发酵产酒，酒质就特好，成了中国浓香型白酒的发源之地”。

泸州老窖窖池用黄泥砌筑而成，经成千上万次循环往复的装糟发酵，在曲药微生物及其他自然力的作用下，黄泥逐渐变得面目全非。新窖使用七、八个月后，泥色由黄变乌；用上两年，变成灰白色，泥质由绵软变得脆硬，酒质便随窖龄增长而提高。30年窖龄的酒窖，窖泥一片乌黑，泥质重新变软，脆度增强（无黏性），并出现红绿等颜色，开始产生一种浓郁的香味，初步形成了“老窖”。

四川浓香型发酵酒窖还有一个重要的特点是长期得到“黄水”的浸润，为窖泥微生物提供足够的养分，加之发酵起落和开窖蒸酒及封窖发酵等原因，形成窖内压力和含氧量的变化，酒糟中的养分和曲药、空气、环境中的微生物及其代谢产物，不断通过黄水进入泥中，而窖泥中的独特微生物菌群及其代谢产物，又不断进入糟中，暗自生香，默默奉献，实现窖泥自身的新陈代谢。这种代谢，400余年从未间断，使窖泥充盈着生命力旺盛的微生物，并形成特殊的生态体系。

白酒泰斗周恒刚先生到四川考察后感叹：四川生产浓香型白酒占尽天时、地利、人和。天时，是指得天独厚的自然条件；地利，是指优质酸性黄泥建造的百年老窖和保窖养糟的黄水；人和，是指传统的酿酒技艺和川酒人的团结奋进。周老的话，是对川酒地域特色的高度概括。

5. 精湛的酿酒传统技艺

四川浓香型白酒采用传统固态混蒸续糟发酵法酿制。酿酒原料（高粱或多粮）经粉碎，与母糟拌和润料，加熟糠拌匀后装甑，蒸酒蒸粮同时进行，缓火流酒，量质摘酒，大火蒸粮，出糟粮糟打量水，摊晾下曲，入窖密封发酵，出窖滴窖。如此循环往复。泸州老窖酒厂所形成的浓香型大曲酒生产工艺，在全国是最早的范例，被列为国家非物质文化遗产。早在1953年，东北、西北和川内各大酒厂便派出代表，前往泸州酒厂参观学习、访问取经。1957年10月国务院指示要“提高名酒质量”，食品工业部委托四川省轻工厅、四川省酒类专卖局、四川糖酒研究室及宜宾、绵竹、万县、邛崃等酒厂到泸州酒厂，对泸州大曲酒传统工艺进行查定与总结，写出《泸州老窖大曲酒》一书，由轻工业出版社于1959年正式出版发行，这是我国第一本关于浓香型曲酒酿酒造方法的技术专著。书中对泸州大曲酒传统工艺操作，做了科学的分析和阐述，对全国浓香型酒厂的发展起到了促进和规范作用。

第二节　白酒香型的由来与发展

一、 白酒香型的产生

第一届全国评酒会（1952，北京）评选，是根据市场销售信誉结合化验分析结果，评议推荐。会议根据分析结果和推荐意见，将8种历史悠久，在国内外有较高信誉，不仅行销全国而且出口的酒命名为我国八大名酒：茅台酒、汾酒、泸州大曲酒、西凤酒（白酒）、鉴湖绍兴酒（黄酒）、张裕金奖白兰地、红玫瑰葡萄酒、味美思（葡萄酒、果露酒）。第二届全国评酒会（1963，北京），实际上这次评酒会才是真正的第一次全国性评酒会，参评酒样包括白酒、黄酒、葡萄酒、啤酒和果露酒五大类。评酒工作是在评酒委员会领导下进行，评酒分白酒、黄酒、果酒、啤酒4个组分别进行品评。白酒评比中没有分香型评比，造成了以香气浓者占优势（那时对理化指标没有限制），放香较弱的清香、酱香型白酒得分较低，不能真正反映酒的不同风格特点。这次评酒会，评出18种名酒，其中白酒8种，五粮液、古井贡酒、泸州老窖特曲、全兴大曲、茅台酒、西凤酒、汾酒、董酒，称为八大名白酒；另外，黄酒2种；葡萄酒、果露酒7种；啤酒1种。第三届全国评酒会（1979，大连）评酒仍分白酒、黄酒、果酒、啤酒4个组。白酒分型评比，按生产工艺和糖化发酵剂分别编为大曲酱香、浓香、清香；麸曲酱香、浓香、清香、米香，其他香型及液态、低度等组。中国白酒从此开始有了香型的划分，并确立了各香型的风格特点。第三届评酒会将中国白酒分为5种香型，即酱香、浓香、清香、米香和其他香型，不属于前4种香型的白酒都统称为其他香型。1978年长沙全国名酒会议曾提出“兼香型”的说法，经评委讨论表决，认为“兼香型”定义不明确，第三届评酒会取消“兼香型”，仍称其他香型。第四届全国评酒会（1984，太原），白酒评比仍按5种香型分组，但兼香型已经单独标出，此届评酒会共评出13个白酒国家名酒，其中大曲酱香2个、大曲浓香7个、大曲清香2个，其他香型2个。1988年9月轻工业部组织商业部、国家技术监督局、中国食品工业协会等单位，在辽宁省朝阳市召开“酒类国家标准审定会”通过了“浓香型白酒”等6个国家标准，分别为GB/T 10781.1—1989（浓香型白酒）、GB/T 11859.1—1989（低度浓香型白酒）、GB/T 10781.2—1989（清香型白酒）、GB/T 11859.2—1989（低度清香型白酒）、GB/T 10781.3—1989（米香型白酒）、GB/T 11859.2—1989（低度米香型白酒）。1990年以后，又先后颁布了凤香型（GB/T 14867）、豉香型（GB/T 16289）、特香型（GB/T 20823）、芝麻香型（GB/T 20824）、老白干香型（GB/T 20825）、浓酱兼香型（GB/T 23547）、酱香型（GB/T 26760），共10个香型白酒的国家标准。到2023年，共有11种香型有国家标准，只有药香型（董酒）未见国标。

由上述可见，中国白酒香型的产生，是因评酒会的需要，是方便企业按香型报送酒样、评酒会上白酒编组和评酒委员按香型评出优劣。

二、 确立白酒香型产生的作用

1. 有利于评酒

自第三届评酒会白酒按香型分组后，第四、五届全国评酒会都按香型分组，分别评出各自的顶尖产品，不做相互比较，评酒委员十分方便，在每一组酒中，以分数高低来表达评委对该酒感官质量的评价。各省、市地方评酒亦按此方法进行。

白酒香型的确立，增加了评委考核的难度。国家标准已确立的白酒10种香型，除酱香、浓香、清香，米香型的工艺及风格特点较清晰以外，其他香型中兼香、药香、特型、芝麻香、豉香、凤香等均有独特的工艺和较明显的风格特点，要求评委都要熟悉，并能细致辨别。在6种其他香型酒中，要说谁优谁劣，真是不好说，例如，兼香型好还是芝麻香型好，谁说得清楚；兼香中谁兼谁好，是两种兼还是三、四种兼好，恐怕是评委喜好罢了。

2. 三大基本香型的查定总结，推动了白酒生产技术的发展

第二届评酒会后，为了继承发扬名酒的传统，原轻工业部制定了全国1963—1972年科学技术发展规划，组织了泸州、茅台、汾酒试点，项目名称统称为：“民族传统特产发酵食品的总结和提高”（专13-015），泸州试点项目的编号和名称是：《（01）泸州大曲酒酿造过程中微生物性状、有效菌株生化活动及原有生产工艺的总结与提高》，任务下达四川省轻工厅，由四川省食品工业研究所（现四川省食品发酵工业研究设计院有限公司）、中国科学院西南生物研究所（现中国科学院成都生物研究所）、泸州市曲酒厂（现泸州老窖集团有限责任公司）共同承担。三大试点科学地总结了名酒传统经验，去粗取精，肯定了传统工艺中的科学部分，改进不合理的工艺，使名酒生产发生了根本的变化，为“三大香型”白酒传统工艺的推广应用发挥了重要的作用，推动了整个白酒行业生产技术的发展。

3. 其他香型是地域性的产品

中国白酒从以大曲为主要糖化发酵剂来说，分为三大基本香型，这已是业内的“共识”。米香型因是以小曲为糖化发酵剂，故单独列出，也无异议。“豉香型”主产在广东，历史上当地盛产大米，人们的消费习惯、饮食习惯，饮酒以米酒为主，配以清雅、保持原味的菜肴，十分舒适。将米酒从“米香型”变为“豉香型”，的确是个创新发明，谁会想到将肥肉浸酝到米酒中，口味竟是如此美妙！国标中其他香型的6种，都是以“酱香、浓香、清香”三大基本香型为母体，以一种或两种以上的香型，将制曲、酿酒工艺加以融合，结合当地地域、环境、文化、饮食习惯加以创新，形成各自独特的工艺，衍生出多种香型。近几年出现的“馥郁香型”也是如此。可以看出，除三大基本香型外，许多香型只是区域性的产品，难以走向全国，在白酒总产量中占的比例也不大。当然，这些香型产品在该地区喜爱者心中，甚得青睐，作用不容忽视。

4. 促进白酒产业的传承、发展、创新

“三大基本香型”传统技艺的查定总结、技艺传播，有力地促进了白酒产业的传承、发展与创新。几届全国评酒会，获得金奖的都是“三大香型”为主，第二届全国评酒会，获金奖的白酒，浓香型4个，酱香型1个，清香型1个，共占金奖总数的75%；第三届全国评酒会，获金奖的白酒，浓香型5个，酱香型1个，清香型1个，共占金奖总数的87.5%；第四届全国评酒会，获金奖的白酒，浓香型7个，酱香型2个，清香型2个，共占金奖总数84.6%；第五届全国评酒会，获金奖的白酒17个，其中浓香型9个，酱香型3个，清香型3个，共占金奖总数的88.2%。地方政府和白酒企业不难发现，若要产品在全国评比中崭露头角，争夺金、银牌太难了。酱香型要与茅台、郎酒比，浓香型要与五粮液、泸州老窖比，清香型要与汾酒比，无论品牌、知名度、规模、效益等，都难以比对。在计划经济时代，大、中型酿酒厂都是国营企业，谁不想拿个金、银牌。各地只好挖掘地方文化、特色产品工艺及风格特点，组织科技人员总结分析，在“三大香型”以外，表现自我，于是多种香型出现。果然不负众望，第四、第五届全国评酒会上一些新的香型产品夺得金、银牌。

第三节　浓香型白酒生产技术成就

一、 泸州大曲酒早期的研究

黄海化学工业研究社在四川期间，在方心芳的带领下，对川酒技艺（四川泸州大曲酒和四川小曲酒）开展了研究。由方心芳主持的黄海化学工业研究社的李祖铭先生于20世纪40年代曾对泸州大曲酒酒曲微生物和酿造工艺进行了研究。这是笔者查阅资料所见的科技人员对泸州大曲研究的最早记载。

（1）大曲微生物研究

①菌种分离：采用“扁平分离”，稀释分离法，25~35℃培养2~3d后，将单株菌落挑至斜面试管中，单独培养备用。

②形态观察：取分离得到的菌体，于显微镜下观察，共有三大类：

a. 固体培养基上生长旺盛，此类有两种，一为先白而后黄（A1），一为先白而后黑（A2）。两种菌丝均为节状，且异常分明，其顶部膨大呈一球囊，囊外生许多酒瓶样的小枝，每一小枝上有一串圆状孢子，此性状似曲霉属的一般性质，应是黄曲霉和黑曲霉。

b. 固体培养基上生长也旺盛，菌丛灰白色，菌丝无隔膜，每菌丝顶端膨大为一圆球囊，为根霉属。

c. 菌体为单细胞，以出芽繁殖。固体培养基上，菌落光滑如凝固脂肪，此为酵母类，共有两种（Y1、Y2）。

③生理试验

a. 对分离的两株酵母进行菌落形态、细胞形状、细胞大小、最适生长温度、发酵产酒力等测定，并与该社保藏的菌株进行比较。

b. 对分离的黄曲霉、黑曲霉进行菌落形态、分生芽孢的大小、糖化力等测定。

（2）泸县大曲酒的调查 1948 年 4 月初，李祖铭先生应泸县天成生主人郭龙先生邀请，到天成生、温永盛曲酒厂（现国宝窖池所在地）做实地调查，对泸县大曲酒生产技艺和装备进行写实，并整理出报告。

①设备梗概

a. 蒸馏锅灶

天锅：平锅熟铁制，重百余斤（1 斤 = 0.5kg，后同），直径约二尺八寸，深四五寸（1 尺≈0.33m，1 寸≈3.33cm，后同）。

底锅：普通铁锅，直径约二尺五寸。

蒸酒瓶：柏木制成，约高三尺五寸，直径二尺八寸，在甑的一方侧面开一圆孔，接酒管由此通过。

接酒管：锡制，管的一次端膨大成盘状，盘约六寸，中央有一孔，与锡管相通，酒液从中央孔经锡管流入酒篓中。

酒篓：竹编成，内外涂以油纸，与一般酒厂搬运酒的篓子相同。

糟袋：即围边，布制成的长袋，中塞酒糟与谷壳，置于天锅与蒸酒甑之间。

搅拌器：动物毛制的长毛形毛刷，安置长木柄，作搅动冷凝锅水用。

假底：即甑箅，竹制，承载酒糟，隔绝酒糟与水。

b. 地窖：在厂房内地上挖约宽三至四尺，长六至七尺，深四至五尺的窖子数个，一家厂至少有两个以上。

c. 制曲设备

曲房：一般曲酒厂都没有特建的曲房，以建筑普通的木质方形仓作为曲房，此仓与贮粮仓相同，其大小约长六至七尺，宽四至五尺，高五至六尺。

拌曲台：系木质长方形木板，约长五尺、宽二尺、厚二寸。

曲模：木制，长方形，约长八寸，宽五寸，厚二寸。

石磨：以坚石制成，直径约二尺，用以磨碎原料与麦曲，使用黄牛为动力。

晾冷场：在厂房内，以黄土筑成一块地坝，面积约十四平方尺（1 平方尺≈0.11m^2，后同），此场为晾冷�子与拌曲的处所。

翻板：木制，后称木掀，板长约一尺五寸、宽八寸，柄长三尺左右，此板用以翻拌�子与拌曲。

竹篮：竹子编成，作搬运秕子入窖内与运出酒醅蒸馏用。

②酿造步骤

a. 原料：大曲酒主要原料为小麦、高粱、麦曲三种，也有用绿豆的，其中混合绿豆为原料酿的酒，名为绿豆曲酒，其配合分量：高粱与小麦之比为 2∶1，高粱与绿豆之比为 10∶1，普通一个窖每次需添加新原料八石（1 石 = 62.5kg，余同）（折合新量二十四市石），麦曲粉一石（折合新量三市石）左右。

曲酒用水，水质良否与酒质关系很大，不能用盐水、碱水、臭水，一般酒厂都用江水。

b. 制曲：大曲原料为小麦，也有加少许高粱（为小麦的 1/10 左右），大概每制一次曲需用原料五六斗（1 斗 = 6.25kg，余同）（合新量 15～18 市斗），其制曲时期，每年约有差异，普通每年在农历三月下旬开始，八月下旬终止，制得之曲为一年之用。

制法：先将原料磨碎后，加温水混匀，以不粘器具为度，立即将拌匀的麦粉纳入曲模子内，用脚踏紧成砖块状，同时另一部分工人把砖状麦曲块搬运到曲房中，曲房地板上垫一层稻草，一块一块地交互垒积，大约四五层，顶上覆盖稻草一层，用以保温，在第三日曲块发高热，表面生长白色菌丝，此时即将曲块上下调换一次（翻曲），以后每调换一次增加一层，如此经过 40d 左右，菌体充分发育，曲块充分干燥，即可出曲，贮藏干燥处备用。

制曲设备和工艺的描述，可见与现时设备和工艺有诸多不同，可惜未对培菌温度做记录。曲块入房时，即置“四五层”。“第三日发高热”培养的应不是低温曲。

c. 发酵与蒸馏：泸县曲酒系固态法发酵而成，其法：先将小麦、高粱磨碎，同时开窖取出窖中发酵完毕的酒醪，置于蒸酒灶中蒸馏取酒，窖中酒醪（糟）共分为三层，即枯糟、糟食（粮糟）、红糟等。蒸馏次序，先蒸枯糟（面糟），取尽酒后。此糟即丢弃，用作饲料，粮食层（粮糟）分为两份，取五分之一份蒸尽酒后，置于晾冷场晾冷，一般酒师凭经验，以手试探，感觉秕子温热时（25～28℃），即可拌入曲粉（占秕子的 1/12 左右），此秕子用作次窖的红糟，纳入窖底层，其余五分之四份混以磨碎的原料（即小麦、高粱），置于甑中蒸馏约 1.5h，醪中酒分完全蒸出，新原料也达适宜熟度，立即由甑中取出，散布于晾冷场，直到如前感觉醅子温热，加入定量曲粉（约为秕子的 1/10）拌匀，纳入窖中，位于红糟层上，即粮食层，最后蒸馏红糟，酒取尽后，将此糟置于晾冷场，其品温仍如前时，拌入少量曲粉（约为醅子 1/14），纳入窖中，作枯糟层，此时在枯糟层上垫一层谷壳，其中涂一层泥土，做成丘状，再于泥土表面上堆积谷壳一层。据酒师说：在窖顶覆以泥土与谷壳的目的，借以隔绝空气，可防止有害菌的侵入，以免窖中醅子的腐败。

醅子入窖发酵大概经过一个月左右，再如前取出酒醪蒸馏与新添原料，如此继续不断发酵与蒸馏，老窖曲酒名字由此而来。

将窖中的醪取出后，窖底剩下的水，名为黄水，含酸量很浓，一般酒厂都抛弃无用，也有用作醋的原料，据说重庆方面有厂在泸县专收此水作醋的原料。

泸县曲酒产量，以气候寒热而有差异，普通以农历十月至四月产量最多，名为旺月，五月至九月间产量较弱，名为枯月，在旺月大概每石（新量三市石）原料可产曲酒 120～130 斤，枯月每一石原料可产曲酒 100～105 斤。

泸县曲酒工艺与设备的调查记载与现今泸州曲酒工艺操作与设备已诸多演变，传统工艺有许多创新和发展。但此段记载，有不少仍值得我们借鉴。

二、泸州老窖大曲酒的查定总结

中华人民共和国成立以来，各级政府对珍贵的民族遗产、传统食品酿造的科学研究十分重视。1956 年国家科委制订的 12 年长远科学技术发展规划中，即列有总结提高民族传统特产食品等内容，其中包括贵州茅台酒和四川泸州老窖大曲酒等研究项目。随着国民经济的不断发展，又提出了一些有关白酒行业的重大科研课题，如全国小曲酒的永川试点、山西杏花村汾酒试点、全国新工艺（液态法）白酒试点，其中包括串香白酒的临沂试点和调香白酒的青岛试点以及大容器贮酒容器的研究等，通过试点的总结查定，继承传统，科学分析，去粗取精，普通白酒总结出《烟台酿酒操作法》和《四川糯高粱小曲酒操作法》，对南北酿酒生产技术具有指导意义；对驰名的贵州茅台酒、泸州老窖大曲酒和山西杏花村汾酒等，整理总结出一套较为完整的技术资料，使不同的传统制曲酿酒工艺逐步建立在科学的基础上。这些宝贵的技术资料，至今仍具有十分重要的指导作用。随着酿酒技艺的发展，人民生活水平的提高，佳酿不断涌现。20 世纪 70 年代以后又对西凤、董酒、白云边、玉冰烧、四特酒、景芝白干等不同香型的白酒进行了系统的科学总结，促进生产技艺的不断发展。

1957 年 10 月，为总结和继承泸州老窖大曲酒这份珍贵的民族遗产，中央食品工业部制酒工业管理局特嘱四川省糖酒研究室（现四川省食品发酵工业研究设计院有限公司）及四川省商业厅油盐糖酒贸易局（专卖局）、四川省轻工厅食品日用品工业局与泸州有关部门及宜宾、成都、绵竹、万县等 15 个单位配合协作，共同组成“泸州老窖大曲酒总结委员会”，对泸州老窖大曲酒的传统工艺进行较全面的查定和总结。

查定是在“温永盛”车间（四百年老窖、国窖所在地）进行。通过这次查定和总结，使人们对泸州老窖大曲酒从历史到发展，从原料到成品，在制曲和酿酒工艺等方面，有了一个较系统的概念。关于酿造泸州老窖的传统工艺操作，如老窖、万年糟、回酒发酵、低温发酵、发酵周期、熟糠拌料及滴窖勤舀等均做了初步的总结和阐述。肯定了“续糟发酵”“熟糠拌料”“滴窖勤舀”“截头去尾”“高温量水”“踩窖”“窖帽高低”等行之有效的工艺和操作，这些传统操作，至今仍在许多酒厂普遍采用。

1964 年四川省食品工业研究所（现四川省食品发酵工业研究设计院有限公司）承担了“泸州大曲酒酿造过程中微生物性状、有效菌株生化活动及原有生产工艺的总结与提高”轻工业部重大项目，并与中国科学院西南生物研究所（现中国科学院成都生物研究所）和泸州曲酒厂共同协作，组织了宜宾、成都、绵竹、万县、邛崃等省内名酒厂的技术人员，对泸州大曲酒开展了科学研究，对“入窖发酵条件与生产质量的关系”“减曲、减粮发酵”“合理润料、蒸粮”等工艺进行了深入探讨，对入窖条件中水分、淀粉、酸度、温度、用糠量等都有明确的数据；证实了热季生产减粮、减曲的作用；润料时间应为 40~50min、上甑时间不少于为 40min，蒸粮时间为 60~70min。这些传统工艺的精髓至今仍为许多酒厂遵循。

三、 酿酒微生物的研究

自20世纪60年代起我国就对酿酒微生物进行了研究和应用工作，特别是20世纪80年代成绩尤为突出，大力促进了酿酒业的发展。中国微生物学会等于1981年和1988年分别在江苏双沟和山东泰安召开了全国酒曲微生物学术讨论会，对推动我国酿酒微生物研究和发展起了重要作用。

（一）大曲微生物研究与应用

对大曲微生物的分离、选育和应用，全国各名优酒厂如茅台、泸州、汾酒、西凤、洋河、双沟、沱牌、白云边、景芝、四特等及大专院校、科研单位都做了大量工作。

1964年，中国科学院西南生物研究所与四川省食品研究所和泸州曲酒厂合作，从泸曲中分离出酵母和霉菌253株，选取其中32株菌分别制成麸曲和液体曲（酵母），投入生产，减少大曲用量，试验窖的酒保持了泸州大曲酒特有的风味。

1983年，中国科学院成都生物研究所在四川汉源酒厂，采用“强化菌优质曲”“人工厌氧菌强化窖”两项微生物技术，收到明显效果。1985年，四川省食品发酵工业研究设计院有限公司与仙潭酒厂合作再次对浓香型大曲制曲过程中的微生物进行研究，发现微生物的主要来源及曲坯培养过程中的变化规律。1986年，该院与沱牌曲酒厂等合作，对浓香型曲酒酿造过程中产酯酵母的生态分布进行了系统研究，并选育出产酯量达700mg/100mL以上的产酯酵母，并在清香、浓香型酒生产中推广应用，效果显著。

（二）酿造发酵过程中微生物的研究

1965年，泸州试点项目中，对泸州大曲酒发酵过程中的微生物进行连续三排检测，了解粮糟在发酵过程微生物类群的变化规律，入窖后第三天酵母达到最高峰，以后逐渐下降，霉菌封窖后数量急剧下降，到发酵中期数量回升，出窖前数量又减少，而细菌则在整个发酵过程中变化幅度较小。汾酒、洋河、双沟、宝丰等，对酿酒发酵过程中微生物的变化也都做过实地查定。微生物的变化与香型、地区、季节、工艺、发酵温度等关系很大。

（三）酿酒功能菌的选育应用

1. 根霉的选育及应用

从事工业微生物研究的前辈方心芳与乐华爱于1959年提出：小曲的根霉是八百年来培养的良种，可分四川型与上海型，糖化力都很强，即3.852，3.868从四川小曲样中获得，3.866，3.867从上海小曲样中获得。这两类根霉都有很强的糖化力，都具有糖化和酒精发酵的功能。上海型根霉在发酵过程中产酸能力强，适于薯类原料酿造；川黔型根霉产酸很少，适于高粱原料发酵。这些优良菌种数十年来都在全国推广应用。

近年来，江苏洋河酒厂与江南大学生物工程学院合作，从洋河大曲中分离到一株华根霉（R92），可发酵产酯化酶，经选育后，己酸乙酯合成酶的活性高，同时具有高酸、高酒精度下高产己酸乙酯的能力，对稳定和提高新型白酒口感十分有效。应用R92华根霉6%，己酸8%，黄水35%，曲粉6%，食用酒精20%以下，酒尾10%，人工窖泥10%，酒糟5%，发酵酯化60d，经特殊工艺脱水浓缩而成的特殊调味酒，微量成分十分丰富，是很好的调味酒。

2. 产酯酵母的选育和应用

20 世纪 80 年代，四川省食品发酵工业研究设计院李大和等开展了“浓香型白酒酿造过程中产酯酵母的选育及应用”的研究，分别在四川的泸州老窖、宜宾五粮液、古蔺仙潭、射洪沱牌等名优酒厂，采集窖泥、母糟、黄水、曲药、曲房稻草和残留物、环境、场地、空气、晾糟机等样品 400 余个，进行产酯酵母的分离选育，从 700 多株酵母中选育出产酯量在 700mg/100mL 以上的菌株 7 株，并应用于生产，将产酯酵母、霉菌、窖泥功能菌及相应工艺组装配套，投入生产示范试验。经两年生产实践，可使酒中己酸乙酯增加 40%以上（平均数），而且有效地改变了己酸乙酯与乳酸乙酯的比例关系，有效提高了酒的质量。

3. 利用微生物自动鉴定系统分析酿酒功能菌

近年来一些名酒企业和科研机构，购置了微生物自动分析系统，对酿酒功能菌进行鉴定，该系统到现在已经能鉴定包括细菌、酵母、丝状真菌在内的近 2000 种微生物。内蒙古农业大学生物工程学院、中国食品发酵工业研究院、新疆大学生命科学与技术学院从牛栏山酒厂红曲中分离到一株细菌，采用 Biolog 微生物自动分析系统鉴定为地衣芽孢杆菌。地衣芽孢杆菌在白酒发酵过程中具有较高的分解蛋白质能力，产生浓郁酱香物质 5-羟基麦芽酚，是白酒发酵中一种较重要的菌种。微生物自动分析系统在酿酒工业中应用，将为研究中国白酒发酵机理、风味物质的形成，增加了新的手段。

4. 太空酒曲功能菌的研究

利用返回式空间飞行器，将微生物送入太空，在地面难以模拟的空间环境下，促使菌种的基因发生变异，取得地面上无法获得的诱变效果，并且在返回地面后进行培育、筛选得到生产性能优良的微生物菌种，应用于生产。陕西喜登科技股份有限公司白水杜康生产基地的酿酒曲药搭载神舟四号飞船（简称太空酒曲），于 2003 年 1 月 5 日返地，中国科学院成都生物研究所对其中功能菌进行了分离、选育及生物学特征方面的研究，并与原生产中使用的曲药进行对比。发现曲药经太空诱变育种后，其功能菌的活性发生了很大改变，根霉和黑曲霉的糖化酶、液化酶活性均比未上太空对照菌株高出 2~3 倍，黑曲霉的蛋白酶活性也提高了 1~2 倍。但该研究未见在白酒生产中实际应用的效果报道。

5. 酯化酶的进一步研究

20 世纪 90 年代，许多单位对红曲酯化酶进行了大量的研究，并应用于生产。此后，酿酒工作者对其他具有酯化能力的菌种从多方面进行了探讨，江南大学研究了华根霉对己酸的酯化，四川轻化工大学研究了黄曲霉对己酸的酯化。他们从泸州老窖“久香”牌大曲中分离得到 1 株产己酸乙酯酯化霉的黄曲霉。在液体发酵培养基中，36℃、150r/min 恒温振荡培养 72h，发酵液酶活性可达 6.75u/mL。对该菌株产酯化酶的培养条件进行研究，以黄豆粉为 N 源，淀粉为 C 源，初始 pH6.0，36℃培养 72h，酶活性可达 9.16u/mL。该项菌株应用于生产，未见进一步报道。

6. 分子生物技术的应用

四川大学食品工程系与生物工程系合作，利用基于 16S rDNA 的克隆分析技术，对发酵 60d 的浓香型白酒窖池糟醅中原核微生物多样性的分析发现，糟醅中分布的原核微生物既有细菌又有古菌，其在系统发育树图上分成 7 个分枝：低 G+Cmol%革兰染色阳性菌、高 G+Cmol%革兰染色阳性放线菌、革兰染色阴性拟杆菌群、革兰染色阴性变形杆菌群、革兰染色阳性纤毛菌群、TM7门和产甲烷古细菌群。这些菌群数量多、分类上分布广，具有复杂的代谢多样性，能生成多种活性物质及降解复杂有机物，其代谢产物在窖池特定的环境下通过复杂的生理生化反应能形成浓香型白酒的特征风味因子。

综合利用分子生物学分析方法以及常规菌类分离鉴定方法，加强对固态法发酵白酒酒醅微生物菌系的分析，特别是对一些尚未报道的酿酒微生物菌株的系统发育和生理特性认识，对深入研究酿酒微生物的分布特征和形成规律，以及在白酒风味形成上的作用具有重要的理论指导意义。

7. 白酒微生物资源的发掘与应用

中国科学院成都生物研究所多年来开展了白酒工业微生物资源的发掘与应用。

（1）利用甲醇的生丝微菌的发现与分离，可降低白酒中甲醇含量。

（2）分离了高乙醇浓度特殊环境中甲烷氧化菌。

（3）从浓香型老窖中分离出一株产甲烷杆菌，开发出甲烷细菌与己酸菌共酵的二元发酵技术。

（4）从泸州老窖泥中分离出产己酸的细菌，应用于人工培窖。

（5）杂醇油利用菌的发现与分离，为酒精工业降低杂醇油提供了新途径。

（6）从郎酒高温曲中分离得到一株嗜热芽孢杆菌（地衣芽孢杆菌），该菌在90℃高温时具有强的活性，糊精化淀粉作用温度高达100℃，产酶条件pH4. 5~10. 0。

（7）从泸酒麦曲中分离出一株红曲霉，用于制强化曲。

四、大曲性能、质量鉴别、贮存变化及曲虫治理

（一）大曲理化指标与微生物检测

茅台试点对五粮液曲、古井曲、全兴曲、茅台曲、汾酒曲、董酒酒饼等进行了测定，对成曲成分做了常规测定，包括水分、酸度、糖化力、液化力、酸性蛋白酶、发酵力、酯化酶、酯分解率，并用纸上层析法测定了氨基酸。20世纪90年代初商业部酿造所也对名优酒厂使用的大曲粉做了系统测定，除理化项目外，还测定了其中的酵母、霉菌和细菌数量。20世纪90年代初辽宁食品所研究了大曲中游离氨基酸含量与白酒质量的关系，发现大曲中游离氨基酸含量以茅台曲最高，浓香型酒曲其次，汾酒曲含量最低。

（二）大曲质量鉴别方法创新

1. 大曲质量标准体系设置的研究

大曲是中国白酒使用的糖化发酵剂，是一种以生料小麦（或配伍大麦、豌豆）为原料，自然网罗制曲环境中的微生物接种发酵，微生物在曲坯中此消彼长，自然积温转化并风干而成的一种多酶多菌多物质的微生物生态制品，具有糖化发酵增香的作用。传统大曲质量判定标准指标中，主要指标是糖化力、液化力、发酵力和感官鉴定等。这些标准指标中，存在一些缺陷。

（1）指标之间设置有交叉重叠，如发酵力与糖化力、液化力三者，都试图反映大曲在固态白酒发酵体系内“淀粉→乙醇”的生化作用。

（2）单纯一个指标作用不明，它是将大曲假设为单一微生物菌体或单一酶制剂，忽

视了“混种”“多酶”和曲药入窖后复活、繁殖和进一步酶代谢过程。

(3) 感官判定，因人而异，差别很大，而且权重高达60%。

泸州老窖沈才洪等，从泸州老窖曲酒生产实际，研究了大曲质量标准体系设置，提出以曲药酯化力反映曲药的酯化能力，以产酒量反映曲药的酒化力，以氨态氮和淀粉消耗率为大曲生香力的特征指标，以曲块容重作为大曲的理化特征指标。通过研究，拟用运动的观点、量化的指标来重新确立大曲质量判定标准体系。指标设置为。①生化指标：酒化力、酯化力、生香力分别占30%、20%、15%，共计65%；②理化指标：曲块容重、水分、酸度分别占15%、5%、5%共计25%；③感官指标：香味、外观、断面、皮张分别占4%、2%、2%、2%，共计10%。这项研究成果，为我国大曲质量标准指标的制定，提供了有价值的依据。

2. 代谢指纹技术在曲药分析中应用

我国传统大曲的制曲是生料培养，自然接种，其菌种来自原料、水、制曲环境，经培养，微生物盛衰交替，优胜劣汰。成曲中微生物群系复杂，而具体某一菌群究竟包括哪些种、属，它们在酿酒中的作用如何等，尚知之甚少。曲药微生物群系构成的复杂性给传统白酒酿造的研究带来了极大的困难。剑南春集团徐占成等，使用 BioLog Microplate 对大曲进行微生物群系分析。研究发现，代谢指纹技术运用于曲药的分析研究，不仅可以较为准确地刻画曲药的性质，对不同种类、来源、性质的曲药进行较为有效地区分与归类，而且还可以分析出某种具体因素对曲药微生物群系造成的具体影响。代谢指纹技术为我们更多地了解曲药性质，进行曲药检验、曲药研究、工艺控制及改革等提供了一种新的有效手段。

3. 对传统大曲功用的新认识

泸州老窖沈才洪等对传统大曲的功用，如曲定酒型、投粮作用、曲块皮张厚薄、曲块断面杂菌与有害菌、曲药的贮存、曲药用量、产酒能力及出酒率等固态发酵白酒生产中对大曲质量存在的传统认识，结合相关实验，进行了新的解释。

(1) “曲定酒型” 业界存在一种观点：高温曲酿造酱香型白酒、中温曲酿造浓香型白酒、低温曲酿造清香型白酒。事实上，先有曲，后有大曲酒，并且由于水土、气候、土壤、空气、生物链等自然环境条件以及酿酒原料、工艺等因素的差异，酿造出不同风味的白酒。现代科学证明，白酒香型并不取决于制曲工艺，更与制曲品温的高低没有必然的正相关性，只与酿造工艺密切相关，大曲只是酿造工艺的一个重要元素。事实上，现在不少各香型的白酒，都使用“混曲”，使酒体更加丰满、幽雅。

(2) 大曲是否起投粮作用 许多教科书或技术文献在介绍白酒酿造中大曲的作用时，基本上都认为大曲除产酒、生香外，还起到投粮作用。实验室研究表明，将大曲直接加水发湿后密封发酵，相当于大曲以生淀粉形式进入糟醅体系的当排发酵，最终结果是只能产酸而不产酒，说明大曲生淀粉不能被酵母菌利用生成乙醇。而将大曲加水发湿后蒸熟、晾冷，再加入大曲密封发酵，类似上排残留下来的大曲淀粉进入第二排糟醅体系发酵，最终结果是生成的乙醇含量也处于较低水平。说明大曲淀粉在制曲过程中产生了变性，可糊化性能大大减弱，淀粉不能正常糊化，也就不能进一步正常降解为乙醇，况且在上排就以生淀粉形式消耗掉一部分，残留到第二排的淀粉数量就少之又少了。从这个意义上来说，在酿酒生产上，要合理应用大曲，发挥其主体功能及控制生产成本。

四川轻化工大学罗惠波等对大曲中淀粉可利用性进行了研究，大曲中淀粉高达55%以上，通过对未蒸煮大曲、生淀粉、熟淀粉和蒸煮大曲在同等条件下的发酵情况进行研究，结果表明，大曲淀粉是可以被其自身微生物利用的，其利用速度介于生淀粉与熟淀粉之间，而且更偏向于熟淀粉。

上述两人研究结果不同，但都认为大曲中的淀粉在制曲过程中，由于温度和微生物的作用，已经变性，但变性机理尚不清楚。

传统认为大曲起投粮作用是经验的总结。否则，酱香型白酒一次投料，八次发酵，总用曲量达85%~100%（对原料高粱），折成小麦达100%~110%；七次蒸馏都能出酒，怎么解释？

（3）对曲块皮张厚薄与曲表毛霉的认识　大曲的皮张是指曲块表面菌丝不密集的部分，一般把曲块断面水圈（风火圈）以外部分都形象地称为曲药的皮张。水圈的形成是因为曲坯表层水分散发较快，霉菌菌丝生长不密集，没有形成正常的菌丝通道，曲心部分的水分以水蒸气形式由内层向曲表排泄过程中，高温蒸汽在曲表内层骤冷形成的炭化作用。通常情况下，人工踩曲，能把浆提到表层，赋予曲坯表层较丰富的营养，并增强了保湿功能，霉菌菌丝生长较好，曲坯里面水分能正常通过菌丝通道向外排出，因而皮张较薄；而机械压曲，谈不上提浆，曲表缺乏营养优势，保湿性能也较差，如果后期工艺管理未能跟上，皮张就相对较厚。为解决机械曲块皮张问题，曲坯就要控制在低温、潮湿的条件下培养发酵，这样“水毛”就自然率先孳生，表现出较好的“穿衣”状态，增加了表层保湿性能，促进了霉菌菌丝在表层较好生长，并形成正常排气散温通道，使曲心发酵均匀。毛霉具有较强的蛋白质降解能力，对形成曲香有好处。泸州老窖将曲皮与曲心进行剥离并单独用于酿酒，曲皮酿造的原酒理化指标与曲心酿造的原酒无明显差异，而口感略优于曲心酿造的原酒。

（4）曲块断面杂菌与有害菌　传统意义上的曲块断面杂菌及有害菌主要表现为：青霉菌斑、红曲霉菌斑、黄曲霉菌斑、黑曲霉菌斑等，往往都是在曲坯温度降到室温后，曲坯内的水分仍然较高，此时为杂菌形成优势菌落提供了较适宜的条件。业内人士认为，青霉菌是造成酒中带霉、苦味的重要原因。沈才洪等认为曲块的青霉菌斑一般仅占曲块总质量的1%左右，而大曲在酿酒生产中用量为20%左右，粮糟比为1：5左右，因此，即使每块大曲都长有这样的青霉菌斑，在糟醅体系中的比例也只能达到0.03%，是无法与其他有益大曲微生物比拟的，况且长青霉菌斑的曲块还只是少数。在酿酒发酵体系中绝对形不成主流。曲块中的杂菌也是如此，除非曲药质量出现重大质量问题，才能导致酿造出现质量事故。这是对青霉菌的一个新认识。该厂曾用传统感官优级曲与普通级曲（皮张厚或断面有异杂菌等现象的曲块）单独酿酒，其原酒口感趋于一致。

通过对大曲功用的再认识，要树立对大曲的认识观念，并进行深入研究；大曲的研究离不开酿造这一大发酵环境；传统固态法白酒要保持典型风格，大曲是无可替代的，但大曲制造工艺、大曲的功能、功用则要不断地创新和发掘。

（三）大曲贮存过程中的变化及曲虫的治理

20世纪80年代以来，国内很多名优酒厂都开展了大曲贮存过程中质量变化的研究，发现曲块在贮存中，随着贮存期的延长，其微生物数量及酶活性均有下降趋势，特别是酵母数量及发酵力下降明显，用于酿酒，其酒的总酸、总酯及乙酸乙酯含量亦随贮存期的延长而有所下降，贮存期在 1 年以上的陈曲，则严重影响出酒率。故认为曲块贮存以 3~6 个月为宜。

大曲生虫已成为酒厂头痛的问题，生虫多的曲子不但曲损耗大，生化指标下降，且曲虫到处飞，扰乱工人生产和生活。经酿酒企业与相关院所研究，发现曲虫多达 10 余种，以土耳其扁盗谷、咖啡豆象、药材甲和黄斑露尾甲为主。采取曲库改造、计划用曲、曲库管理、杀虫剂触杀、吸虫器捕杀、厌氧闷杀等措施进行治理。

五、百年老窖，奥秘初揭

20 世纪 60 年代茅台试点采用纸上层析分析出茅台窖底香的主体是己酸乙酯，同时它又是浓香型酒的主体香气。20 世纪 60 年代开始，中国科学院西南生物研究所、四川省食品工业研究所、四川大学、山东大学、天津轻工业学院、无锡轻工业学院、内蒙古轻工业研究所、广西轻工研究所、黑龙江轻工研究所以及许多名优酒厂先后对浓香型酒酿造的窖池、窖泥、窖内外微生物做了不同深度的研究，取得了可喜的成果。

（一）窖泥微生物的研究逐步深入

1. 老窖菌群结构与生态分布及功能菌的选育

中国科学院成都生物研究所与泸州曲酒厂、五粮液酒厂自 20 世纪 60 年代起对浓香型名酒发酵微生物、发酵机理进行了长期的研究。在老窖的菌群结构与生态分布、泸型酒生香功能菌的发酵、老窖的己酸与甲烷菌的相互关系等方面，取得了许多宝贵的资料，找出了新、老窖泥的差异及酒质不同的原因，并将许多重要成果应用于生产。20 世纪 70 年代内蒙古自治区轻工科学研究所曾搜集了国内一些名优白酒厂的窖泥，从中分离出己酸菌（内蒙古自治区 30#），应用于液态白酒及浓香型酒生产，取得了明显效果。辽宁大学生物系分离的梭状芽孢杆菌（己酸菌）应用于生产。1979 年从沈阳老龙口酒厂窖泥中筛选出己酸菌 L—Ⅱ号菌种，产己酸稳定在 120~150mg/100mL。

在窖泥功能菌与产酯菌共酵生产应用方面，1986 年四川省食品发酵工业研究设计院有限公司与泸州曲酒厂合作，通过半年连续三排试验，酒质可提高 1~2 个等级。

2. 窖泥微生物群落的研究及其应用

四川大学、泸州老窖胡承、应鸿等在 2004 年研究中认为，窖泥微生态系统是由厌氧异氧菌、甲烷菌、己酸菌、乳酸菌、硫酸盐还原菌和硝酸盐还原菌等多种微生物组成的微生物共生群落系统。在该微生物群落中随窖池层次分布顺序的不同和窖泥化学生态的不同，菌类菌种呈现明显区别。浓香型白酒的固态发酵过程就是一个典型的微生物群落的演替过程和各菌种间的共生、共酵、代谢调控过程。该项过程不但对微生态群落中的菌种演替具有反馈抑制作用，而且直接影响白酒的产量和质量。研究和应用微生物生态学理论，对人工窖泥培养和提高酒质具有指导意义。

3. 利用乳球菌延缓窖池老化

由于受气候、环境及生产原料、生产工艺的制约，人工老窖在应用一段时间后，窖泥中微生物失活、老化、死亡现象严重，同时由于酒醅在发酵过程中产生大量乳酸及其酯类，经长时间聚集，容易生成乳酸钙，使窖泥中功能菌减少，造成窖泥板结、老化、有白色乳酸钙析出，并且造成有益功能菌难以进入酒醅。为延缓窖泥老化及减轻老化程度，许多厂应用添加活性窖泥功能菌液、强化窖池保养等措施，以延缓窖池老化，但在北方不少厂成效并不理想。江苏洋河酒厂陈翔、王亚庆从窖泥中分离出 1 株最新菌株 L-乳球菌，经近 5 年的潜心试验，证明 L-乳球菌能利用酒醅中的乳酸，抑制乳酸乙酯的生成，同时提高其他酸与乙醇的酯化作用，促进其他酯类的生成。另外，将 L-乳球菌加入人工老窖泥中，使酒醅发酵产生的乳酸不致渗入窖壁，抑制乳酸钙的生成，使窖池老化程度延缓 5 年以上。L-乳球菌属细菌类为混合菌株，来自窖泥，无芽孢，适宜在厌氧环境中生长，最适生长温度为 30~32℃，pH 为 4.5~5.0，其代谢产物为琥珀酸和丙酸。将培养好的 L-乳酸菌液与己酸菌液按相应比例加入人工老窖池中，可减少乳酸和乳酸钙的生成，从而延缓窖泥老化时间。使用 L-乳球菌液养窖的窖池，优质酒率可增加 4%~19%，己酸乙酯高 100mg/100mL，乳酸乙酯下降 40~80mg/100mL。

4. 窖泥中乳酸菌的分离鉴定

浓香型白酒生产的原酒中，普遍存在乳酸乙酯偏高的现象。乳酸及其酯类偏高，原因较多，但曲药和窖泥是其关键。以前，对窖泥中的乳酸菌研究较少。2005 年黑龙江大学生命科学院王葳、赵辉等对浓香型白酒窖泥中的乳酸菌进行了分离和鉴定，得到 3 株不同的乳酸菌，分别是玉米乳酸菌、戊糖乳酸菌、乳酸片球菌，并对这 3 株乳酸菌的产酸特性进行了分析，得到最佳产酸条件：最适温度 37℃，最适时间为 72h，最适 pH5.0。窖泥中乳酸菌的研究，为人工培窖如何减少和抑制乳酸菌的数量并控制其生长繁殖提供了参考依据。

（二）人工培窖配方的研究

自 20 世纪 60 年代百年老窖成分的揭秘和窖泥微生物研究的不断深入，人工培窖配方全国各地进行了广泛的研究，百花齐放，各有高招。培养窖泥原料的选择总的原则是根据窖泥微生物生长发育所需进行配伍，要因地制宜合理选择和搭配。

（三）窖泥成分和窖泥老化的研究

20 世纪 80 年代中国科学院成都生物研究所对窖泥中的氨基酸、无机物及微量元素和白色团块及白色结晶物等进行了系统的研究，发现百年老窖泥中氨基酸含量比土壤中高数倍至数十倍，其氨基酸含量随窖池上、中、下层的次序增加。百年老窖比一般曲酒窖和人工老窖无机及微量元素要高，特别是锌、锰、钙、镁、钼、钛等；一般人工培窖中有效磷偏高，为百年老窖的 2.7~9.8 倍，值得注意。窖泥中白色团块和白色晶体会使己酸菌和窖泥混合菌产酸下降，会使己酸和丁酸比例失调。

20 世纪 80 年代以来，为防止窖泥老化，许多酒厂与科研单位、大专院校共同研究，不论在理论上或实践上都取得了丰硕成果，主张采用黄浆水、液体窖泥并适当补加 N、P、K 等微量元素来养护窖泥，可有效防治窖泥老化。

六、 提高质量， 技术创新

（一）三大香型传承创新发展

20 世纪 80 年代以来，白酒行业在继承传统工艺的基础上，运用现代科技，对工艺进行了不少改革，在提高质量方面取得了许多重要成果。下面仅以浓香型做简要介绍。

1985年四川省食品发酵工业研究设计院有限公司在进行“提高泸型酒名优酒比率的研究”项目中，对不同窖龄、不同等级、不同窖容、不同工艺条件、不同发酵周期的20多个窖泥进行了广泛细致的查定，了解酿造过程中己酸乙酯的生成条件，为提高酒质，制定措施，提供了科学依据。泸州曲酒厂在“原窖法”基础上，吸取了“跑窖法”和“老五甑”法的精华，创造出原窖分层酿制工艺“六分法”，取得良好的经济效益。20世纪60年代五粮液酒厂创造了“双轮底”发酵和醇酸酯化技术，采用窖内、外酯化技术，大大提高浓香型酒质量。此外，夹泥发酵、加泥发酵，酯化酶的应用，黄水酯化等提高酒质的技术，都取得良好的效果。在防止夏季降质减产（掉排）、“增己降乳”等方面亦取得很好的成效。

（二）改进设备提高效率

我国传统的白酒生产设备十分简陋，从原料的粉碎、制曲、酵母、酿酒、贮存到灌装几乎都是手工操作。中华人民共和国成立后，由于国家的重视，多次组织机械化试点。至20世纪80年代，白酒生产普遍从直火蒸馏改为蒸汽蒸馏；人工打、提、排水改为自来水；粉碎用电动机械；出入窖用行车；摊晾用晾糟机；甑桶用不锈钢活动甑；冷凝用不锈钢冷凝器；勾兑用大型不锈钢罐；计量用仪表；输酒用酒泵；全自动洗瓶包装；空气搅拌；不锈钢大罐（池）贮存等，大大降低了劳动强度，使白酒生产向现代化企业迈进。

（三）对蒸馏甑桶的研究和改革

1. 对甑桶支撑板（甑箅）结构的改进

甑桶蒸馏设备从天锅演变到今天的不锈钢甑桶，蒸汽供热，到管式冷凝接酒设备，活动甑底半自动卸料，已越来越多地采用现代化的技术装置，大大减轻了劳动强度，提高了效率，而甑箅也从竹箅改为不锈钢多孔筛板。但从目前的使用操作情况来看，多孔筛板的这种结构存在着一定缺陷，不同程度地影响着甑桶蒸馏操作，它存在漏料、沟流、死角等缺陷。贵州大学工学院何峥等认为，可对多孔甑桶支撑板的开孔率、锥形侧吹型支撑板、开孔的分布等参数进行科学分析和改造设计，减少酒损，降低成本，提高蒸馏效率和出酒率。

2. 甑盖形状对蒸馏效果的影响

中国固态法白酒蒸馏采用二元冷却方式，进行固液分离。所谓二元冷却，是指汽上升到甑盖后，不能直接完成冷凝相变，而另需一个冷却器加以完成的蒸馏过程。在二元冷却系统中，酒汽完成冷凝相变需要经过一个较长的汽流输送路径和汽流分割过程，酒汽脱离糟面后，在一定容积热强度的空间内汇聚流动，会对蒸馏质量产生消极影响，改变酒液汽化后的空腔容积，饱和酒气在空腔内的运动状态随之发生变化，而甑盖形状又是影响空腔容积的关键因素。因此，甑盖形状不可避免地对蒸馏质量产生影响。

甑桶蒸馏主要有锥形盖和平盖。锥形盖的外观是一个圆锥体，锥顶开的出汽口和输汽管相连接。盖的材质为木料和不锈钢等。锥高50cm左右，保温效果较差，当上升的饱和酒汽到达甑盖后，便会部分冷凝回流，回流液一部分落入糟面，一部分沿甑盖下滑进入水封糟（或围边）和甑周边区域。平形盖（近似平形）是锥形盖在锥高趋于零时的极限情况，采用厚柏木或外衬不锈钢木板制成，保温效果好，但仍会有部分酒气冷凝回流，与锥形盖所不同的是，回流液在重力作用下绝大部分垂直落入糟面，极少进入水封槽和甑的周边区域。将两种不同形状的甑盖加以比较，有相同点也有不同点：相同点是，两者都有边界效应，都部分冷凝回流。不同点是，锥形盖有倾角作用，平顶盖没有；由于倾角作用，锥形盖之回流液绝大多数进入水封和甑的周边区域，平顶盖无倾角，回流液在重力作用下垂直落入糟面；酒气到达锥形盖后，运动方向变化小，平形盖改变酒气运动方向大；锥形盖的空腔内涡旋现象小，有序流动快，酒气滞留时间短，平形盖的空腔内涡旋现象强烈，有序流动慢，酒气滞留时间长；锥形盖对分子网络的破坏作用小，平形盖对分子网络的破坏作用大。

江苏新沂酒厂张雷、高传强曾用两种盖进行生产试验，结果是平形盖蒸馏所得的酒中，已酸乙酯多，乳酸乙酯少，说明采用平形盖甑优于锥形盖甑。为了减少酒气回流液在锥形盖中沿甑盖滑入水封槽，许多厂已在锥形盖中采取有效措施，即在甑盖距水封槽适当位置加一个防酒液下滑的装置，便可大量减少酒气进入水封槽或围边。

3. 顶冷式蒸馏甑

现在通用的甑桶结构是在旧时的“天锅”甑基础上改变过来的。“天锅”甑最大的优点是酒及香味成分随蒸气流上升脱离母糟后，只需很短的行程便得到冷凝收集，分离空间很小，雾沫夹带成分（尤其是高沸点成分）能充分进入酒中。外置列管式（或薄板式）冷凝器蒸馏甑，冷凝效果好，流酒温度易控制，减少了酒精、醛类等物质的损耗，但由于必须采用过汽管弯筒连接甑桶与冷却器，使酒路增长，蒸气行进途径长而曲折，高沸点香味成分被雾沫夹带进入酒中变得十分困难，加上高出甑盖面的导汽管与弯筒不能有效地保持温度，离开醅面的高沸点香味物质在被蒸气艰难地拖带上升时很快又被冷凝而回落，由液相转为气相回复为液相。由于高沸点物质的缺少，故原酒后味较短、陈味差，缺乏醇厚的绵长。四川陈昌贵、陈咏欣吸收天锅甑与外置冷凝蒸馏的优点，取长补短，研究出一种新型顶冷式蒸馏甑，甑盖与冷凝器合为一体，没有了导气管和弯筒，蒸气在上升很短距离后即被迅速冷凝，增强了雾沫夹带作用。高沸点香味物质很快冷凝进入酒体中。同时，冷却效果好，流酒温度可控制，低沸点物质损失少。生产实践证明，顶冷式蒸馏提馏效果优于外置列管式甑，酸、酯类物质提取明显增多，新酒味减少。顶冷式蒸馏甑采用杠杆式移动甑盖装置，操作轻便灵活。蒸粮时可控制甑内蒸气气压，增压、减压均可调控。这是传统蒸馏设备的重大改革。

（四）香型融合与新香型的确认

中国传统固态法白酒分为酱香、清香、浓香三大基本香型，米香型和与此相关的豉香型酒不在此列。兼香型、凤型、特型、馥郁型、老白干型、芝麻香型都是以三大基本香型为母体，以一种、两种或两种以上的香型，将制曲、酿酒工艺加以融合，结合当地地域、环境加以创新，形成自己独特的工艺，衍生出多种香型。以三大基本香型为基础，各香型之间相互学习、借鉴已普遍进行，有的是用多种香型酒组合、勾调，如清香、浓香、酱香组合；清香型酒可用大曲清香、麸曲清香或小曲清香组合；凤型、特型、芝麻香型、董型、米香型等与浓香型组合，都有产品问世。

1. 香型融合的典型范例

（1）芝麻香型　此香型于 1995 年制定了行业标准，2007 年成为国家标准（GB/T

20824—2007)。芝麻香型白酒采用高、中温曲混合使用；纯种曲与大曲并用；原料配比独特（以高粱为主，配以麸皮、小麦或玉米等）；酿酒工艺是高温润料或高温隔夜蒸料、高温堆积、高温发酵、高淀粉浓度；窖池以水泥、砖或条石砌成，全泥底；长期发酵，二次蒸馏；分楂摘酒；长期贮存等，许多工艺融合了酱香型、浓香型、清香型的典型工艺，使芝麻香型酒风格独特，别具一格。

（2）馥郁型（酒鬼酒）　此酒香型暂未有国标，但其香型已在鉴定会上被专家认可。酒鬼酒酿造工艺集清香型小曲酒和浓香型大曲酒工艺为一体，多粮颗粒原料、小曲培菌糖化、大曲配醅发酵、泥窖提质增香、粮醅清蒸清烧、洞穴贮存陈酿而成。生产酒鬼酒，在完成小曲培菌糖化工序后，转入大曲浓香型酿造发酵工艺，在入窖糟的排列上，沿用了小曲酒的方法，即窖面和窖底均为不投粮的糟醅，中间为三个大楂，底醅采用双轮底发酵增香蒸取调味酒，这部分的酒醅组分和浓香型不一样，所产的酒可能是产生酱（陈）香味的又一来源。大楂酒醅所投的粮食配料都经过了蒸熟及二次制曲的培菌工序，因此入窖时微生物数量及种类、理化分析结果都和浓香型大曲酒完全不同，估计酵母菌中产膜酵母较多，使发酵后产品中乙酸乙酯含量高。采用人工培窖技术，必然使酒中有相当的己酸乙酯，形成酒中己酸乙酯与乙酸乙酯含量近乎平行的独特量比关系。酒鬼酒是融合清香、浓香和部分酱香工艺的产品，以至酒质优美、芳香馥郁、独具一格。

（3）凤兼浓酒　为了适应市场的变化，西凤酒厂和太白酒厂在凤型酒土暗窖固态发酵、混蒸混烧老五甑工艺的基础上，通过技术创新，融合了浓香型酒部分生产工艺特点，生产出凤兼浓酒。该酒采用多粮制曲、多粮酿酒、中高温制曲、人工培窖、延长发酵周期、连续生产、酒海陶坛交替贮存等，融合了浓香型和凤型酒的典型工艺，使该酒香气馥郁，凤浓协调，绵甜柔和，余味悠长。

此外，兼香型酒中的浓兼酱、酱兼浓、清兼酱和市场上许多未标香型（企业标准）的畅销产品，都是香型融合的好产品。

2. 香型融合在浓香型酒中应用

（1）“一香为主，多香并举”　从生产规模和市场影响力来看，“浓、清、酱”三大基本香型仍是主体，但在产品、工艺、风格、口感等方面，都不同程度上与时俱进。大型名酒企业，以传统优势香型为主，开发其他香型，如泸州老窖兼并酱香型酒厂，茅台、汾酒、郎酒建浓香型酒车间，沱牌建酱香型酒车间等，许多大、中型酒厂都是“一香为主，多香并举”，产品你中有我，我中有你，优势互补，形成独特的风格。

（2）高温堆积　高温堆积、二次制曲是酱香型酒典型工艺，现在许多浓香型酒都在应用。如宜宾叙府酒业，在多粮浓香型工艺中进行高温堆积，堆积时严格注意堆积高度、堆积时间，尽可能地增加糟醅与空气接触面积，同时注意糟醅堆积的疏松度。并且在堆积过程中注意翻拌，尽量为微生物的二次自然接种创造条件。从高温堆积发酵和未堆积发酵的原酒的香味物质对比来看，前者的乙醛含量要高 0.6833g/L，乙缩醛含量高 0.888g/L，乙酸乙酯高 4.616g/L，醋鎓含量高 0.6833g/L，乳酸乙酯高 1.433g/L，总酸高 1.894g/L，异戊醇也比对照高；而对照窖己酸乙酯、己酸比试验窖显著要高。口感比较差异更明显，堆积后生产的原酒口感更加细腻、丰满、幽雅，后味酱香非常突出，有明显芝麻香，原酒风格得到明显改善。

（3）循环下沙　为避免热季高温，影响主体精华发酵，泸州老窖采用循环下沙工艺，在热季让其在窖内发酵期达三个月以上，酒体香味成分更加丰富。使用循环下沙工艺与传统浓香型白酒酿造工艺比较，以第4轮为例，其出窖糟醅升酸幅度提高66%。原酒口感酱香细腻、酒质香浓、口味醇厚、酒体丰满，质量明显优于对照样。

香型融合是提高产品质量、档次和开发新产品的有效技术措施。

七、成分剖析，贮存勾兑

（一）白酒的人工陈酿

如何采用人工陈酿、缩短白酒贮存期，以节省投资、减少酒损、加快资金周转和提高经济效益，各白酒企业、科研单位及大专院校数十年来都进行了科研和生产实践，采用高频电场法、磁处理法、超声波法、臭氧法、微波法、机械振荡法、冷冻法、温差处理法、激光照射法、红外线照射法、紫外线照射法、等离子处理法、钴-60辐照法、高压处理法、太阳能法、膜过滤法、树脂吸附法、非生物催化法、酶添加法、微生物菌体处理法等多种方法处理白酒，意图缩短贮存期，但取得实用效果者均未见后续报道。

（二）白酒成分剖析

中国传统固态发酵法白酒，香味成分十分复杂，数十年来（20世纪60年代始）历经纸层析、柱层析、气相色谱、气质联用等技术手段，至20世纪80年代末已检测出白酒中香味成分300余种，为白酒香型的确定、国标的制定、提高酒质、改进工艺、固液结合质量的提高等提供了较充分的科学依据，推动了生产发展。至2020年，因分析设备、技术的提高，白酒的风味物质已检出1000余种，进一步提高了对中国白酒的认识，推动了白酒质量的提高。

（三）白酒香型风格的确定

从1979年第二届全国评酒会开始，白酒评比按香型、生产工艺和糖化发酵剂分别编组，进行评比。由于各试点工艺的查定总结、白酒香味成分的剖析，从感官品评到理化成分确定了白酒的五大香型，即酱香型、浓香型、清香型、米香型及其他香型。20世纪80年代以来，其他香型中又分为凤型、药香型、兼香型、特型、豉香型和芝麻香型6种。在第三届评酒会上统一了几种香型描述的述语。在此基础上，国家于1989年在广泛征求意见的基础上先后制定了浓香型、清香型、米香型白酒的国家标准，使白酒质量标准化。1994—1996年又分别制定了凤香型、豉香型白酒的国家标准和芝麻香型、特香型及液态法白酒的行业标准。2010年后，又对一些标准进行了修订。

（四）白酒特性的研究

近年来，利用现代设备和技术，对中国白酒的特性和风味物质的构成进行了卓有成效的研究。

1. 白酒胶体特性的研究

多年来，研究中国白酒的特性，往往是从微量成分以分子、离子或它们有聚合体分散于乙醇—水体系出发的，忽视了它是具有胶体溶液的特性。将白酒通过滤纸与半透膜对比实验、电泳现象、浊度测定、电导率测定、电子探针扫描等试验，证实白酒酒体具有较高的电离度（电导率），这表明白酒尚有真溶液的物理特性，实验证明它确有布朗运动、丁达尔现象、电动现象中的电泳与聚结不稳定性现象等溶胶一般特性，以及在微观形态下酒体颗粒的尺寸在胶体状态范围内，故认为中国白酒属于一种胶体溶液状。他们还研究了白酒中胶粒的形成及白酒中的金属离子对白酒质量的影响。研究结果表明，在不同贮存期内白酒中的金属离子的变化存在明显的差异；基酒不同，金属离子的变化也不同，对白酒质量的影响也不同；铜、铁离子有去除新酒味的作用，可增加酒的老熟感。

2. 白酒风味物质的研究

白酒微量成分的检测，经历纸层析、柱层析、气相色谱、液相色谱、气质联用、气液联用等手段，已发现白酒中微量成分 1400 余种，包括醇类、酸类、酯类、氨基酸类、羟基化合物、缩醛、含氮化合物、含硫化合物、呋喃类化合物、酚类等。近年来，真空浓缩技术、液相萃取、正相色谱分离技术、固相微萃取、色谱闻香技术（GC/O）和香味抽提物稀释分析法（AEDA）技术已经开始被用于白酒香味成分的研究。应用 GC/O 和固相微萃取技术，在中国白酒中已发现了近 90 种的香味化合物。2006 年，范文来等人应用液相萃取从浓香型白酒中将风味物质萃取出来，然后，应用正相色谱分离技术，将香味化合物按极性分离，再运用 GC-MS 结合 GC/O 的方法，采用双柱定性，分析中国白酒中的呈香物质。应用该法一次性可以分析白酒中呈香化合物 92 个，一次性可检测出白酒中微量成分达 200 种以上。应用现代检测设备和技术，剖析中国白酒中的风味物质，弄清它们对白酒的作用，对推动中国白酒的发展具有重大意义。

3. 白酒指纹图谱

白酒指纹图谱技术，就是将白酒气相色谱分析图谱作为白酒的一个质量指标进行定义和研究，以达到白酒勾兑工艺更有依据，更高效，白酒标准更科学，更能表征白酒个性化的目的。刘炯光等认为要建立白酒指纹图谱至少需满足四个条件。

（1）色谱分析柱能分离出足够多的微量组分。

（2）分析稳定性好。

（3）分析时间不能太长。

（4）能进行指纹图谱的相似度比对。在白酒勾兑中使用白酒指纹图谱有两方面的作用：一是建立原酒及调味酒指纹图谱；二是建立目标酒样指纹图谱。根据图谱，按缺啥补啥的原则选取原酒和调味酒，对其进行多次组合，形成多个小样，对小样色谱图谱与标样图谱对照，再组合、再比对，直到满意为止，图谱对比时要与评酒员品评相结合，以相互印证，若印证失败，则说明指纹图谱未能全面反映出白酒的各种组分，还需进一步改进色谱分析技术。应用指纹图谱制定白酒质量标准，可使产品质量更稳定，还可进行产品真伪鉴别。

4. 白酒微观形态探讨

利用扫描探针显微镜的 AEM 功能，对几种优质浓香型成品白酒的微观形态做了探讨。从 AEM 扫描图可以看到浓香型成品白酒中的呈香呈味物质成分呈近似圆球状的颗粒形态，并且大小分布错落有致。吴士业选取 52%vol 泸州特曲，39%vol 五粮液，52%vol 剑南春（均为市售）及 50%vol 无水乙醇溶液，利用扫描探针显微镜 AEM 功能进行扫描，发现这些浓香型酒中有大分子聚集体，即溶胶，这就是扫描图中的颗粒形态。同时发现，不同优质白酒所含有的呈香呈味化学成分不同，特别是呈现主体香型化学成分有较大差别，所以优质成品白酒微观形态在颗粒大小、分布状态等方面呈现各自的特征。

汤秀华等提出一种基于微观形态的白酒鉴定方法，以白酒显微形态图象信息为桥梁，将白酒内在的、微观的变化规律和特点同白酒宏观的酒质级别关联起来，利用白酒显微形态信息从微观上把握白酒的分级。

（五）各级评酒，推动技术进步

中华人民共和国成立以来，1952—1989 年进行了五次全国性的评酒会。每次评酒活动不仅推动了生产和技术的发展，也起到了指导消费的作用，因此每届评酒的结果都显示了不同历史时期酒类生产的发展趋势和质量水平。至第五届全国评酒会，共评出全国名酒 17 种，其中浓香型占 9 个，酱香型占 3 个，清香型占 3 个，其他香型占 2 个；评出优质酒 54 种，涵盖各个香型。此外，各省、直辖市、自治区也分别进行了几届评酒，评选出地方名优白酒。白酒的评比促进了生产和地方经济的发展。

（六）勾调技艺的发展

白酒的勾兑调味在生产实践中早已应用，如酱香型白酒的 8 次发酵、7 次蒸馏所得酒的盘勾；浓香型白酒不同窖池、不同季节、不同糟别产酒的组合；清香型白酒的大楂、二楂酒的组合，这就是初始的勾兑。至 20 世纪 80 年代，轻工业部在成都举办首届浓香型白酒勾兑技术培训班，对全国白酒行业开展尝评勾兑工作、提高产品质量起到很大的推动作用。勾兑技艺从传统的用酒勾酒，到加入香料、调味液勾兑，发展到固液结合，充分利用固态法发酵白酒的副产物，技艺更精，勾兑的产品也越来越好。勾兑技术还应用到饮料、果露酒等生产中。

（七）白酒贮存中变化的研究

1. 浓香型原酒贮存期的变化

泸州老窖张宿义、张良等以泸州老窖不同贮存时间的原酒为酒样，对不同档次贮存半年、1 年、2 年、3 年、5 年的原酒进行检测。发现原酒在贮存半年至 1 年时羟基化合物（醛、酮类）呈下降趋势，之后随贮存时间的延长，又逐渐增加。醛类物质在半年至 1 年内，含量减少，随后醛含量呈上升趋势；醇类在贮存中有的下降有的上升，但趋势都不明显；有机酸在贮存 1~2 年内呈下降趋势，后开始上升，5 年后总酸大体趋于平衡；酯类在贮存期均呈下降趋势，有的降幅较大，有的降幅较小，3 年后基酒的酯类变化不大，酸酯逐渐趋于平衡，原酒贮存期变化的研究为原酒较适贮存期的制定提供了依据。

2. 低度白酒贮存中的变化

20 世纪 90 年代中期四川省食品发酵工业研究设计院有限公司与宜宾五粮液酒厂、古蔺郎酒厂和射洪沱牌酒厂合作，开展对低度曲酒贮存期变化的研究，共定量出酯类 30 种、酸类 11 种、醇类 24 种、醛酮类 5 种，取得 19800 多个数据。每隔三个月分析一次，同时结合感官尝评，从中发现了一些规律性的东西，初步掌握了降度酒和低度曲酒在贮存中微量成分的变化，了解到口感变化的原因。发现曲酒（包括浓香、酱香型）在贮存 1 年后，酒精含量略有降低，但变化不明显；低度酒的总酸量比降度酒总酸量增幅较大，且随时间的延长而增加；酯类在贮存中普遍降低，变化最大的是低沸点酯类（以己酸乙酯为最），高沸点酯类变化微小；醇类普遍呈上升趋势，但总的变化不大；乙醛含量降低，乙缩醛含量增加。说明低度白酒贮存中酯类水解是必然反应。

20 世纪 90 年代初五粮液酒厂唐万裕等运用毛细管，辅以填充柱，分析了 1972—1992 年出厂的五粮液、老陈调味酒、合格酒、尖庄酒等共 60 个样，发现新、老酒微量成分差异大。老酒色谱图中多一个二乙氧基甲烷峰，而新酒色谱图在该处是平滑直线，一般 5 年内的酒无此峰，随着酒龄的增加，二乙氧基甲烷的含量逐渐增加。

近年沱牌曲酒厂、泸州老窖等研究都证明白酒贮存中酯类减少，酸类增加的规律，特别是低度酒和降度酒变化更明显。

3. 不同容器贮酒效果

研究结果表明，不锈钢罐老熟比陶坛慢；贮存中总酸在 1 年内，随贮存时间的延长而下降，而总酯的含量则随之上升，后又发生水解反应，直到平衡；电导率随贮存期的延长下降，3 个月后趋于稳定，之后变化不明显；1，1-二乙氧基异戊烷和 1，2-丙二醇随贮存期的延长而增加，有人认为这两项指标可作为新酒老熟的重要指标。陶坛与不锈钢罐贮存同一个酒、同一贮存期，陶坛效果好于不锈钢。

（八）饮酒与健康的探讨

进入 21 世纪，随着人们生活质量的提高，饮酒与健康成为热门话题，颇受关注。最近几年有关中国白酒的功能性成分及其对人体的生理功能，许多酿酒工作者和医学专家进行了初步的研究。据许多资料报道，中国白酒的醇类、低分子有机酸及其酯类、高级脂肪酸及其酯类、酚类化合物、吡嗪类化合物、多元醇、微量元素、氨基酸、内酯类化合物等功能性成分，对人体健康有好处，只要科学饮酒，适量饮酒，合理饮酒，是会起到舒筋活血、增进食欲的作用。

中国名优白酒中微量香气、风味物质的生成与酿酒原料、制曲酿酒工艺、发酵设备、贮酒容器、酿造加浆用水等密切相关。过去许多书籍和文献中对白酒中酸、酯、醇、醛、酮等物质来源的认识，仅是从单一微生物的角度来研究，虽然对微量成分的种类和作用认识不断加深，检测的成分也从几十种发展到 1000 余种，发现对人体健康有益的成分由 10 余种增加到 100 余种，但仅是初步认识。实际上中国传统固态法白酒是混种发酵，参与发酵的微生物种类、数量、盛衰交替、相互作用远远没有搞清楚；微量成分之间的相互配伍、相互影响，进入人体后的代谢途径，与单一物质有何不同等更是空白。随着研究的逐步深入，对白酒香气、风味物质和对人体健康有益的成分会不断发现。

（九）固液结合，节粮增效

固液结合白酒在市场上占的比重越来越大，各厂利用酒厂副产物，酒醅、黄水、酒头、酒尾、窖泥、香醅等及技术上的优势，加之食用酒精、酒用香料质量和人工调配技艺的不断提高，固液结合白酒已占主导地位。据资料报道，1987 年时全国白酒产量中固液各半，20 世纪 90 年代后期已达 70%以上。通过多年实践人们已认识到固液结合生产白酒有许多好处：①液态白酒出酒率高，节粮降耗。②有效解决固态法白酒中的“杂味”。

③可根据市场需要灵活调整口味，不受香型束缚。④降低成本，增加效益。⑤产量、规模随意调整。⑥减少资金积压，缩短资金周转期。

八、 倡导低度，利国利民

国家从既有利于人民健康又能降低单位产品的耗粮出发，早在20世纪70年代中期就提出要积极发展40%vol以下的低度白酒。为鼓励企业生产，引导消费，于1979年第三届全国评酒会上，在首次参评的4个低度酒样中，评选出一个低度的国家优质酒。几年后，低度白酒发展缓慢，产量很小，品种单调。1987年国家经委、轻工业部、商业部、农牧渔业部在贵阳会议上，进一步明确我国酿酒工业必须坚持“优质、低度、多品种、低消耗”的发展方向，逐步实现“四个转变”。此后，低度白酒迅速发展，品种增多，香型齐全。1989年全国第五届评酒会，规定参评酒样酒精度必须在55%vol以下，参评低度白酒样品达128个，14个被命名为国家名酒，26种低度白酒被命名国家优质酒。低度白酒在销售中所占比重越来越大，低度白酒出现的“浑浊、味淡”通过同行共同努力，已完满解决。

20世纪90年代中期，白酒产量一度达到800多万千升，其中白酒低度化是不可忽视的因素，一是低度白酒生产技术相对成熟，质量不再是难题，在不增加生产班次的情况下，1kL 60%vol的白酒可以生产38%vol的白酒1.58kL，同时，随着市场需求的变化，原来认为不能生产或者不宜生产的香型、品牌也相继开发推广低度白酒，香型的融合更为低度白酒增添了后劲。随着国家宏观调控政策的出台，竞争加剧，一些企业把开发低度白酒，适应市场需求，作为寻求突破的主要手段之一。据统计，白酒总产量中40%vol以下占总量的36%，（40.1%~50%）vol占50%，50.1%vol以上的高度酒只占14%，60%vol以上的高度酒甚少，产品结构趋向合理。可见，低度、中度白酒已成市场的主流。白酒的降度、低度化已为我国广大消费者接受、习惯并喜爱。

低度白酒由于乙醇含量的减少，水的增加，许多化学反应要产生新的平衡，有合成与水解、氧化与还原、缔合与离解、凝胶与溶胶等各类反应。为了延缓低度白酒水解，酿酒工作者进行了大量的研究，使用高质量的原酒作基酒、高酸高酯基酒、添加阿拉伯胶、酒体稳定加速器和自然澄清等技术，取得了一定的效果。

九、 国标的制定和修订

（一）白酒国标制定的历程

20世纪80年代初，全国食品发酵标准化中心负责组织制定了当时已确认的3个香型的部颁标准，即《浓香型白酒及其试验方法》（QB 850—1983）、清香型白酒及其试验方法（QB 941—1984）、米香型白酒及其试验方法（QB 942—1984）。标准中除规定了感官、理化和卫生要求外，还规定了浓香型白酒中己酸乙酯的含量，清香型白酒中乙酸乙酯的含量，并且分别建立了己酸乙酯和乙酸乙酯的气相色谱分析方法。标准颁布实施后，推动了浓香型、清香型、米香型白酒技术进步和发展，由于标准中规定了气相色谱分析法，于是，气相色谱在白酒分析中的应用得到迅速的推广，为白酒香味成分的发现和定性定量起到重要的推动作用。20世纪80年代末，根据白酒行业的发展和需要，标准中心负责组织分别制定了白酒产品分析方法、检验规则、食用酒精和饮料酒标签等17项国家标准，即 GB/T 10781. 1 ~ 3—1989、GB 10343—1989、GB 10344—1989、GB/T 10345. 1—1989、GB/T 10346—1989。上述国标发布实施后，企业采用先进的分析手段除对最终产品进行检验外，还扩大应用到生产过程控制、制曲控制、贮存勾兑等诸多领域，保证和稳定了产品质量。随后除气相色谱仪外，质谱仪、液相色谱仪等先进检测设备亦逐步在白酒生产中应用。

20 世纪 90 年代，随着白酒工业不断发展，根据确立白酒新香型的原则，由中国酿酒工业协会组织论证后又确定了凤香型、豉香型、芝麻香型、特香型、浓酱兼香型、老白干香型等 6 个香型白酒。随后，由标准中心申报立项，负责先后组织制定了凤香型、豉香型、芝麻香型、特香型、浓酱兼香型、老白干香型白酒的国家标准或行业标准，各香型白酒的特征成分含量有了规定的指标，并建立了相应的气相色谱分析方法。另外，还制定了液态白酒行业标准。

进入 21 世纪，我国白酒工业发生了巨大变化，无论是高、低度酒结构的调整、产品质量的提高，还是包装装潢、技术装备和分析水平，都取得明显的进步。然而，随着生产和消费的发展与变化，有些国标（或行标）标龄太长，某些指标滞后，内容需要修改和调整。因此，由标准中心组织对浓香型白酒、低度浓香型白酒、清香型白酒、低度清香型白酒、米香型白酒、低度米香型白酒、饮料酒标签标准、白酒分析方法、白酒检验规则、食用酒精等国家标准进行了修订。GB/T 10781. 1 ~ 3—2006；GB/T 10346—2006 已于 2006 年 7 月 18 日发布，由于企业准备不及，上述标准延至 2008 年 1 月 1 日实施。凤香型白酒新国标（GB/T 14867—2007）、豉香型白酒新国标（GB/T 16289—2007）、液态法白酒国标（GB/T 20821—2007）、固液法白酒国标（GB/T 02822—2007）、特香型白酒国标（GB/T 20823—2007）、芝麻香型白酒国标（GB/T 20824—2007）、老白干香型白酒国标（GB/T 20825—2007）也已于 2007 年 1 月 19 日发布，于 2007 年 7 月 1 日起实施；此外，食用酒精新国标（GB 10343—2002）于 2002 年 9 月 1 日起实施；白酒分析方法新国标（GB/T 10345—2007）也已于 2007 年 1 月 2 日发布，2007 年 10 月 1 日起实施。浓酱兼香型白酒新国标（GB/T 23547—2009）、酱香型白酒国标（GB/T 26760—2011）、白酒工业术语国标（GB/T 15109—2008）、白酒企业良好生产规范（GB/T 23544—2009）、食品安全国家标准 蒸馏酒及其配制酒（GB 2757—2012）、食品安全国家标准 食品生产通用卫生规范（GB 14881—2013）、饮料酒分类新国标（GB/T 17204—2021）等均已陆续公布并实施。

（二）新国标与原国标的差异

1. 范围

新国标规定了××香型白酒的术语和定义、产品分类、要求、分析方法、检验规则和标志、包装、运输、贮存。新标准适用于××检验与销售。原国标的范围只规定了香型的技术要求，未含新标准的上述内容。

2. 引用标准

原国标只引用了 GB 10345、GB 2757 两个标准；新国标在规范性引用文件中，共引用了 7 个相关标准的规定，并构成该产品标准的一部分内容，引用的标准均未注明标准的年代号，使用标准的各方应以标准的最新版本为准。

3. 术语和定义

新国标对各香型白酒的术语和定义更详细、准确。如对浓香型白酒、清香型白酒、米香型白酒，新国标旨在保护民族传统产品的质量特色和信誉，保护好民族瑰宝，故此3个标准只针对按传统固态（或半固态）发酵工艺酿制的白酒产品，并规定不得添加食用酒精和非白酒发酵产生的呈香呈味物质，而固液法、液态法白酒不在此列。

4. 产品分类

原标准将高度酒和低度酒分开，一个香型两个标准；新标准则按产品的酒精度分为高度酒［（41%~68%）vol］和低度酒［（25%~40%）vol］，一个香型只有一个标准。

5. 要求

（1）感官要求中加上一条：当酒温低于10℃以下时，允许出现白色絮状沉淀物质或失光，10℃以上应逐渐恢复正常。这个规定是结合中国传统固态（或半固态）发酵白酒的特色而制定，更切合生产实际。

（2）理化要求，酒精度以“%vol”表示，符合国际标准；总酸只规定了下限，总酯下限做了适当调整；特征指标（己酸乙酯、乙酸乙酯、乳酸乙酯、β-苯乙醇等）根据市场变化，对下限做适当调整。

（3）卫生要求，2006年标准修改中将“杂醇油”指标取消。

（4）净含量，原标准中没有。第75号令规定，采用体积表示的包装商品，净含量为300~500mL的允许短缺量为3%，净含量为500~1000mL的允许短缺量为15mL。

6. 分析方法、感官要求、理化要求

检验按GB/T 10345执行。原标准检验方法采用GB 10345.1~8；新标准GB/T 103452007代替GB 10345.1~8；由强制性标准改为推荐性标准。

“白酒分析方法”系列国标，在内容上做了不少修改。其余净含量的检验、检验规则和标志、包装、运输、贮存、标签要求等也有新的规定。

十、发展循环经济，促进行业持续发展

发展循环经济是落实科学发展观，实现经济增长方式根本性转变的一项重大战略决策。2006年6月25日中国酿酒工业协会组织的“全国白酒产业循环经济经验交流会”在宜宾五粮液集团公司召开，来自国家发改委、中国酿酒工业协会以及茅台、汾酒、郎酒、宋河、洋河、古井贡等全国白酒50强企业参加了会议，交流了发展循环经济的经验。会议指出了酿酒行业发展循环经济的特点与优势，讨论了酿酒行业发展循环经济的必要性和可行性。

酿酒行业通过10余年的努力，在副产物综合利用、发展循环经济方面做出了显著成绩。主要措施是：采用先进工艺和现代技术降低粮耗，提高出酒率；将丢糟二次发酵，利用其残余淀粉；利用超临界CO_2从黄水、底锅水中萃取酒用呈香呈味物质；利用黄水提取乳酸、养窖、制窖泥；蒸馏冷却水和洗瓶水循环综合利用；丢糟燃烧后制成白炭黑；底锅水、污水沼气发酵，并用沼气燃烧锅炉；应用PET包装技术与设备，降低资源消耗；创新“生态工业产业园区”等。取得良好的经济效益、社会效益和环保效益，逐步实现人与自然、人与社会的和谐发展。

清洁生产是我国工业可持续发展的一项重要战略，也是实现我国污染控制重点由末

端治理向生产全过程控制转变的重大措施。2007 年国家环境保护局制定了白酒制造业清洁生产的行业标准，考虑到白酒制造业产品香型多、工艺复杂的特点，此标准根据不同香型分别给出相应的清洁生产技术标准数据。白酒的清洁生产指标分为六类：即资源能源利用指标、产品指标、污染物产生指标（末端处理前）、生产工艺与装备要求、废物回收利用指标和环境管理要求、白酒制造业清洁生产标准的制定，促使企业从源头削减污染，提高资源利用率，减少或者避免生产、服务和产品使用过程中污染物的产生和排放，以减轻或者消除对人类健康和环境的污染。

十一、 重视科研， 培养人才

为配合酿酒事业发展，我国不少大专院校、中专、技校陆续设立了相关专业，如江南大学（无锡轻工业学院）、北京工商大学（北京轻工业学院）、陕西科技大学（西北轻工业学院）、天津科技大学（天津轻工业学院）、四川轻化工大学（四川轻化工学院）、四川大学锦江学院、四川轻工业学校（四川工商职业技术学院）等曾经专门设置了发酵工程专业，一些综合性大学也设立了生物工程系，使我国酿酒技术队伍逐年扩大。原轻工部、国家食协及省、直辖市、自治区均举办多种形式的技术培训班，为酿酒技艺的传承、发展与职工队伍素质的提高，发挥了巨大的作用。

数十年来，从中央到地方都先后设立了有关酿酒、发酵工程的研究（院）所，许多酒厂也建立了自己的科研机构，取得了许多有实用价值的研究成果，如糖化酶、活性干酵母、人工培窖、计算机架式制曲、醇酸酯化、计算机勾兑、低度白酒生产、固液结合等，不胜枚举，这些成果应用到生产中，对整个酿酒事业的发展、增加财政收入都发挥了重要的作用。一些地方还建立了国家职业技能鉴定所，专门对酿酒企业的职工进行培训和技能考核鉴定，更加重视职工队伍的培养。

近 10 年来，虽然国家对白酒科研经费投入较少，但名酒大型企业、科研院所、大专院校利用自筹资金或各种渠道争取的支持，从未间断白酒行业的科学研究和技改工作，并取得了如上所述的许多重大成绩。2007 年 3 月，中国酿酒工业协会提出了“中国白酒 169 计划”。该计划是由中国酿酒工业协会牵头，院校为攻关主体，相关企业共同参与的一个联合体，是国家提倡的产、学、研合作的新模式。“中国白酒 169 计划”是中华人民共和国成立以来中国白酒行业规模最大的科研项目，研究范围广、技术构成复杂。该项目着重在中国白酒健康成分、白酒特征香味物质、贮存对白酒品质的影响、重要呈香呈味物质形成机理、白酒香味物质阈值测定及白酒年份酒等六个方面重点进行研究。此计划的实施，将推动白酒科研向深度发展。

白酒业人才培训逐年增加，除专业院校培养本科生、研究生外，近年来更加重视对生产第一线工人的培训，各地成立了国家职业技能鉴定所（站），培训和审定了一大批高级工、技师和高级技师。白酒工业这一民族传统产业将后继有人。

以上综述仅是将手头资料加以汇集、整理。白酒行业与其他行业一样，以科学发展观为指导，生产技艺传承、创新、发展，与时俱进。

第二章　酿造浓香型白酒的原辅料

第一节　酿造用水

酿造用水是在制曲时拌料，微生物培养，酿酒原料浸泡、糊化、稀释，设备及工具清洗，成品酒加浆降度等的用水，与原料、半成品、成品直接接触。

一、 水质对酒质的影响

酿造用水与微生物生长、酶的形成和作用，以及酒醅的发酵直至成品酒的质量密切相关，使用优质的水来生产优质的白酒，是酿酒企业在整个工艺过程中质量保证体系的重要环节。

1. 水质对微生物的影响

水主要通过影响微生物代谢，而影响香味物质的形成和积累，最终对酒体风味产生影响。水是微生物生命活动重要的营养要素，其重要作用表现在：

（1）水是一种优良的溶剂，不仅是运输营养物质、代谢产物的媒介，而且是微生物体内几乎所有生化反应的媒介。

（2）水是微生物的重要组成部分，维持大分子稳定及细胞形态。

（3）水的比热容高，能有效地吸收微生物代谢过程中放出的热量又不使细胞内温度明显波动，故能有效地调节细胞内温度的变化。

此外水中若存在以下成分也会对微生物有重要影响：如氮元素、磷元素、钾离子能促进微生物的生长；钙离子、镁离子对微生物酶的形成和作用有重要影响；铅离子、砷离子、汞离子、锰离子、铬离子、镉离子、硫化物、氰化物、氟化物等对微生物的生长代谢有毒害作用，对发酵造成不良影响。

2. 水质对酒体风味的影响

水质对白酒风味的影响主要来自水中的金属离子，如钙离子、镁离子、钾离子、铝离子、铁离子、锰离子等，这些离子均会影响酒中电解质平衡，从而影响酒体的风味，对白酒的老熟和酒体风味特征的形成起着较重要的作用。

例如水中含钙、镁盐过多，会引起酒沉淀，造成白酒口味粗糙，给白酒带来刺激味；铁离子、铜离子去新酒味明显，并能增加新酒老熟感，但铁离子过多有明显的“铁腥味”；适量的钾离子能增加酒体陈味感、纯甜感；钠离子、钾离子含量过高，使酒体缺乏柔和感；铝离子过量会使酒体出现涩感，金属盐在酒中多数呈苦、涩、咸，使酒的香气减弱。

加浆用水以低矿化度的矿泉水为佳。由于矿泉水味道甘美，用之加浆会使酒味醇厚甘甜，尾味爽净，饮后会使人心旷神怡。

3. 水质对酒体稳定性的影响

白酒是胶体溶液。溶胶是动力学上的稳定体系，由于它的颗粒较小，布朗运动及胶团相互排斥，可使胶粒不下沉，同时多碳的脂肪酸具有增溶作用，所以溶胶在相当长的时间内是稳定的。但加入带电荷的电解质中和了胶团外层的电荷，使胶团间斥力减小，使胶团聚集而沉淀。这种聚沉现象对白酒外观质量和酒体风味产生影响。

水中含有的各类物质对酒体的稳定性产生较大的影响，常见如钙盐、镁盐、铁盐、铜盐、锌盐、游离氯等。

白酒加浆时，若使用含钙、镁离子（尤其是钙离子）浓度高的水时，白酒体系中发生一系列变化，首先是钙离子与羧酸根生成难溶的盐，开始是胶体状态，经贮存一段时间后，转变成沉淀。

$$2RCOO^- + Ca_2^+ \rightarrow (RCOO)_2Ca$$

伴随而来的是，白酒体系中的有机酸电离：

$$RCOOH \rightarrow RCOO^- + H^+$$

有机酸电离后，有机酸的浓度下降，打破了酯化反应的平衡：

$$RCOOR' \rightarrow RCOOH + R'OH$$

反应向右移动，酯的含量降低，酒的风味、口感便会发生变化，同时 $RCOO^-$ 与一些金属离子结合，降低了浓度，白酒溶胶的稳定剂减少了，溶胶的稳定性便会下降。

二、 酿造用水的要求

白酒生产过程中，酿造用水要达到国家规定的饮用水标准。

1. 我国生活饮用水标准

酿造用水应符合我国生活饮用水的卫生标准 GB 5749—2022。

2. 酿造用水要求

白酒酿造用水（加浆水除外）应符合生活饮用水的标准，并在以下几个方面高于生活饮用水水质标准。

（1）pH6.8~7.2。

（2）总硬度（以碳酸钙计）125~214mg/L（7~12°dH）。

（3）硝酸态氮 0.2~0.5mg/L 以下。

（4）无致病菌及大肠菌群。

（5）游离余氯量在 0.1mg/L 以下。

3. 白酒酿造用水实例

许多名酒厂多选用井水、泉水或河水酿酒。如泸州南城有“龙泉井”，300 余年前泸州老窖大曲酒第一家作坊即建于此；剑南春酒采用城西“诸葛井”酿制；汾酒、古井贡酒、西凤酒等也均选用井水；川南的郎酒采用“郎泉”酿制；洋河大曲酒选用当地的“美人泉”；茅台酒选用赤水河上游河水酿制。

三、 白酒降度用水

降度用水是高度白酒勾兑用水（又称加浆）及由高度原酒制成低度白酒时稀释用水的总称。

1. 降度用水的要求

降度用水水质的好坏直接影响到酒的质量，白酒降度用水具体要求如下。

（1）外观　无色透明，无悬浮物及沉淀物。降度用水必须是无色透明，如呈微黄，则可能含有有机物或铁离子太多；如呈浑浊，则可能含有氢氧化铁、氢氧化铝和悬浮的杂质；静置24h后有矿物质沉淀的便是硬水，这些水应处理后再用。

（2）口味　把水加热到20~30℃，用口尝应有清爽的感觉。如有咸味、苦味不宜使用；如有泥臭味、铁腥味、硫化氢味等也不能使用；加热至40~50℃的挥发气体用鼻嗅之，如有腐败味、氨味、沥青和煤气等臭味的，均为不好的水，优良的水应无任何气味。

（3）pH　pH呈中性的水最好，一般弱酸性或弱碱性的水也可使用。

（4）氯含量　靠近油田、盐碱地、火山、食盐场地等处的水，常含有大量的氯，自来水中往往也含有活性氯，极易给酒带来不舒适的异味。按规定，1L水里的氯含量应在30mg以下，超过此限量，必须用活性炭处理。

（5）硝酸盐　如果水中含有硝酸盐及亚硝酸盐，说明水源不清洁，附近有污染源。硝酸盐在水中的含量不得超过3mg/L，亚硝酸盐的含量应低于0.5mg/L。

（6）腐殖质含量　水中不应有腐殖质的分解物质。由于这些腐殖质能使高锰酸钾脱色，所以鉴定标准是以10mg高锰酸钾溶解在1L水里，若20min内完全褪色，则此水不能用于降度。

（7）总固形物　含量应在500m/L以下。凡钙、镁的氯化物或硫酸盐都能使水味恶劣，碳酸盐或其他金属盐类，不管含量多少，都会使水的味道变坏。比较好的水，其固形物含量只有100~200mg/L。

（8）硬度　白酒降度用水要求总硬度（以碳酸钙计）在80mg/L（4.5°d）以下。硬度高或较高的水需经处理后才能使用。用硬度大的水降度，酒中的有机酸与水中的钙、镁盐缓慢反应，将逐渐生成沉淀，影响酒质。

2. 降度用水处理方法

根据上述关于降度用水的要求及各种水源水质的情况，很多原水应经处理后才能用于白酒降度。包括自来水在内的有些水似乎清澈透明，但实际上含有这样或那样不符合降度用水要求的杂质。

（1）不良杂质的类型

生物：微生物、藻类、原生动物等。

非生物：有机物及无机成分，有的原水还带有泥沙等杂质。

（2）杂质存在的状态

悬浮状态：如藻类、碎树叶、泥沙等悬浮在水中，使水呈不同的颜色，通常呈黄色或棕黄色，或使水浑浊。用这种水稀释白酒，必然使酒色泽不正，并带有泥腥臭等气味。如果水有腐败臭，则成品酒不堪入口。

呈胶体状态：以较小的微粒存在。

呈溶解状态：如氨、硫化氢、酚等挥发成分溶解在水中，呈其特有的臭味；有些无机成分及其盐类在水中含量较高时，也影响低度白酒的香气和口味，例如铁臭味等。很多无机物本身就有呈味作用。水中的钙、镁等离子可呈晶状沉淀或悬于酒中。有的厂不具备水处理的条件，在用硬度较高的水稀释白酒后，应保证有充分澄清的时间，一般在30d 以上。待贮酒容器底部析出白色沉淀物后，再进行过滤、装瓶。或在高度原酒入库后立即加水，以避免瓶装低度白酒出现白色沉淀现象。硬度过高的水一定要经软化后才能作降度用水。

（3）原水处理方法

①砂滤、炭滤、曝气法：适用于处理浑浊及有机物含量较高的原水，作为进一步处理水的前处理。

这是一种传统的简单方法，采用容量为 400～1000L 瘦高形的沙缸、木桶等，在桶底出水口上方装有假底，上垫竹席并铺 1 层棕垫，再顺次放上小石、细沙、棕垫、木炭、粗沙、棕垫及小石，其中细沙及木炭层宜厚一些。小石、粗沙及细沙的主要作用是除去水中的混杂物，使水变清。木炭具有脱色、脱臭的吸附功能，但时间长了会达饱和状态。小石及砂粒间的脏物积聚多了会使过滤速度下降。因此，使用 10～14d 后，要将桶内物料取出冲洗一下再用。一般应准备几个桶轮换使用。正常使用时，原水通过桶上方的布水器将水喷成细雾，使水缓慢地通过过滤层。由于水接触大量空气，使水溶性的二价铁氧化成难溶性的三价铁。现在基本上已经采用过滤机械了。少数小酒厂还采用此法。

②凝集法：往原水中加入氯化铝或硫酸铝，使水中的胶质及细微物质被吸着成凝集体。该法一般与过滤器联用。

③煮沸法：在任何容器中，将暂时硬度较高的原水常压煮沸几十分钟后，形成碳酸钙自然沉淀，再采用倾析法得处理水。如果在煮沸过程中能不断搅拌或通入压缩空气进行搅拌，则效果更好。若原水中含重碳酸镁较多，则由于煮沸时生成的碳酸镁沉淀速度很慢，且溶解度随水温下降而增高。因此必须在煮沸后立即过滤，或加凝聚剂一并过滤。

④砂滤棒过滤：原水用泵压入过滤器，使水中的有机物及微生物等被砂滤棒的微孔截留在砂滤棒表面，水进入棒芯内由出口排出。硅藻土砂滤棒使用一定时间后，应进行清洗。先取出棒芯用水砂纸擦去表面污垢层，擦至砂芯恢复原色后，再安装好并用纯水压滤干净，即可再用。若污垢较重，可用硫酸 5%、硝酸钠 2%、蒸馏水 93%配成的洗液处理。即将棒芯在洗液中浸泡 12～14h 后，再用清水洗净，安装好并用清水或蒸馏水压滤至水洁净、无酸根，即可再用。

玻璃砂芯可在清水中洗净内外壁，安装后再用纯水压滤干净，即可再用。

⑤活性炭吸附：活性炭表面及内部布满平均孔径为 2～5nm 的微孔，能将水或酒中的细微胶体粒子等杂质吸附。再采用过滤的方法将活性炭与水或酒分离。活性炭的用量通常为 0.1～1g/L。现在市场上也有酒类生产专用活性炭出售。

⑥离子交换法：采用离子交换树脂与水中的阴阳离子进行交换反应，再用酸、碱液冲洗等再生法将离子交换树脂上的钙、镁等离子除去后，即可继续运转。

阳离子交换树脂分为强酸型和弱酸型两类；阴离子交换树脂分强碱型、弱碱型及中碱型等种类。若只需除去水中的钙、镁等离子时，可选用弱酸型阳离子交换树脂；若还需除去水中的氢氰酸、硫化氢、硅酸、次氯酸等，则可选用弱酸型阳离子交换树脂及强碱型阴离子交换树脂联用，或强酸型和弱碱型联用。

通常含氯量高的自来水应先经活性炭吸附，再从树脂柱的顶部通入，每 1h 的出水量为树脂体积的 10~20 倍。

树脂的再生方法为，先用相当于树脂体积 1.5~1.7 倍的纯水进行反洗，时间为 10~15min。然后用再生剂冲洗，阳离子交换树脂一般用盐酸或硫酸作再生剂，阴离子交换树脂通常用氢氧化钠为再生剂。再生剂的具体浓度、温度以及冲洗时的流速、流量、时间等条件，以再生后达到的处理水的水质要求而定。最后，再用纯水正洗，纯水用量为树脂体积的 3~12 倍。

上述 6 种方法，无一是完美的。如煮沸法能耗较高，效果也不甚理想；单用凝集法，处理后的水涩味较重，不宜用于降度；有些方法只能作为其他方法的预处理等。

⑦反渗透法：反渗透装置是脱除水中盐分和各种杂质及膜分离进行水处理的设备。它可以有效地除去原水中溶解的离子，除去有机物大分子以及病毒、细菌等有害污染物。其特点是：操作自动化程度高；低压水自动停机；高压满水自动停机；自动控制器定时冲洗前置滤料；自动水质检测；占地面积少；能耗低；无污染；工艺简单；水质高；易操作维护；去除率高，溶解性盐类 97%以上，有机物 98%以上，胶体、细菌、热源 98%以上。

⑧全自动软水机：该机主要应用于去除水中的钙、镁、铁等金属离子，降低水的硬度。处理后的水可用于低压锅炉用水、食品厂及饮料厂配料用水、酒厂洗瓶用水、酒厂勾兑用水等。该机采用卫生、无毒的优质玻璃钢制作，主机部分配有自动装置，能够自动反冲、清洗、再生，大大降低了操作劳动强度。本机使用高分子材料，通过树脂的选择交换吸附性能，达到离子交换目的，降低水的硬度。

目前，酒厂加浆用水的处理方法大多采用“反渗透法”和“全自动软水机”。

第二节　制曲原料的种类及特性

一、 制曲原料基本要求

根据白酒酒曲作用和制作工艺特点，其原料应符合如下要求。

1. 要适于有用菌的生长和繁殖

大曲中的有用微生物为霉菌、细菌及酵母菌等，这些菌类的生长和繁殖，必须有碳源、氮源、生长素、无机盐、水五大类营养素，并要求有适宜的 pH、湿度、温度及必要的氧气等条件，故制曲原料应满足有用微生物生长的上述要求。例如制大曲的大麦及大米等原料，除富含淀粉、维生素及无机元素外，还应含有足以使微生物生长的蛋白质。又如为了使曲坯具有一定的外形，并适应培曲过程中品温升降、散热、水分挥发、供氧的规律，则须考虑曲料的黏附性能及疏松度，并注意原料的合理配比。此外，对于多种菌的共生，应兼顾各自的生理特性。凡含有抑制有用菌生长成分的原料，不宜使用。

2. 适于产酶

白酒酒曲是糖化剂或糖化发酵剂。故除了要求成曲含有一定数量的酿酒有用微生物外，还需积累多种大量的胞内酶和胞外酶，其中最主要的是淀粉酶。而此类酶多为诱导酶，故要求制曲原料中含有较大量的淀粉，以及促进淀粉酶类形成的无机盐。蛋白质也是产酶的必要成分，故制曲原料应含有适宜的蛋白质。

3. 有利于酒质

酿酒生产过程中大曲用量较大，制曲原料和成品曲也是酿酒原料的一部分。大曲原料的成分及制曲过程中生成的许多成分，都直接或间接与酒质有关。另外，制曲原料不宜含有较多的脂肪，这也是与酿酒原料的相同之处。

二、 制曲原料的种类及性质

浓香型白酒大曲的原料主要有小麦、大麦、豌豆等，主要原料的成分比较如表 2-1 所示。

表 2-1　　大曲主要原料的成分比例

名称	淀粉/%	粗蛋白/%	粗纤维/%	粗脂肪/%	灰分/%
小麦	61.0~65.0	7.2~9.8	2.5~2.9	1.2~1.6	1.7~2.9
大麦	61.0~62.5	11.2~12.5	1.9~2.8	7.2~7.9	3.4~4.2
豌豆	45.2~51.5	25.5~27.5	3.9~4.0	1.3~1.6	3.0~3.1

1. 小麦

含淀粉量最高，富含面筋等营养成分，含氨基酸 20 多种，维生素含量也很丰富，黏着力也较强，是各类微生物繁殖、产酶的优良天然物料。若粉碎适度，加水适中，则制成的曲坯不易失水和松散，也不至于因黏着力过大而存水过多。小麦中的碳水化合物，除淀粉外，还有少量的蔗糖、葡萄糖、果糖等（其含量为 2%~4%），以及 2%~3%的糊精。小麦中蛋白质的组分以麦胶蛋白和麦谷蛋白为主，麦胶蛋白中以氨基酸为多。这些蛋白质可在发酵过程中形成香味成分。故五粮液、剑南春酒等，均使用一定量的小麦。但小麦的用量要得当，以免发酵时产生过多的热量。

2. 大麦

黏结性能较差，皮壳较多。若用以单独制曲，则品温速升骤降。与豌豆共用，可使成曲具有良好的曲香味和清香味。青稞又名稞大麦，是大麦品种的变种。其耐寒性强，生长期短，可种植于海拔 3000m 以上的地区。大麦和青稞有 4 棱、6 棱之分。青稞与大麦不同处是籽粒与颖壳能脱离，即不带谷壳。青稞的色泽和形状也多种多样，有黄、褐、紫蓝、黑色和椭圆、卵形、长形之分，青稞多为硬质，籽粒的透明玻璃质在 70%以上，蛋白质含量在 14%以上，淀粉含量为 60%左右，纤维素含量约 2%。

3. 豌豆

黏性大，淀粉含量较大。若用以单独制曲，则升温慢，降温也慢。故一般与大麦混合使用，以弥补大麦的不足。但用量不宜过多。大麦与豌豆的比例，通常以 3∶2 为宜。也不宜使用质地坚硬的小粒豌豆。若以绿豆、赤豆代替豌豆，则能产生特异的清香。但因其成本较高，故很少使用。其他含脂肪量较高的豆类，会给白酒带来邪味，不宜选用。

第三节　酿酒原料的种类及特性

从酿酒原理上讲，只要含淀粉和可发酵性糖或可转化为可发酵性糖的原料，均可用来酿酒。所以酿酒的原料颇多。传统浓香型白酒的酿造主要使用粮谷原料，包括高粱、玉米、大米、糯米、小麦等。在粮谷原料中，不同原料产出的酒，风格差别也较大。白酒界有“高粱产酒香、玉米产酒甜、大米产酒净、糯米产酒绵、小麦产酒冲”的说法，概括了几种原料与酒质的关系。

一、酿酒原料的基本要求

对酿酒原料总的基本要求，可归纳为以下 3 项。

1. 名优大曲酒原料

一般列为国家名优酒的大曲酒，必须以高粱为主要原料，或搭配适量的玉米、大米、糯米、小麦等。

2. 粮谷原料

粮谷原料以糯者为好。要求籽粒饱满，有较高的千粒重，原粮水分在 14%以下。

3. 对酿酒原料的一般要求

优质的酿酒原料，要求其新鲜，无霉变和杂质，淀粉或糖分含量较高，含蛋白质适量，脂肪含量极少，单宁含量适当，并含有多种维生素及无机元素。果胶质含量越少越好。不得含有过多的含氰化合物、番薯酮、龙葵苷及黄曲霉毒素等有害成分。

二、主要原料的成分及特性

1. 高粱

高粱又称蜀黍、红粮等，是我国浓香型白酒酿造的主要原料，其淀粉含量较高，易于发酵，而内部所含的脂肪和蛋白质含量的比例也十分平衡，不容易产生邪杂味。高粱中含有适量的单宁，在酿酒过程中会产生丁香酸和丁香醛等香味物质，这就可以增加白酒的芳香风味。根据所含淀粉结构，高粱分为粳高粱和糯高粱，成分如表 2-2 所示。二者总淀粉含量相差无几，为 60%~72%，但糯高粱淀粉几乎全部为支链淀粉，而粳高粱淀粉中，直链淀粉占 13%以上。研究表明糯高粱更适于浓香型白酒酿造。粳高粱在糊化后易出现老化回生现象，阻碍微生物对淀粉的利用，最后影响原酒的出酒率以及酒质。糯高粱的吸水率、糊化率以及黏稠度等糊化特性要更佳，淀粉的利用率高，故此所酿出来的酒相对来说风味香气更为出众。

表 2-2　糯高粱与粳高粱的成分含量比较

名称	淀粉/%	直链淀粉/%	脂肪/%	粗纤维/%	粗蛋白/%	灰分/%	单宁/%
糯高粱	71.1	—	4.4	1.4	8.8	1.9	1.4
粳高粱	70.2	13.3	3.0	1.6	8.0	1.3	0.1

2. 大米

大米的淀粉含量较高，蛋白质及脂肪含量较少。故有利于低温缓慢发酵，成品酒也较纯净。大米是稻谷的籽实。大米有粳米和糯米之分，具体成分比较如表2-3所示。一般粳米的蛋白质、纤维素及灰分含量较高，而糯米的淀粉和脂肪含量较高。各种大米又均有早熟和晚熟之分，一般晚熟稻谷的大米蒸煮后较软、较黏。粳米淀粉结构疏松，利于糊化。但如果蒸煮不当而太黏，则发酵温度难以控制。大米在混蒸混烧的白酒蒸馏中，可将饭的香味成分带至酒中，使酒质爽净。故五粮液、剑南春酒等名酒均配用一定量的粳米；三花酒、玉冰烧、长乐烧等小曲酒均以粳米为原料。糯米质软，蒸煮后黏度大，故须与其他原料配合使用，使酿成的酒具有甘甜味。

表2-3　糯米与粳米的成分含量比较

名称	淀粉/%	直链淀粉/%	脂肪/%	粗纤维/%	粗蛋白/%	灰分/%
糯米	70.9	2.1	2.2	0.3	6.9	0.3
粳米	68.1	17.0	1.6	0.5	9.2	0.9

3. 小麦

小麦既可用于制曲，还可用于酿酒。性质及特点前文已述。

4. 玉米

玉米也称玉蜀黍、苞谷、苞米等。玉米有黄玉米和白玉米、糯玉米和粳玉米之分。通常黄玉米的淀粉含量高于白玉米。玉米的胚芽中含有大量的脂肪，若利用带胚芽的玉米制白酒，则酒醅发酵时生酸快、升酸幅度大，且脂肪氧化而形成的异味成分带入酒中会影响酒质。故用以生产白酒的玉米必须脱去胚芽。玉米中含有较多的植酸，可发酵为环已六醇及磷酸，磷酸也能促进甘油（丙三醇）的生成。多元醇具有明显的甜味，故玉米酒较为醇甜。不同地区玉米的主要成分含量略有不同。玉米的半纤维素含量高于高粱，因而常规分析时淀粉含量与高粱相当，但出酒率不及高粱。玉米组织在结构上因淀粉颗粒形状不规则，呈玻璃质的组织状态，结构紧密，质地坚硬，故难以蒸煮。但一般粳玉米蒸煮后不黏不糊。

三、注意事项

1. 注意原料的成分

对酿酒原料的成分应加以认真分析，弄清原料中的有用及有害成分的含量，并注意有用成分之间的比例。对有害成分，应在原料预处理、浸泡、蒸煮、蒸馏等工序设法除去。要求原料无虫蛀，无霉变，颗粒饱满，淀粉含量高，水分少；同时要尽量保持原料的相对稳定。应根据不同原料的特性，采用相应的菌种和工艺条件，例如在由单粮（一般是高粱）原料改用多粮时，因原料淀粉含量有变化，因此入窖品温、水分应相应调整。原料要分品种、数量、产地、等级分别储存，注意防雨、防潮、防鼠耗，注意通风，防霉变、防虫蛀，禁止与有害物质同储存，防止高温烂粮，有问题的原料要及时处理。

2. 注意原料的外观质量

(1) 对含土及杂物多的原料，应进行筛选，以免成品酒带有明显的辅料味及土腥味。

(2) 原料的入库水分应在14%以下，以免发热霉变，使成品酒带霉、苦味及其他邪杂味。对于产生部分霉变和结块的原料，要加强清蒸，蒸酒时注意合理地掐头去尾，摘取酒精度较高的原酒，并适当地延长贮存期等。对于霉腐严重的原料，其成品酒的邪杂味难以根除，可采用复馏的办法使酒质得以改善。切勿使用不良原料生产名优白酒。

霉变的原料中含有霉菌毒素，已知的霉菌毒素有100多种，其中致癌性最强的是黄曲霉毒素。如果使用含有霉菌毒素的原料酿制白酒，可能一部分在蒸馏时由水蒸气带入酒中，而大部分则残留在酒糟中，用它作为饲料后，会造成循环污染。

3. 注意原料的农药残存问题

尽量不使用残留有六六六、滴滴涕等农药的原料，如果原料中含有则可采取蒸煮前浸泡等措施，尽量减少其转入酒和酒糟中。农药残存问题越来越受到消费者重视。

第四节　稻壳的特性及作用

在浓香型白酒酿造中，稻壳作为辅料用量很大，一般为投粮的20%以上，具体根据糟醅的理化指标情况进行合理调整。稻壳的质量好坏直接影响到酒的质量。如果稻壳质量差、带异味，将会直接使发酵好的优质酒变成劣质酒，给企业造成重大的损失。

一、 稻壳的作用

在传统的固态白酒发酵中，稻壳是优良的辅料。它的积极作用主要有：对糟醅起疏松作用，使酒醅能保持一定的含氧量和疏松度，增大接触面积，促进糖化发酵、蒸煮蒸馏等工艺顺利进行；对糟醅起调节浓度作用，调剂糟醅的淀粉浓度、酸度、水分含量，有利于酒醅的正常升温，提高出酒率和酒质。

二、 稻壳的主要成分及特性

稻壳的主要成分如表2-4所示，主要由纤维素、木质素、五碳糖聚合物（多缩戊糖）和灰分组成，还含有少量的蛋白质、脂肪，这些成分含量会因稻谷的品种、生长的地区以及气候的差异而变化。

多缩戊糖水解后脱水缩合生成一定量的糠醛，糠醛具有一定毒性，且给白酒带来糠腥味、涩味等，对白酒品质有不良影响。浓香型大曲酒生产过程中，可通过清蒸处理，将糠醛随蒸汽排走。稻壳灰分中含有90%左右的SiO_2，SiO_2在稻壳中起骨架作用，呈网格状排列，纤维素和木质素填充在网格中，SiO_2与木质素多以共价键的形式连接。因此，稻壳有硬度大、韧性强、性质稳定的物理特性，在酿酒过程中，经过长时间的发酵，仍能够保持这一物理特性。

表 2-4　　稻壳的主要成分

粗纤维/%	木质素/%	多缩戊糖/%	粗蛋白/%	灰分/%
35.5~45.0	21.0~26.0	16.0~21.0	2.5~5.0	11.4~22.0

三、 注意事项

1. 稻壳的使用原则

稻壳的用量与出酒率及成品酒的质量密切相关，因季节、原辅料的粉碎度和淀粉含量、酒醅酸度和黏度等不同而异，通常用量为20%~28%。在一定的范围内，稻壳用量大，加水量也相应增加，产酒较多；但若稻壳用量过多，则相对地降低了设备利用率，还会增加成品酒的糠味，故稻壳用量需严格控制。合理调整稻壳用量的原则如下：

（1）按季节调整　随气温变化酌情增减，冬季应适当多用些，以利于酒醅升温而提高出酒率。有的厂在夏季为降低酒醅的入池酸度，不加控制地加大稻壳用量，其结果使酒醅升温迅猛，品温顶点很高。这种方式不可取。

（2）按底醅升温情况调整　因稻壳有助于酒醅的升温，故发酵升温快、顶火温度高的底醅可适当少用稻壳。每次增减稻壳用量时，应相应地补足或减少加水量，以保持原来的入池水分标准。增减稻壳时忌讳大起大落。

（3）按上排的底糟酸度及淀粉浓度调整　只有在上排底醅升温慢而酸度低且淀粉含量高的情况下，才可适当加大稻壳用量。当上排底醅酸度高及淀粉浓度大时，应适量减少底糟，并坚持低温入池的原则，待再下一排时补足原有的底糟量，仍以低温入池。当出池底糟酸度较低、淀粉浓度也较低时，也应适量减少底糟，或适当提高入池温度。

（4）尽可能地少用　在出酒率正常时，不允许擅自增加稻壳用量。作为酿酒技师，应真正懂得调整底糟用量的理由和具体方法。例如在班组加大投粮量时，可相应地扩大底糟用量，以保持原来的粮糟比；在班组减少投料量时，应缩减底糟量，或稍扩大粮糟比；在压排或相应延长发酵时，也不要增加稻壳用量，而应相应地增加底醅用量，扩大粮糟比，或采取降低入窖品温的措施。

2. 相应的工艺

为了防止稻壳的邪杂味带入酒内，一般多在使用之前，清蒸30min，以减少稻壳中的多缩戊糖并排除异杂味，辅料应随蒸随用。

为使稻壳纯净、无杂物，常用竹筛、竹耙等除去其中的泥土、石块、长草残秆、铁钉、虫类、鼠粪等。稻壳应干燥、新鲜、无霉变、无虫蛀、无异味。在非水稻产区生产白酒，需用大量稻壳有困难，且成本较高，一些厂家使用少量玉米芯、麦秸、豆秸等代用品，但使用这些辅料因本身含有多量的戊糖（五碳糖），可能会在发酵等过程中形成较多的甲醇，应引起足够重视。

第三章　浓香型白酒酿造微生物与酶

第一节　微生物基本知识

微生物是指那些个体微小、构造简单的一群微小生物。大多数微生物都是单细胞（例如细菌和酵母），部分是多细胞（霉菌）。一般来说，微生物主要是指细菌、放线菌、酵母菌、霉菌和病毒五大类。与酿酒有关的主要微生物有细菌及真菌中的霉菌及酵母菌。

微生物个体微小，其中有的肉眼可以看见，如毛霉、青霉，曲霉和假丝酵母等，也有些肉眼看不见，必须借助显微镜才能看见，例如酵母菌、细菌和放线菌。但是，当这些微生物的群体，集成几亿或者更多时，也就是成了堆，就能看见了，例如产膜酵母在酱油表面形成的白醭，又如许多红茶菌体结成一个块膜状半透明体（又称海宝），这些都是直接看得见的。在日常生活中，由微生物所引起的许多现象是经常可以遇到的，例如热天牛乳容易变酸凝固，吃剩的饭菜容易变馊腐败发臭；雨天东西容易长霉（例如放到床下面的皮鞋经常长霉），人喝了脏水容易生病等，这些都是有害微生物生命活动引起的。而很多微生物可为人类造福，为人类利用，如在酿酒工业中，根霉、曲霉等霉菌在培养中生成淀粉酶，能将淀粉变成可发酵性糖；酵母菌在制酒过程中能将糖类发酵生成酒精：乳酸菌能生成乳酸及乳酸酯；一些产酯酵母可产生乙酸乙酯和其他酯类等。但是，这并不等于所有的曲霉、根霉都有很大的糖化力，所有的酵母都有很大的发酵力，相反有的菌种也是有害的，如黑根霉、灰绿曲霉、烟曲霉和野生酵母。在酿酒工业上，我们要选择酶活性强、适合生产的优良菌种，要研究它们的繁殖、生长条件，如营养、温度，水分，空气等，使这些微生物更好地为酿酒工业服务。

一、微生物的特点

微生物体积小、种类多、繁殖快、分布广、容易培养、容易发生变异、代谢能力强等，能很方便地被应用于工、农、医等方面。

1. 体积小

前已述及，微生物个体微小，必须借助显微镜才能观察清楚。测量微生物的大小以微米（μm）、纳米（nm）或埃（Å）表示（$1mm=10^3\mu m=10^6nm=10^7Å$）。一般酵母和霉菌的直径约 20μm，杆菌长度约 2μm，而病毒的长度仅约 0. 02μm。

2. 种类多

据有关资料介绍，在自然界，目前已发现的微生物有十万种以上，已研究过的微生物，仅占自然界的10%左右。由于土壤中具备了微生物生活所需的各种物质、水分和温度，所以微生物在土壤中数量最大、类型最多。由于不同种类的微生物具有不同的代谢方式，能够分解各种各样的有机质，当前，国内外都喜爱利用微生物来防治公害，就是利用不同种类微生物的不同代谢方式，作用于不同结构物质的结果，也就是利用微生物各尽所能，各取所需，协同作战于三废物质中。另一方面，不同种类的微生物能积累的代谢产物也不同，所以发酵工业常利用各种微生物来生产各种发酵产品，如酒类、酒精、丙酮丁醇、抗生素、酶制剂、有机酸、氨基酸、核酸等。

3. 繁殖快

在适宜的条件下，生产丙酮丁醇的梭状芽孢杆菌等能在20min繁殖一代，一昼夜就能繁殖72代，一个能变成47×10^{20}个，如果把这些细胞排列起来可将整个地球表面盖满。但是，随着菌体数目的增加，营养物质迅速消耗，代谢产物逐渐积累，pH、温度、溶解氧浓度均随之而改变，适宜环境是很难持久的，所以微生物的繁殖速度永远也达不到上述水平。但毕竟比高等动植物的生长速度还是快千万倍。例如，培养酵母生产蛋白质，每8h就可收获一次，若种大豆生产蛋白质，最短也要100d。可见，利用微生物生产发酵产品，其生产速度虽然赶不上化学合成，但比利用高等动植物要快得多，而且有许多生理活性物质，如蛋白质（酶），还有绝大部分的抗生素等用化学合成尚不能生产。

菌体的繁殖速度取决于繁殖一代所需要的时间，而繁殖一代所需要的时间，是因不同的微生物或相同种类的微生物在不同条件下培养而各不相同的。一般在糖质培养基中，大肠杆菌繁殖一代的时间为13~17min，枯草杆菌约为30min，酵母为1~2h。微生物的这一特点，为工业生产提供了有利条件。

4. 分布广

在自然界中，上至天空，下至深海，到处都有微生物存在。特别是土壤，更是各种微生物的大本营。据估计，一亩肥沃的土地，在150cm深的表土内就有300kg以上的真菌和裂殖菌。浓香型曲酒的生产，传统使用特定的土壤窖池，就是利用土壤微生物协同作战而生成的发酵产品。很多工业上利用的菌种，不少来源于土壤。但也要考虑微生物的生态特征，如酒类发酵的酵母，一般是从水果表皮或果园土壤中分离的。

5. 容易培养

大多数微生物都能在常温常压下，利用简单的营养物质生长，并在生长过程中积累代谢产物。因此，利用微生物发酵生产食品、药品、化工原料比合成法具有更多优点：

（1）不需要高温高压设备，如发酵生产酒、醋、酱油等。

（2）利用原料比较粗放，如利用甘薯制酒精、酒、柠檬酸等。

（3）不用特殊催化剂，一般产品是无毒的。

6. 易变异

由于微生物的个体小，对环境变化的抵抗性差，因此当环境发生剧烈变化时，大多数个体容易死亡而被淘汰，个别的个体则发生了变异而适应于新的环境。大多数微生物都进行无性繁殖，容易发生变异，而且这种变异也具有相对的稳定性。因此，在生产上就利用这一特性，通过生产菌种的选育，配合发酵条件的改良，可以使产量大幅度提高。酿酒工业上采用的“东酒一号”“UV-11”等菌种都是通过诱变育种得到的糖化力很高的新菌株。

微生物在自然条件下，经长期累代培养后，有时也会发生变异。酒厂所用的菌种并不是那么容易发生变异的，不要遇到生产力下降，就怀疑菌种发生了变异，不去注意生产中的各个环节，而盲目地更换菌种。

7. 代谢力强

由于微生物的个体小，具有极大的表面积。因此，它们能够在有机体与外界环境之间迅速交换营养物质与废物。从单位质量看，微生物代谢强度比高等动物大几千至几万倍。例如酒精酵母，1kg 菌体一天内可发酵几千千克糖，生成酒精。从发酵工业的角度来看，代谢能力强，在短时间内，能把大量基质转化为有用产品，这是极其有利的。

二、 微生物与环境

（一）微生物对营养的要求

微生物虽然是低级生物，但是它和一般生物一样，具有新陈代谢、生长发育、遗传变异等生命活动规律，需要从外界吸收营养物质，通过新陈代谢作用，从中吸取能量，并合成新的细胞物质，同时把体内废物排出体外。因此，营养物质是微生物生命活动的物质基础。

所谓营养物质，就是指环境中可被微生物利用（通过分解代谢和合成代谢）的物质。微生物对营养物质的要求是多种多样的，有些微生物能够利用的物质十分广泛，有的却十分狭窄。尽管微生物对营养的要求是各式各样的，但从微生物细胞的化学组成、微生物所需的基本营养及其主要功能等方面，都具有共同的规律。

微生物细胞的化学组成：在人工培养、利用、控制微生物的时候，首先必须根据它们的营养特点来确定供给它们的营养物质。而它们营养特点的确定，主要是依据组成细胞的化学成分，及我们所需要的代谢产物的化学组成。因此，分析微生物的细胞化学组成，是了解微生物营养的基础。微生物细胞的化学组成见表 3-1。

表 3-1　　微生物细胞的化学组成

组分 \ 微生物	细菌	酵母菌	霉菌
水分/%	75~80	70~80	85~90
蛋白质/%	50~80	32~75	14~15
碳水化合物/%	12~28	27~63	7~40
脂肪/%	5~20	2~15	4~40
核酸/%	10~20	6~8	1
无机元素/%	2~30	7~38	6~12

可见，微生物细胞的化学组成，主要是碳、氢、氧、氮，占全部干重的 90%~97%。

此外，还有一部分微量元素，例如钾、镁、钙、硫、钠、铁等，还有含量很少但缺少它们就不能生长的一些物质，称为生长素。微生物中各种化学成分的含量因微生物的种类、菌龄、培养基的组成、培养条件而异。

（二）影响微生物繁殖的化学因素

1. 水分

微生物细胞中含水量很大，一般细胞含水 70~90%。细菌的芽孢和霉菌的孢子含水量较少。水一部分以游离状态存在，另一部分以结合状态出现。水是微生物细胞的主要组分，微生物生长必须有水，一切营养物质要先溶解于水，才能扩散到细胞内被吸收利用；细胞内的各种生理生化反应也必须在水溶液中进行。由此可见，微生物没有水就不能进行生命活动。

2. 碳源

碳元素化合物是构成微生物细胞成分的主要物质，也是产生各种代谢产物和细胞内贮藏物质的主要原料。凡是能够供给微生物碳元素营养的物质称为碳源，一般来说糖类物质是最好的碳源，其他如淀粉、有机酸、醇类等，也常作为微生物的碳源。

3. 氮源

氮是构成微生物细胞蛋白质和核酸的主要元素，而蛋白质和核酸是微生物原生质的主要组分，也可为微生物有机体提供能量。所以，氮是微生物的一种不可缺少的营养要素。氮的来源可分为无机氮（指分子氮、硝酸盐、铵盐等）和有机氮（指蛋白质、蛋白胨、各种氨基酸、尿素、豆饼粉、花生饼、鱼粉等）。微生物种类不同，对氮源的要求也不同。在酒精发酵工业中，用来糖化淀粉的黑曲霉能利用硝酸盐和铵盐作为氮源，而产生酒精的酵母菌却只能用铵盐作为氮源，不能利用硝酸盐作为氮源。

4. 无机盐类

无机盐类是微生物生命活动不可缺少的物质。它的主要功能是：构成菌体的成分；作为酶的组成部分；调节培养基的渗透压、酸碱度、氧化还原电位和酶的作用等。一般微生物所需的无机盐类包括磷酸盐、硫酸盐、氯化物和含钠、钾、镁、钙、铁等元素的化合物，尤其是磷酸盐与菌种代谢遗传有密切关系。微生物对无机盐的需要量是极少的，但是缺了它就不行，常常在其他营养成分中夹杂一点就能满足需要。例如，在井水中含有钙盐和镁盐就能满足微生物对钙、镁的要求。曲霉孢子放在水中不能发芽，因为孢子发芽时需要有外界营养，蛋白胨及氮基酸可以提高发芽率。有人对曲霉孢子发芽所需营养做过试验，说明缺乏碳源、氮源、磷盐、镁盐时会严重影响发芽。

5. 生长素

生长素是指维持生命的要素，狭义来说，是指维生素。它是维持微生物正常生活必不可少但需要量又极少的特殊营养物质。例如，有些微生物在具有适宜的水分、无机盐、碳源和氮源的条件下，仍不能生长或生长不好。如果加入少量酵母浸出液或麦芽汁生长就好了，这是因为浸出液中含有某些微生物所不能合成的生长素，如多种氨基酸、维生素、组成核酸辅酶的嘌呤、嘧啶碱等。

（三）物理因素对微生物生长发育的影响

1. 温度

温度对微生物的影响很大，因为微生物的生长发育是一个极其复杂的生物化学反应，这种反应需要在一定的温度范围内进行，所以温度对微生物的整个生命过程都有着极其重要的影响。

从微生物的总体来看，生长温度范围很广，可在0~80℃，各种微生物按其生长速度可分为三个温度界限，即最低生长温度、最适生长温度、最高生长温度。超过最低和最高生长温度的范围，生命活动就要中断。因此，我们在生产中，可以通过对温度的控制来促进有益微生物的生长，抑制或消灭有害微生物的发育。

那么，什么是最低生长温度呢？它是指微生物生长与繁殖的最低温度，在这个温度时，微生物生长最慢，低于这个温度，微生物就不能生长。最适生长温度是指微生物生长最适宜的温度，在这个温度时，如果其他条件适当，则微生物生长最快。而最高生长温度就是在其他环境因素保持不变的前提下，微生物能够生长繁殖的最高温度。高于这个温度，微生物的生命活动就要停止，甚至死亡。

在物理因素中，温度对微生物的影响最为重要。微生物在生长繁殖过程中吸热反应和放热反应是共同进行的。在发酵前期要给予适当温度，以后要适当控制温度，防止升温过猛。“低温入窖、缓慢发酵”的精神实质就在于此。

微生物的生长繁殖，不但受到外界温度的影响，更重要的是外界温度与菌体内部保持热平衡。也就是说，外界环境的温度影响到微生物的生长繁殖，反过来，微生物在大量的生长繁殖过程中也影响外界环境温度的改变。如酒精厂在固体制造麸曲过程中的中期和后期，由于微生物的代谢作用，品温逐渐上升，向着微生物生长繁殖的不利方向发展。为了控制微生物生长的最适温度，保证曲子质量，根据品温上升情况，采取通风方法来降低品温。国内酒精厂生产麸曲时，品温要求保持在37℃左右。初期菌体刚刚开始生长，发热量不大，这时采用间歇通风方式，到后期，菌体生长旺盛，伴随产生大量的热，因此采用连续通风来降低品温。

高温对微生物影响较大，微生物在超过最高生长温度以上的环境中生活，就会引起死亡，温度越高，死亡越快。但是，微生物对高温的抵抗力依菌的种类、发育时间、有无芽孢而异。例如，无芽孢的细菌在液体中，55~60℃经30min即可死亡；70℃时仅10~15min死亡；100℃仅几分钟就可死亡。酵母营养细胞及霉菌菌丝体，在50~60℃时10min左右即可杀死；而它们的孢子在同样时间内却要70~80℃才能杀死。芽孢杆菌中的芽孢对热的抵抗力很强，如枯草芽孢杆菌芽孢在沸水中煮沸1h也不死，这是因为芽孢内所含水分较少，菌体蛋白不易凝固。

微生物在高温下死亡的原因，是菌体中的酶遇热后失去活性，使代谢发生障碍而引起菌体死亡。

2. 氢离子浓度（pH）

氢离子浓度对微生物生命活动的影响，是由于其影响细胞原生质膜的电荷，原生质膜具有胶体性质，在一定pH内，原生质带正电荷，而在另一种pH内，则带负电荷，这种正负电荷的改变，同时又会引起原生质膜对个别离子渗透性的变化，从而影响微生物对营养物质的吸收和代谢。例如，黑曲霉在 pH 2~3 时，生成柠檬酸，pH 近中性时却生成草酸；酵母在 pH 为 5 左右时，其产物是乙醇，而 pH 为 8 时则产生甘油。

微生物生长也需在一定的 pH 范围内，超过范围微生物则死亡。如表 3-2 所示，各种不同的微生物要求的 pH 不同，大多数细菌，最适 pH 接近中性或微碱性；酵母菌和霉菌的最适 pH 趋向酸性。

表 3-2　各种微生物生长最适 pH 和 pH 范围

微生物种类	最低 pH	最适 pH	最高 pH
细菌和放线菌	5.0	7.0~8.0	10.0
酵母菌	2.5	3.8~6.0	8.0
霉菌	1.5	3.0~6.0	10.0

在酿酒工业中，广泛利用 pH 抑制杂菌的生长。酒精厂循环酒母添加硫酸；白酒厂入窖酒醅有一定的酸度，就是利用 pH 的适宜范围来抑制不适宜该范围的杂菌。

现在各厂一般利用酸度（1g 曲或糟消耗 0.1mol/L NaOH 液的毫升数）来指导生产，已经取得了很成熟的经验。

3. 氧气

大多数微生物在生命活动中都需要氧气，按照各种微生物对氧的要求不同，可将它们分成三类：

（1）好氧微生物　也称为好气性微生物，这类微生物在生活中需要氧，只有在氧分子存在的条件下，它们才能正常生活。大多数微生物都属于这一类型，如根霉、曲霉等。在制造压榨酵母时通风可以增加酵母的产量。微生物深层培养时，通入空气不但影响微生物的生长，还影响微生物的代谢产物。在抗生素、液体曲、有机酸的生产过程中通风量对产品的产量有很大的影响。

（2）厌氧微生物　也称专性嫌气微生物。这类微生物不需要分子态氧，分子态氧对它们有毒害作用。如丙酮-丁醇菌及其他梭状芽孢杆菌（如窖泥中能产生己酸的细菌），只能在无氧或缺少氧的状态下生活。

（3）兼性厌氧微生物　也称兼性嫌气性微生物。有相当多的微生物既能在有氧条件下生长，又能在无氧条件下生活。如酵母在有氧条件下迅速生长繁殖，产生大量菌体，在无氧条件下，则进行发酵，产生大量的酒精。

在实验室培养好气性或兼性嫌气性微生物，若用固体培养基，则通过棉塞的少量空气即可满足；若用液体培养基，就需在摇床上培养。而对厌氧性微生物的培养，可以用抽真空、焦性没食子酸吸收、覆盖无菌石蜡等方法。

4. 界面

界面问题与微生物生长有很大关系，特别是对固态法白酒生产来说尤为重要。我们知道自然界里栖息着大量的微生物，它们生活在不同的状态之中。有的在气相中，有的在均一的液相中，有的却生长在各式各样的固相上。但是为数极多的微生物却居住在两个不同的接触面上，这种接触面称作界面。居住在界面的微生物群，其生长与代谢产物都与居住在均一相内的有明显不同，这就是界面对微生物的影响关系。

在不同培养基中（例如米曲汁、米曲汁加乙酸、米曲汁加乳酸），添加经酸碱处理过的玻璃丝作界面，分别培养三种酵母（南阳、汉逊、1312）进行发酵试验，不论米曲汁或添加乙酸、乳酸的培养基中，乙酸乙酯的生成量都大幅度增加。证明了液体中有固体界面物质对酵母的代谢有明显的影响。

辽宁金县酒厂试验证明，固态法白酒与液态法白酒质量不同的原因，关键在于前体物质、蒸馏操作，特别是由颗粒组成的复杂的界面，是使两者不同的重要原因之一。例如，以糖蜜原料液态发酵的酒，完全是液态酒的风味，而同样原料，添加稻壳固体发酵，就会有固态法白酒的风味。所以说，白酒固态发酵，界面极为复杂。原料、酒醅、填料对发酵微生物的吸着状态及其对酶活性与代谢有影响；原料粉碎细度，即颗粒大小对发酵微生物有影响；加水量的多少，改变了固-液的比例关系对发酵微生物也有影响。浓香型酒生产中，鼓锤状菌为什么接种于酒醅中的效果远不及接种于泥土中效果显著，及黏土界面与梭状菌的关系等，都是研究白酒发酵中界面关系的重要课题。

以上介绍的与微生物有关的物理、化学因素对微生物生长繁殖的影响，是相互交织在一起的，以至构成复杂的发酵过程。

三、 白酒酿造微生物研究方法

（一）传统分离培养方法

自 1960 年以来，国内多个企业及科研院所对白酒中的酿酒微生物进行了研究。早期，对白酒微生物的研究内容包括：采用传统分离鉴定手段研究各阶段微生物的数量及种类变化；将分离的纯种菌株进行发酵，检测代谢产物以研究分离菌株的功能；将分离出的菌株与一种或者几种微生物一起培养，以研究微生物间的相互作用。但白酒是在一个开放的环境下进行发酵，有大量微生物参与，研究表明自然界中只有 0.1%~10%的微生物可以直接培养，将目光只放在可培养微生物上，无疑会错失大量具有潜在价值的功能性微生物。随着分子生物学的发展，多种研究技术被引入酿酒微生物的研究中，窖泥微生物的研究逐渐上升到基因分子水平，使微生物的群落结构、代谢机制能够被更加全面深入地认识。

（二）现代分子生物学方法

1. 单链构象多态电泳技术

单链构象多态电泳技术（PCR-SSCP）是一种基于单链 DNA 构象差别的快速、敏感、有效地检测基因点突变的 DNA 多态方法。通过非变性聚丙烯酰胺凝胶电泳（PAGE）来检测点突变，从而将构象差异分子区分开。罗惠波等利用 PCR-SSCP 技术分析了浓香型窖泥菌落在不同窖龄条件下的变化规律，以及浓香型大曲发酵过程中原核微生物群落结构的变化情况。

2. 变性梯度凝胶电泳

变性梯度凝胶电泳（PCR-DGGE）技术是基于 DNA 在含有从低到高的线性变性剂梯度的聚丙烯酰胺凝胶中电泳迁移率发生变化，从而将片段大小相同而碱基组成不同的

DNA 片段分开的技术。该方法是研究酿酒微生物群落的常用手段。陶勇等人采用 PCR-DGGE 技术研究了剑南春不同窖龄窖泥微生物群落结构，发现了窖泥中的优势菌群。杜礼泉等人利用 PCR-DGGE 技术，以不同品质四川绵阳丰谷酒业的窖泥为研究对象，研究了细菌群落特征，首次在窖泥中发现了瘤胃球菌。黄治国等分别以泸州和宜宾地区的窖泥为对象，对比了不同地区窖泥细菌群落结构差异。刘茂柯等人利用 PCR-DGGE 技术研究了泸州老窖不同窖龄窖泥的古菌群落变化规律。

3. 荧光原位杂交技术

荧光原位杂交技术（FISH）是根据已知微生物已知的某些特异性 DNA 序列为参照，对其序列中特异的寡聚核苷酸片段进行荧光标记，并以此为探针与待检测样品 DNA 进行分子杂交，检测该特异微生物种群的存在与丰度。何翠容等人利用 FISH 技术，研究了泸州老窖不同窖龄窖泥细菌和古菌群落的变化规律。吴冬梅等人利用 FISH 技术研究了窖泥微生物群落多样性，并研究了 FISH 技术定量的表征因素。

4. 磷脂脂肪酸指纹图谱技术

磷脂脂肪酸指纹图谱技术（PLFA）是通过仪器定量定性分析微生物细胞膜上特异性磷脂脂肪酸，经比对，达到鉴定微生物目的的技术。刘琨毅等人证实了 PLFA 可用于窖泥微生物的快捷鉴定。郑佳等人利用 PLFA 技术，对窖泥、黄水、糟醅中细菌真菌群落的分布进行了研究。

5. 荧光定量 PCR 技术

荧光定量 PCR 技术是通过荧光染料或荧光标记的特异性探针，对 PCR 产物进行标记跟踪，对反应过程进行实时的在线监控，通过分析软件可以对产物进行定量的技术。张劲等人利用荧光定量 PCR 技术对不同窖龄窖泥中甲烷菌进行了精确定量。魏娜等人利用荧光定量 PCR 技术，对不同窖龄窖泥的古菌、细菌及优势菌群进行定量分析。

6. 高通量测序技术

随着科技不断进步，对 DNA 的研究更加深入，特别是在微生物群落研究领域，要求测序的规模更大，通量更高，耗时更短，显然 Sanger 测序技术已无法满足这些需求。2005 年，454 Life Sciences 公司（如今的 Roche 公司）推出的基于焦磷酸测序法的超高通量基因组测序系统 454 FLX 标志着第二代测序技术的诞生。高通量测序技术流程一般包括采样、提取及纯化核酸序列、构建文库、测序、原始序列信息比对注释、数据分析等步骤。在白酒酿造领域，高通量测序技术被广泛应用于研究大曲、窖泥、糟醅中的微生物多样性，对揭示中国白酒的发酵机理、控制白酒风味与质量等具有重要意义。

第二节　霉菌的特性

霉菌是我们日常在阴暗潮湿的角落里或衣物、食品上，用肉眼能见到的，有各种颜色，呈绒毛状、棉絮状或网状的东西，俗称发霉。由于它们在微生物中是比较大的，所以用放大镜及低倍显微镜一般可以分辨清楚。它们的种类极多，形态又很特殊，可以从两方面来加以认识：

（1）霉菌菌落的特征　严格地讲，要由霉菌的一个分生孢子或一个孢子囊孢子在固体培养基上发芽、生长及繁殖后，形成一定的菌丛，称为霉菌的菌落。但习惯上把固体培养基上，接种某一种菌（有无数孢子），经过培养，它们向四周蔓延繁殖后所生成的群体也称为菌落。当霉菌在培养基上或自然基质上开始生长时，先有一个肉眼看不出的时期，接着逐渐见到白斑点，用低倍显微镜观察，此时可以见到丝状的物体，微生物学上把每一个单一的细丝称为菌丝，而把混在一起的许多菌丝称为菌丝体。霉菌分营养菌丝和气生菌丝，气生菌丝较松散地裸露于空气中。如果由营养菌丝直接生出分生孢子梗，肉眼就见到绒毛状。如果由营养菌丝先生出气生菌丝，再由它生出分生孢子梗时，往往乱作一团，这样菌落就呈疏松的棉絮状或网状。霉菌最初生长时往往是白色或浅色的，这就是生长菌丝的颜色。随后由于各种霉菌的分生孢子等子实体都有一定的形状和颜色，所以在菌丝体上最后形成黄、绿、青、橙、褐、黑等各种不同色泽孢子的菌落。一些生长较快的霉菌，越接近菌落中央处的菌丝，它的生理年龄越大，常会较早形成子实体，呈色较深，而边缘处则最年轻，使菌落的周围就有淡色圈的形成，有时随着菌落的不断扩大而形成一系列的同心圈。有些霉菌只在菌落中间部分产生分生孢子头，它的边缘菌丝发育不完全，颜色逐渐变浅或逐渐消失，形成了显著的边缘区。有的霉菌的菌丝生长时扩展极快，在合适的条件下能迅速地布满全部培养基表面，这样就无法分辨出菌落。

霉菌的菌落甚大，各种霉菌在一定的培养基上又都能形成特殊的菌落，肉眼容易分辨，它不但是鉴别霉菌时的重要依据之一，而且在生产实践中常可以通过对霉菌群体的形态观察来控制它们的生长发育，同时防止杂菌的污染。

（2）霉菌的个体形态　霉菌是多细胞真菌的代表。因为菌体由多细胞组成，所以较为复杂，它的个体形态、大小及作用也各不相同。

霉菌的孢子在适宜的条件下，首先吸水膨大，再开始萌发，即由孢子表面露出一个或多个芽管，俗称为发芽；然后芽管迅速增长，并长出分枝，分枝上再生分枝，使培养基或基质表面上布满结成网状的菌丝体，形成的各个步骤，可以通过显微镜进行观察（图 3-1），在显微镜下可看到一个菌丝的分枝和另一个菌丝相结合，而使菌丝体产生梯形或网状的联结现象。一般当菌体的增长达到一定的大小时，才开始生出孢子囊梗或分生孢子梗等特化的菌丝，最后由它们生出孢子，即形成子实体。肉眼就可以观察到各种不同的霉菌所生成的菌丛。所谓菌丛就是霉菌菌丝体和子实体的综合外观（图 3-2）菌丝有两种类型，一种是生长在培养基或自然基质内部或贴附在表面上向四周蔓延的菌丝，称为营养菌丝，也称基内菌丝或基质菌丝；另一种是向空间生长的，称为气生菌丝。霉菌的菌丝还有两种不同的结构：一种为不生横隔膜的，即整个菌丝及其分枝连成长管状，因而只能算是单细胞的，如根霉和毛霉等；另一种为菌丝中各细胞由隔膜分开，即形成了简单的多细胞，如曲霉、青霉等大多数霉菌都是属于这一种。

霉菌的种类繁多，个体形态也各不相同，为了进一步认识这一类微生物，下面再将与酿酒生产关系密切的几种主要霉菌分别进行介绍。

（一）曲霉

曲霉菌丝具有横隔，所以它是多细胞菌丝。当生长到一定阶段后，部分菌丝细胞的壁变厚，成为足细胞，并由此向上生出直立的分生孢子梗，它的顶端膨大，称为顶囊。

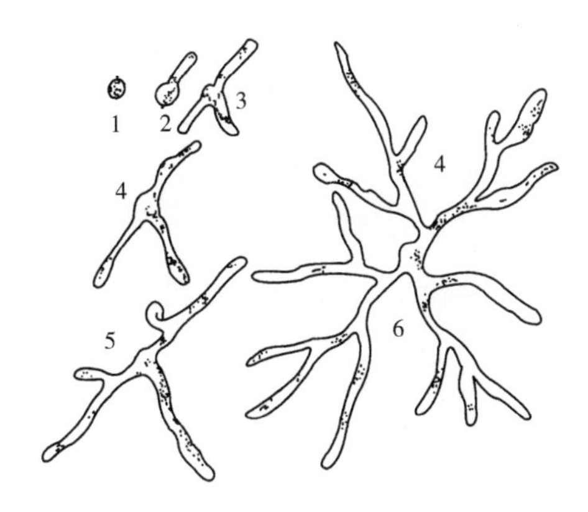

图 3-1　孢子发芽及生菌丝

1—孢子　2—膨胀萌发　3—生出芽管　4—芽管伸长　5—长出分枝　6—菌丝体

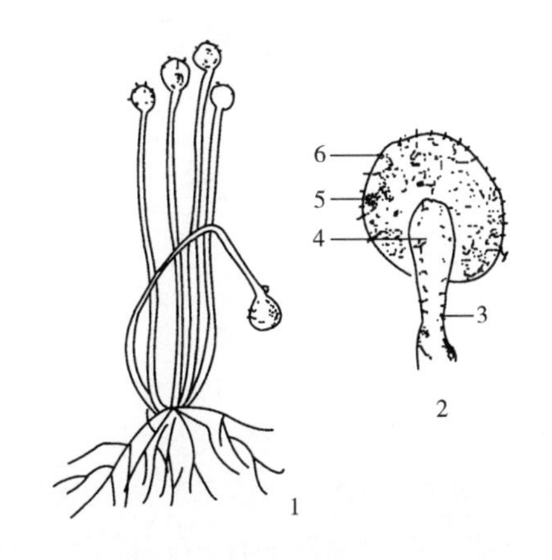

图 3-2　高大毛霉的菌丛及孢子囊

1—菌丛　2—孢子囊　3—孢子囊柄　4—囊轴　5—孢子　6—膜

顶囊一般呈球状。在顶囊表面以辐射方式生出一列或两列小梗，在小梗上着生一串串的分生孢子。曲霉的菌丝形状若与高粱相比，就更清楚了。高粱下部的根、根毛就等于曲霉的菌丝体，高粱秆就是曲霉的孢子柄，穗和高粱粒便可看成是曲霉孢子囊和孢子了（图 3-3）。曲霉分生孢子穗的形状和分生孢子的颜色、大小、滑面或带刺，都是鉴定的依据。

曲霉是酿酒工业所用的糖化菌种，是与制酒关系最密切的一类菌。菌种好坏与提高出酒率、提高产品质量关系密切。

现在各白酒厂广泛应用的优良曲霉菌种中，黑曲（邬氏曲霉、泡盛曲霉、甘薯曲霉）都是糖化力较强的菌种。白曲（肉桂色的河内白曲、B11 号曲霉以及东酒 2 号曲霉等）已普遍使用，效果良好。黄曲（黄曲霉、米曲霉）现在应用于白酒生产的不多，因其糖化力远不及黑曲霉强，也不耐酸，所以出酒率不高，但由于其蛋白酶活性强，广泛地应用于酱油及制酱工业中。常见的曲霉有：

（1）黑曲霉　自然界分布极广，在各种基质上普遍存在。能引起水分较高的粮食霉变。黑曲霉菌丛呈黑褐色，顶囊成大球形，小梗有多层，自顶囊全面着生，分生孢子

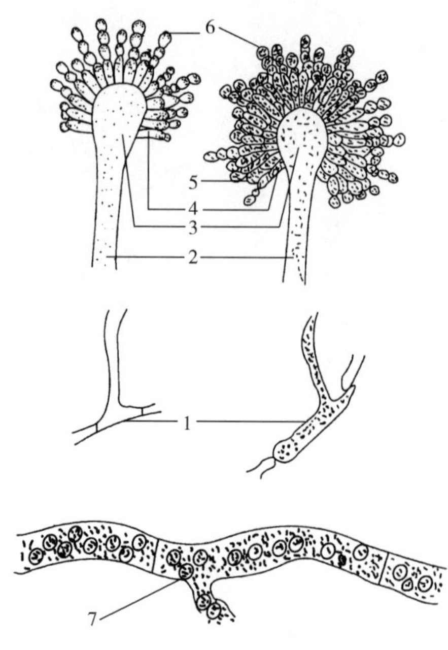

图 3-3　曲霉

1—足细胞　2—分生孢子梗　3—顶囊　4—一列小梗　5—二列小梗　6—分生孢子　7—有隔菌丝

球形。

黑曲霉具有多种活性强大的酶系，广泛应用于工业生产。如淀粉酶用于淀粉的液化、糖化，以生产酒精、白酒或制造葡萄糖等。耐酸性蛋白酶用于蛋白质分解或食品消化剂的制造、毛皮软化。果胶酶用于水解聚半乳糖醛酸、果汁澄清和植物纤维精炼。柚苷酶和陈皮苷酶用于柑橘罐头去苦或防止白浊。黑曲霉还能产生多种有机酸，如抗坏血酸、柠檬酸、葡萄糖酸等。

制曲时如曲的水分过多，未及时蒸发，温度高时，黑曲霉生长较多。

（2）黄曲霉　黄曲霉菌落生长较快，最初带黄色，后变成黄绿色，老熟后成褐绿色。产生的液化型淀粉酶（α-淀粉酶）较黑曲霉强，蛋白质分解力次于米曲霉。某些菌系能产生黄曲霉毒素，如花生上生长的黄曲霉就能产生黄曲霉毒素。黄曲霉是大曲中的主要曲霉。

（3）米曲霉　菌丛一般为黄绿色，后变成黄褐色，分生孢子头呈放射形，顶囊球形或瓶形，颜色与黄曲霉相似，含有多种酶类，糖化型淀粉酶（β-淀粉酶）和蛋白质分解酶都较强。米曲酶主要用作酿酒的糖化曲和用于酱油生产中。

（4）栖土曲霉　菌丛呈棕褐色或棕色，含有丰富的蛋白酶。

（5）红曲霉　菌落初期为白色，老熟后变成粉红色、紫红色或灰黑色，有些种能产生鲜艳的红曲霉红素和红曲霉黄素。我国早在宋朝就利用它培制红曲，用于酿酒、制醋、做豆腐乳的着色剂、食品染色剂等。某些黄酒就是利用红曲霉制造的，福建古田是著名的红曲产地。

红曲霉能产生淀粉酶、麦芽糖酶、蛋白酶、酯化酶，还能产生柠檬酸、琥珀酸、乙醇等。红曲霉在大曲中常可发现。现在已有人将红曲霉用于大曲生产中，以提高浓香型酒中酯的含量。

米曲霉、黄曲霉、黑曲霉一般形态特征见表 3-3。

表 3-3　　米曲霉、黄曲霉、黑曲霉一般形态特征

项目	米曲霉	黄曲霉	黑曲霉
菌落	培养 10d 后，菌落直径为 5~6cm，变为疏松、突起。初呈白色，逐渐变为黄色、带黄褐色至淡绿褐色	生长较快，培养 10 ~ 14d 后，直径为 6~7cm。由带黄色变为带黄绿色，最后色泽发暗。菌落平坦且呈放射状皱纹，背面无色或略带褐色	菌落较小，培养 10 ~ 14d 后直径为 2. 5 ~ 3cm。菌丝开始为白色，常呈现鲜黄色、厚绒状黑色，背面无色或中部略带黄褐色
分生孢子头	呈放射状，直径 150 ~ 300μm，少见疏松柱状	呈疏松放射状，后变为疏松柱状	幼时呈球形，逐渐变为放射形或分裂成若干放射的柱状，为褐黑色
分生孢子梗	长约 2mm，壁粗糙且较薄	大多直接自基质长出，直径为 10 ~ 20μm，长度通常不足 1mm，较粗糙	自基质直接长出，长短不一，为 1 ~ 3mm，直径为 15 ~ 30μm
分生孢子囊	顶囊似球形或烧瓶形，直径为 40 ~ 50μm。小梗为单层，偶有双层，也有单、双层小梗并存于一个顶囊的情况	硬囊呈球形或烧瓶形，直径为 25 ~ 45μm。小梗单层、双层或单双层并存于一个顶囊。在小型顶囊上仅有一层小梗	顶囊球形，直径为 46 ~ 76μm。小梗双层，全面着生于顶囊，呈褐色

（二）根霉

根霉在自然界分布很广，它们常生长在淀粉基质，如馒头、面包、甘薯等上，空气中也有大量的根霉孢子。根霉是小曲酒的糖化菌，根霉也可制造豆腐乳及生产糖化酶等产品。

根霉的菌丝较粗，无隔膜，一般认为是单细胞的，但在生长之处菌丛好似蜘蛛网状。菌丝会在培养基表面迅速蔓延，称为匍匐菌丝。在匍匐菌丝上有节，向下伸入培养基中，成为分枝如根状的菌丝，称为假根。从假根部向空气中丛生出直立的孢子囊梗，它的顶端膨大，成圆形的囊状物，称为孢子囊。孢子囊一般为黑色，底部有囊轴。孢子囊里形成大量的孢子囊孢子。孢子成熟后，囊壁破裂，散布各处进行繁殖。

根霉具有无性和有性繁殖，所以它们的生活史中有两类循环（图 3-4）。

根霉因其生着孢子囊柄的营养菌丝像根一样而得名。每根上一般长有 3 ~ 4 根孢子囊柄，在孢子囊柄上部长出球形的孢子囊，内含许多孢子囊孢子。这是一种无性繁殖孢子，也是生产过程中遇到的主要繁殖形式。当具有性亲和的菌丝经过质配和核配时，就形成一种有性孢子（称为接合孢子）。它遇合适条件也会发芽，其结果是在形成的孢子囊内含有两种以上类型的孢子囊孢子。成熟的孢子囊很易破裂，将孢子囊孢子释放出来。孢子囊释放出孢子后会露出囊轴，这也是藻状菌的特殊结构之一。在显微镜下观察成熟的根霉，一般看不到完整的根霉形态，但可以观察到它的每一个部分以及有性繁殖和无性繁殖的各个环节。

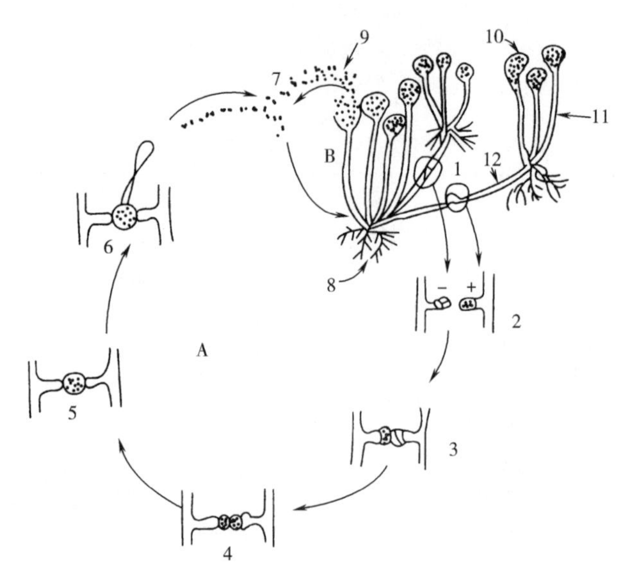

图 3-4 根霉的形态及其生活史

A—有性循环 B—无性循环

1—不同配偶型的性细胞 2—发育中的性细胞 3—配子囊 4—质配 5—成熟的接合孢子

6—接合孢子发育 7—孢子囊孢子 8—假根 9—孢子囊孢子 10—孢子囊 11、12—假根

我国历史悠久的民间酿造甜酒用的小曲（药曲），主要是根霉菌种及少量酵母。根霉在繁殖时，分泌大量的淀粉酶，将淀粉糖化，所以根霉是小曲的重要糖化菌种。有名的四川邛崃米曲用 72 种中草药。厦门白曲则采用纯种培养。中国科学院微生物研究所分离出适宜于大米原料和薯干原料的优良菌种。根霉也是阿米露法制酒精的主要糖化菌。

根霉依种类的不同，其淀粉糖化力、酒精发酵力和蛋白质分解力也各异。有些根霉能分解果胶质，生成甲醇，有些根霉能产生有机酸，如米根霉能产生乳酸，黑根霉能产生延胡索酸和琥珀酸。大曲中的根霉以米根霉为主，制曲时如水分过大，温度过高，往往也会出现米根霉。米根霉的菌落特征是：匍匐菌丝无色，爬行，假根褐色，较发达，呈指状分枝或根状。菌落疏松，最初白色，后逐渐变成灰褐色，最后变成黑褐色。米根霉有淀粉糖化性能，蔗糖转化性能，能产生乳酸、反丁烯二酸及微量的乙醇。发育温度为 30~50℃，最适温度为 37℃，41℃也能生长。根霉在生产传代过程中容易衰退，使用一段时间要筛选、复壮。

（三）毛霉

毛霉与根霉相近似，是一种低等真菌，在阴暗潮湿低温处常可遇到，它对环境的适应性很强，生长迅速，是制大曲和麸曲时常遇到的污染杂菌。所谓水毛，常常是指毛霉。毛霉在形态上与根霉相似，菌丝无隔膜，在培养基或基质上能广泛蔓延，但无假根和匍匐菌丝。形象地说，根霉是呈蜘蛛网状，而毛霉则是头发状。

毛霉是制豆腐乳及豆豉的主要菌种，有的菌种含油量较高。

毛霉能糖化淀粉及生成少量乙醇，且蛋白质分解能力强，其中许多毛霉能产生草酸、琥珀酸、甘油等，有的毛霉能产生 3-羟基丁酮、脂肪酶、果胶酶等。

发酵工业上常用的毛霉有：

（1）高大毛霉　这种菌分布很广，多出现在牲畜粪便上。在培养基上的菌落，初期为白色，老后变为淡黄色，有光泽，菌丛高达3~12cm。

（2）鲁氏毛霉　此菌种最初是从我国小曲中分离出来的，是毛霉中最早被用于淀粉法制酒精的一种。它能产生蛋白酶，有分解大豆蛋白质的能力。我国多用它来做豆腐乳。

（3）总状毛霉　是毛霉中分布最广的一种，几乎在各地的土壤中、生霉材料上、空气和各种粪便上都能找到。菌丛灰白色，菌丛直立而稍短，孢子囊柄总状分枝。四川豆豉即用此菌制成。

（四）木霉

木霉（图3-5）在土壤中分布极广，在木材及其他物品上容易发现它的踪迹。有些菌株能强烈分解纤维素和木质素等复杂物质，以代替淀粉质原料，对国民经济有十分重要的意义。但某些木霉又是木材腐朽的有害菌。木霉菌丛有横隔，蔓延生长，形成平的菌落，菌丛无色或浅色。菌丛向空气中伸出直立的分生孢子梗，孢子梗再分枝成两相对的侧枝，最后形成小梗，小梗的顶端有成簇的分生孢子，孢子呈绿色或铜绿色。

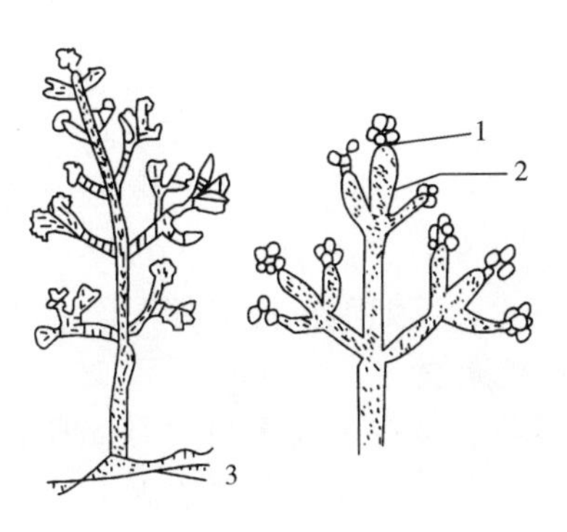

图3-5　木霉

1—孢子　2—小梗　3—菌丝

木霉的利用范围很广泛，并日益引起重视。木霉含有多种酶系，尤其是纤维素酶，是生产纤维素酶的重要菌种。它能利用农副产品，如麦秆、木材、木屑等纤维质原料，使之转变成糖质原料。黑龙江省将木霉与B11号曲霉混合制曲（木霉：B11号曲霉=20：80），对提高淀粉出酒率有一定的效果。

（五）青霉

青霉在自然界分布很广，空气、土壤及各类物品上都能找到。目前除应用于制造青霉素外，还应用于制造有机酸及纤维素酶等酶制剂和磷酸二酯酶等。青霉的菌丝与曲霉相似。营养菌丝有隔膜，因而也是多细胞的。但青霉孢子穗的结构与曲霉不同，分生孢子梗由营养菌丝或气生菌丝生出，大多无足细胞，单独直立成一定程度的集合体或成为菌丝束。分生孢子梗具有横隔，光滑或粗糙。它的上端生有扫帚状的分枝轮，称为帚状枝（图3-6）。青霉的分生孢子一般是蓝绿色或灰绿色、青绿色，少数有灰白色、黄褐色。不同生长时期的分生孢子颜色差异很大。

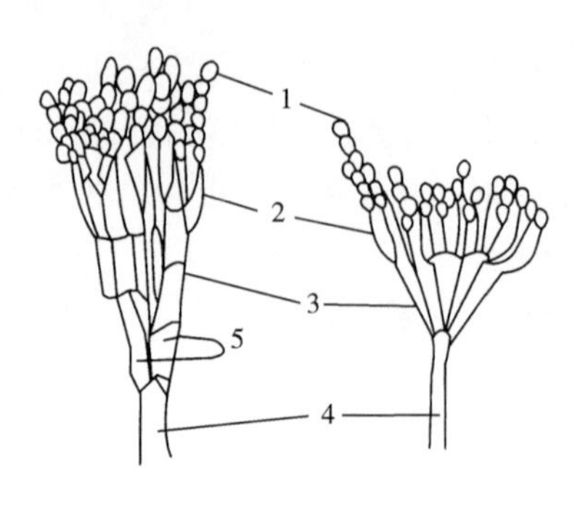

图 3-6　青霉

1—分生孢子　2—小梗　3—梗基　4—分生孢子梗　5—副枝

青霉菌的孢子耐热性强，它的繁殖温度较低，是酿酒过程中常见的杂菌。曲块在贮存中受潮，表面就会生长青霉；车间和工具清洁卫生搞不好，也会长青霉，它会给成品酒带来霉味和苦味。青霉菌对曲房、车间建筑物及用具等的腐蚀也相当厉害，因此是酿酒中的大敌。

（六） 其他霉菌

（1）念珠菌　是踩大曲“穿衣”的主要菌种，也是小曲挂白粉的主要菌种。它的淀粉酶类型主要是 α-淀粉酶和糖化酶。作用于淀粉的最终产物是纯度较高的葡萄糖。有人试验，此菌还可生成较多的多元醇，如阿拉伯糖醇等，使生产的白酒有甜味，并能改进后味。它在白酒中的功用尚不甚清楚。

（2）犁头霉　有些类似根霉，也有匍匐枝和假根，但孢子囊散生在匍匐枝中间不与假根对生。孢子囊顶生，多呈洋梨形。犁头霉在酿酒上是有利还是有害，尚无定论。踩制大曲时犁头霉较多，其糖化力一般较低。

（3）链孢霉　它的孢子呈鲜艳的橘红色，是制造胡萝卜素的重要菌种。它是顽强的野生菌，常生长于鲜玉米芯和酒糟上，一旦侵入曲房，不但造成危害，并很难清除与根绝。

第三节　酵母的特性

酵母是单细胞微生物，属真菌类。在自然界中，酵母主要分布在含糖量较高的偏酸性环境中，例如蜜饯、花蜜、水果和蔬菜的表面上。果园的土壤中，也有大量酵母存在。

酵母菌是具有极大经济价值的菌类，它在发酵工业中有着重要的作用，广泛地应用于面包、酒类、调味品等发酵产品。

由于酵母细胞内含有丰富的蛋白质、维生素和多种酶类，所以又是医药、化工和食品工业的重要原料。近年来，还应用于石油脱蜡及发酵生产有机酸等新型发酵工业中。酵母的种类很多，形态各异，为了使大家容易识别，有必要介绍一下它的形态、繁殖方法和生长过程。

（一）酵母菌的形态

1. 酵母菌的菌落特征

上面介绍过，酵母的菌体是单细胞的，肉眼看不到，但在固体培养基上，很多菌体长成一堆，肉眼就可以看到了，这种由单一细胞在固体培养基表面繁殖出来的细胞群体就是酵母的菌落。酵母菌的菌落表面一般是光滑、湿润及黏稠的，也有粗糙带粉粒的，或有褶皱的。边缘整齐或带丝状。菌落与某些细菌的菌落相类似，但较大，较厚，大多数不透明，呈油脂状或蜡脂状，白色、奶油色，也有少数呈红色。在固体培养基上生长时间较久后，外形逐渐生皱变干，颜色也会变暗。酵母的菌落特征是鉴别酵母的主要依据之一。

2. 酵母菌的个体形态

酵母菌细胞大多以单个存在，它的基本形态有圆形、椭圆形、卵形、柠檬形、腊肠形及藕节状的假菌丝等。酵母菌细胞比细菌大得多，其大小为（5~30）μm×（1~5）μm，在显微镜下可以清楚看到。由于受培养基种类、培养时间、温度和营养状况等外界环境条件的影响，个体形态容易发生变化。但在一定培养条件下，各类菌种都有它固有的形态，所以还是容易识辨和区别的。

3. 酵母菌的繁殖方法

酵母菌的繁殖，一般有芽殖、裂殖和孢子生殖三种形式。酿酒工业上常用的酵母，一般是出芽生殖。当酵母细胞长到一定大小后，先由细胞表面产生一个小突起（小芽），此时母细胞中细胞核伸长，并分裂成两个核，其中一个留在母细胞内，而另一个流入小芽中。小芽渐渐长大到比母细胞稍小时，由于细胞壁紧缩，基部与母细胞隔离而成为新的酵母细胞，也称为子细胞。子细胞即刻脱离母细胞或与母细胞暂时连在一起，但子细胞已是独立状态下生活，于是继续生长又达到一定大小后，再以同一方法出芽生殖。酵母细胞芽殖的方式主要有四种：一端芽殖、两端芽殖、三边芽殖及多边芽殖。当酵母繁殖旺盛时，往往子细胞未离开母细胞前就产生小芽，形成一串细胞，如果在一串细胞中任何一个酵母细胞产生一个以上小芽，结果就有了分枝，这样在显微镜下就会形成不同形状的菌集。

那么，酵母菌生长繁殖一代需要多少时间呢？由于酵母的种类、培养液成分、培养温度、pH、代谢产物浓度、有否氧气供给及培养液振荡等条件的不同，它的繁殖速度就各异。也就是说，培养温度越高，酵母繁殖越快，但死亡也加速。酿酒工业上常用的酵母，生长繁殖最适温度为28~32℃。

4. 酵母菌的生长过程

酵母菌的生长过程大致可以划分为七个阶段：

（1）生长呆滞阶段　也称初期静止阶段，这段时期，酵母细胞并不增加，是酵母菌适应新环境的时期。

（2）生长加速阶段　也称开始发育期，酵母在新的环境中，经过一段时期的适应开始发育繁殖，这一阶段酵母有生无死。

（3）生长等速阶段　这个阶段酵母生长最旺盛，每一世代所需的时间最短，菌数的对数呈直线上升的阶段；这段时间的长短视培养基的组成及物理情况而定。

（4）生长减速阶段　酵母细胞仍然生长繁殖，但增长速度减慢。这个阶段酵母有生有死，两者平衡。

（5）生长停顿阶段　酵母细胞已不再增加，呈现停顿阶段，这一阶段是新陈代谢机能衰退与营养不足而造成衰老死亡的时期。

（6）死亡加速阶段　酵母细胞已开始衰老死亡，而且死亡的速度随时间的延长而加快，这一阶段酵母菌有死无生。

（7）死亡等速阶段　酵母细胞死亡速度已成一定值。

（二）白酒酿造过程中的几种主要酵母菌

在白酒酿造过程中，参与发酵的酵母菌主要有酒精酵母、产酯酵母、假丝酵母和白地霉。下面分别予以介绍。

1. 酒精酵母

产酒能力强的酒精酵母，其细胞形态以椭圆形、卵圆形、球形为最多。特殊的有腊肠形、胡瓜形、柠檬形、锥柱形及丝状，细胞大小一般为（8~10）μm×（5~7）μm。但是，尽管是同一种酵母，随着培养基、培养时间及酵母世代不同，其大小也有差别。酒精酵母一般是以出芽方式进行繁殖的。

常用的酒精酵母有南阳酵母、拉斯 12 号、拉斯 M、拉斯 K、德国 204 号、拉斯 R、古巴 2 号等。在酿酒工业中，要根据不同的原料选用不同的酵母菌种，不能一概而论。

2. 产酯酵母

从广义上来讲，产酯酵母是指有产酯能力的酵母，它能使酒醅中含酯量增加，并呈独特的香气，故也称生香酵母。这些酵母大部分是属于产膜酵母、假丝酵母。主要是汉逊酵母属及少数小圆形酵母属等。在液体培养时呈卵形、圆形、腊肠形。当接触空气时，表面形成有皱纹的皮膜或形成环，菌体形状与液体内相比有些改变。这些酵母是啤酒、葡萄酒或酱油生产中的大敌，它能使产品产生恶味，但很多都是白酒生香的主要菌种。下面将白酒生产中常用的产酯酵母做简要的介绍：

（1）异常汉逊酵母异常变种　它是汉逊酵母属中的一个种。汉逊酵母常在低度饮料酒表面长成干而皱的菌醭，它们大部分的种能利用酒精作碳源，因而是酒精和一些饮料酒的有害菌。而异常汉逊酵母异常变种能产生乙酸乙酯，广泛地应用于白酒生产上。

异常汉逊酵母异常变种的菌落特征：生长在麦芽汁琼脂斜面上，菌落平坦、乳白色、无光泽、边缘丝状。在麦芽汁中培养后，液面有白色菌醭，培养液变浑浊，管底有菌体沉淀。

异常汉逊酵母异常变种的个体形态：麦芽汁 25℃培养 3d，细胞圆形，4~7μm。也有椭圆形及腊肠形，（2.5~6）μm×（4.5~20）μm。多边芽殖。

异常汉逊酵母异常变种能由细胞直接变成子囊，每囊内有 1~4 个子囊孢子，但大多数为 2 个。子囊孢子呈礼帽形，由子囊内放出后常不散开（图 3-7）。

异常汉逊氏酵母异常变种的生理特性是能发酵葡萄糖、蔗糖、麦芽糖、半乳糖和棉籽糖，不能发酵乳糖和蜜二糖。氮源方面硫酸铵及硝酸钾都能利用。

（2）假丝酵母　假丝酵母和拟内孢霉是大曲中种类最多的酵母，曲皮多于曲心。大曲表面的黄色小斑点就是假丝酵母，而白色小斑点，有时甚至是一大片，则是拟内孢霉。

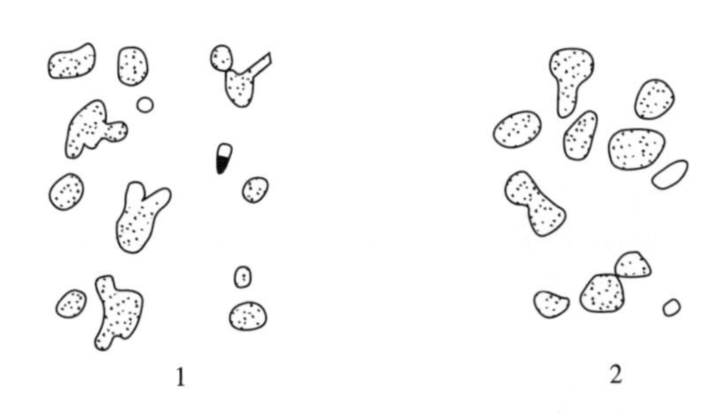

图 3-7　异常汉逊氏酵母

1—细胞　2—子囊孢子

拟内孢霉在成品曲中较多，而假丝酵母主要出现在培菌前期，进入大火后有一部分被淘汰。

假丝酵母细胞呈圆形、卵形或长形。多边芽殖，形成假菌丝（图 3-8），可生成厚垣孢子。很多种有酒精发酵能力，有的种能利用农副产品或碳氢化合物生成蛋白质，也有的种能产脂肪酶，用于绢纺脱脂。

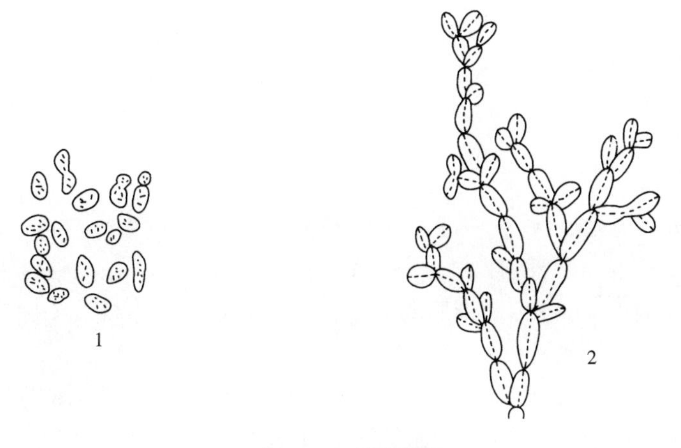

图 3-8　假丝酵母

1—营养细胞　2—假菌丝

（3）球拟酵母属　细胞呈球形、卵形或略长形。多边芽殖，在液体培养基内有沉渣及环，有时生菌醭。这个属中有两种有发酵性。某些种能产生不同比例的甘油、赤藓醇、D-阿拉伯糖醇，有时还有甘露醇，在适宜条件下，还会将葡萄糖转化成多元醇，这可能也是大曲酒中醇甜物质的来源之一。

第四节　细菌的特性

在自然界中，细菌是分布最广、数量最多的一类微生物。细菌在工农业方面的利用范围不断扩大，如乳酸、乙酸、丙酮-丁醇、氨基酸、核苷酸、维生素、酶制剂等的生产。在农业上固氮菌、根瘤菌、杀螟杆菌、青虫菌等已广泛利用。但从白酒生产来看，是开放式生产，在酿制过程中不可避免要侵入各种细菌。

1. 细菌的形态

（1）细菌的菌落特征　细菌的菌体是单细胞的，它比酵母小得多，因而必须由单一细胞在固体培养基表面增殖细胞群体，形成细菌的菌落后，肉眼才能看得到。我们日常接触细菌时，最常见的就是这种菌落。细菌的菌落比酵母小而薄，一般直径为1~2mm。

各种细菌在一定的固体培养基上形成一定特征的菌落。菌落的大小，凸起或平坦，表面光滑或粗糙，透明或不透明，边缘形状及菌落颜色等，这些特征是鉴定细菌的一些重要项目。例如多黏芽孢杆菌，菌落表面有光泽、半透明、灰白色；而枯草杆菌的菌落是干燥的、不透明、乳白色。

（2）细菌的个体形态　细菌的种类很多，形态多样，在显微镜下观察，可以分为三种形态：球形、杆形、螺旋形。

球菌：是球状细菌的总称，由于在繁殖过程中分裂方法不同，就有单球菌、双球菌、链球菌、四联球菌、八叠球菌和葡萄球菌之分。

杆菌：是杆状细菌的总称，菌体呈椭圆形、圆筒形或纺锤形，有长、有短，有粗、有细，有直的也有弯曲的。工业上应用的细菌大部分是杆菌。例如生产食醋的乙酸杆菌、生产谷氨酸的棒状杆菌等。

螺旋菌：是螺旋状细菌的总称，按细胞弯曲程度可分为弧菌、螺菌和螺旋体三类。这类菌大多数是致病菌。

2. 细菌的大小

细菌的体形极其微小，一千个细胞连接起来才达到一粒米的长度。在通常情况下，球菌的直径为0.5~2μm，杆菌为（0.5~1）μm×（1~5）μm（宽×长），螺旋菌为（0.3~1）μm×（1~5）μm。细菌细胞的大小，随种类、生长条件、不同阶段而异。

3. 细菌的繁殖

细菌以裂殖的方式进行繁殖，即一个细胞分裂成两个子细胞。细菌的繁殖过程包括三个连续步骤：首先是细胞核分裂，细胞膜在菌体的中央横切方向形成横隔膜，使细胞质分开，其后是细胞壁向内生长把细胞质隔膜分为两层，形成子细胞的细胞壁，最后子细胞分离形成两个独立菌体。

4. 酿酒常见的细菌

（1）乳酸菌　乳酸菌是自然界数量最多的菌类之一。它包括球菌和杆菌，大多数不运动，无芽孢，通常排列成链，需要有碳水化合物存在才能生长良好；它能发酵糖类产生乳酸。凡发酵产物中有乳酸者，称为同型发酵，凡发酵产物中除乳酸外，还有乙酸和CO_2者称为异型发酵。

同型发酵乳酸菌多是嫌气性杆菌，生成乳酸能力强。白酒酒醅和曲块中多是异型发酵乳酸菌（乳球菌），是偏嫌气或好气性。异型发酵乳酸菌有产乳酸酯的能力，并能将己糖同化成乳酸、酒精和CO_2，有的乳酸菌能将果糖发酵生成甘露醇。乳酸如果分解为丁酸，会使酒呈臭味，新酒臭味这是原因之一。还有的乳酸菌将甘油变成丙烯醛而呈刺激的辣味。

乳酸菌在酒醅内产生大量的乳酸及乳酸乙酯，乳酸乙酯被蒸入酒中，使白酒具有独特的香味。乳酸菌的侵入与白酒开放式的生产方式是分不开的。白酒生产需要适量的乳酸菌，否则无乳酸及其酯类，就不成白酒风味了。但乳酸过量，会使酒醅酸度过大，影响出酒率和酒质。

大曲中的乳酸菌有三个特点：一是既有纯型（同型的），又有异型的；二是球菌居多，占 70%；三是所需温度偏低，在 28~32℃，并具有厌气和好气双重性。大曲中乳酸含量不可过多，主要生成区域是在高温转化时由乳酸菌作用于己糖同化成乳酸，其量的大小往往取决于大曲中乳酸菌的数量和大曲生产发酵时对品温的控制，特别是顶点品温不足，热曲时间短时，更会使乳酸大量生成。

（2）乙酸菌　它在自然界中分布很广，而且种类繁多，是白酒生产中不可避免的菌类。乙酸菌在显微镜下呈球形、链球形、长杆、短杆或像蛔虫一样的条形，在温度、时间和培养条件不同时，形状差别很大，因此，单纯从形态上很难鉴别。有的乙酸菌能使液体浑浊，有的附着在器壁上成环状，有的不成环状，也有的生成皱纹和皮膜，但它们都是好气性的。固态法生产白酒是开放式的，在操作时势必感染一些乙酸菌，成为酒中乙酸的主要来源。乙酸是白酒的主要香味成分，是丁酸、己酸及其酯类的前体物质。但乙酸含量过多，会使白酒呈刺激性酸味，乙酸对酵母的杀伤力也极大。当前白酒生产中，是乙酸过剩，应在工艺上采取措施。

乙酸菌主要是在大曲发酵前、中期生长繁殖，尤其是在新曲中含量最多。乙酸菌有一个致命的弱点是干燥低温的环境下芽孢会失去发芽能力。所以，在使用大曲时，要求新曲必须储存 3 个月或半年以上，这就是为了使乙酸菌以最少数量进入窖内发酵。

（3）己酸菌　在浓香型大曲酒生产中，发酵窖越老，产酒的质量越好，这是传统工艺的经验总结。为了解释百年老窖出佳品的奥秘，自 20 世纪 60 年代起，我国开展了浓香型白酒与窖泥微生物研究，发现老窖泥中富集多种厌氧功能菌，主要为嫌气性梭状芽孢杆菌，它们参与浓香型白酒发酵的生香作用。参照当时茅台试点的研究成果，发现己酸乙酯是浓香型白酒的主体香成分，无疑，其中的己酸菌就是老窖发酵生香的一种功能菌。20 世纪 70 年代中期以后，白酒技术工作者致力于己酸菌的分离、培育和应用方面。己酸菌通常为梭状芽孢杆菌属（*Clostridium*）的，目前报道的有克鲁维氏梭菌（*Clostridium kluyveri*），可利用乙醇为碳源，通过液体深层培养，己酸产量可达 10g/L。瘤胃梭菌（*Clostridium* sp. CPC-11），该菌属于瘤胃菌科（Ruminococcaceae）中 *Clostridium cluster* Ⅳ 的一个新种，是首次分离到能够利用乳酸合成己酸的新型产己酸菌。

（4）丁酸菌　在朗姆酒酿造过程中有丁酸发酵。在浓香型酒的老窖泥中也存在丁酸菌，在酒醅发酵过程中有微量的丁酸发酵。1974 年，内蒙古轻工科学研究所在分离己酸菌的同时，从泸州曲酒厂和宜宾五粮液酒厂的老窖泥中曾分离到丁酸菌。

该所在未分离得到己酸菌时，曾以丁酸菌种进行人工窖泥培养。将丁酸发酵液加到入池的麸曲酒母的优质白酒生产中，以及将丁酸发酵液加到入池的液态发酵醪中进行了各种试验，以期得到浓香型麸曲优质白酒。试验结果，在当时的条件下，人工培养窖泥最为满意。即用纯丁酸菌为菌种培养得到的窖泥，筑窖后进行麸曲优质白酒发酵 28d，蒸馏得之白酒感官品尝为浓香型，经色谱分析，成品酒中己酸乙酯含量大于丁酸乙酯，显示了在此种环境条件下，其代谢产物有向己酸发酵转化的倾向。巴克在 20 世纪 30 年代发现己酸菌时，并未称之为己酸菌，而是称之为不定型的丁酸菌。但当丁酸发酵液直接加至入池酒醅时，不论是固态或液态发酵，结果均不产生丁酸或己酸乙酯，而是产乙酸乙酯。因此，发酵条件直接影响到其代谢的产物。

（5）甲烷菌　可将甲烷菌与强化大曲、己酸菌及人工窖泥一起进行综合利用。也可将甲烷菌与己酸菌共酵培制“香泥”。例如中国科学院成都生物研究所从泸州酒厂及五粮液酒厂的老窖泥中分离、纯化得到泸型梭状芽孢杆菌系列 W1 及 CSr1～10 菌株，从泸州老窖泥中分离而得布氏甲烷杆菌 CS 菌株。以黏性红土、熟土为主，添加氮源、磷盐、酒尾、丢糟、曲粉等配料为培养基。踩泥接入上述甲烷菌及己酸菌共酵液，收堆、密封，经培养 40～60d 成熟后的“香泥”，进行筑窖。窖底搭“香泥”厚度为 20cm，窖壁挂“香泥”厚度为 10cm。研究表明甲烷菌常和产己酸菌互营，并通过种间“氢转移”作用解除氢抑制，从而使反应向有利于产生己酸的方向进行。

窖泥中常见的产甲烷种群，分别为甲烷短杆菌属（*Methanobrevibacter*）、甲烷囊菌属（*Methanoculleus*）、甲烷杆菌属（*Methanobacterium*）和甲烷裂叶菌属（*Methanolacinia*），其中前 3 种为氢营养型产甲烷菌，而甲烷裂叶菌属（*Methanolacinia*）则可同时利用 H_2 和乙酸。甲烷菌在 10 年或更长窖龄（25～50 年）的窖泥中的丰度均显著高于 1 年，表明它们可能在窖泥老熟过程中发挥了积极的作用。特别是甲烷八叠球菌（*Methanosarcina*），其在 25～50 年窖泥中的丰度较 10 年窖泥进一步显著提高，表明其在老窖泥中的重要性。

（6）丙酸菌　丙酸菌主要来自窖泥，分布在上层为 19.98%，中层为 26.67%，下层为 53.35%。

四川省食品发酵工业研究设计院酿酒工业研究所，选育到具有较强降解乳酸能力的丙酸菌，乳酸降解率达 90%以上。

丙酸菌对浓香型大曲酒芳香成分的形成起着重要作用。该菌的培养基以葡萄糖、乳酸钠或高粱糖化液为碳源，液态深层培养期为 7～14d，培养温度为 30～32℃，在 pH4.5～7.0 范围内能良好生长和发酵。由于该菌株对培养条件要求不严，故便于在生产中应用，能较大幅度地降低酒中的乳酸及其酯的含量，使己酸乙酯与乳酸乙酯的比例适当，因而有利于酒质的提高。但在生产中应用时，必须与窖泥的其他功能菌、产酯酵母，以及相应的工艺配套，方能全面地提高浓香型大曲酒的质量和名优酒比率。

此外，一些厂从窖泥中分离到放线菌菌株。在培养己酸菌及窖泥时，添加放线菌培养液，能促进己酸菌的生长及己酸和己酸乙酯的生成，并有明显脱臭效果，还能增加一种特殊的芳香。关于放线菌在窖泥中作用，需加以探明，应有具体反应机理、成分变化及其数据作佐证。

第五节　酶的特性

酶是由活细胞产生的，对其底物具有高度特异性和高度催化效能的蛋白质或 RNA。微生物的一切生命活动都离不开酶。在酿酒生产中大量培养各种微生物，主要就是利用它们能分泌所需要的酶。

20 世纪 80 年代以前，人们仅仅局限于对大曲的糖化力、发酵力进行研究，为提高原料利用率做出了极大的贡献。目前的研究集中在大曲酒的质量与曲质密不可分的关系方面。随着酶工程研究的进展，人们广泛开展了大曲中各种酶类的研究，深化了对大曲糖化力、发酵力和风味生成相关酶系的认识，更使广大酿酒工作者充分认识了大曲质量与酒质的内在机理和规律。

1. 大曲中的糖化酶类

（1）液化型淀粉酶　液化型淀粉酶又称为 α-淀粉酶、淀粉 1，4-糊精酶。大曲中液化酶的主要作用是将酒醅中淀粉水解为小分子的糊精。

大曲中 α-淀粉酶的活性受酒醅酸度的影响较大。试验表明，酒醅中添加乳酸后，大曲液化力随 pH 的下降而降低。液化力的降低，必然影响淀粉的液化，削弱糖化酶的效力。大曲中的 α-淀粉酶可被糊化后的淀粉吸附。但该吸附作用可被酸性蛋白酶解脱。

液化力的测定方法是用大曲水解可溶性淀粉，用碘作指示剂，测定颜色变化的时间。通常测定单位是 g 淀粉/g 曲。

大曲的液化力的高低与培曲温度有关。酱香型曲因培曲温度高液化力最低，清香型曲因培曲温度低而液化力最高。大曲在曲房发酵过程中，液化力是逐渐上升的。在贮存过程中，贮存时间延长，液化力逐渐下降。

（2）糖化型淀粉酶　糖化型淀粉酶俗称糖化酶、淀粉 1，4-葡萄糖苷酶和淀粉 1，6-葡萄糖苷酶。该酶从淀粉的非还原性末端开始作用，顺次水解 α-D-1，4-葡萄糖苷键，将葡萄糖一个一个地水解下来。遇到支点时，先将 α-D-1，6-葡萄糖苷键断开，再继续水解。该酶不能水解异麦芽糖，但能水解 β-界限糊精。

大曲糖化力的测定是利用大曲将可溶性淀粉水解，然后测定葡萄糖的量。因此，该法测定的是包含 α-淀粉酶活力的糖化力。研究发现，在大曲淀粉酶活性测定方法中用滤纸过滤对测定值无干扰。

金属离子对大曲中的糖化酶有抑制作用。研究发现，铁离子、锰离子、铅离子对大曲糖化酶几乎没有抑制作用。锌离子有轻微抑制作用。汞离子、银离子在极低浓度下有极强的抑制作用。铜离子的抑制作用属竞争性抑制，可被增多的底物解除。氯、汞、苯甲酸抑制 α-淀粉酶的活性，不影响葡萄糖淀粉酶的活性。

有研究认为，大曲中的淀粉酶类主要是 β-淀粉酶和葡萄糖淀粉酶。β-淀粉酶在大曲中的含量是否占有很重要的地位，尚有待进一步的研究。

糖化酶的产生菌主要是根霉、黑曲霉、米曲霉及红曲霉等。大曲糖化力主要来源于根霉。

大曲糖化力的高低与培曲温度密切相关。培曲温度高的酱香型曲糖化力低，培曲温度低的清香型曲糖化力最高。兼香型的中、高温曲的糖化力也证明了这一结论。

糖化力在大曲培养的前 3 天最高，后下降，最后又上升。在贮存过程中，曲的糖化力呈下降趋势。

对四季曲糖化力的化验也说明大曲的糖化力与温度的上升成反比。

2. 大曲中的酒化酶类

（1）酒化酶是大曲在酒醅发酵过程中表现出的产酒的酶类的总称。该类酶能将可发酵性糖转化为酒精。这类酶用测定大曲发酵力的方法来衡量。大曲中主要的发酵菌种是酵母。

（2）大曲发酵力的常用测定方法是失重法。但现行测定方法实际上是测量了细菌、酵母、霉菌三种菌有氧呼吸和无氧代谢产生的二氧化碳总量，不能真实反映出大曲发酵能力的大小。因此采用测定发酵终了的酒精含量来衡量发酵力较为合理。前法测定的单位为 $mLCO_2$/（g 曲 · 72h），后者测定的单位是：酒精质量分数，%。

有研究认为，用失重法测定时使用的培养基种类、体积、糖度、曲药接种量、发酵温度、时间等均影响到发酵力的测定。认为失重法的最佳条件为：用高粱粉作糖化液，糖度 7°Bé，体积 50mL，曲药接种量 0.8%。培养温度 30℃，时间 72h。

（3）大曲发酵力的高低与培曲温度成反比。高温酱香型曲的发酵力最低，培曲温度偏低的凤香型曲的发酵力最高。

在大曲培养过程中，前 15 天发酵力是上升的，至 15d 后发酵力开始下降。贮存过程中，发酵力随贮存时间的延长而降低。

（4）大曲的曲外层和曲心的酶系也有差异，曲外层的糖化力、液化力、发酵力分别比曲心高 79.22%、146.67%、67.056%。曲心的出酒率比外层高，曲心酿出的酒的己酸乙酯、乙酸乙酯、丁酸乙酯均比曲外层要高。

3. 大曲中的酯酶

（1）酯酶亦称羧基酯酶，它是催化合成低级脂肪酸酯的酶类的总称。该酶既能催化酯的合成，也能催化酯的分解。因此，白酒业习惯分别称为酯化酶和酯分解酶。酵母、霉菌、细菌中均含有酯酶。目前已经发现，红曲霉、根霉中许多菌株有较强的己酸乙酯合成能力。

（2）酯酶不同于脂肪酶。脂肪酶的正式名称是甘油酯水解酶。它既能将脂肪水解为脂肪酸和甘油，又能催化脂肪的合成。

脂肪酶是可以水解一类特殊的酯类——三羧酸甘油酯的酶，而酯酶则是可以水解羧基酯键的酶。

（3）浓香型、清香型、凤香型等香型酒的香味成分与酒中的己酸乙酯、乙酸乙酯、乳酸乙酯等酯类的含量有关。这些酯的产生与酯酶密不可分。特别是对浓香型大曲酒的主体香己酸乙酯的研究表明，在大曲中添加酯化酶菌株或人工制造的酯化酶用于发酵，可极大地提高酒中己酸乙酯的含量。

脂肪酶对脂肪的分解，为白酒中香味物质（如油酸乙酯、亚油酸乙酯、棕榈酸乙酯等）的形成提供了前体物质。

（4）大曲中酯化酶的测定主要是测酯化力和酯分解率。酯化力是用曲粉去合成一定量的己酸和乙醇，最终测量己酸乙酯的生成量。酯分解力是用大曲分解己酸乙酯，测己酸乙酯的分解量。

由于测定方法上的差异，如用单一酸或混合酸、用离心法还是蒸馏法，对测定出的酯化酶活性影响较大。

（5）大曲的酯化力的高低，与大曲发酵温度成反比，即发酵温度越高，曲的酯化力越低。兼香型中的中、高温曲的对比明显地证明了这一点。

酯分解率的高低与培菌温度相关，较低的温度有利于酯分解率的降低。事实上对浓香型酒而言，酯分解率越低越好，而酯化力则是越高越好。

大曲培养过程中，酯化率是先升高，至第 5 天时达最大值，后开始下降。培养至 20d 时，又达最大值，后再下降。变化比较复杂。而酯分解率的变化不大，基本上是逐渐上升的。

在大曲贮存期，曲的酯化力是随贮存时间的延长，前六个月处于上升阶段；六个月以后，逐渐下降。而酯分解率是随曲块贮存时间的延长而不断降低。因此，若仅考虑曲的酯化力和酯分解率，对浓香型曲酒而言，大曲贮存六个月使用最好。

4. 大曲中的纤维素酶

纤维素酶是水解纤维素的一类酶的总称。它包括三种类型：破坏天然纤维素晶状结构的 C1 酶，水解游离（直链）纤维素分子的 CX 酶和水解纤维素二糖的 β-葡萄苷酶。作用顺序如下：

天然纤维素→ C1 酶→直链纤维素（游离）→ CX 酶→纤维二糖→ β-葡萄苷酶→葡萄糖。

纤维素酶的主要产生菌是里氏木霉菌、尖孢镰刀菌、粗糙脉胞霉等。

有研究认为，纤维素酶是广义 β-葡聚糖酶的一种。

编号为 EC 3. 2. 1. 4 的纤维素酶，其系统名是 1，4-（1，3；1，4）-β-D-葡聚糖-4-葡萄糖水解酶。它内切纤维素或由 1，3 和 1，4 键组成的多聚糖中的 1，4 键，将纤维素降解。

纤维素酶应用于白酒生产中，可提高白酒的出酒率，最高可提高 9. 05%。

目前为止，未见曲中纤维素酶的检测数据报道。白酒生产的酒醅中含有大量的纤维素和半纤维素。若提高曲中纤维素酶的含量，可大幅度提高出酒率。

纤维素酶的活性测定采用 DINS 法，分为滤纸酶活性（FPIA）和羟甲基纤维素（CMC）酶活性。FPIA 为每克酶每分钟水解反应产生葡萄糖的微摩尔数。CMC 法为每克酶每小时水解反应产生葡萄糖的毫克数。

5. 窖泥中酶的研究

目前对窖泥中酶的相关研究较少，研究者对某些酶与窖泥品质、微生物活性的关系进行了初步探索。

脱氢酶是厌氧发酵的一类重要酶，属于氧化还原酶。在生物质发酵过程中基质脱氢是生化反应的第一步，微生物脱氢酶是微生物降解有机物从而获得能量的必需酶。研究浓香型白酒发酵中窖泥的脱氢酶活性，对了解窖泥群体微生物活性具有极其重要的意义。通过测定脱氢酶活性，可以了解窖泥中微生物对有机物的氧化分解能力及其对酿酒的产香能力。

窖泥中脲酶、过氧化氢酶、蔗糖酶等酶活性与窖泥微生物总数及营养因子速效 P、水解 N、有机质等存在一定关联。

有研究表明窖泥中的蛋白酶、酸性磷酸酶、过氧化氢酶的活性与窖泥品质之间存在一定规律，且窖泥微生物群落结构与蛋白酶、酸性磷酸酶、过氧化氢酶、脱氢酶活性显著相关。

第六节　浓香型酒酿造中大曲、泥窖及外环境中微生物

20 世纪 60 年代中期，中国科学院西南生物研究所（现中国科学院成都生物研究所）、四川省食品研究所（现四川省食品发酵工业研究设计院有限公司）、泸州曲酒厂（现泸州老窖股份有限公司）合作，在营沟车间（国窖所在地），对浓香型（泸型）酒酿造微生物及生产工艺进行了较深入的研究。

浓香型大曲酒酿制采用传统的自然发酵。在长期的酿制生产中，形成了特定的微生物区系。不仅在麦曲中存在着酿酒所必需的糖化菌类、发酵菌类、生香菌类，而且在窖泥中、酒窖外环境中，无不存在着各类菌群。离开了这种特定的微生物区系，就产不出好酒。就酿酒的实质来说，它正是微生物代谢所积累的一种产物。所以虽然传统发酵没有人为接种微生物或进行微生物纯培养，而实际上它是借助于特定自然环境中存在的某些有益微生物进行发酵的。

一、 泸州大曲中主要微生物

（一）概述

泸型酒制曲沿用传统工艺，以小麦等为原料自然培菌制成，传统培养温度不超过60℃。曲的优劣多用感官鉴定，要求有香味、无霉味，成曲断面有颜色一致的菌丛，曲皮要薄。在夏季生产的称为伏曲，其余季节生产的为四季曲；当年生产的称为新曲，非当年生产的称为陈曲。由于踩曲季节不同，培菌管理不同，曲房新旧不同等，所制成的成曲质量有很大差别。中国科学院西南生物研究所 1963—1966 年曾对四川省部分名酒厂的大曲进行了微生物的分离、鉴定及生态学研究。在四川的几大名酒厂，由于多年的传统制曲工作连续不断，在其特定的自然环境中形成了固有的微生物区系。大曲的微生物种类十分繁杂并含有丰富的酶类，是我国特有的一种糖化发酵生香剂。仅就霉菌种类而言，按菌落生长的特征分成有 20 个类型之多，主要有曲霉、犁头霉、根霉、毛霉、白地霉、拟内孢霉等。还有种类繁多的酵母菌类（主要以酵母属酵母为主，也有假丝酵母属、球拟酵母属酵母）。酵母细胞形态有圆形、椭圆形、腊肠形，后者是野生酵母的形态特征。除霉菌、酵母外，还有细菌。其中多数是芽孢杆菌（主要为枯草芽孢杆菌，少数为巨大芽孢杆菌）。除乳酸菌、乙酸菌外，大曲中还发现有少量微球菌。这些众多的微生物在酿酒中的功能，有的已研究得十分清楚，有的还模糊不清。他们的研究方向正是要阐明各类菌的生理功能，以便人工模拟，用现代微生物技术逐步改造目前这种依赖于自然的传统工艺。

（二）泸曲中的主要微生物

以具有典型代表性的泸州曲酒厂的大曲作为研究对象。选取有代表性的伏曲、四季曲、新成曲、隔年陈曲、涡水曲等 10 多个样品，采用平板分离法进行微生物分离。共分离到霉菌、酵母 253 株，细菌 16 株。经形态、生理鉴定的有 65 株。

1. 霉菌

霉菌是大曲中数量种类最多的菌类，其中又以曲霉最多（曲霉中以黄曲霉最多），其次是根霉、毛霉、犁头霉、红曲霉。

（1）曲霉　曲霉是大曲中数量最多的霉类。曲霉的营养菌丝由横隔的分枝菌丝构成，无色或有明显的颜色，有少数类型可缓慢地呈现褐色或其他颜色。它是多细胞菌丝，有些菌丝分化出厚壁的足细胞，在足细胞上生出直立的分生孢子梗，大部分无横隔，光滑或粗糙，顶端膨大形成棒状、椭圆形或球形的顶囊。在顶囊表面以辐射的方式生出一层或两层杆状的小梗，小梗顶端生成一串分生孢子，形似菊花状。由顶囊、小梗及分生孢子穗构成分生孢子头。分生孢子头具有各种不同颜色和形状，球形、放射形或直柱形等，孢子有黑、黄、绿、白（肉桂）色，表面光滑或粗糙，有少数种类形成有性阶段，产生子囊果，称闭囊壳，壁薄，内生子囊和子囊孢子。

对 65 株菌进行发酵生理测定，筛选出 9 株具有优良生产性能的曲霉菌株，其形态特征和发酵生理活性如下：

A2. 28：菌落潭水绿至草黄色，菌落背面草灰绿至淡灰绿色，有少数褶皱，菌落丝绒状，无气味，有露滴。孢子头球形，顶囊球形，小梗一系列不分枝，孢子球形，具足细胞。其糖化型淀粉酶活性为 56. 25（以每毫升 5%酶液转化葡萄糖毫克数表示，下同），液化型淀粉酶活性强。产酸量为 0. 6588g/L。

A2. 46：菌落中心碧螺春绿色，其余为橄榄色，菌落背面淡松烟至莲子白色，有皱褶。菌落表面丝绒状突起，略有腥味，有少数露滴。孢子头球形，顶囊瓶形，小梗一系列不分枝，孢子囊柄有膨大部分，孢子球形，具足细胞。其糖化型淀粉酶活性为 58. 50，液化型淀粉酶活性较强，产酸量为 0. 4268g/L。

B2. 89：菌落潭水绿至草黄色，背面鲛青至鹿灰色。有褶皱，菌落茸状，中心略突，无味，有露滴。孢子囊球形，顶囊瓶形，小梗一系列不分枝，孢子球形，具足细胞。糖化型淀粉酶活性为 53. 39，液化型淀粉酶活性强，产酸量为 0. 1113g/L。

B2. 78：菌落淡灰绿至蒿黄色，菌落背面月灰至淡灰绿色。菌落丝绒状，形成同心圈，中心有一束浅黄色菌丝突起，无味，有露滴。孢子头球形，顶囊瓶形，小梗一系列不分枝，孢子球形，具足细胞。糖化型淀粉酶活性很高，为 84. 49，液化型淀粉酶活性亦很强。

E2. 607：菌落碧螺春绿色，背面沙石黄色，有褶皱。菌落丝绒状，较疏松，无味，有露滴，孢子头球形，顶囊梨形至椭圆形，小梗一系列不分枝，孢子柄有膨大部分，孢子圆形，具足细胞。糖化酶活力为 58. 50，液化型淀粉酶活性较弱，产酸量 0. 6578g/L。

C2. 121：菌落中心草黄色，其余皆为橄榄绿色，背面月灰至象牙黄色，有褶皱。菌落茸状，紧密略突，有不规则的放射状褶皱，无味，有露滴。孢子头球形，顶囊瓶形，小梗一系列不分枝，孢子球形，具足细胞。糖化酶活性为 51. 75，液化酶活性较强，产酸 0. 6866g/L。

C2. 12：菌落棕榈绿色，背面淡灰绿色，菌落丝绒状，无味，无露滴。孢子头球形，小梗一系列不分枝，具足细胞。糖化酶活性 47. 25，液化酶活性较强，产酸量高达 0. 9836g/L。

D2. 158：菌落潭水绿至草黄色，背面鲛青炒米黄色，有褶皱。菌落丝绒状突起，无味，露滴多。孢子头球形，顶囊瓶形，小梗一系列不分枝，孢子球形，粗糙，具足细胞。糖化酶活性为60.75，液化酶活性弱，产酸较高，为0.9506g/L。

B2.71：菌落潭水绿至橄榄绿色，背面浅黄灰色，有褶皱，菌落丝绒状，中心突起，无味，无露滴。孢子头球形，顶囊瓶形，小梗一系列不分枝，孢子球形，具足细胞。糖化酶活性为63.60，液化酶活性强，产酸少，仅0.0371g/L。

（2）根霉　根霉是小曲的主要糖化菌，大曲中亦有大量根霉存在。根霉的菌丝没有横隔，其生长之处好似蜘蛛网状。因根霉的气生菌丝在培养基上能迅速蔓延，称为匍匐枝。在接触培养基处向下生成根状菌丝，称为假根，有吸收养料的作用。从假根着生处，向上在空气中生出直立的孢子囊柄，柄的顶端膨大成圆形的囊状物，称为孢子囊。囊内有许多孢子，称为孢子囊孢子，成熟后即破囊壁释放出来，散布各处进行繁殖。

所鉴定的具有优良生产性能的7株根霉的形态特征和发酵生理如下：

A2.5：生长快，匍匐菌丝，假根褐色并发达，丛生2~5，长18~30μm。孢子囊柄丛生2~3，多数孢子囊柄有膨大部分，发出2~4条孢子囊小柄。孢子囊球形，大小9~18μm，褐色至黑褐色，中轴碗状或球形。孢子圆形至卵圆形，光滑，黄绿色，大小为3~9μm。糖化型淀粉酶活性为96.75，液化型淀粉酶活性较强。

B2.83：生长快，匍匐菌丝，假根发达，浅褐色，丛生2~5，长18~30μm。孢子囊柄丛生2~3，长60~270μm。孢子囊球形，黑褐色，大小为12~22.5μm，中轴碗状，半圆形。孢子圆形至卵圆形，浅黄绿色，大小为4.5~7.5μm。糖化型、液化型淀粉酶活性都最高，糖化型淀粉酶活性达123.81。

C2.110：生长快，匍匐菌丝，假根褐色，丛生2~3，长15~27μm。孢子囊柄丛生2~3，长60~270μm，少数具有膨大部分，并分出小柄，孢子囊黑褐色，球形9~10μm，中轴碗状或半球形。孢子圆形至卵圆形，黄绿色，大小3~7.8μm。糖化酶活性为83.90，液化酶活性强。

C2.127：生长快，匍匐菌丝，假根褐色，丛生2~4，长18~24μm。孢子囊柄丛生2~3，长39~270，少数有膨大部分，在该处分出3~4条小柄。孢子囊黑褐色，球形，大小7.5~27μm，中轴碗状或球形。孢子圆形至卵圆形，黄绿色，大小3~7.9μm。糖化酶活性94.33，液化酶活性强，产酸微少，仅0.0319g/L。

D2.171：生长快，匍匐菌丝，假根褐色，单生或丛生1~3，长27~66μm。子囊柄单生或丛生1~3，少数具膨大部分，在该处发出小柄2条，长51~270。孢子囊球形，黑褐色，大小30~75μm，中轴碗状或半球形。孢子卵圆形，黄绿色，大小为3~6μm。糖化酶活性为75.26，液化酶活性强，产酸微小，仅0.0325g/L。

E2.384：生长快，匍匐菌丝，假根褐色，丛生2~3，长30~60μm。孢子囊柄丛生2~3，长69~270，少数具膨大部分，在该处发出小柄1~3条。孢子囊球形，黑褐色，大小10.5~24μm，中轴碗状或半球状。孢子圆形至卵圆形，淡黄绿色，有褶皱，大小为3.6~6μm。糖化酶活性为83.90，液化型淀粉酶活性强，产酸弱。

F2.161：生长快，匍匐菌丝，假根褐色，不发达，丛生2~3，长15~54μm。孢子囊柄丛生2~3，长60~270，少数具膨大部分，在该处发出小柄1条。孢子囊黑褐色，球形，大小12~22.5μm，中轴球形、半球形、碗形。孢子圆形、卵圆形，光滑，黄绿色，大小3~6μm。糖化酶活性为80.0，液化酶活性较强，产酸弱。

（3）毛霉　在大曲中毛霉量比根霉少。它具有分解蛋白质的能力。毛霉菌丝体在基质上能广泛蔓延，无假根和匍匐菌丝，孢子囊梗直接由菌丝体生出，一般单生、分枝或较少不分枝。分枝顶端都生孢子囊，球形，囊壁上常带有针状的草酸钙结晶，大多数种的孢子囊成熟后，其壁易消失或破裂，消失后留有囊顶。孢子囊孢子球形，囊内有囊轴，椭圆形或其他形状，单孢大多无色，壁薄而且光滑，结合孢子着生在菌丝体上，某些种产生厚垣孢子。

所鉴定的毛霉只有 1 株——E2. 226。菌丛高 0. 2cm，菌丝密多。孢子囊柄直立，不分枝。孢子囊球形，大小为 27～32μm，中轴半球形 15～18μm。孢子球形或卵圆形，大小为 3～6μm。该菌糖化型淀粉酶活性与曲霉相当，为 62. 25，产酸次于曲霉而高于根霉。

此外还有犁头霉、红曲霉、白地霉等。

2. 酵母

酵母是酿酒中最重要的微生物，亦是大曲中种类、数量繁多的类群。大曲中的酵母主要为酵母属（*Saccharomyces*）酵母，其次还有假丝酵母属（*Candida*）、汉逊酵母属（*Hansenula*）、球拟酵母属（*Torulopsis*）酵母。这些菌类是乙醇发酵和产酯生香的重要微生物。

由大曲分离出的酵母菌，已鉴定的有 9 株。其形态特征和发酵生理如下：

E1. 402：菌落篾黄色，软泥，不发光，表面褶皱，波状边缘。菌体圆形、椭圆形、长椭圆形。芽殖，产醭，无光，沉渣疏松，培养液浑浊。能发酵蔗糖，不发酵葡萄糖、乳糖、半乳糖和棉籽糖。发酵力较弱，耐 20%酒精，发酵忍耐乙酸量 0. 384%、乳酸量 0. 738%，增殖忍耐乙酸量为 0. 396%、乳酸量 3. 387%。

E1. 42：菌落杏仁黄，软泥，湿润发光，表面光滑，波状边缘。菌体卵圆形、椭圆形，大小为（2. 4～6）μm×（2. 4～4. 5）μm。产醭，无光，沉渣疏松。能发酵葡萄糖、蔗糖和麦芽糖，不发酵乳糖、棉籽糖、半乳糖，发酵力较弱，耐酒精浓度 16%，耐乙酸量为 0. 396%，耐乳酸量 1. 54%。

E1. 8396：菌落茉莉黄色，软泥，不发光，表面褶皱，波状边缘。菌体圆形、卵圆形、长椭圆形。芽殖，产醭，无光，沉渣疏松，培养液浑浊。能发酵葡萄糖、麦芽糖，对蔗糖有微弱发酵，不发酵乳糖、半乳糖、棉籽糖。发酵力较弱，耐 14%酒精，产酸少（0. 0232g/L），耐乙酸量为 0. 492%，耐乳酸量为 1. 441%。

E1. 1042：菌落茉莉黄色，软泥，不发光，表面褶皱，波状边缘。菌体圆形、卵圆形至椭圆形。芽殖，产醭，无光，沉渣疏松。能发酵蔗糖、麦芽糖，不发酵葡萄糖、半乳糖和棉籽糖。发酵力强，发酵忍耐乙酸量为 0. 396%、乳酸量 1. 675%，增殖忍耐乙酸量 0. 493%、乳酸量 3. 603%。

E1. 2691：菌落香水玫瑰黄色，不发光，表面光滑，波状边缘。菌体圆形或卵圆形，大小为 3. 6～7. 5μm。芽殖，不产醭，沉渣密结。发酵蔗糖和麦芽糖，不发酵葡萄糖、乳糖、半乳糖和棉籽糖。发酵力较强，耐酒精浓度为 16%，产酸量 0. 0947g/L，耐乙酸量 0. 36%，耐乳酸 1. 901%。

E1. 1144：菌落杏仁黄色，软泥，不发光，表面褶皱，毛状边缘。菌体圆形、卵圆形，大小为 2. 4～7. 5μm。芽殖，产酸，无光，沉渣疏松，培养液浑浊。能发酵麦芽糖，对蔗糖有极微弱的发酵，对葡萄糖、乳糖、半乳糖和棉籽糖不发酵。发酵力较弱，耐酒精能力强（20%），耐乙酸浓度 0.576%，发酵耐乳酸量 0.313%，增殖忍耐乳酸浓度为 3.747%。

E2.2904：菌落篾黄色，软泥，湿润发光，表面中心光滑，周边具细褶皱，波状边缘。菌体圆形、卵圆形，大小为 2.4~6.6μm。芽殖，产醭，无光，沉渣疏松。能发酵葡萄糖和麦芽糖，不发酵蔗糖、乳糖、半乳糖和棉籽糖。发酵力较强，能耐 18%酒精，产酸量为 0.0884g/L，耐乙酸浓度 0.588%，发酵耐乳酸量 1.999%，增殖耐乳酸量 3.648%。

E1.5380：菌落淡黄色，软泥，不发光，表面细褶皱，细锯齿边缘。菌体卵圆形，大小为 3.6~6μm。芽殖，不产醭，沉渣密结。能发酵蔗糖、麦芽糖，不发酵葡萄糖、乳糖、半乳糖和棉籽糖。发酵力强，耐 16%酒精，产酸 0.0789g/L，发酵忍耐乙酸量 0.852%，增殖忍耐乙酸量 0.352%，发酵忍耐乳酸量 0.756%，增殖忍耐乳酸量为 2.756%。

E1.0040：菌落篾黄色，软泥，湿润发光，表面褶皱，波状边缘。菌体圆形或卵圆形，芽殖，不产醭，沉渣密结。能发酵葡萄糖、蔗糖和麦芽糖，不发酵棉籽糖、乳糖和半乳糖。

以上菌株中，E1.5380 和 E1.1042 发酵力最强；耐酒精能力强的是 E1.1144 和 E1.402；耐酸力强的是 E1.5380 和 E1.2904。

在泸州大曲的酵母分离中还发现一类产生独特香味的酵母，这类酵母与泸酒香味特点可能有关，而在分离全兴酒曲中没有发现这类菌存在。

3. 细菌

浓香型名白酒大曲中的微生物类群，以前研究较多的是霉菌和酵母，对细菌研究较少。一般认为高温曲中细菌占主导地位，而中温曲中的细菌则很少人注意。在分离泸州麦曲时发现存在的细菌量不少，种类也较多。现已分离到的细菌有 16 株。它们是乳酸菌、乙酸菌、芽孢杆菌、微球菌等。

（1）乳酸菌　该类菌是兼性细菌，能利用各种糖分产乳酸。乳酸再与乙醇酯化生成乳酸乙酯，后者在泸型酒中含量为 100~200mg/100mL，不可过高过低。泸曲中乳酸菌数大约是 2×10^5 个/g 曲，发酵糟中存在的乳酸菌多是从曲子带去的。因此保持制曲的环境卫生，避免带来环境中过多的乳酸菌，是解决浓香型曲酒增己克乳问题的措施之一。

（2）乙酸菌　是一种好氧细菌。它可利用糖类生成乙酸，乙酸及其酯类是白酒的重要香味物质之一。白酒发酵中的乙酸合成一部分来自酵母，另一部分来自乙酸菌。泸曲中的乙酸菌比乳酸菌少，约为 7×10^3 个/g 曲。

此外还存在少量微球菌和较多的芽孢杆菌，其总数为（4.5~13.5）$\times10^3$ 个/g 曲。其中芽孢杆菌大多是直径小于 0.9μm 的枯草芽孢杆菌群，只有少数是直径大于 0.9μm 的巨大芽孢杆菌。这些枯草芽孢杆菌的淀粉酶活性不太高，有几株的蛋白酶活性较高。另外，对几株芽孢杆菌和微球菌的代谢产物进行了测定，发现有乙酸、丙酸、异丁酸、戊酸等。

二、浓香型酒窖泥中的微生物

泥窖是浓香型酒发酵不可少的先决条件。按一般常规，50 年以上的老窖才能产出特头曲，20 年左右的窖一般只产二、三曲。新建的窖用黄泥搭成，要经过相当长时间，泥色由黄转乌，又逐渐转变为乌白色，并由黏性变绵软再变为硬脆，这个自然老熟过程一般需20年以上的时间。老窖泥质软无黏性，泥色乌黑，并出现红绿色彩，带有浓郁的窖香。窖龄越长，所产酒质越好。

老窖出好酒，根本原因在于长期连续的酿酒发酵中产生的有机酸、醇类、二氧化碳等浸润渗入窖泥中，逐渐富集培养与生香有关的一些厌氧功能菌。随着发酵生产时间越长，在窖泥中越来越多地聚积起这些厌氧功能菌，形成了泸型酒特有的微生物区系。正是窖泥中这些功能菌参与了曲酒香味物质的合成，才产出了窖香浓郁、回味悠长的名曲酒。

1964年，中国科学院西南生物研究所（现为中国科学院成都生物研究所）首次从泸州酒厂老窖泥中分离出己酸菌，并在该厂技术人员、生产工人配合下，与四川省食品研究所合作，试验成功了人工培养老窖泥，即所谓新窖老熟新工艺，为改进传统工艺，迅速在短期内提高酒质走出了新路子，彻底改变了依赖自然老熟的被动局面。此后，这一新工艺迅速在全国推广。以后，其他科研单位、学校和生产单位继续进行研究，又取得不少新的进展。

（一）不同酒窖窖泥中的微生物

选取泸州酒厂的特曲窖（老窖）、头曲窖（中龄窖）、三曲窖（新窖）的窖泥进行细菌分离、分类计数，得到的结果如表3-4。

表3-4　　不同窖窖泥的细菌分类计数　　单位：$\times 10^4$ 个/g 土

项目	老窖	中龄窖	新窖	老窖/新窖
细菌总数	104.1	39.3	33.7	3.1
好气细菌	17.3	11.0	12.1	1.4
嫌气细菌	86.8	28.3	21.6	4.0
嫌气细菌/好气细菌	5.0	2.6	1.8	
芽孢细菌总数	46.1	21.6	20.5	2.3
好气芽孢菌数	9.9	6.2	6.5	1.5
嫌气芽孢菌数	36.2	16.4	14.0	2.6
嫌气芽孢菌数/好气芽孢菌数	3.6	2.6	2.1	

从上述结果看出，老窖和新窖的窖泥微生物数量和类群有显著差异。从数量看，老窖窖泥细菌总数为104万/g土，是新窖的3.1倍，是中龄窖的2.6倍多；嫌气细菌数亦是老窖明显多于新窖和中龄窖，老窖泥嫌气细菌数为86.8万/g土，是新窖的4倍，是中龄窖的3倍；嫌气芽孢菌数，也是老窖多于新窖，是新窖的2.6倍，中龄窖的2.2倍。而好气细菌数量则差别不太明显。从类群看，嫌气菌数量多于好气菌；在芽孢细菌中，嫌气芽孢菌数也明显多于好气芽孢菌。这在三类窖中都有相同趋势，而且随着窖龄越老，这个趋势越明显，如老窖窖泥中的嫌气细菌总数是好气菌总数的5倍，嫌气芽孢菌数是好气芽孢菌数的3.6倍；中龄窖则均为2.6倍；新窖分别为1.8倍、2.1倍。

上述事实表明，浓香型曲酒的老窖是嫌气细菌，特别是嫌气芽孢菌的主要栖息地，这是泸型酒老窖窖泥独特的微生物学特征。进一步的研究还表明，浓香型酒的酿制离不开老窖泥的奥妙就在于老窖泥中存在着大量的嫌气性梭状芽孢杆菌和其他厌氧功能菌。

（二）酒窖中不同部位的微生物

分别取特曲老窖和三曲新窖的窖墙、窖底以及老窖窖泥的表层和内层进行微生物分离计数，结果列于表3-5中。

表3-5　酒窖中不同部位的微生物　单位：$\times 10^4$ 个/g 土

项目		细菌总数	好气菌数	嫌气菌数	芽孢菌总数	好气芽孢菌数	嫌气芽孢菌数
老窖	窖墙	76.0	3.52	72.5	46.2	9.9	36.2
	窖底	21.1	3.22	22.9	30.3	12.7	17.3
	表层	18.4	2.83	16.6	—	—	—
	内层	139.0	2.39	136.6	—	—	—
	窖墙/窖底	2.9	1.1	3.2	1.5	-1.2	2.0
新窖	窖墙	70.3	4.6	65.7	20.6	6.5	14.0
	窖底	6.6	2.6	3.9	14.0	5.2	8.7
	窖墙/窖底	10.7	1.8	16.7	1.5	1.2	1.6
老窖/新窖	窖墙	1.1	0.76	1.1	2.2	1.5	2.6
	窖底	3.2	1.2	5.8	2.2	2.4	2.0

不论在老窖或新窖中，不同部位窖泥的微生物分布亦有较大差异。窖墙的细菌数多于窖底，黑色内层的细菌多于黄色外层，而产己酸的梭状芽孢杆菌主要栖息于黑色内层窖泥中。老窖和新窖的窖墙的好气细菌数、嫌气细菌数没有显著差异，而窖底却明显不同。老窖窖底好气菌数与新窖接近，而嫌气菌数却比新窖多5.8倍。以芽孢菌而言，老窖窖墙和窖底的芽孢菌数是新窖的2.2倍，并突出表现在嫌气芽孢菌上，老窖的嫌气芽孢菌数大大超过新窖。这一点再次证明，嫌气芽孢杆菌在酒窖窖泥中所占的主导地位。

四川浓香型曲酒多以黄泥搭窖。这种土壤的自然属性为微酸性，质地黏重，透气性差，缺乏磷和有机质等。但黏性土壤具有吸附力强、厌气条件好的特点，适合厌氧细菌生长、繁殖。黄泥在窖内与酒糟长期接触，从酒糟中吸附了大量的醇、酸、酯和其他化学物质供给窖泥中栖息的细菌生长、繁殖。在厌氧条件下，营养物质主要是醇、酸类物质，为自然富集已酸菌创造了适宜的条件。由于长期的不断富集、纯化，使老窖泥中积聚越来越多的优良菌系，从而发挥出老窖的特异生产性能。窖泥是土壤细菌的良好固着剂。这些富集细菌以酒糟中的化学物质（主要利用乙酸、乙醇等）为基质，在接近窖泥部位的酒糟中，进行丁酸发酵、已酸发酵从而产生丁酸、己酸等，并在酵母酯酶作用下，进一步合成相应的酯类，构成浓香型酒突出的香气成分，特别是代表浓香型酒的主体香——己酸乙酯。上述研究结果也正好解释了小窖酒质优于大窖，老窖酒质优于新窖的原因。因此在生产实践中提出了用长方形小窖代替正方形大窖，甚至有的厂家采取窖内加泥板的方式提高酒质，其目的都是为了增加酒糟与窖泥的接触面，从而提高酒质。同时，正是在这些研究的基础上，揭示了老窖厌氧梭状芽孢杆菌的奥妙后，才诞生了人工培养窖泥、富集培养己酸菌的新窖老熟新工艺。

（三）特曲窖中的优势芽孢杆菌群落

采集泸州酒厂特曲窖泥，经过3次分离纯化，根据菌落形态的不同，挑选了35个菌落，进行芽孢染色和显微观察，确定其个体形态。凡是芽孢膨大、菌体呈鼓槌形的确定为梭状芽孢杆菌属菌，芽孢不膨大的为芽孢杆菌属或其他生孢子杆菌属细菌。

共分离到的35株芽孢杆菌，鼓槌形杆菌23株，占65.7%，非鼓槌形的其他芽孢杆菌12株，占34.3%。第三次在分离的13个鼓槌形杆菌中，由黑色内层窖泥得到9株，占69.2%，由黄色表层窖泥得到5株，占38.5%。

对部分菌株及混合菌株，进行了发酵试验及代谢产物有机酸的测定。发现这些鼓槌形芽孢杆菌发酵较缓慢平稳，始发酵期一般为16~20h。将某些菌株混合发酵，如C208与C207混合，B105与C101、C102、C206、C207一起混合，则发酵旺盛，产气量多，甚至冲开瓶塞，始发酵期缩短为5~7h。测定这些菌株的代谢产物，发现除C101、C102外，它们单独培养6~12d，只产生丁酸和乙酸。而一旦将这些菌株混合培养，2株、3株或多株混合，在发酵初期（33h）就可产生微量己酸和乙酸，当培养到6d，有较多量的己酸、乙酸产生，并还有2种未知的低分子有机酸。

这些菌株是在20世纪60年代从泸州老窖中分离出来的。根据这些菌的形态特征及发酵生理特征，它们能利用淀粉、糖发酵产己酸，与Barker所报道的库氏梭状芽孢杆菌不同，而类似于己酸梭状芽孢杆菌。

在20世纪60年代中期，利用上述菌株的混合培养物和老窖泥的人工培养液，接种于生黄泥培养成“香泥”，用于改窖和培窖。经多次试验证明这一方法可使新窖老熟，新挖窖池第一次出酒就有部分产品达到泸酒头曲水平，具有泸酒固有风格。这一事实再次证明老窖中的优势微生物群落是嫌气性梭状芽孢杆菌，它们与泸酒香型、泸型酒质量有着十分密切的关系。

近年来，还从四川的其他名酒厂老窖泥中得到己酸菌的纯培养物。这些菌株（共10余株），有的产己酸量高达20000mg/kg以上。同时，还首次发现并分离到产甲烷和氧化甲烷的特殊嫌气性细菌，并在生产实践中证实它们也是老窖具有独特生产性能的功能菌之一。

三、 酒窖外环境的微生物

浓香型曲酒传统发酵不仅涉及窖泥微生物生态分布，也涉及窖外环境微生物的生态分布。传统工艺所提供的条件，使窖泥、麦曲、窖外环境构成了特定的微生物区系。如前所述，麦曲中的微生物来自制曲的特定环境（原料、水、制曲用具、制曲房空气、操作场地等），发酵糟中的微生物除来自麦曲、窖泥外，还来自晾堂地面残渣、窖房空气、水、用具、窖皮泥等。窖外环境微生物参与浓香型酒发酵，这可从环境中存在的微生物与窖内发酵糟和麦曲中的微生物组成相印证而证实。一般麦曲中没有青霉存在，而窖外环境青霉大量存在，因而也在窖内发酵过程中出现。具有特异香味的产香酵母在麦曲中存在，因而也构成了窖外环境微生物区系的一个组成部分。这一特定的微生物区系决定着酿酒质量的好坏。因此新建厂或新扩建车间，由于缺乏这一特定微生物区系，酿制的曲酒往往赶不上老厂或老车间。这就要靠我们采用微生物技术的手段，人工模拟老厂、名酒厂的微生物区系，从而达到迅速提高酒质的目的。

（一）窖外环境空气中的微生物组成与数量

以泸州曲酒厂老车间为典型代表，采集操作场地（晾堂）不同方位、不同高度空间的空气，进行微生物培养、计数，结果见表 3-6。

表 3-6　酒窖外环境空气中存在的微生物*　单位：个

测定月份	麦芽汁培养基	霉菌						酵母		细菌
		曲霉	根霉	毛霉	梨头霉	白地霉	青霉	酒精酵母	生香酵母	
4	中性	0.8	0.2	0.2	0.8	0	1.8	0.4	0	29.4
	酸性	3.2	0	0	0.8	0	4.6	3.2	0	
5	中性	2.0	0	0.6	2.6	0	6.0	0	2.4	88.4
	酸性	0.6	0	0	0	0	1.4	0.2	—	
6	中性	3.4	0	0.2	0	0	0.4	0	2.2	42.0
	酸性	4.4	0	0.4	2.2	0.2	0	0	2.6	
7	中性	3.2	0	0	0.6	0	29.4	1.2	0.8	13.8
	酸性	3.4	0	0	0.4	0.6	37.4	0.4	0.4	
8	中性	4.2	0	0.2	0.4	0	5.0	0.4	0.2	35.0
	酸性	2.0	0	0	0.4	0	3.6	0.4	0.2	
9	中性	10.4	0	0.2	2.2	0.4	6.8	1.4	—	18.5
10	中性	17.17	0	1.0	3.67	0	58.5	2.17	0.2	16.84

* 五个平皿上菌落平均值。

从上述结果看出，空气中细菌数量最多，其次是霉菌，酵母数量不多。霉菌类以曲霉、青霉较多，根霉、白地霉最少。而且随着季节不同，这些微生物的数量和组成随之而变化。产酒酵母在热季数量较少，在气温较低的 4、9、10 月较多；而生香酵母适应较高气温，5、6、7 月较多，其他月份甚至未测出。曲霉适应性较强，各月数量都较多，尤以 9、10 月最多。犁头霉与曲霉趋势大体一致，只是数量上比曲霉稍少。毛霉出现少，7 月在两种不同 pH 的培养基上均未检出。根霉极少，仅在 4 月中性培养基中检出过。青霉普遍存在，以 7、10 月数量最多。白地霉间或出现。

操作场地空气中存在大量微生物，并构成一种特定的区系，与麦曲中的微生物区系极相近似。

（二）泸酒用水的微生物

水的质量对酿酒至关重要。水中除含某些化学物质外还存在一定种类和数量的微生物。在生产车间冷却水处于开放状态，空气中的微生物也要落入水中，因此量水中的微生物数量往往超过自来水管刚放出的水。

经实际测定，就水中微生物类群而言，细菌占绝对优势，而且气温高的 8 月，其数量比4月几乎多1倍。糖化发酵菌类不多，4月检出有犁头霉、曲霉、青霉和产酒酵母，8月却未检出。

（三）封窖用窖皮泥内的微生物

窖皮泥一般用黄泥加黄水踩揉后使用。随着反复使用次数的增多，黄泥逐渐由黄转乌黑，而且有一种特殊的臭味。窖皮泥直接与面糟接触，对窖内发酵有直接影响。窖皮泥中存在着丰富的微生物，并构成特定的微生物区系。

窖皮泥中细菌数量最大，其次是青霉和产酒酵母，还有少量白地霉、曲霉、产香酵母和梨头霉，未检出根霉、毛霉。随着季节的变换，窖皮泥中的这些微生物类群数量也有不同。如10月产酒酵母数量最多，9月次之，此情况与空气中存在的情况相吻合。产香酵母间或出现，4月未检出酵母菌。曲霉7月数量最多。青霉数量除6月未检出外各月都较多，与空气中情况一致。细菌数量以10月最多，6~9月也较多。由于窖皮泥封窖，表面接触空气多，最易污染上青霉；而内层与酒糟接触，则存在大量细菌、酵母、曲霉等。

窖皮泥中含有丰富的营养物质可供微生物生长繁殖，因此窖皮泥中栖息着大量的微生物，其中有些微生物是有益菌类。在人工培养窖泥时，可在黄泥中加适量的窖皮泥。有的名酒厂还直接用窖皮泥，加一定比例曲药、粮糟、黄水、酒尾、底锅水等堆积起来自然发酵作为改窖用窖泥。

（四）晾堂地面残留物中的微生物

晾堂是粮糟降温拌曲粉的场所。场地上残存物中存在相当多的微生物。它们随粮糟而带入窖内参与发酵过程，是窖内发酵微生物的又一来源。测定这些残留物中的微生物数量和组成有一定意义。

晾堂地面残存物中存在最大量的产酒酵母，其量远远超过空气、窖皮泥和水中的酵母数，但未发现有生香酵母。此外，细菌、青霉、白地霉数量也很多。细菌数量虽大，但不及酵母数量多，这表明晾堂地面残存物的微生物组成仍是以酵母为主。

窖外环境的微生物分析表明，窖外环境空气、水、窖皮泥均是细菌数量最多，占主要地位，在晾堂残存物中数量也不少。环境中，酵母数量亦不少，尤其在晾堂残存物中更为突出。此外，空气、水、窖皮泥、残存物中均出现较多的曲霉。上述菌类多数是酿酒不可缺少的有益菌，这说明环境微生物与酿酒的密切关系。此外还有较多的青霉，间或有白地霉、生香酵母、犁头霉等。生香酵母是浓香型曲酒发酵产酯的重要微生物类群之一。有的菌类，如青霉、毛霉，在发酵过程中亦有发现，一般认为它们不适应窖内环境而会自然淘汰掉。

吴衍庸等对酿制浓香型酒中大曲、窖泥、酒窖外环境微生物的检测，可作为研究浓香型酒酿造微生物的重要参考。

第四章　制曲工艺

第一节　概　述

大曲一般采用小麦、大麦和豌豆等为原料，经粉碎拌水后压制成砖块状的曲坯，人工控制一定的温度和湿度，让自然界中的各种微生物在上面生长而制成。大曲采用生料制曲，有利于保存原料本身含有的水解酶类。小麦及大麦中的淀粉酶类等较丰富。制曲过程中由原料中的各种组分生成的某些物质，是白酒中一些特殊香味成分的前体。例如．大麦与豌豆是香兰素及香兰酸的来源，能赋予成曲良好的清香味。

大曲呈砖状，曲块较大，每块重3~4kg，制成后需贮存至少三个月才能使用。因其块形较大，因而得名大曲。大曲也被称为砖曲。

四川主要以小麦为原料，北方大部分地区以大麦和豌豆混用为多，江淮一带则三者并用。例如五粮液采用纯小麦曲；泸州特曲酒及全兴大曲酒的制曲原料为小麦加3%~5%的高粱粉；洋河大曲酒、双沟大曲酒、口子酒等使用小麦、大麦、豌豆曲。

由于大曲是自然培养而成的，所以含有霉菌、酵母、细菌等复杂的微生物群。因而它既是酿制白酒的糖化剂，也是发酵剂，可协调地进行平行复式发酵。许多厂在制大曲时，接入少量的曲种进行培养。

制曲的温度至关重要，它不仅决定了曲的各种功能，而且是大曲分类的标准。通常按制曲的温度可分为三大类——高温曲、中温曲和低温曲，凡制曲的最高品温为65~68℃，甚至更高者，称为高温曲，适于酿制酱香酒；制曲的最高品温为50~60℃者称为中温曲，60~62℃称为偏高中温曲，适用于酿制浓香型酒；制曲最高品温为40~50℃为低温曲，适于清香型酒生产。

大曲的糖化力和发酵力均较低。一般情况下，中温大曲糖化力较高，霉菌数量较多。高温大曲蛋白酶活性较高，细菌占绝对优势，尤其以耐高温的芽孢杆菌居多，曲块呈褐色，具有较强的酱香气味，但其糖化力和发酵力都较低。

大曲酒的香味成分与制曲的原料量及原料成分密切相关，因此用曲量很大。浓香型大曲酒的用曲量为18%~25%。

大曲中的微生物极为丰富，是多种微生物群的混合体系。在制曲和酿酒过程中，这些微生物的生长与繁殖，形成了种类繁多的代谢产物。进而赋予各种大曲酒独特的风格与特色，这是其他酒曲所不能相比的，也是我国名优白酒中大曲酒占绝大多数的原因所在。

一、 大曲的功能

1. 糖化发酵剂

大曲是大曲酒酿造中的糖化发酵剂，其中含有多种微生物菌系和各种酿酒酶系。大曲中与酿酒有关的酶系主要有淀粉酶（包括 α-淀粉酶、β-淀粉酶和糖化型淀粉酶）、蛋白酶、纤维素酶和酯化酶等，其中淀粉酶将淀粉分解成可发酵性糖；蛋白酶分解原料中的部分蛋白质，并对淀粉酶有协同作用；纤维素酶可水解原料中的少量纤维素为可发酵性糖，从而提高原料出酒率；酯化酶则催化酸醇结合成酯。大曲中的微生物包括细菌、霉菌、酵母菌和少量的放线菌，但在大曲酒发酵过程中起主要作用的是酵母菌和专性厌氧或兼性厌氧的细菌。

2. 生香剂

在大曲制造过程中，微生物的代谢产物和原料的分解产物，直接或间接地构成了酒的风味物质，使白酒具有各种不同的独特风味，因此，大曲还是生香剂。不同的大曲制作工艺、不同的原料和所网罗的微生物群系有所不同，成品大曲中风味物质或风味前体物质的种类和含量也就不同，从而影响大曲白酒的香味成分和风格，所以各种名优白酒都有其各自的制曲工艺和特点。

二、 大曲培养的特点

1. 生料制曲

生料制曲是大曲特征之一。原料经适当粉碎、拌水后直接制曲，一方面可保存原料中所含有的水解酶类，如小麦中含有丰富的 β-淀粉酶。可水解淀粉成可发酵性糖，有利于大曲培养前期微生物的生长；另一方面生料上的微生物菌群适合于大曲制作的需要，如生料上的某些菌可产生酸性蛋白酶，可以分解原料中的蛋白质为氨基酸，从而有利于大曲培养过程中微生物的生长和风味前体物质的形成。

2. 自然网罗微生物

大曲是靠网罗自然界的各种微生物在上面生长而制成的，大曲中的微生物来源于原料、水和周围环境。大曲制造是一个微生物选择培养的过程。首先，要求制作原料含有丰富的碳水化合物（主要是淀粉）、蛋白质及适量的无机盐等，能够提供酿酒有益微生物生长所需的营养成分；其次，在培养过程中要控制适宜的温度、湿度和通风等条件，使之有利于酿酒有益微生物的生长，从而形成各大曲所特有的微生物群系、酿酒酶系和香味前体物质。

3. 季节性强

大曲培养的另一个特点是季节性强。在不同的季节里，自然界中微生物菌群的分布存在着明显的差异，一般是春秋季酵母多，夏季霉菌多，冬季细菌多。在春末夏初至中秋节前后是制曲的合适时间，一方面，在这段时间内，环境中的微生物含量较多；另一方面，气温和湿度都比较高，易于控制大曲培养所需的高温高湿条件。自 20 世纪 80 年代以来，由于制曲技术的不断提高，在不同的季节同样可以制出质量优良的大曲，关键在于控制好不同菌群所要求的最适条件。

4. 堆积培养

堆积培养是大曲培养的共同特点。根据工艺和产品特点的需要，通过堆积培养和翻曲来调节和控制各阶段的品温，借以控制微生物的种类、代谢和生长繁殖。大曲的堆积形式通常有“井”字形和“品”字形两种。井字形易排潮，品字形易保温，在实际生产中应根据环境温度和湿度等具体情况选择合适的形式。

5. 培养周期长

从开始制作到成曲进库一般为40~60d。然后还需贮存3个月以上方可投入使用。整个制作周期长达5个月，这也是其功能独特的一个重要因素。

三、 大曲的产品特点

1. 菌酶的共生共效

大曲最突出的特点，则要算菌酶的共生共效现象。由于菌种繁多，酶系复杂，故在大曲培养中产生了丰富的物质，大曲的这些优越性是其他曲种无法替代的。

2. “一高两低”

大曲虽然具有成分众多，并“菌酶共用”等优越性，但“一高两低”又是它明显的不足。“一高两低”为“残余淀粉高，酶活性低，出酒率低”。

四、 制曲工艺的演变

1. 第一阶段

这一阶段的制曲是单个作坊各自制曲，生产规模小，制曲环境微生物与制曲地域自然微生物菌群菌系基本一致。由于不存在环境大曲微生物优势菌群菌系，因而制曲微生物发酵凭借靠天吃饭——等待天气暖和，酵母菌、霉菌等生长繁殖活跃的条件下制曲，添加10%左右的曲母制坯以启动发酵，同时由于是单个的小作坊式生产，不可能储备太多的工人，所以巧妙地选择了夏季气温高，对酿酒生产不利而停产的空隙制曲，谓之“伏曲”。每年夏天踩制的大曲，用于一年的酿酒生产使用，大曲储存时间长达一年之久，在储存过程中，因曲虫的蚕食和时间的推移，大曲微生物菌体逐渐衰亡，大曲酶活性不断下降，曲耗较高且曲质下降。

制曲工艺流程：

小麦（高粱）→磨面→润粮→踩制成型→堆放→培菌发酵→曲母

这一阶段制曲的特点：

（1）以石磨为制曲原料（小麦、高粱）的粉碎设备。

（2）利用酿酒热季停产期间的空隙制曲，谓之“伏曲”，供一年四季酿酒使用。

（3）制曲场地为酿酒的晾堂坝。

（4）拌料设备为铁锅。

（5）制坯方式为木模人工踩制曲坯。

（6）糠壳为支撑曲坯的疏松透气物，稻草为曲坯的覆盖保湿材料。

（7）木桶担水进行培菌期补水。

2. 第二阶段

制曲从酿酒整体生产中剥离出来，成立单独的制曲班组。

中华人民共和国成立后，单个小作坊逐渐走上了联营、公私合营赎买的道路。同时，为了满足生产的需要，制曲生产也逐渐从酿酒生产班组里剥离出来，成为单独的制曲班组。这一阶段的制曲特征表现为：规模相对较大，并因酿酒规模的扩大而扩大，制曲生产也实现了相对均衡，以采用不同的工艺条件控制来应对季节、气温、环境的变化组织生产。

制曲工艺流程：

小麦、高粱→磨碎→加水拌料→人工踩曲成型→入室培菌发酵→发酵管理→成曲

这一阶段制曲的特点：

（1）每一个生产区域（酿酒车间）建立一个相应的制曲生产班组。

（2）以石磨为制曲原料（小麦、高粱）的粉碎设备。

（3）利用天气暖和季节（一般是4~10月份）制曲，供全年酿酒使用。

（4）制曲场地为专门的制曲生产房。

（5）拌料设备为铁锅。

（6）制坯方式为木模人工踩制曲坯。

（7）糠壳为支撑曲坯的疏松透气物，稻草为曲坯的覆盖保湿材料。

（8）木桶担水进行培菌期补水。

3. 第三阶段

由归属于酿酒车间的制曲班组搬迁到一起，成立单独的制曲车间，机械对辊磨磨碎制曲原料，绞龙机械拌料，成型机压制曲坯。随着发展的需求和生产技术的进步，制曲生产逐渐地作为独立工序剥离出来，成立了专门的制曲车间。

这一阶段的制曲特征表现为：规模随酿酒规模的扩大而扩大，并实现了相对均衡，从工艺条件控制来适应季节、气温、环境的变换和变化。因而制曲环境大曲微生物菌群菌系得以相对富集，优势菌群逐渐得以体现，母曲添加量也因此而相对减少或甚至取消母曲的添加，大曲3个月的储存期以保证生产中均衡使用，大曲微生物及酶活性得以有效保持并相对稳定，酿酒生产中大曲使用量也因此降低至25%（对投粮计）以内。

制曲工艺流程：

小麦、高粱→润麦→机械磨碎→机械拌料→压制成型→入室培菌发酵→发酵管理→成曲

这一阶段制曲的特点：

（1）机械对辊磨磨碎制曲原料（小麦、高粱）。

（2）利用天气暖和季节（一般是4~10月份）制曲，供全年酿酒使用。

（3）制曲场地为专门的制曲生产房（制曲车间）。

（4）绞龙机械拌料。

（5）成型机压制成为平板（或包包）曲坯。

（6）糠壳为支撑曲坯的疏松透气物，稻草为曲坯的覆盖保湿材料。

（7）木桶担水或自来水进行培菌期补水。

（8）实现了从手工制曲发展到机械化制曲。

4. 第四阶段：微机控制、楼盘式、专业化、规模化

现代科学技术逐渐应用于制曲生产，通过对制曲发酵过程微生物菌群菌系消长情况的动态监控，发酵品温、湿度的动态监控等条件研究，成功地将微机控制技术应用于制曲这一传统发酵产业，对稳定曲品品质、控制杂菌孳生起到了较好的推动作用。机械化制坯流水线的成功研制，极大地减轻了制曲生产的劳动强度，有效地提高了制曲生产能

力。通过对大曲发酵机理的剖析，进一步优化了制曲工艺，改善了工作条件，保证了制曲现场的整洁有序、曲药质量的大幅度提升和四季稳定。

工艺流程：

小麦→润麦→机械磨碎→机械拌料→压制成型→入室培菌发酵→控制发酵→成曲

这一阶段制曲的特点：

（1）机械对辊磨磨碎制曲原料（小麦等）。

（2）实现了四季制曲。

（3）制曲场地为专门的制曲生产房。

（4）绞龙机械拌料。

（5）成型机压制成为平板曲坯。

（6）自动的水管网喷水增湿和电加热升温、排气降温。

（7）曲坯以竹板架子为依托，显著增大了制曲生产能力，草帘子为曲坯的覆盖保湿材料。

第二节　大曲传统制作工艺

一、制曲原料的选择及配比

小麦、大麦、豌豆制曲各有优缺点，小麦营养丰富、黏度适宜，是理想的制曲原料；大麦疏松不黏，豌豆黏性强，均难以协调水分和热量，其养分不能很好利用，微生物难以充分繁殖。所以，若用大麦、豌豆等原料制曲，一般都有适当配比。有的厂在制曲时加入少量高粱粉，使曲块中生长的微生物更适应以高粱为原料的白酒生产。

原料配比各厂情况不同（表4-1），有单独用小麦制曲的，也有用小麦、大麦、豌豆混合制曲的。

表4-1　浓香型白酒厂制曲原料配比　单位：%

原料配比	小麦	大麦	豌豆	高粱	大曲粉
五粮液	100	—	—	—	—
泸州老窖	90~97	—	—	3~10	—
剑南春	90	10	—	—	—
全兴大曲	95	—	—	4	1
洋河	50	40	10		
古井贡	70	20	10		

二、制曲基本原理

用小麦（或配料大麦、豌豆、高粱等）为原料制作曲坯，在开放式操作条件下，自然网罗环境（原料、场地、器具、空气、拌料水等）中的微生物，并通过控制生产工艺条件，这些微生物在曲坯内富集、生长、繁殖大量的菌系，分泌代谢出众多的产物（酶系、物系），同时释放热量来实现曲坯自然升温和自然风干。

（一）物理变化

1. 温度的上升

曲坯入室安曲后，制曲微生物在有氧条件下，将曲坯中8%~12%的原料淀粉彻底氧化为CO_2和水，释放出大量能量，部分用于微生物菌体生长繁殖，剩余部分以热量形式释放，表现为曲坯升温。曲坯逐渐升至60℃左右（所需品温），曲坯水分逐渐挥发散失，在这个过程中消耗蛋白质、脂肪等较少。

2. 水分的蒸发

（1）曲坯水分分类　曲坯的水分按照与制曲原料的结合方式可分为吸附水分、毛细管水分和溶胀水分。

①吸附水分　曲坯表面上附着的水分称为吸附水分。在任何温度下，表面水分的蒸汽压等于纯水在此温度下的饱和蒸汽压。

②毛细管水分　制曲原料空隙中所含的水分称为毛细管水分。这种水分蒸发借助毛细管的吸引力转移到曲坯表面。曲坯空隙大时，毛细管水分的蒸汽压也等于纯水在此温度下的饱和蒸汽压；制曲原料空隙小时，毛细管水分的蒸汽压将小于纯水在此温度下的蒸汽压，而且毛细管水分的蒸汽压将随着水分的进一步挥发而下降。

③溶胀水分　渗透到制曲原料的细胞壁中的水分称为溶胀水分。它是制曲原料的组成部分，使制曲原料的体积增大。

（2）水分蒸发　当空气湿度未达到最大湿度时，相对湿度低于100%，曲坯水分就开始蒸发。曲坯水分的蒸发速度可以明显地划分为恒速蒸发和降速蒸发两个阶段：

①恒速蒸发阶段：当水分由曲坯内部迁移到外表的速度大于或等于水分汽化的速度时，称为恒速阶段。增大空气流速、提高品温、降低湿度都能提高这一阶段的水分蒸发速度。显然，曲坯入室温度和加盖覆盖物是影响水分蒸发速度的重要因素之一。同时蒸发速度以单位面积为计算基数，曲坯的大小也是影响水分蒸发速度的重要因素之一。

②降速蒸发阶段：当水分由曲坯内部向表面移动的速度小于表面水分的汽化速度时，进入了降速蒸发阶段。首先是曲坯表面出现干燥（硬）区域，表面水分蒸发速度逐步上升，随后曲坯表面的水分完全汽化，水分的汽化平面由曲坯表面向内部移动，随着内部水分含量的梯度下降，内部水分的迁移速度或水分蒸发速度不断下降，水分的汽化由表面继续向内移，直至曲坯含水量降至与外界空气的相对湿度相平衡时，曲坯的水分才停止蒸发。在降速阶段，水分的蒸发速度主要取决于曲坯的形状、大小、厚薄、松紧，原料粉碎度，空气流动，环境温度，湿度等因素。

3. 微氧环境的形成

曲坯从安曲开始，进一步自然网罗环境中的微生物，微生物在曲坯内此消彼长地生长繁殖和进行物质代谢，微生物有氧呼吸将曲坯中部分淀粉彻底氧化为二氧化碳和水，并释放出大量能量，除用于微生物生长繁殖外，多余能量以热量形式释放，表现出曲坯升温，并产生大量水蒸气。二氧化碳和水蒸气源源不断地释放，弥漫于相对密闭的曲坯发酵环境中，形成曲坯发酵的微氧外环境。也就是说，从曲坯发酵启动开始，发酵房内的氧气浓度随着时间推移逐渐低于发酵房外空气中氧气的浓度直到曲坯发酵结束，曲坯微生物菌群就在这种微氧环境中生长繁殖和进行物质代谢。

（二）生化变化

曲坯培菌发酵过程中，微生物此消彼长地生长繁殖，同时代谢产生各种各样的微生物酶和品类繁多的微量香味成分以及它们的前体物质，表现出复合曲香。

1. 蛋白质的分解

蛋白质含有碳、氢、氧和氮，蛋白质分解过程中逐渐降解成分子质量越来越小的肽链，直到最后成为氨基酸的混合物质。

制曲原料中的蛋白质经蛋白酶催化作用逐步转化为氨基酸，这些氨基酸在微生物或酶的作用下进一步分解为高级醇；高级醇与脂肪酸缩合生成酯类；氨基酸和还原糖在一定温度下发生美拉德反应而生成各种含氮有机化合物。这些含氮有机化合物是呈香、呈味物质的重要组成部分。氨基酸通过脱氨基或转氨基作用生成 α-酮酸，并进一步分解成高级醇，同时释放出 NH_4^+。在微生物体内主要进行的是非氧化脱氨基作用。一般来讲，曲坯含水量大有利于蛋白质的分解，但水大易造成杂菌繁殖，破坏蛋白质的羧基生成碱类物质（如胺类），使蛋白质腐败，影响曲坯质量。

2. 糖的分解

曲坯中淀粉降解形成的糖类，除被微生物有氧呼吸彻底转化为二氧化碳和水外，还在微生物（如酵母菌、乳酸菌、异型乳酸菌、乙酸菌等）的作用下，进一步分解变成乙醇、乳酸、乙酸等，并进一步生化演化，成为大曲重要的香气成分。

3. 酚类化合物的变化

以小麦为主要原料，在微生物作用下，生成了挥发性酚类物质。在曲坯培菌发酵过程中，当菌丝发育到最旺盛时，酚类物质生成量最多，大部分为阿魏酸；当品温继续上升时，香草醛、香草酸大量生成。

三、 制曲工艺基本知识

（一）大曲制作工艺流程

小麦及其他谷物→润水→翻拌→堆积→粉碎→加水拌和→装模→踩曲（或机械压制）→晾汗→入室安曲→保温培菌→翻曲→打拢（收堆）→出曲→入库贮存

（二）曲坯制作

1. 制作前的准备

（1）将踩曲场、器具等清洗干净。

（2）将曲房打扫干净，关闭门窗，对曲房进行消毒灭菌。

（3）将车间、曲房外四周清洁干净，不得堆放生活、生产垃圾。

（4）曲房的灭菌：1m^3 曲房，用硫黄 5g 和 30%~35%甲醛 5mL。将硫黄点燃并用酒精灯加热蒸发皿中的甲醛，关闭所有门、窗，使其慢慢全部挥发。密闭 12h 后，打开门窗，换入新鲜空气。如果只用硫黄杀菌，每 $1m^3$ 用量约 10g。

（5）清洁和灭菌工作要认真负责，不能有死角。

2. 曲坯制作

浓香型制曲的曲坯制作包括润麦、粉碎、加水拌料、压制成型、运曲五道工序。

（1）润麦　润麦时间 2～4h，润麦水量 3%～8%，润麦后小麦表面收汗，内心带硬，口咬不黏牙，尚有干脆响声。

（2）粉碎　麦粉碎后的感官标准是“烂心不烂皮”的梅花瓣。

（3）加水拌料　清洁拌料容器（绞笼），原料粉碎后迅速加水拌和，同时加入一定量的老曲粉（有些厂不加），控制水温，麦料吃水透而匀，手捏成团不粘，鲜曲含水 35%～38%。

（4）压制成型　成型有人工和机制成型两种。人工踩曲是将醅料一次性装入曲模，首先用脚掌从中心踩一遍，再用脚跟沿边踩一遍。要求“紧、干、光”。上面完成后将曲箱翻转，再将下一面踩一遍，完毕又翻转至原踩的面重复踩一遍，即完成一块曲坯。机制成型时间保持在 15s 以上。曲坯四角整齐，不缺边掉角，松紧一致。

（5）运曲　成型后曲坯晾置不超过 30min，转接轻放，适量运送。

小麦粉碎前用热水润料，使麦皮吸收一部分水，并具有一定的延展性，即粉碎后，麦皮呈片状，以保证曲坯一定的通透性；心部呈粉状，可增加微生物的利用面积。

在拌和前，所有踩曲场、拌料锅、曲模等均须打扫清洁，以防止或减少有害杂菌的污染。现在一般使用机械拌料（绞龙）。先清洁拌料容器，在加水拌和时，可以加入 3% 的老曲粉，并随时调整润麦水量及水温，最终鲜曲含水量适量。拌和时若加水过多，则曲坯升温快，容易生长絮状的毛霉和黑曲霉；而加水过少，则容易使曲坯过早干涸，微生物不能充分生长繁殖。

（三）培养大曲（培菌）

大曲的培养是网罗自然环境微生物，在水分、温度、pH、氧气等不断变化的条件下，经几十天的富集培养形成多菌系和多酶系的复合发酵制品。在大曲培养过程中，生酸微生物不断进行有机酸代谢并积累有机酸，使大曲微生物始终处在一个不断变化的有机酸发酵环境中；同时培养温度从 25～30℃（曲坯入室时的初始温度）上升到顶温 60℃左右，而后又回落到 40℃左右，整个培曲过程遵循“前缓、中挺、后缓落”的发酵规律，即大曲的培菌，生香转化主要在 40℃—60℃—40℃这一温度变化区域内进行，因而大曲中富集很多耐高温微生物。

基本操作：

（1）曲坯入房后，在曲坯上覆盖好谷草（帘），并按要求在谷草（帘）上洒水，夏季洒凉水，冬季洒热水。安曲完毕后关好门窗。

（2）当曲坯品温达到一定温度时，取开谷草（帘），进行翻曲、排潮等工艺操作。完毕后又重新盖上谷草之类的覆盖物，关闭门窗，进入第二阶段的发酵。

（3）当曲坯进入高温阶段后，要求顶点温度要够，其间须注重排潮。一般在曲坯堆积后（5 层）3d，即可达到顶点温度。以开启门窗为手段排潮。必须排出水分和 CO_2，送

进 O_2。每次排潮时间不能超过 40min。

（4）当曲坯培养进入后火排潮生香期（后缓落）时，品温仍在 40℃以上时，可按翻曲程序翻第 3 次曲而进入后火生香期。除垒堆曲块层数多 2 层（7~9 层）外，其余要求和操作同其他各次翻曲。

（5）打拢即将曲块翻转过来集中而不留距离，并保持常温，注意曲堆不要受外界气温干扰。其方法同前，但层数增加为 9~11 层。

（6）打拢收堆后，经 15~30d，曲即可入库贮存。

（四）大曲储存

通过贮存可以让大曲中的无芽孢的生酸细菌，在干燥环境中优胜劣汰（被淘汰掉），从而使大曲的微生物得到纯化。通过贮存可以弱化大曲微生物及酶的生命代谢活动，同时促进大曲进一步的“老熟”形成更丰富的特殊曲香味。

成曲的储存：

（1）曲入室前，先将库房打扫干净，施药除虫。

（2）将曲坯楞放，层层堆砌 10 层左右。

（3）完毕将谷草或草席覆盖于上。

（4）在门牌上注明入库时间及曲坯数量。

（五）制曲原始记录表

制曲原始记录表见表 4-2。

（六）大曲的感官检查与质量标准

大曲在曲酒酿造中作用十分重要，素有“曲为酒之骨”之称。然而，大曲生产技术发展至今，对于大曲质量的判断、鉴评方法及术语没有较为统一的标准（规定），长久以来主要是靠实践经验，用习惯用语对曲质优劣进行评定，而各厂根据自身的实践所制定的判别曲质优劣的方法，参数也有差异，这就给同行业相比较带来诸多不便。众所周知，酿酒生产所涉及的微生物十分繁杂，目前的科技水平尚不能完全控制有关酿酒微生物对酿酒生产的作用，而且由于外界环境的差异（气候、地域等），生产工艺、香型等等诸多因素的差异，使得对大曲质量的评判有一定的灵活性。这是目前大曲没有统一判别标准的重要原因之一。

下面介绍部分名酒厂浓香型大曲的质量标准及鉴曲方法（适用于成品曲质量鉴评），供参考。

1. 质量标准

（1）泸州老窖酒厂大曲质量标准　分为感官标准和理化指标，总分 100 分。其中感官标准占鉴评曲总分的 60%，理化指标占鉴评曲总分的 40%。各以 100 分计。

感官质量标准（100 分），其中风格 40 分；外观 20 分；断面 40 分。

风格即大曲风格：曲香扑鼻，味浓纯正，皮薄心熟，色正泡气。

表 4-2　　制曲原始记录

第　号房　　第 批 组　　入房时间　　年　月　日　　出房时间　　企业管理序号：

原料		润粮用水		粉碎粮粉情况	拌料用水		曲坯数量	培菌房用水				曲块形状	
小麦	kg	水/粮	%		水/粮	%	块	地面洒水	kg	温度	℃		
母曲	kg	温度	℃		温度	℃		盖曲草洒水	kg	温度	℃	天气	

发酵逐日情况	项目＼时间	入房定时																	
发酵逐日情况	品温	入房定时																	
发酵逐日情况	曲心温度	入房定时																	
发酵逐日情况	室温	入房定时																	
发酵逐日情况	措施	入房定时																	
发酵逐日情况	项目＼时间	入房定时																	
发酵逐日情况	品温	入房定时																	
发酵逐日情况	曲心温度	入房定时																	
发酵逐日情况	室温	入房定时																	
发酵逐日情况	措施	入房定时																	
发酵逐日情况	项目＼时间	入房定时																	
发酵逐日情况	品温	入房定时																	
发酵逐日情况	曲心温度	入房定时																	
发酵逐日情况	室温	入房定时																	
发酵逐日情况	措施	入房定时																	
发酵逐日情况	项目＼时间	入房定时																	
发酵逐日情况	品温	入房定时																	
发酵逐日情况	曲心温度	入房定时																	
发酵逐日情况	室温	入房定时																	
发酵逐日情况	措施	入房定时																	

外观即大曲外表：色泽灰白色，上霉均匀，无裂口。

断面即大曲折断面：泡气，香味正，色泽正，皮张薄。

具体打分标准：

①风格独特完整，40 分；风格独特欠完整，30 分；风格独特不完整，20 分。

②外观：灰白色，带微黄无异色，上霉均匀无裂口，20 分；灰白色带微黄，少许异色，上霉较好，少许裂口，10 分。

③断面：浓香泡气色正，皮张厚小于 0.1cm，40 分；浓香色正欠泡气，皮张厚小于 0.15cm，30 分；浓香有异色，味不正，皮张厚小于 0.2cm，20 分。

④不合格标准：生心皮厚，粗而无衣，色杂而味馊霉。其中生心指内心不熟或窝水等不正常状态；味指气味。

理化标准（100 分）：大曲理化指标分为水分、酸度、淀粉含量、酶活性、发酵力，其中以淀粉含量、发酵力占主要。酶活性又分为糖化力和液化力两个指标，各占 15 分。各指标具体分值如下：酸度 10 分；淀粉含量 30 分；水分 10 分；酶活性 30 分，发酵力 20 分。

各等级大曲的理化标准如表 4-3 所示。

表 4-3　各等级大曲的理化标准

项目等级	酸度	淀粉含量/%	水分/%	酶活性/（u/g）		发酵力	积分
				糖化力	液化力		
一级	≤1	≤67	≤13	300~600	≥1	≥1.0	90 分以上
二级	≤1	≤57	≤13	500~800	≥0.8	≥0.68	80 分以上
三级	≤1.5	≤57	≤13	<500 或>800	≥0.6	≥0.38	60 分以上
不合格	以感官作唯一标准，青霉菌斑大于 10%，酸度大于 1.5，60 分以下						

注：酸度为 1g 曲耗用 0.1mol/L NaOH 的体积（mL）（后续酸度均适用于此条），发酵力（以 CO_2 计）的单位是 g/（g 干曲·72h），糖化力单位为 mg 葡萄糖/（g 干曲·h），液化力单位为 g 淀粉/（g 干曲·h）。

（2）沱牌曲酒厂大曲质量标准　曲药使用前，随机抽样（每间房取 10 块）进行质量鉴定。感官鉴定实行 100 分制，理化指标按评分标准给分，评定时去掉最高分和最低分。综合平均分在 80 分以上者为一等曲，70~79 分为二等曲，60~69 分为三等曲，60 分以下为不合格产品，并将此作为制曲工人工资分配依据。三等品和等外品不能投入酿酒车间使用。

该厂大曲的感官及理化评分标准如表 4-4、表 4-5 所示。

表 4-4　沱牌大曲感官质量评分标准

项目	等级	指标要求	额定分
外表面	1	灰白色斑点，菌丛均匀	10
	2	灰白色斑点，菌丛不均匀，无其他颜色	8
	3	未穿衣，有絮状灰黑色菌丝或少许其他颜色	5

续表

项目	等级	指标要求	额定分
1/2 断面处	1	整齐，泡气，呈灰白色，有黄红斑点，菌丝丰富	30
	2	大部分为灰白色，菌丝生长良好，泡气	20
	3	有黑圈、黑点、青霉等	10
皮厚	1	≤0.15cm	20
	2	0.15~0.20（含 0.20）cm	15
	3	>0.20cm	10
香味	1	曲香味浓烈，带甜香（若带酸或霉味减 5 分）	40
	2	曲香味较浓烈，微带甜香（带酸或霉味减 5 分）	30
	3	曲香味较淡，不带甜香（带酸或霉味减 5 分）	20

表 4-5　　沱牌大曲理化评分标准

项目	单位	评分标准		项目	单位	评分标准	
		数据范围	得分			数据范围	得分
发酵力（以 CO_2 计）	g/（g 曲·72h）	≥20	+5	液化力	mg/（g 曲·h）	≥1.5	+5
		15~20	0			0.8~1.0	0
		<15	-5			<0.8	-5
糖化力	mg/（g 曲·h）	500~800	0	酸度	度	≤1.0	+5
		>800	+5			1.0~2.0	0
		<500	-5			>2.0	-5
水分	%	≤15	0				
		>15	-5				

（3）五粮液酒厂大曲质量标准　见表 4-6。

表 4-6　　五粮液酒曲质量标准

等级	质量标准	
	感官	理化
优质曲	曲香纯正，气味浓郁，断面整齐，结构基本一致，皮薄心厚，一片猪油白色，间有浅黄色，兼有少量（<8%）黑色、异色	糖化力 700 以上 发酵力 200 以上 水分：热季 13%以下，冬季 15%以下
合格曲	曲香较纯正，气味较浓郁，无厚皮生心，猪油白色在 55%以上，淡灰色、浅黄色、黑色和异色在 20%以下	糖化力 600 以上 发酵力 150 以上 水分：热季 13%以下，冬季 15%以下
次曲	有异香、异臭气味，皮厚生心，风火圈占断面 2/3 以上	糖化力小于 600 发酵力小于 150 水分：热季 13%以下，冬季 15%以下

注：糖化力单位为 mg/（g 曲·h），发酵力单位为 mL/（g 曲·72h）。

2. 大曲鉴评方法

大曲鉴评主要指入库、出库大曲的感官质量鉴评。

（1）人员组成　包括四部分：大曲生产车间质量负责人或工艺员；厂生产技术部门；厂质量检验部门；鉴曲人员 5~7 人。

（2）取样方法　大曲鉴评取样以曲块为单位，方法与入（出）库曲的取样方法相同。

（3）鉴评程序　将所取曲样密码编号依次鉴定，公开鉴评。

（4）鉴评存档　程序为：表格记录，标准打分；结果汇总，综合评定，统一存档。

四、大曲制作的一般工艺

大曲制作工艺目前仍以“八大名酒”为前提来区分，如按形状区分则只有“平板曲”和“包包曲”；而原料却有 4 种，即小麦、大麦、豌豆、高粱。本节大曲生产工艺不以香型、曲状来介绍，只以“掌握原料标准、了解环节作用”为主要内容来介绍。

1. 制坯及入室工序

（1）润麦　润麦须掌握润麦的水量、水温和时间三项条件。一般应遵守“水少温高时间短，水大温低时间长”的原则。用水量视其所采用的原料而定。一般都按粮水比 100：（3~8）计，时间不超过 2~4h 为好。如果考虑原料的吸水性，则润麦的时间应适当缩短，并且应减少水量，提高水温，一般遇此情况，时间控制在 2h 即可。润麦的水温夏天保持在 60℃左右（南方夏季用常温水），冬天以 60~70℃为宜。

润麦时在操作上要翻造堆积。翻造旨在使每粒粮食都均匀地吸收水分，要求水洒匀，翻造匀。

润麦后的标准是：表面收汗，内心带硬，口咬不黏牙，尚有干脆响声。如不收汗，说明水温低，如咬之无声，则说明用水过多或时间过长，即通常所说的“发粑了”。

（2）粉碎　为了破坏植物组织以及使淀粉释放而采用的机械加工的方法称为粉碎。因此粉碎的目的十分明确：释放出淀粉，吸收水分，增大黏性。

粉碎的方式由最初的“石磨”改为现在的“电磨”，无论粉碎方式如何，其粉碎物料的粗细标准不会变。粉碎前应在磨机上端放上隔筛，以阻止硬、大杂物损伤磨辊。

由于原料不同，各自的粉碎标准也不同，但主料小麦却是一致的。

事实上，仍以感官来判定小麦的粉碎度。小麦粉碎后的感官标准是：“烂心不烂皮”“梅花瓣”。小麦的粉碎度对大曲的发酵和大曲的质量有很大的影响。若粉碎过细，则曲粉吸水强，透气性差，由于曲粉黏着紧，发酵时水分不易挥发，顶点品温难以达到，曲坯生酸多。霉菌和酵母菌在透气（氧分）不足、水分大的环境中极不易代谢，因此让细菌占绝对优势，且在顶点品温达不到时水分挥发难，容易造成“窝水曲”。另一种情况是“粉细水大坯变形”，即曲坯变形后影响入房后的摆放和堆积，使曲坯倒伏，造成“水毛”（毛霉）大量孳生。此种曲质量不会高，一般都在二级曲以下。所以，粉碎不可太细。

粉碎过粗时，曲料吸水差，黏着力不强，曲坯易掉边缺角，表面粗糙，表层裂缝较多，穿衣不好，发酵时水分挥发快，热曲时间短，中挺不足，后火无力。此种曲粗糙无衣，曲熟皮厚，香单、色黄，属二级曲以下。因而粗粉也不利。

无论是何种粉碎设备，都有粉碎度的调节方式。最初的石磨是以石圆磨中的孔跟扦以竹扦的粗细来控制原料的流量，也即在转速不变的前提下以流量的多少来调节粉碎度；

现在使用的钢磨是以标尺来调节粉碎度的。有经验的曲师一般用手接一些小麦即可判断出粉碎度。应该承认的是：石磨的“梅花瓣”与钢磨的“梅花瓣”在程度上有区别。石磨可以完全做到“烂心不烂皮”，而钢磨由于原料通过压碎的时间较短，则难以达到要求，麦皮上附着的粉子较多，或是“心皮同烂”。因此，采用钢磨时，润麦水分、温度、时间是关键的因素，务必掌握好。

（3）拌料 拌料主要包括配料和拌料方式两个环节。配料是指小麦、水、老曲和辅料的比例，拌料方式有手工拌料和机械拌料两种。不管采用哪种拌料方式，都是以曲坯的成型或含水量为其标准的。

手工拌料是两人对立，以每锅 30kg 麦粉加老曲、水均匀地拌和。一般时间在 1.5min，曲料含水量在 38%左右，标准是“手捏成团不黏手”。手工拌料的特点是操作复杂，体力劳动强，但易控制。

机械拌料时，要待曲料落入箱时才能判定拌料是否合适。其特点是操作简单，但控制难度较人工大些。拌料的标准与人工拌料相同，只是含水量一般在 36%左右。

拌料用水的温度以“清明前后用冷水，霜降前后用热水”为原则。热水温度控制在 60℃以内较好。如水温过高则会加速淀粉糊化或在拌料时淀粉糊化，发酵期过早地生成酸、糖被消耗掉，造成大曲发酵不良，并且大曲的成型也差，俗语称为“烫浆”了。但如果水温太低（特别是冬天），则会给大曲的发酵造成困难，低温曲坯中的微生物不活跃，繁殖代谢缓慢，曲坯不升温，无法进行正常的物质交换。所以掌握好用水的温度是拌料中的一个重要因素。

拌料的目的就是使原料粉子均匀地吃足水分，含水量的多少取决于大曲原料自身。

由于制曲工艺的不同（如人工拌、踩和机械拌压），其曲坯含水量也不尽相同。很显然，人工拌、踩的曲坯含水量肯定大于机械操作的。制曲并非不要求曲坯增大含水量，而实际情况是一旦增大拌料用水量压坯时几乎就溃不成型。

因顶温的不同，对大曲制作的工艺要求也不同，特别是发酵周期不同和品温控制不同，其曲坯含水量也不同。

从大曲发酵规律及微生物对水分需要的角度来看水分与制曲的关系：重水分曲（水分在 40%以上）在发酵时排出的水分多，CO_2也多，这样就会终止曲中代谢或减少代谢的速度和产物积累的总量，特别是顶点温度来得快。由于水分大的关系，成品曲生酸量多，除有机酸和柠檬酸、草酸、乳酸等外，pH 也随之增高。一般重水分曲的酸度都在 1.5 以上，而常规水量（38%左右）的酸度则不会超过 1。重水分曲的特点是“外观雅，曲心正，糖化力不高，酸度大”，故有“曲好看力不佳”之说。

从微生物需求水分来看，一般规律是细菌>酵母菌>霉菌。细菌是好在高温大水环境中生长，发酵阶段的大火期以细菌占绝对优势，而细菌在有足够水分的条件下，在发芽期和迟滞期明显增长，曲温超过 40℃以上时基本上不再繁殖生长。从培养基上的试验表明，霉菌的生长发育水分以 35%左右最佳。酵母菌不喜大水，低温（32℃）期酵母菌需水量为 30%~35%。

多数厂家在拌料时都加有曲种，即优选出的陈曲．以起到接种的作用。

（4）成型 成型有机械的压制成型，又有人工的踩制成型。机械成型又分一次成型和多次成型。另按曲坯成型的型式有“平板曲”和“包包曲”之分。现分别介绍如下。

机制成型也是一个发展过程。最初的机制曲是没有间断的连续长条曲坯，用人工将其切断。以后进一步到单独成型且机型较多，有多次成型的。机械化制曲毫无疑问适合于大生产，速度快，成型好，产量高，不费力。但缺点也很明显，提浆不多就是突出的弱点。另一点是拌料时间短，麦粉吃水时间不长，曲料不滋润等，均有待完善。

成型的曲坯要求是一致的，"表面光滑，无生粉点现象，不掉边缺角，四周紧中心稍松，富有弹性，无明显裂痕"等。

"包包曲"是五粮液酒厂的传统曲。现在不少酒厂大曲也由"平板曲"改为"包包曲"。

(5) 曲坯入室　曲坯入室（房）后，安放的形式有斗形、人字形、一字形三种。

斗形：是较为广泛采用的一种，也是最早使用的一种。即每 4 块为一个方向，曲端对准另一组的侧面，均匀地排列。4 组 16 块为一斗。五粮液曲块入房是竖排挨放，间距以"包包"处不接触另一块曲为限。

斗形和人字形较为费事，但可以使曲坯的温度和水分均匀。可任意安放，每斗大约 0.6m^2。三种形式的曲间、行间距离是相同的，不能相互倒靠（包包曲除外）。根据季节的不同。对曲间距离有不同要求，一般冬天为 1.5~2cm，夏天在 2~3cm。曲间距离有保温、保湿、挥发水分、热量散失等调节功能，需要时，将其收拢和拉开。

曲坯入房后，应在曲坯上面盖上草帘、谷草之类的覆盖物。为了增大环境湿度，根据季节情况可按每 100 块曲 7~10kg 水的量洒水。并根据季节确定水的温度，原则上用什么水制曲就洒什么水。但冬天气温太低时，可以 80℃以上热水洒上，借以提高环境温度和增大湿度。夏天太热时，洒上清水可以降低或调节曲坯温度，当湿度大时，温度不至于直接将曲坯表面的水分吸干挥发，以水作为导体降温是可行的。洒水时应注意不能洒"竹筒水"，要均匀地铺洒于覆盖物上，如无覆盖物，可向地面和墙壁适当洒水。

曲坯入室要注意进门处少安 2~3 排，以便人进室检查及翻曲，完毕后将门窗关闭。制曲有"四边操作法"，即边安边盖边洒边关，同时要做记录。此时曲坯进入发酵阶段。

2. 培菌管理

(1) 低温培菌期（前缓）

目的：让霉菌、酵母菌等大量生长繁殖。

时间：3~5d。

品温：30~40℃，相对湿度>90%。

控制方法：关启门窗或取走遮盖物、翻曲。

由于低温高湿特别适宜微生物生长，所以入房后 24h 微生物便开始发育。24~48h 是大曲"穿衣"的关键时刻。所谓。穿衣。（上霉）就是大曲表面生长针头大小的白色圆点的现象。穿衣的菌类对大曲并不十分重要，但它却是微生物生长繁殖旺盛与否的反映，且"穿衣"后这些菌的菌丝布满曲表，形成一张有力的保护网，充分保证了曲坯皮张的厚薄程度。若穿衣好，则皮张薄，反之则厚。应该说。这些菌在大曲质量的保证上起到了很好作用。

由于霉菌的生长温度较低，所以低温期间霉菌和酵母菌均大量生长。培菌就是培养以霉菌为主的有益菌，并生成大量的酶，最终给大曲的多种功能打下基础。

低温培菌要求曲坯品温的上升要缓慢，即"前缓"。在夏天最热阶段，品温难以控制，如气温在30℃以上时，曲坯入房也就达到了培养的温度。此时要“缓”，要采取适当加大曲坯水分，或将水冷却处理在10~15℃降低室内温度，将曲坯上覆盖的谷草（帘）加厚，并加大洒水量等措施，以控制或延长“前缓”过程，不至于影响下一轮的培养。

在低温阶段翻曲有两种情形：一是按工艺规定时间，如48h原地翻一遍，或72h翻一次；二是以曲坯的培养过程为依据进行翻曲。这些依据是：①曲坯品温是否达标（含湿度）；②前缓时间是否够；③曲坯的干硬度；④取样分析数据。用一句话可概括翻曲的上述原则：“定温定时看表里”。

一般来说，曲不宜勤翻，因每翻一次曲都是对曲坯（堆）的一次降温过程（俗称“闪火”）。有些厂家规定翻曲不开门窗，也就是为了保持现有的曲坯（堆）品温不变。但事实上办不到。曲坯培养讲究“多热少凉”和“不闪火”，因为如霉菌之类的微生物，当温度超过40℃时则生长停止，降下温度则又可复活继续生长繁殖。但复活时间较长，在10h以上。因而一旦曲坯“闪火”，会直接影响主要菌的生长，其产品质量可想而知。

翻曲的方法是：取开谷草（帘），将曲垒堆，将底翻面，硬度大的放在下面，四周翻中间，每层之间摆放，上块曲对准下层空隙，形成“品”字形。视不同情况留出适宜的曲间距离，又重新盖上谷草之类的覆盖物，关闭门窗，进入第二阶段的发酵。

（2）高温转化期（中挺）

目的：让已大量生产的菌代谢，生成香味物质。

品温：55~65℃，相对湿度>90%。

时间：5~7d。

操作方法：开门窗排潮。

经过低温阶段，以霉菌为主的微生物生长繁殖已达到了顶峰，各种功能已基本形成。特别是能够分解蛋白质之类的功能菌、酶在进入高温后，利用原料中的养料形成酒体香味的前体物质的能力已经具备。前面我们讲到的大曲中氨基酸的形成就是借助高温下，由菌、酶作用而生成的。因此，高温阶段要求顶点温度要够，且时间要长，特别是热曲时间绝不能闪失，其间须注重排潮。

由低温（40℃）进入高温时，曲堆温度每天以5~10℃的幅度上升，一般在曲坯堆积后（5层）3d，即可达到顶点温度。在这期间曲坯散发出大量水分和CO_2，绝大多数微生物停止生长，以孢子的形式休眠下来，在曲坯内部，进行着物质的交换过程。

试验表明：曲室中如CO_2含量超过1%时，除对菌的增殖有碍外，酶的活性也下降。为了保证菌、酶的功能不损失，必须排出水和CO_2，送氧气以供呼吸，故以开启门窗为手段的排潮可以达到此效果。由于各种菌对氧气的吸收程度不同，因而可根据工艺上实际所需来决定通风排潮的时间和次数。如曲霉在通风条件好时（吸氧量大）产生柠檬酸和草酸，厌氧时则生成大量的乳酸，其中根霉产乳酸较多。所以，排潮送氧应作为大曲生产的必不可少的操作技术。排潮时间应在每24h之间隔4h一次，每次排潮时间不能超过40min。

随着水分的挥发，曲中物质的形成，此时曲堆品温开始下降，当曲块含水量在20%以内时，就开始进入后火生香期。

（3）后火排潮生香期（后缓落）

目的：以后火促进曲心少量多余的水分挥发和香味物质的呈现。

品温：开始不低于45℃，然后逐渐下降，相对湿度小于80%。

时间：9~12d。

操作：继续保温、垒堆。

后火生香也是根据不同香型大曲来管理的。但不管怎样，后火不可过小，不然，曲心水分挥发不出，会导致“软心”，严重的会成窝水曲，直接影响质量。

当高温转化后，品温仍在40℃以上时，可按翻曲程序翻第3次曲而进入后火生香期。除垒堆曲块层数多2层（7~9层外），其余要求和操作同其他各次翻曲。视具体情况曲间距离稍拢一些，目的在于保温。因为此时曲块尚有5%~8%的水分需要排出，所以保温很重要。一般讲“后火不足，曲无香”。

所谓后火生香并非此时大曲才生成香味物质，而是高温转化以后的香味物质在此阶段呈现而已。这也要求保温得当，否则“煮熟的鸡都会飞”，反而会影响曲质。如果曲心少量的水分在无保温措施下挥发不出来，则细菌会借机繁殖，争夺已成熟的营养物质，引起曲质变差，呈现的大曲是：“曲软霉酸，色黑起层，无香无力”。

若后火期间品温能保持5d不降，即达到要求了。即使是降温，也要注意不可太快，控制缓慢下降，所以此阶段称为“后缓落”。当时间达到要求和品温降至常温（30℃左右）时，可进入下一轮的“收拢”养曲阶段。此时应进入第4次翻曲。

（4）收拢　收拢即将曲块翻转过来集中而不留距离，并保持常温，只需注意曲堆不要受外界气温干扰即可，其方法同前。但层数可增加为9~11层。经8~16d后，曲即可入库贮存。

3. 各种废料和残次品的处理

（1）制坯的废料　制坯中的废料主要是洒落在生产场地的各种物料，将其清扫干净，再用于生产，既减少原料的损耗，又减轻了废物的处理，节约了生产成本。

（2）曲坯废料

①入曲室后的湿曲坯由于操作不当等原因，导致曲坯变形、断裂等，将其收回到制坯成型工序重新成型，以减少损失。

②培养成熟后的较干曲坯（发酵正常的曲坯），发生曲坯形状损坏，如果只是缺边少角，仍旧照好曲坯一样继续培养、使用。如果烂成小块状，可将其收在一边单独培养。收拢保存、使用。

③在培养过程中，如果发现发酵不正常的曲坯（病害曲坯）：曲表呈现较多的黑色或黄褐色斑点，甚至整个曲表均呈黄褐色，将其选出，单独培养，在生产上与其他好曲混用或加大用曲量。曲坯感染青霉，将感染曲块立即选出，不用于生产，但可用作饲料；其他病害曲，应单独培养、保存，作生产上的次品用。

五、制曲的技术关键

大曲的培养实质上就是通过控制温度、湿度、空气、微生物种类等因素来控制微生物在大曲上的生长。因此，必须采取翻曲和适时调节曲房内的温、湿度以及更换房内空气等措施，以控制曲坯升温和水分的散失，使有益微生物得以良好生长。大曲的质量是由大曲的发酵情况决定的，而发酵情况的重要标志则是大曲发酵过程中品温的变化情况。经过千百年来的实践，总结出一条大曲发酵的温度变化准则，即“前缓、中挺、后缓落”。

由于大曲中的微生物是自然接种，故形成了一个以霉菌、酵母菌、细菌为主体的混合体系。它们之间相互作用，此消彼长，并在不同培菌阶段占主导地位。最终大曲成为各种有益微生物的大本营，并在干燥条件下处于休眠状态，其活性得以保存。

大曲的培养过程中，初期的培养状况尤为重要。曲坯入房安置好后，曲坯升温的快慢，视季节及室温的高低而异。某浓香型名酒厂大曲培菌过程原始记录见表 4-7。

表 4-7　某浓香型名酒厂大曲培菌过程原始记录

天数	1	2	3	4	5	6	7	8	9	10	11	12	13	14	15
翻曲		1			2			3				4			
室温/℃	22	24.5	25.5	23.5	23	21.5	22	26.5	25.5	23.5	23	26.5	25	24	25
品温/℃		34		38	39	44.5	36	40	43.5	42	40	40	35	32.5	28
曲心温/℃	31.3	40.7	30	42	44	48	52.4	52.1	51	47.4	49.9	46	42.5	36.2	33
湿度/%	89	98	37.1	98	89	93	78	80	76	74	79	80	80	79	89
水分/%		40	90		30			28				20			
失重/%		4.9			11.8			11.8				6.4			
天数	16	17	18	19	20	21	22	23	24	25	26	27	28	29	
翻曲		5				堆曲								入库	
室温/℃	19	18	17	17	17	18.5	17.5	18	17	17	17.5	17	16.5	15.5	
品温/℃	29	26	23.5	23	22.5	23.5	21.5	21	22.5	24.5	34.5	31	30	26	
曲心温/℃	26.4	26	24.9	23.9	23.6	23.3	22.4	23.5	21.9	23.7	34.5	29.2	26.8	24.7	
湿度/%	88	82	81	87	87	87	82	82	77	88	88	88	88	87	
水分/%		17.8				15.4								14.2	
失重/%		0.3				0.1								0	

注：本表为 20 世纪 60 年代查定数据，供参考。

根据原始记录，绘制出制曲培菌过程温、湿度变化曲线图（图 4-1、图 4-2）。

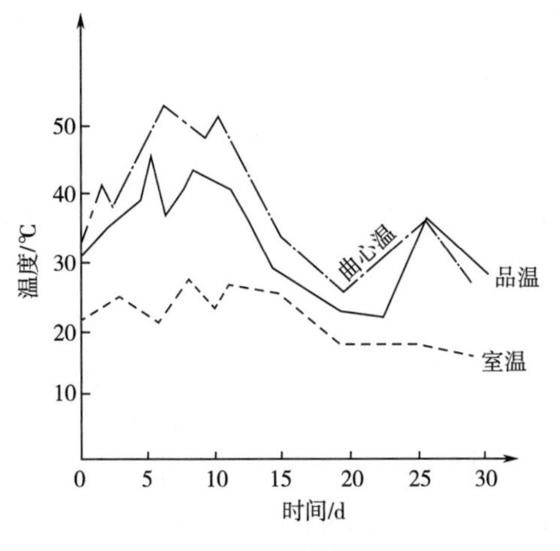

图 4-1　大曲培菌温度变化曲线

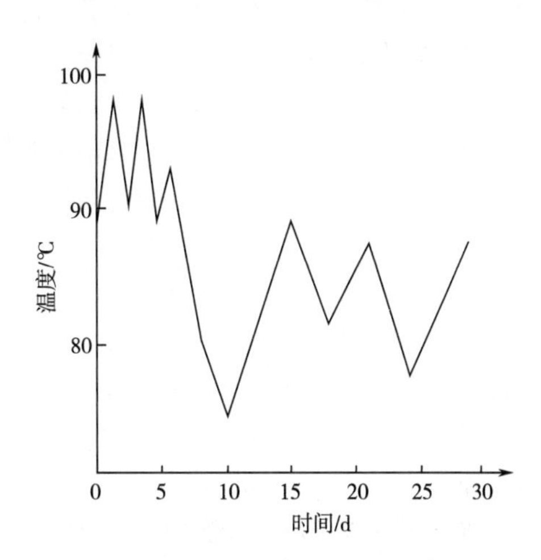

图 4-2　大曲培菌湿度变化曲线

大曲的制作、培菌条件的控制等因酒的香型不同差异较大。例如，酱香型酒制的是高温曲，培菌最高温度达 68℃以上；清香型酒制的是低温曲，培菌最高温度只有 45℃左右。不同大曲制作培菌条件的控制如下。

①酱香型酒曲（高温曲）：曲坯入房培养 7d 左右，曲堆品温达 61～64℃，以后温度相对稳定。若下层曲块发热，即可进行翻曲。掌握第 1 次翻曲的时机及品温很重要，一般第 1 次翻曲的时间夏季为曲坯入室后的 5～7d，冬季为 8～10d，翻曲时品温为 65～68℃。例如，曲块品温升至 63℃，室温为 33～35℃，再经 2～3d，霉衣即可长成，随即进行翻曲。若翻曲过早，则下层曲块有生麦气味；翻曲过迟，会使曲块变黑。第 1 次翻曲后，曲温骤然下降至 50℃以下，经 1～2d，品温又回升，通常 6～7d 可接近于第 1 次翻曲的温度。室温 38～40℃，品温上升至 55～60℃时，即可进行第 2 次翻曲。这时曲块表面已较干燥，可将曲块间的稻草全部除去。为使曲块成熟并干燥，可增大行间距，并将曲块竖直堆积。第 2 次翻曲后，曲块品温一般下降 7～12℃。经 7～9d，曲块品温又逐渐回升至 55℃，同时曲心水分也慢慢挥发。以后品温渐降，约在第 2 次翻曲后 15d，可稍开门窗，以利曲块干燥。当曲块品温接近于室温时，曲块含水量可降至 15%以下。自曲坯入室算起，夏天经 40～45d、冬季约 50d，即可揭去覆盖曲堆顶的稻草，进行拆曲。转入贮仓存放 3～4 个月即为成曲。如果在拆曲时发现底层曲块水分较高、曲块较重，应另行放置，促其干燥。

②清香型酒曲（低温曲）：曲坯侧放成行，曲块的间距为 5cm，因季节而异，行距为 1～1.5cm，层与层之间放置苇秆或竹竿。共放 3 层，使成品字形。初入室的曲坯应排放、稍风干后盖上席子或麻袋，夏季可洒些凉水。曲坯入室完毕，应将门窗关闭。曲坯入室约 1d，即开始“生衣”，表面呈现白色的霉菌菌丝斑点。应控制品温缓升，夏季约培养 36h、冬季约 72h，品温可升至 38～39℃，这时曲块表面出现根霉菌丝和拟内孢霉的粉状霉点，以及比针头稍大些的乳白色或乳黄色的酵母菌落。若品温已升至预定要求，但曲块表面霉还未长好，则可揭开部分席片进行散热，并应注意保潮。可将上霉时间适当延长几小时，使霉菌长好。品温高达 38～39℃时，应打开曲室的门窗，并揭去覆盖物，进行第 1 次翻曲。即将曲块上下、内外调换位置，并增加曲层及曲块间距，以降低曲块的水分及温度，使表面菌丛不过厚，并得以干燥。上述操作后即为晾霉，晾霉期为 2～3d，每天翻曲 1 次，第 1 次翻曲由 3 层增至 4 层，第 2 次翻曲增至 5 层。晾霉期的起始品温为 28～32℃，终止时的品温为 22～27℃。晾霉阶段不应有较大的对流风，以免曲皮干裂。晾霉后，曲块表面已不粘手，即可封闭门窗进入潮火阶段。在曲坯入室后第 5～6d 起，曲块开始升温，待品温升至 36～38℃时，可进行翻曲，抽去苇秆，由 5 层增至 6 层，曲块的排列方式为人字形，曲块间距可增至 6cm。以后每天或隔天翻曲 1 次，第 2 次为 6 层翻成 7 层，再翻曲时层数不变。潮火期为 4～6d，每天放潮 2 次，昼夜窗户两封两启，品温两起两落，品温由 38℃渐升为 45～46℃。潮火期结束后，曲块断面有 2/3 的水分区已消除，曲室潮度下降。大火期为 7～8d，菌丝由曲块表面向里生长，水分及热量继续由里向外散发，以开闭门窗调节品温，最高品温为 44～46℃，最低为 28～30℃。最初 3d 每天最高品温达 44～46℃，每天翻曲 1 次，并晾曲降温至 32～34℃，热、晾时间基本相等，翻曲方法同潮火期，但中间留火道，即够 1 人侧行的空道，仅一端可通行。后 3～4d，因曲心水分已较少，可隔天翻曲 1 次，适当多热少晾，例如热曲 7h，晾曲 5h。大火期结束时，已有 50%～70%的曲块成熟。大火期结束后，曲坯断面只有宽度约 1cm 的水分线，曲心尚有余

热。后火期为3～6d，品温由44～46℃逐渐下降至32～33℃，曲心尚有余热。后火期品温每天约下降1℃，注意多热少晾，例如热曲7～8h，晾曲4～5h，每2～3d翻曲1次，不留火道。后火期结束时，还有10%～20%的曲块中心部分尚有余水，宜用温热驱散。注意多热少晾，保持热曲品温32～34℃，晾曲品温28～31℃。晾曲时开窗不宜过大，以利曲心余水挤出。养曲期为3～4d。

同一香型不同企业都有自己独特的工艺。详细资料请参看《中国酒曲》（黄平主编，中国轻工业出版社2000年7月出版）、《白酒工人培训教程》（李大和主编，中国轻工业出版社1999年6月出版）。制曲培菌条件的控制，因地理位置、气候、季节、各厂的工艺等差异，变化甚大，应根据各厂实际，结合名优酒厂制曲经验制定自己的制曲工艺条件。

第三节　高中低温三种曲比较

一般来说，培菌最高品温为50℃以下的称为低温曲，最高温在50～60℃的称为中温曲，而品温在60℃以上的称为高温曲。大曲酱香型茅台酒和郎酒传统上使用高温曲，培菌最高品温（指曲心温，下同）在65℃以上。大曲清香型汾酒一般是用低温曲，最高品温为44～47℃。目前习惯将酱香型酒用曲列为高温曲，浓香型酒用曲列为中温曲，清香型酒用曲列为低温曲。高、中、低温曲，各有其优缺点。

四川大多数曲酒厂传统上采用低温曲，但近年来主要采用中温曲和中偏高温曲（60～62℃）。高温曲因培菌温度高达65℃以上，酵母菌已基本死亡，曲中主要是细菌（枯草芽孢杆菌）和少量霉菌，因而无发酵力（或发酵力很低），糖化力低，但液化力高，蛋白质分解力也较强，产酒较香。低温曲在浓香型曲酒厂中已较少见，它培菌温度低，微生物种类和数量都较多，因而发酵力和糖化力都比高、中温曲高，但液化力和蛋白质分解力较弱。中温曲则介于两者之间。

三种曲主要的区别就在于制曲时的最高品温控制。从生产实际使用效果来看，采用高温曲，发酵升温较为缓慢，因此在夏季采用较好。但若全用高温曲酿制大曲酒，酱香较浓。因此，浓香型大曲酒为了保持各自的独特风格，不应全部采用高温曲，主张各种曲混合使用。各厂可根据自身酒的风格、特点，灵活掌握。

高、中、低温三种曲的比较见表4-8。

表4-8　高、中、低温三种曲比较

类别	水分/%	酸度	糖化力	液化力	发酵力	蛋白酶	酯化酶	酵母数	霉菌数	细菌数
高温曲	12～14	1.83	250～300	1.5～2.0	0.6～1.0	100～120	0.4～0.6	50～70	70～80	400～500
中温曲	12～14	0.95	600～800	0.8～1.0	1.5～2.0	60～70	0.5～0.65	160～180	90～100	500～600
低温曲	12～14	0.80	800～1000	0.6～0.8	3.0～4.5	40～50	0.6～0.70	170～190	140～160	350～450

注：酸度指1g大曲耗用0.1mol/L NaOH的体积（mL）；糖化力单位为mg葡萄糖/（g干曲·h）；发酵力单位为g/（g干曲·72h）；液化力单位为g淀粉/（g干曲·h）；蛋白酶、酯化酶活力单位为U/g干曲；酵母菌数、霉菌数、细菌数的单位为：$\times10^4$个/g。

第四节　制曲过程微生物、温度变化情况

一、曲坯发酵过程中的微生物演变趋势

微生物在制曲培菌过程中的消长大致可分为4个阶段，培菌温度在各阶段也相应地变化。

1. 适应期（低温培菌期——前缓）

入房1~3d，富集于曲块中的微生物菌株，其细胞内的各种酶系开始逐渐适应曲块的培养环境，此时的微生物数量增加不多，但其细胞体积增大，原生质变得更加均匀，贮藏物质逐渐被消耗，代谢机能非常活跃。此时，释放出大量热能，使曲块品温迅速上升，以致培菌前期升温很快。

曲坯入室后2~4d是培菌的关键时期。因为制曲中的有益微生物所需要的生长繁殖温度低，最适生长温度都在40℃以下，故此阶段称为“低温培菌期”。入室后24h是霉菌大量繁殖时期，这些霉菌喜欢在湿度大、温度低的环境下生长。因此在工艺上规定此最高品温不得超过42℃、相对湿度大于90%，通过关闭门窗、取走覆盖物、翻曲进行控制。入室24h后曲坯表面长出一片针头大小的白色圆点，称之为曲坯“穿衣”或“上霉”。

这一阶段曲坯含水较高，温度较低，富集于曲坯上的各种微生物经过数小时的迟缓适应，调整体内的有关酶系，然后开始进行呼吸代谢。制曲微生物进行有氧呼吸，将制曲原料中的营养物质彻底氧化为二氧化碳和水，释放出大量的能量，一部分供微生物生长繁殖，剩余部分则以热量形式释放到环境中，表现为曲坯缓慢升温。此时，曲坯表皮部分的微生物数量呈明显的上升趋势，曲坯表现出“穿衣”或“上霉”现象。穿衣的微生物主要是呈“白色粉末”的拟内孢霉，呈絮状菌丝的根霉，呈乳白色或乳黄色蜡质小点的酵母等。

2. 增殖期（高温转化期——中挺）

在培菌3~15d，曲块中的微生物经过第一阶段，已适应其环境，就以最快的速度进行繁殖。如大曲中的细菌，是单细胞生物，以分裂方式繁殖，群体细胞以几何倍数增长，酵母菌和霉菌其繁殖方式与细菌不同，繁殖速度不如细菌，增加的数目也没有细菌多。此过程微生物繁殖代谢十分旺盛，释放的热能使曲块品温进一步升高。

由于堆积升温可使曲坯品温达到55~60℃，故翻头道曲以后到翻二次曲的过程称“高温转化期”。

这一阶段曲坯水分散失，使得曲坯水分和温度条件不适宜微生物生长繁殖，造成微生物总数减少较快。酵母菌和霉菌的增殖受阻，耐干燥的芽孢杆菌比原来增多，曲坯微生物有氧呼吸速度减缓，释放热量逐渐降低，此时部分微生物死亡，大量的微生物以孢子状态休眠下来（孢子较耐热，多数可达100℃），死亡的微生物尸体含有的蛋白质被其他微生物在环境适宜时作为营养分解代谢。另外，在此温度下，蛋白质转化成氨基酸。曲坯在高温作用下产生各种大曲的特殊香味，即由原来相对单一的物质成分转化生成具有香味的多种物质。这个阶段需要6~9d可完成。前3天对温度要求只能升不能降。在达

到最高品温后应保持3d之久。后3d的温度不能下降太快，一般不得低于最高品温10℃。这个阶段应注意温度、湿度控制，一般控制品温在50~65℃、相对湿度大于90%，通过开启窗户排潮。

3. 平衡期（后火排潮生香期——后缓落）

培曲15d左右，微生物总数达到最高，不再增加。这是因为微生物必需的营养物质逐渐耗尽，同时微生物新陈代谢产物的形成（如有机酸等）和积累（如酸度升高）及曲块品温升高，加上水分逐渐减少，大大地抑制了微生物的生长，繁殖率迅速降低，并与死亡率基本达到平衡。反过来，新陈代谢、繁殖率的降低，使释放热能大大减少，在曲块品温达到最高后，由于曲块得不到足够的热量，使品温开始下降。此时，微生物细胞的原生质内开始累积贮存物质，如糖原、异染颗粒和脂肪，大多数芽孢细菌在这个阶段形成芽孢。

这一阶段需10~15d，此时主发酵期基本完成，即各类物质已经形成，曲坯水分已大部分挥发，含水量在15%~17%，菌丝由表面开始内插生长。在这个过程中开始大量呈现出香味，故称生香期。此间应更加注意温度，不可下降太快，保持在45~55℃的品温最好，一般在45~50℃，相对湿度小于80%，通过保温、垒曲进行控制。持续保持这个温度达3~5d后再缓慢降温，这是中高温大曲生产管理的要点之一。

4. 衰退期（入库储存期）

15d以后至出房，微生物死亡率渐高于繁殖率，死亡的细胞数较新生的多，活菌数逐渐减少，新陈代谢减弱，释放的热能进一步减少，使曲块品温进一步降低。在此期间，微生物细胞内颗粒更加明显，出现液泡，而且细胞呈多种形态，包括畸形和退化形，部分菌体本身被产生的酶和代谢产物作用而自溶死亡。

生香期后再翻一次曲，需10~15d时间后即可入库。此时曲块品温逐渐下降到临近室温，水分也降到14%左右。储存目的是将一部分生酸菌淘汰掉，使它们在干燥的低温环境中失去发芽能力，以保证大曲质量。储存3个月后的大曲可用于生产。

表4-9为制曲培菌过程中微生物变化的情况。当然由于测定的方法、采集的时间等多种因素不同，所测出的微生物数量并非绝对值，仅仅作为参考。但笔者认为，只有在数量上占有一定比例的微生物类型，在天然发酵中所起的作用才可能较为显著。

表4-9　　制曲培菌过程中微生物的变化　　单位：$\times 10^4$ 个/g

培菌时间	细菌	酵母菌	霉　菌	总菌数
入房当天	330	0.13	0.65	330.78
入房1天	61.5	4.33	0.67	66.5
入房2天	161.67	238.67	10.67	411.01
入房3天	225	806.67	30	1061.67
入房5天	3800	1566.7	110	5476.7
入房7天	4100	1733.3	133.3	5966.6
入房9天	3033.3	2166.7	1033.3	6233.3
入房15天	9750	750	300	10800
入房20天	4100	4050	200	8350
出房入库	1595	403.5	2015	4013.5

四川省食品发酵工业研究设计院有限公司曾对浓香型曲酒制曲过程中产酯酵母的分布情况，进行了系统的研究，对“四季曲”和“伏曲”做了广泛的检测（表4-10、表4-11），认为制曲过程中酵母菌的主要来源是种曲、环境及覆盖材料，曲块中产酒酵母在夏季数量较少，而产酯酵母却较多，因此“伏曲”的香味在正常情况下比其他季节踩制的曲子要好一些。但夏季踩制的大曲，因产酒酵母数量相对较少，以致发酵力较低，若单独使用会使出酒率偏低。所以，应考虑各季节曲混合使用，这样对酒质和出酒率都有好处。

表4-10　　“四季曲”培菌过程中酵母消长情况　　单位：$\times 10^4$ 个/g

培菌天数	入房曲	1d	3d	5d	7d	9d	15d	20d	出房入库
微生物总数	25000	87000	76000	30000	23000	45000	40000	28000	20000
假丝酵母数	0.3	—	600	1500	1100	1500	530	300	190

表4-11　　“伏曲”培菌过程中酵母消长情况　　单位；$\times 10^4$ 个/g

培菌天数	入房曲	1d	3d	5d	7d	9d	15d	20d	40d
微生物总数	1288	8405	30380	11159	9005	1598	500	840	29800
酵母数	136	1200	3560	1100	700	250	120	440	350

通过对制曲过程中各种微生物消长情况的检定，找出改进工艺的科学依据，这是提高酒曲质量的重要措施。

二、曲坯发酵过程中的温度演变趋势

制曲微生物及微生物酶进行有氧呼吸，将制曲原料中的营养物质（淀粉、蛋白质、脂肪等）彻底氧化为 CO_2 和 H_2O 释放出大量的能量，一部分供微生物生长繁殖，剩余部分则以热能方式释放到环境中，表现出曲坯的自然升温。

无论是哪个季节，制曲发酵温度基本上都是在第7天左右就达到40℃以上，曲坯之间的顶温高达50℃以上甚至接近60℃，曲坯内的温度就更高，一直维持到曲坯水分不太适宜微生物生长繁殖。也就是说，曲坯微生物大部分是处于40~60℃的高温条件下生长繁殖和进行代谢。

三、曲坯发酵过程中的氧气浓度演变趋势

曲从安曲开始自然网罗环境中的微生物并此消彼长生长繁殖和进行物质代谢的阶段，由于曲坯水分都在15%以上，还有利于制曲微生物的生长繁殖，因而水蒸气和 CO_2 还在源源不断地释放，弥漫于相对密闭的曲坯发酵环境中，形成了曲坯发酵的微氧外环境。也就是说，从曲坯启动发酵开始，发酵房内的氧气浓度绝大部分时间都显著低于发酵房外空气中的氧气浓度，曲坯微生物菌群处于这种微氧环境中生长繁殖和进行代谢。

第五节　提高大曲质量的技术措施

多年来，大曲的生产均沿用传统制曲工艺，即生料压块制曲，自然富集接种，曲房码堆培养。这种方法生产的大曲因受自然环境因素的制约，质量很难稳定，造成用曲量大、出酒率低、生产成本高等不利因素。近年来，随着对大曲微生物研究的深入，一些科研单位和名优酒厂，已从大曲中分离筛选出上百种微生物菌种，大曲中微生物群系逐渐被认识。一些单位在踩曲配料时，加入人工纯种培养的优良菌株，以便提高大曲的酶活性，进而减少用曲量，降低了成本，收到了一定的成效，这种方法称为强化制曲。

一、强化曲的生产与应用

将从酿造过程中选育出的优良霉菌（如根霉、红曲霉、黄曲霉、白曲霉、米曲等）、酵母菌（如球拟酵母、南阳酒精酵母、生香酵母、汉逊酵母、假丝酵母等）、细菌（如芽孢杆菌、嗜热脂肪芽孢杆菌等）分别进行培养，由试管斜面培养扩大到三角瓶培养再扩大到曲盘培养，再按一定比例混合，便制成了种曲。按传统的大曲制作法外加一定量的种曲作种源进行培制，即可制得强化曲。强化曲与普通曲的区别就在于前者是人为地接入大量有益微生物，使之与优质大曲特定的微生物区系近似；后者则是依靠自然环境，网罗环境中的微生物，但不能保证有益菌类占优势。

1. 种曲的制作

霉菌和酵母均采用固体培养法，细菌采用液体培养法。关于菌株数目以多少合适，各厂应根据实际情况而定。

（1）斜面试管培养　霉菌和酵母以麦芽汁琼脂或麸皮汁琼脂为培养基，28~30℃培养3~4d。细菌以牛肉膏、蛋白胨等为培养基，50℃恒温培养4~5d。

（2）三角瓶扩大培养　霉菌和酵母以麸皮为培养基，加水占麸皮质量的50%~70%（视麸皮粗细及干湿度而定）。拌匀后分装500mL三角瓶各30~40g，0.1MPa压力灭菌1h，冷却后接入斜面菌种，28~30℃保温4~5d。在培养过程中注意菌丝生长情况，及时摇瓶、扣瓶，让底部空气充足，生长均匀。细菌培养基同斜面试管培养，不加琼脂，50℃恒温培养4~5d。

（3）三级培养　霉菌和酵母为浅盘培养，麸皮加水60%~80%，拌匀，若麸皮较细，拌和后发黏，可加10%左右稻壳作疏松剂。常压蒸1h，取出进曲房冷却至35℃左右，分别接入三角瓶种子0.3%~0.5%，混匀后先堆积于曲盘中，并将曲盘叠成柱形。28~30℃保温培养，同时应注意保湿。待品温开始上升时，将盘中小堆拉平，曲盘仍叠成柱形，继续培养。待品温上升到35~37℃时划盘，并将曲盘置放成品字形、X形等。以后随品温变化划盘、错盘、倒盘，培养品温始终控制在38℃（霉菌）或35℃（酵母）以下。约培养3d即成熟，烘干备用。细菌三级培养基的小麦粉、大曲粉、豆饼粉糖化液，其比例4：3：3，pH6.0，55℃恒温培养7d。

将培养好后的各种菌，按霉菌：酵母：细菌约为1：1：0.2比例混合，即制成强化大曲的种曲。

2. 强化大曲的制作

按常规制大曲方法将原料粉碎好，根据季节不同以0.5%~1%的接种量加强化曲的种曲于制大曲的原料中，混匀，加水拌和，按传统方法踩曲、培菌管理，培养1个月左右出曲存放。从成曲的感官来看，强化大曲香味比普通大曲浓，断面颜色好，皮薄，菌丝多，并有黄、红斑点，外观表面呈乳黄或白色，曲衣明显。

强化曲与普通曲的理化指标及微生物数比较如表4-12、表4-13所示。

表4-12　强化曲与普通曲理化指标比较

曲别	编号	水分/%		酸度		糖化力*
		入房	出房	入房	出房	
强化大曲	01	36.2	13.89	0.24	1.35	887
	02	37.1	14.33	0.31	1.30	904
	03	37.3	14.31	0.23	1.36	815
普通曲	01	36	15.5	0.19	1.34	720
	02	36.8	15.1	0.22	1.32	680

注：*糖化力的单位，mg葡萄糖/（g干曲·h）。

表4-13　强化曲与普通曲微生物数比较　单位：$\times 10^4$个/g曲

菌类	强化曲01	强化曲02	强化曲03	普通曲01	普通曲02
霉菌	342.3	213.6	160.2	167.1	152.9
酵母菌	101.44	129.80	132.17	92.73	37.24
细菌	741.42	802.9	887.4	632.7	566.5

氨基酸是多种呈香物质的前体物质，因此，游离氨基酸的种类和数量对曲酒的酒味及质量有一定影响。由表4-14可知，强化大曲的游离氨基酸比普通大曲高54%，尤其是几种重要的氨基酸如谷氨酸、脯氨酸、丙氨酸等大大高于普通曲，为提高大曲的质量及曲酒的风格奠定了基础。

表4-14　强化大曲与普通大曲游离态氨基酸对比　单位：mg/kg

名称	普通大曲	强化大曲	名称	普通大曲	强化大曲
天冬氨酸	38.065	36.227	丙氨酸	203.336	384.586
苏氨酸	39.49	43.988	胱氨酸	8.821	3.729
丝氨酸	45.369	60.574	缬氨酸	40.819	42.933
谷氨酸	252.341	267.008	蛋氨酸	14.584	13.857
脯氨酸	377.239	820.937	异亮氨酸	33.899	38.038
甘氨酸	57.071	78.368	亮氨酸	46.891	46.254

续表

名称	普通大曲	强化大曲	名称	普通大曲	强化大曲
酪氨酸	26.452	29.32	组氨酸	24.741	33.611
苯丙氨酸	19.758	18.868	精氨酸	20.552	24.586
赖氨酸	37.529	38.109	合计	1286.957	1981.723

3. 强化大曲的应用

强化大曲用于生产的工艺条件及操作与普通大曲完全一致。用强化大曲部分或全部代替普通大曲酿酒。

1964—1967 年在泸州试点，将从泸州大曲和晾堂上分离的 32 株菌株（其中糖化菌 17 株，酵母 15 株）分别制成麸曲和液体酵母。麸曲与大曲混合使用，接种于粮糟中，液体酵母于撒曲后喷洒在粮糟上。

用曲量：糖化菌曲（麸曲）用量为 3.5%～3.8%，大曲用量为 11%，液体酵母用量为每甑 4000～4800mL（每毫升含细胞数 72×10^6～132×10^6 个）。对照窖用曲量为 20%（生产规定）。对照结果如表 4-15 所示。

表 4-15　使用强化菌在生产中的效果

排次	对比处理	用曲量/kg	投粮量/kg	粮耗/kg	曲耗/kg	原料出酒率/%	淀粉出酒率/%
第一排	试验	147.4	1200	218.87	26.89	45.69	72.15
	对照	262.5	1200	221.90	48.56	45.04	71.14
第二排	试验	126.0	1100	255.07	29.22	39.20	61.07
	对照	235.0	1100	278.04	59.30	35.79	56.01

由表 4-15 可知，将两个窖产的原度酒折合为酒精为 60%vol 的酒进行比较，试验窖产酒高于对照窖，粮耗和曲耗降低。

试验窖的酒，通过理化分析和尝评，质量没有下降，保持了泸州大曲酒的特有风味。这就说明使用大曲中选育的有效菌株，制成强化曲，减少原有大曲的用量是可行的。为什么减少近一半的大曲，还不影响产酒和质量呢？第一，使用的菌株，来源于本厂大曲，并经鉴定是酿酒中较优良的菌株，将其混合使用，能在发酵中起到以优良菌株代替不良菌种，以有效菌株压倒杂菌的作用。第二，由于曲酒的风格与大曲有关，试验中仍保留一部分大曲，因而仍不失大曲的作用。根据上述试验效果，若能更好地选用更多的有效菌株，并配合窖泥微生物，制定相应的发酵工艺，必然会获得更加良好的效果。

1992 年，宋河酒厂对强化大曲在酿酒中的应用做了一系列试验。酿酒试验共设立三个方案，各方案分别在淡、旺两季各做 7 排试验，取 4 排以后数据列表如表 4-16。

表 4-16　使用强化大曲在生产中的效果

减曲量	排次	淡季				旺季			
		宋河酒产率%	大曲量/kg	优质率/%	出酒率/%	宋河酒产率%	大曲量/kg	优质率/%	出酒率/%
用强化曲减曲5%	四排	33	220	14.7	39.7	90	200	31.0	38.6
	五排	34	193	15.0	37.8	86	214	28.7	40.0
	六排	37	198	15.7	39.1	79	220	26.4	39.9
	七排	32	209	13.3	40.1	94	190	33.1	37.8
	平均	35.5	205	14.7	39.2	87.3	206	29.8	39.1
用强化曲减曲8%	四排	32	193	13.9	38.8	88	201	30.0	38.5
	五排	39	200	16.3	39.8	76	317	35.9	39.1
	六排	33	139	14.9	37.0	95	209	31.2	40.5
	七排	35	197	15.1	38.7	81	213	27.6	39.2
	平均	34.7	196	15.0	38.4	85	210	28.6	39.3
用强化曲减曲2%	四排	29	182	13.7	35.1	73	210	25.8	37.1
	五排	35	186	15.8	36.8	80	202	28.4	37.6
	六排	34	180	15.9	35.6	67	213	23.9	37.3
	七排	27	202	11.8	38.2	76	209	26.7	38.0
	平均	31.2	187.5	14.3	36.4	74	208.5	26.2	37.6
普通曲同期对照	四排	23	187	10.9	35.0	76	216	26.11	38.8
	五排	37	179	17.1	36.0	88	204	30.1	38.9
	六排	28	196	12.5	37.3	67	215	23.9	37.6
	七排	35	184	16.0	36.5	80	202	28.3	37.6
	平均	30.7	186.5	14.1	36.5	77.8	211.7	27.1	38.2

由以上分析看出，应用强化大曲代替普通大曲，不仅可以减少一定的用曲量，提高出酒率，而且可较大幅度地提高优质酒率，增加宋河酒产量，尤其在酿酒淡季，降低用曲量8%，优质酒率、出酒率变化较为明显，综合效益十分可观。旺季适当降低用曲量5%~8%，效果也较为理想。采用强化大曲生产出的半成品酒经专家品尝，具有窖香浓郁、入口甘爽、风格典雅、余香悠长等特点，一部分酒还可作为调味酒使用。

1984 年中国科学院成都生物所在四川汉源酒厂进行了强化曲与人工老窖、甲烷菌、己酸菌的综合应用试验，取得了较好效果（表 4-17）。

表 4-17　综合应用试验的效果

项目		原料出酒率/%	优质酒率/%	总酸/（g/100mL）	总酯/（g/100mL）
对照窖	第 6 排	41.4	27.3	一段　0.071 二段　0.067	一段　0.378 二段　0.218
	第 7 排	38.7	31.7	0.087 0.061	0.466 0.246
	第 8 排	37.5	35.1	0.064 0.083	0.384 0.291

续表

项目		原料出酒率/%	优质酒率/%	总酸/（g/100mL）	总酯/（g/100mL）
试验窖	第1排	42.8	36.5	0.083	0.391
				0.075	0.254
	第2排	40.1	38.6	0.081	0.517
				0.077	0.385
	第3排	39.3	40.3	0.072	0.476
				0.079	0.376

初步试验结果表明，强化曲与窖泥功能菌结合，对提高浓香型曲酒的产量和质量，具有十分可观的潜力。

现在强化曲的制作呈多样化，各有其目的。对强化曲的研究，主要集中在强化菌株，也就是优良功能菌株的开发上。选育优良功能菌合理应用到制曲中，改善酒曲的性能，达到提高酒的品质和产率的作用。

酒曲中的优势功能菌主要是霉菌、酵母和细菌三大类。

霉菌是主要的糖化菌。霉菌在酒曲中具有糖化力、液化力、蛋白质分解力，还可生成多种有机酸，如高酯化力红曲霉作为强化菌种。酵母菌是酒曲发酵期间的主要功能菌，对白酒生产作用最大的是产酒酵母和产酯酵母。产酒酵母主要是发酵产酒精，而产酯酵母可以生成多种的醇类、醛类、酯类等呈香物质，是形成酒香的重要来源。目前，对于酵母的选育，有的尝试选育产酒能力高的酵母。有的研究针对菌株耐受能力进行选育，包括耐酒精、耐酸、耐高温等。有的研究从白酒风味成分出发，考虑到高级醇含量及各种高级醇之间的比例协调对酒体风味的影响。细菌也是酒曲主要功能菌，对于酒体风味影响很大。细菌的许多代谢产物对白酒风味物质的形成起着关键作用。高温制曲发酵的主体微生物就是细菌。酿酒副产物黄水中也含有经长期驯化的有益微生物，其中有益微生物主要为梭状芽孢杆菌，是产己酸和己酸乙酯不可缺少的有益菌种，可利用其作为菌源制作强化大曲。

各酒厂生态环境差异很大，根据自身情况，制曲工艺不同，但都是在传统制曲的基础上加入人工培养的有益菌株进行制曲。强化工艺的研究主要集中在如何强化方面，诸如怎么接入有益菌株，如何确定接种比例等。而事实是，并非糖化、发酵力越高，酒曲质量越好。所以，如何在强化制曲过程中，使糖化、发酵、生香达到协调强化，各有益菌株均能发挥各自作用才是关键所在。这也是未来强化曲研究的重点和方向。

二、 架式曲与传统曲比较

长期以来，大曲生产一直很落后，曲房利用率低，占地面积大，劳动强度高，劳动条件极其恶劣，致使大曲远不能满足生产发展的需要。国内不少科研单位和酒厂对制曲条件进行了研究和改进，创造了架式曲新工艺。为了对架式大曲和传统卧曲做进一步了解，有关单位对两种方法培养过程中微生物的变化及酶的消长情况进行了比较。

1. 培曲方法

（1）曲室结构及设备　两种培养方式的曲室面积相同，为砖瓦结构，室内墙壁涂泥，砖地，上面用芦席作顶棚，便于保温保潮。架式曲所用曲架是长×宽×高为2.0m×2.0m×1.8m的角铁焊成的铁架。用细竹编成上下7层的曲坯培养床。采用自动循环吹风和排风，以控制品温、室温及通风供氧与排出二氧化碳。

（2）曲坯入房　原料全部为小麦，粉碎度为通过20目筛的为70%，加水量38%左右，机械制曲，曲坯体积为21cm×13cm×6cm = 1638cm^3，每块曲坯的质量为2.1kg。入室后码曲（安曲）。架式大曲按培养层数分为7层排列，每平方米约147块曲坯。传统卧曲法在地面培养，每平方米约87块曲坯，按常法码曲。

（3）培养　架式曲培养，按不同培养期进行温度自动控制；传统卧曲法培养，按常规传统方法进行。培养期30d。

2. 结果比较

（1）两种制曲法制曲温度的比较　架式曲培养由微机自动控制曲室内的品温、室温，并自动记录。传统培曲法，人工每天测一次品温及室温。经过反复数次测定，发现两种制曲方法，品温和室温相差不大。室温传统法稍许偏高，品温架子曲稍高。架式曲的菌类是否呼吸更旺盛一些，有待进一步探索。

（2）两种制曲法酶活性的比较　入室培养期间，每5天在上、中、下及对角线取出有代表性曲坯16块，每块取1/16块曲坯，最后拼成一块曲坯（由16块曲坯各部位组成），粉碎至通过20目筛，按四分法缩分所测样品至500g（架式大曲与传统大曲两者同样取样），进行各酶系测定，其结果见表4-18。

表4-18　架式法与传统卧式法培养麦曲各酶系比较

天数 / 曲别	0	5		10	
	曲坯	架式	传统	架式	传统
水分/%	38	32	24.5	15	16
酸度	0.34	1.85	1.15	1.1	0.8
糖化力	7980	984	1038	1506	1360
液化力（180min不褪色）	0	1.76	9.76	5.28	5.53
蛋白酶（pH3）	3.77	24.91	29.3	0.147	31.4
氨基氮含量/%	0.014	0.231	0.259	0.328	0.133
发酵力/%	—	4.4	4.6	5.6	5.3
升酸幅度	—	2.25	1.85	1.05	1.10
酯化酶	—	0.34	0.36	0.21	0.22
酯分解率/%	—	27	30	27.7	28

天数 / 曲别	15		20		25		30	
	架式	传统	架式	传统	架式	传统	架式	传统
水分/%	15.5	15.5	14	14	13.5	13	13.5	13.5
酸度	1.2	1.1	0.8	1.05	1.25	1.0	0.8	0.9
糖化力	1920	1764	2280	1938	2100	2160	2304	2070

续表

曲别＼天数	15		20		25		30	
	架式	传统	架式	传统	架式	传统	架式	传统
液化力	7.06	7.41	13.33	11.27	13.87	11.59	16.47	14.18
蛋白酶（pH3）	33.91	34.84	37.65	50.24	42.70	50.24	49.11	50.87
氨基氮含量/%	0.413	0.385	0.347	0.357	0.336	0.329	0.336	0.301
发酵力/%	5.0	5.2	4.5	4.6	4.4	4.4	4.7	4.25
升酸幅度	0.95	0.9	0.94	0.88	0.85	1.15	0.86	0.92
酯化酶	0.21	0.3	0.26	0.38	0.27	0.32	0.26	0.26
酯分解率/%	23.8	29.5	25.5	31.6	38.4	36.1	39.6	40

注：测定方法如下：

①水分：按快速烘干法测定（130℃，1h）。

②酸度：用中和法（乳酸）测定。

③糖化力：用原轻工业部制订的固体曲检验法，其定义是1g绝干曲在35℃，pH4.6，60min，分解可溶性淀粉为葡萄糖的毫克数。

④液化力：碘褪色法，1g绝干曲在60℃，pH6.0，60min内液化可溶性淀粉的克数。

⑤氨基氮：甲醛法，每100g绝干曲中氨态氮的含量。

⑥蛋白酶活力：福林-酚法，1g绝干曲在40℃，pH3.0，每分钟水解酪蛋白为酪氨酸的微克数。

⑦发酵力：酒精相对密度法，在100mL 12°Bx曲汁中添加相当于绝干曲1g，在28~30℃培养72h，将发酵液调为中性，立即蒸馏，取蒸馏液用密度瓶进行相对密度测定。

⑧升酸幅度：以前后培养产酸差，求1g曲24h升酸幅度。

⑨酯化酶：1g绝干曲在12°Bx糖液中，30℃、96h所生成的总酯量。

⑩酯分解率：1g绝干曲在12°Bx糖液中，30℃、96h所分解酯的百分率。

由表4-18分析可知：

①刚成型曲坯的糖化力较高，而液化力为零。但培养5d时，糖化力反而大幅度下降。这是由于小麦原料自身活性造成的假象。因为粮谷中存有大量β-淀粉酶，只能糖化直链淀粉，生成麦芽糖，由于它不能通过1，6结合点，所以对支链淀粉剩下界限糊精，干扰了糖化力测定数据。在培菌期间，随着微生物的生长，葡萄糖淀粉酶比例不断加大，逐渐表现出糖化力测定的真实面貌。

②架式大曲在培养前5天，各种酶活性都低于传统培养大曲。可能是由于传统大曲前期保温保潮效果好。但随着培养天数的增加，10d后，各种酶活性都与传统法大曲持平。在成品曲质量上，两者平分秋色，优劣难辨。

③从架式大曲与传统大曲的全过程及酶活性的分析上看，糖化力、液化力、酸性蛋白酶等都随着培养天数的增加而上升。发酵力在10d前后达到高峰，随之下降，但总的波动幅度不大。酯化酶一直比较平稳。可能是由于产酯酵母的影响，酯分解率一直呈上升趋势。温度的变化影响菌的活动，以致氨态氮有所波动，很不规律。

（3）两种制曲方法微生物的比较　在分析制曲过程中酶活性变化的同时，对细菌、酵母菌、霉菌、放线菌进行检测。细菌用牛肉汁培养基，霉菌用察氏培养基，酵母菌用米曲汁培养基，放线菌用高氏5号培养基，其结果见表4-19（48h后进行菌落计数）。

表 4-19　两种制曲方法微生物数量变化　单位：10^4个/g 曲

曲别 \ 时间/d	0	5		10	
	曲坯	架式	传统	架式	传统
细菌	155.16	191.2	844.37	2023.1	2719.1
酵母菌	8.15	551.4	943	238.1	352.9
霉菌	68.55	22.1	132.5	764.7	297.6
放线菌	2.82	24.81	6.13	58.82	75.3

曲别 \ 时间/d	15		20		25		30	
	架式	传统	架式	传统	架式	传统	架式	传统
细菌	2849.7	3131.3	4857.5	4572.6	2826.3	2295.9	1841.1	1578.0
酵母菌	236.7	207.1	232.6	329	145.3	201	58.8	57.8
霉菌	621.3	414.2	289.1	289.2	180.23	173.5	145.34	91.95
放线菌	44.28	124.26	78.49	151.16	60.1	157.5	51.76	173.4

通过上表结果分析：各种菌数在 15d 以前，传统大曲菌数都超过架式大曲，特别是前期超出数倍。这可能是传统方法保潮条件好的原因，说明架式大曲前期保潮有进一步改进的必要。架式大曲通风供氧条件优越，所以霉菌数一直占了上风。15d 后，细菌与酵母数两者无明显差别。唯有放线菌，传统大曲比架式大曲一直领先，大 1 倍有余，其原因尚需进一步深入探讨。从两种大曲测定结果看，细菌在 20d 处于最高峰，霉菌在 15d 达最高峰，酵母菌自 5d 以后逐渐下降。

综合酶活性及菌类在制曲过程中测定结果来看，25d 曲已基本成熟。出曲时间可以安排在 25~30d 为宜。

在整个制曲过程中，可以说水分支配着温度、湿度的高低，温度、湿度支配着微生物的生长代谢。因此，整个制曲工艺主要掌握 4 条：

（1）温度（保温、降温）。

（2）湿度（保潮、放潮）。

（3）通风供氧。

（4）排出 CO_2。

架式曲培养工艺采用了现代化技术，利用微机自动控制温湿度、通风与排风，大大降低了劳动强度，改善了劳动环境，提高了单位面积产量，有效地避免了季节及工人熟练程度的影响，是符合优质、高产、安全、低耗这一目标的。

三、技术创新

制曲技艺随科技的进步也在不断的发展。

在由泸州老窖集团有限责任公司编著的《泸型酒技艺大全》中提出了多种制曲工艺的创新。

（一）浓香型大曲酒大曲生产方法创新

20 世纪 90 年代，泸州老窖在充分认识和揭示大曲发酵原理基础上，引入 1573 国宝窖池群窖泥功能菌作为固化剂配料，采用地、架结合方式制曲，突破了传统仅能依靠地面安放一层曲坯的制曲方式，提高曲房利用率达200%左右，以“复合曲香香气”作为曲药的重要感官指标。

以小麦为制曲原料，经磨碎为“烂心不烂皮”的麦粉后，加入窖泥功能菌固化剂1%~30%，加水并拌和至曲料的水分含量达36%~40%，再经机械压制或者人工踩制成为砖块状的曲坯，培菌发酵房内放2~15层用于安放曲坯的架子，将曲坯依次安放在地面和架子上进行培菌发酵3~20d后，将曲坯取出并用竹片间隔直接垒为2~15层，进入发酵转化阶段，进一步风干曲坯，使其水分在15%以内为止。曲块进入储存室备用，最终将曲块粉碎为曲粉用于酿酒。

（二）微氧环境曲药发酵

大曲是以小麦为主要原料制作曲坯，环境微生物自然网罗到曲场中接种，并在曲坯中此消彼长地生长繁殖和进行酶代谢，曲坯表现出自然升温、自然风干，最终成为一种多酶多菌的微生态制品。大曲在白酒酿造中具有提供复合曲香气、微生物菌体和起酶制剂等作用，可概括为产酒、生香剂，被誉为“酒之骨”。过去传统中温制曲工艺采取曲坯入室安曲后，每天都通过开启门窗，排出发酵过程产生的二氧化碳和水蒸气，保证室外新鲜的空气（氧气）源源不断地进入曲室。但实践表明：

（1）高温曲入室安曲，曲坯多层垒放，曲坯与曲坯间采用稻草间隔，曲坯周围覆盖稻草，安曲过程向稻草喷洒补水，造就了始终湿度相对恒定的曲坯环境。

（2）传统中温曲培菌发酵期用谷壳支撑曲坯，并以稻草覆盖，同时还向稻草喷洒补水，使曲坯环境湿度得以相对恒定。

（3）大曲培菌发酵过程中，其曲坯内部湿度始终相对恒定。

前述分析表明，能够实现“保湿保潮”的环境实质就是“微氧环境”，在这样的环境中发酵生产的大曲，其曲坯霉菌菌丝生长良好、曲体发酵完全。也就是说，微氧环境能保证大曲微生物生长繁殖过程中对氧气的需求。

事实上，在培菌发酵期的环境中空气流动必须减弱，才能保证保湿保潮的曲坯环境，曲坯水分才不至于迅速散失。在这样的环境中测定曲坯入室培菌发酵15d内温度、湿度的变化，实验结果表明，曲坯温度在40℃以上的时间占12d，曲坯温度在50℃以上的时间占8d，曲坯温度在60℃以上的时间占4d。室内湿度在80%以上的时间占14d，室内湿度在85%以上的时间占10d，室内湿度在90%以上的时间占6d。微生物生长繁殖不断消耗氧气，同时释放二氧化碳，温度的不断升高也导致曲坯水分不断蒸发并形成水蒸气，曲坯环境氧气浓度显著降低，这就形成了“微氧环境”，这一环境与外环境形成低浓度向高浓度逆向渗透的空气流向。也就是说，曲坯培菌发酵过程的“保湿保潮”，必然形成“微氧环境”。

微氧环境中诱导生长繁殖起来的微生物，进入酿酒糟醅体系这一微氧环境中，更具有适应性，再度生长繁殖并进行物质代谢。

在微氧环境大曲发酵技术指导下，采用机械制坯方式生产的大曲，其感官质量表现为“曲体泡气。皮张薄，断面菌丝密集、整齐、健壮，曲香香气浓郁、舒适”，可以达到传统人工踩制曲生产的大曲的质量，有效地解决了机械化制曲发酵皮张厚的问题。

（三）曲坯支撑覆盖物的优化

传统制曲以稻壳铺于地面，再安放曲坯，并向曲坯覆盖稻草。事实上，稻壳起到支撑曲坯的作用，让曲坯能够透气；稻草起到覆盖作用，让曲坯能够保湿保潮。由于制曲发酵过程始终处于高温高湿环境，稻壳、稻草极易腐烂造成损耗而被淘汰，而且曲坯发酵过程脱落的曲块，掺和在稻壳、稻草中无法分离而损失掉。

采用竹板替代稻壳支撑曲坯，保证支撑透气供氧；采用编织布替代稻草覆盖曲坯，保证保湿保潮。竹板、编织布等不易损坏，保证制曲环境整洁，曲坯发酵过程脱落的曲渣得以回收。

（四）翻曲工艺的优化

传统中温曲的翻曲工序，曲坯入室 3d 后，就开始逐日将曲坯打拢，1 层变为 2 层，2 层变为 3 层，最终变为 7～10 层；发酵完成的曲块，统一转运至成品曲库房堆积入库储存。

翻曲的目的：一方面是因为发酵中曲坯水分的蒸发散失，曲坯积热程度逐渐减弱，需要将曲坯越垒越多来保证曲坯的升温；另一方面是通过不断地翻曲操作，边缘翻中间，底层翻上层等方式，保证曲坯发酵的均匀性。

但事实上，在微氧环境大曲发酵技术的支撑下，发酵房门窗的关闭使室内已经处于一个相对均一的环境，发酵质量能够保持稳定均匀，室内热量的散失相对减弱，曲坯温度能够持续稳定。同时，在曲坯发酵温度自然降低至室温后，曲块水分已经大量散发，硬度显著增加，可以直接将曲块通过翻曲方式，垒成 7～10 层进入发酵转化期，通过发酵转化直接进入储存，减少入库工序。

（五）制曲原料配比的优化

传统工艺以纯小麦为原料制曲，工艺上要求“烂心不烂皮”，其麦皮在曲坯发酵过程中起到疏松透气作用，曲坯发酵过程对原料淀粉的消耗仅占 10%左右，大部分淀粉残留在成品大曲中。由于原料淀粉在长达 10d 左右都处于 40～60℃的高温环境中，其可糊化功能显著降低，进入酿酒发酵环境后很难被酵母发酵转化为乙醇。因此，从大曲发酵角度看，制曲原料淀粉浓度完全可以降低。

为此，在保证曲坯能够成型的基础上，优化工艺可以加入 5%左右的固化剂进行制曲，不仅降低了制曲原料成本，而且还改善了曲坯的溶氧结构，提高了曲坯的发酵质量。

注：窖泥功能菌固化剂制备：以黄泥粉为基质，添加大曲粉 1%～30%、B 类酶促物质 1%～30%、乙醇 0.5%～5%、酵母膏 0.05%～0.5%、磷酸二氢钾 0.01%～0.1%、液态菌种 1%～35%，补充适量温水以控制水分为 35%～42%，搅拌均匀并踩制柔熟，塑料皮密封，保温 25～45℃发酵 10～120d，负压风干磨碎成为窖泥功能菌固化剂。

（六）大曲储存工艺的优化

地面单层曲坯培菌发酵后，曲坯水分大幅度降低，曲品温度接近室温，因此，工艺上采取“翻曲”措施，多间发酵房曲坯转运至一间发酵房，曲坯垒成 7～10 层，数量庞大的曲品再度升温，继续将曲坯水分挥发，直至进入可保藏水分状态，这是曲坯转化发酵的实质。在这种水分状态下，曲坯内生化反应趋于停滞，如果继续储存，将进一步造成曲坯微生物活性菌体数量的逐步减少，曲坯微生物酶活性逐渐降低，曲坯固体物质也容易被曲虫蚕食而造成损耗。

在制曲过程中，一般规定曲块的水分小于15%就可以入库储存，虽然此期间曲坯还处于一种“后酵”状态，即游离水分还可能挥发，但很快会下降到8%~13%的水分含量水平。这种条件下曲块已呈干燥的固体状态，绝大多数微生物已经不能正常进行生命活动（即不能繁殖代谢），大曲要通过储存来生香，即是在常温常压的固体状态下合成新的化合物，迄今为止国内外还未见研究报道。

大曲适宜的储存期是为了进一步挥发游离水并使之保持在8%~13%的水平范围内，使曲质在短时间内相对稳定而不至于被杂菌感染，便于酿酒使用；而传统认为，大曲储存期为3个月或3~6个月或6~12个月。研究表明，储存期过长，不利于稳定大曲质量。大曲的储存，随着时间的延长，其微生物及其酶类物质的数量和活性都逐渐降低。至于大曲的合理储存期，要依据各个制曲工艺要求及酿酒生产工艺需要而定，但要想通过储存使大曲生香，初衷与结果是相背离的。

研究结果表明，曲坯水分降到可粉碎的水分时，就可以将曲块粉碎投入酿酒生产使用，大曲储存仅是为了储备部分成品曲块备用，优化储存工艺后达到的效果：

（1）降低了曲块微生物活性菌体数量的损耗。

（2）保持了曲块微生物酶的活性。

（3）防止了曲块储存过程中水分的进一步挥发损失。

（4）减少了曲块储存过程中曲虫、老鼠等蚕食损耗。

（七）多层曲生产工艺

传统制曲工艺以稻壳为曲坯发酵的支撑物，以稻草为曲坯发酵的覆盖物。如前所述，经优化的制曲工艺，则是以竹板为曲坯发酵的支撑物，以编织布为曲坯发酵的覆盖物。但两者均是安放单层曲坯培菌发酵，占用发酵场地。“微氧环境大曲发酵”理论认为，只要满足曲坯发酵环境氧气的逐渐供给和曲坯保湿保潮，就能够满足大曲的正常发酵。在此基础上研究实现了以2~5层钢架和竹板作支撑物，以编织布作覆盖物的多层曲生产工艺。由于发酵产生的热量始终往上升，该工艺曲坯发酵过程中，从上至下，层与层之间，曲坯发酵温度相差1℃左右，且在同样的空间内曲坯数量的绝对增加，靠发酵产热而表现出的曲坯升温，曲坯发酵顶温始终能够达到传统地面曲发酵的顶温。

（八）系列功能曲品

大曲作为白酒酿造中重要的产酒、生香剂，一直以来都是白酒酿造企业的过程产品，主要保持自给自足的状态。但是大曲的开放式操作和开放式发酵表明：大曲是一种典型的“地域资源型”产品，其生产环境的水质、土壤、气候、空气、生态链以及人类活动，是决定大曲品质的客观条件。

传统大曲以纯小麦为原料，制曲过程对小麦的淀粉消耗仅有10%，余下近50%含量的淀粉，由于长时间处于40~60℃的高温环境中，已经失去了可糊化性能，即使进入白酒酿造体系，也是白白浪费。因此，在保证曲坯成型的前提下，如何有效降低原料淀粉浓度就是系列功能曲品开发的着眼点。

不同的曲品，具有不同的功用，且大曲进入白酒酿造体系，具有产酒和生香等功能，在白酒发酵的不同阶段，大曲起到的作用并不一样。因此，如何防止功能过剩和功能浪费是系列功能曲品开发的又一个着眼点。

1. 酯化曲

在浓香型大曲酒酿造体系中，大曲微生物代谢的酯化酶，具备将己酸（窖泥功能菌代谢提供）与乙醇（母糟体系提供）反应生成浓香型大曲酒的主体香味物质己酸乙酯的功能，表现出大曲的生酯能力（酯化力）。

在制曲原料中配料窖泥功能菌固化剂，按照传统制曲工艺发酵制作的大曲，其酯化力显著高于传统大曲，称为酯化曲。

由于该产品为传统块状大曲，其配比原料量受到严重制约，未能完全达到控制大曲残余淀粉浓度的目的，生产成本较传统大曲降低了10%~15%，但仍然较高。

2. 底糟（翻沙）专用曲

在传统大曲基础上，采取组合工艺，将窖泥功能菌固化剂、B类酶促物质等功能成分融入大曲中，形成微生物类群更为丰富、微生物酶系更为完善、酯化力显著高于传统大曲的产品，称为底糟（翻沙）专用曲。主要用于浓香型大曲酒质量型糟醅发酵配料。

3. 高温曲

通过制曲工艺的调整，以稻草为隔离和覆盖物，将曲坯垒成5~7层，发酵房内曲坯数量显著增加，实现制曲发酵顶温的提高，使之达到65℃以上而制成的大曲，称为高温曲。

4. 低温曲

通过制曲工艺的调整，实现制曲发酵顶温不超过45℃而制成的大曲，称为低温曲。其产酒能力较强。

第六节 典型制曲工艺实例

一、泸州老窖制曲工艺

（一）制曲工艺流程

小麦→润麦→磨碎→加辅料→加水→拌料→压坯→运曲→安曲→培菌发酵→发酵管理→翻曲→转化发酵→发酵管理→入库储存→粉碎→曲粉

（二）制曲操作工序过程

1. 小麦进料

（1）计量小麦毛重 用地磅秤称量车和小麦的重量。

（2）合格小麦下车 原料检测后转移到指定堆放点。尽量避免小麦过多地洒落在地上。

（3）计量小麦皮重　用地磅秤称量空车与麻袋（编织袋）的重量，即小麦的皮重。

（4）计算小麦净重　小麦毛重减去小麦皮重。

（5）小麦包件开包　解开封装麻袋的绳子。

（6）倒小麦进振动除杂机　将开包的小麦送到振动除杂机处，倒进振动除杂机进料口。

（7）振动除杂　将小麦提升到振动除杂机的除杂装置上，进行振动除杂。

（8）净小麦流入提升机　除去杂质后的小麦送入提升机。

（9）提升小麦　提升机提升小麦并送入分流管道，到达润麦点。

（10）收集杂质　用编织袋收集分离出的杂质。

（11）计量杂质　用磅秤称量杂质。

（12）计算实收小麦净重　小麦净重量减去杂质的重量。

2. 曲坯制作

（1）润麦

①加热润麦水：泵抽水到润麦处的润麦热水罐内，将水加热到标准温度，待用。润麦水温夏季≥80℃，冬季水温≥85℃。润麦水没有达到规定温度会造成小麦吃水不好，影响润麦效果。

②测量水温：读取温度表数值。经常校正温度表。准确记录温度表读数。

③感官检测小麦：看色泽，闻气味，牙咬或手捏感觉小麦的干湿程度。正常的小麦色泽金黄，无异味，水分小于13.5%。必须杜绝带异味等不正常小麦作原料，否则将极大影响成品曲质量。

④调节润麦水流量：通过控制阀门的旋转度调节润麦水流量。润麦水流量不宜过大。

⑤润麦：开启润麦水开关，调节润麦水量大小。润麦水用量为原料量的1%~2%。小麦由管道输送到润麦点即开始喷水。尽量喷洒均匀，水分过大或过小都会影响磨碎的质量，进而影响曲坯的成型。小麦在输送过程中如流速不均，可敲击输送通道，使其畅通。

⑥铁锨翻造小麦：喷水的同时，两人面对面用铁锨翻造已润湿的小麦，并把润湿的小麦从润麦点铲开堆积在旁边。翻造均匀，有利于小麦水分均匀吸收，使得磨碎时易达到“烂心不烂皮”的效果。操作要领：两人以润麦点为中心相对而站，此操作是一个重复的动作，掌握要领可减轻劳动强度。

⑦小麦收堆：用铁锨将润湿后的小麦打散，收拢成堆。收堆时注意留出投料口的位置，便于物料投入，也要有利于润麦过程的进行，小麦收堆有利于小麦吃水均匀。

⑧小麦吃水（发麦）：水分自然渗透麦皮的过程。润麦时间8~24h，润麦后水分应达到（14±1）%。

⑨检验润麦质量：尽量保证润麦的均匀，防止小麦过硬或过软。如上述情况大量出现，需及时处理：a. 过硬，磨碎时粉碎度过大，应重新进行润麦操作或延长润麦时间；b. 过软，磨碎时不易粉碎，应视情况舍弃不用。

（2）粉碎

①粉碎机开机检查：a. 检查电动机、地线、电器线路有无松动脱落；b. 检查防护罩、磨粉机内有无异物；c. 检查链轮、轴承、油盒润滑油油面；d. 手动V带，检查飞轮与电动机连接情况是否灵活可靠；e. 关上隔粮板，将机内剩余粮食或异物排除，将磨辊

离开；f. 合上电源，推上减压补偿启动器，按启动按钮，开启粉碎机，当空车运行 2~3min 后，听机械传动部分和机内声音是否正常。如有机械故障，应立即维修，确保一切正常后才能开机。

②调节粉碎机：用塞尺调整磨辊间隙。

③开启粉碎：启动双磨辊，观察小麦粉碎情况，然后，通过微调调整磨辊间隙。

④掀麦投料：润好的小麦用铁锹铲到投料口。掀麦投料人员根据粉碎操作人员反馈的信息调整掀麦速度。

⑤小麦粉碎：取隔粮板，开料粉碎。粉碎度适中有利于曲坯形成合适的微氧环境、促进曲坯发酵；淀粉释出并吸收水分，黏性增大。

⑥麦粉检验：化验室检验麦粉是否达到规定粉碎度，同时将结果反馈到生产线。粉碎度以未通过 20 目孔筛 40%~55%为标准，不出现“跑子”现象。粉碎度过大或过小都将对以后曲坯的培菌造成影响。

⑦记录粉碎信息：记录小麦批次、粉碎日期、感官现象。

（3）加水拌料

①加热拌料水：冬季用 25~40℃的热水，夏季用常温自来水。根据环境温度调节拌料水温度。

②测量水温：读取温度计水温。经常对温度计进行校正。

③调节水温：用热水和冷水混合来调节水温。调高温度，多进热水，少进冷水；反之则相反。

④记录水温：对水温进行记录。

⑤检查开启搅拌设备：a. 搅拌设备即螺旋输送器，检查各紧固件、连接件是否完整、牢固，电器及安全防护设施是否安全，按标准加注润滑油，检查机内杂物是否已清除。b. 设备启动后，应空车运行 5~10min，待设备运行正常后，方可加料，并应保持送料均匀，不得超负荷运行。

设备运行过程中，操作人员应耳听、眼观、手摸，了解设备运行状况，如发现异常，立即停机，切断电源，通知维修人员排除故障；如遇满载紧急停机，再启动时，为避免损坏机件，应将机内物料清除，点动开机，确认无异常后方可正式开机；为保证曲块质量，压缩时间已调定，操作者不得任意调整时间继电器。

⑥检查开启加料设备：加料设备包括小麦加料设备和固化剂落料器，检查固化剂落料器的电动机是否转动以及是否漏料，并且在开启小麦加料设备以后观察小麦下料是否均匀，否则进行调节。下料不均影响到曲坯的成型，不利于曲块微氧环境的形成。

⑦检查开启延时设备：a. 延时设备即延时输送器，检查各紧固件、连接件是否完整、牢固，电器及安全防护设施是否安全，击碎叶片有无变形、弯折现象，按标准加注润滑油（脂），检查机内杂物是否已清除。b. 合闸后，缓慢调节控制器，观察转速表指针调至 1200~1300r/min 为宜，空车运行 5~10min 后方可加料，并应保持送料均匀，不得超负荷运行。

设备运行中，操作人员应耳听、眼观、手摸，了解设备运行状况，重点观察击碎叶片有无形变，弯折，发现有形变应立即停机并切断电源，通知维修人员，并协助维修人员校正或更换，严禁带病运行；如遇满载紧急停机，再启动时，为避免损坏机件，应将机内物料清除，点动开机，确认无异常后即可正式开机。

⑧麦粉输送：小麦经粉碎后，由储料桶出料口流下，经螺旋输送器和延时输送器运输。

⑨感官检测麦粉粗细度：观察小麦粗细度，过粗或过细都须及时反映给粉碎操作人员。

⑩调节麦粉流量：a. 流量的调节主要通过安装在出料口处的调节阀来实现。b. 当发现出口处麦粉流量不均匀时，用专用工具将出口处堵塞的麦粉疏通。c. 当储料桶发生堵塞时，用木槌敲击侧面，使小麦粉输送通畅，若还没有通畅则打开储料桶后面的观察孔，用专用工具撬至通畅。

根据成型情况来调节麦粉流量，麦粉流量需均匀。流量过大，麦粉相对吃水就小，吃水不够，将影响霉菌的生长，进而影响到曲坯穿衣；流量过小，麦粉相对吃水就大，吃水大，曲坯易长“水毛”。“水毛”属毛霉菌，其滋生的孢子易造成曲表呈现黑色。

⑪开启搅拌水：开启两个阀门，均不为全开。一个阀门起到备用的作用。

⑫调节水量：通过手动调节阀门与水管之间的夹角来实现水量的调节。随时注意小麦粉吃水状态以及曲坯成型状态。

⑬向小麦粉加水：开启搅拌装置同时加水系统开始运行。机器运行过程中注意喷头的运行状态。

⑭螺旋搅拌小麦粉：由螺旋输送器上的螺旋搅拌小麦粉和水，使之融为一体。

⑮拌料检测：拌料过程中需经常对拌料状态进行检验，根据拌料结果进行调整。一般通过感官进行检测。鲜曲坯含水量应在36%~40%范围内，拌料好坏直接影响曲坯成型的好坏。拌料的一般标准是：水量适中，手捏成团而不黏手。

⑯调节小麦粉水分：根据小麦粉是否达到成团而不黏手来调节小麦粉水分。水分过大，关小拌料水；水分过小，一是增大螺旋输送器上的拌料水，二是通过附加水管在延时输送器上二次补水。

麦粉成团但黏手，说明水分过大。在高温多水条件下，有利于蛋白质分解和糖的裂解，这些蛋白质、糖分解后产生的加热香气物质如吡嗪类化合物，与在高温条件下小麦中的氨基酸和糖分发生褐变反应——氨羰基反应。使得曲表呈现较多黑色或黄褐色斑点，且此种曲糖化力低。麦粉手捏不成团（散），说明水分过小，拌料过程加水过少。这种情况培菌前期升温过猛，水分蒸发很快，曲坯出现裂口。杂菌极易进入曲坯内部，在适宜条件下大量繁殖，影响曲质。

⑰小麦粉输送：通过螺旋输送器和延时输送器运输。发现有堵塞状态时，应用长铁铲将其疏通。

⑱小麦粉吸水：经过一段时间的自然吸水过程，小麦粉进入液压压曲机。

⑲记录物料信息：记下搅拌小麦粉的量及在此过程中出现的问题。

（4）制坯

①检查开启制坯机：制坯机即液压压曲机，开机前应使机上及周围均无障碍物，各导轨及滑动表面清洁无污物，加好润滑油，然后接通调整回路。手动检查是否正常，最后接通自动循环。设备启动后，一切正常后方可开始压制曲块。

②小麦粉进模：小麦粉堵塞，将堵塞的小麦粉铲到后面去，使其慢慢均匀；延时输送器前端的小麦粉不足，则将延时输送器后端的小麦粉铲到前端去，直到其均匀为止。进料要

均匀，小麦粉进模状态直接影响成型状态，进料不均匀会产生大量回沙，增加成本。

③压制曲坯：由液压压曲机将拌和好的小麦粉压制成规则形状，一般为立方体。不同的模型压制不同形状的曲坯。曲坯压制成四角整齐、松紧一致、表面光滑，易于微氧环境的形成，利于微生物生长和发酵。压紧时间为 5～6s。浓香型大曲成型规格为长（34±1）cm，宽（24±1）cm，厚 6.5～8.5cm。

④顶出曲坯：机械将曲坯从模具中顶出。在曲坯顶出过程中，模具内粘有的小麦粉需立即清除，清除前先停机，再用铁筒撑住液压压曲机，用小铁铲将粘在模具上面的小麦粉除去；粘在模具上的小麦粉，将影响曲坯的成型，而曲坯表面不光滑直接影响后期的发酵。

⑤推送曲坯：成型的曲坯被推送到送坯板上。机器在运行过程中出现问题，立即关机，组织维修。当送坯板上粘着过多的小麦粉，立即关机，清理掉粘着的小麦粉。

⑥记录不合格曲坯信息：对当天压制的不合格曲坯（缺角掉边、松紧不一）进行记录。

⑦不合格曲坯及小麦粉反馈再制：将不合格曲坯以及收集的散落麦粉放入螺旋输送器进行二次拌料。不合格曲坯需掰成小块后再送入螺旋输送器。

⑧记录制坯信息：记录制坯数量，出现的问题及其解决办法。制坯状态及问题要明白，就数量而言可为产率的计算提供数据，就出现的问题来说，可为以后遇到类似的问题提供解决依据。

3. 曲坯转移

（1）接曲

①接曲坯：曲坯由机器压制成型后，由人工取下曲块，并对曲坯进行感官检验，做出相应调整。曲坯成型后，操作人员双手将曲块两侧面夹紧并向里拉，托起曲坯，双手夹住曲坯转身将其竖直轻放到平板车上；曲坯检验，随时注意曲坯的成型状态，特别是水分状态；回沙处理，不合格的曲坯回到搅拌器进行搅拌后二次压制；随时保持压曲机周围清洁（机械上散落的物料用刷子刷，地下附着的物料用专用小铲去除）。

开机后先压制的几块曲坯因为曲坯水分配料未稳定，不合格，作回沙处理；在接曲过程中，要轻接轻放，保持曲坯完好无损；回沙时注意每次投的量，防止溢出料斗，如下料量跟不上，应立即手动停止压曲机工作，待下料合适再开机，否则压制的曲坯不紧实。曲坯检验时随时对曲坯进行感官判定，见表 4-20，以便适时做出调整。

质量好的曲坯：表面光滑，结合紧密，呈浅黄白色。手按有一定弹性且有明显黏性，立置后不发生塌陷。如发现不合格曲坯应根据情况立即通知拌料或粉碎管理人员，及时对粉碎度、加水量做出调整。收集不合格曲坯进行二次压制。

表 4-20　曲坯感官判定项目

现象	成型曲坯感官现象	对曲坯的影响
水分过大	1. 轻按则出现很明显凹痕，且无明显弹性； 2. 立置出现明显垮塌，有明显黏手感	1. 易于生长杂菌； 2. 细菌大量繁殖，易引起酸败，曲坯升温快，造成原料损失，从而降低成品曲的质量

续表

现象	成型曲坯感官现象	对曲坯的影响
水分过小	1. 表面不光滑，手按无明显黏手感； 2. 有物料脱落现象，曲坯易散	1. 曲坯黏合差，增加碎曲数量； 2. 曲坯干得过快，使有益菌无充分繁殖机会，影响成品曲质量
粉碎度过大	曲坯不饱满，成型不规则、不紧实	1. 曲坯过于黏稠，水分、热量不易散失； 2. 微生物繁殖时通气不好，培养后易引起酸败及烧曲现象
粉碎度过小	曲坯表面粗糙，曲体粘连性较差	曲坯空隙大，水分易蒸发，热量散失快，使曲坯过早干涸和裂口，影响微生物繁殖

②堆码曲坯：接曲坯后，需整齐堆码在平板车上，一列堆码完后再堆码另一列，一车放置曲坯为30~35块。整齐堆码。

（2）曲坯运送

①覆盖曲坯（夏季）：用湿麻袋盖在平板车的曲坯上，保证每块曲坯都被罩住。覆盖曲坯，减少曲坯在运输过程中水分过多散失，有利于培菌发酵。

②运送曲坯：由操作人员手推平板车，一般一次推两车，直接推到培菌房。二楼及以上楼层，用电梯运输，电梯装载4~6辆小平板车曲坯。运输过程中保证曲坯的完整性。

4. 入培菌房培菌

（1）安曲

①打扫培菌房：安曲前将要使用的培菌房进行打扫，将稻草（或草帘）、稻壳、草垫等用具进行清理，待用。确保培菌房内无霉烂异杂物。

②铺垫稻壳：在培菌房地面铺垫稻壳，使得曲坯与空气的接触面更大。有利于曲坯微生物的生长，也不容易烧曲。

③曲坯运送：推车人员用平板车将堆码好的曲坯送入培菌房。在不影响安曲前提下尽量将平板车推到靠近安曲点的位置，以便安曲人员操作。

④曲坯下车：用平板车将曲坯运到培菌房后，将曲坯从车上取下准备安曲。安地面曲、架子曲时，通常一次下两块曲。曲坯下车时从上往下拿，轻拿轻放。

⑤安放曲坯：曲坯下车后，需按一定方法以及次序安放。以两块为单位安曲。抱起两块曲坯后，在手中调节好方向，轻放于稻草（或草帘）上。块与块间的间隔为一根手指的距离，只安一层。每房26排，每排28块（中间留出过道的位置），以过道为中心分为两个区域。曲间距以2~3cm为宜。每室安24~26排，每排平板曲安22~30块。包裹曲坯时稻草（或草帘）缺口处应朝下，防止稻草（或草帘）脱落。

⑥盖稻草（或草帘）：安曲完成后，盖上稻草（或草帘）。一边安曲一边盖稻草（或草帘）。临门窗一块稻壳安曲后盖两层稻草（或草帘），其余盖一层。

⑦曲坯计数：用每排块数乘上排数就是该培菌房的总曲块数。一般地面曲每间培菌房为730块，架子曲为2100块。具体块数根据培菌房大小调节。

⑧插温度计：取两支温度计，一支插到曲心，另一支插到曲块之间缝隙处。

⑨关闭门窗：各项工作完成后，方可关门窗。

⑩记录安曲信息：记录安曲的时间、曲块数、曲的类型、麦号，以及安曲责任人的姓名。

（2）培菌发酵　曲坯入培菌房安放完毕之后，关闭门窗后即进入培菌期，通过对培菌房门窗开闭以及曲坯覆盖物的揭盖进行调节。培菌发酵的好坏直接影响到后阶段的发酵状态，进而影响到成品曲的质量。其关键控制点是对温度的控制。培菌时间一般为 15d 左右。

①发酵温度测试：打开门直接读取温度计上的度数。

②发酵温度记录：将读取的温度记下。如实填写数据，并要求曲坯品温保持在 65℃ 以下。

③培菌检验：由专门的化验人员进行培菌检验。

④调节门窗：根据发酵曲坯的温度及湿度来调节门窗开闭。温度过高开启门窗，温度过低则关闭门窗。夏季可一直开启门窗，根据培菌温度控制开启门窗的幅度；冬季可间断开启门窗，夜间必须关闭。调节门窗后应每隔一段时间读取温度，根据温度再调节。

（3）翻曲　在培菌发酵期后，需对曲坯进行翻曲处理。

①打扫培菌房：翻曲前将要使用的培菌房进行打扫。将稻草（或草帘）、稻壳、草垫等用具进行清理，待用。确保培菌房内无霉烂异杂物。

②安放稻壳：在培菌房地面安放稻壳，使得曲坯与空气的接触面更大，有利于曲坯微生物的生长，也不容易烧曲。

③开启门窗：打开需要翻曲的培菌房的门窗，使空气流通。

④揭开稻草（或草帘）：待空气流通后，揭开覆盖曲坯的稻草（或草帘）。

⑤发酵曲坯上车：在地面曲翻曲时，每次捡两块，分开后堆放在平板车上（架子曲与之相同）。轻拿轻放。

⑥发酵曲坯堆放：两人操作。将发酵曲坯堆放在平板车上，一次堆放两块：在平板车上放三排曲坯，其中有两排之间要有较大的距离间隔，并在有扶手的一侧倾斜着放置一排曲坯。在间隔空隙内竖直放上一排曲坯，在此排靠车前缘的地方横放两块曲坯。在第一排的基础上，放置第二排，依次类推，排与排之间要交叉排列。堆码时硬的发酵曲坯放在平板车边上整齐排好，软的放在中间。

⑦运送发酵曲坯：将平板车推出培菌房，经过道推送到目的培菌房。推出培菌房时，手不能放在车把手两侧，以免手被门框擦伤；在进入培菌房时，需一次用力将平板车推进去，防止小车在门口倾斜处倒退，造成翻车事故。

⑧发酵曲坯下车：戴上手套操作，一次捡两块曲，两个人操作。先捡上面，后捡下面，先捡中间，后捡四周。

⑨堆码曲坯：将平板车上的曲坯依次堆放起来。硬度大的翻下面、小的翻上面；底层垫稻壳，其余每层垫曲杆，培菌房内堆码的层数一般在 8~11 层，从窗户到门，堆码层数先由少到多，中间保持层数不变，最后由多变少。

⑩安放曲杆：每层垫两根至三根曲杆。曲杆主要起到平衡曲块的作用，更有利于曲块的进一步排潮。

⑪盖草垫：翻曲时在堆砌的曲坯顶部及周围都盖上草垫。冬季在顶部的草垫上还要

盖一层稻草（或草帘）。靠近门窗的曲块需盖 3~4 层草垫。

⑫插温度计：温度计插到曲块之间的缝隙处。

⑬关闭门窗：检查一切工作都做好后即关闭门窗。

⑭记录翻曲信息：记录所翻曲块的数量、翻曲时间、大曲类型及翻曲责任人。

（4）转化发酵　翻曲后曲坯品温上升，曲坯逐渐干燥，直至进入曲块储存。

①发酵温度测试：打开培菌房门直接读取温度计上的读数。曲坯顶温在 55~65℃。

②发酵温度记录：将读取的温度记下。

③转化发酵质量检验：由化验人员进行转化发酵质量检验。

④调节门窗开闭：根据温度变化情况开闭门窗进行调节，温度过高开启门窗，而温度过低则关闭门窗。创造良好的环境，有利用于微生物的生长与曲坯的排潮。

⑤开启门窗排潮：如发现培菌房内的湿度过大，则开启门窗，使其通风，达到排潮的作用。

⑥加减覆盖物：培菌房温度达不到转化发酵所需的温度则加覆盖物，可加盖草垫。如培菌房温度超过转化发酵所需的温度，就减些覆盖的草垫。注意温度变化，及时加减覆盖物。冬天靠门窗处盖 3~4 层草垫，曲室中间可盖 1 层；夏季靠门窗处盖 2 层草垫，曲室中间不盖。

5. 入库储存

（1）清扫库房　翻曲前将要使用的培菌房进行打扫，将稻草（或草帘）、稻壳、草垫等用具进行清理，待用。确保房内无霉烂异杂物。

（2）垫稻壳　在打扫干净的地面上垫稻壳。

（3）成品曲块上车　曲块上车即刻堆码，两人操作，每人每次堆码两块。把完整的曲块放在平板车边上整齐排好，缺边掉角或者曲渣放在中间。

（4）成品曲块搬运　两个人同推一辆平板车。将装满曲坯的平板车推到库房。动作要稳，两人配合好，以免翻车，影响工作效率。

（5）成品曲块下车　戴上手套操作，一次从平板车上捡两块曲，两个人操作。先捡上面，后捡下面。先捡中间，后捡四周。

（6）成品曲块堆码　底层垫稻壳，层与层间垫两根或三根曲杆。

（7）成品曲块盖草垫　在堆砌的曲坯顶部及周围都盖上草垫。夏天靠近门窗处盖两层，中间一般不盖，如温度较低可以盖一层。

（8）关闭门窗　打扫门口，关闭门窗。

（9）成品曲块储存管理　观察成品曲块的温度、湿度，调节门窗的开闭。进入储存期曲坯含水量不超过 14%，储曲时间以不超过 3 个月为宜。

6. 成品曲粉碎

（1）粉碎机检查　揭开粉碎机机壳，扳动转子，检查锤刀、套管销钉、筛片、风机。一切正常后方可开启粉碎机。

（2）开启粉碎机　盖好机壳，旋紧螺栓，清扫场地，调好进料门，拴好接料袋，揿启动按钮，待运转稳定，无异常响动后方可进料粉碎。手指不可接近更不能进入投料口。不能用金属件推料（可用木竹片），如防止物料中有铁屑、钉，可在投料槽内固定一块磁铁，避免对机械造成损坏。

(3) 成品曲块上车　揭开库房中覆盖在曲坯上的草垫，抽出曲杆，将成品曲捡到斗车里，先将斗车口整齐堆码，再依次向里堆码。避免翻车，影响生产效率。

(4) 成品曲块运输　用斗车运输曲块。防止翻车或者损伤身体。

(5) 成品曲块投料　将成品曲块投入粉碎机。

(6) 成品曲块粉碎　通过粉碎机粉碎为曲粉。

(7) 粉碎度感官检验　检验曲块粉碎度是否达到标准要求。未通过 20 目孔筛者占 70%左右。

(8) 曲粉包装　操作者戴口罩，用编织袋罩住成品曲粉出料口，放于台秤上。打开阀门，流料。当曲粉要流到指定重量前关闭阀门，再慢慢开启阀门进行微调，达到标准重量后，关闭阀门。

(9) 曲粉计量　根据实际需要调节每袋的重量。每袋重量误差不超过 0.5kg。

(10) 曲粉打包　拧住编织袋口，用麻绳打活结，便于打开取曲粉。

(11) 袋装曲粉上车　将袋装曲转移到出货车辆上。一般用传送带进行传送，两人操作。

(12) 记录成品曲块粉碎信息　记录粉碎吨数，曲块库房号。

(13) 记录成品曲块发放信息　记录成品曲块发放的吨数。

二、五粮液制曲工艺

(一) 工艺流程

五粮液制曲工艺流程见图 4-3。

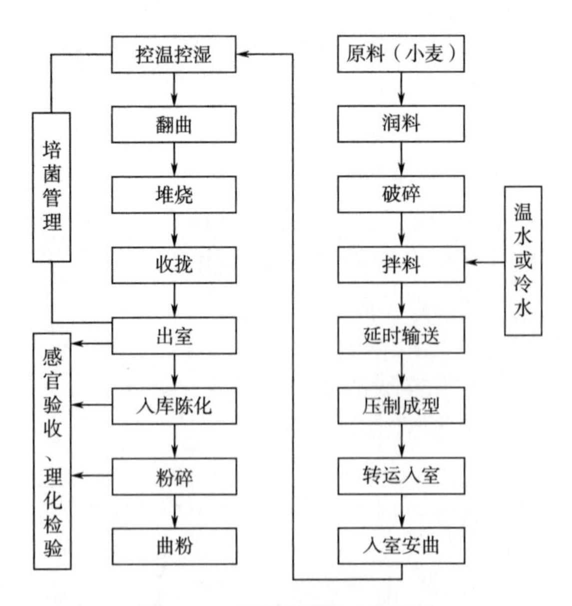

图 4-3　五粮液制曲工艺流程

（二）工艺参数

1. 润料

标准为：收汗，口嚼不粘牙，润后小麦含水量14%~16%。

2. 破碎

小麦烂心不烂皮，成栀子花瓣；通过20孔筛细粉冷季（35±3）%，热季（39±3）%。

3. 拌料

麦粉含水量38%~40%。

4. 机制成型

用手指压表面富有弹性：曲坯重量5~6kg/块，曲坯含水量38%~40%。

5. 入室安曲

曲坯间留一指宽（1~2cm）间隙，曲坯与墙壁之间留不小于10cm的空隙。

6. 培菌

“中挺”时间：5~7d，品温（59±1）℃；最后一次翻曲品温35~40℃。

7. 出房曲周期

冷季32~35d，热季30~32d。水分（14±1）%。

8. 入库陈化时间

3~6个月。

9. 粉碎

使用曲粉水分≤12%。优级：糖化力≥600，发酵力≥200；合格：糖化力≥500，发酵力≥150。过20目孔筛细粉冷季30%~35%，热季25%~30%。

（三）原料检验

制曲小麦工艺标准见表4-21。

表4-21　　制曲小麦工艺标准

品名	感官指标		理化指标				
小麦	色泽气味：淡黄色、白色、褐色，具小麦固有的综合色泽，气味不能有异杂味（熏仓味、霉臭味等）	颗粒形状：坚实、饱满、均匀、皮薄	不完整/g	容重/g/L	水分/%	淀粉/%	杂质/%
			≤6	≥790	≤12.5	≥65	≤0.3

（四）润料

技术指标：润料时间，30~60min；润料水温，65~75℃。润料水量，3%~6%（润后小麦含水量：14%~16%）。润料后表面收汗、口嚼不粘牙。

工艺要求：从工艺仓流入生产线的小麦必须符合工艺指标方可润料。润小麦以表面柔润、口嚼无清脆声响、不黏牙为度。

注意事项：根据小麦品种、含水量和当天气温的具体情况，在技术指标内合理调控润料时水量、水温；已堆润的小麦，当天必须破碎完。

（五）破碎

主要装备：破碎机、20 目筛。

技术指标：破碎小麦烂心不烂皮，成栀子花瓣。麦粉中不能有整粒或半粒小麦。过 20 目孔筛细粉，冷季（35±3）%；热季（39±3）%。

工艺要求：调整磨辊间距，直至麦粉符合烂心不烂皮，成栀子花瓣为止。修复磨棍齿面，使之达到破碎要求。

注意事项：麦粉必须符合工艺要求才能继续破碎，流入下道拌料工序。粗细度视当时气温、曲坯入室的楼层等具体情况，在技术指标内适当调整。

（六）拌料

技术指标：拌料均匀，无灰包、疙瘩，无干麦粉。用手捏成团而又不粘手。拌料水温：冬季温水，夏季冷水。麦粉含水量：38%~40%。

工艺要求：麦粉与水彻底拌和均匀。拌料水量依据当天环境温度情况在工艺范围内调节。

注意事项：用水量不宜太大，否则曲坯容易变形、倾斜；用水量太小，升温快，曲坯表面过早干燥，不“上衣”。地面清扫干净，不能有卫生死角、油污积水和异臭气味。冬季、夏季拌料水温以入室品温确定。

（七）压制成型

主要装备：压曲机。

技术指标：机制曲上料要均匀，曲坯成型松紧度基本一致，厚薄均匀，表面光滑，基本无裂纹（包包上无裂纹），富有弹性。不缺边掉角，表面无干粉。曲坯重量：5~6kg/块。曲坯含水量：38%~40%。

工艺要求：符合工艺要求的曲坯侧立放置推车上，不合格的曲坯必须及时返工处理；手推车上放置一层坯（四角除外），用湿麻袋反搭盖；被污染（油污、异臭味）的麦粉不准压制成曲坯；适度调整压曲机压力和时间，使之满足曲坯成型要求。

注意事项：压曲机的压制成型速度必须与输送带上麦粉堆润时间要求一致（同步）；曲坯表面有裂缝、干粉等现象，应立即停机，调整压曲机及增加水分含量。

（八）转运入室

技术指标：保持曲坯成型时的含水量（38%~40%），表面无干裂、干粉现象。

工艺要求：压制成型的曲坯装满一车后立即转运入培菌室安放。用湿麻袋搭盖的曲坯，必须运送到培菌室内才可揭开。

注意事项：手推车和湿麻袋必须保持清洁，不能生长霉菌。

（九）入室安曲

主要装备：培菌室。

技术指标：培菌室门窗完好无损，既能够保温保湿，又能排出潮气。必须安放整齐，前后不能倒伏或紧靠，无干裂现象。入室曲坯间左右留一指宽（1~2cm）间隙，曲坯与墙壁之间留不小于10cm的空隙。

工艺要求：培菌室内地面糠壳厚度6~8cm，麻袋、草帘和糠壳，无结块、霉变、异味。边安曲坯边搭盖草帘。原始记录必须及时、准确、规范。

注意事项：培菌室门窗要求完好无损，否则不能安放曲坯。在培菌室门内靠左侧适当位置（开门时冷空气不直接影响）的曲坯上插入温度计，以利于检查品温。曲坯安放完毕，关闭门窗，保温保湿。

（十）培菌

工艺要求：依据曲坯发酵情况，通过适当地开（闭）门、窗的方式，调节温度、湿度，排出潮气，给有益微生物创造良好条件。

注意事项：培菌过程必须做到“前缓、中挺、后缓落”。按规定时间（早、中、晚）4~6次/d，检查各培菌室内发酵升温情况并真实记录。天气骤然变化时，采取有效措施加强控温控湿。曲坯入室温度30℃以上时，应该洒适量（不能形成珠往下滴）冷水于草帘和糠壳上，增加培菌室内的湿度。

1. 控温控湿

技术指标：曲坯入室温度10~20℃，前7天曲坯品温≤50℃。曲坯入室温度20~30℃，前5天曲坯品温≤50℃。曲坯入室温度30℃以上时，前3天曲坯品温≤50℃。

工艺要求：同培菌。

注意事项：

（1）曲坯入室后第1~2天内不得进行“排潮”；入室前几天（第2~3天以上），品温上升快，水分排出多，培菌室潮气大，必须开窗排潮。

（2）开窗排潮时间不宜过长（特别在冬季），否则微生物生长繁殖受到影响。

（3）每隔4h检查各培菌室内发酵升温情况，发现异常情况采取措施加以解决，并做好记录。

2. 翻曲

技术指标：第一次翻曲时间，3~7d（热季3~5d，冷季5~7d）。第一次翻曲品温，以40℃左右时为宜，堆码2~3层。

工艺要求：

（1）根据曲坯发酵情况，在技术指标内决定翻曲时间和堆码层次。

（2）翻曲时，先揭开草帘，然后底翻面，四周的翻到中间，硬度大的放在下层。

（3）视不同楼层、气温，留出适当的曲间距离，又重新盖上草帘（门窗及四周可部分搭盖麻袋），关闭门窗，进入“中挺期”的发酵。

（4）翻曲之日，只能检查品温，不能“排潮”。

注意事项：

（1）翻第一次曲后，要求品温缓慢上升（开闭门窗调节）；不得猛升猛降，防止产生风火圈或脱层曲。

（2）翻曲次数不得少于3次，5支温度计（四个角及中间）温差不得超过5℃。

（3）翻曲后，曲坯必须整齐，无倒伏。

（4）翻曲之日在记录上作“△”符号示意。

3. 堆烧（中挺）

技术指标：中挺品温（59±1）℃；中挺时间5~7d。

工艺要求：

（1）堆烧（中挺）时，曲坯之间留约3cm的间距，品温控制在58~60℃为宜。

（2）若堆烧过程超过59℃，必须开窗调节。

（3）适时开窗，更换空气，调节温度。

注意事项：

（1）堆烧后搭盖草帘（门窗及四周可部分搭盖麻袋）保温，避免品温急剧下降。

（2）当曲坯四周与中间温度相差≥5℃时，应采取“四周曲坯往中间提放”的措施，确保曲坯“中挺期”的品温和时间达到要求。

4. 收拢（后期）

技术指标：收拢品温35~40℃。

工艺要求：

（1）收拢即最后一次翻曲，把曲坯靠拢，不留间隙，堆至5~6层。

（2）收拢后必须搭盖草帘、麻袋保温。

注意事项：

（1）收拢前（最后一次翻曲）曲坯品温应控制在35~40℃。

（2）保持后火缓慢下降，防止产生黑心曲、窝水曲等。

（十一）验收

技术指标：出房曲周期，冷季32~35d，热季30~32d。

出房曲质量标准见表4-22。

表4-22　　出房曲质量标准

质量等级	感官指标	理化指标		
		水分/%	糖化力/［mg 葡萄糖/（g·h）］	发酵力/ mg/0.5g·72h
一级曲	曲香纯正，气味浓郁，“穿衣”良好，断面整齐，菌丝粗壮紧密，以猪油白色或乳白色为主，兼有少量（≤8%）黄色、红色、黑色菌斑（直径≤10mm），其他异色<2%	14±1	热季≥600 冷季≥700	≥200
二级曲	曲香纯正，气味浓郁，断面整齐，曲皮厚度≤4mm，无生心，以猪油白色或乳白色为主，淡灰色、浅黄色、红色、黑色、异色等在20%以下		热季≥500 冷季≥600	≥150
三级曲	有异臭气味，皮厚>4mm，生心，窝水，脱层，风火圈占2/3以上		热季<600 冷季<700	<150

（十二）出室

工艺要求：成品曲块出室后，培菌室内应保持空气流通；培菌室内明显破碎小曲块应清扫出室；草帘堆放整齐。

注意事项：验收后的成品曲块必须在2d内出室入库陈化；成品曲块出室过程中注意安全，严格按安全规程操作；手推车在楼层通道运行时，要注意防止损坏培菌室，若有损坏及时通知修复。

（十三）入库陈化

主要装备：曲库。

技术指标：曲库通风良好，防潮、防雨、避晒；三级曲（异常成曲）分库储存堆放。陈化时间3~6个月。

工艺要求：曲块堆码整齐，层次较好，曲块之间留有间隙，以利通风透气；破碎曲块堆放在曲库一角，不能混夹；加强对曲库温度（常温）、湿度（70%左右）的控制和曲虫的治理；库房标识内容包括：数量、质量（感官指标和理化指标），数据填写做到及时、真实、清楚。

注意事项：防止曲块陈化中受潮发烧，杜绝二次产菌，保证曲的质量；经常检查库曲陈化情况，发现异常立即采取措施解决。

（十四）粉碎

技术指标：细粉过20目孔筛：热季：25%~30%；冷季：30%~35%。

工艺要求：三级曲块单独粉碎，用于酿酒车间丢（红）糟生产。

注意事项：陈化曲储存期必须达三个月才可粉碎，最长不超过6个月；曲粉不宜过粗（也不宜过细）否则不利于糖化（发酵），可随季节变换调节；不准一次粉碎过多曲粉储存，粉碎后的曲粉应在24h内由酿酒车间使用。

（十五）曲粉检验

曲粉检验技术标准见表4-23。

表4-23　曲粉检验技术标准

项目等级	感官指标（色泽气味）	理化指标		
		水分/%	糖化力/［mg葡萄糖/（g·h）］	发酵力/mg/（0.5g·72h）
优质曲粉	浅黄色，兼有少量（≤8%）淡灰色、黑色、异色	≤12	≥600	≥200
合格曲粉	浅黄色，兼有少量（≤15%）淡灰色、黑色、异色		≥500	≥150

工艺要求：按要求填写曲粉质量检验单，及时报送有关部门；袋装曲粉必须符合保

质、保量和无破裂、撒落的要求；有异味的曲粉，不得发往酿酒车间。

注意事项：生产过程必须贯彻落实“优质、高产、低耗、均衡、安全”的十字方针；曲粉检验执行公司分析方法标准。

第七节　浓香型酒曲常见病害

一、浓香型酒曲常见病害及处理

大曲是酿造大曲酒的糖化发酵剂，其质量直接关系到酒的风格和酒质、酒量，有优质曲才有优质酒。曲中微生物来自原料、空气、稻草及制曲用水等，其种属复杂，优劣共存。虽在工艺上严格掌握水分、温度、湿度，达到有益微生物繁殖，仍难免有有害菌的生长。所以，在制曲及贮存过程中，稍不注意极易发生病害。泸州酿酒研究所唐玉明等从曲块的外观、断面、香味及皮张等方面，分析了浓香型酒用大曲常见的感官病害。

（一）外观

曲的外表应有灰白色斑点或菌丝，不应光滑无衣或成絮状的灰黑色菌丛。

1. 不生霉或不穿衣

曲坯入房后2~3d，仍未见表面生出白斑菌丝，即称为不生霉或不穿衣。这是由于培菌前期曲室温度过低，品温上升过于缓慢，达不到微生物生长繁殖的适宜温度；或是曲坯提浆太差，表面含水少；或曲坯形成后至入室时间过长，水分蒸发大所致。这时应在曲坯上加盖席子或麻袋、稻草，并喷洒40℃左右的热水至曲表湿润为止，然后关好门窗使曲坯发热上霉。如果来火很急，曲坯温度很快上升到40℃以上，使曲坯表皮过早干燥，也会造成穿衣不好，故曲坯入房后，一定要控制低温缓火，注意保潮，才能使曲坯良好生霉。

2. 裂口

优质曲坯表面应无裂口。产生裂口有两种情况：

一是小麦粉碎过粗，拌料时加水过少，培菌前期升温过猛，水分过早蒸发，曲坯出现裂口。有害微生物极易从裂口进入曲坯内部，在适宜条件下大量繁殖，影响曲质。因此应严格控制粉碎度，保证拌料用水标准，培菌前期升温不可太猛。

二是曲坯鼓肚裂口。曲粉细，水分重，中挺温度未能挺上去，造成曲心凉，干皮太厚，给一些兼性微生物生长创造了有利条件。由于这些微生物的生长，加之干皮太厚，曲心散热和水分蒸发受阻，在曲块内发酵，当气体膨胀到一定程度后，便冲破曲坯干皮，在曲坯上形成大的膨肚裂口，使曲心内外气路相通，造成大曲霉变，曲质下降，给大曲带来生粮味和霉苦味。

3. 颜色不正

正常曲块表面应为灰白色或微黄色。但有时曲表呈现较多的黑色或黄褐色斑点，甚至整个曲表均呈黄褐色，原因是：

（1）制曲原料——小麦的质量问题。使用已发芽的小麦为制曲原料，曲块表面轻者出现黑色斑点，重者整块发黑。穗上发芽的小麦，被收割、脱粒、晒干入仓后，甚至胚乳中各种酶、糖及分解生成的氨基酸都残存了一定数量，用这种麦踩成曲块后，随着培曲温度升高，由于酶的作用，氨基酸与糖发生羰氨反应，形成褐色素（类黑精），给曲块增添了颜色，温度越高，水分越重，曲色越深，分布越广。如1992年在四川省部分地区小麦收天不好，已成熟的小麦不能及时收割，造成穗上发芽严重。上市流通的小麦，发芽率一般在10%以上，高的达40%。许多酒厂和曲药厂使用后，曲坯均不同程度地呈现黑色。这种曲比正常酶活性低0.5~3倍，霉菌数量及发酵力亦偏低，导致出酒率下降，因此只好加大用曲量或与正常曲搭配使用。所以严格把好小麦质量关，是生产好曲的基础。

（2）制曲水分过重，温度过高。在高温多水条件下，有利于蛋白质分解和糖的裂解，这些蛋白质、糖分解后产生的加热香气如吡嗪类化合物，与在高温条件下小麦中的氨基酸和糖分也不可避免地发生褐变反应——羰氨反应。温度越高，反应越强烈，颜色也越深（高温曲中黑色、黑褐色多就是羰氨反应的结果）。这种曲与前种曲不同的是曲酱香味好，带焦煳香，但糖化力低，在生产中要加大曲量。如用量少，可使酒产生愉快的焦香，用量大则成品酒煳味重，并带橘苦味，影响酒的风格质量。

此外，曲表面有絮状灰黑色菌丝，是安放曲坯时靠得太拢，水分不易蒸发出现过湿而翻曲又不及时造成的。

4. 曲坯感染青霉

青霉对酿酒生产有害无益，因青霉抑制发酵过程中的有益微生物生长，并给酒带来苦杂味。防止曲坯感染青霉主要是保持贮曲库房的干燥环境。如贮曲库房湿度大，曲坯容易受潮而感染青霉；由于青霉繁殖快，在部分曲坯感染上青霉时，应立即选出隔离，防止传染，否则会迅速蔓延，造成损失。

5. 曲坯变形

曲坯变形有两种情况：

一是酸败变形。曲坯入室后，水分大、品温低，升温太慢，又未及时进行通风排潮，造成杂菌侵染而产生曲坯酸败变形。

二是大脚板曲。发酵期曲室排潮不畅，部分曲坯挨得太紧，曲坯层湿度大、温度低，曲坯压蹲变形而造成大脚板状，并因翻头道曲不按时，使曲坯部分现干黑褐色。如底层曲坯大部分变形，则是安曲操作失误造成，如安“斗形”曲后，再安一层一字形曲在上面，造成底层曲起烧后不能通畅排潮，潮气堕入曲坯引起变形。

6. 曲坯长水毛

在培菌期，曲坯长水毛是因曲坯挨得太紧，排潮不畅；或是排潮时间未掌握好；或是曲室连续5d内湿度过大而造成。

7. 曲坯整粒麦过多

主要是润麦时间过长或润麦水过量，或润麦时未翻均匀，造成部分小麦泡粑不易粉碎，或是粉碎机器本身易漏整粒麦，应及时查出原因排除。含整粒麦过多的曲坯自然会降低曲力。

（二）断面

1. 生心

曲中微生物在繁衍后期，由于温度降低，以致不能继续生长繁殖，造成生心，俗话说："前火不可过大，后火不可过小"，其原因就在这里。因为前期微生物繁殖旺盛，温度极易增高，利于有害细菌的繁殖；后期微生物繁殖力渐弱，水分也渐小，温度易下降，如时间过长，水分已失，有益微生物不能充分生长，曲中养分也未被充分利用，产生局部生曲的现象。因此，在制曲过程中应常检查，如果生心发现得早，可把曲块距离拉近一些，把生心较重的曲块放到上层，周围加盖草垫，并提高室温，以促进微生物生长。如果发现太晚，内部已经干涸，则无法挽救。

2. 现风火圈（水圈）

若曲室温度高，而曲心温度低，曲心水分排在距表皮 2cm 左右时，皮张已干硬，水分追不出来，便形成风火圈。或曲坯提浆不好，菌丝不能顺利伸进曲坯内，而内部水分也排不出来，从而形成风火圈。据测定，风火圈部分的酸度显著偏高，微生物数量及酶活性明显降低，并程度不同地带有豆豉味。

3. 受风

曲坯表面干燥，而内生红心。这是因为对着门窗的曲坯受风吹，失去表面水分，中心为分泌红色的红曲霉繁殖所致。故曲坯在室内位置应经常调换，同时在门窗的直对处挡以席子、草帘等，以防曲坯直接受风。此现象在春秋季节最易出现，因此在该季节应特别注意。

4. 受火

曲块入房后的干火阶段，是菌类繁殖旺盛时期，曲体温度较高，若温度调节不当，或因管理上的疏忽，使温度过高，则曲的内部炭化为糠。此时应特别注意温度，将曲块的距离加宽，使曲逐渐成熟。

5. 曲心呈灰黑色或黑褐色

这种曲又称窝水曲，它是曲块互相靠拢，水分不易蒸发，或是后火太小，不能及时追出水分，排除曲心余潮所致。杂菌在湿度大、温度低的情况下旺盛繁殖，使曲心呈现灰黑色或黑褐色。所以在安曲时曲块间距要适当，不能靠得太拢，特别要防止曲坯倒伏；同时培菌过程中，后火不可太小。

6. 冷凉返潮生霉

它是曲块在培菌过程中后火小，因而不能及时追出过多的水分，造成曲的品温下降，曲坯冷凉，返潮生霉。在这种湿度大、温度低的环境中有利毛霉生长，此时断面可见有灰黑毛，鼻闻有轻微的霉味。

7. 受潮

曲块在贮存过程中，因曲室温度过低，湿度过大，堆放时间过长，使曲块受潮，严重时带有霉臭味。用这种曲酿酒，会使酒带有异味。故曲块一定要贮存在干燥环境中。

（三）香味

优质曲块应具有大曲特殊香，且浓而醇，无酸臭味和其他怪杂味。

1. 缺香味

曲坯进入中挺温度后，若温度未挺上去，造成生香物质未转化，曲坯便缺少应有的香味。中挺温度高低是影响曲块香味及风格的重要因素。因此在培菌过程中，后火不能太小，中挺温度一定要挺上去。

2. 有霉味

受潮或冷凉返潮生霉的曲块均不同程度地带有霉臭味。因此在培菌和贮存过程中，要防止曲块生霉、受潮。

3. 有虫屎臭味

曲块贮存时间太久，生虫太多，就易产生虫屎臭味；时间越久，其臭味越重，酶活性下降越多，损耗也越大。一般贮存3~6个月为宜。

4. 有酱味或豆豉味

风火圈较重或中挺温度过高的曲块，均不同程度地带有酱味或豆豉味。一般说来，曲块有轻微的酱味或豆豉味属正常现象，对酿酒影响不大。

（四）皮张较厚

曲的皮张应越薄越好。若踩好的曲块在室外搁置过久，使表面水分蒸发过多；或入室后前期升温过猛，水分蒸发过快；或小麦粉碎过粗，造成曲料吸水性降低，不易保持表面必需的水分，使微生物不能正常生长繁殖，因而皮张增厚。解决的办法是：

（1）曲粉不能过粗。

（2）踩好的曲块在室外搁置不能太久，以曲体大部分不粘手为原则，并保持曲块一定的水分和温度，以利微生物繁殖。

（3）曲块入室后升温不能过猛，前期升温要缓慢。

二、楼房制曲的病害及防治

随着名优白酒产量的增加，不少白酒厂家实现了楼房制曲，其制曲过程中的病害及防治办法均另有特点。

1. 曲坯卧房以后不上火

原因：外界温度低，曲房不密封，曲房及垫草麦秸湿度大。

办法：采取升温措施。升温时间控制在5~7h，还应推迟一天拉房；温房潮度适当小些，门窗全部封闭好，如加挂棉帘等办法解决。

2. 拉房以后出现“干皮”

原因：曲房麦秸（或稻草）湿度小，水分不够，制曲中加水量少，保潮措施不好。

办法：要加强前期管理，采取有效的保潮措施，以避免进一步出现脱壳和夹圈。再者，适当增大制曲水分，增加曲室及麦秸湿度，提高含水量。

3. 拉房后曲块过软且有霉烂臭味

原因：制曲加水量过大，曲室及盖物有明水，气温较低，盖物使用次数过多，水分不能及时排出。

办法：推迟曲坯上架时间，晾霉时间增加1~2d，减少上架高度，上架后多开窗排潮，还要注意控温，入房后4d之内品温掌握在48~50℃。

4. 拉房后有生心

原因：地温低，湿度大。

办法：应提高前期温度至45~50℃，让其生心在架上烫透。尽量加厚曲块新垫的稻壳。

5. 拉房后微生物繁殖少

表现为曲面白色斑点少或无黄色斑点，并生微小的杂虫。

原因：品温低和曲房过分污染所致。

办法：采用升温措施提高品温。曲子出房后要清扫虫害，更换所垫稻壳、麦秸及苇席，加厚垫土层为 5~7cm。

第八节　曲虫的防治

曲虫是指危害酿酒用曲的害虫。“曲虫”这一称谓是酿酒行业特有的，但这一名称所涉及的害虫并非酒厂独有的、仅仅危害酿酒大曲的，而是普遍地存在于自然界中。从其分类来讲，绝大多数种类属于有害昆虫，少数种类属于有害螨类。

酿酒大曲的主要原料是小麦和豌豆，故大曲在培制和贮存过程中，毋庸置疑地会遭受害虫的危害。

一、 曲虫发生特点

1. 种类多

危害酿酒大曲的害虫究竟有多少种？至今尚未有权威性的研究报道，有关材料表明有 20 余种。

2. 繁殖快，发生量大

以常见的黄斑露尾甲为例，它在曲房条件下，从卵发育至成虫平均周期仅为 13.9d，在室内单雌产卵量 351~1244 粒，平均 753.5 粒。而土耳其扁谷盗发育周期平均为 33.1d。曲房和曲库丰富的食料，适宜而稳定的环境，加之曲虫生活周期短、繁殖力强，使酒厂曲虫发生量很大。据 1989 年陕西西凤酒厂系统调查，在曲虫发生高峰期，曲房内曲糠中黄斑露尾甲幼虫的数量达 183 头/10g；处于培曲阶段的曲房中，曲块表面平均有土耳其扁谷盗成虫 735 头/块，最多的达 5652 头/块，曲库贮藏曲块表面平均有土耳其扁谷盗成虫 124 头/块，最多的达 753 头/块。

3. 危害严重

曲虫危害大曲，不仅取食曲料，而且一些曲虫还可以取食大曲微生物，即取食大曲酵母和霉菌类，直接造成大曲重量减轻、质量下降。同时，曲虫也可危害大曲原料和其他酿酒原料，造成原料重量损失，发霉腐烂，品质变劣。其次，在曲虫发生的盛期，由于成虫漫天飞舞，使曲房、曲房周围淹没在曲虫的海洋中，波及全厂，严重影响环境，成为酒厂一大公害。

二、 酒曲害虫发生的规律

曲虫种类繁多、分布广，形态及生活习性差异显著，不同曲虫世代数及世代时间又各不相同，因此，欲进行曲虫的防治，必须从曲虫的发生规律入手，才能在生产上采取安全、经济、有效的防治措施，达到控制曲虫的目的。

1. 曲虫的种类

曲虫的种类很多。其中，发生量最大、危害最严重的优势种群是土耳其扁谷盗、咖啡豆象、黄斑露尾甲、药材甲四种。土耳其扁谷盗、药材甲、咖啡豆象常在曲堆表面和缝隙、墙壁表面及墙角、窗台等处活动。黄斑露尾甲喜在阴暗潮湿处活动。

2. 主要曲虫年发量的变化

曲虫年发量的变化与曲虫世代有关。土耳其扁谷盗一年发生3~4代，咖啡豆象一年3代，药材甲一年2~3代。世代明显重叠，形成种群发生高峰。4月底至10月初为成虫活动高峰期。曲虫不同，各自活动发生的高峰期也不同。4月底至5月中旬为药材甲成虫大量形成时期，这是全年成虫活动的第一个高峰。曲虫年活动的第二个高峰为6月下旬至9月下旬。其中6月下旬至7月上旬为土耳其扁谷盗活动的高峰期，7月下旬至9月下旬，为咖啡豆象活动的高峰期。曲虫，尤其是咖啡豆象，其高峰期的形成与温度、湿度有关。咖啡豆象多发生在多雨、高温季节，8月中下旬达到高峰，若雨季提前或推迟，其高峰期随之发生变化。

3. 曲虫昼夜活动节律

曲虫的飞翔、取食、交配等活动均随昼夜变化有节律地变化。经过长期大量观察发现，大多数曲虫为日出性昆虫。上午9点曲库内曲虫开始飞舞，13~21点为活动旺盛期，15~17点为活动高峰期，21点以后，活动减弱，至次日8点前为活动低潮期。

4. 群集性

群集性是曲虫个体高密度地聚集在一起的一种活动行为。土耳其扁谷盗、药材甲等曲虫在活动旺盛期，常聚集在曲堆表面或曲库内外墙壁上，飞行于曲库门前或窗台，数量很大。曲量越大，越容易群集。不同种之间也有群集性，土耳其扁谷盗、赤拟谷盗、药材甲等也常聚集在一起活动。

5. 食性和趋性

大多数曲虫以曲料淀粉质和曲霉菌丝为食物来源，对曲香、光线、湿度等有正趋性，大多数曲虫对热表现为负趋性。曲虫食性和趋性见表4-24。

表4-24　曲虫食性和趋性表

项目	曲料	菌丝	曲香	趋光性	趋热性	趋湿性
土耳其扁谷盗	+	+	+	+	−	+
咖啡豆象	+	+	+	+	−	+
药材甲	+	+	+	+	−	+
黄斑露尾甲	+	+	+	+	−	+

注：“+”表示正趋性，“−”表示负趋性。

6. 曲虫对曲块的危害

曲虫对曲块危害较为普遍。以宋河酒厂为例，虫蛀严重的曲块，千疮百孔，虫眼密布。糖化力仅有500~600单位，霉菌、酵母、细菌总数下降8%~10%，已很难闻到正常大曲的曲香。曲重平均损失率为9%~12%，加之因曲虫危害造成曲质下降，经济损失就更为严重。

三、 酒曲虫害的综合治理

1. 综合防治技术流程

酒曲虫害综合防治技术流程见图 4-4。

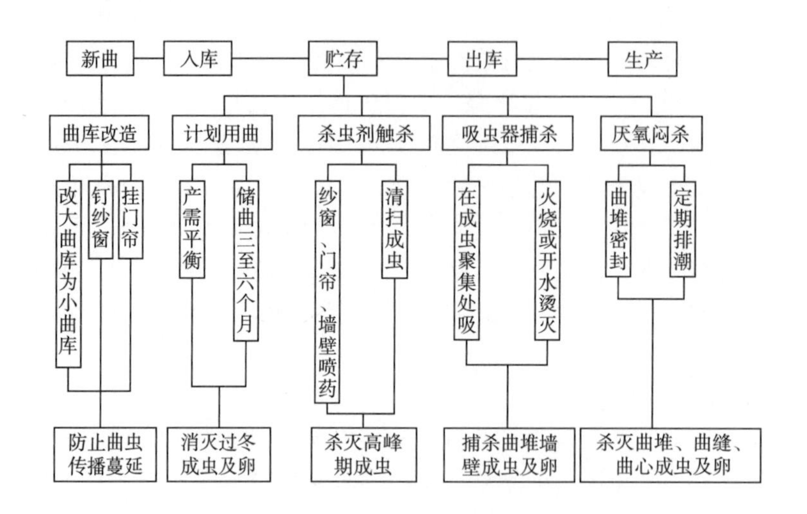

图 4-4 酒曲虫害综合防治技术流程

2. 综合防治技术措施

（1）曲库改造 改大曲库为小曲库，每库贮存量 120~150t 为宜。新曲库所有的窗做成双层纱窗，里层纱 40 目，外层为普通纱，窗外配上防雨窗檐，曲库挂麻袋门帘，曲房门窗也以此改造。

（2）计划用曲 每年的生产量不要超过实际用曲量太多，要保持生产量与用曲量适当比例。曲块入库后，贮存期一般为 3~6 个月。需贮存过冬的曲，应安排 9 月下旬以后生产的曲。过冬的曲最好在次年 4 月下旬前用完，如用不完，则应将每个曲堆表面 1~3 层曲先在 4 月下旬以前用完，这样就可大量消灭越冬曲虫及虫卵，减少当年危害。

（3）曲库管理 新曲入库当天即关闭门窗，防止曲虫飞入。通风或降温时，可于每天晚上曲虫活动低潮期（21 点）后打开门窗，并于次日上午 10 点前关闭。曲出完后应彻底清扫，做到用完一间清扫一间。

（4）杀虫剂触杀 将数种药物按比例混合，配制成杀虫剂，再稀释到 600~800 倍。从 4 月下旬开始到 9 月底，每天或隔天在曲库外或纱窗、门帘上喷药。将麻袋钉在墙壁窗台下喷药效果更好。喷药后次日清扫。喷药时间为每天下午 15~17 点，清扫时间为次日上午 8~9 点。4 月下旬至 5 月中旬主要防治药材甲，6 月下旬至 7 月上旬主要防治土耳其扁谷盗，7 月下旬至 9 月下旬主要防治咖啡豆象。

（5）吸虫器捕杀 吸虫器是采用气流负压原理“吸虫”，由聚气吸嘴、导气筒、电机、收集器等部件组成。操作时，让聚气吸嘴在曲堆表面或曲库墙壁曲虫聚集处，做往复移动，曲虫及虫卵便被吸入收集器内，打开收集器，将曲虫倒出，然后用火或开水烫灭。吸虫器对咖啡豆象等个体较大的成虫捕捉效果更好。

（6）厌氧闷杀 对大曲库虫的曲堆还可采用一定技术措施进行厌氧闷杀。即在曲块入库两个月后，待曲块水分降至13%以下时，用塑料布隔离法密封，然后，借助于大曲微生物的呼吸作用（或人工抽气方式），造成曲虫因缺氧而死亡。此法可消灭大量成虫及虫卵。同时，对曲库中常发生的鼠害也有一定的防治效果。

曲虫的完全控制需要一个过程。由于受技术条件等因素的限制，对曲虫的发生规律及防治的研究还不深入，如曲虫的生长发育条件及限制因子、曲虫的生物防治、贮曲新技术等等，都有待于今后不断完善。

第九节　大曲质量检验

大曲是酿制白酒用的糖化发酵剂，是以小麦为主要原料，经自然培菌、发酵、储存而成的，富含多种菌群多酶系，具有产酒和生香功能的块状制品。曲子具有液化力、糖化力、发酵力等，对白酒风味、质量起重要作用。

大曲质量检验参考QB/T 4257—2011、GB/T 601—2016、GB/T 603—2002。

一、取样

大曲粉碎后的大曲试样（粉碎机粉碎后的曲粉要求通过20目筛的不低于90%。）混合均匀取样，采用四分法取200g曲粉。

二、感官检验

1. 外观

在适宜光线（非直射阳光）下，从大曲六个面立体观察曲坯表面菌丝的颜色、穿衣、裂缝及光洁度等外表特征，并进行记录。

2. 断面

将曲块断开，观察界面上菌丝形态、颜色、菌斑、泡气等情况，并进行特征记录。

3. 曲皮厚

对曲块表层未发酵的生淀粉及菌丝不密集部分的厚度（并非水圈以外的部分）进行观测和记录。

4. 曲香

嗅闻大曲断面散发出来的香气，分辨是否纯正、有无复合曲香，检查有无异杂味等，并进行记录。

三、水分

水分在制曲过程中与菌的生长和酶的生成密切相关，成品曲水分含量尤为重要，一般为12%~13%。若大于14%，雨季容易二次生霉，使质量下降。测定水分的方法是将大曲试样置于101~105℃下烘干，根据烘干前后质量之差，计算出所失去的质量分数，即为水分含量。

（一）仪器

电热干燥箱：精度±2℃；分析天平：感量为0.0001g；称量瓶：50mm×30mm；干燥器：内盛有效干燥剂。

（二）分析步骤

取洁净称量瓶置于101～105℃电热干燥箱中，瓶盖斜支于瓶边，加热1h，取出盖好，置干燥器内冷却0.5h，称量，并重复干燥至前后两次质量差不超过0.002g，即为恒重。

用烘干至恒重的称量瓶称取大曲试样4～5g，精确至0.0001g，置于101～105℃电热干燥箱中烘干3h（烘干时打开瓶盖，侧立于该瓶边）。取出，迅速移入干燥器内（盖上瓶盖）冷却0.5h，称量。再放入电热干燥箱内，继续烘干1h，冷却称量，直至恒重。

（三）结果计算

试样水分含量按下式计算。

$$X = \frac{m_1 - m_2}{m_1 - m} \times 100$$

式中 X——试样的水分含量，g/100g

m_1——烘干前，称量瓶加试样的质量，g

m_2——烘干后，称量瓶加试样的质量，g

m——恒重称量瓶的质量，g

计算结果保留至小数点后一位。

（四）精密度

在重复性条件下，获得两次独立测定结果的绝对误差值不得超过算数平均值的5%。

四、 酸度

采用酸碱中和法测定，以pH指示终点的电位滴定法，测定大曲试样的酸度。

（一）试剂

（1）10g/L酚酞指示液　称取1.0g酚酞，溶于100mL 95%的乙醇中。

（2）0.1mol/L氢氧化钠标准滴定溶液：

①配制：称取110g氢氧化钠，溶于100mL无二氧化碳的水中，摇匀，注入聚乙烯容器中，密封放置至溶液清亮，用塑料管量取上层清液5.4mL，用无二氧化碳的水稀释至1000mL，摇匀。

②标定：准确称取邻苯二甲酸氢钾（预先于105℃烘2h）0.75g（准确至0.0001g），置于250mL三角瓶中，加50mL无二氧化碳的水溶解，再加2滴酚酞指示液，用配制的氢氧化钠标准滴定溶液滴定至微红色，并保持30s。同时做空白试验。

$$c_{NaOH}\ (mol/L) = \frac{m}{204.22 \times (V_1 - V_2)} \times 1000$$

式中　m——称取的邻苯二甲酸氢钾的质量，g

204.22——邻苯二甲酸氢钾的摩尔质量，g/mol

V_1——消耗氢氧化钠标准滴定溶液的体积，mL

V_2——空白试验消耗氢氧化钠标准滴定溶液的体积，mL

（二）仪器

碱式滴定管；酸度计或自动电位滴定仪：精度0.02pH；电磁搅拌器；电子天平：感量为0.01g和0.0001g。

（三）分析步骤

1. 样液的制备

称取大曲试样10g，精确至0.01g，放入500mL烧杯中，加无二氧化碳水200mL，用玻璃棒搅拌0.5min，浸泡30min（每隔5min搅拌一次）后，用滤布过滤，收集滤液，备用。

2. 电位滴定

先校正电位滴定仪。

吸取样液20.0mL于100mL烧杯中，加无二氧化碳水30mL，摇匀，插入电极，放入1枚磁力转子，开启电磁搅拌器，用0.1mol/L氢氧化钠标准滴定溶液进行滴定，当接近滴定终点时，放慢滴定速度，每次加半滴氢氧化钠标准滴定溶液，直至pH=8.2为其终点，记录消耗氢氧化钠标准滴定溶液的体积V_1。

以水作空白，同样操作进行空白试验，记录消耗氢氧化钠标准滴定溶液的体积V_0。

（四）结果计算

试样的酸度按下式计算。

$$X_1 = \frac{c \times (V_1 - V_0) \times 200}{20}$$

式中　X_1——试样的酸度，即10g试样消耗0.1mol/L氢氧化钠标准滴定溶液的毫摩尔数，mmol/10g

c——氢氧化钠标准滴定溶液的浓度，mol/L

V_1——滴定试样时，消耗氢氧化钠标准滴定溶液的体积，mL

V_0——空白试验时，消耗氢氧化钠标准滴定溶液的体积，mL

200——试样稀释体积，mL

20——取样液进行滴定的体积，mL

试样酸度（以绝干计）按下式计算。

$$X = \frac{X_1}{100 - H} \times 100$$

式中　X——试样酸度（以绝干计），mmol/10g

X_1——试样的酸度，mmol/10g

H——试样的水分含量，g/100g

计算结果保留至小数点后一位。

（五）精密度

在重复性条件下，获得的两次独立测定结果的绝对差值不得超过算术平均值的5%。

五、 淀粉含量

淀粉分子在盐酸作用下，被水解生成还原糖。利用斐林溶液与还原糖共沸，生成氧化亚铜沉淀，用次甲基蓝作指示剂，以水解后的样液滴定斐林溶液，达到终点时，稍微过量的还原糖将蓝色的次甲基蓝还原成无色，以示终点。根据生成的还原糖量折算出淀粉含量。

（一）试剂

（1）盐酸溶液（1+4） 量取50mL盐酸，与200mL水混合。

（2）氢氧化钠溶液（200g/L） 称取20.0g氢氧化钠，加适量水溶解，待冷却后定容至100mL。

（3）次甲基蓝指示剂（10g/L） 称取1.0g次甲基蓝，加水溶解并定容至100mL。

（4）葡萄糖标准溶液（2.5g/L） 称取经103~105℃烘干至恒重的无水葡萄糖2.5g，精确至0.0001g，用水溶解，并定容至1000mL。此溶液需当天配制。

（5）碘液 称取11.0g碘、22.0g碘化钾，置于研钵中，加少量水研磨至碘完全溶解，用水稀释定容至500mL，为原碘液，贮存于棕色瓶中。使用时，吸取2.0mL原碘液，加20.0g碘化钾，用水溶解定容至500mL，为稀碘液，贮存于棕色瓶中。

（6）斐林溶液

①配制：

甲液：称取69.4g硫酸铜（$CuSO_4 \cdot 5H_2O$），用水溶解并稀释至1000mL；

乙液：称取346g酒石酸钾钠，100g氢氧化钠，用水溶解并稀释至1000mL，摇匀，过滤备用。

②标定：

预备试验：吸取斐林甲、乙液各5.0mL于150mL锥形瓶中，加10mL水，摇匀，在电炉上加热至沸腾，在沸腾状态下用制备好的葡萄糖标准溶液滴定，当溶液的蓝色将消失时，加2滴次甲基蓝指示剂，继续滴至蓝色刚好消失为终点，记录消耗葡萄糖标准溶液的体积。

正式试验：吸取斐林甲、乙液各5.0mL于150mL锥形瓶中，加10mL水和比预备试验少1mL的葡萄糖标准溶液，摇匀，在电炉上加热至沸，并保持微沸2min，加2滴次甲基蓝指示剂，在沸腾状态下于1min内用葡萄糖标准溶液滴定至终点，记录消耗葡萄糖标准溶液的总体积。

（二）仪器

恒温干燥箱；酸式滴定管；电炉（1kW）；电子天平：感量为0.001g和0.0001g。

（三）分析步骤

1. 试样溶液的制备

曲粉原滤液：称取曲粉 1.5～2.0g，精确至 0.001g，放入 250mL 锥形瓶中，加 100mL 盐酸溶液，装上回流冷凝管，加热至沸后，记下煮沸时间，准确微沸回流 2h 后，取下立即冷却，用稀碘液检查水解是否完全，若未完全水解，则延长反应时间直至完全水解。完全水解后，用氢氧化钠溶液中和至微酸性，将全部滤液和残渣转移至 500mL 容量瓶中，用水洗涤锥形瓶，洗液合并于容量瓶中，加水稀释至刻度，过滤弃去初滤液 20mL，滤液备用。

2. 滴定

（1）预备试验　吸取斐林甲、乙液各 5.0mL 于 150mL 锥形瓶中，摇匀，加 10mL 水，用滴定管加入样液 15.0mL，摇匀后，置于电炉上加热至沸腾，保持瓶内溶液微沸 2min，加入 2 滴次甲基蓝指示剂，继续用样液滴定，直至溶液的蓝色完全消失为终点，记录消耗试样溶液的体积。

（2）正式试验　吸取斐林甲、乙液各 5.0mL 于 150mL 锥形瓶中，摇匀，加 10mL 水，再用滴定管加入比预备试验少 1mL 的样液，摇匀，在电炉上加热至沸，并保持瓶内溶液微沸 2min，加 2 滴次甲基蓝指示剂，在沸腾状态下于 1min 内继续用样液滴定，直至蓝色完全消失为终点，记录消耗样液的总体积 V_2。

（四）结果计算

斐林溶液相当于葡萄糖的质量按下式计算。

$$F = \frac{m \times V_1}{1000}$$

式中　F——斐林甲、乙液各 5.0mL 相当于葡萄糖的质量，g

m——称取葡萄糖的质量，g

V_1——正式滴定时，消耗葡萄糖溶液的体积，mL

1000——葡萄糖溶液的体积，mL

试样的淀粉含量按下式计算。

$$X = \frac{F \times 500 \times 0.9}{m \times V_2} \times 100$$

式中　X——试样的淀粉含量，g/100g

F——斐林甲、乙液各 5.0mL 相当于葡萄糖的质量，g

500——相当样液的总体积，mL

0.9——葡萄糖换算为淀粉的系数

V_2——正式滴定时，消耗样液的总体积，mL

m——试样的质量，g

计算结果保留至小数点后一位。

（五）精密度

在重复性条件下，获得的两次独立测定结果的绝对差值不得超过算术平均值的 10%。

六、 发酵力

大曲中的微生物可将还原糖发酵生成酒精和二氧化碳，通过测定发酵过程中产生的二氧化碳的质量，可以衡量大曲发酵力的强弱。

（一）试剂

2.61mol/L 硫酸溶液：取浓硫酸（密度 1.84g/cm^3）139mL 稀释至 1000mL。

碘液：称取 11.0g 碘、22.0g 碘化钾，置于研钵中，加少量水研磨至碘完全溶解，用水稀释定容至 500mL，为原碘液，贮存于棕色瓶中。使用时，吸取 2.0mL 原碘液，加 20.0g 碘化钾，用水溶解定容至 500mL，为稀碘液，贮存于棕色瓶中。

（二）仪器

发酵瓶：带发酵栓，容量为 250mL；分析天平：感量为 0.0001g；蒸汽灭菌锅。

（三）分析步骤

7°Bé 糖化液：取高粱粉一份，加自来水五份蒸煮 1~2h，使呈糊状，按使用说明加入淀粉酶液化，补加 60℃温水一份，加入原料量的 5%糖化酶（50000U），搅拌均匀，在 60℃糖化 3~4h，用稀碘液试之不显蓝色，再加热至 90℃，用细白布过滤，测量溶液的糖度并调整为 7°Bé 后使用。

量取 50mL 的糖化液于 100mL 锥形瓶中，塞上棉塞，外包油纸。另用油纸包好发酵栓，将两者同时置于蒸汽灭菌锅中，在 0.1MPa 压力下灭菌 20min，待冷却至 28℃左右时，在无菌条件下接入 0.5g 曲粉，同时做空白试验（不加入曲粉），装好发酵栓，并在发酵栓中注入约 5mL 硫酸，封口，瓶塞周围用石蜡密封，擦干瓶外壁，置感量为 0.0001g 的天平上称取，读数为 M_1（空白试验读数为 M_3）。置发酵栓于 30℃培养箱中，发酵 72h，取出发酵栓，轻轻摇动，使二氧化碳逸出，称量后记下读数为 M_2（空白试验读数为 M_4）。

（四）结果计算

试样的发酵力按下式计算。

$$X = (M_1 - M_2) - (M_3 - M_4)$$

式中 X——试样的发酵力，U

M_1——发酵前发酵栓与内容物总质量，g

M_2——发酵后发酵栓与内容物总质量，g

M_3——空白试验发酵前发酵栓与内容物总质量，g

M_4——空白试验发酵后发酵栓与内容物总质量，g

计算结果保留至小数点后两位。

（五）精密度

在重复性条件下，获得的两次独立测定结果的绝对差值不得超过算术平均值的 10%。

（六）注意事项

（1）糖化液浓度要严格控制为7°Bé。

（2）发酵温度、时间要准确。

七、液化力

液化型淀粉酶俗称α-淀粉酶，能将淀粉中α-1，4-糖苷键随机切断成分子链长短不一的糊精、少量麦芽糖和葡萄糖而迅速液化，并失去与碘生成蓝紫色的特性，呈红棕色。利用淀粉能与碘产生蓝紫色反应的特性，试样浸出液在35℃，pH4.6溶液中酶解至试液对碘的蓝紫色特征反应消失。根据所需时间计算1g绝干曲在该条件下1h能液化淀粉的克数，表示液化力的大小。

（一）试剂

乙酸-乙酸钠缓冲溶液（pH4.6）：称取164g无水乙酸钠（CH_3COONa），溶解于水，加114mL冰乙酸，用水稀释至1000mL。缓冲溶液的pH应以酸度计校正。

碘液：称取11.0g碘、22.0g碘化钾，置于研钵中，加少量水研磨至碘完全溶解，用水稀释定容至500mL，为原碘液，贮存于棕色瓶中。使用时，吸取2.0mL原碘液，加20.0g碘化钾，用水溶解定容至500mL，为稀碘液，贮存于棕色瓶中。

可溶性淀粉溶液（20g/L）：称取100～105℃干燥2h的可溶性淀粉2g，精确至0.001g，用水调成糊状，不断搅拌注入70mL沸水，搅拌煮沸2min直至完全透明，冷却至室温，完全转移至100mL容量瓶中并定容。此溶液现配现用。

标准比色液：取41mL甲液和4.5mL乙液混匀。甲液：称取40.2349g氯化钴，0.4878g重铬酸钾，溶解后，蒸馏水定容至500mL。乙液：称取0.04g铬黑T，溶解后，蒸馏水定容至100mL。

（二）仪器

恒温干燥箱；酸式滴定管；电炉（1kW）；电子天平：感量为0.01g、0.001g和0.0001g；恒温水浴锅。

（三）分析步骤

1. 5%酶液制备

根据测得的试样水分，称取相当于10g绝干试样量，精确至0.01g，于250mL烧杯中，加pH4.6缓冲液20mL后，加水至总体积为200mL，充分搅拌。将烧杯置于35℃恒温水浴锅中保温浸渍1h，每15min搅拌1次，然后用滤纸过滤，弃去最初5～10mL，滤液即为供试酶液。

2. 测定

取20mL可溶性淀粉于试管中，加5mL pH4.6缓冲液摇匀，于35℃水浴中预热至试液为35℃时，加入10mL 5%酶液充分摇匀并立即计时，定时用吸管吸取0.5mL反应液注入预先装了5mL稀碘液的试管中起呈色反应，或将反应液放入盛有约1.5mL稀碘液的白瓷板中，直至碘液不显蓝色（或与标准比色液对比）为终点，记下反应时间 t。要求酶解反应在 2~3min 内完成为宜，否则需调整酶液浓度后重新测定。

（四）计算结果

试样的液化力按下式计算。

$$X = \frac{20 \times 0.02 \times 60 \times V}{10 \times 10 \times t}$$

式中 X——试样的液化力，U

20——可溶性淀粉体积，mL

0.02——可溶性淀粉质量浓度，g/mL

V——酶液定容体积，mL

60——1 小时之分钟数

t——反应完结耗用时间，min

计算结果保留至小数点后两位。

（五）精密度

在重复性条件下，获得的两次独立测定结果的绝对差值不得超过算术平均值的 10%。

（六）注意事项

（1）可溶性淀粉应当天配制。

（2）由于可溶性淀粉质量对结果影响大，建议每次测定均应采用酶制剂专用可溶性淀粉。

八、糖化力

大曲中糖化型淀粉酶能将淀粉水解生成葡萄糖，进而被微生物发酵，生成酒精。糖化酶活力高，淀粉利用率就高。用斐林法测定所生成的葡萄糖量，以此来表示糖化力。

（一）试剂

（1）斐林溶液　斐林溶液甲、乙液的配制和标定同“五、淀粉含量”的（一）（6）。

（2）次甲基蓝指示剂（10g/L）　称取 1.0g 次甲基蓝，加水溶解并定容至 100mL。

（3）乙酸-乙酸钠缓冲溶液（pH4.6）　称取 164g 无水乙酸钠（CH_3COONa），溶解于水，加 114mL 冰乙酸，用水稀释至 1000mL。缓冲溶液的 pH 应以酸度计校正。

（4）可溶性淀粉溶液（20g/L）　称取 100~105℃ 干燥 2h 的可溶性淀粉 2g，精确至 0.001g，用水调成糊状，不断搅拌注入 70mL 沸水，搅拌煮沸 2min 直至完全透明，冷却至室温，完全转移至 100mL 容量瓶中并定容。此溶液现配现用。

（5）葡萄糖标准溶液（2.5g/L）　称取经 103~105℃ 烘干至恒重的无水葡萄糖 2.5g，精确至 0.0001g，用水溶解，并定容至 1000mL。此溶液需当天配制。

（6）氢氧化钠溶液（质量分数为 20%）。

（二）仪器

恒温水浴锅：精度±0.2℃；电炉；酸式滴定管；电子天平：感量为0.001g、0.0001g。

（三）分析步骤

1. 大曲样液的制备（50g/L）

（1）根据测得大曲试样的水分，称取相当于绝干试样量10g，精确至0.001g，放入250mL烧杯中，加20mL乙酸-乙酸钠缓冲溶液，再加水，用玻璃棒搅拌均匀，定容至200mL。

（2）将上述烧杯置于35℃恒温水浴中保温浸渍1h，过滤，收集滤液，备用。

2. 测定

（1）于一试管内加入25.0mL可溶性淀粉溶液，再加5.0mL大曲样液，摇匀，加入20%NaOH溶液1mL后，吸取5.0mL作为空白溶液，用葡萄糖标准溶液滴定，记录其消耗体积V_1，操作程序同“五、淀粉含量”（三）2。

（2）于另一试管内加入25.0mL可溶性淀粉溶液，再加5.0mL大曲样液，摇匀，置于35℃恒温水浴中，准确计时，糖化1h，加入20% NaOH溶液1mL后，吸取糖化液5.0mL于盛有斐林溶液甲、乙液各5.0mL的锥形瓶中，加水10mL，用葡萄糖标准溶液滴定，记录其消耗体积V_2，操作程序同“五、淀粉含量”（三）2。

（四）结果计算

试样的糖化力按下式计算。

$$X = \frac{(V_1 - V_2) \times 2.5 \times 30}{0.25 \times 5}$$

式中　X——试样的糖化力，U

V_1——滴定空白时，消耗葡萄糖标准溶液的体积，mL

V_2——滴定试样时，消耗葡萄糖标准溶液的体积，mL

2.5——每毫升葡萄糖标准溶液中含有葡萄糖的质量，mg

30——糖化混合液（可溶性淀粉溶液加大曲样液）的总体积，mL

0.25——5mL大曲样液相当大曲的质量，g

5——滴定时吸取的糖化液体积，mL

计算结果保留至整数。

（五）精密度

在重复性条件下，获得的两次独立测定结果的绝对差值不得超过算术平均值的10%。

九、酯化力

酯化酶是脂肪酶和酯酶的统称，它与短碳链香酯的生物合成有关。

白酒香味是以酯香为主的复合体，白酒酿造过程中酯酶的作用是使酸和醇反应生成酯。酯化是一可逆反应，酯酶既能产酯，也能使酯分解。特别在不适宜的酯化条件下

(如温度、pH、空气量等),会将已生成的酯迅速分解。因而要选育产酯能力强,酯分解能力相对较弱的菌株,才能使白酒中留存较多的酯类。酯化力是以 1g 干曲在 35℃反应 7d 所产生的己酸乙酯的毫克数表示。

(一)试剂

(1)己酸(分析纯)。

(2)无水乙醇。

(3)乙醇溶液(体积分数为 30%):用量筒量取 300mL 无水乙醇于 1000mL 容量瓶中,用蒸馏水定容。

(4)氢氧化钠标准滴定溶液(0.1mol/L):

①配制:称取 110g 氢氧化钠,溶于 100mL 无二氧化碳的水中,摇匀,注入聚乙烯容器中,密封放置至溶液清亮,用塑料管量取上层清液 5.4mL,用无二氧化碳的水稀释至 1000mL,摇匀。

②标定:准确称取邻苯二甲酸氢钾(预先于 105℃烘 2h)0.75g(准确至 0.0001g),置于 250mL 三角瓶中,加 50mL 无二氧化碳的水溶解,再加 2 滴酚酞指示液,用配制的氢氧化钠标准滴定溶液滴定至微红色,并保持 30s。同时做空白试验。

$$c_{NaOH}\ (mol/L) = \frac{m}{204.22\times(V_1-V_2)}\times1000$$

式中 m——称取的邻苯二甲酸氢钾的质量,g

204.22——邻苯二甲酸氢钾的摩尔质量,g/mol

V_1——消耗氢氧化钠标准滴定溶液的体积,mL

V_2——空白试验消耗氢氧化钠标准滴定溶液的体积,mL

(5)硫酸标准滴定溶液 [c (1/2 H_2SO_4) = 0.1mol/L]:

①配制:量取 3mL 浓硫酸,缓和注入 1000mL 水中,冷却,摇匀。

②标定:称取于 210~300℃高温炉中灼烧至恒重的工作基准试剂无水碳酸钠 0.2g,溶于 50mL 水中,加 10 滴溴甲酚绿-甲基红指示液,用配制的硫酸溶液滴定至溶液由绿色变为暗红色,煮沸 2min,加盖具钠石灰管的橡胶塞,冷却,继续滴定至溶液再呈暗红色。同时做空白试验。

硫酸标准滴定溶液的浓度 [c (1/2 H_2SO_4)] 按下式计算。

$$c\left(\frac{1}{2}H_2SO_4\right) = \frac{m\times1000}{(V_1-V_2)\times M}$$

式中 m——无水碳酸钠质量,g

V_1——硫酸溶液体积,mL

V_2——空白试验消耗硫酸溶液体积,mL

M——无水碳酸钠的摩尔质量,g/mol [(1/2Na_2CO_3) = 52.994]

(二)仪器

恒温培养箱;微量滴定管;电炉(1kW);玻璃蒸馏器:500mL;电子天平:感量为 0.01g 和 0.0001g。

（三）分析步骤

1. 酯化样品的制备

吸取 1.5mL 己酸于 250mL 锥形瓶中，加 25.0mL 无水乙醇，稍微振荡后，加入 75mL 蒸馏水，充分混匀。再称取相当于绝干试样量 25g，精确至 0.01g，加入锥形瓶中，摇匀后，用塞子塞上，置于 35℃恒温箱内保温酯化 7d，同时做空白试验。

2. 蒸馏

将酯化 7d 后的试样溶液全部移入 250mL 蒸馏瓶中，量取 50mL 乙醇溶液，分数次充分洗涤锥形瓶，洗液也一并倒入蒸馏烧瓶中，用 50mL 容量瓶接受馏出液（外用冰水浴），缓缓加热蒸馏，当收集馏出液接近刻线时，取下容量瓶，调液温为 20℃，用水定容，混匀，备用。

3. 皂化、滴定

将上述馏出液倒入 250mL 具塞锥形瓶中，加 2 滴酚酞，以氢氧化钠标准滴定溶液中和（切勿过量），记录消耗氢氧化钠标准滴定溶液的体积。再准确加入 25.0mL 氢氧化钠标准滴定溶液，摇匀，装上冷凝管，于沸水浴上回流 0.5h，取下，冷却至室温。然后，用硫酸标准溶液进行反滴定，使微红色刚好消失为其终点，记录消耗硫酸标准溶液的体积 V_1。

（四）结果计算

1. 试样的总酯含量

试样的总酯含量（以己酸乙酯计）按下式计算。

$$A_i = \frac{(c \times 25.0 - c_1 \times V_1) \times 0.142}{50.0} \times 1000$$

$$A = A_1 - A_0$$

式中　A_i——总酯含量（以己酸乙酯计），g/L

c——氢氧化钠标准滴定溶液的浓度，mol/L

25.0——皂化时，加入 0.1mol/L 氢氧化钠标准滴定溶液的体积，mL

c_1——硫酸标准滴定溶液的浓度，mol/L

V_1——滴定时，消耗 0.1mol/L 硫酸标准溶液的体积，mL

0.142——与 1.00mL 氢氧化钠标准溶液［c（NaOH）= 1.000mol/L］相当的以克表示的己酸乙酯的质量

50.0——样品体积，mL

A——试样总酯含量（以己酸乙酯计），g/L

A_1——未扣除空白试样所测总酯含量（以己酸乙酯计），g/L

A_0——空白试验所测总酯含量（以己酸乙酯计），g/L

2. 试样的酯化力

试样的酯化力按下式计算。

$$X = A \times 50 \times 2$$

式中　X——试样的酯化力（以己酸乙酯计），U

A——馏出液的总酯，g/L

50——取样体积，mL

2——大曲酶活单位折算系数

计算结果保留至整数。

（五）精密度

在重复性条件下，获得的两次独立测定结果的绝对差值不得超过算术平均值的10%。

（六）注意事项

（1）酯化温度与时间对结果影响较大，应严格控制。

（2）酯化液倒入蒸馏瓶时，应避免抛洒，三角瓶应用30%乙醇充分洗涤。

第五章 酿酒工艺

第一节 白酒酿造基本理论

一、原料浸润与蒸煮

（一）原料浸润中的物质变化

在蒸料前对原料进行润水，俗称润料。在这一操作中，淀粉颗粒吸取水分，稍有膨胀，为蒸煮糊化创造条件。但润水的程度即加水比及润料时间的长短，由原料特性、水温、润料方法、蒸料方式及发酵工艺而定。如汾酒虽以水温90℃的高温润料，但因采用清蒸二次清工艺，故润料时间为18～20h；浓香型大曲酒的生产，以酸性的酒醅拌和润料，因淀粉颗粒在酸性条件下较易润水及糊化，又为多次发酵，故润料只需几小时。

（二）原料蒸煮中的物质变化

原料蒸煮的目的主要是使淀粉颗粒进一步吸水、膨胀、破裂、糊化，以利于淀粉酶的作用；同时，在高温下，原辅料也得以灭菌，并排除一些挥发性的不良成分。但实际上，在原料蒸煮中，还会发生其他许多物质变化；对于续糙混蒸而言，酒醅中的成分也会对原料中的成分起作用。因此，原料蒸煮中的物质变化也是很复杂的。

1. 碳水化合物的变化

（1）淀粉的特性及其在蒸煮中的变化　淀粉的特性：含于原料细胞中的淀粉颗粒，受到细胞壁的保护。在原料粉碎时，部分植物细胞已经破裂，但大部分仍需经蒸煮才能破裂。淀粉颗粒实际上是与纤维素、半纤维素、蛋白质、脂肪、无机盐等成分交织在一起的，即使是淀粉颗粒本身，也具有抵抗外力作用的外膜。其化学组成与内层淀粉相同，但因其水分较少而密度较大，故强度也较大。

淀粉颗粒是由许多呈针状的小晶体聚集而成的，用X射线透视，生淀粉分子呈有规则的晶体构造。小晶体由一束淀粉分子链组成，而淀粉分子链之间，则由氢键联结成束。

$$\text{淀粉分子链}\xrightarrow{\text{氢键}}\text{针状晶体}\xrightarrow{\text{凝聚}}\text{淀粉颗粒}$$

在显微镜下观察，淀粉颗粒呈透明状，具有一定的形状和大小。淀粉颗粒大体上可分为圆形、椭圆形和多角形三类。通常含水分高、蛋白质含量低的植物果实，其淀粉颗粒较大，形状也较整齐，多呈圆形或卵形。如白薯淀粉颗粒为圆形，结构较疏松，大小为 15~25μm；玉米淀粉颗粒呈卵形近似球形，也有呈多角形的，结构紧密坚实，其大小为 5~26μm；高粱的淀粉颗粒呈多角形，大小为 6~29μm。据测试，1kg 玉米淀粉约含 1700 亿个淀粉颗粒，而每个颗粒又由很多淀粉分子组成。

淀粉颗粒的大小与其糊化的难易程度有关。通常颗粒较大的薯类淀粉较易糊化；颗粒较小的谷物淀粉较难糊化。

淀粉在蒸煮中的变化：

①物理化学变化：

a. 淀粉的膨胀：淀粉是亲水胶体，遇水时，水分子因渗透压的作用而渗入淀粉颗粒内部，使淀粉颗粒的体积和质量增加，这种现象被称为淀粉的膨胀。

在膨胀过程中，淀粉颗粒犹如一个渗透系统，其中支链淀粉起着半渗透膜的功能。渗透压的大小及淀粉颗粒的膨胀程度，则随水分的增加和温度的升高而增加。在 40℃ 以下，淀粉分子与水发生水化作用，吸收 20%~25% 的水分，1g 干淀粉可放出 104.5J 热量；自 40℃ 起，淀粉颗粒的膨胀速度就明显加快。

b. 淀粉的糊化：当温度达到 70℃ 左右，淀粉颗粒已膨胀到原体积的 50~100 倍时，分子间的联系已被削弱而引起淀粉颗粒之间的解体，形成为均一的黏稠体。这时的温度称之为糊化温度。这种淀粉颗粒无限膨胀的现象，称之为糊化，或称淀粉的 α-化或凝胶化，使淀粉具有黏性及弹性。

经糊化的淀粉颗粒的结构，由原来有规则的结晶层状构造，变为网状的非结晶构造。支链淀粉的大分子组成立体式网状，网眼中是直链淀粉溶液及短小的支链淀粉分子。

据有关学者发现，淀粉的糊化过程与初始的膨胀不同，它是个吸热过程，糊化 1g 淀粉需吸热 6.28kJ。

由于淀粉结构、颗粒大小、疏松程度及水中盐分种类和含量的不同，加之任何一种原料的淀粉颗粒大小都不均一，故不宜采用某一个糊化温度，而应自糊化起始至终了，确定一个糊化温度范围。例如玉米淀粉为 65~75℃，高粱为 68~75℃，大米为 65~73℃。对粉碎原料而言，其糊化温度应比整粒者高些。因粉碎原料中的糖类、含氮物及电解质等成分会降低水对淀粉颗粒的渗透作用，故使膨胀作用变慢。植物组织内部的糖和蛋白质等对淀粉有保护作用，故欲使糊化完全，则需更高的温度。

实际上，原料在常压下蒸煮时，只能使植物组织和淀粉颗粒的外壳破裂。但一大部分细胞仍保持原有状态。而在生产液态发酵法白酒时，当蒸煮醪液吹出锅时，由于压差而致使细胞内的水变为蒸汽才使细胞破裂。这种醪液称为糊化醪或蒸煮醪。

c. 液化：这里的“液化”概念，与由 α-淀粉酶作用于淀粉而使黏度骤然降低的“液化”含义不同。当淀粉糊化后，若品温继续升至 130℃ 左右时，由于支链淀粉已几乎全部溶解，网状结构完全被破坏，故淀粉溶液成为黏度较低的易流动的醪液，这种现象称为液化或溶解。溶解的具体温度因原料而异，例如玉米淀粉为 146~151℃。

淀粉糊化和液化过程中，最明显的物理性状的不同是醪液黏度的变化。但糊化以前的黏度稍变不足为据。即在品温升至 35~45℃ 时，因淀粉受热吸水膨胀而醪液黏度略有下降；继续升温时，黏度缓慢上升；当温度升至 60℃ 以上时，部分淀粉已开始糊化，随着直链淀粉不断地溶解于热水中，致使黏度逐渐增加；待品温升至 100℃ 左右时，支链淀粉已开始溶解于水；温度继续上升至 120℃ 时，淀粉颗粒已几乎全部溶解；温度超过

120℃时，由于淀粉分子间的运动能增高，网状结构间的联系被削弱而破坏，断裂成更小的片段，醪液黏度则迅速下降。

上述的糊化和液化现象，也可以氢键理论予以解释：氢键随温度升高而减少，故升温使淀粉颗粒中淀粉大分子之间的氢键削弱，淀粉颗粒部分解体，形成网状组织，黏度上升，发生糊化现象；温度升至120℃以上时，水分子与淀粉之间的氢键开始被破坏，故醪液黏度下降，发生液化现象。

淀粉在膨胀、糊化、液化后，尚有10%左右的淀粉未能溶解，须在糖化、发酵过程中继续溶解。

d. 熟淀粉的返生：经糊化或液化后的淀粉醪液，绝不同于用酸水解所得的可溶性淀粉溶液。当其冷却至60℃时，会变得很黏稠；温度低于55℃时，则变为胶凝体，不能与糖化剂混合。若再进行长时间的自然缓慢冷却，则会重新形成结晶体。若原料经固态蒸煮后，将其长时间放置、自然冷却而失水，则原来已经被α-化的α-淀粉，又会回到原来的β-淀粉状。

上述两种现象，均称为熟淀粉的“返生”或“老化”或β-化。据试验，糖化酶对熟淀粉及β-化淀粉作用的难易程度，相差约5000倍。

老化现象的原理是淀粉分子间的重新联结，或者说是分子间氢键的重新建立。因此，为了避免老化现象，若为液态蒸煮醪，则应设法尽快冷却至65~60℃，并立即与糖化剂混合后进行糖化；若为固态物料，也应从速冷却，在不使其缓慢冷却且失水的情况下，加曲、加量水入池发酵。如果条件允许，则可将刚蒸好的米饭迅速脱水至白米的含水量，可防止老化。这种干燥后的米饭，称为α-米，即通常所说的方便米饭。在使用时加入适量的水，即可复呈原来的米饭状态。α-米的制作，按脱水方法不同可分为3种：高温通风干燥法；酒精脱水法；限定吸水的高压蒸饭通风干燥法。其中酒精脱水法较易于工业化，该法还能使米饭的粗脂肪及灰分降低。

②生物化学变化：白酒的制曲及制酒原料中，也大多含有淀粉酶系。当原料蒸煮的温度升到50~60℃时，这些酶被活化将淀粉分解为糊精和糖，这种现象称之为“自糖化”。例如甘薯主要含有β-淀粉酶，故在蒸煮的升温过程中会将淀粉变为部分麦芽糖及葡萄糖。整粒原料蒸煮时，因糖化作用而生成的糖量很有限；但使用粉碎原料蒸煮时，能生成较多量的糖，尤其是在缓慢升温的情况下。

以续糙混蒸的方式蒸料时，因酸性条件而使淀粉水解的程度并不明显。

（2）糖的变化　白酒生产中的谷物原料的含糖量最高可达4%左右；在蒸煮时的升温过程中，由于原料本身含有的淀粉酶对淀粉的水解作用，也产生一部分糖。这些糖在蒸煮过程中会发生各种变化，尤其是在高压蒸煮的情况下。

已糖的变化多为有机化学反应：

①部分葡萄糖等醛糖会变成果糖等酮糖。

②葡萄糖和果糖等己糖，在高压蒸煮过程中可脱水生成的5-羟甲基糠醛很不稳定，会进一步分解成2-羰基戊酸及甲酸。

美拉德反应（Maillard reaction）又称羰氨反应。即已糖或戊糖在高温下可与氨基酸等低分子含氮物反应生成氨基糖，或称类黑精、类黑素，这是一种呈棕褐色的无定形物质。它不溶于水或中性溶剂，但能部分地溶于碱液。因其化学组成类似于天然腐殖质，故也被称为人工腐殖质。

	C	H	N	O
氨基糖	58.85%	4.82%	4.35%	31.88%
天然腐殖质	56.10%	4.40%	4.90%	34.60%

氨基糖的生成，不是一个简单的凝聚反应，其反应过程很复杂。己糖经一系列反应生成羟甲基糠醛等中间产物，戊糖则生成糠醛等中间产物。这些中间产物再继续与氨基酸等作用，进行一系列的聚合和缩合反应，最终生成氨基糖：

$$\begin{matrix}己糖\\戊糖\end{matrix}\longrightarrow\begin{matrix}糠醛\\羟甲基糠醛\\其他醛、酮等中间物\end{matrix}\xrightarrow{+RNH_2、聚合、缩合}氨基糖$$

生成氨基糖的速度，因还原糖的种类、浓度及反应的温度、pH 而异。通常五碳糖与氨基的反应速度高于六碳糖。在一定的范围内，若反应温度越高、基质浓度越大，则反应速度越快。据报道，美拉德反应的最适温度为 100~110℃，pH 为 5。但也有学者认为在碱性条件下更有利于类黑精的生成。

若酒醅经水蒸气蒸馏将微量的氨基糖带入酒中，可能会起到恰到好处的呈香呈味作用；但生成氨基糖要消耗可发酵性糖及氨基酸，且氨基糖的存在，对淀粉酶和酵母的活性均有抑制作用。据报道，若发酵醪中的氨基糖含量自 0.25%增至 1%，则淀粉酶的糖化力下降 25.2%。

焦糖的生成：当原料的蒸煮温度接近糖的熔化温度时，糖会失水而成黑色的无定形产物，称为焦糖。糖类中，果糖较易焦化，因其熔化温度为 95~105℃；葡萄糖的熔化温度为 144~146℃。焦糖的生成，不但使糖分损失，且焦糖也影响糖化酶及酵母的活力。蒸煮温度越高、醪的糖度越大，则焦糖生成量越多。焦糖化往往发生于蒸煮锅的死角及锅壁的局部过热处。在生产中，为了降低类黑精及焦糖的生成量，应掌握好原料加水比、蒸煮温度及 pH 等各项蒸煮条件。

（3）纤维素的变化　纤维素是细胞壁的主要成分。蒸煮温度在 160℃以下，pH 为 5.8~6.3 范围内，其化学结构不发生变化，而只是吸水膨胀。

（4）半纤维素的变化　半纤维素的成分大多为聚戊糖及少量多聚己糖。当原料与酸性酒醅混蒸时，在高温条件下，聚戊糖会部分地分解为木糖和阿拉伯糖，并均能继续分解为糠醛。这些产物都不能被酵母所利用。多聚己糖则部分地分解为糊精和葡萄糖。半纤维素也存在于粮谷的细胞壁中，故半纤维素的部分水解，也可使细胞壁部分损伤。

2. 含氮物、脂肪及果胶的变化

（1）含氮物的变化　原料蒸煮时，品温在 140℃以前，因蛋白质发生凝固及部分变性，故可溶性含氮量有所下降；当温度升至 140~158℃时，则可溶性含氮量会增加，因为那时发生了胶溶作用。

整粒原料的常压蒸煮，实际分为两个阶段。前期是蒸汽通过原料层，在颗粒表面结露成凝缩水；后期是凝缩水向米粒内部渗透，主要作用是使淀粉糊化及蛋白质变性。只有在以液态发酵法生产白酒的原料高压蒸煮时，才有可能产生蛋白质的部分胶溶作用。

在高压蒸煮整粒谷物时，有20%~50%的谷蛋白进入溶液；若为粉碎的原料，则比例会更大些。

（2）脂肪的变化 脂肪在原料蒸煮中的变化很小，即使是140~158℃的高温，也不能使甘油酯充分分解。据研究，在液态发酵法的原料高压蒸煮中，也只有5%~10%的脂类物质发生变化。

（3）果胶的变化 果胶由多聚半乳糖醛酸或半乳糖醛酸的甲酯化合物所组成。果胶质是原料细胞壁的组成部分，也是细胞间的填充剂。

果胶质中含有许多甲氧基（R·$COOCH_3$），在蒸煮时果胶质水解，甲氧基会从果胶质中分离出来，生成甲醇和果胶酸，其反应式如下：

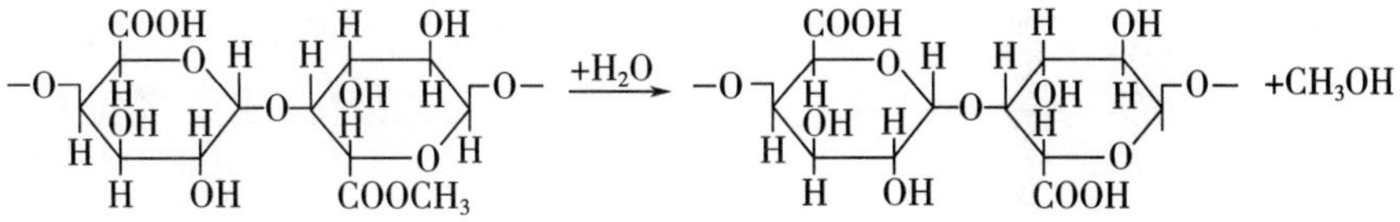

$$\text{果胶质} \xrightarrow{+H_2O} \text{果胶酸} + CH_3OH\ (\text{甲醇})$$

原料中果胶质的含量，因其品种而异。通常薯类中的果胶质含量高于谷物原料。温度越高，时间越长，由果胶质生成甲醇的量越多。

甲醇的沸点为64.7℃，故在将原料进行固态常压清蒸时，可采取从容器顶部放汽的办法排除甲醇。若为液态蒸煮，则甲醇在蒸煮锅内呈气态，集结于锅的上方空间，故在间歇法蒸煮的过程中，应每间隔一定时间从锅顶放一次废汽，使甲醇也随之排走。若为连续法蒸煮，则可将从汽液分离器排出的二次蒸汽经列管式加热器对冷水进行间壁热交换；在最后的后熟锅顶部排出的废汽，也应通过间壁加热法以提高料浆的预热温度。如此，可避免甲醇蒸气直接溶于水或料浆。

3. 其他物质变化

蒸料过程中，还有很多微量成分会分解、生成或挥发。例如由于含磷化合物分解出磷酸，以及水解等作用生成一些有机酸，故使酸度增高。若大米的蒸饭时间较长，则不饱和脂肪酸减少得多，而乙酸异戊酯等酯类成分却增加。据分析，饭香中有114种成分，其中38种是挥发性的。饭香中还检出α-吡咯烷酮。米粒的外层成分对饭香的生成具有重要的作用。

通常使淀粉α-化的最短时间为15min，因此无论是使用蒸桶或蒸饭机蒸饭，自蒸汽接触米粒算起，均需至少蒸20min；但要获得饭香，则需蒸40min以上。

物料在蒸煮过程中的含水量也是增加的。例如饭粒吸水率指自浸渍前的白米至饭粒的总吸水率，通常为35%~40%，比蒸饭前浸过的米多10%。

二、 糖化发酵过程中的物质变化

将淀粉经酶的作用生成糖及其中间产物的过程，称为糖化。在白酒生产中，除了液态发酵法白酒是先糖化、后发酵外，固态或半固态发酵的白酒，均是糖化和发酵同时进行的。糖化过程中的物质变化，以淀粉酶解为主，同是也有其他一系列的生物化学反应。

1. 淀粉糖化过程中的物质变化

（1）淀粉的酶解及其产物　淀粉酶解成糖的总的反应式如下：

$$\underset{\text{淀粉}}{(C_6H_{10}O_5)_n}+\underset{\text{水}}{nH_2O}\xrightarrow{\text{淀粉酶}}\underset{\text{葡萄糖}}{nC_6H_{12}O_6}$$

由上式中各成分的相对分子质量不难算出，在理论上 100kg 淀粉可生成 111.12kg 葡萄糖。

淀粉酶包括 α-淀粉酶、糖化酶、异淀粉酶、β-淀粉酶、麦芽糖酶、转移葡萄糖苷酶等多种酶。这些酶都同时在起作用，故产物除可发酵性糖以外，还有糊精及低聚糖等成分。其中转移葡萄糖苷酶还能将麦芽糖等低聚糖变为 α-1，6 键、α-1，2 键及 α-1，3 键结合的低聚糖，它们不能被糖化酶分解，是非发酵性糖类；转移葡萄糖苷酶还能将葡萄糖与酒精结合，生成醚——乙基葡萄糖苷。

另外，酸性蛋白酶与 α-淀粉酶等协同作用，进行淀粉的糖化，这说明淀粉酶的作用也不是孤立进行的。

（2）淀粉及其酶解产物的分子组成及其特性

淀粉的结构及其特性：淀粉的分子式为（$C_6H_{10}O_5$）$_n$，是由许多葡萄糖苷（1 个葡萄糖分子脱去 1 分子水）为基本单位连接起来的。淀粉可分为直链淀粉和支链淀粉两大类。凡是糯性的高粱、大米、玉米等的淀粉，几乎全是支链淀粉；而呈粳性的粮谷中，大约有 80%是支链淀粉，20%左右是直链淀粉。

①直链淀粉：由大量葡萄糖分子以 α-1，4 键脱水缩合，组成不分支的链状结构。其相对分子质量为几万至几十万；易溶于水，溶液黏度不大，容易老化，酶解较完全。

②支链淀粉：呈分支的链状结构，且在分支点的 2 个葡萄糖残基以 α-1，6 键结合，每隔 8~9 个葡萄糖苷单位即有 1 个分支。其相对分子质量为几十万至几百万；热水中难溶解，溶液黏度较高，不容易老化，糖化速度较慢。

淀粉酶解产物的特性：糖化作用一开始，就生成中间产物及最终产物，但以中间产物为主。随着糖化作用的不断进行，碳水化合物的平均相对分子质量、物料黏度及比旋光度等会逐渐降低；但还原性逐渐增强，对碘的呈色反应渐趋消失。通常，可溶性淀粉遇碘呈蓝色→蓝紫色→樱桃红色；淀粉糊精及赤色糊精遇碘也呈樱桃红色；变为无色糊精后的产物，遇碘时不再变色，即为呈黄色的碘液色泽。淀粉糖化产物的若干特性，如表 5-1所示。实际上，除液态发酵法白酒外，醅和醪中始终含有较多的淀粉。淀粉浓度的下降速度和幅度受曲的质量、发酵温度和升酸状况等因素的制约。若酒醅的糖化力高且持久、酵母发酵力强且有后劲，则酒醅升温及生酸速度较稳，淀粉浓度下降快，出酒率也高。通常在发酵的前期和中期，淀粉浓度下降较快；发酵后期，由于酒精含量及酸度较高、淀粉酶和酵母活力减弱，故淀粉浓度变化不大。在扔糟中，仍含有相当浓度的残余淀粉。淀粉糊精可沉淀于 40%的酒精中，赤色糊精可用 65%的酒精沉淀，无色糊精和寡糖则需 96%的酒精才能沉淀。

表 5-1　　淀粉酶解产物的若干特性

名称	相对分子质量	聚合度	比旋光度$[\alpha]_D^{20}$	还原糖含量/%
可溶性淀粉	208000	1300	199.7	0.073
淀粉糊精	10000	61	196	0.5
赤色糊精	6000	38	194	2.6
无色糊精	3200	20	192	5.0
四糖	661	4	168	25
三糖	504	3	164	33
双糖（麦芽糖）	342	2	136	60
葡萄糖	180	1	52.5	100

淀粉酶解产物：

①糊精：糊精是介于淀粉和低聚糖之间的酶解产物，无一定的分子式，呈白色或黄色无定形，能溶于水成胶状溶液，不溶于乙醚。淀粉酶解时，能产生如上所述的不同糊精，通常遇碘呈红棕色（或称樱桃红色），生成的无色糊精遇碘后不变色。

通常认为，糊精的分子组成是 10~20 个以上的葡萄糖残基单位；按其相对分子质量的大小，又有俗称为大糊精和小糊精之分，凡具有分支结构的小糊精，又称为 α-界限糊精或 β-界限糊精。

②低聚糖：人们对低聚糖定义说法不一。有说其分子组成为 2~6 个葡萄糖苷单位的，或说 2~10 个、2~20 个葡萄糖苷单位的；也有人认为它是二、三、四糖的总称；还有称其为寡糖的。但一般认为的寡糖是非发酵性的三糖或四糖。在转移糖苷酶的作用下，使 1 个葡萄糖苷结合到麦芽糖分子上形成 1，6 键结合，成为具有 3 个葡萄糖苷单位的糖，称之为潘糖。因其是我国学者潘尚贞在 1951 年首次发现的，故名。但该糖不能与异麦芽糖混为一谈，因后者是具有 α-1，6-糖苷键结合的二糖，它也是淀粉的酶解产物。低聚糖以二糖和三糖为主。

凡是直链淀粉酶解至分子组成少于 6 个葡萄糖苷单位的低聚糖，都不与碘液起呈色反应。因每 6 个葡萄糖残基的链形成一圈螺旋，可以束缚 1 个碘分子。

③二糖：又称双糖，是相对分子质量最小的低聚糖，由 2 分子单糖结合成。重要的二糖有蔗糖、麦芽糖和乳糖。1 分子麦芽糖经麦芽糖酶水解时，生成 2 分子葡萄糖；1 分子蔗糖经蔗糖酶水解时，生成 1 分子葡萄糖、1 分子果糖；1 分子乳糖经乳糖酶作用，生成 1 分子葡萄糖及 1 分子半乳糖。麦芽糖的甜度为蔗糖的 40%；乳糖的甜度为蔗糖的 70%。

④单糖：是不能再继续被淀粉酶类水解的最简单的糖类。它是多羟基醇的醛或酮的衍生物，如葡萄糖、果糖等。单糖按其所含碳原子的数目又可分为丙糖、丁糖、戊糖和己糖。每种单糖都有醛糖和酮糖。葡萄糖，也称右旋糖，是最为常见的六碳醛糖。其甜度为蔗糖的 70%，相对密度为 1.544（25℃），熔点 146℃（分解），溶于水，微溶于乙醇，不溶于乙醚及芳香烃，具有还原性和右旋光性。在淀粉分子中，葡萄糖单位呈 α-构型存在；酶解时，生成的葡萄糖为 β-构型，但在水溶液中，可向 α-构型转变，最后两种异构体达到动态平衡。果糖也称左旋糖，是一种六碳酮糖，是普通糖类中最甜的糖。其

甜度高于蔗糖，水溶解度较高，熔点为103～105℃，能溶于乙醇和乙醚，具有左旋光性。葡萄糖经异构酶的作用，可变为果糖。通常，单糖及双糖能被一般酵母所利用，是最为基本的可发酵性糖类。

白酒醅中还原糖的变化，微妙地反映了糖化与发酵速度的平衡程度。通常在发酵前期，尤其是开头几天，由于发酵菌数量有限，而糖化作用迅速，故还原糖含量很快增长至最高值；随着发酵时间的延续，因酵母等微生物数量已相对稳定，发酵力增强，故还原糖含量急剧下降；到发酵后期时，还原糖含量基本不变。发酵期间还原糖含量的变化，主要受曲的质量及酒醅酸度的制约。发酵后期醅中残糖的含量多少，表明发酵的程度和酒醅的质量，不同大曲酒醅的残糖也有差异。例如，清蒸清糁的大糁酒醅的淀粉浓度很高，发酵后酒醅中的残糖为0.8%左右；混蒸续糁发酵后的酒醅残糖可低至0.2%～0.5%。

2. 蛋白质、脂肪、果胶、单宁等成分的酶解

（1）蛋白质的酶解　蛋白质在蛋白酶类的作用下，水解为脲、胨、多肽及氨基酸等中、低分子含氮物，为酵母菌等及时地提供了营养。

（2）脂肪的酶解　脂肪由脂肪酶水解为甘油和脂肪酸。一部分甘油是微生物的营养源；脂肪酸的一部分受曲霉及细菌的 β-氧化作用，除去2个碳原子而生成各种低级脂肪酸。

（3）果胶的酶解　果胶在果胶酶的作用下，水解成果胶酸和甲醇。

（4）单宁的酶解　单宁在单宁酶的作用下生成丁香酸。

（5）有机磷酸化合物的酶解　在磷酸酯酶的作用下，磷酸自有机磷酸化合物中释放出来，为酵母等微生物的生长和发酵提供了磷源。

（6）纤维素、半纤维素的酶解　部分纤维素、半纤维素在纤维素酶及半纤维素酶的催化下，水解为少量葡萄糖、纤维二糖及木糖等糖类。

（7）木质素的酶解　木质素在白酒原料中也存在，它是一种含苯丙烷、邻甲氧基苯酚等以不规则方式结合的高分子芳香族化合物。在木质素酶的作用下，可生成酚类化合物，如香草醛、香草酸、阿魏酸及4-乙基阿魏酸等。若粮糟在加曲后、入窖之前采用堆积升温的方法，则可增加阿魏酸等成分的生成量。

此外，在糖化过程中，氧化还原酶等酶类也在起作用，加之发酵过程也在同时进行，故物质变化是错综复杂的，很难说得非常清楚。

三、 白酒发酵类型

酒类通常的发酵类型有常压或带压、间歇或半连续及连续、敞口或半密闭及密闭发酵之分。但从原料及发酵进程中的生物化学变化来分，则有单式及复式发酵两大类，复式发酵又有单行及并行之分。白酒发酵包括了上述所有的发酵类型，故其复杂性是其他任何酒类所无可比拟的。

1. 单式发酵

单式发酵是指使用糖质原料，无需糖化过程的一类发酵。例如以各种果类及制糖副产物等为原料制取烧酒等。

2. 复式发酵

复式发酵是指使用含淀粉的原料（淀粉质原料），需经淀粉酶进行糖化的一类发酵。

（1）单行复式发酵　指淀粉质原料经蒸煮后，先由曲类等糖化剂将淀粉糖化为可发酵性糖，再添加发酵剂进行发酵的一类发酵。例如以高粱、玉米、薯类等为原料，采用液态发酵法生产白酒，即属于这种发酵类型。

（2）并行复式发酵　指使用淀粉质原料，糖化和发酵同时进行的一类发酵。例如大曲及麸曲固态发酵法制白酒，以及小曲酒的生产，均属这种发酵类型。在小曲白酒生产中，如三花酒的发酵前期，物料呈固态，以糖化作用为主，故人们习惯上称其为先糖化，然后再加水继续进行糖化发酵。但实际上由于小曲本身既是糖化剂，又是发酵剂，且物料呈固态状的发酵前期的温度等条件，也适于发酵菌的发酵，故总的说来，其整个发酵过程仍应称为并行复式发酵，因为它与上述的液态发酵法制白酒的单行复式发酵有实质性的区别。

四、发酵过程阶段的划分

浓香型大曲酒生产从酿酒原料淀粉等物质到乙醇等成分的生成，均是在多种微生物的共同参与、作用下，经过极其复杂的糖化、发酵过程而完成的。依据淀粉成糖，糖成酒的基本原理，以及固态法酿造特点可把整个糖化发酵过程划分为三个阶段。

（1）主发酵期　当摊晾下曲的糟醅进入窖池密封后，直到乙醇生成的过程，这一阶段为主发酵期。它包括糖化与酒精发酵两个过程。

密封的窖池，尽管隔绝了空气，但霉菌可利用糟醅颗粒间形成的缝隙所蕴藏的稀薄空气进行有氧呼吸，而淀粉酶将可溶性淀粉转化生成葡萄糖。这一阶段是糖化阶段。而在有氧的条件下，大量的酵母菌进行菌体繁殖，当霉菌等把窖内氧气消耗完了以后，整个窖池呈无氧状态，此时酵母菌进行酒精发酵。酵母菌分泌出的酒化酶对糖进行酒精发酵。

固态法白酒生产，糖化、发酵不是截然分开的，而是边糖化边发酵。因此，边糖化，边发酵是主发酵期的基本特征。

在封窖后的几天内，由于好气性微生物的有氧呼吸，产生大量的二氧化碳，同时糟醅逐渐升温，温度应缓慢上升，当窖内氧气完全耗尽时，窖内糟醅在无氧条件下进行酒精发酵，窖内温度逐渐升至最高，而且能稳定一段时间后，再开始缓慢下降。

（2）生酸期　在这阶段内，窖内糟醅经过复杂的生物化学等变化，除酒精、糖的大量生成外，还会产生大量的有机酸。主要是乙酸和乳酸，也有己酸、丁酸等其他有机酸。

在窖内除了霉菌、酵母菌外，还有细菌，细菌代谢活动是窖内酸类物质生成主要途径，由乙酸菌作用将葡萄糖生成乙酸，也可以由酵母酒精发酵支路生成乙酸。乳酸菌可将葡萄糖发酵生成乳酸。糖源是窖内生酸的主要基质。酒精经乙酸菌氧化也能生成乙酸。糟醅在发酵过程中，酸的种类与酸的生成途径也是较多的。

总之，固态法白酒生产属开放式，在生产中自然接种大量的微生物，它们在糖化发酵过程中自然会生成大量的酸类物质。酸类物质在白酒中既是呈香呈味物质，又是酯类物质生成的前体物质，即“无酸不成酯”，一定含量的酸类物质是体现酒质优劣的标志。

（3）产香味期　经过 20 多天，酒精发酵基本完成，同时产生有机酸，酸含量随着发酵时间的延长而增加。从这一时间算起直到开窖止，这一段时间内是发酵过程中的产酯期，也是香味物质逐渐生成的时期。

糟醅中所含的香味成分是极多的，浓香型大曲酒的呈香呈味物主要是酯类物质，酯类物质生成的多少，对产品质量有极大影响。酸、醇作用生成酯，速度是非常缓慢的。在酯化期，都要消耗大量的醇和酸。

在酯化期除了大量生成己酸乙酯、乙酸乙酯、乳酸乙酯、丁酸乙酯等酯类外，同时伴随生成另一些香味物质，但酯的生成是其主要特征。

浓香型白酒具有窖香浓郁、饮后尤香、清洌甘爽、回味悠长的独特风格，这些特点都与浓香型白酒中具有众多的香味成分和特定的比例是分不开的。据目前的分析所知，香味成分达1000多种，但含量都很微少，只占酒的1%～2%。在酿酒中，这些香味成分除原料直接带来外，其大部分是伴随着酒精发酵的同时，在众多的微生物的协同作用下，经复杂转化的结果，如窖泥、曲药、母糟的微生物在窖内经复杂的生物转化，才得到了浓香型白酒中的有机酸、酯、醇、醛、酮、芳香族化合物，以及少量的含氮化合物、含硫化合物等。

五、 酒精发酵机理

淀粉糊化后，再经糖化生成葡萄糖，葡萄糖经发酵作用生成酒精。这一系列的生化反应中，糖变为酒的反应，主要是靠酵母菌细胞中的酒化酶系的作用。酒精发酵属厌氧发酵，要求发酵在密闭条件下进行。如果有空气存在，酵母菌就不能完全进行酒精发酵，而部分进行呼吸作用，使酒精产量减少。这就是窖池要密封的原因。

在酒精发酵过程中，主要经过下述4个阶段、12步反应。其中由葡萄糖生成丙酮酸的反应被称为EMP途径。由葡萄糖发酵生成酒精的总反应式为：

$$C_6H_{12}O_6 + 2ADP + 2H_3PO_4 \longrightarrow 2CH_3CH_2OH + 2CO_2 + 2ATP$$

（1）第一阶段　葡萄糖磷酸化，生成活泼的1，6-二磷酸果糖。这个阶段主要是磷酸化及异构化，是糖的活化过程。

（2）第二阶段　1，6-二磷酸果糖分裂为2分子磷酸丙糖。

（3）第三阶段　3-磷酸甘油醛经氧化（脱氢），并磷酸化，生成1，3-二磷酸甘油酸，然后将高能磷酸键转移给ADP，以产生ATP。再经磷酸基变位和分子内重排，又给出一个高能磷酸键，而后变成丙酮酸。

（4）第四个阶段　酵母菌在无氧条件下，将丙酮酸继续降解，生成酒精。上述反应可归纳为如图5-1所示。

发酵理论的研究，过去只是着重在“液态发酵”的研究。浓香型白酒酿造，是典型的“固态发酵”。固态发酵理论研究者不多，专著或论文也少。

人们都知道纯粮固态发酵才能生产出真正的好酒，但由于固态发酵是双边开放式发酵，自然接种，菌种复杂多变，发酵过程存在很多无法定量控制的因素，所以，关于固态发酵的科学理论研究也相对薄弱，人们沿袭着古老的传统确实能做出好酒来，但却没有充分证明这酒之所以好的现代科学体系。

酿酒大师李家民在白酒行业工作三十余年，基于酿酒领域的经验总结出关于固态发酵的五法则三层次，简称“五三理论”*：

---

* 引自李家民，《固态发酵》，四川大学出版社，2017.

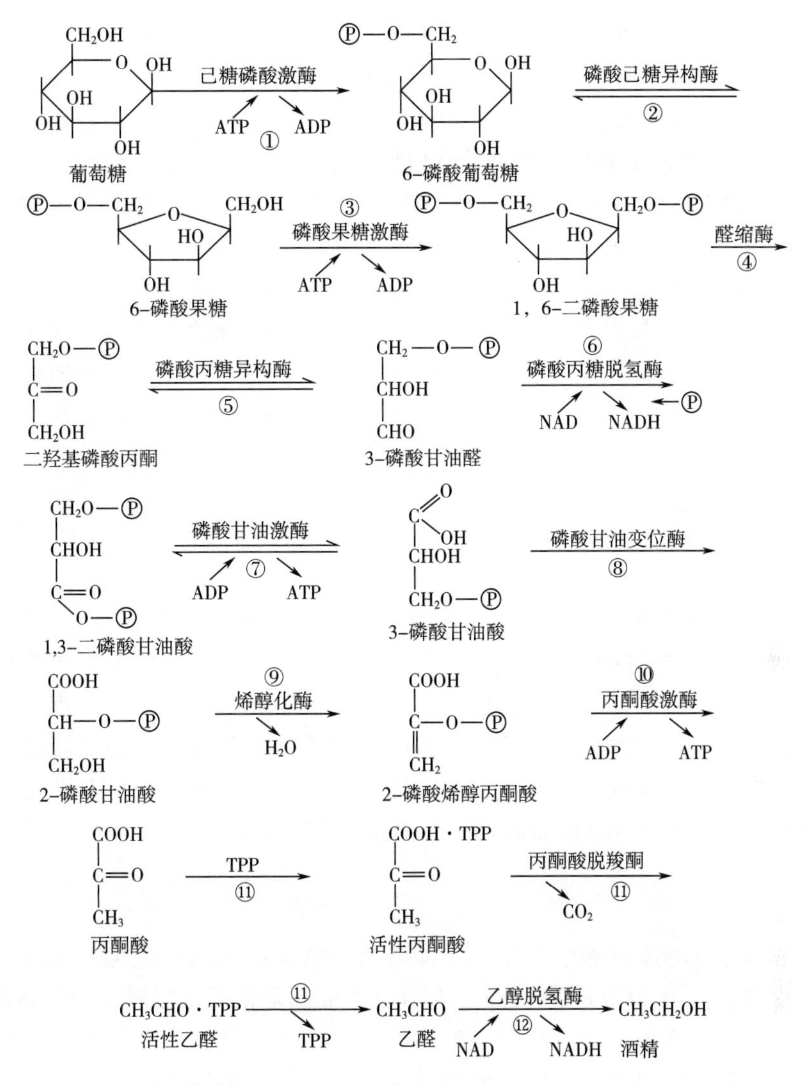

图 5-1　酒精发酵生化反应

P—磷酸　ATP—三磷酸腺苷　ADP—二磷酸腺苷　NAD—辅酶Ⅰ　TPP—焦磷酸硫胺素

（1）各类微生物在发酵过程中，经历从菌种到种群再到群落的生态演替过程。

（2）微生物所处环境中的物系-菌系-酶系相互作用影响或相互关联，处于不断变化的动态平衡中。

（3）固态发酵中固-液-气三相协同作用，三相的比例及转化程度直接影响到发酵质量。

（4）自然封闭状态下，整个微生物体系要经历从好氧→微氧→厌氧的代谢环境。

（5）体系温度变化表现为前缓-中挺-后缓落的共同特征。

这“五三理论”只能从固态发酵实践经验中总结出来，液态发酵产生不了这样的理论，这是因为液态发酵方式主要是单一纯菌种发酵，发酵环境为封闭可控的环境，这种工艺中不存在复杂的菌种—菌群—群落演替过程；液态发酵的主体基质是液体，即使发酵液中存在少量的固形物，但对发酵的质量的影响可以忽略不计，不用考虑固—液—气三种相态的协同作用与发酵质量的关系。而固态发酵本身是开放的，是多菌种微生物同时作用的体系，发酵过程中固、液、气三相同时存在（固态发酵也是存在游离水的，含水量通常控制在18%~80%，大多数含水量在60%左右，典型的液态发酵液的含水量在95%以上），就必须考虑多菌种，菌种发育成菌群落，以及固、液、气三种相态这类复杂性的问题。多菌种微生物的实验室在生产现场，而不在所谓的单菌种实验室，只有丰富的现场经验，才能提供建立“五三理论”的知识基础。同时，“五三理论”也是持续不断的理论思考的结果，要是没有扎实的基础功底、自觉的现代科学哲学意识，也不能将千百年来无数酿酒工匠在实践中都熟知的经验升华为具有现代科学意识的理论体系。“五三理论”只能说是中国白酒发酵理论研究的开始，白酒中众多风味物质在固态发酵环境和状态下如何生成？尚未见报道。固态发酵理论的研究还需有志者深入研究，任重而道远。

六、白酒蒸馏技术

蒸馏是利用组分挥发性的不同，以分离液态混合物的单元操作。把液态混合物或固态发酵酒醅加热使液体沸腾，在生成的蒸汽中比原来混合物中含有较多的易挥发组分，在剩余混合物中含有较多的难挥发组分，因而可使原来混合物的组分得到部分或完全分离。生成的蒸汽经冷凝而成液体。蒸馏方法较多，主要有简单蒸馏和精馏等。在白酒生产中，将乙醇和其伴生的香味成分从固态发酵酒醅或液态发酵醪中分离浓缩，得到白酒所需要的含众多微量香味成分及酒精的单元操作称为蒸馏，它属于简单蒸馏。白酒蒸馏方法分固态发酵法、液态发酵法及固液结合串香蒸馏法多种。

（一）甑桶蒸馏的作用、原理和特点

在传统的固态发酵法白酒生产中，发酵成熟的酒醅采用甑桶蒸馏而得白酒。甑桶是一个上口直径约2m、底口直径为1.8m、高0.8~1m的圆锥形蒸馏器，用多孔箅子相隔下部加热器，上部活动盖和冷却器相接。甑桶是一种不同于世界上其他蒸馏器的独特蒸馏设备，是根据固态发酵酒醅这一特性而设计发明的。自白酒问世以来，千百年来一直沿用了甑桶这一蒸馏设备。

1. 甑桶蒸馏的基本原理

在白酒的成熟酒醅中，其各种香味组分可分为醇水互溶、醇溶水不（难）溶和醇不溶而水溶三类物质，前两类不同的香味组分在蒸馏过程中表现一定的规律，后者则多数残留于酒醅中。

（1）醇水互溶的物质　这类物质基本上符合拉乌尔定律，与拉乌尔定律的计算产生正或负偏差，并可通过计算得知相应的挥发度和相对挥发度。这些组分在低酒精浓度的酒精-水混合液中蒸馏时，各组分在气相中浓度的大小，主要受分子吸引力大小的影响。倾向于醇溶性的物质，根据氢键作用的原理，除甲醇和有机酸外，多数低碳链的高级醇（丙醇、异丙醇）、乙醛和其他醛等，在甑桶蒸馏时各馏分的变化规律为酒头>酒身>酒尾。而倾向于水溶的乳酸等有机酸、高级脂肪酸，由于其酸根与水中氢键具有十分紧密的缔合力，难于挥发，因此，在甑桶蒸馏时，各馏分的变化规律为酒尾>酒身>酒头。

（2）醇溶水不（难）溶物质　这类香味物质如酯类、高级醇类等倾向于醇溶性的物质，按照恒沸精馏的原理（特殊蒸馏），低酒精浓度时的乙醇，也可视为恒沸精馏中的“第三组分”。所谓“第三组分”是指混合液中加入某种组分后，该组分能与被分离的组分形成恒沸物，不过在甑桶蒸馏时这一“第三组分”不是人为加入的，而是恒沸混合液中固有的。作为第三组分的乙醇，使被分离的组分沸点降低和蒸汽压升高，对这些组分的蒸馏，除一般蒸馏原理外，可认为是恒沸蒸馏（或特殊蒸馏）。如高级醇（异戊醇等）、乙酸乙酯、己酸乙酯、丁酸乙酯、亚油酸乙酯、油酸乙酯等，这些馏分的变化规律为酒头>酒身>酒尾。而其中例外的是乳酸乙酯，从实测可知，它更集中于酒精含量为50%vol以下的尾酒中。

（3）醇不溶而水溶的物质　这类物质如各种矿物质元素及其盐类，在水中呈阴阳离子状态，多数醇难溶而倾向于水溶。它们的蒸馏既不符合理想溶液的蒸馏，也不符合恒沸蒸馏的原理。而根据氢键作用的原理，这类香味组分在低酒精浓度下蒸馏，低浓度酒精的影响又可忽略不计，则这些高沸点的、难挥发的、水不溶的（包括水溶性的乳酸等有机酸）物质的蒸馏与混合液和自身的沸点均无关。例如乳酸的沸点为122℃（1.867kPa），其他许多高级脂肪酸等的沸点也都在100℃以上，由于多组分的混合，使沸点降低，因此，可以在100℃以下进行水蒸气蒸馏。加之，甑桶蒸馏设备的特点，由于导气管、冷却器和甑盖空间在冷却过程中产生一定的相对压力降，从而产生一定的抽吸作用，产生了“水蒸气拖带”或“雾沫夹带”，特别在大汽追尾时，其部分组分被蒸入酒中。因此，多数有机酸和糠醛等高沸点物质，在甑桶蒸馏时，各组分的变化规律为酒尾>酒身>酒头。而水蒸气蒸馏的原理，除适合于醇不溶而水溶的矿物质盐类外，尚适合于醇水互溶的有机酸和高级脂肪酸等。

（4）高级醇和甲醇的特殊规律　从上述蒸馏原理和规律可知，甲醇与高级醇均属醇水互溶的物质，其中甲醇可以任何比例与乙醇和水互溶，而高级醇可与乙醇互溶，在水中则溶解度较小。当有少量的高级醇存在时，可以认为是醇水互溶；当大量高级醇存在时，也可认为是水不溶。设：异戊醇-乙醇-水为一个三元混合液，异戊醇和乙醇都含有—OH，都存在氢键作用力，由于白酒蒸馏是在低酒精浓度下的多组分蒸馏，混合液中的水含量在90%以上，水分子中有较强的氢键作用力，同时对乙醇和异戊醇都产生较强的氢键吸引力，但异戊醇的相对分子质量比乙醇大，妨碍了水与异戊醇氢键作用的缔合强度，而乙醇相对分子质量小，水分子和乙醇分子的缔合强度比异戊醇大，因此异戊醇比乙醇容易挥发。相反，在酒精含量很高时，或没有水存在时，乙醇与异戊醇的挥发性质又取决于它们的相对分子质量大小，即乙醇比异戊醇容易挥发，而后者的情况在白酒蒸馏时不可能出现。各种高级醇的含量在甑桶蒸馏时的变化规律为酒头>酒身>酒尾。又设：甲醇-乙醇-水为一个二元混合液，同理，白酒蒸馏是低酒精浓度的蒸馏，混合液中有大量的水存在时，甲醇的相对分子质量小于乙醇，甲醇与水的氢键作用力大于乙醇，因此，在甑桶蒸馏时，甲醇比乙醇难以挥发。所以，甲醇的沸点虽低，但它们的挥发度始终小于10，在实际测定中，甲醇在各馏分中的变化为酒尾>酒身>酒头。

综上所述，白酒在甑桶中蒸馏应为特殊的蒸馏方式，其蒸馏原理除包括一般的蒸馏原理外，尚有恒沸蒸馏和水蒸气蒸馏的原理。有关白酒甑桶蒸馏的原理，尚有不同看法，有待于今后探索。

2. 甑桶蒸馏的特点

甑桶为圆台形（或称花盆状）桶身，下部为甑箅，被蒸馏的物料为固态发酵的酒醅，其蒸馏方式属于简单的间歇蒸馏。但蒸馏原理极为复杂，不同于一般的酒精蒸馏。其蒸馏特点可概括如下：

（1）蒸馏界面大，没有稳定的回流比。如果说甑桶是一个填料塔，酒醅则是其中的填料层，作为填料层的酒醅，自身含有水分，酒精及其他多种微量组分的混合液，呈疏散细小颗粒状。因此，这种填料层又不同于一般的填料层，甑桶也不是一般的填料塔。如果将甑桶作为填料塔来看，那么这种填料塔没有连续进料和出料的装置，也没有专门的回流装置，所以甑桶是一个特殊的填料塔，醅料既是填料，也是被蒸馏的物料，醅料层有较大的蒸馏界面，能减少混合液汽化后的蒸馏阻力，使之容易汽化。由于醅料层自身的阻力和通过底锅蒸汽的加热，使醅料层进行冷热交换，而产生的混合液汽化、冷凝和回流的过程，称为传热和传质。在醅料层汽化的冷凝液，受到底锅蒸汽的连续加热，进行反复的部分汽化、冷凝和回流。由于蒸馏过程中的各种变化因素极为复杂，并随时发生变化，因此，甑桶蒸馏没有稳定的回流比。

（2）传热速度快，传质效率高，达到多组分浓缩和分离的目的。一般液态法蒸馏是以水或其他液态物料组成多组分的混合液进行蒸馏，而甑桶蒸馏的醅料层是以固态颗粒吸附混合液的方式进行蒸馏。酒精蒸馏时，为提高液体的蒸馏分离和提纯效率，采用多层塔板，将每层塔板的混合液反复汽化、冷凝和回流，其蒸馏特点为单组分的分离和提纯，又称精馏。甑桶蒸馏以固态酒醅为蒸馏对象，每个细小的物料颗粒相当于无数个细小塔板，这些含有混合液的细小颗粒，受到来自底锅蒸汽的加热，由于蒸馏界面大，而被迅速加热和微小汽化，汽化后的酒气通过醅料层的微小空隙，加之毛细管作用，使上层较冷的醅料颗粒，又迅速加热并部分汽化、冷凝和回流，被冷凝的回流液，刚好回流至邻近下层的醅料中。但这个回流液又很快地被不断上升的水蒸气或酒气部分加热、汽化、冷凝、回流，如此反复不断，加之上升水蒸气的夹带作用，使下层醅料可挥发的组分逐层变稀，上层醅料可挥发的组分逐层增浓。而这种可挥发性组分增浓的特点和目的均不同于塔板精馏，塔板精馏的可挥发性组分增浓的目的，在于将不同塔板中可分离的不同组分，进行分离和提纯，以达到单组分分离和浓缩的目的。甑桶蒸馏是由醅料层组成的"颗粒塔板"，为"颗粒蒸馏"或"微孔蒸馏"，通过汽带作用和毛细管上升，使被蒸馏的物料中可挥发性的组分尽可能被蒸馏出来，在醅料层中可挥发性组分的增浓，使混合液中多种可挥发性组分同时得到浓缩和分离，而不需要某种单组分的分离和提纯。因此，甑桶蒸馏具有传热快、传质效率高、多组分的分离和浓缩效果好的特点，但比塔板单组分分离提纯的效果差。所以，甑桶蒸馏不同于精馏，白酒中的微量组分的量比关系也较复杂。

（3）进料和蒸馏操作同步，酒精和香味成分提取同步。甑桶蒸馏为间歇蒸馏，无连续进料和出料装置，进料和蒸馏操作同步进行，提取酒精和多种微量香味成分也同步进行。蒸酒前，先在甑箅上撒少许稻壳，随后逐层撒入酒醅，底层的醅料经上升蒸汽的传热和传质，待醅料将要开始汽化时（即探汽上甑），再铺撒一层新的醅料，上层新的醅料又经下层醅料汽化后的酒气冷热交换，待刚要进行部分汽化、冷凝时，又被新的醅料层覆盖，如此反复操作直至满甑为止。从整个装甑操作来看，甑桶蒸馏的特点为装甑操作和冷热交换同步，汽化和冷凝、回流同步，即边进料、边冷热交换，边汽化、边冷凝回流，直至满甑。满甑后的蒸馏操作，除装甑操作已完成外，其余的传热和传质过程均为同步进行，与酒精蒸馏的区别，在于没有专门的冷热交换塔板和回流装置。

（4）蒸馏时醅料层的酒精浓度和各种微量组分的组成比例多变。酒精蒸馏时，各塔板的酒精浓度相对稳定，因此杂质分离较好。但在甑桶蒸馏时，不同醅料层的酒精浓度和微量组分的组成比例是随时变化的。从蒸馏原理可知，设底醅层所吸附的混合液中酒精浓度为10%，该酒精浓度下的酒精挥发系数为5.1，则酒精在醅料中一次汽化时，酒精的蒸汽浓度为51%，如此逐层汽化，下层醅料的酒精浓度则由高至低，而上层醅料的酒精浓度则由低到高。设面层醅料经冷热交换，至开始汽化时，被醅料冷凝所吸附的混合液酒精浓度为60%，在该酒精浓度下混合液中酒精的挥发系数为1.3，则一次汽化后酒气中的酒精浓度为78%，恰好与酒头馏分的酒精浓度较接近。根据以上两个计算举例可知，甑桶内醅料层的酒精浓度变化规律为，底层醅料酒浓度由高至低，面层醅料的酒精浓度由低到高，中层醅料层的酒精浓度变化较为复杂，大体上经过低、高、低的变化过程。在整个蒸馏过程，各层醅料的酒精浓度自下而上地增浓，但随着蒸馏过程的继续，各层醅料的酒精浓度又总呈由高至低的变化趋势，直至醅料中的残余酒精不能用常法蒸出为止。由于各层醅料酒精浓度的增浓或减少，在不同酒精浓度下的混合液，与之相混合的其他微量组分的挥发系数和精馏系数也在随时发生相应的变化。例如，当面层醅料的酒精浓度为60%时，乙酸乙酯的精馏系数为3.3，如果面层醅料混合液的酒精浓度降至10%，则乙酸乙酯的精馏系数为5.67。同理，在蒸馏过程中，其他香味物质和杂质的挥发系数和精馏系数，也会因混合液中酒精浓度的变化而随时发生相应的变化。因此，在甑桶蒸馏时，不同蒸馏时间所取的馏分，其酒精含量和微量香味成分的量比关系都有较大的变化。

（5）存在甑盖（云盘）与甑桶空间的相对压力降和水蒸气拖带蒸馏。从上述白酒蒸馏的基本原理可知，白酒醅料的混合液中的香味物质，包括醇水互溶、醇溶水不溶、醇不溶水溶三类物质，这些物质的蒸馏原理各有差别。根据不同组分的特性，其蒸馏原理包括接近理想溶液的蒸馏、恒沸蒸馏和水蒸气蒸馏等蒸馏方式，其中许多高沸点的组分，如高级脂肪酸等，在酒精蒸馏时绝大部分从塔釜排出，而在白酒蒸馏时常可依赖水蒸气蒸馏的雾沫夹带而被蒸出。由于甑桶排出的酒气，经导汽管（过汽筒）和冷却器冷却后产生相应的压力降，这种压力降又导致甑面和甑盖空间的相对压力降，形成了抽吸作用，加之酒醅的蒸馏界面大，恒沸蒸馏时少量的乙醇可作为“第三组分”，降低混合液的恒沸点和提高了蒸汽压，从而增强了水蒸气蒸馏的雾沫夹带作用，使一些难挥发的组分被蒸馏到白酒中，这是酒精蒸馏方式不可能办到的。

由于目前对甑桶蒸馏的原理研究还很不够，因此对甑桶蒸馏的原理和特点，很难作出较为理想的和完整的说明，许多问题至今还只知其然，而不知其所以然，尚待今后进一步探讨。

3. 甑桶的设计依据

根据甑桶蒸馏的原理和特点可知，蒸酒过程中，酒、汽进行激烈的热交换，所以接触面积是衡量甑桶蒸馏效果的重要参数，这就是说要提高它的比表面积，这样酒气才能均匀上升。

据生产实践，认为花盆状甑桶较好。这种甑上口直径比下口直径大 15%~20%，同时，为了提高蒸馏效率，将直接蒸汽变为二次间接蒸汽，即将甑底蒸汽盘管（花管）下放到底锅水液面以下，从而可提高蒸馏效率 1%以上。这种甑，若上甑技术较好，蒸馏效率可达 95%，最低也可达 80%以上。而且甑内蒸汽浓集较好，初馏分酒精含量在 80%左右。但这种甑四周蒸汽沿边现象较为严重，特别是遇到冷材料、湿度大、稻壳又细的时候，钻边更为严重。这样，四周必须多装酒醅，而且要压紧，而中心则装松些、少些，一般装成平甑或凹心甑，往往造成酒气上升不匀，酒梢不利索，影响最终蒸馏效果。

为了克服上述甑桶的缺点，有人根据实际情况，设计出一种新型甑桶，其出发点有三：①吸取上述甑桶的优点，增大酒气容积系数；②增大比表面积；③使蒸汽缓升，减少钻边现象。

几种甑桶的主要技术参数，如表 5-2 所示。

表 5-2　几种甑桶的主要技术参数

甑桶	上口直径/mm	下口直径/mm	上、下口直径之比	甑身高/mm	断面积/m^2	体积/m^3	甑内材料高度/mm
1100kg 甑	2040	1780	1. 15 : 1	900	1. 72	2. 58	700
900kg 甑	2020	1670	1. 21 : 1	800	1. 48	2. 17	650
设计新甑	2460	1780	1. 38 : 1	800	1. 80	3. 02	600

新设计的甑桶有下述优点：

（1）断面面积达到最大值，比表面积增大，蒸馏效果提高。

（2）酒气容积系数增大，存留时间较长，甑内蒸汽压降低、温度降低。

（3）陡度变大，酒醅与甑桶壁间的附着力增大，蒸汽上升缓慢，钻边现象减缓。

（4）设有压力表、温度计，便于测温控压。

一般浓香型酒厂的甑桶体积为 1. 8~2. 0m^3。以上介绍的甑桶容积稍大些，不过在设计新甑时可以参考上述参数。

4. 甑边效应及减少酒损的措施

固态发酵酒醅在装甑过程中，可以发现酒气经常由甑边率先穿出醅料层，然后再向甑中心区扩展。见汽撒料的结果是甑边料层高于中心区，形成凹状的表面料层，有人将此现象称之为甑边效应或边界效应。这一物理现象不仅发生于白酒蒸馏的甑边固-固界面上，而且发生在固-液界面上。如液态发酵罐内产生的 CO_2气体，沿罐壁或冷却管壁上升较从醪液中溢出更为容易。固态发酵法白酒的甑边效应，意味着在甑内醅料层上汽的不均匀性。尤其当蒸馏甑的结构连接不合理或设备不保温等原因存在时，更会影响蒸馏效率。某厂蒸馏设备为金属甑体，过汽筒及甑盖，可移动的甑体与甑盖，甑盖与冷凝器的连接均采用水封式。经测定，在甑体与甑盖的水封槽中的水液，蒸酒后含酒精最高可达 2%，平均为 0. 5%；每蒸一甑，过汽筒酒损 0. 68kg，甑盖酒损 2. 08kg。为了减少这部分的酒损，采取下列技术措施，获得了较好的成效。

（1）甑箅汽孔采用不同的孔密度。将承托固态发酵酒醅和通蒸汽的钢板钻孔，钻孔由边缘区域向中心递减，以促使甑桶平面上各区域酒醅加热上汽趋向一致。如图 5-2 所示，将甑箅划分为 4 个区域。R 为甑箅半径，设 AC = CD = DO = $R/3$，AB = BC/4 = $R/15$。各区截面积比例为Ⅰ：Ⅱ：Ⅲ：Ⅳ=1：3：4：1.2。

取甑箅钻孔率为总面积的 59%，孔径 8~10mm，则各区域钻孔密度如下：Ⅰ区 900~1200 个/m^2；Ⅱ区 650~800 个/m^2；Ⅲ区 450~600 个/m^2；Ⅳ区为不钻孔。各区钻孔密度比为Ⅰ：Ⅱ：Ⅲ：Ⅳ=2：1.5：1：0.5。这样可保持甑箅孔上汽比较均匀，从而削弱甑边效应的不良影响。

（2）对金属材料的甑体和甑盖采取保温措施。

（3）过汽筒连接甑口端应高于冷却器端，向冷却器方向倾斜，防止冷凝酒液倒流入甑内。

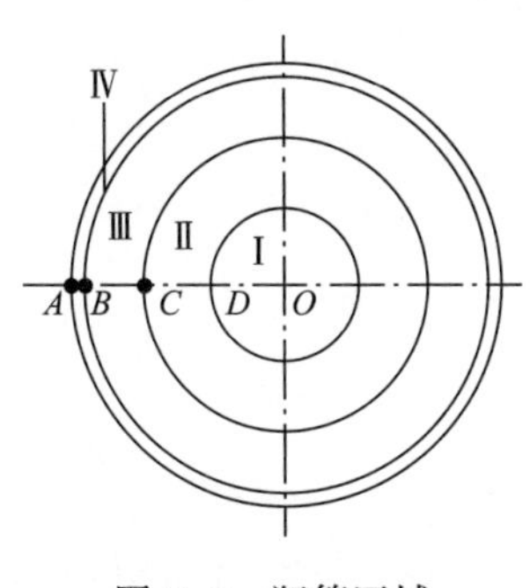

图 5-2　甑箅区域

（4）曾经试验用双层甑桶，其间距有 5~10cm 空隙。使一甑的料层厚度分为 2 层，减轻酒醅自身压力，有利于上汽均匀畅流，减少窝汽短路现象，以提高蒸馏效率。

此外，还可设计加大甑边倾斜度，甑内壁改成波纹状或锯齿状，凸形甑箅以及大直径矮甑桶等，以减轻甑边效应。

（二）甑桶蒸馏操作

1. 设备及准备工作

（1）冷凝器　如果俗称锡锅的冷凝器的锡质不纯而含铅，则铅与酒中的乙酸等有机酸会生成可溶性的盐类进入酒中，危害人体健康；铅还能与酒醅在高温下产生的硫化氢，生成黑色的硫化铅沉淀，导致人体慢性中毒。因此，蒸馏及贮酒等容器，不要采用含铅的金属。冷凝器、导管可使用食品级不锈钢为材料。

（2）装甑前的准备

①底锅　底锅水要每天更换，底锅水温度高，可用虹吸管或手摇泵吸出。如果底锅水中有悬浮物，或溶解较多的蛋白质等成分，蒸馏时就会产生大量泡沫，串入酒醅内造成“淤锅”而影响出酒率及酒质。

底锅水位应与帘子保持 50~60cm 的距离，若距离太近，也易产生“淤锅”现象。

②冷凝器　冷凝器要定期刷洗，以防止杂菌孳长和提高冷却效率。

③拌料　酒醅要与辅料及新原料充分搅拌均匀，应松散而无结块。

物料要注意“两干一湿”（上下水分小，中间稍大），即甑底帘子上的物料要多含辅料，这样可减少酒损；待物料上汽均匀后，甑中部的物料含辅料量可相对少些；接近甑面的物料又要多用辅料，以减少跑酒。通常还可在甑的最底部帘子上，以及甑上层物料表面撒一薄层清蒸过的谷壳。

在冬季，由于物料不易保温，往往使品温偏低甚至物料发黏，加上水分较大时，更难装好甑。因此，要尽可能地将出池的酒醅一次完成拌料操作。

④其他　铺好底锅帘子后，撒上一薄层谷壳，再接上流酒管，放置接酒容器，并将冷却水调整到一定温度。

2. 装甑

(1) 装甑工具　装甑用木锨或簸箕、铁铲均可，关键是操作人员要责任心强、操作细致、技术过硬。

(2) 装甑原则　要求以“松、轻、准、薄、匀、平”六字为原则。即物料要疏松，装甑动作要轻巧，盖料要准确，物料不宜一下铺太厚，撒料及上汽要均匀，物料从底至上要求平整。如果在装甑过程中偶尔造成物料不平而上汽不匀时，可在不上汽的部位扒出一个坑，待上汽后，再用辅料填平。装甑不应过满，以装平甑口为宜。

(3) 装甑方法　有两种盖料法。一种是“见湿盖料”，即蒸汽上升，使上层物料表面发湿时盖上一薄层物料，以免跑汽而损失有效成分。采用该法时如果技术不熟练，会造成压汽现象。另一种方法是“见汽盖料”，即待物料表面呈现很少白色雾状酒气时，迅速而准确地盖上一薄层物料，采用该法不易压汽，但若掌握不好容易跑汽。上述两法各有利弊，可根据操作者的实际情况择一而用。

3. 蒸馏

蒸馏过程中，操作者要注意以下几个问题。

(1) 汽量的掌握

①原则：蒸馏时开汽的原则为“缓汽蒸馏，大汽追尾”。即馏酒过程中用汽要缓，不宜开大汽；待馏出的酒液酒精度较低时，可开大汽门，以追尽酒尾。待酒尾流尽后，可敞盖用大汽将醅中的不良气味驱散。当然，在装甑过程的中间阶段，开汽量也应较大，否则会造成压汽而无谓地延长装甑时间，但两头的开汽量宜小，最好在甑上安装水压柱，以观察蒸馏是否平稳。

②实例两则：

例 1：以高粱以原料，蒸馏时料醅比为 1∶4.5，快火蒸馏及慢火蒸馏的条件及结果如表 5-3、表 5-4、表 5-5 所示。

例 2：将大楂酒醅进行快火与慢火蒸馏比较，快火蒸馏 25min，得酒精为 65%vol 的白酒 155kg。慢火蒸馏 45min，得酒精为 65%vol 的白酒 169kg。慢火蒸馏的酒，正品率高，总酯比快火蒸馏高 7.7%，高级醇含量两者接近，醛含量取决于冷却器的冷却效果。原酒品尝结果，小火蒸的香气浓、较绵柔，大火蒸的酒味冲烈。

表 5-3　快火蒸馏及慢火蒸馏的条件

项目	快火	慢火
装甑及流酒时进汽管压力/kPa	196	98
装甑时间/min	20	30
流酒时间/min	10	20
流酒温度/℃	30~40	10~20
流酒速度/（kg/min）	5	2.5

表 5-4 快火、慢火蒸馏原酒成分比较 单位：g/100mL

条件	总酸	总酯	总醛	高级醇	糠醛
快火	0.0719	0.451	0.0216	0.078	0.0082
慢火	0.0732	0.543	0.038	0.0918	0.0146

表 5-5 快火、慢火蒸馏原酒品尝比较

条件	外观	香气	口味
快火	无色透明	酯香欠浓	涩，余香味短
慢火	无色透明	酯香较浓	余香味较长

（2）接酒温度　接酒温度不宜太高或太低，以30℃左右为宜。因为接酒温度较高时，虽然可挥发掉硫化氢及乙醛等杂质，但同时也会散失所需的香味成分。

在装甑过程中，下层酒醅中的酒精不断蒸发，同时又不断被新装入的酒醅冷凝，这样循环不息，当物料快满甑时，下层的酒醅中酒精已很少了，酒精集积于上层酒醅中。因此，上盖后，酒气会很快冲出，如果冷凝器的效能不足，会产生憋气现象。因此，应保证足够的冷却面积，并合理控制冷却的温度。

（3）看花取酒　馏出酒液的酒精度，主要以经验观察，即所谓看花取酒。让馏出的酒流入一个小的盛器内，激起的泡沫称为酒花，历史上沿袭“看花量度”或“断花截酒”，都是根据酒花的变化情况来接酒。

“看花量度”是基于各种浓度的酒精和水混合溶液，在一定的压力和温度下，其表面张力不同的原理。因此在摇动酒瓶或冲击酒液时在溶液表面形成的泡沫大小、持留时间也不同，据此便可近似地估计出酒液的酒精含量。在大部分酒厂蒸馏时看花可分为下列5种，经实际测定其相应的酒精浓度及酒气冷却前的温度如下：

①大清花：花大如黄豆，整齐一致，清亮透明，消失极快。酒精在65%~82%vol范围内，以76.5%~82%vol最明显。酒气相温度80~83℃。

②小清花：酒花大如绿豆，清亮透明，消失速度慢于大清花。酒精在58%~63%vol之间，以58%~59%vol最为明显。酒气相温度90℃。小清花之后馏分是酒尾部分。至小清花为止的摘酒方法称为过花摘酒。

③云花：花大如米粒，互相重叠（可重叠二三层，厚近1cm），布满液面，存留时间较久，约2s，酒精在46%vol最明显。酒气相温度约93℃。

④二花：又称小花，形似云花，大小不一，大者如米粒，小者如小米，存留液面时间与云花相似，酒精为10%~20%vol。

⑤油花：花大如1/4小米粒，布满液面，纯系油珠，酒精为4%~5%vol最为明显。

酒花的变化也可反映装甑技术的优劣。装甑好则流酒时酒花利落，大清花较大，大小一致，与小清花区别明显，过花后酒精度降低快酒尾短。反之装甑技术差，便会出现大清花与小清花相混不清，花大小不一，酒尾拖得很长。

（4）蒸馏事故

淤锅：即底锅水冲入甑内。若发生这种现象，就得停止蒸馏，将酒醅挖出，拌上辅料，再行装甑蒸酒。发生这种事故损失很大。发生原因在于底锅水不净，未及时处理，漏入锅内糟醅，使水黏稠，产生泡沫上溢。

（三）蒸馏中物质的变化

自20世纪60年代至20世纪90年代曾先后在麸曲及大曲酒厂多次对甑桶蒸馏成分进行了查定，麸曲固态发酵大楂酒及糟酒蒸馏测定见图5-3及图5-4。各成分分析的结果见表5-6、表5-7、表5-8。图5-3~图5-7均为查定的某浓香型优质酒的结果。

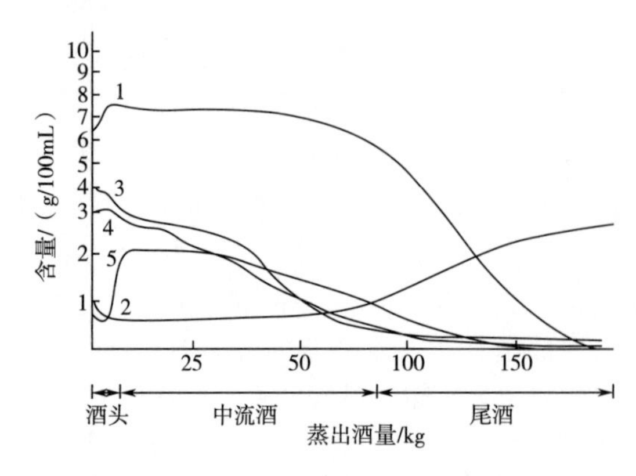

图5-3 麸曲固态发酵大楂酒蒸馏测定

1—酒精×10 2—总酸×10^{-1} 3—总酯×10^{-1} 4—总醛×10^{-2} 5—甲醇×10^{-2}

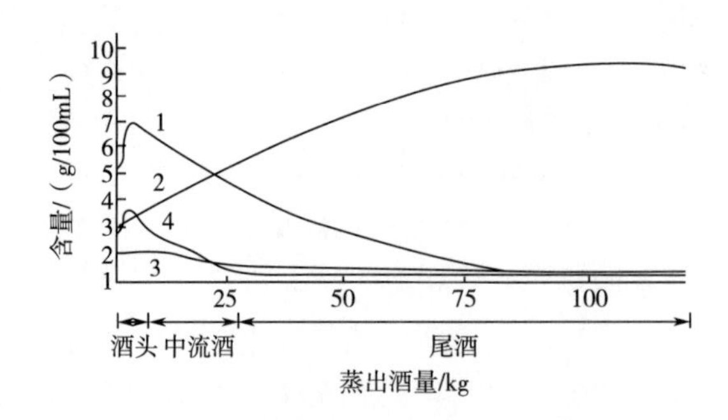

图5-4 麸曲固态发酵糟酒蒸馏测定

1—酒精×10 2—总酸×10^{-1} 3—总酯×10^{-1} 4—总醛×10^{-2}

表5-6 馏分中酸的分析结果 单位：mg/100mL

成分	沸点/℃	与水、醇溶解情况	1	2	3	4	5	6	7	8	9	10	11
酒精	—	—	74.3	77.1	75.1	74.0	70.0	65.0	57.9	48.9	30.8	15.5	8.7
甲酸	100.5	溶于水、醇	2.61	1.18	3.15	0.43	0.33	1.17	0.71	1.18	1.32	1.92	2.35

续表

成分	沸点/℃	与水、醇溶解情况	1	2	3	4	5	6	7	8	9	10	11
乙酸	118.1	溶于水、醇	71.2	55.5	71.4	55.7	65.9	82.8	99.4	124.7	137.2	179.2	129.2
丙酸	141.0	溶于水、醇	1.22	0.80	0.79	0.86	1.09	1.26	1.96	0.94	2.89	3.67	4.12
丁酸	163.0	溶于水、醇	3.36	2.16	2.58	2.36	3.23	4.32	2.78	8.73	9.61	12.1	13.2
戊酸	187.0	微溶于水、易溶于醇	1.01	0.90	0.57	1.00	0.80	1.06	1.07	1.99	1.17	2.51	2.95
己酸	205.0	溶于醇，几乎不溶于水	1.63	0.95	0.67	0.81	1.09	1.79	2.96	4.08	5.19	6.07	6.80
庚酸	223.0	溶于醇，微溶于水							0.16	0.12	0.28		
乳酸	122.0	溶于水、醇	9.82	6.19	9.24	9.38	15.9	24.4	44.0	189.9	138.3	188.3	172.6

固体发酵酒醅装甑蒸馏和液体发酵釜式蒸馏过程中各种香味成分的行径相同。用常规分析查定，在蒸馏初期集积的主要成分是酯、醛和杂醇油；随着蒸馏时间的延长，它们的含量也随之下降，唯独总酸相反，先低后高。甲醇则在初馏酒及后馏酒部分低，中馏酒部分高。据内蒙古轻工业研究所分析室应用气相色谱分析查定某优质白酒的主要香气成分蒸馏时的行径结果是：甲酸、乙酸、丙酸、丁酸、戊酸、己酸、庚酸、乳酸总的趋势是由少到多。若以流酒断花后的馏出量占总量百分比计算，分别为：乙酸 81.24%，己酸 89.04%，丁酸 90.11%，乳酸 94.20%。可见，绝大部分的酸性组分都在酒尾中，其中乙酸、丁酸、己酸及乳酸在中馏酒以后呈直线上升。

表 5-7　　馏分中酯、醇、醛各成分的分析结果　　单位：mg/100mL

成分	沸点/℃	与醇、水溶解情况	1	2	3	4	5	6	7	8	9	10	11
酒精	78	—	74.3	77.1	75.1	74.0	70.0	65.0	57.9	48.9	30.8	15.5	8.7
乙酸乙酯	77	溶于醇、水	472.0	192.0	208.0	175.0	129.0	149.0	64.0	45.0	10.5	<10	<10
丁酸乙酯	121	溶于醇，微溶于水	60.5	3.9	27.4	19.0	14.6	10.4	8.7	7.4	3.8	2.2	1.6
己酸乙酯	167	溶于醇，微溶于水	33.4	44.7	32.5	34.1	18.6	19.3	6.4	13.3	6.8	<1	<1
乳酸乙酯	154	溶于醇、水	9.3	22.8	26.6	30.5	44.6	84.8	121.8	163.9	188.3	206.3	171.9

续表

成分	沸点/℃	与醇、水溶解情况	1	2	3	4	5	6	7	8	9	10	11
甲醇	64	溶于醇、水	21.0	23.0	6.7	26.2	35.0	35.0	35.7	32.5	21.5	14.5	9.5
正丙醇	97	溶于醇、水	34.6	55.1	45.9	40.5	36.8	45.2	27.1	24.0	17.7	9.0	5.7
仲丁醇	99	溶于醇，微溶于水	13.1	19.2	14.0	11.1	9.1	13.7	7.5	7.5	6.7	3.9	2.9
异丁醇	108	溶于醇、水	24.2	42.0	30.4	24.4	21.1	15.5	13.8	13.2	8.7	1.3	1.0
正丁醇	117	溶于醇、水	10.4	14.9	12.3	11.9	10.9	9.0	8.8	7.8	5.1	3.6	2.5
异戊醇	132	微溶于水、醇	46.6	46.2	56.0	49.6	43.7	39.2	32.9	28.1	17.4	9.4	6.4
乙醛	21	溶于醇、水	42.5	29.5	18.0	13.0	10.5	9.5	9.8	9.5	7.7	6.5	4.5
乙缩醛	102	溶于醇	117	87.6	71.9	50.4	40.9	34.8	20.5	18.4	9.9	<5	<5
糠醛	160	溶于醇、水	<1	<1	<1	<1	4.5	19.4	21.9	28.7	33.2	40.4	42.3

表 5-8　　馏分中高沸点酯的分析结果　　单位：mg/100mL

成分	沸点/℃	与醇、水溶解情况	1	2	3	4	5	6	7	8	9	10	11
辛酸乙酯	206	溶于醇，微溶于水	1.01	0.90	0.64	0.78	0.80	1.01	0.94	0.81	0.15	0.075	0.045
癸酸乙酯	244	溶于醇，不溶于水	0.19	0.14	0.10	0.12	0.09	0.09	0.08	0.06	0.35	0.45	0.04
月桂酸乙酯	269	溶于醇，不溶于水	0.16	0.10	0.08	0.12	0.15	0.31	0.15	0.32	0.23	0.18	0.12
肉豆蔻乙酯	295	溶于醇，不溶于水	0.27	0.04	0.03	0.06	0.07	0.17	0.38	0.50	0.67	1.08	1.15
棕榈酸乙酯	185.5	溶于醇，不溶于水	8.01	2.26	1.52	2.33	2.2	2.74	4.14	2.16	0.19	3.77	1.03
油酸乙酯	205~208	溶于醇，不溶于水	4.23	0.87	0.63	0.93	0.90	1.16	2.19	0.89	0.08	1.32	0.07
亚油酸乙酯	—	溶于醇，不溶于水	7.30	1.70	1.13	1.68	1.65	2.15	3.59	1.94	0.14	1.81	0.15

乙酸乙酯、丁酸乙酯、已酸乙酯由高到低，其中乙酸乙酯更富集于酒头部分，它们在酒中含量占总馏出量的96%。各酯酒中含量占其总馏出量的百分比分别为：乙酸乙酯89%，已酸乙酯84%，丁酸乙酯81%，乳酸乙酯15%。乳酸乙酯则大量地存在于酒精含量为50%vol以后的酒尾中。

高沸点乙酯中含量最多的棕榈酸乙酯、油酸乙酯及亚油酸乙酯3种成分主要富集于酒头部，随着蒸馏的进行，呈马鞍形的起伏。

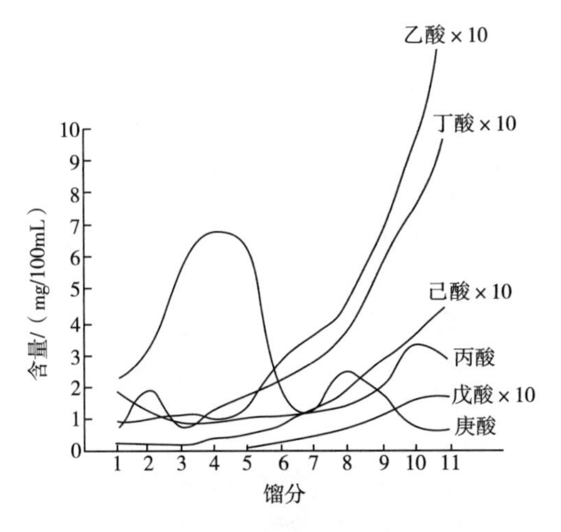

图 5-5　酸类蒸馏曲线

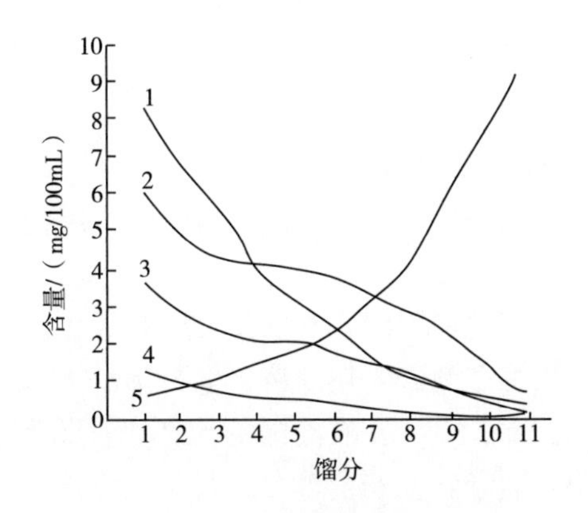

图 5-6　乙酯类蒸馏曲线

1—乙酸乙酯×10^2　2—己酸乙酯×10^2　3—戊酸乙酯×10^2　4—丁酸乙酯×10^2　5—乳酸乙酯×10^2

异戊醇、异丁醇、正丙醇、正丁醇和仲丁醇在蒸馏过程中呈较为平稳而缓慢地下降的趋势；在断花之后下降幅度较大；它们在酒中的含量占总馏出量的百分率依次分别为：82.73%、87.23%、82.23%、78.75%及77.68%。

乙醛与乙缩醛随蒸馏进程而逐步下降，较多地集中于前馏分中，总馏出量的80.24%乙醛及90.72%乙缩醛存在于成品酒中。糠醛则仅在中馏酒的后半部分才开始馏出，并呈逐步上升趋势，主要存在于酒尾中，约占总馏出量的80%。

蒸馏查定不仅显示了香气成分在蒸馏过程中的行径，而且是科学而有效地掌握掐头去尾蒸馏操作的依据。在天锅改为直管式冷凝器后，20世纪60年代酒厂均采用锡制冷凝器，冷凝后的酒液虽在底部出口处，但往往并不是紧贴冷凝器的底口，而且冷凝器的底部势必残留有上一甑的酒尾。

酒尾水分大、酸度高，导致与锡料中的铅产生含铅化合物，使下甑最初的馏液有一短暂的低酒高酸及铅含量超国家标准的现象出现。曾采用冷水冲洗冷凝器内部，再连接蒸酒的方法，但仍无效。初馏液是香气成分最富集的区域，因此当时提出了合理的截头

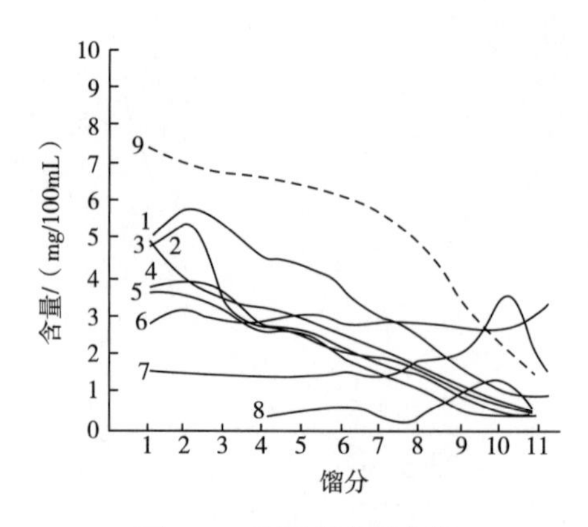

图 5-7 高级醇蒸馏曲线

1—正丁醇×10 2—异丁醇×10 3—正丙醇×10 4—异戊醇×10
5—仲丁醇×10 6—正己醇×10 7—正庚醇 8—正辛醇 9—酒精

注：图 5-5~图 5-7 以及表 5-6~表 5-8 的馏分 1~2 为酒头，每一馏分自蒸馏开始计截取 2L；3~7 馏分为中流酒，每一馏分截取 5L；第 8 馏分起为酒尾，本馏分截取 4.6L；9~11 馏分各截取 10L。各馏分混匀后取样分析。

量应在 1.5kg 以内。近年来锡制冷凝器早已为不锈钢所替代。有的厂冷凝器底部也做成有斜度，不至于残留酒尾。据此是否还须截头，值得商榷。一些酒厂截头量过大显然是有损于香气成分的收集。

至于去尾问题，不同香型酒应有不同的要求。酱香型及芝麻香型酒一般交库酒的酒精含量在 57%vol 左右，而浓香型酒需要在酒精含量 65%vol 时交库为宜。曾经查定的一个浓香型大曲酒结果表明，已酸乙酯与乳酸乙酯的比例由蒸馏初流液（2kg，酒精含量为 75%vol）的 7.74 下降至第 8 馏分（断花前馏分，4.6kg，酒精含量为 53.5%vol）的 0.71，再次说明浓香型在蒸馏过程中截取高度酒对增己降乳的必要性。

蒸馏查定还显示了合理而有效地利用酒尾的重要性。酒尾中除含有 20%~30%vol 酒精外，尚残存有各种香气成分，特别是各种酸类含量很高。通常将酒尾回底锅复蒸，回收率是较低的。利用酒尾作为固、液结合法的白酒香源和食用酒精勾兑成普通白酒是较为合理的。近年来，将其和黄水混合加酯化曲发酵成白酒香味液，经蒸馏用于勾兑也是可行的。但各厂发酵酒醅质量不同，因此要做到合理利用，还必须首先分析这些“原料”的酸组成分，否则“原料”质量不好，反而事倍功半。

从蒸馏过程香气成分变化测定结果，同样说明了为什么低度白酒应采用高度酒加水稀释的生产工艺，而不能直接蒸馏至含酒精 40%vol 以下的缘由。主要并不是浑浊不清的外观现象，而是香味成分的平衡破坏失调，从而使口味质量下降，甚至失去本品的风格特征。

（四）蒸馏中酒精及主要香气成分的提取率

在甑桶蒸馏白酒时，人们普遍关心的一个问题就是酒醅中酒精及香气成分的提取率。也就是通常说的丰产能否丰收。关于酒精的回收率，在 1965 年，内蒙古包头酒厂试点组曾对麸曲白酒二锅头大生产进行过三次查定，结果分别为 101.5%、100.73%，92.93%。

应该说，在细料短期发酵、用糠量较大、疏松度较好的麸曲酒中，蒸馏提取率还是较高的。至于香气成分的提取率，因为当时色谱分析方法尚处于起始研究阶段，为了探讨存在于白酒中的一些主要酸、酯的提取率，采用添加已知标准酸、酯的方法，进行小型提香试验，结果如下。

1. 香醅添加标准酸蒸馏提取回收率

取大生产出池之发酵香醅 350g，准确地分别添加经测定已知浓度 1mol/L 左右的各种标准酸 20mL，为使拌和均匀及避免香醅过潮而影响蒸馏，先将 20mL 标准酸和 20g 谷糠拌和，再与香醅拌匀。对照样不加标准酸，加 20mL 水代替，以求条件一致。底锅酒精按 4∶1（醅与酒精比）添加，并将酒精冲稀至 60%vol，进行串蒸。

标准酸加入底锅者，操作手续与对照完全一致，只是将酸直接加入底锅中。

标准酸的回收率计算，以对照样品所得酒及酒尾中含有的酸作为基准，再以加入的酸量计算各该酸的回收率，结果如表 5-9 所示。

表 5-9　　某些主要酸类在串蒸中的回收率

类型＼项目	总酸量/%（以 HAc 计）		总酯量/%		各种酸回收率/%（以对照样品为基准）		总计	备注
	酒	尾	酒	尾	酒	尾		
对照	0.0670	0.1527	0.0333	0.0313				本试验所加标准酸的浓度为：乙酸 6.31% 乳酸 6.48% 己酸 10.54%
底锅加乙酸	0.0683	0.1826	0.0451	0.0196		2.66	2.66	
香醅加乙酸	0.1648	0.4355	0.0431	0.0255	16.49	22.45	38.94	
底锅加乳酸	0.0630	0.1849	0.0392	0.0236				
香醅加乳酸	0.0683	0.1340	0.0372	0.1215				
底锅加己酸	0.1326	0.4583	0.0392	0.0256	12.02	27.90	39.92	
香醅加己酸	0.2492	0.4995	0.0353	0.0235	37.60	31.80	69.40	

2. 香醅添加标准酯蒸馏提取回收率

试验及计算方法均同标准酸添加试验一致只是标准酯的浓度不同。结果如表 5-10 所示。

表 5-10　　某些主要酯类在串蒸中的回收率

类型＼项目	总酸量/%（以 HAc 计）		总酯量/%（乙酸乙酯计）		各种酯回收率/%（以对照样品为基准）		总计	备注
	酒	尾	酒	尾	酒	尾		
对照	0.0670	0.1527	0.0333	0.0313				本试验添加标准酯浓度为：乙酸乙酯 2.7% 己酸乙酯 1.64% 用量 20mL
底锅加乙酸乙酯	0.0603	0.1595	0.2760	0.0255	89.7		89.7	
香醅加乙酸乙酯	0.0643	0.1662	0.2313	0.0255	73.3		73.3	
底锅加己酸乙酯	0.0629	0.1742	0.1254	0.0216	66.4		66.4	
香醅加己酸乙酯	0.0656	0.1836	0.1215	0.0274	53.9		53.9	

从以上试验结果可知，酸的提取率均低于酯类，酒尾中大于成品酒中。相对分子质量较高、溶于水能力小的己酸比乙酸高，这与以后用色谱分析查定提取率的结果完全一致，与道尔顿定律相符。乳酸属不挥发性酸，在小型试验中体现不出其拖带作用。同时还显示了酒尾回底锅复蒸时，大部分酸将不被蒸出。在两种乙酯类中，乙酸乙酯的提取率高于己酸乙酯，相当于甑桶蒸馏时，两者在酒中的提取率分别为 73.3%和 53.9%。这一趋势与以后的色谱分析查定基本上是一致的。

1994 年在某浓香型大曲优质酒厂，采用酒精萃取结合毛细管色谱的酒醅分析方法，并与大生产工艺查定组密切配合，对发酵 60 余天后的酒醅准确计量并翻拌均匀后装甑蒸馏，取样分析计量后进行计算。其主要酸、酯的提取率如表 5-11 所示。

表 5-11　　取样分析的主要酸、酯的提取率

	己酸乙酯	乳酸乙酯	乙酸	己酸
总提取率	84.03	26.08	12.90	28.94
酒中提取率	63.04	6.44	2.77	5.50
酒尾中提取率	21.03	19.64	10.13	23.44

山东景芝酒厂沈尧绅、于振法等发表的《甑桶蒸馏时酒醅中各种微量香味组分蒸出率的初步查定报告》中提出的各种香气成分的提取率，结果如表 5-12 所示。

根据以上对浓香型大曲酒的生产查定结果，在成品酒中，主体香气己酸乙酯的提取率为 63%~64%；乳酸乙酯则较低，酸的提取率更低，一般在 5.5%以下。

蒸馏前后高级脂肪酸乙酯的对比如表 5-13 所示。

表 5-12　　酒醅与酒中各种微量香味组分蒸出率　　单位：mg/kg

组分	双轮浓香型酒				试验班大楂				试验班面糟			
	蒸前	蒸后	混合酒	提取率/%	蒸前	蒸后	混合酒	蒸出率/%	蒸前	蒸后	混合酒	蒸出率/%
乙酸乙酯	162	9	2088	>95	156		3177	>95	67		2626	>96
丁酸乙酯	19		361	>95			74	>95			44	>96
正丙醇	14		226	>95	7		117	>95			96	>95
异丁醇	8		129	>95	22		265	>96	7		196	>9S
戊酸乙酯	10		194	>95			16	>95			14	>95
异戊醇	23		413	>95	73		364	>90	25		694	>96
庚酸乙酯		25	89	15			5.0					
己酸乙酯	354	129	3579	64	22	14	460	71		14	298	40
辛酸乙酯	15	12	62	19			13				17	
乳酸乙酯	1914	254	3837	8	2792	2024	7885	23	951	1385	3814	8.6

续表

组分	双轮浓香型酒				试验班大楂				试验班面糟			
	蒸前	蒸后	混合酒	提取率/%	蒸前	蒸后	混合酒	蒸出率/%	蒸前	蒸后	混合酒	蒸出率/%
醋酚	174	147	92	3	58	48	69	10	51	56	55	3.2
乙酸	2088	2031	611	1.2	2234	2478	821	3	1820	1974	596	1.0
2，3-丁二醇（左旋）	832	805	46	0.2	684	759	60	0.6	730		63	0.3
2，3-丁二醇（内消旋）	407	391	13	0.1	253	308	14	0.3	272		13	0.2
丁酸	301	359	167	2.3	29	123	42	2.6	33	64	63	3.2
戊酸	57	55	27	2.5			3.4				6	
己酸	534	884	419	2.3	24	45.9	7.6	3.5		84	114	1.3
β-苯乙醇	7	12	6	2.5		68	42	4.5	65	46	45	3.2
糠醛						53.4	155	18		66	158	7.6

表 5-13　　蒸馏前后高级脂肪酸乙酯的对比

	蒸馏前酒醅中的含量/（mg/kg）	蒸馏后酒醅中的含量/（mg/kg）	蒸馏收得率/%
棕榈酸乙酯	1318	1068	18
油酸乙酯	1518	1374	9
亚油酸乙酯	2466	2362	4

三种高级脂肪酸乙酯的沸点高，均为醇溶性的，在甑桶蒸馏时蒸出量仅 4%～18%，大部分残留在酒糟中。日本烧酒液态釜式蒸馏时，蒸馏回收率为 15%左右。

（五）蒸煮糊化

1. 蒸煮的作用

蒸煮的作用是利用高温使淀粉颗粒吸收水分、膨胀、破裂，并使淀粉成为溶解状态，给曲的糖化发酵作用创造条件。蒸煮还能把原料上附着的野生菌杀死，并驱除不良气味。浓香型曲酒是用混蒸法，即蒸酒蒸粮同时进行，因此，蒸煮（馏）除起到上述作用外，还可使熟粮中的“饭香”带入酒中，形成特有的风格。

淀粉是一种亲水胶体，吸收水分后能发生膨化现象，这是由于水分渗入淀粉颗粒内部，使淀粉的巨大分子链扩张，因而体积膨大，质量增加，随着温度的升高而继续膨化。在一定范围内，当淀粉颗粒的体积已增加到 50～100 倍时，各巨大分子间的联系削弱，从而导致淀粉颗粒的解体，此现象称为淀粉糊化。

在糊化时，淀粉结晶体的构造仅部分破坏，本来排列整齐的淀粉层变化成错综复杂的网状结构，这种网状结构是由巨大分子的胶淀粉的支链相互联系的。随着温度的继续升高，此种网状结构又可断裂成更小的片段。

蒸馏（煮）的温度变化，如表 5-14 所示。

表 5-14 蒸馏（煮）温度的变化

时间/min \ 项目 次数	甑内温度/℃			说明
	1	2	3	
盖盘	42	82	83	第 1 甑测定的甑内温度为甑内粮糟表面的蒸汽温度，最高只达 95℃； 第 2 甑测定时，于盖盘后即将温度计插入甑内粮糟 34cm 处，其读数（最高温度）为 100℃
1	—	85	93	
2	—	85	100	
3	79	85	100.5	
6	86	90.5	100.5	
9	91	96	101	
12	93	99	101	
15	93	99.5	101	
18	94	100	101	第 3 甑测定时，于盖盘后即将温度计插入甑内粮糟 34cm 处，9min 时温度可达 101℃，直到 24min 时再深入到 46.5cm 处，温度便可达 102℃
21	94	100.5	101	
24	95	100.5	102	
27	95	100.5	102	
30	95	100.5	102	
35	95	100.5	102	
40	95	100.5	102	
45	95	100.5	102	

2. 影响糊化的因素

原料糊化的好坏与产品质量和出酒率有密切的关系。影响糊化的因素很多，现分述如下：

（1）原料粉碎度　酿造大曲酒的原料都先经过粉碎，粉碎度过粗或过细都不利于糊化和发酵。但曲酒的酒醅都经过多次发酵（续糟发酵），原料并不需要过细。

（2）出窖酒醅的水分和酸度　粮粉在蒸煮前先经过润料，出窖酒醅中水分越大，酸度越高，粮粉吸收更加容易；母糟干燥则粮粉吸水困难。

（3）润料时间的长短　淀粉在润料时吸取了酒醅中的水分，颗粒略有膨胀，为糊化提供良好条件，同时淀粉在酸性介质中比中性或碱性介质中容易糊化。润料时间越长，粮粉吸水越多，对糊化越有利。

（4）粮粉、酒醅（母糟）、稻壳比例　三者适当的混合，可为蒸煮糊化创造有利条件。粮粉与酒醅配比大，吸水和酸的机会增多，适当地配以稻壳，可使穿汽均匀。

（5）上甑速度和疏松程度　上甑太快，来汽不均，粮粉预煮时间减少，影响糊化；太慢又会跑汽，影响产酒。

（6）底锅水量和火力大小　底锅水量的多少，直接影响蒸汽上升量，火力大小（或蒸汽压力高低）也影响蒸汽的上升速度。蒸汽的上升速度及数量都是影响糊化的重要因素。

（7）蒸煮时间的长短　在蒸煮（馏）过程中，前期（初馏阶段）甑内酒精浓度高，而甑内温度较低，一般只有95~100℃。到后来，随着流酒时间的增长，酒精浓度逐渐降低，这时甑内温度可达102℃（吊尾阶段），可使糊化作用加剧，并将部分杂质排出。有的厂不规定具体的蒸煮时间，只是吊尾完毕即中止。蒸煮时间短，起不到应有的作用，造成出酒率低，尤其对发酵期短的影响更甚。但蒸煮过度，酒醅发黏、显腻，给操作和糖化发酵带来恶果。

总之，影响糊化的因素很多。直到现在，对蒸煮糊化质量的检验尚无一套合理、准确的方法。一般只在外观上要求蒸透，即所谓“熟而不黏，内无生心”就可以了。

从表5-15可以看出，同样的润料时间，蒸煮时间越长，糊化率越高。蒸煮60min比50min的糊化率高1%左右；蒸粮70min又比蒸粮60min的糊化率高1%~2%。对固态续糟发酵法，糊化率多少为佳，尚无指标可循。从生产实践来看，若每甑投粮120~130kg，蒸煮60min是比较合理的。

表5-15　　不同蒸煮时间的试验

试验次数	序号	粮粉：母糟：稻壳	润料时间/min	上甑时间/min	蒸煮时间/min	母糟		出甑粮糟				糊化率/%
						酸度	水分/%	酸度	水分/%	总糖含量/%	可溶性碳水化合物含量/%	
1	01	1：6.75：0.2	40	33	50	3.3	60.5	2.6	52.9	15.68	5.50	35.08
	02	1：6.75：0.2	40	41	60	3.3	60.5	2.5	53.5	16.29	6.00	36.83
	03	1：6.75：0.2	40	38	70	3.3	60.5	2.6	54.0	16.19	6.00	37.06
2	04	1：6.75：0.2	40	37	50	3.6	50.8	2.6	50.8	17.01	4.88	28.66
	05	1：6.75：0.2	40	36	60	3.6	51.5	2.6	51.5	16.62	5.63	33.84
	06	1：6.75；0.2	40	36	70	3.6	51.5	2.6	51.1	16.19	5.63	34.74
3	07	1：8：0.2	40	41	50	3.3	60.5	2.4	55.1	14.70	5.19	35.29
	08	1：8：0.2	40	36	60	3.3	60.5	2.3	54.5	15.70	5.75	36.12
	09	1：8：0.2	40	42	70	3.3	60.5	2.3	56.5	14.01	5.31	37.68

（六）白酒蒸馏设备及工艺的改进

1. 改进蒸馏设备

目前所使用的白酒甑桶蒸馏设备存在着许多不尽合理的地方，其突出问题是热力结构的畸形分布与过小的容积热强度等。这不仅极大地妨碍酒醅中醇、酸、酯、醛等有益物质的提取，在很大程度上影响酒质的提高，而且还一定程度上影响出酒率。根据这一情况，江苏省众兴酒厂采用正交试验法，对白酒甑桶蒸馏设备的关键技术参数进行优选，收到了较为显著的效果。措施如下：

（1）将甑桶下部起承托和通汽作用的箅子板下的环形蒸汽释放管的直径适当缩小，

并将原来的单排孔眼改为孔距内密外疏且与竖直方向成45°分布的双排双眼，这样减少了蒸汽流动阻力，促使蒸汽向甑桶中心区域集中排放，以提高甑桶中心区域酒醅温度。

（2）将原来承托酒醅的长条形孔眼铸铁甑箅改为圆孔不锈钢板甑箅，而且采用孔距由边缘区域向中心区域递减的不等距孔眼。其目的在于减少中心区域的通汽阻力，适当增加边缘区域的通汽阻力，克服老甑桶边区过热而中间偏冷的热力结构畸形分布的弊病，从而促成整个甑桶平面上各点酒醅受热后温度趋于一致，上汽均匀，有利于形成甑桶内各处酒醅同步蒸馏，以避免各点因受热不均，馏酒有先有后，造成优质酒与酒头、酒尾混在一起而影响酒质。

（3）将甑盖圆锥台部分的高度由原来的600mm降至300mm，使甑盖内容积缩小一半，这样就大大提高了甑盖内的容积热强度值。同时将原来单层不锈钢甑盖改为填充硅酸铝保温的双层甑盖，这些都促使甑盖内形成有利于酒醅中有益组分馏出的小环境。此外，还在甑盖内贴近甑桶口水封槽处加一圈窄窄的挡酒圈，有效地防止了冷凝在甑盖内壁上的液态酒落入封口水槽中或封口酒槽中，从而减少了酒损。

（4）将原来配套使用的老式敞口列管式冷凝器改为新型密封式高效冷凝器，既提高了冷凝效果，又增加了排杂功能，有利于酒质和出酒率的提高。

蒸馏设备通过上述改进后，取得如下效果：

（1）有效地改进了甑桶内的热力结构，使之分布趋于合理，并提高了甑盖内容积热强度值。比如，改进后在甑盖盖紧之前瞬间测得甑桶口平面以下25cm处中心区至边区各点酒醅温度为（92±1）℃，各点温度相差不大；而改进前一般中心区温度为85℃，边区为93.5℃，温差较大，不利于各处酒醅同步馏出。

（2）己酸乙酯含量大幅度提高。改进后蒸馏摘取的优质大曲酒（45d发酵期）综合样的己酸乙酯含量较改进前平均提高25.45%。

（3）总酸总酯增幅较高。总酸总酯含量高低也是影响大曲酒质量的重要指标之一。改进后摘取的优质大曲酒综合样的总酸总酯含量较改进前平均提高16.95%，而且几大酯比例也较谐调。

（4）改进后出酒率平均提高2.2%。

（5）改进后酒质提高了一个档次。

2. 改进蒸馏工艺技术，提高主体香成分的蒸馏得率

实践经验告诉我们，一窖发酵良好的酒醅不一定能满意地将其香味物质蒸馏于酒中。这就是说，蒸馏环节有可能不能真实地反映发酵结果。四川省全兴酒厂和四川省酒类科研所曾采用电脑温度巡检仪测定，画出了甑内温度场模型图。通过分析研究，发现目前这种结构形式的桶形甑具备最佳提酯条件的区域较少，从而找到了“发酵虽然丰产，但蒸馏并不丰收”的主要原因。

以酒精为主体的溶液中，在饱和状态下，其饱和温度与气相酒精浓度有着固定的对应关系，如果测出甑内各点的酒气饱和温度，就能查出它所对应的气相酒精浓度。通过电脑温度巡检仪测出了甑子内部在上甑和馏酒两种情况下的酒精浓度变化，综合考查全甑在某一时刻的酒精分布情况，即酒精度场。酒精度场的图像可以反映各处甑位上的提香能力。当然，不同的甑桶尺寸、糟醅情况与上甑技巧，其蒸馏特点是不同的。

（1）在高度50cm甑位以下的区域，盖盘时糟子中还含有10%～18%的酒精，这部分

酒精不可能在短短的流酒时间内馏出进入酒中，从而造成蒸馏损失，所以本例操作技术不应属于好的范围。

（2）盖盘时能聚起气相60%酒精（约相当于液相15%）的甑区范围大约占20cm，约1/4甑位高度。根据提香原则可以认为，只有这一区域才具备必要与充分的提香条件，其余甑区不完全具备这一最佳的提香条件，这是甑桶存在的一个严重问题。不满足充分提香条件的甑区是如此之多，如将发酵良好的优质母糟放置于这些地方，其有效的香酯成分除少数进入酒中外，其余的大部分将随水蒸气进入尾酒以及继后的水蒸气中，白白地流失了。

（3）流酒开始后，50cm以上甑区的糟醅所含酒精开始减少，尤以糟面下一薄层减少较快。在断花时，这一层有效提香区平均还含有35%左右的酒精，其所含的有益成分只能进入尾酒之中。

（4）桶形甑的蒸馏特性只有到上甑完毕时才最后确定下来，而且不能再更改。为此，可以更明确地把“提香靠蒸馏”深化为“提香靠装甑”来理解，这样，似乎对生产更具有指导意义。蒸馏操作如忽视了上甑，盖盘后无论怎样改变操作条件都不能与缓火蒸馏相提并论。

根据桶形甑的蒸馏特征来选择糟醅品质，并把它放在恰当的甑区才是一个较为合理的上甑方案。全兴酒厂采取发酵期长、短相结合的配糟生产方式，将发酵与蒸馏有机地组合起来，取得了良好的效果和经济效益。

采用发酵-蒸馏有机组合，应注意以下几个问题：

（1）当增大提酯量后，对下一排母糟的发酵能力、生香能力有良好的影响。试验窖池出酒率高于车间平均出酒率1.7%，优质品率高出车间平均优质率11%。

（2）特殊的降酸调酸作用。全兴酒厂采用“一带一”的配套蒸馏方案，即一个长期发酵的优质窖带动一个短期发酵窖，这样，蒸馏后高酸和低酸综合，可有效调节入窖糟的酸度，对夏季生产特别有利。

（3）全兴酒厂在生产过程中贯彻“以糟养糟，以窖养糟，以糟养窖”的方针。一段时间以来，质量较差的母糟只进行本窖循环，结果无多大作用，实行组合工艺后，优质良好的母糟起到“扶贫”作用。通过配套蒸馏后，它们所具有的丰富的生香前体物质都扩散到相应的窖池中，因此有效地促进了下一排产香率的提高。

第二节　浓香型白酒生产三种基本工艺

一、白酒生产的三种配料工艺

固态法白酒的酿造分清蒸和混蒸两种方法。浓香型白酒传统采用混蒸续糟法生产，那么，“清蒸”和“混蒸”有什么不同呢？

“清蒸清楂”“清蒸混楂”“混蒸混楂”是白酒酿造的三种重要配料工艺。白酒生产要根据本厂产品的香型和质量风格特点，选择适合于本产品特点的配料操作方法。

（1）清蒸清楂　它的特点是突出“清”字，一清到底。在发酵操作上要注意楂子清、醅子清，醅子和楂子要严格分开，不能混杂。也就是说，本工艺操作是采取原料清蒸、辅料清蒸、清楂发酵、清蒸流酒，并要求清洁卫生严格，清字到底。本法主要用于清香型白酒生产。

（2）清蒸混楂　混楂又称续楂，即粮食与酒醅混合配，酒醅先蒸酒，后配粮，混合发酵，叫“清蒸混楂”。本法的优点是，既保持了清香型白酒清香纯正的质量特色，又保持了混楂发酵的清香浓郁、口味醇厚的特点。

（3）混蒸混楂　是将发酵好的酒醅，与原粮按比例混合，一边蒸酒，一边蒸粮，出甑后，经冷却、加曲，混楂发酵。本法有利于提高出酒率。

浓香型大曲酒，是大曲酒中的一朵奇葩。自全国第一届评酒会后，把泸州老窖作为浓香型大曲酒的典型代表，因此，在酿酒界又称浓香型大曲酒为泸型酒。该酒窖香浓郁，绵软甘冽，香味谐调，尾净余长。这体现了整个浓香型大曲酒的酒体特征。

浓香型白酒采用混蒸混烧、续糟（或楂）配料工艺。所谓续糟配料，就是在原出窖糟醅中，按每一甑投入一定数量的酿酒原料高粱等与一定数量的填充辅料糠壳，拌和均匀进行蒸煮。每轮发酵结束，均如此操作。这样，一个窖池的发酵糟醅，连续不断，周而复始，一边添入新料，同时排出部分旧料。如此循环不断使用的糟醅，在浓香型白酒生产中人们又称它为“万年糟”。这样的配料方法，是其重要特点。

所谓混蒸混烧，是指在将要进行蒸馏取酒的糟醅中按比例加入原料、辅料，通过人工操作上甑，将物料装入甑桶，调整好火力，做到先缓火蒸馏取酒，然后加大火力进一步糊化高粱原料。在同一蒸馏甑桶内，采取先以取酒为主，后以蒸粮为主的工艺方法，这也是浓香型白酒酿造的工艺特点。

二、 生产工艺的基本类型

（一）工艺类型

浓香型白酒在全国大部分地区均有生产，产品销售至全国及海外。其生产基本工艺有原窖法工艺类型、跑窖法工艺类型、老五甑法工艺类型；传统发酵容器有泥墙泥窖、砖墙泥窖、半砖墙泥窖等；窖帽根据环境和地域的不同，一般南方高于地面，北方低于地面。因人、机、料、法、环等的不同，各企业生产的浓香型大曲酒均有其各自特点，从而形成产品的多样化。

以四川省为代表的浓香型白酒是我国特有的传统产品之一，历史久远，风格独特，在国内外享有盛名。在工艺上，有其自己的特点。

在具体操作上，原窖法工艺类型、跑窖法工艺类型以四川酒为代表，老五甑法工艺类型以苏、鲁、皖、豫一带为代表。

1. 原窖法工艺

原窖法工艺，又称原窖分层堆糟法。采用该工艺类型生产浓香型大曲酒的厂家，著名的有泸州老窖、成都全兴酒厂等。

所谓原窖分层堆糟，原窖就是指本窖的发酵糟醅经过加原、辅料后，再经蒸煮糊化、打量水，摊晾下曲后仍然放回到原来的窖池内密封发酵。窖内糟醅发酵完毕，在出窖时，窖内糟醅必须分层次进行堆放，不能乱堆。一个窖内的糟醅分为上、中、下三个层次，实践证明下层糟醅最优，中层次之，上层较差。万年糟的使用应依照留优去劣的原则，如果不进行分层堆糟，就达不到这个原则要求。

具体做法是，开窖后首先去掉覆盖于窖面上的丢糟，依次将母糟运至堆糟坝，堆放面积一般为 15~25m^2，高 1.5m 左右。在全窖糟醅取出约 3/5 时，要滴黄水数小时，然后再取运，按层次堆放，最后将剩余部分全部取运完。这样按层次取运和堆放糟醅的操作，使堆糟坝堆放的糟醅与窖内原有的糟醅位置恰恰相反。

一个窖的糟取运完毕后，又开始该窖的又一轮生产。在配料使用糟醅时，则首先使用的是底部的下层糟醅，最后不加原料的红糟则使用的是上层糟醅。全窖糟醅依然放入原窖进行密封发酵。

以上所述的方法，就称为“原窖分层堆糟”法。其工艺特点为：糟醅分层堆放，除底糟、面糟外，各层糟混合使用、蒸馏。摊晾下曲后的糟醅仍然回入原窖进行发酵。

原窖分层堆法，其具体操作工艺流程如图 5-8 所示。

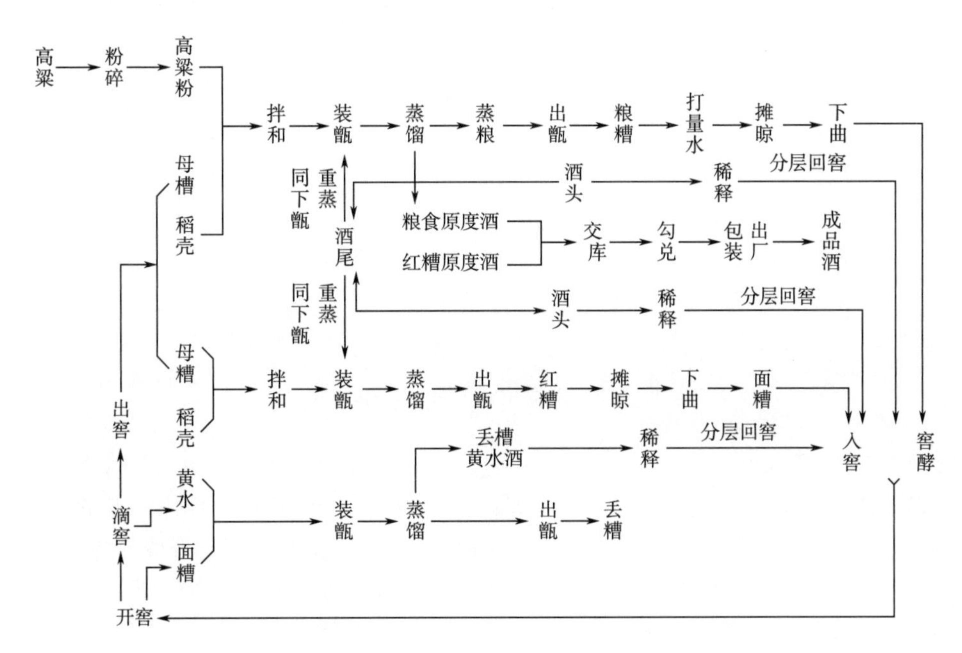

图 5-8 原窖分层堆糟法工艺流程

2. 跑窖法工艺

跑窖法工艺又称跑窖分层蒸馏法工艺。使用该工艺类型生产的，以四川宜宾五粮液最为著名（现多粮型基本采用此方法）。

所谓“跑窖”，就是在生产时先有一个空着的窖池，然后把另一个窖内已经发酵完成后的糟醅取出，通过加原料、辅料、蒸馏取酒、糊化、打量水、摊晾冷却、下曲粉后装入预先准备好的空窖池中，而不再将发酵糟醅装回原窖。全部发酵糟蒸馏完毕后，这个窖池就成了一个空窖，而原来的空窖则盛满了入窖糟醅，再密封发酵。依次类推的方法称为跑窖法。跑窖不用堆糟坝，窖内的发酵糟醅可逐甑取出进行蒸馏（而不是上、中、下三个层次的发酵糟醅混合蒸馏），故称之为分层蒸馏。在白酒界称这种工艺类型为“跑窖分层蒸馏”法。

由于跑窖没有堆糟坝，窖内的发酵糟是蒸一甑运一甑，这就自然形成了分层蒸馏，因此，跑窖法不失为一种特殊的工艺操作法。其流程如图 5-9 所示。

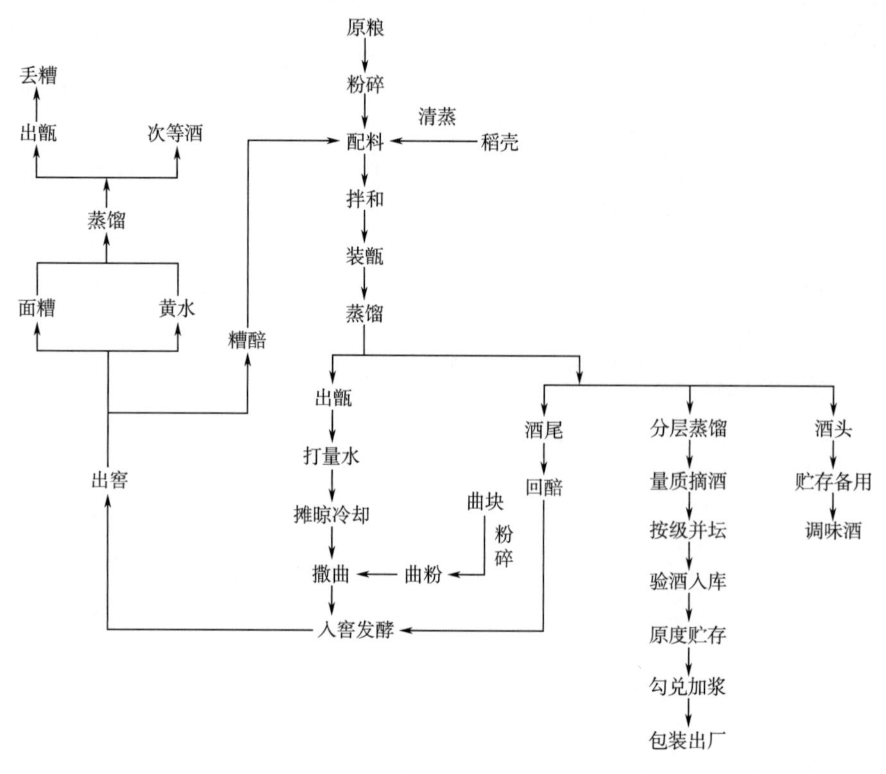

图 5-9　跑窖分层蒸馏法工艺流程

3. 老五甑法工艺

所谓混烧老五甑法工艺，是原料与出窖的香醅在同一甑桶同时蒸馏和蒸煮糊化，在窖内有 4 甑发酵材料，即大楂、二楂、小楂和回糟。出窖加入新原料分成 5 甑进行蒸馏，其中 4 甑入窖发酵，另一甑为丢糟。该混烧老五甑法工艺，是传统形成而沿袭下来而得名的。混烧老五甑法工艺流程如图 5-10 所示。

这是苏、皖、鲁、豫等省生产的名、优质浓香型大曲酒的典型生产工艺流程。原料经粉碎和辅料经清蒸处理后进行配料，将原料按比例分配于大楂、二楂和小楂中，回糟为上排的小楂经发酵、蒸馏后的酒醅，不加新原料。回糟经发酵、蒸馏后为丢糟。各甑发酵材料，经蒸馏出原酒，再验收入库、贮存、勾兑和调味，达到产品标准，包装为成品。

（二）浓香型大曲酒三种不同工艺类型的差异

1. 原窖法工艺的优缺点

（1）入窖糟醅的质量基本一致，甑与甑之间产酒质量比较稳定。

（2）糠壳、水分等配料，甑与甑间的使用量有规律性，易于掌握入窖糟醅的酸度、淀粉含量，糟醅含水量基本一致。

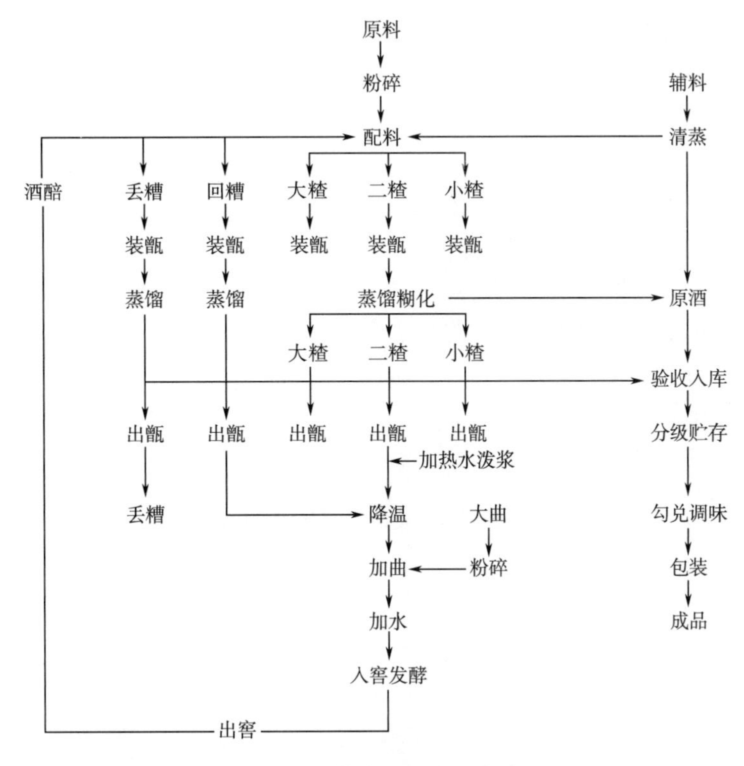

图 5-10　混烧老五甑法工艺流程

(3) 有利于微生物的驯养和发酵。因为微生物长期生活在一个基本相同的环境里。糟醅经过滴窖、分层堆糟后，能保持入窖糟醅的一致，并装入同一个窖池里，这样糟醅中和窖池中的微生物的营养成分、环境条件变化不大，使生长繁殖顺利地进行，从而提高其作用能力，克服了微生物不适应或重新适应新环境的困难。

(4) 有利于“丢面留底”措施。即每一排均把窖上少许质量较差的粮食糟醅堆放在堆糟坝的一角，蒸成面糟（红糟），窖中、下层的糟醅继续蒸成粮糟入窖，这对提高糟醅质量、提高酒质均有积极作用。

(5) 有利于总结经验与教训。开窖后与入窖前可以对糟醅、黄水等情况进行充分讨论与分析，找出上排配料、操作、入窖条件中影响产量质量的各种因素，再来确定本排操作应该采取的措施，摸索出每一个窖池的性质和规律。这样为扩大生产、搞好科学管理打下了良好的基础。

(6) 操作上劳动强度大，糟醅酒精挥发损失量大，不利于分层蒸馏。

2. 跑窖法工艺的优缺点

(1) 有利于调整酸度和提高酒质。跑窖操作一般都是窖上层的发酵糟醅通过蒸煮后，变成窖下层的粮糟或者红糟（回醅），这样可以降低入窖糟醅的酸度（因为窖下层的糟醅在发酵后酸度大，而窖上面的糟醅则酸度小）。在入窖时，原来窖上层酸度小的糟醅在蒸煮后成了粮食糟醅装在窖的底层，而原来底层酸度大的糟醅则放在窖的上层，甚至将原来底层酸度大的糟醅蒸成红糟（回醅），最后成扔糟丢掉。这样反复进行，可以调节和降低糟醅酸度，有利于酸的代谢作用，避免乳酸类不挥发酸在糟醅中积存，同时给乙酸、丁酸等挥发酸的生成创造了条件，所以产品质量较好。因为窖上层发酵糟醅含水量小，酸度也小；而窖下层的糟醅含水量大，酸度也大，这两种糟醅在窖内每排（轮）交换一次位置，反复循环，有利于调节糟醅的水分与酸度，所以在稳定糟醅含水量与酸度上起到极大的作用。

（2）操作上，劳动强度较小，糟醅中酒精挥发损失小。跑窖操作是起一甑蒸一甑，从而减少在堆糟坝堆放时造成的酒精挥发。

（3）有利于分层蒸馏量质摘酒、分级并坛等提高酒质的措施。窖下层发酵糟醅所产酒质都优于上层发酵糟醅所产酒质，跑窖工艺是将窖内发酵糟醅一层一层（即“一甑一甑”）地分开进行蒸馏，所以这一操作方法称为“跑窖分层蒸馏法”，它给量质摘酒、分级并坛创造了良好条件。

分层蒸馏各层糟醅产酒的主要成分分析结果，见表 5-16。

表 5-16　　分层蒸馏各层糟醅产酒的主要成分分析结果

项目	酒精含量/%	总酸含量/（g/L）	总酯含量/（g/L）	总醛含量/（g/L）	备注
上层	68.1	0.432	2.430	0.326	五粮液酒厂分析（20 世纪 70 年代数据）
中层	74.5	0.432	3.440	0.337	
下层	70.0	1.010	5.630	0.355	

（4）该工艺配料、配糠、量水用量不稳定，也不一致，无规律。因为分层蒸馏每一甑酒醅的含水量、酸度也均不一致，故给操作配料带来了一定的困难。

（5）不利于培养糟醅。部分质量优的窖底醅料被挤掉了，故这种方法不适合发酵周期较短的窖池，而只适应发酵周期长的窖。

要克服糟醅水分不均匀的缺点，解决的方法是加冷水润料拌料。若窖上层的糟醅含水量不足，则粮粉吃水不透会影响糊化效率。每甑糟醅加水多少，应根据该糟醅的水分含量而定，一般差一个百分点含水量的，应加 18kg 水（甑桶容积为 1.3m^3左右），也有加冷酒尾的。总之，以确保粮粉吃足水分为准。加水的方法，有直接加到粮粉上拌和均匀后再与糟醅拌和的，也有加水到糟醅再与粮粉共同拌和的。其目的均为使粮粉充分吸水，利于糊化。

3. 老五甑法工艺的优缺点

（1）窖池体积小，容糟醅量不多，糟醅接触窖泥面积大，有利于培养糟醅，提高酒的质量。

（2）劳动生产率高。因窖池小，甑桶大，投粮量多，粮醅比为 1∶（4~4.5），入窖淀粉含量高（17%~19%），所以产量大。如果每班 4 人，每班投粮 700~750kg，蒸馏糟醅 5 甑，产酒 250~350kg，生产时间 7h 左右。它比其他两法的劳动生产率高 1/4 左右。

（3）老五甑操作法，原料粉碎较粗，辅料糠壳用量小，按粮食比为 12%~15%，比其他操作法的用量都小。

（4）此法操作上还有一个明显的特点，即不打黄水坑，不滴窖。

（5）糟醅含水量大，拌和前糟醅（大楂、二楂）含水量一般在 62%左右，加料拌和后，水分为 53%左右，不利于己酸乙酯等醇溶性香味成分的提取，而乳酸乙酯等水溶性香味成分易于馏出，这对浓香型白酒质量有一定影响，应注意这个问题的解决。

（6）老五甑操作法是一天起蒸一个窖，一班人完成，有利于班组管理，如果生产上出现了差错也容易查找原因。

通过对浓香型大曲酒生产三种不同工艺类型的初步分析，可知它们之间存在着差异，有各自的优缺点，应注意扬长避短。

三种操作法各自特点为：1、2 法窖大甑小，淀粉含量低，发酵周期长；3 法则窖小甑大，淀粉含量高，有利于养糙挤醅，发酵周期短，水分大，不滴窖。2 法面糟（红糟）集中在一个窖内发酵，该窖叫回糙窖或挤醅窖，不像其他两法将面糟放在本窖的上面或底部。

第三节　原料处理

酿制浓香型大曲酒的原料，必须粉碎，其目的是要增加原料受热面，有利于淀粉颗粒的吸水膨胀、糊化，并增加粮粉与酶的接触面，为糖化发酵创造良好条件。原料颗粒太粗，蒸煮糊化不透，曲子作用不彻底，将许多可利用的淀粉残留在酒糟里，造成出酒率低；原料过细，虽然易蒸熟，但蒸馏时易压气，酒醅发腻（黏），易起疙瘩，这样就要加大填充料用量，给成品质量带来不良影响。由于浓香型大曲酒均采用续糟法，母糟都经过多次发酵，因此，原料并不需要粉碎过细。

为了增加曲子与粮粉的接触面，曲块要进行粉碎，一般控制曲粉热季适当放粗，冬季适当加细。当然，原料与大曲的粉碎度各厂因原料（单粮与多粮）、工艺，其要求也不尽相同，现以四川某名酒厂为例，其粉碎度见表 5-17，供参考。

表 5-17　　高粱与麦曲的粉碎度　　单位：%

原料	未通过筛孔						通过 120 目
	20	40	60	80	100	120	
高粱粉	35.1	29	14.23	12.33	7.36	1.23	0.75
曲粉	51.03	20.6	8.63	5.23	9.23	2.4	2.48

稻壳是酿造浓香型大曲酒的优良填充剂，要求粒粗。但稻壳中含有果胶质和多缩戊糖等，在发酵和蒸煮过程中能生成甲醇、糠醛等有害物质。为了驱除稻壳中的霉味、生糠味及减少上述杂质，各厂都使用熟糠。安徽省濉溪酒厂对不同清蒸时间的稻壳进行了测定，结果见表 5-18。

表 5-18　　稻壳不同清蒸时间的多缩戊糖含量

蒸糠时间/min	0	30	60	90
多缩戊糖含量/%	0.4575	0.1367	0.1137	0.0992

稻壳清蒸一般要求圆汽后大汽蒸 30min，嗅其蒸汽没有怪味、霉味、生糠味后，即可

出甑，然后摊开、晾干备用。

稻壳清蒸，没有很高的技术要求，但有的厂确实太马虎，一是只蒸十多分钟甚至只有几分钟即出甑，霉味、糠腥味、异杂味未除去。有的厂糠壳保管不善，日晒雨淋，鸟粪鼠屎狼藉，清蒸又不彻底，将异杂味带入酒中。二是下班前将稻壳倒入甑内，蒸汽开一点点，让其蒸一夜，稻壳上水、变软，如何有“骨力”？三是稻壳不是现蒸现用，蒸后又堆存，再次生霉变味。

第四节　开窖鉴定

浓香型大曲酒生产，开窖后在滴窖期间要进行“开窖鉴定”，就是对该窖的母糟、黄浆水，用“一看、二闻（嗅）、三尝”的感官方法进行技术鉴定。以前是老师傅（班头）根据经验自行判断，现在是车间主任、班组长召集当班人员对黄水、母糟，结合化验数据进行开窖鉴定，总结上排配料和入窖条件的优缺点，根据母糟（酒醅）发酵情况和黄水的色、味，确定下排配料和入窖条件。这是四川名酒厂传统采用的方法，对保证酒的产量和质量有十分重要的作用。

开窖鉴定过程就像老中医给人看病的过程，先是“摸脉”，即查看当排发酵温度记录，升温快慢，最高温升到多少，升到最高温要几天，温度挺住的天数，窖温下降情况，“窖跌”情况等；然后是看“排泄物”，即看母糟和黄水。最后判断是否有病，有什么病，才能“对症下药”（确定下排配料和入窖条件），并“药到病除”（使母糟保持活力，产质量稳定）。

一、 剥窖皮

开窖前的准备工作：将堆糟坝的残糟清扫干净，如长了霉的地方，应用90℃以上热水烫洗，泥坑、窖坎及过道均应做到清洁卫生，酿酒所需器具设备完好，并清洗干净。

将盖窖的塑料薄膜揭开（传统是用稻壳盖在窖皮泥上），用刀或铲将窖皮泥划成方块，剥开，将泥上附着的面糟尽量刮净。窖皮泥堆放在踩泥池中。

二、 起面糟

用铁铲或木锨将面糟铲至行车抱斗（或小车）中，运到堆糟坝（或晾堂）上，堆成圆堆，用木锨拍紧，撒上一层稻壳。以减少酒精挥发。

三、 起母糟

起完面糟后，在起母糟前，根据红糟甑口，将窖帽中的母糟（即上层粮糟）起到堆糟坝一角，踩紧拍光，撒上一层稻壳，此糟作为蒸红糟用。其余母糟同样起到堆糟坝，当起到出现黄浆水时（或称黄水）即停止，同样将堆糟刮平、踩紧、拍光，并撒上稻壳一层。所用的稻壳都应是熟糠，并在配料时扣除。

四、 滴窖

在停止起母糟时，即在窖内剩余的母糟中央或一侧挖一黄浆水坑滴窖。坑长、宽约70~100cm，深至窖底，随即将坑内黄浆水舀净，以后则滴出多少舀多少，每窖最少舀4~6次，即要做到“滴窖勤舀”。在蒸完面糟和第一甑粮糟已入甑时，再继续起窖内母糟，起完后照样踩紧、拍光，铺撒一层稻壳。自开始滴窖到起完母糟止，要求达20h以上。

五、 母糟的鉴定

（1）母糟疏松泡气，肉头好有骨力，颗头大，红烧（即呈深猪肝色）。鼻嗅有酒香和酯香。

黄浆水透亮，悬丝长，口尝酸味小，涩味大。

这种情况，本排母糟产量、质量都较正常。这是因为上排配料恰当，而且入窖条件也较适宜，窖池管理也搞得较好，母糟做到“柔熟不腻，疏松不燥”，发酵良好。下排应稳定配料，细致操作，才能保证酒的产量和质量。

（2）母糟发酵基本正常，疏松泡气有骨力，呈猪肝色，鼻嗅有酒香。黄浆水透明清亮，悬丝长，呈金黄色，口尝有酸涩味。这种情况母糟产的酒，香气较弱，有回味，酒质比前一种情况略差，但出酒率较高。

（3）母糟显粑（软），没有骨力，酒香也差。黄水黏性大，呈色黄中带白，有甜味，酸、涩味少。这种黄水不易滴出。此种母糟因发酵不正常，故酒的产量少，质量也差。

这种情况一般发生在冬、春季，有时夏季也会发生。这是由于连续几排的配料中，稻壳用量少，量水多，造成母糟显粑，没有骨力。粮糟入窖后不能正常糖化发酵，造成出窖糟残余淀粉高。尤其是黄水中含糊精、淀粉、果胶等物质，使黄水白黏酽浓，不易滴出。解决的办法是，下排加糠减水，使母糟疏松，并注意入窖温度。要通过连续几排的努力，才能使母糟逐步恢复正常。

（4）母糟显糙，没有肉头，黄水较清，悬头小，酸涩味少。这是因为连续几排配料不当，糠大、水多、母糟残淀少，显糙，保不住黄水。这种情况，出酒率稍高，但酒味较淡，缺乏浓厚感。下排配料应考虑加粮减糠，适当减少量水用量，并注意入窖温度，以使母糟逐步恢复正常。

（5）母糟显腻，没有骨力，颗头小。黄水浑浊不清，黏性也大。这是因为连续几排配料不当，糠少水大，造成母糟显腻，残余淀粉较高。下排配料时，可考虑加糠减水，以恢复母糟骨力，使发酵达到正常。

六、 从黄水的味道判断母糟发酵情况

（1）黄浆水现酸味　如果黄浆水现酸味，涩味少，说明上排粮糟入窖温度过高，并受乙酸菌、乳酸菌等产酸菌的感染，抑制了酵母的繁殖活动，因而母糟残余淀粉较高，有的还原糖还未被利用。这种情况，一般出酒率较低，质量也较差。

（2）黄浆水现甜味　黄浆水较酽，黏性大，以甜味为主，酸涩味不足，这是入窖粮糟淀粉糖化发酵不完全，使一部分可发酵性糖残留在母糟和黄浆水中所致。此外，若粮食糊化不彻底，造成糖化发酵不良，也会使黄浆水带甜味。这种情况，一般出酒率都

较低。

(3) 黄浆水现苦味，如果黄浆水明显带苦味，说明用曲量太大，而且量水用量不足，造成粮糟入窖后因水分不足而“干烧”，就会使黄浆水带苦味。另外，若窖池管理不善，窖皮裂口，粮糟霉烂，杂菌大量繁殖，也会给黄浆水带来苦味。这种情况，母糟产酒质量低劣，出酒率也低。

(4) 黄浆水现馊味，如果黄浆水现馊味，说明酿酒车间清洁卫生太差，连续把晾堂上残余的粮糟扫入窖内。有的车间用冷水冲洗晾堂后，把残留的粮糟也扫入窖内，造成杂菌大量感染，也会引起馊味。此外，若量水温度过低（冷水尤甚），水分不能被淀粉颗粒充分吸收，引起发酵不良，也是一个重要的原因。这种母糟产的酒，质量甚差。

(5) 黄浆水现涩味，母糟发酵正常的黄浆水，应以涩味为主，酸味适中，不带甜味。这是上排粮糟配料比例适宜、操作细致、糖化发酵好的标志。这种母糟产酒质量好，出酒率高。

在开窖鉴定中，用嗅觉和味觉器官来分辨母糟和黄浆水的气味，从而分析判断发酵优劣，用以指导生产，是一个快速、简便而有效的方法，在生产实践中起着重要的作用。各厂因地理位置、气候条件、原料配比、操作工艺不尽相同，对母糟、黄浆水的感官鉴别指标应有差异，要善于观察、总结，积累经验，才能准确判断，“对症下药”。

第五节　润料、拌和

一、配料

酿造浓香型大曲酒的主要原料是高粱、小麦、大米、糯米、大麦、玉米、豌豆等。制曲原料均以小麦为主，亦有添加部分大麦、豌豆的。因制曲原料、微生物区系、菌落中微生物数量和种类及其比例不同，加之操作工艺的差异，以至对酒的风格的影响不容忽视。酿酒原料配比，传统以来就分两种，一种是用纯高粱（最好是糯高粱），现习惯称之“单粮型”；另一种是以适当配比，传统为“杂粮”酒，现习惯称之“多粮型”。“单粮型”和“多粮型”因原料及配比上的显著不同，必然造成酒质和风格上的差异。

1. 酿造浓香型大曲酒原料的特点

生产浓香型白酒主要原料成分比较见表 5-19。

表 5-19　生产浓香型白酒主要原料成分比较　　单位：%

原料名称	水分	淀粉	粗脂肪	粗纤维	粗蛋白	灰分	单宁
北方粳型红、白高粱	11~13	56~64	1.6~4.3	1.6~2.8	7~12	2.2	0.08~0.5
四川糯高粱（泸州）	12~14	61.31	4.32	1.84	8.41	1.47	0.16~1.4
四川永川糯高粱	11~13	60.03	4.06	1.64	6.74	1.75	0.29~1.43
小麦	9~14	60~74	1.7~4.0	1.2~2.7	8~12	0.4~2.6	/
大米（粳）	12~13	72~74	0.1~0.3	1.5~1.8	7~9	0.4~1.2	/

续表

原料名称	水分	淀粉	粗脂肪	粗纤维	粗蛋白	灰分	单宁
糯米	12~13	73.0	1.4~2.5	0.4~0.6	5.0~8.0	0.8~0.9	/
玉米	11~17	62~72	2.7~5.3	1.5~3.5	10~12	1.5~2.6	/
荞麦	11~13	60.7	2.3	11.5	9.9	2.7	/

资料来源：《中国饲料成分及营养价值表》(1985)，中国医学科学院卫生研究所《食物成分表》(1980)。

高粱品种类型繁多，其籽粒品质因品种和栽培条件不同，变化幅度较大。对酿制白酒，各厂对淀粉结构的看法不一，清香型酒厂（如汾酒厂）认为直链淀粉含量高的非糯型高粱品种较好；浓、酱香型酒厂（如茅台、川酒）认为糯高粱品种出酒率高，酒质好。四川五粮液、泸州老窖特曲、剑南春等传统酒厂都使用当地产糯高粱。不同品种高粱淀粉结构差异较大（表5-20）。

表5-20　不同类型高粱淀粉结构比较　　单位：%

高粱品种	品种数	总淀粉	直链淀粉	支链淀粉
北方粳型红粒种	37	63.18	24.21	75.79
北方粳型白粒种	50	62.80	28.52	71.48
四川糯型黄、褐、红粒种	134	62.64	5.58	94.42
四川粳型黄、褐、红粒种	38	61.50	20.95	79.05

注：四川省农科院水稻高粱研究所检测（1990年）。

高粱中淀粉含量较高，淀粉越高产酒越多。从淀粉的结构来看，粳型高粱的直链淀粉与支链淀粉之比近于1∶3，糯型高粱则为1∶17，差异极大。四川酒界认为（从实践中得知），支链淀粉高的原料，除出酒率高外，与酒质密切相关，其作用、产物、机理尚不清楚，有待探讨。

小麦淀粉含量高，含20多种氨基酸，特别含有较多的维生素，还有钾、磷、钙、镁、硫等矿物元素，黏着力较强，是各类酿酒微生物繁殖、产酶的优良天然物料，常用于制曲和酿酒。

大米有粳米与糯米之分，粳米与糯米从成分上看，区别不大，主要是淀粉结构上的差异。糯米淀粉结构疏松，利于糊化，但若蒸煮不当而太黏，则发酵温度难以控制。大米在混蒸混烧的曲酒酿造中，蒸酒蒸粮时，可将饭的香味成分带至酒中，使酒质爽净。糯米质软，蒸煮后黏性大，故在多粮型酒中均与其他原料配合使用，使酿成的酒具有甘甜味。

玉米有黄玉米和白玉米、糯玉米和粳玉米之分。酿酒用的玉米一般是糯玉米。玉米中含有较多的植酸，可发酵成环己六醇和磷酸，磷酸也能促进甘油等多元醇的生成。多元醇具有明显的甜味。故酿酒配料时适当加入玉米，可增加酒的醇甜味。

采用多种原料酿酒，取各种粮食之精华，酿出的酒醇甜、浓厚、口感丰富，故现在不少“单粮”型酒厂亦改用“多粮型”，以适应市场。

2. 酿酒原料配比

为了发挥各种酿酒原料的优势，四川“五粮液”“剑南春”“万县太白酒”等传统酒厂都用多粮酿制（表5-21）。

表 5-21　　“多粮”酿酒原料配比　　单位:%

酒名	高粱	小麦	玉米	糯米	大米	荞麦
五粮液	36	16	8	18	22	
剑南春	40	15	5	20	20	
万县太白酒	50		10	15	15	10

虽然都采用“多粮”酿造，但因配比、地域、微生物区系、操作工艺、勾调技术等的差异，各酒厂又具自己独特的风格。

另外，有的酒厂为了驱除原料中的邪杂味，便于糊化，将粉碎至4~6瓣的高粱先进行清蒸处理，即在配料前用为投料量18%~20%的40℃热水润料，或在用前以适量冷水拌匀上甑，圆汽后10min，出甑扬冷再行配料。

浓香型大曲酒的老窖母糟是经过长年累月培养出来的，俗称“万年糟”。它能给予成品酒以特殊的香味，提供发酵成香的前体物质。新窖的老熟提高，也必须借助于“万年糟”。

配料中的母糟还有下列作用：①可以调节酸度，使入窖粮糟酸度达到1.2~1.7，这是大曲酒发酵比较合适的酸度。②可以调节淀粉含量，从而调节发酵升温的幅度和速度，使酵母菌在一定限度的酒精含量和适宜的温度内生长繁殖。

为了更好地控制入窖淀粉含量，一般都根据冬寒、夏热的不同季节，适当调整配料比例。

二、润料、拌和

浓香型大曲酒采用混蒸续糟发酵法酿制。在蒸酒蒸粮前，用钉耙在堆糟坝挖出约够一甑的母糟，或用抱斗从窖内取出约够一甑的母糟，堆于靠近甑边的晾堂上。倒入粮粉，随即拌和两次。要求拌散、和匀，消灭疙瘩、灰包。和毕，撒上已过秤的熟糠，将糟子盖好。此一操作、堆积过程称为“润料”。上甑前10~15min进行第二次拌和，把稻壳、粮粉、母糟三者拌匀，收堆，准备上甑。

润料是使粮粉从母糟中吸取一些水分和有机酸，以利糊化。各厂因工艺操作不尽相同，润料时间也长短不一。1965年，四川省食品发酵工业研究设计院承担了轻工业部项目：“泸州老窖大曲酒微生物性状、生化活动及原有工艺的总结与提高”，在研究中，对润料时间的长短与糊化率的关系进行了系统的测定（表5-22）。

表 5-22　　不同润料时间对比试验

试验次数	序号	润料时间/min	蒸煮时间/min	上甑时间/min	酒醅		出甑粮糟				糊化率/%
					酸度	水分/%	酸度	水分/%	总糖/%	可溶性碳水化合物/%	
1	01	0	75	40	3.4	60.8	2.7	/	15.19	5.25	34.56
	02	40	75	42	3.4	60.8	2.7	/	14.88	5.63	37.80
	03	70	75	33	3.4	60.8	2.6	/	15.10	6.13	40.56

续表

试验次数	序号	润料时间/min	蒸煮时间/min	上甑时间/min	酒醅		出甑粮糟				糊化率/%
					酸度	水分/%	酸度	水分/%	总糖/%	可溶性碳水化合物/%	
2	04	0	70	30	3.4	61.2	2.6	54.1	14.62	5.63	38.47
	05	40	70	35	3.4	61.2	2.6	54.6	14.29	5.69	39.80
	06	70	70	35	3.4	61.2	2.6	54.9	13.98	5.75	44.13
3	07	0	75	49	3.5	61.4	2.6	55.0	14.42	6.38	37.27
	08	40	75	40	3.5	61.4	2.4	53.1	16.40	6.88	41.92
	09	50	75	38	3.5	61.4	2.5	53.7	15.98	6.63	41.46
	10	70	75	39	3.5	61.4	2.5	54.9	15.25	6.38	41.86

表5-22说明：

（1）润料时间越长，糊化率越高。润料40min和50min均比不润料的糊化率高1%~3%。

（2）润料40min和50min的糊化率基本一致。

（3）在固定上甑人、粮粉、酒醅、稻壳比例和固定蒸粮时间的条件下，上甑时间越长，糊化率越高。

总之，润料时间越长，糊化率越高。但在实际操作中润料时间不可能太长，一般以润料40~50min为宜。笔者发现，在“润料”操作中存在以下问题：

（1）润料时，将母糟、淀粉、稻壳同时拌和，有些粮粉装入稻壳的“窝窝”中，不能直接从母糟中吸取水分和酸，这些干粉不易蒸熟。

（2）润料时间过长，有些一上班就起糟拌粮上甑，头一甑没有润料，影响糊化，常发现“生心”；而另外几甑亦开始润料，在晾堂堆积时间长达5~6h，粮粉吸足水分和酸，并变软，甚至“发倒烧”，蒸酒蒸粮后，增加黏性，采用多粮尤甚，只好加大糠壳用量，增加了酒中的异杂味。

（3）加水润粮，有些厂沿用生产大路白酒操作方法，加水润料，每天下班时将第二天要用的粮粉加水（有的还用温水）润粮。加水润粮对酒质影响更大，其一，加水润粮后再与母糟、糠壳拌和上甑蒸馏，降低了母糟中酒精含量，不利于己酸乙酯及其他香味物质的提取。其二，加水润粮时间长达10多个小时，粮粉吸足水分变软，酒醅黏度增加（或称发腻），势必增加辅料（填充料）用量，酒质下降，发酵升温猛，又影响下排酒质，造成“恶性循环”。其三，遇上热天，气温高，润粮过夜，粮粉变馊带酸，异杂味全部带入酒中，酒的味道可想而知。

在配料润粮时会遇到部分出窖母糟由于上排操作和配料上的原因，使粮糟发酵不良，母糟保不住水分而现干、糙，没有足够的水分润粮，若遇到这种情况，可考虑采取下述技术措施：

（1）黄水润粮　在入窖糟酸度不超过2.0的前提下，可缩短这种母糟的滴窖时间，以增加母糟含水量，并可用本窖黄水泼在母糟上，拌和均匀，随即倒入粮粉，翻拌均匀后收堆润粮。

（2）酒尾润粮　视母糟干燥程度，采用二道酒尾水15~20kg，均匀泼洒在粮糟上，翻拌后润粮。酒尾中亦可适当加入黄水，以提高母糟酸度。

（3）打烟水　在抬盘出甑时若发现由于粮粉没有润好而糊化不完全时，可在出甑前10min将90℃以上的热水20~30kg泼于甑桶内的粮糟上，这就是打烟水。然后翻拌一次，盖上云盘（甑盖），再蒸一段时间。出甑后打量水时，扣除打烟水重量。

第六节　蒸酒、蒸粮和打量水

一、基本工艺

（一）蒸面糟

先将底锅洗净，加够底锅水，并倒入黄浆水，随及装入面糟4~5撮，待将穿汽时，再陆续装入，要注意控制火力大小避免底锅水冲上甑篦。要轻撒匀铺，切忌重倒多上，以免起堆塌气。一般装甑时间40~50min（视甑容和火力而定）。装满用手或工具将糟刮平，边高中低，等蒸汽离甑面1~2cm时才盖上云盘，安好过汽管接酒，蒸出的酒称为“丢糟黄浆水酒”。大多数丢糟黄浆水酒经稀释后回窖发酵。丢糟作饲料出售。

大曲丢糟中残余淀粉较高，现一般将出甑丢糟（或加少量粮食）经摊晾后，撒上曲药或根霉曲，加酵母再入窖发酵，入窖温度在30℃左右，发酵期一般为30d左右。可以节约粮食，增加经济效益。

（二）蒸粮糟

蒸丢糟黄浆水后的底锅要彻底洗净，然后加水，换上专门蒸粮糟的甑篦（若用不锈钢甑篦，也要用水冲净），装甑要求同前。开始流酒时应截去酒头约0.5kg，然后量质接酒，分质贮存。流酒温度，除最热天气外，一般要求在30℃以下。某厂曾对流酒温度进行过优选法试验，结果认为流酒温度以25℃效果最好。蒸酒时要求缓火蒸酒，火力均匀，断花摘酒，从流酒到摘酒为15~20min。酒尾用专用容器盛接，一般接40~50kg。断尾后，加大火力蒸粮，以达到粮食糊化和降低酸度的目的。蒸粮时间从流酒到出甑为60~70min。对蒸粮的要求是达到“熟而不黏，内无生心”，也就是既要蒸熟透，又不起疙瘩。

（三）打量水

粮糟出甑后，堆在甄边，立即打入95℃以上的热水，出甑粮糟虽在蒸粮过程中吸收了一定的水分，但尚不能达到入窖最适宜的水分，因此必须进行打量水操作，以增加其水分含量，有利于正常发酵。量水温度要求不低于95℃，才能使水中杂菌钝化，同时促进淀粉细胞粒迅速吸收水分，使其进一步糊化。所以，量水温度越高越好。

量水的用量视季节不同而异。一般出甑粮糟的含水量为50%左右，打量水后，入窖粮糟的含水量应在53%左右。老酒师的经验是夏季多点儿，冬季少点儿。一般每100kg粮粉，打量水 80~90kg，便可达到粮糟入窖水分的要求。量水用量要根据温度、窖池、酒醅的具体情况，灵活掌握。若用量不足，发酵不良；用量过大，酒味淡薄。

打量水要撒开泼匀，不能冲在一处。泼入量水后，最好能有一定的堆积时间，这样可以缩短蒸粮时间。四川省食品发酵工业研究设计院在泸州曲酒厂进行过出甑粮糟打量水后堆积 40min 的试验：结果是出甑粮糟打量水后堆积 20min，能使糊化率增高。同样的润料时间，蒸粮 50min 后堆积 20min 的糊化率比净蒸 50min 的高，而与蒸煮 70min 的接近，甚至稍有提高。根据测定，泼入 95℃以上的量水后，堆积 20min，温度仍可保持在 90℃以上，促使淀粉颗粒继续吸水糊化。这是一个节约能源、降低成本的办法。

打量水时，如果量水温度过低，泼入粮糟后将大部分浮于糟的表面，就是所谓“水沽沽的”“不收汗”，入窖后很快沉于窖底，致使上部糟子干燥，发酵不良。

上述量水用量，系指全窖平均数，实际上有的是打平水，即上下一样；有的是底层较少，逐层增加，上层最多，即所谓“梯梯水”。这种打法有调节上下水分均匀的作用。

（四）蒸红糟

由于每次都要加入粮粉、曲粉和稻壳等新料，所以每窖都要增长 25%~30% 的甑口（甑数），增长的甑口，全作红糟处理。红糟不加粮，蒸馏后不打量水，作封窖的面糟。

二、 蒸馏操作

“生香靠发酵，提香靠蒸馏”，因此，认真细致的蒸馏操作是丰产又丰收的关键。酒醅蒸馏主要是提取酒精及香味物质，并蒸入一定量的水，也混入一些微量物质，与此同时还排出了由固形物及高沸点物质与水等组成的酒糟。另外，从气相排出一些低沸点杂质，如二氧化碳、乙醛、硫化氢、游离氨等。在分离的同时，对酒精及香味成分起到了浓缩作用。将酒醅中 4%~6%酒精浓缩到 50%~70%，其他香味物质也增加了浓度，从而使白酒保持应有的酒精量并具有特殊的芳香。

蒸馏操作的要求：拌料均匀，轻撒匀铺，探汽上甑，边高中低，缓火蒸酒，大火蒸粮。蒸馏操作好的，可将酒醅中 80% 的香味物质转移到酒中；蒸酒操作粗糙，酒和芳香成分的提取损失就大，严重时损失近一半。

1. 蒸馏时糟醅的含水量

若出窖糟醅的含水量为 61%，通过加粮润料，糟醅、粮粉、糠壳混合后，水分若减少 10%，即上甑糟醅之水分只有 51%左右，这种情况有利于酒精、己酸乙酯和其他香味成分的提取；若滴窖不净或入窖量水用量过多，上甑糟醅水分超过 51%，己酸乙酯的提取量减少 10%~20%，酒精的提取亦受影响，这种情况不但造成酒中己酸乙酯含量下降，而且乳酸乙酯含量增加，从而造成己、乳比例失调，影响酒质。

2. 上甑技巧

上甑技巧非常重要，凡严格按工艺操作上甑的，可以多出酒，降低粮耗，而且酒质好。我们 20 世纪 60 年代在泸州酒厂顶丰恒小组查定，测定蒸馏效率，取同一窖上、中、下层均匀的母糟，称重，拌入粮粉润料，盖上糠壳，上甑前拌匀，取样测定含酒量。同样的糟醅，同样的粮、糟、糠比，不同的人上甑，烧火、接酒，结果老师傅上甑，认真细致、轻撒匀铺，“回马上甑”，火力也控制得好，比一般师傅每甑多出 3~4kg 酒，酒质也高一个等级（即老师傅接的是头曲，一般师傅接的是二曲）。可见上甑技巧的重要性。可是，有些厂是两三个人用铲子一起上甑。轻一铲重一铲，糟子在甑内呈“鸡屎堆”，一些地方已经穿汽，另一些地方还是冷的，穿汽不匀，造成“夹花流酒”，接出来的酒高达70%vol，酒中仍带“尾子（酒稍）味”，对酒质造成严重影响。

3. 上平甑还是上“窝窝甑”（即边高中低）

曲酒蒸馏的酒甑都呈“花盆状”，即上大下小，这主要是考虑酒醅在甑桶蒸馏时，蒸汽的纵向扩散作用（包括涡流扩散和纵向分子扩散）和边界效应的关系，酒糟颗粒与甑桶黏着力小于酒糟颗粒本身的黏着力，因此阻力也小，蒸汽易沿甑边上升。若上平甑，甑边上汽较快，甑心上汽较慢，造成来汽不匀，上凹甑（即边高中低）则可克服蒸汽的纵向扩散和边界效应，做到上汽均匀。所以一般控制甑边的酒醅比中间高出2~4cm。

4. 上甑时间

上甑时间与上甑时火力或蒸汽大小密切相关。曲酒中的芳香成分十分复杂，有数百种之多，其沸点相差极为悬殊，低的只有几十摄氏度，高的近300℃。在甑桶中各种物质相互混溶在一起，沸点也发生变化。形成特有的蒸发系数，各种香味成分相伴馏出。如果缓慢蒸馏，酒精在甑桶内最大限度地浓缩，并有较长的保留时间，其中溶解的香味成分就增多。反之，大汽快蒸，上甑时间短，酒精快速流出，即使高产酒醅中己酸乙酯及其他香味物质也难丰收于酒中。实践证明，上甑时间（甑容为1.5m^{3}左右）35~40min的比上甑时间为20min或50min以上的己酸乙酯量高20%左右。而且大火快蒸，因酒精浓度迅速下降，乳酸乙酯却大量馏出，使香味成分失调，酒质下降。

三、 量质摘酒

大曲酒蒸馏是采用混蒸间歇式蒸馏。在蒸馏过程中，酒精浓度不断变化，馏出的酒其酒精度随着酒糟中酒精成分的减少而不断降低。但是温度不断上升，而使酒内挥发性有机酸的浓度不断增加，一些高沸点物质也不断增加。

通过对蒸馏过程中，不同馏分中微量成分的测定，可以了解到酒中微量成分在整个蒸馏过程中的变化（表5-23）。

表5-23　蒸馏过程中馏分成分的变化　单位：g/100mL

流酒时间/min	酒精度	总酸	总酯	总醛	甲醇	杂醇油	馏分感官品评
0	62.4	0.1541	3.80	0.0156	0.08	1.0	酯香味浓，刺鼻
5	71.8	0.0940	0.860	0.0148	0.08	0.6	酯香味浓，稍麻口
10	70.3	0.0911	0.464	0.0141	0.06	0.4	酒香纯正，入口顺，回甜
15	69.3	0.0927	0.447	0.0123	0.04	0.35	醇正，入口香，回味长
20	8.3	0.0954	0.449	0.0111	0.045	0.20	醇正，稍淡味，带甜
25	59.4	0.1293	0.451	0.0127	0.05	0.2	醇和，稍淡，带酸
30	45.6	0.1646	0.456	0.0146	0.04	0.3	味较淡，有酒梢味，带酸

20世纪80年代初，四川省食品发酵工业研究设计院有限公司承担省科委重点项目：“泸州大曲酒微量成分与风味关系的探讨”，对泸州酒厂的酒和五粮液的不同馏分，进行

了系统的色谱检测，结果见表5-24。

表5-24　　不同馏分微量组分的变化　　单位：mg/100mL

成分	泸州酒厂			五粮液酒厂			含量变化
	酒头	中馏	酒尾	酒头	中馏	酒尾	
己酸乙酯	567	334	190	574	325	76	↘
乳酯乙酯	132	253	353	134	262	397	↗
乙酸乙酯	625	195	45	610	285	30	↘
丁酸乙酯	97	40	14	26	11	11	↘
棕榈酸乙酯	37.6	5.4	3.4	24.5	14.5	4.3	↘
油酸乙酯	19.5	6.11	2.7	12.6	5.1	1.6	↘
亚油酸乙酯	26.3	7.2	3.4	11.9	5.0	4.0	↘
戊酸乙酯	24	12	5	16	9	2	↘
乙酸	36.7	51.5	60.05	50.8	55.1	59.0	↗
丙酸	0.6	0.9	1.2	1.2	1.6	2.4	↗
正丁酸	9.9	16.8	24.2	8.6	16.6	25.8	↗
乳酸	17.9	17.4	3.01	21.5	44.6	22.2	↗
己酸	18.6	31.4	49.5	31.8	69.1	28.9	↗
庚酸	0.3	0.4	0.5	0.2	0.4	0.5	↗
壬酸	0.04	0.03	0.04	0.02	0.02	0.02	→
棕榈酸	16.8	0.90	0.32	3.1	1.54	0.03	↘
亚油酸	15.3	0.70	0.20	2.9	1.2	0.04	↘
油酸	15.3	0.70	0.20	2.9	1.2	0.04	↘
甲醇	18.6	15.9	19.5	5.4	7.3	8.4	↗
正丙醇	25.7	19.8	15.3	21.7	16.2	4.4	↘
异戊醇	47.0	37.4	27.0	75.1	51.9	12.9	↘
2，3-丁二醇	3.89	2.01	2.82	4.2	2.6	0.61	↘
β-苯乙醇	0.23	0.15	0.38	0.18	0.41	1.52	↗
乙醛	130.2	50.1	14.9	166.8	42.5	9.6	↘
乙缩醛	318.4	111.7	25.5	149.9	120.7	13.2	↘
双乙酰	19.9	7.5	4.0	25.9	5.8	2.4	↘
醋鎓	4.6	3.8	2.6	3.7	/	/	↘
糠醛	0.98	1.50	2.49	0.89	2.98	11.2	↗

由表5-24测定结果可以看出，酒头中含有大量的酯、酸、甲醇、醛和较高的酒精成分及杂醇油等物质，形成较浓的酯香味，以致刺鼻，且味杂、糙辣。因此，大曲酒蒸馏时，一般摘头0.5kg左右。因酒头中芳香成分多，可选择优者经贮存作调味酒之用。

曲酒中芳香成分众多，既有色谱骨架成分，又有复杂成分，其沸点高低悬殊。例如，甲醛 20℃，乙醛 21℃，甲醇 64.7℃，甲酸 100.7℃，乙醇 78.30℃，乳酸乙酯 118.13℃，乙酸乙酯 77℃，己酸乙酯 167℃，而甘油却为 290℃。尽管如此，甑内气相温度在 95℃以下（实测数据），然而各物质组分，均可按定比关系蒸出，在甑桶中各种物质相互混溶在一起，其沸点必然发生变化，形成特有的蒸发系数。例如，乙酸乙酯和己酸乙酯都溶于酒精蒸气中，它们的馏出量与酒精浓度成正比，如果“缓火蒸馏”，使酒精在甑内最大限度地浓缩，并有较长的保留时间，其中溶解的上述酯类就增高。反之，大汽快蒸，酒精快速流出，酒醅中虽高产己酸乙酯，但却不能丰收于酒中。乳酸乙酯和甘油等易溶于水蒸气中，酒精浓度较高，它们馏出量较少，酒精度降低，它们则大量馏出。有的曲酒糟味较重，后味很涩，这除了其他物质平衡失调以外，主要是双乙酰和乳酸乙酯含量过高。

量质摘酒，就是根据不同馏分微量成分含量的差异，用感官品评进行鉴定，根据酒质不同来分段接酒。通过认真的上甑操作和流酒过程中细致的品评，上层糟有时亦会摘到优质的“合格酒”。量质摘酒要求管甑人有较熟练的品评技术，并对流酒过程酒质的变化有较深的实践，需要不断总结，仔细分析，积累经验，才能得心应手。

所得酒的乙醇浓度（酒精度）必须在 63%vol 以上，如果原度酒的乙醇浓度（酒精度）低于 63%vol，则可能有以下几个原因：

（1）拌糟不均匀。

（2）未做到轻撒匀铺上甑。

（3）糟醅含水量太大或上甑糟用糠量太小。

（4）摘酒不及时，导致酒尾流入。

（5）未正确认识断花摘酒。

（6）冷却器渗漏。

（7）粮糟装甑过满。

（8）底锅水太满，沸腾时渗透到了甑箄上面。

四、缓火蒸酒、大火蒸粮

“缓火蒸酒，大火蒸粮”是传统操作中蒸馏工序的经验总结。“缓火蒸酒”的科学含意前已述及，不再重复。“大火蒸粮”是指蒸煮糊化。

1. 蒸煮的作用

蒸煮的作用是利用高温使淀粉颗粒吸收水分、膨胀、破裂，并使淀粉成为溶解状态，给曲的糖化发酵作用创造条件。蒸煮还能把原料上附着的野生菌杀死，并驱除不良气味。浓香型大曲酒系用混蒸法，即蒸酒蒸粮同时进行，因此，蒸煮（馏）除起上述作用外，还可使熟粮中的“饭香”带入酒中，形成特有的风格。

淀粉是一种亲水胶体，吸收水分后能发生膨化现象，这是由于水分渗入淀粉颗粒内部，使淀粉的巨大分子链扩张，因而体积膨大，质量增加，随着温度的升高而继续膨化。在一定范围内，当淀粉颗粒的体积已增加到 50~100 倍时，各巨大分子间的联系削弱，从而导致淀粉颗粒的解体，此现象称为淀粉糊化。

在糊化时，淀粉结晶体的构造仅部分破坏，本来排列整齐的淀粉层变化成错综复杂的网状结构，这种网状结构是由巨大分子的胶淀粉的支链相互联系的。随着温度的继续升高，此种网状结构可断裂成更小的片段。

2. 影响糊化的因素

原料糊化的好坏与产品质量和出酒率有密切关系。影响糊化的因素很多，操作时要特别注意。

（1）原料粉碎度　酿造大曲酒的原料大多先经过粉碎，粉碎过粗或过细都不利于糊化和发酵。但浓香型大曲酒的酒醅都经过多次发酵（续糟发酵），原料并不需要过细。

（2）出窖糟的水分和酸度　粮粉在蒸煮前先经过润料，出窖酒醅中水分越大，酸度越高，粮粉吸水更加容易；母糟干燥则粮粉吸水困难。

（3）润料时间长短　淀粉在润料时吸取了酒醅中的水分，颗粒略有膨胀，为糊化提供良好条件，同时淀粉在酸性介质中比在中性或碱性介质中容易糊化。润料时间越长，粮粉吸水越多，对糊化越有利。

（4）粮粉、酒醅、稻壳比例　三者适当地混合，可为蒸煮糊化创造有利条件。粮粉与酒醅配比大，吸水和酸的机会增多，适当地配以稻壳，可使穿汽均匀。

（5）上甑速度和疏松程度　上甑太快，来汽不均，粮粉预煮时间减少，影响糊化；太慢又会跑汽，影响产酒。上甑要求轻撒匀铺，探汽上甑，边高中低。

（6）底锅水量和火力大小　底锅水量的多少直接影响蒸汽上升量，火力大小（或蒸汽的压力高低）也影响蒸汽的上升速度。蒸汽的上升速度及数量都是影响糊化的重要因素。

（7）蒸煮时间的长短　在蒸煮（馏）过程中，前期（初馏阶段）甑内酒精浓度高，而甑内温度较低，一般只有95~100℃。到后来，随着流酒时间的增长，酒精浓度逐渐降低，这时甑内温度达到102℃（吊尾阶段），可使糊化作用加剧，并将部分杂质排出。因此，摘酒完毕，加大火力既可“追酒”较完全，亦可加速糊化。有的厂不规定具体的蒸煮时间，只是吊尾完即中止。蒸煮时间短，起不到应有的作用，造成出酒率低，尤其对发酵期短的影响更甚。但蒸煮过度，酒醅发黏、显腻，给操作和糖化发酵带来恶果。

总之，影响糊化的因素很多。直到现在，对曲酒蒸煮糊化质量的检验尚无一套合理、准确的方法。一般根据传统操作的经验，做到“熟而不黏，内无生心”就可以了。

五、打量水

“打量水”是浓香型大曲酒酿造中重要操作。粮糟经蒸酒蒸粮过程虽然吸收了一定的水分，但尚不能达到入窖最适水分，因此必须进行打量水操作，以增加其水分含量，有利于正常发酵。量水温度要求不低于95℃，才能使水中杂菌钝化，同时促进淀粉细胞粒迅速吸收水分，使其进一步糊化。所以，量水温度越高越好。

量水的用量视季节不同而异。一般出甑粮糟的含水量为50%左右，打量水后，入窖粮糟的含水量应在53%左右（扣除摊晾撒曲水分损失）。老酒师的经验是夏季多点儿，冬季少点儿。一般每100kg粮粉，打量水80~90kg（各厂不一），便可达到粮糟入窖水分的要求。量水用量要根据温度、窖池、酒醅的具体情况，灵活掌握。若量水用量不足，发酵不良；用量过大，酒味淡薄。量水用量是指全窖平均数，有的厂是打平水，即上下一样；有的是底层较少，逐层增加，上层最多，即所谓“梯梯水”。这种打法有调节上下水分均衡的作用。

打量水操作，并不复杂，只要在出甑粮糟上均匀泼入 90℃以上的热水便可。但操作中存在一些问题：

1. 量水温度不够或使用冷水

有的厂对量水温度要求不严格，只要是热水，哪怕只有 40～50℃，就往粮糟里泼。北方不少厂就用冷水，其理由是北方天气寒冷，水温低，杂菌少，泼入粮糟后可缩短摊晾时间。虽知出甑粮糟温度甚高，若即泼入冷水或温热水，膨胀的淀粉颗粒迅速收缩，水分附至表面成“水沽沽”的，发酵期间这些水很快下沉，造成上、中层酒醅缺水发酵，酒醅发干，发酵不正常。

2. 在甑内打量水

为了减少工作量，很多酒厂如此。直接在甑内打量水，除不够均匀外，更重要的是增加淀粉的流失。现在许多酒厂使用的是金属甑篦，上面布满圆孔，粮糟易往底锅里掉，要出甑的粮糟经水一泼，有的甚至用水管往里冲水，增加了粮糟中淀粉的流失。笔者曾在某名酒厂实地观察，发现每甑由甑篦掉入底锅的粮糟多达 8～10kg，有的还超过此数。若粮糟中含淀粉 20%，每窖以 10 甑粮糟计，则损失淀粉 16～20kg，折合成原料为 24. 61～30. 77kg（原料淀粉以 65%计），若一个窖每年周转 6 次（发酵期以 60d 计，很多厂发酵期只有 40 多天，此数就更大），则每个窖由此造成的原料损失为 184. 62kg。若全厂 1000 个窖池，则原粮损失达 184. 62t，这个数目相当可观，若原粮以每吨 1400 元计（若用多粮的工艺还要高），则损失 25. 85 万元。

第七节　摊晾、撒曲

一、 摊晾

摊晾也称扬冷，是使出甑的粮糟迅速均匀地冷至入窖温度，并尽可能地促使糟子的挥发酸和表面水分大量挥发，但不可摊晾过久，以免感染更多的杂菌。摊晾操作极为紧张、细致，除夏季（指四川）约需 40min 外，其余在 20～25min，即可摊毕入窖。摊晾操作，传统是在晾堂上进行，20 世纪 60 年代中期开始，逐步采用晾糟棚、晾糟床、通风箱及晾糟机等部分机械，代替繁重的体力劳动，并使摊晾时间有所缩短。

1. 使用晾槽机摊晾加曲

打完量水后，翻拌完毕，开启电风扇，先听风扇运转是否正常。若运转正常再开启电动机，然后一人翻拌，一人上糟。上糟时厚薄程度应根据不同季节以及糟醅类别，一般厚 2～4cm，厚薄一致。当糟醅输送到曲斗时，立即加曲。加曲要求均匀，糟完同时曲药要下完，严禁加曲前少后多或前多后无。粮糟加曲一般占投粮的 20%左右，红糟加曲为每甑加 7. 5～10kg。摊晾过程中翻拌操作的人还要负责控制加曲速度，另一个人负责接运入窖槽下窖。控制入窖温度，要求各斗、各车之间入窖糟温差不超过 1℃。

2. 手工操作摊晾加曲

在酿酒生产中把打量水后的粮糟摊晾加曲的操作过程称为“做晾堂”，也有的地方称为“摊晾”。传统的操作是将粮糟用木锨铲到晾堂撒散、撒平，厚度约3cm，然后打一次冷铲，即铲成锨板宽的埂子，后又破埂，随即用排气扇吹冷，用木齿粑及时反复拉4~5次。“做晾堂”的主要目的是使出甑后的粮迅速降温至规定的入窖温度，并排放酸气。晾堂操作要快，粮糟不可在晾堂上摊晾过久，以免杂菌感染和淀粉老化。加曲温度应根据季节的温度变化灵活控制，冬季加曲温度比入窖温度（18~22℃）高3~6℃，热季加曲温度则要求低于地温1~3℃或平地温，同时应注意早晚的气温、地温差异。加曲时要求撒曲均匀，撒曲完毕后再翻拌均匀，立即将粮糟入窖。红糟入窖温度比粮槽入窖温度冬季高5~8℃，热季可平地温。

晾堂或晾糟机等长期与酒醅接触，具有酵母生长繁殖的适宜条件，如适当的水分、温度、营养等，因而晾堂或晾糟机上的微生物以酵母菌为主，还有念珠菌和黄曲霉等。夏季气温高，细菌感染的机会较多，因而要求摊晾时间尽可能缩短，要特别注意搞好清洁卫生。

二、撒曲

每100kg粮粉下曲18~22kg，每甑红糟下曲6~7.5kg，随气温高低有所增减。曲子用量过少，则发酵不完全；过多则糖化发酵快，升温高而猛，给杂菌生长繁殖造成有利条件，对质量和产量都有影响。下曲温度根据入窖温度、气温变化等灵活掌握，一般在冬季比地温高3~6℃，夏季与地温相同或高1℃。

第八节　入窖发酵

一、入窖

摊晾撒曲完毕即可入窖。先测地面温度，从而决定入窖温度。目前，多数大曲酒厂因设备条件所限，还不可能一年四季控制固定不变的入窖温度。一般入窖温度大都控制在13~18℃，根据工艺要求和地温调整。只是在地温高于20℃时，常温入窖（现已有用冷却设备降温的，可以达到理想的入窖温度）。在酒醅达到入窖温度时，将其运入窖内。入窖时，先在窖底均匀地撒上曲粉1~1.5kg，进窖的第一甑粮糟比一般入窖品温可提高3~4℃。每入1甑即扒平踩紧。全窖粮糟装完后，再扒平，踩窖。要求粮糟平地面（窖跌后），不铺出窖外，踩好。面糟入窖温度比粮糟略高。

根据不同季节决定入窖条件，是生产中最主要的一环，必须严格掌握，才能使发酵正常进行。温度、水分、酸度、淀粉含量和用曲量是入窖条件中最重要的因素。

酒醅高出地面的部分称窖帽。浓香型大曲酒具有特殊的芳香，主要来源于窖泥，越靠近窖底和窖壁的酒醅所产的酒就越浓郁芳香，这已是众所周知。故传统操作要求粮糟不得高出地面，封窖后窖帽高度最好不超过50cm。

二、封窖

装完面糟后，即将已踩柔熟的窖皮泥抬至面糟上，一面用泥掌（或铁铲）刮平抹光，厚度为10~20cm，以后每隔一天清窖1次，直到窖泥表面不黏手和发酵进行时，在窖皮泥上盖上塑料薄膜，以防窖面干裂。若用塑料薄膜盖时，最好每天揭开清窖1次，以防窖皮生虫长霉。

窖皮泥是用优质黄泥与老窖皮泥混合踩柔熟而成的。

封窖的目的是杜绝空气与杂菌的侵入，并抑制大部分好气菌的生酸作用；同时酵母在空气充足时，繁殖迅速，大量消耗糖分，发酵不良。在空气缺乏时，才能起到正常的缓慢发酵作用，因此严密封窖、清窖是十分必要的。

三、发酵管理

发酵期间，在清窖的同时，检查1次窖内温度的变化和观察吹口的变化情况，并详细进行记录，这一工作至少要坚持20~30d，有的厂能一直坚持到出窖。注意正确掌握发酵期间温度的变化规律，给开窖鉴定和下排配料提供科学依据。此外还应选重点窖做全面分析检验，如水分、酸度、淀粉、还原糖、酒精含量等，以积累资料，逐步掌握发酵规律，从而指导生产。

四、发酵过程温度的变化

为了较准确地测定窖内发酵温度变化情况，四川省食品发酵工业研究设计院和泸州曲酒厂课题组采用XCZ-102型窖内温度自动检测仪，分别测定窖内上、中、下层发酵温度。整个窖内发酵温度变化大体可分为3个阶段：第1阶段是前发酵期（主发酵期），于封窖时起计算天数，一般封窖后3~4d升到最高温度。但当夏季入窖温度高时，微生物繁殖加快，糖化与发酵同时进行，且霉菌糖化作用快，还原糖产生多，于封窖（或发酵1d）时就达到最高糖分。而当气温低时，入窖温度也低，一般封窖后8~12d才升至最高温度。这是因为入窖温度低，糖化作用缓慢，封窖后还原糖逐渐产生，要到第3天才能达到最高糖分，相应地酵母也发酵缓慢，窖内母糟升温缓和，在此期间入窖温度与发酵最高温度一般相差14~18℃。发酵达最高温度后5~7d，温度将稍微下降，但一般下降幅度不大。第2阶段为稳定期，从封窖后达到最高温度时起，至15~20d，品温一直保持在27~28℃（夏季36~39℃）。在此期间，糖化所生成的糖量与酵母维持生活所需的糖量基本平衡，发酵作用已基本停止，酵母逐渐衰老死亡，细菌和其他微生物生长占优势，此时酒精含量、酸度、淀粉等变化不大。第3阶段是酯化期，从封窖后酒精含量开始下降直到出窖。在此期间，品温缓慢下降，最后降至25~26℃（夏季30~32℃）。此时酵母已失去活力，主要是细菌的作用，以及酒醅中的醇类与有机酸起酯化作用，酒精含量稍有下降，酸度逐渐上升，这是发酵过程的后熟阶段，能促进成品酒产生较多的芳香成分。

五、发酵糟主要成分的变化

粮粉和曲粉中的成分，经各种微生物的作用，产生醇、酸、酯、酮、醛等各种物质，它们一起构成浓香型大曲酒特有的风格。发酵糟主要成分变化见表5-25。

表 5-25　发酵糟主要成分变化

时间/d	品温/℃	水分/%	淀粉/%	还原糖/%	酸度	pH	酒精/%vol	活酵母数/（$\times10^6$个/g）
入窖	27	54.3	16.15	—	1.9	3.8	—	47.5
封窖	29	55.4	14.89	1.49	2.0	3.8	0.40	45.0
1	32	55.6	14.86	2.82	2.0	3.8	1.07	54.0
3	36	59.9	10.33	0.68	2.2	3.8	3.74	54.5
5	37.5	61.0	9.28	0.52	2.2	3.8	4.10	68.5
8	37	61.0	8.61	0.36	2.2	3.8	4.76	72.0
15	34.5	62.5	7.57	0.42	2.4	3.7	4.62	63.5
20	33.5	64.1	7.06	0.24	2.6	3.7	4.61	63.0
30	32	64.1	6.90	0.24	2.9	3.6	4.65	60.0
40	30.5	64.1	6.62	0.22	3.2	3.4	4.64	57.0

从表 5-25 看出：

（1）酸度及水分随着发酵的进行而逐渐增高，酸度升高范围一般在 0.7~1.6，水分升高范围一般在 5%~10%。

（2）在发酵过程中，曲中 α-淀粉酶迅速切断淀粉的长链，生成相对分子质量较低的糊精、麦芽糖、麦芽三糖，含多个葡萄糖残基的寡糖及带有 α-1，6 键的界限糊精，再经过糖化型淀粉酶作用，将糊精、麦芽糖、界限糊精等进一步分解成葡萄糖。在各种酶的协同作用下，淀粉迅速水解成糖。在入窖初期淀粉含量下降很快，至发酵达最高温度后，虽有下降，但一般变化不大。

（3）还原糖的变化则与淀粉相照应，一般在 8d 以前到达最高含量，以后随着发酵时间的增长，酵母数目继续增多，而还原糖急剧下降，但在入窖后第 3 天至出窖的漫长时间里，还原糖量变化很微小，这是大曲酒生产边糖化边发酵的特点。从酶反应角度来看，由于糖水解产物葡萄糖不断被除去（生成乙醇等），分解出的产物对淀粉酶的反馈抑制，有利于酶水解反应的进行。

（4）乙醇含量于发酵初期随着时间的延长而逐渐增高，一般在 15~20d（与季节有关）达到最高含量。以后由于酵母酯化酶的作用，催化有机酸与乙醇结合脱水生成酯，消耗掉一定量的乙醇，因此在发酵后期，尽管糖化发酵作用仍在继续，而乙醇含量增加甚微。

（5）pH 随着发酵期的增加而有所下降，但总的变化不大，这说明曲酒发酵糟有一定的缓冲能力，有利于酵母的发酵和酶的催化反应。发酵糟中有机酸的产生和积累，直接关系到各种香味成分的形成。

（6）酵母数于发酵初期随着发酵温度的上升逐渐增加，一般在 8d 左右达到最高酵母数，以后稍有下降。

六、发酵期

整个窖内发酵过程大体可以分为三个阶段：

1. 前发酵期（主发酵期）

当摊晾加曲的糟醅进入容池密封后，直到乙醇生成的过程，这一阶段为前发酵期，它包括糖化和酒精发酵两个过程。

密封的窖池，微生物利用糟醅颗粒间形成的缝隙所蕴藏的稀薄空气进行有氧呼吸，而淀粉酶将可溶性淀粉转化生成葡萄糖，这一阶段是糖化阶段。而在有氧的条件下，大量的酵母菌进行菌体繁殖，当霉菌、酵母菌等微生物把窖内氧气消耗逐渐呈稀薄状态的同时，酵母菌进行酒精发酵。当气温高，入窖温度高时，微生物繁殖加快，一般封窖后4~6d 升到最高温度，升温幅度可达 8~12℃，封窖后 1d 左右糖分达到最高。当气温低，入窖温度也低时，相应的酵母菌的发酵作用也缓慢，窖内升温缓慢，一般封窖 7~12d 才升至最高温度，升温幅度可达 14~18℃，这是因为入窖温度低，糖化作用缓慢，封窖后还原糖逐渐生成，要到第 3 天才能达到最高糖分；达到最高温度后 5~7d 将稍微下降，但一般幅度不大。

2. 稳定期

一般当入窖温度低时，从达到最高温度时起，再过 15~20d，发酵糟醅温度一直保持在 28~32℃（夏天入窖温度高时，可达 34~38℃），在此期间，糖化所产生的葡萄糖与酵母菌酒精发酵所需的葡萄糖基本平衡，酵母菌在稳定期后期逐渐衰老死亡，细菌和其他微生物生长占优势。此期乙醇含量增加、酸度变化不大、淀粉含量下降。

3. 酯化期

封窖后 20~30d，酒精发酵基本完成，同时产生有机酸，并随发酵时间的延长而增加，从这一时间开始直到开窖都是发酵过程中的产酯期，也是香味物质逐渐生成的时期。

在此期间，发酵糟温度缓慢下降，最后降至 25~26℃（夏季 30~32℃）。此时酵母菌已失去活力，主要是细菌作用进行产酸，以及发酵糟中醇类与有机酸发生酯化作用，酒精含量稍有下降，酸度逐渐上升，这是发酵过程中主要的生香阶段，在微生物细胞中所含酯化酶的催化作用下而使酯类物质生成，能促进产生较多的风味物质。

浓香型大曲酒的传统发酵期，一般是 40~50d，但现在普遍延长，一般为 60d，也有 70~90d 的。经多年生产实践证明，发酵期适当延长，酒质较好，主要是由于窖内发酵糟经发酵而产生各种醇、酸等，然后经缓慢的酯化作用而生成酯类。因此，发酵周期长，酸、酯含量高，能赋予大曲酒以更浓的香味，从而提高产品质量。但发酵期过长，糟醅酸度大，出酒率降低，窖池周转率也低，所以发酵期也不宜过长。

七、 入窖发酵条件

入窖发酵条件包括温度、水分、淀粉、酸度、用曲量及糠壳用量等。

（一）入窖温度

入窖温度，四川传统操作都以地温为标准，但地温的高低又随气温的变化而异。所谓地温，系指靠近窖池阴凉干燥的地面温度。由于地温与窖池温度接近，比较稳定，当粮糟入窖后，其温度基本上与窖池温度接近，因此便于掌握，而气温则差异较大。

泸州传统的入窖温度是“热平地温冷 13（℃）”。也就是控制较低的温度入窖发酵，控制“低温缓慢发酵”，做到“前缓、中挺、后缓落”。但热季因气温较高，无法做到低温入窖发酵，只能尽量做到平地温入窖。那么，控制低温缓慢发酵有什么好处呢?

1. 有利于醇甜物质的形成

发酵温度的高低与酵母及其他微生物在窖内的繁殖情况有着密切的关系。在发酵时，酵母菌在生成酒精的同时，能产生一些以甘油为主的多元醇。多元醇生成量的多少与菌种、菌数及原料等有关，也与发酵速度、酒精成分密切相关。大曲和酒醅中的野生酵母，以及生产场地、用具上的野生耐高渗压酵母等菌类，在适宜条件下能产生较多的甘油和少量的阿拉伯醇等多元醇，这是酒内醇甜成分的一个重要来源。但它们产生这类物质与酒醅的含磷量有一定关系。浓香型大曲的酒醅中，含磷量为1%~2%，只能适应这类酵母产生多元醇之需。当发酵温度较低，发酵缓慢，窖内含氧逐渐减少时，磷氧比是缓慢增大，这时有利于多元醇的生成。若温度高，发酵速度快，糟内含氧量迅速减少，多元醇的产量也就大大地减少了。

在固态发酵中，甘油及其他多元醇的生成是很缓慢的，在酵母活动的末期产生较多。如果入窖温度高，发酵升温猛，酵母早衰，产生这类物质就少。正是由于醇甜物质生成缓慢，所以一般认为发酵期长些较好，但也不能认为发酵期越长越好，应该说是在一定范围内发酵期适当长些，醇甜物质就会多些，酒质也就更好。

酒中甜味物质还有如α-联酮、2，3-丁二醇和三羟丁酮等，这些物质是可以互相转化的。在固态发酵中，它们是酵母和细菌活动的副产物。当工艺条件适宜，酒醅成分合理并相对稳定，发酵缓慢时，就有利于这类物质的形成。

2. 有利于控制酸产酯

生产实践证明，凡是低温缓慢发酵的，升温幅度少，产酒正常。据泸州查定，比较正常的发酵酸度变化见表5-26。

表5-26　　较正常的发酵酸度变化

发酵天数	入窖	出窖	1	3	5	8	15	20	30	40
酸度	1.9	2.0	2.0	2.2	2.2	2.2	2.4	2.6	2.9	3.2

封窖至第8天，含酒量达最高峰，窖内温度也升至最高点，主发酵基本结束，这时酸度为2.2。升酸幅度仅为总升酸量的40%以下。低温缓慢发酵，就能在发酵的大部分过程中保持高酒精度和适当的酸度。这样不仅有利于本排和下排的正常发酵，而且对产生浓香型曲酒主体香酯有一定的影响。

从已酸乙酯形成的机理可知，这个过程在窖内进行是比较缓慢的。如果发酵速度过快，窖内迅速升温，酸度也很快上升，这样就很可能出现酒量少而酸高的现象，这时乙酸乙酯的形成大幅度地增加，于是在窖的上层会出现酸和乙酸乙酯的量大于乙醇的情况。这样，产酯反应往往趋向于到丁酸乙酯为止。

$$CH_3COOC_2H_5+C_2H_5OH \rightarrow CH_3(CH_2)_2COOC_2H_5+H_2O$$

只有当乙醇量大于乙酸乙酯时，反应才会继续到生成己酸乙酯：

$$CH_3(CH_2)_2COOC_2H_5+C_2H_5OH \rightarrow CH_3(CH_2)_4COOC_2H_5+H_2O$$

夏季入窖温度高，发酵升温快，酸度也高，这样就会造成乙酸乙酯含量大于乙醇，酒和香味往往不如冬季的浓。

3. 有利于控制高级醇的形成

任何种类的酒，在发酵过程中都会生成不同量的高级醇。高级醇是由原料中的蛋白质或酵母细胞中的蛋白质水解为氨基酸，酵母利用了这些氨基酸（如亮氨酸、异亮氨酸）

中的氨，并经脱羧后而生成的。可见，酒中高级醇的量与原料中蛋白质含量、酵母及其他微生物性状和数量有关。在相同条件下，发酵温度和速度对高级醇的生成量有较大的影响。若发酵温度高，发酵速度快，酵母在恶劣条件下，其代谢产物的高级醇量会增加，在酵母早衰的末期，高级醇会较大幅度地增长。若前火猛，发酵不正常，在缺氧条件下，一部分蛋白质被微生物分解产生甲硫醇、硫化氢等物质，使酒味冲辣带臭。

从气相色谱分析结果可知，浓香型大曲酒的醇酯比（高级醇与总酯的比值）是所有白酒中较低的一种，一般醇酯比为 1∶6 以上。高级醇含量过多，会使酒苦、涩、辣味增大。以江苏省洋河酒厂为例，优质洋河大曲酒和普通洋河大曲酒所用原料和大曲配方都相同，总的生产工艺也大体类似。前者发酵比后者长 1 个月，优质酒的高级醇不超过 0.07g/100mL，而普通酒的高级醇却达到 0.1～0.14g/100mL。优质酒的醇酯比为 1∶8，普通酒的醇酯比为 1∶2.5 左右。其原因除与大曲有关（优质酒用高温曲，普通酒用低温曲）外，更重要的是优质酒的发酵温度一般都比普通酒低 4～8℃，前者发酵速度慢于后者（前发酵期分别为 15d 和 6～8d）。由此可见，发酵温度和速度对高级醇的影响更甚于发酵期延长等因素。所以，低温缓慢发酵对控制高级醇生成量，使之不致过多，以便合理地缩小醇酯比是有效的。

4. 有利于加速新窖老熟，保证老窖酒质稳定提高

人工老窖的成香效果除了取决于窖泥中己酸菌的数量和性状外，还取决于细菌繁殖活动的环境是否适宜和营养是否充足。后两个方面主要是靠发酵来满足。除了在培养窖泥时要保证质量外，还要在搭窖后给以适宜的条件，才能加速新窖老熟，并且稳定提高。窖泥内的己酸菌等功能菌，在大曲酒发酵这一特定环境下，活动比较缓慢，低温缓慢发酵是与此相适应的。如发酵速度过猛，则升酸快，己酸菌等繁殖受到抑制，活动减弱，窖泥逐渐板结。实践证明，低温缓慢发酵能促使泥窖成香，相应地酒质也会逐渐提高。

适温入窖，缓慢发酵，是酒师长期实践经验的积累。怎样才能控制缓慢发酵？可从下述几方面来考虑：

（1）适当提高制曲温度，使用偏高温曲；把曲子的粉碎度适当放粗，并合理控制用曲量。在正常情况下，使用高温曲比使用中温曲的发酵速度慢 1～2 倍以上。

（2）量水要用高温，一般在 95℃以上，沸水更好。

（3）使用适量的填充料。在保证粮糟疏松的前提下，尽量减少填充料用量，不使淀粉颗粒之间含水量和含氧量过多。同时，适当踩窖，排出多余空气也是控制缓慢发酵的有效措施。

（4）控制酸度。入窖酸度 1.2～1.7（各地略有差异）有利于发酵。酸度高，发酵困难；太低往往发酵又较快。

（5）适当控制入窖粮糟淀粉含量，尤其在夏季更应严格控制。

（6）回酒发酵。在入窖粮糟中适当泼入少量低度酒（酒精含量 20%），不仅可以缓和发酵，而且可以提高酒质。

关于入窖温度与酒质的关系，20 世纪 80 年代以后也有不同论点。有人认为入窖温度适当提高，己酸乙酯生成量增加；相反，入窖温度低，己酸乙酸生成量少。例如，冬天入窖温度为 13～15℃，出酒率高，酒质醇和、绵甜，但浓香较差，也就是说杂质生成少，己酸乙酯也少；而夏季入窖温度在 25℃以上，出酒率低，酒质浓香味杂，即己酸乙酯生

成量虽然有提高，但杂质生成量也随之增加。有人曾做过生产试验，结果是13~15℃入窖比25℃以上入窖的己酸乙酯生成量减少20%~30%。因此，认为18~20℃入窖，既能保证出酒率，又能使酒质浓而不杂。当然，浓香型大曲酒的质量，不能只强调己酸乙酯的含量，而是要看其他微量成分（特别是复杂成分）的量比关系。

（二）入窖酸度

在发酵过程中，除生成酒精外，也产生许多副产物，有机酸是其中之一，它是淀粉变糖，由糖变酒的必然产物。酸有挥发酸和不挥发酸。挥发酸大部分为乙酸、丁酸等，不挥发酸大部分为乳酸。乳酸菌消耗糖产生乳酸，乙酸菌消耗乙醇产生乙酸，其反应如下：

$$(C_6H_{10}O_5)_n + H_2O \xrightarrow{\text{霉菌}} C_6H_{12}O_6 \xrightarrow{\text{乳酸菌}} 2CH_3CHOHCOOH\ (\text{乳酸})$$

$$C_6H_{12}O_6 \xrightarrow{\text{酵母}} 2C_2H_5OH + 2CO_2$$

$$2C_2H_5OH \xrightarrow{\text{乙酸菌}} 2H_2O + 2CH_3COOH\ (\text{乙酸})$$

入窖酸度，历来是酒师十分重视的条件，过去没有化验，全靠酒师“一看、二闻（嗅）、三尝”，来判断母糟的酸度。入窖酸度的高低，直接影响糖化、发酵的速度和酶活性，所以发酵的酸度过高或过低均不适宜。适当的酸度不仅有利于蒸煮糊化，而且有利于糖化和发酵。

低温缓慢发酵，前发酵期长，升温缓慢，有益微生物生长旺盛，可抑制有害微生物的生酸作用，因而出窖酸度增加不多，给下排入窖的酸度创造良好条件。据四川省某名酒厂的经验，生产上一般入窖酸度在1.7以下时，出窖酸度在2.5左右；入窖酸度在1.8~2.0时，出窖酸度在3.0左右；若入窖酸度在2.0以上时，则出窖酸度在3.0以上。夏季入窖温度高，升温猛，窖内温度很快就超过酵母最适温度（28~32℃），使它们活力下降，不能充分利用淀粉，剩余的糖分被乳酸菌所利用而生酸，导致出窖酸度高，这是夏季“倒窖”（掉排）的原因之一。20世纪60年代，泸州查定证实，入窖温度、酸度和出窖酸度、粮耗有密切关系，见表5-27。

表5-27　入窖温度、酸度与出窖酸度和粮耗的关系

入窖温度/℃	入窖酸度	出窖酸度	粮耗/kg	原料出酒率/%
13~14.5	1.7	2.7	188.8	52.97
16.5~17.5	1.8	3.1	200.3	49.93
22.5~23.5	2.2	3.3	216.3	46.23
27	2.3	3.5	221.9	45.07

窖内发酵糟酸度增高的原因，可从下述几方面来分析：

（1）入窖温度、酸度、淀粉含量高，发酵升温快，是生酸菌最适环境，使之繁殖加快。

（2）稻壳用量过多，窖内糟子疏松，空气较多，微生物繁殖迅速，而发酵升温快，这不仅会使酵母过早衰老，而且也有利于杂菌繁殖生酸。

（3）摊晾时间过长，感染空气及场地中的杂菌多。

（4）滴窖时间短或滴窖不勤舀，造成酒醅中黄浆水多，酸度必然增高。

（5）窖皮管理不严格而裂口，杂菌大量侵入。

（6）环境和工具卫生工作不彻底。

根据上述原因，制定相应的措施，是降低母糟酸度的有效办法。

在适宜的入窖酸度范围内，酸度低的生成己酸乙酯少，酸度大的生成己酸乙酯多。入窖酸度在 1.8 左右比入窖酸度在 1.0 左右的，可增加己酸乙酯含量 30~50mg/100mL。所以，控制适宜的入窖酸度是提高己酸乙酯和降低粮耗的较好措施。

（三）入窖水分

水是窖内一切生化变化的重要物质，但过多过少均不适宜。有经验的酒师，用手抓一把糟子，稍用力一捏，就知道母糟中水分的多少，准确度还颇高。据生产实践，若水分过大，糖化发酵快，升温猛，母糟酸度大；水分过低，酒醅发干或起坨坨，窖内黄浆水少，也不能正常发酵。入窖水分小的己酸乙酯生成量多，入窖水分大的己酸乙酯生成量少，水分适当可增加己酸乙酯含量 10~30mg/100mL。根据泸州的经验，较适宜的入窖水分为 53%~54%，若入窖水分增大到 56%以上，己酸乙酯的生成量也随之受到影响，以致酒味较淡。除了入窖水分外，量水的成分也与酒质有关，有些研究尚在试验中。

（四）入窖淀粉

淀粉在发酵过程中，除大部分变成酒精外，还产生二氧化碳和少量的酸、酯、醛、醇、酮等物质。此外，还供给微生物生长的需要。适当控制淀粉含量，与产量、质量的提高有密切关系。

入窖淀粉含量应随季节不同而增减。冬季气温低，入窖温度低，淀粉含量可高达 18%~22%；夏季气温高，入窖温度也高，淀粉宜降到 14%~16%。

据四川名酒厂的经验，在一定范围内，淀粉含量高，生成的己酸乙酯多。入窖淀粉 18%~22%的比入窖淀粉 15%左右的，可增加己酸乙酯含量 10~30mg/100mL。故应根据出窖酒醅淀粉含量来决定粮糟比。

表 5-28 是四川某名酒厂各季入窖条件和原料配比，供参考。

表 5-28　某酒厂各季入窖条件和原料配比

项目	旺季 12~5 月	平季 6、10、11 月	淡季 7~9 月	说明
地温	20℃以下	20~25℃	26℃以上	
稻壳/%	20~22	19~21	17~19	按投粮
量水/%	60~65	65~70	65~75	百分比
母糟/%	480	560	580	

续表

项目		旺季 12~5月	平季 6、10、11月	淡季 7~9月	说明
入窖	温度/℃	13℃或高于地温1~2℃	平地温或高于地温1℃	低或平地温	
	酸度	1.0~1.4	1.3~1.6	1.5~1.8	
	淀粉/%	16~17	15~17	15~16	
	水分/%	53~54	560	54~55	
出窖	酸度	2.5~2.8	2.6~3.0	3.0~3.2	
	淀粉/%	6~7.5	7~8.5	7.5~9	
	水分/%	57~60	59~60	59~60	

（五）稻壳用量

稻壳是优良的酿酒辅料。在配料时加入稻壳，既可稀释粮糟中的淀粉含量，又起疏松作用，这在固态发酵酒中有着重要意义。

但稻壳用量不宜过多，否则，不但直接影响酒质，而且造成窖内发酵糟淀粉颗粒之间空隙加大，发酵速度加快，也影响产量和质量。

稻壳用量过多（不少厂没有具体规定，由操作人自由使用）有以下弊病：

（1）发酵时糟醅内含空气过多，窖内升温猛而高，生酸也多。

（2）糟醅太糙，保不住黄水，黄水过早下沉，上部糟醅显干，发酵不正常，己酸乙酯等香味物质生成少，酒质差。

（3）蒸馏时带来更多异杂味

因此，应严格控制稻壳用量。据经验，一般单用高粱酿酒的，糠壳用量为20%~22%；采用多粮酿酒，因大米、糯米等黏性强，糟醅易起坨坨，稻壳用量可增至23%~26%。若糟醅酸度较低，出窖酸度在2.5以下，可采用“加回减糠”的办法，即加大回醅量以减少糠壳用量，这样既能提高入窖酸度，又能减少用糠量，一举两得。“加醅减糠”工艺操作中，应注意出窖酒醅的酸度，若酸度高时，不宜采用此法，否则会影响下排出酒率。

（六）入窖条件相互之间的关系

1. 入窖温度与大曲用量成负相关性

入窖温度高时，大曲用量应少一些。如果入窖温度高，而用曲量又大，则会造成升温快、生酸快、发酵期缩短、糟醅发酵不完全，产出的酒数量少，质量差。因此，在生产上都是入窖温度低时，多用些大曲；入窖温度高时，则少用一些大曲。

2. 温度与糠壳用量成负相关性

糠壳在酿酒生产上起填充作用，因它具有疏松性、透气性，能促进窖内糟醅升温。因此，在入窖温度高时，应少用一些糠壳；反之，当入窖温度低时，则多用一些糠壳。

3. 淀粉浓度和水分成负相关性

理论上，当淀粉多时，则应多用一些水，这才有利于淀粉的糖化、糊化。而在实际酿酒生产中，淀粉与水分则是成负相关性。热季生产时，水用量大，淀粉用量减少；冬季生产时，水用量减少，淀粉用量增大。可见，环境温度起着支配作用。

4. 淀粉浓度与糠壳用量成正相关性

糠壳具有调节淀粉浓度的作用，当淀粉多时，糠壳应多一点。如果淀粉多而糠壳少，淀粉浓度高，醅密度大而不疏松，就会造成糟醅发黏，发酵不完全。

5. 酸度与水分成正相关性

水分能稀释酸而降低酸度。当糟醅酸大时，用水量也应大；反之，酸度小时，用水量也相应小。但在实际生产中，如果酸度过高影响生产时，不宜采取加大用水量来解决酸度过高问题。加大用水，只能增加糟醅的表面水分，而淀粉吸收的溶胀水分是有限的。糟醅表面水分过多，造成杂菌繁殖快，对生产不利。

6. 酸度与糠壳用量成负相关性

糠壳可稀释酸度，当糟醅酸度大时，宜多用一点糠壳来降低酸度。但由于受入窖温度的制约，酸度、糠壳用量则成负相关性。冬季生产时，酸度低多用糠壳；夏季生产时，酸度高少用糠壳。

7. 温度与淀粉成负相关性

入窖温度低时，入窖淀粉宜高；温度高时，淀粉宜低。这是因为淀粉在转化过程中要产生热量，入窖温度低，而入窖淀粉高，转化过程中产生的热量大，升温幅度也大，使发酵温度最终能达到32℃左右，即达到酵母菌最适的发酵温度，使发酵缓慢并达到完全的程度；反之温度高时，减少淀粉则可使产的热量少些，降低发酵顶温，同样是为了促进发酵良好。

8. 温度与水分成正相关性

温度高需要的水分就多，温度低所需的水分就少，这在理论上和实际生产中都是如此。

9. 温度与酸度成正相关性

温高酸高，温低酸低，这是一个重要的关系，在生产上不能破坏，若破坏了这个关系对于生产就不利。如入窖温度高而入窖酸度低，则会产生升温猛，升温幅度大，产量、质量均不好；较高的酸度能够抑制微生物的代谢升温，这就是人们常说的“以酸抑酸”。相反入窖温度低而入窖酸度高，则会造成升温太慢，发酵不完全，严重时还可能发生不升温、不来吹、不发酵、不产酒的“倒窖”现象。

10. 淀粉与大曲用量成正相关性

即淀粉浓度高用曲量应多。

（七）回酒发酵

回酒发酵，经长期生产实践证明是提高产品质量的有效措施，但回酒量不宜过多，一般每甑回酒（以酒精60%vol计）2.5~4kg，入窖酒醅的含量不超过2%，否则妨碍发酵。分层回酒的方法，是用本窖的丢糟黄水酒（或质量较差的酒）加2倍左右的水，稀释到酒精含量为20%vol左右，每甑或隔甑泼入窖内。回酒时要窖边多泼，泼散、泼匀，并应从量水中扣除其数量。

回酒发酵可起下列作用：

（1）使入窖酒醅有一定的酒精含量，抑制产酸菌的生长繁殖。

（2）己酸发酵需要有酒精作为基质，因此回酒，特别是在窖壁上泼入，有利于己酸菌的生长繁殖。

（3）有利于酯化作用的进行。但是，若母糟发酵不正常，操作工艺和管理不当，回酒发酵作用甚微。

八、滴窖勤舀

滴窖就是将酒醅中的黄浆水滴出，从而降低出窖酒醅的酸度和水分。黄浆水是怎样形成的呢？酒醅入窖后在发酵过程中，淀粉由糖变酒，同时产生二氧化碳，单位酒醅的质量相对减少，结晶水游离出来，原料中的单宁、色素、可溶性淀粉、酵母自溶物、还原糖等溶于水中沉入窖底而形成黄水。黄水成分见表5-29。

表5-29　黄水成分

酸度	淀粉含量/%	还原糖含量/%	酒精含量/%vol	pH	黏度/（Pa·s）	单宁及色素含量/%
5.3	1.9	0.69	8.04	3.5	4.35×10^{-3}	0.19
5.3	1.69	0.71	7.15	3.4	4.01×10^{-3}	0.16
4.8	1.46	0.36	7.04	3.6	2.42×10^{-3}	0.12
4.8	1.28	0.34	7.91	3.5	3.56×10^{-3}	0.145

注：20世纪60年代泸州酒厂查定数据。

在窖内，黄浆水浸没的酒醅，水分都在62%以上，不利于蒸馏，对下排发酵造成不良影响。酸度过高，酿酒微生物生长繁殖受到抑制，不能正常发酵。滴窖，是降低下层酒醅的水分和酸度，为蒸馏操作和下排发酵创造良好条件，并避免黄水味从母糟带入酒中。

滴窖操作是在开窖起母糟时，看见出现黄水（或母糟较湿），即停止起窖，在窖内剩余的母糟中央或一侧挖一黄水坑滴窖。坑长、宽70~100cm，深至窖底，随即将坑内黄浆水舀净，以后则滴出多少舀多少，每窖最少舀4~6次，即要做到“滴窖勤舀”。过去，老酒师为了使黄水滴净，半夜都起来舀黄水，真正做到细致操作。滴窖时间一般要求12h以上。现在很多厂在窖池黄水坑一侧安装一根管子，与手动压水泵连接，出窖前将黄水抽出，十分方便，大大减轻了劳动强度。

北方有的厂在建造窖池时，为了避免黄水在窖内的积聚，在窖底挖一个坑，坑底有一通道，直通窖外，这样窖内不可能存留黄浆水，即有多少就流多少。酿酒前辈周恒刚老先生，多次到四川考察，深感“黄水是个宝”，黄水对浓香型曲酒香味成分的形成，作用甚大。根据四川的经验，凡是保不住黄水的窖池，酒的产质量都较差。

第九节　酿酒安全度夏措施

一、 夏季掉排减产原因

夏季掉排减产是固态法白酒生产中一直没有解决的老大难问题。进入夏季后，入池温度随气温上升，糖化发酵旺盛，窖内升温猛，杂菌繁殖迅速，糟醅酸度大幅度上升，有益菌生长异常，致使出酒率及酒质下降，有时甚至不出酒。实践证明：入池温度每上升1℃，原料出酒率下降1%。如果入池温度在30℃以上，出酒率便在24%左右徘徊。此外，由于温度高，在起窖、堆糟、拌和、蒸馏、勾兑、包装等工序中，酒精大量挥发，也造成了相当大的损失。因此，如何采取有效措施防止夏季掉排，将损失减少到最低限度，对稳定出酒率，降低粮耗，增加企业经济效益和社会效益，具有重要意义。为了攻克"夏季掉排"这个难关，我国大曲酒生产第一线的工人和工程技术人员，在长期的生产实践中不断摸索，积累了丰富的经验。特别是随着对酿酒机理研究的逐步深入，又产生了许多较之传统方法更为有效的新措施。现根据有关资料综合介绍一下我国白酒行业缓解"夏季掉排"的一些方法和经验，这些方法基本上反映了我国白酒"夏季掉排"防治的现状和动态。

夏季入窖温度高，升温猛，为什么会造成降质减产呢，可以从下面诸方面分析：

（1）入窖温度高，升温猛，酸度大，使糖化发酵很快地进行，酶的活性受到抑制。经化验证明，由于升温快，发酵糟含酒精量一般到5~6d即可达到高点。到出窖时含酒精量反而下降。

（2）入窖温度高、发酵升温快，给杂菌繁殖造成适宜的条件，使糖或酒精变成酸，造成发酵糟的酸度增加，影响发酵正常进行，从而降低出酒率。例如，乙酸杆菌在代谢中，将乙醇氧化产生乙酸。

$$CH_3CH_2OH+O_2 \xrightarrow{\text{乙酸菌}} CH_3COOH+H_2O$$

又如，乳酸菌在发酵过程中能把葡萄糖变成乳酸。

$$C_6H_{10}O_5+H_2O \rightarrow C_6H_{12}O_6 \rightarrow 2CH_3CHOHCOOH$$

在发酵过程中，发酵糟增加酸度1度，每100kg糟子损失淀粉量（酸度以乳酸计）可按下述方法计算。

酸度一般以滴定1g糟子中的酸，消耗0.1mol/L NaOH溶液的体积（mL）表示。又因1分子葡萄糖在乳酸菌作用下，可发酵生成2分子乳酸。所以：

$$100\times\frac{0.1}{1000}\times90\times0.9=0.81\ (\text{kg})$$

式中　0.1——滴定用的氢氧化钠溶液浓度，mol/L

90——乳酸摩尔质量，g/mol

0.9——换算系数，162/（2×90）=0.9，162为淀粉摩尔质量

设该窖投入高粱粉1690kg（13甑），粮糟比为1∶4.6，则全窖损失淀粉为：

$$1690\times(1+4.6)\times0.81\%=76.66\ (\text{kg})$$

故每 100kg 高粱粉因生酸损失淀粉量为：

$$\frac{100\times76.66}{1690}=4.5\ (\text{kg})$$

设高粱淀粉出酒率为 75%，则每 100kg 粮粉因生酸损失淀粉相当于降低原料出酒率（以酒精 60%vol 计）为：

$$4.5\times75\%\times\frac{1.0908}{100}\times100=3.68\ (\text{kg})$$

式中，1.0908 为换算系数，即 56.82/52.09＝1.0908。56.82 为淀粉理论产酒率（%），52.09 为酒精 60%vol 的酒的质量分数（%）。

（3）入窖温度高，发酵温度很快超过酵母最适温度范围（28～32℃），造成高沸点副产物增多，而影响粮耗和酒质。例如，杂醇油是在酵母的蛋白代谢中，经过氨基酸的脱羧及脱氨，从氨基酸的分解而产生的。

（4）夏季气温高，空气中的杂菌也多，由于摊晾时间的延长，带入窖内的杂菌也增多，从而升酸快，酸度高，影响发酵正常进行。

（5）由于气温高，在生产过程如起窖、堆糟、拌和等工序中，酒精大量挥发而损失。

二、 酿酒安全度夏措施

为了防止或缓和上述各种反常现象的产生，可以采取以下措施：

1. 调整配料（参数均为参考值）

曲酒生产的配料包括：粮粉、填充料、母糟、曲药、水等，调整的主要对象是入窖淀粉浓度、曲药和用水量。

（1）适当降低入窖淀粉浓度　淀粉在糖化发酵过程中，有一定的热量产生：

$$\underset{180}{C_6H_{12}O_6}\longrightarrow\underset{2\times46}{2C_2H_5OH}+\underset{2\times44}{2CO_2}+226\text{kJ}$$

所产生的 226kJ 热量中有 2×48.1kJ 热量贮存在 2 个 ATP（三磷酸腺苷）中，多余热量（即 129.8kJ）散失在周围。即 1mol 葡萄糖（180g）产生约 129.8kJ 热量于周围，1g 葡萄糖产生 0.72kJ（129.8/180）热量，也即可以大致认为 1g 淀粉进行酒精发酵时产生 0.72kJ 左右热量于周围。

设发酵酒醅为 100g，当酒醅中淀粉含量降低 1%，即 1g 时：发热 0.72kJ，酒醅的比热容 c_p 为：

$$\begin{aligned}c_p&=(\omega_{水}\times c_{水}+\omega_{干}\times c_{干})\times4.1868\\&=(60\%\times1+40\%\times0.3)\times4.1868=3.01\ [\text{J}/(\text{g}\cdot℃)]\end{aligned}$$

式中，c_p 为酒醅的比热容；$\omega_{水}$ 为水的质量百分比；$c_{水}$ 为水的比热容；$\omega_{干}$ 为干糟的质量百分比；$c_{干}$ 为干糟的比热容。4.1868 为换算系数，即 1 卡 20℃＝4.1868J。

若 1g 酒醅温度升高 1℃，需要 3.01J 热，则使 100g 酒醅升高 1℃，需 301J 热，现在产生 720J 热，可使 100g 酒醅升温 720/301＝2.4（℃）。

考虑到热损失及发酵产生其他成分的影响，实际产生热量小于 720J/g 淀粉。因此，品温升高实际上小于 2.4℃，与实际测定的，当淀粉消耗 1%时，在固态发酵中一般品温升高 2℃的结果相近。

根据经验，窖内最高温度（窖心）以 35℃较为适宜，一般窖边温度与窖心温度相差

2~4℃。

夏季入窖温度一般为 26~28℃，则窖内应升温 35−27＝8℃，即消耗 4%淀粉。

设出窖糟残余淀粉含量为 9%，则入窖淀粉应为 9%+4%＝13%。

由此可见，夏季减粮，使淀粉含量为 13%~14%为宜。

（2）掌握适当的入窖水分　若水分过大，糖化发酵快，升温猛，发酵糟酸度大，酒质差。水分过低，糟子发干，窖内黄浆水少，糟子起疙瘩，也不能正常发酵。因此，夏季入窖糟水分可适当高些，一般为 54%~56%。

（3）适当减少用曲量　夏季糟醅入池温度较高，如果仍保持冬季较高的用曲比例，则会导致糖化发酵速度过快，升温过猛，特别是杂菌生长繁殖更快，造成温度高、酸度大，发酵不良。减少用曲量，既可控制缓慢发酵，又可减少杂菌数量，同时减轻了曲房负荷，有助于保证曲子质量。夏季减曲比例需视曲质优劣而定，一般用曲比例应减少 3%以上。

（4）酌情增减用浆比例　减少用浆比例可控制杂菌生长繁殖速度，使糟醅缓慢糖化发酵。一般情况，夏季用浆比例比冬季减少 5%~10%。但如果水分过低，糟子发干起疙瘩，也不能正常发酵，这时又要增加浆水用量。因此，需视粮醅具体湿度来确定用浆比例。

（5）减少热浆、增加凉浆　夏秋季泼热浆会延长糟醅降温时间，不利于降低糟醅入池温度。因此，配料时须减少热浆，增加 20℃左右的深井地下水的使用。如果入窖操作迅速干净，一般可使醅子温度低于气温 5℃以上。

2. 调整工作时间，加强通风降温

夏季气温高，给通风晾糟散热造成了困难。因此，夏季将工艺操作安排在一天中气温较低的午夜 12 点到第 2 天早上 10 点这段时间里，可使糟醅入窖温度比白天降低 3~5℃，以尽量接近工艺要求的温度。另外，采用通风晾糟机、晾糟床、通风箱等，可缩短摊晾时间，降低入窖温度 2~3℃。

3. 选用合适的制酒原料

夏季因杂菌较多，生产上使用的制酒原料极易感染杂菌。因此，必须使用质量好的原料，防止霉变、腐烂原料混入。此外，还可以把淀粉含量较低的原料及代用料安排到用于夏季生产。

4. 踩好曲、管好曲、用好曲、把好制曲关

夏季生产中使用质量低劣的曲酿酒，因杂菌过多，酵母菌数量偏少，加快了酒醅升温升酸速度，致使酒醅酸败，严重影响出酒率。因此，必须做到：①避免用生芽、霉烂变质的原料制曲，防止有害杂菌繁殖。②严格制曲工艺管理，采取适当降低淀粉浓度、减少接种量、缩短制曲时间、加强灭菌等措施，防止曲坯出现卧曲、干皮、裂缝、黑圈、生杂菌等现象，提高成品曲质量。③将成品曲贮存在干燥、通风的环境中，防止因潮湿、通风条件差而感染较多杂菌。

5. 入池糟醅做到甑甑踩窖

糟醅内因含有大量的糠壳，比较疏松，醅中含有空气，加上温度高，给杂菌创造了一个有利的生活繁殖条件，造成糟醅发酵猛，升温快，淀粉酸败严重，不利于产酒。所以，糟醅每入池 1 甑，要摊平踩 1 遍，踩到不陷脚边为止。这样可减少空气含量，限制好气性杂菌繁殖，防止淋浆过快，对缓慢发酵有一定作用。

6. 加强池头管理，严防杂菌感染

盖糟易接触空气，同时由于气温高，水分易挥发，且易感染杂菌，糟醅易霉烂。因此，夏季对池头的管理应比冬季更严格，最好采取泥塑结合的方法覆盖池头，窖池封顶泥厚度不低于20cm，经常换新土，经常适当喷洒开水，踩池边沿，防止干裂，杜绝翻边透气现象，让糟醅隔绝空气，严防感染杂菌及霉烂。

7. 搞好环境卫生，减少杂菌侵入

夏季气温高，湿度大，给一些细菌和青霉菌的大量繁殖提供了有利条件，这些杂菌通过工具和周围环境传染给酒醅，引起母糟酸败发臭。所以，每天生产结束后，都应把抛散在配料场地、晾糟机及运输、蒸馏等各种生产设备和工具上的原料，曲面、糟子清扫干净；扔糟和窖皮子彻底排出车间远放；工具、晾场使用完毕后，用90℃以上热水冲洗干净；班与班之间交接制度严明，做到班班清、班班净；定期用石灰水冲洗晾堂及工具，或将各种工具经常放在蒸料甑上杀菌；每月用石灰粉刷车间墙壁1次，以杜绝杂菌繁殖生息的机会。

8. 适当缩短发酵周期

浓香型大曲酒发酵周期一般为60d左右，对提高酒质有一定益处。但夏季气温高、淀粉浓度小，如果仍保持原发酵周期，则酒醅中升酸幅度大，损耗有效淀粉和生成的酒精流失，影响酒质和产量，给下排生产带来困难。实践表明，夏季宜缩短发酵周期至35~40d。

9. 大汽冲酸、鼓风排酸

粮糟蒸酒后，加大汽可将配糟中过多的有机酸蒸发出来，从而降低糟醅入池酸度；同样，上排部分红糟，不加新料，蒸酒后大汽冲酸，可降低盖糟酸度。鼓风排酸，关键是掌握时间，过长会把底醅吹僵，不利于糖化发酵，同时又相当于在通风培菌，使入窖杂菌数目增大，导致将来生酸多。一般只要使酒醅达到适宜的入窖温度就够了。

10. 利用回楂降酸增产

（1）用回糟铺底盖顶　续楂混蒸浓香型老五甑操作法为提高优质品率，一般将大楂下在池底，回楂放在池顶，这样，回楂中的酸浆水大部分控入楂子糟内，增加了糟子的酸度，影响了糟醅正常发酵。因此，可把一半回糟铺底，一半回糟盖顶，使楂子糟酸度适当降低，这对秋季加料扩大生产，下排提高出酒率有利。

（2）适当加大回楂量，养楂挤回　在回楂中增加部分大曲和活性干酵母的量，以强化糖化发酵作用，提高回楂酒的产量，相应提高出酒率；同时，回楂厚度增大，保养了三楂，使其发酵正常。这种方法在夏季可提高出酒率3%左右。

11. 新方法及特殊措施（仅供参考）

夏季掉排的主要原因在于：入窖温度高，淀粉液化、糖化加速，发酵升温快，使酵母早衰，造成有糖不产酒。而杂菌大量繁殖，增加了母糟酸度。因此，必须补充酵母，抢占生长优势。这就使将酒母、酒精活性干酵母、耐高温酵母等用于夏季生产成为很有发展前景的方法。此外，必须加强企业内部管理，调动职工生产积极性，在夏季生产中，多法并举，多管齐下，搞好安全度夏综合治理。

（1）采用制冷设备　在夏季生产中，使用制冷设备，虽成本较高，但效果明显，一般可降低入窖温度5~7℃。山东兰陵美酒厂的粮食酒生产由于受气候影响，每年只有气温适宜的4个月能出好酒。针对这个老问题，该厂技术人员大胆创新，将制冷技术用于酿酒生产中，使粮食酒暑期发酵不减料，不增酸，不掉排，为白酒行业稳定周期生产闯出了新路子。

（2）喷雾隔热降温法　该方法的原理是利用大量水雾吸热降温，是条件有限的中小型企业较为可行的度夏方法。贵州省习水县某酒厂所在地区，夏季月平均气温 35℃，最高时达 43℃，给生产带来极为不利的影响。为安全度夏，该厂除从配料、操作方面调整外，还在不改变原建筑的情况下，投资 5000 元，建立了喷雾流水降温系统。该系统主要由水泵、喷嘴、连接管等组成，对酿酒车间实行以屋脊为喷射线的全房外层水雾笼罩；对勾兑、包装车间除实行房外层水雾覆盖外，还对门窗的局部通道进行喷雾全封闭。喷雾用水一部分用洗瓶废水，不足时用高位水池补充。该系统喷出的雾滴蒸发后，从周围空气中吸收热量；浮于空气中的雾滴能吸收太阳光的辐射热及车间屋面、地面的热量，并能湿润空气和降尘。于是，形成了在车间屋面周围的喷雾和流水的吸热、隔热、隔尘、隔虫的降温保护层，可使室温从 36℃降至 26℃，保证了发酵和操作的适宜温度，提高了出酒率，与无降温设施的同期相比，平均提高出酒率 5%。

（3）减少糖化剂用量　目前，国内许多白酒生产厂家将糖化酶添加在曲子中，增强曲子的糖化能力，取得了显著成效。但夏季入窖温度高，如果糖化酶用量仍不变，在发酵过程中势必加速升温，酵母早衰快，窖内残糖过多，给杂菌迅速繁殖造成机会。因此，夏季在减曲的同时，少用或不用糖化酶，以减缓糖化速度，降低糖化酶作用淀粉时产生的热量，对缓温、阻酸有很好的作用，同时又能降低成本，减少浪费。黑龙江青冈制酒厂的实践表明，冬季糖化酶（5 万单位）用量为 0. 4%~0. 45%，春秋两季须减至 0. 35%~0. 4%，夏季则应减至 0. 3%~0. 35%。

（4）上丢改底丢　在大曲酒夏季生产中，将传统的上丢改底丢是控制窖内酸度的又一有效途径。安徽古井贡酒厂采用的是传统的老五甑操作法，过去是丢上入底，由于窖底厌氧度高，窖泥中富含己酸菌等产酸菌，因而底糟中厌氧产酸菌较多，加上淋浆作用，使底糟酸度较高，天长日久，造成窖泥酸度过高，抑制窖泥中生香菌的生长，使窖泥早衰。相比之下，上层糟酸度小，下层糟酸度大，乳酸及其酯含量高。针对这种情况，安徽古井贡酒厂大胆革新，由上丢改底丢，延缓或防止了窖泥早衰，并降低了酒醅酸度，对糖化发酵及己酸菌的作用，产生了有利的影响。

（5）洗糟降低累积酸　夏季生产中，酒醅生酸量大，增加了发酵阻力，使出酒率下降，由此而产生了简单易行的洗糟降酸法。河南省信阳市酿酒公司的做法是：在活底甑中浸洗蒸完酒的酒醅，根据酒醅入池酸度和酒醅用量来决定酒醅浸洗程度和数量。这样大大降低了糟醅中的有机酸含量，有利于发酵，提高了酒质及出酒率，节约了糠壳和蒸汽，降低了生产成本。

（6）筛选、应用耐高温、耐酸、耐糖的酒精活性干酵母。

（7）酌情调整发酵周期　发酵周期四季不同，夏季与其他季节相比，发酵快、猛，从适应期至平衡期的时间缩短，酯化时间延长。酵母菌及某些细菌由于温度、酸度过高，缺氧及酒精度增高而很快衰退，而霉菌、乳酸菌等由于条件适宜，仍停留在衰退期，使酒醅酸度不断升高，乳酸及其乙酯含量上升，影响酒质及产量。安徽古井酒厂根据具体问题作具体分析的原则，在浓香型大曲酒生产中，对名优比率较低的泥窖，将发酵期由原来的 40~70d 调整到 30d，减少乳酸及其乙酯的生成量；对名优比率高的池子，则将发酵期延长到120d，提高己酸及乙酯的含量。大致立夏开始调整，至处暑结束。

（8）加强现场管理。

大曲酒生产夏季掉排减产与温度、杂菌、操作等诸多因素有关，而每一种防止夏季掉排的措施都只能在一定程度上减缓某种不利因素的影响，这使得单一实施任何一种方法均不能达到理想的效果。因此，必须根据具体情况，同时运用多种方法，综合治理。

第十节　应用化验数据指导生产

一、找准、选定生产中的标准数值

各名优酒厂在认真总结工艺操作的基础上，各自应找出生产中的各项标准数值。现在各名优白酒厂的各项标准数值已经找出，如某厂老窖大曲酒生产中的各项标准数值如下。

1. 入窖粮糟的标准数值

（1）粮、糟比：旺季是1：(5~4.5)，淡季是1：(5~5.5)。

（2）粮、糠比：旺季为100：22~26，淡季为100：18~20。

（3）粮、水比：旺季为100：60~80，淡季为100：80~100。

（4）粮、曲比：旺季为100：20~24，淡季为100：18~20。

（5）入窖温度：旺季为13~20℃，淡季25℃左右。

（6）入窖粮糟各项化验数据的标准：淀粉含量旺季为18%~22%，淡季为15%~16%；水分旺季为53%~54%，淡季为55%~56%；酸度旺季为1.5~1.8，淡季为1.6~2。

2. 出窖母糟（发酵糟）的正常标准数值

酸度旺季为2.5~3.1，淡季为3.0~3.5；淀粉含量8%~10%；水分60%（滴窖后，出窖前应为64%左右）；酒精含量旺季为5%~7%，淡季为3%~5%。

以上数据各厂有异，应根据本企业长期生产记录，分析总结出各项标准数值。

二、运用化验数据指导配料和操作

其基本原理是化验分析出窖糟（发酵糟）的淀粉含量、水含量、酸度，从而确定入窖粮糟的配料数（比例），使入窖粮糟达到各项标准正常数值，以利于正常发酵。怎样根据出窖糟的化验结果来确定配料，使之达到入窖粮糟的各项标准正常数值呢？现分别叙述如下：

1. 根据出窖糟的淀粉含量确定入窖粮糟的糠壳配料用量

出窖糟淀粉含量在8%时，其糠壳用量采用标准数值。若出窖糟淀粉含量低于8%时，则应减少糠壳用量；出窖糟淀粉含量高于10%时，则应增加糠壳用量或减少投粮数。这是基本方法，用投粮量和投糠壳量来调节入窖粮糟的淀粉含量。

（1）准确计算出窖糟的淀粉含量　出窖糟淀粉含量以出窖糟含水分60%为基础计算，也就是说出窖糟淀粉含量要计算成出窖糟含水分为60%标准时的淀粉含量。例如：出窖糟的淀粉含量为9.2%，水分为61%，则换算成标准淀粉含量为：

$$\frac{61\%\times9.2\%}{60\%}=9.35\%$$

（2）出窖糟的加糠量　一般窖下层的粮糟用糠比例大（用最高数），窖上面的粮糟用糠比例小（用最小数）。也就是说在这个范围内从窖下到窖上逐渐减少投糠量。根据母糟淀粉含量确定投糠量范围的参考数据如表5-30所示。

表5-30　根据母糟淀粉含量确定投糠量　单位：kg

出窖淀粉含量/%	旺季	淡季
7	40~45	38~40
7.5	42~46	40~42
8	44~47	42~44
8.5	46~48	44~46
9	48~50	46~48
9.5	50~53	47~50
10	55~58	52~54

注：①旺季指1、2、3、4、5、10、11、12月，其余为淡季。
②本表数据供参考，各厂根据实际情况灵活掌握。
③窖深2m左右。

用加糠或减糠的方法使入窖粮糟始终保持一定标准的淀粉含量，以保证入窖粮糟不腻不糙，提供微生物的良好适宜环境，使之发酵正常。如果不用糠壳用量来调节入窖粮糟的淀粉含量，则当出窖残余淀粉高时，母糟会越来越腻；当出窖淀粉含量低时，母糟会越来越糙，均会影响发酵的顺利进行。

用加糠或减糠来调节入窖粮糟淀粉含量有以下优点：操作方便简单，易于掌握；能降低入窖粮糟酸度（与减粮措施比较）；效果也比较明显。

但是它也有以下缺点：①不能挽回损失。上排残存在母糟中的过剩淀粉（因上排发酵不良而造成的）不能利用，而被糠壳稀释后，转入红糟，增大了红糟的比例，红糟的甑口增加，因此下排丢掉的丢糟甑口也随之而增加，这不但会使丢糟的淀粉含量增高（因为红糟中的淀粉不易被发酵而造成），而且由于丢掉的甑口多，丢掉的淀粉总量也会更多。所以，用加糠的办法解决入窖粮糟淀粉高时，只考虑了本排加入的淀粉的利用而没有考虑上排残存的多余淀粉的利用问题，这样就使上排没有发酵的残余淀粉大部分被丢掉。②不利于提高劳动生产率。由于增加了糠壳，使红糟、丢糟比例增大，丢红糟的甑口增加，这样就要多蒸甑口，从而降低了劳动生产率。

（3）用加粮或减粮的办法来调节入窖粮糟淀粉含量，以利于正常发酵。根据实际经验总结和初步计算得出，每增加或减少入窖粮糟1%淀粉含量，每甑需增加或减少投粮15kg（与甑容有关），从而使入窖粮糟的淀粉含量在标准范围内。用加粮或减粮的办法来调节入窖粮糟的淀粉含量有以下的优缺点：

优点：能将上排因发酵不良而残剩下来的淀粉进行再发酵，以节约粮食，降低消耗；不增加丢红糟甑口，不影响劳动生产率；节约糠壳用量，有利减少辅助料的消耗，降低成本。

缺点：做法比较麻烦，每个窖、每个甑投粮不一致，工人不易记清楚，保管人员核算困难，容易搞错；不利于降低入窖酸度。

用加粮调节入窖淀粉含量时应注意以下问题：不管是加粮或减粮，糠壳用量应按正常发酵窖的标准而不变。用大曲量也应按正常发酵窖的用量而不变。用水量应根据化验数据来确定。

用减粮的措施来调节入窖粮糟的淀粉含量，对挽回上排因发酵不良而造成的损失，效果是很显著的。如1961年泸州曲酒厂发生“倒窖”事故后，用减粮措施挽回了大部分损失。由原来正常每甑投粮140kg减到每甑投粮75kg左右（出窖糟残存淀粉在12%左右，最高的达14%）。若只按当排投粮（75kg左右）计算，出酒率可高达80%，大大超过了理论数据。1978年3月泸州曲酒厂3车间12组生产不正常，出窖糟残存淀粉在11%左右，他们对一部分窖采取加糠措施，一部分窖采取减粮措施（每甑减少投粮20kg），4月底，5月初开窖，所有窖池都有了好转，粮耗比原来降低27%左右。尤其是减粮的窖效果更为显著，每甑单位产酒量比没有减粮的要多，或者与没有减粮的窖每甑单位产量一样，粮耗在85kg左右，不但没有降低劳动生产率，而且节约了大量的粮食。所以遇到很不正常的窖池，采取减粮措施是完全必要的。

（4）加减投粮投糠综合使用法　在正常生产中，一般应采取调节投粮量和投糠壳量两者综合的办法。当出窖残余淀粉含量在10%以下（不含10%）时，可用加糠或减糠的办法来调节入窖粮糟的淀粉含量。当出窖糟残余淀粉含量在10%以上时，就应用减粮的办法来调节入窖粮糟的淀粉含量（这应根据各厂的具体情况而定）。这样大多数窖用加糠或减糠的办法调节入窖粮糟的淀粉含量，而只有个别的发酵很不正常的窖池或班组，才用减粮的办法来调节入窖粮糟的淀粉含量。从而不经常变动投粮数，相互吸取优点而克服各自的缺点。

当出窖糟残余淀粉高时，可根据酸度的大小来确定加糠还是减粮。酸度高应采取加糠措施；酸度小则应采取减粮措施。

（5）用糠量应注意问题　目前糠壳粗细很不统一，细糠的密度大，粗糠的密度相对为小，因此单按质量分数来计量就会造成很大的差异。例如同样是用20%的糠壳，但糠壳粗的体积大，糠壳细的体积小，粗糠与细糠的体积差异高的可达1/3。近年来由于糠壳的来源紧张，细糠也必须用于生产。因此，在计算时，先应计算出粗糠的标准用糠量的体积，然后得出同一体积的不同细度糠壳的不同质量分数。如某名酒厂以粗糠28.5kg的体积为标准，经计算粗糠28.5kg的体积为0.25m^3，与每甑母糟的体积比为1∶(4~5)，甑子的体积约为1.4m^3。也可以增大红糟的比率来观察用糠壳量是否适合，正常的红糟增长率为旺季30%，淡季20%（与粮糟甑口的比例，也就是说在旺季每10甑粮糟的发酵糟，下排除了再蒸10甑粮糟外，还要蒸3甑红糟；在淡季每10甑粮糟的发酵糟，下排除了蒸10甑粮糟外，还要蒸2甑红糟）。在当前糠壳来源紧张，细度很不一致的情况下，换算成标准糠壳的体积来计算加糠量，这一点是很重要的。另外，在用糠时，下层的粮糟多用些糠壳，而上层的逐渐少用些糠壳。其理由：一是窖下层的粮糟受力大，所以需要稍为疏松点，以抵抗上层的压力。二是窖下层的粮糟疏松点，以利于滴窖，而窖上层的粮糟略为紧实点，以利于保住水分，使上层的粮糟有一定的含水量，不致干烧或倒烧。

1964 年曾采用过按出窖残余淀粉含量下粮的措施，收到了很好的效果，全年平均粮耗有显著下降，提高了出酒率。

2. 根据出窖的含水量确定滴窖时应舀黄水数量和入窖粮糟的量水用量

（1）根据窖内母糟含水量确定滴窖时应舀黄水数量　窖内发酵良好的母糟含水量一般在 64%左右（取窖内母糟上、中、下的混合样分析）。根据每个窖的粮糟甑口计算，每甑粮糟应舀黄水 40kg 左右。窖内母糟含水量若是 63%，则每甑粮糟应舀黄水 30kg。若窖内母糟含水量是 65%，则每甑粮糟应舀黄水 50kg。其全窖应舀多少黄水的计算公式为：

$$m = (\omega_1 - \omega_2) \times 900n$$

式中　m——全窖应舀黄水质量，kg

ω_1——窖内母糟含水量，%

ω_2——理想母糟含水量，%

n——本窖粮食糟子甑口数，甑

900——每甑糟醅的质量，kg

例如：窖内母糟含水量为 63.5%，所要求的母糟含水量（理想水分）为 60%，本窖粮糟甑口是 15 甑，在滴窖中应舀多少黄水为正常？

$$m = (63.5\% - 60\%) \times 900 \times 15$$
$$= 472.5\ (\text{kg})$$

（2）根据堆糟坝母糟含水量确定每甑应打量水数量

①根据粮、糠、糟比例，计算出拌料后的粮糟含水量：

$$\omega\ (\%) = \frac{(\omega_1 m_1) + (\omega_2 m_2) + (\omega_3 m_3)}{m} \times 100$$

式中　ω——拌糟后的粮糟含水量，%

ω_1——堆糟坝母糟含水量，%

ω_2——高粱含水量，%

ω_3——糠壳含水量，%

m_1——每甑粮糟用堆糟坝母糟质量，kg

m_2——每甑粮糟用粮量，kg

m_3——每甑粮糟用糠壳量，kg

m——每甑粮糟在蒸馏前的总质量（包括母糟、粮食、糠壳，不包括量水和大曲），kg

例如：堆糟坝母糟含水量为 60%，每甑粮糟用母糟 650kg，高粱含水量为 12%，每甑粮糟用高粱 130kg，糠壳含水量为 13%，每甑粮糟用糠壳为 35kg，则拌料后的粮糟含水量应为：

$$\omega = \frac{650 \times 60\% + 130 \times 12\% + 35 \times 13\%}{815} = 50.33\%$$

从计算结果和无数次的实验得出了这样的一个规律，即：拌料后的粮糟含水量等于堆糟坝母糟含水量减去 10%。若堆糟坝母糟含水量是 60%，则拌料后粮糟的含水量为 50%；若堆糟坝母糟含水量为 61.5%，则拌料后粮糟的含水量为 51.5%；若堆糟坝母糟含水量为 58%，则拌料后的粮糟含水量是 48%。其差值均在 10%左右。

为了便于计算每甑粮糟的量水数量，必须进一步弄清拌料后的粮糟水分与蒸粮后出甑时的粮糟水分的关系。通过无数次化验分析，得出的规律是：拌料后的粮糟水分和蒸馏出甑时的粮糟水分是基本一致的。即拌料后的粮糟水分是多少，蒸馏后出甑时的粮糟水分也是多少。从总量来说，蒸馏后出甑的粮糟略比拌料后的粮糟重 25kg 左右，其增重的主要原因是水蒸气代替了母糟中的酒精。

②根据堆糟坝母糟的含水量确定应打量水的量：先计算出 1kg 粮食用 1kg 量水，能增加入窖粮糟多少含水量。其计算公式如下：

$$\omega = \frac{\omega_1 m + m_1}{m + m_1} \times 100\%$$

式中　ω——打量水后入窖粮糟含水量，%

m——拌料后粮糟质量，kg

ω_1——拌料后粮糟含水量，%

m_1——加入量水质量，kg

例如：接上例，每甑下粮 130kg，拌料后的粮糟含水量为 50%（即堆糟坝母糟含水量为 60%），现按投粮量打 100%的量水（即打量水 130kg），其入窖粮糟的含水量为：

$$\omega = \frac{815 \times 50\% + 130}{815 + 130} \times 100\% = 56.88\%$$

实际化验结果为 56%，其 0.8%则是在冷却过程中挥发损失。因无数次的化验分析结果和实际相吻合，故可按投粮比计算每增加 10%的量水数就增加入窖粮糟水分 0.6%。其计算结果和实际水分如表 5-31 所示。

表 5-31　计算结果和实际水分

用量水比/%	每甑投粮量/kg	实际用量水量/kg	计算粮糟含水量/%	挥发损失系数	入窖粮糟实际含水量/%
110	260	286	57.4	0.8	56.6
100	260	260	56.8	0.8	56.0
90	260	234	56.2	0.8	55.4
80	260	208	55.6	0.8	54.8
70	260	182	55.0	0.8	54.2
60	260	156	54.4	0.8	53.6

注：母糟含水量为 50%。

从表 5-31 的结果可以清楚地看出，每打 10%的量水，刚好增加入窖粮糟含水量 0.6%。假如拌料后的粮糟含水量是 50%，打 60%的量水，就等于增加水分 60×0.6%＝3.6%。如果列成公式，即是用打入量水的百分比（对粮食而言）×0.6 就是入窖粮糟增加的水量。若换算成增加入窖粮糟 1%的含水量需打多少量水，则为：

$$\frac{13}{0.6} = 21.67\text{kg}$$

这就是说打量水 13kg 增加入窖粮糟水量 0.6%，打量水 21.67kg，就可以增加入窖粮糟 1%的水量。

另外又做了其他条件不变而投粮量增加时对入窖粮糟含水量的影响。从计算结果可见，影响也不大。例如：每甑投粮数 140kg 时，若打 100%量水，则增加粮糟水量 6.1%，如果每甑投粮量变为 120kg，量水仍打 100%，则增加入窖粮糟水量为 5.7%。

从实际化验的分析结果看，投粮量对入窖粮糟含水量的影响更小，基本上仍符合“加 10%的量水，增加粮糟含水量 0.6%”的规律。其原因是当粮食增加后，糠量也会随之增加；相反，母糟数量则会有一定数量的减少，这样实际的含水量则比计算含水量偏低。同理，当投粮减少时，投糠壳量也随之减少，而母糟用量则稍有增加。所以，粮糟实际的含水量就会比计算结果略高。因此投粮数的增减，对“加 10%的量水，增加粮糟含水量 0.6%”的规律无影响，只是母糟含水量变化，对入窖粮糟水量有影响。其计算结果如表 5-32 所示。

表 5-32　　母糟含水量变化对入窖粮糟水量的影响

拌料后的粮糟含水量/%	每甑投粮量/kg	实际用量水量/kg	计算粮糟含水量/%	挥发损失系数	入窖粮糟实际含水量/%	实际增加水量/%
51	130	130	57.7	0.8	56.9	5.9
50	130	130	56.8	0.8	56	6
49	130	130	56.0	0.8	55.2	6.2
48	130	130	55.7	0.8	54.3	6.3
47	130	130	54.2	0.8	53.4	6.4

从表 5-32 可以看出，当母糟含水量逐渐减少时，实际用水量逐渐加大，这与化验结果也是吻合的。在大生产中，拌料后的粮糟含水量一般均在 48%~51%，超出这个范围者很少，尤其是在 48%以下的情况更少，所以都很少考虑这个因素。当拌料后的粮糟含水量在 48%以下（不包括 48%），即堆糟坝母糟的含水量在 58%以下时，粮糟中的粮粉就吸不足水分（从感官上看拌料后的粮糟不转色，现灰白色），则将严重影响糊化。所以在这种情况下，应于加粮粉前在母糟中添加适当的冷酒尾，以提高母糟的含水量达到 60%左右为宜。从生产实际和计算结果，都证实了每添加 19kg 冷酒尾，可以提高拌料粮糟 1%的含水量。例如，堆糟坝母糟含水量 57.5%，拌料粮糟的水量为 47%，若在加粮粉前，往一甑量的母糟中撒入 19kg 冷酒尾，再倒入粮粉和糠壳，则拌料后的粮糟水量可提高 1%，而实际含水量为 48.5%。以此类推，即可算出各种不同母糟含水量应加入的冷酒尾数量。

为什么当母糟含水量不够时，宜加冷酒尾，而不加生水或加黄水呢？加冷酒尾是传统工艺，从理论上讲，因为冷酒尾中无杂菌（没有微生物或微生物很少）且含有部分有益物质，如酸、酯和高级醇等，酸度也不高，故有利于提高酒质或至少不影响酒质（因为酒尾按工艺操作规定，也回到底锅中重蒸回收），有利于粮粉糊化。若加生水，则容易导致母糟倒烧（或产生不利于质量的因素）。因生水中有较多的杂菌，所以一般都不主张加生水。若加黄水，则因黄水酸度大，虽有利于糊化，可以增加部分有益物质，但同时会增大入窖粮糟酸度而不利于发酵，所以一般也不主张加黄水。若采用新窖，母糟酸度又偏低，则加老窖黄水代替冷酒尾更为有利。因此，是加冷酒尾还是加老窖黄水，应根据母糟酸度的具体情况而定。

(3) 在用量水中，应注意的几个问题

①量水温度宜高，一般都应严格要求在95℃以上。

②目前采用打梯梯水的办法，即窖下层的粮糟少打量水，而窖上层的粮糟多打量水。

其具体做法是将全窖总的量水用量分成三个不同的数值来分配，称为三截打水。例如一个窖粮糟甑口是26甑，计划打量水80%，前10甑按80%计算后，每甑少打15~30kg量水，第11甑到16甑（即中间部分），可按80%计算打入量水；第17甑到26甑，按80%计算外，每甑还增加重5~30kg的量水（一般是窖最下面的两甑少用30kg量水，窖最上面的4~6甑多用30kg量水），但全窖平均量水用量仍为80%。为何采取这种分配法？这是传统工艺，目前认识也不尽一致。采用这样分配法有以下三点理由：

a. 堆糟坝母糟的含水量由于逐渐挥发和流失而减少，所以刚开始蒸粮时，母糟含水量要大些，出甑粮糟的含水量就会大些。但由于母糟含水量逐渐减少，因此，出甑粮糟的含水量也逐渐减小，这就需要在分配量水时予以调整。

b. 从窖内粮糟发酵产热情况来分析，热气往上走，因此越是上面的糟子受热越大，所以需要的水分要多些，才能适应。在传统工艺中打梯梯水（尤其是窖最下层的一二甑粮糟打量水最少），控制“宝塔式温度”（窖下层高，尤其是刚入窖的一二甑粮糟的温度要比窖最上面的粮糟温度高4~5℃，以后逐甑降低，即下高上低），可能也是这个原因。

c. 窖下面的粮糟水分的挥发损失较小，而窖上层的物料，尤其是平窖口后的入窖粮糟，其水分挥发损失较大，所以应在量水分配上进行适当的调整。

③梯梯水的各甑粮糟化验数据：小窖（14甑以下）1甑，大窖2甑底糟粮糟的含水量，比计划应打量水的含水量低1.0%~1.5%。第1、2甑以后的1/3的粮糟水分比标准水分低0.5%；1/3的粮糟为标准水分；上层1/3的粮糟水分比标准水分高0.52%，最后两甑可高1.5%。堆糟坝母糟含水量的损失没有规律性，出入很大。如果有条件，最好是每8h左右分析化验1次，以便调整量水用量。若每窖只开头分析化验1次，就只能凭经验来调整，一般也较好掌握。

④水分挥发损失系数为0.8%左右，因季节和气候条件不同而略有变化，在实践中可进一步的探索。

⑤以上数据不是绝对统一的，各个酒厂应根据自己生产的工艺特点、设备条件等找出各自的适宜数据，以指导生产，不能完全照搬。

⑥为了正确地控制入窖粮糟含水量，起窖倒在堆糟坝的母糟必须干湿均匀，即须认真严格地做好分层堆糟工作，否则将影响入窖粮糟水分的准确性或给化验分析工作带来不必要的困难。

3. 酸度的控制

酸度分出窖母糟酸度、入窖粮糟酸度以及发酵生酸等几种。

(1) 出窖母糟酸度　在正常情况下，出窖母糟酸度旺季是2.5~3，淡季是2.8~3.5。若出窖母糟酸度的化验分析结果接近或者超过了不同季节的最高正常值时（即旺季3，淡季3.5），就应采取加强滴窖勤舀（或提前抽出黄水）的措施来降低母糟酸度。经计算和实践证明，每降低母糟1%的含水量，即每甑多舀10kg黄水，就可以降低入窖粮糟酸度0.1；黄水的酸度比母糟的酸度几乎大1倍，因为母糟中的酸是溶解在黄水之中的。再加上降低母糟1%的含水量，就可以增加入窖粮糟21.5kg左右的量水，用量水代替了黄水，可以达到明显降低酸度的目的。因此，当出窖母糟酸度超过正常值时，应尽量设法降低母糟含水量，从而降低入窖粮糟酸度。目前有效的措施是提前打洞滴或打黄水坑勤舀黄水等。有人提出用撒冷酒尾以挤出黄水（当窖不易滴时）的办法，滴出更多的黄水，以更有效地降低酸度。加入酒尾后，可以把黄水挤出来，而酒精以及溶解在酒精中的香味成分不受影响。

加粮加糠拌料后，可以降低酸度 0.2 左右。如出窖糟酸度是 3.0，则可降低酸度 0.6 左右。在蒸馏过程中，每流 5kg 65%vol 的酒可降低母糟酸度 0.1 左右。若流 40kg 酒可降低酸度 0.8 左右，通过加粮、加糠，蒸馏后可降酸 1.4 左右，使入窖酸度控制在理想的标准范围内。

（2）入窖粮糟酸度　正常入窖粮糟酸度是：旺季 1.0~1.6，淡季 1.5~1.7。如入窖粮糟酸度超过各季不同的正常值时，则应采取如下措施：①大火冲酸；②进一步提高量水温度，有条件的可以用 100℃ 的开水；③以加糠来适应酸度较大的特点，每超过酸度 0.1 可加 2%的糠壳，加 5%的量水。例如入窖粮糟酸度 1.9，则可在标准用糠量上加 4%的糠，在标准用水量上加 10%的水。这个方法在入窖糟酸度 2.0 以内都可采用；④入窖粮糟酸度在 2.2 以上，应采用以石灰水中和的措施来降酸（有人提出用 NaOH 代替石灰水效果更好）。入窖粮糟酸度超过正常值时，可以用增加酒精酵母的办法来提高出酒率（用干酵母更好）。

（3）发酵生酸（也称为升酸幅度）正常的发酵生酸一般是 1.0~1.2。如没有达到 1.0，则为发酵和微生物生长不良。若超过了 1.5，则为有杂菌感染，这是因窖池管理不善或因发酵周期延长等原因所致，会给下排降低酸度带来困难。如果是因为发酵周期延长而增大了酸度，则在加糠壳时，可在标准用量的基础上增加 5%~10%的糠，以扭转被动局面。水一般不添加，可适当沿边踩窖。

4. 温度的控制

温度分入窖温度和发酵升温两种。

（1）入窖温度　入窖温度是指入窖粮糟在入窖时的温度。近年来都一致强调低温入窖，低温入窖的标准是当地温在 13℃ 以下时，入窖温度控制在 13~15℃；若地温上升到 15℃ 以上后，则尽量做到平地温或降地温入窖，这就要根据设备条件而定，能降地温就尽量降地温。原则是入窖粮糟入窖后不返烧，不能因降温而侵入杂菌，不能降地温的就平地温入窖或高于地温 1℃ 入窖。按上述温度入窖的就称为低温入窖。因为入窖温度受到气温等因素的影响，故各酒厂还不可能做到一致。例如泸州大曲酒目前的低温极限是 13℃，这是根据四川的气候和大曲酒发酵周期长的特点，经过长期的实践而摸索到的。各种酒应根据当地的气候特点和工艺条件正确地决定低温极限和低温入窖的温度范围，不能简单搬用。另外，在收温时每个窖的最下两甑窖底粮糟要比一般粮糟高 1~2℃，其他粮糟的温度应尽量做到一致，尤其是在窖上面的粮糟温度不宜高。

（2）发酵升温　发酵升温是封窖后，粮糟在发酵时放出的热量使窖内母糟温度逐渐升高所致。因此可从发酵升温情况初步判断粮糟的发酵好坏。正常发酵升温：淡季每天上升 1~2℃，升温幅度为 10℃ 左右，直至发酵期 7d 左右。旺季每天上升 0.5~1℃，升温幅度 12℃ 左右，主发酵期 10~15d。如果升温速度快，升温幅度大，主发酵期短，则证明入窖粮糟糙了，一般是糠多，或是杂菌侵入感染等原因所致。若升温速度慢，升温幅度不大，主发酵期不明显（倒吹快或没有吹），则是入窖粮糟淀粉含量高，糠壳少，母糟做腻了，或是大曲质量不好等原因所致。若发酵后期或发酵中期升温，则是因窖池管理不好、窖皮有裂口而漏气、浸水或入窖温度低、母糟腻等原因所致。

5. 根据母糟（发酵糟）酒精含量计算蒸馏效果、挥发损失

（1）根据出窖母糟酒精含量计算蒸馏效率　正常出窖母糟的酒精含量淡季为4.5%~5%，旺季5.5%~6%，用化验分析数据，结合甑子的容量就可以算出蒸馏效率。例如：出窖母糟的酒精含量是5.2%，而每甑装母糟650kg，拌料粮糟所产酒平均为51.5kg（以酒精含量60%计），则蒸馏效率为：

$$\eta=\frac{51.5}{\frac{5.2}{60}\times650}\times100\%=91.4\%$$

列为公式：

$$\eta=\frac{m}{\frac{\omega}{60}\times m_1}\times100\%$$

式中　η——蒸馏效率,%

m——每甑实际产酒量（酒精含量以60%计），kg

ω——母糟酒精含量,%

60——换算成酒精含量，60%

m_1——每甑装母糟的量，kg

（2）挥发损失的计算　用出窖时母糟酒精含量减去拌料时母糟酒精含量或拌料后粮糟的酒精含量，以得出挥发损失，从而计算出经过各个工序后母糟酒精含量的损失。

①起窖过程中，母糟酒精含量损失的计算

例如：起窖前窖内母糟的酒精含量为5.2%，含水量是65%；经过滴窖，起到堆糟坝时的母糟酒精含量是5%，含水量为59.5%。问经过起窖、滴窖，在起窖过程中母糟挥发损失了多少酒精含量（黄水含酒精含量是4%）？

$$\rho=\left[\frac{65\times5.2-(65-59.5)\times4}{59.5}-5\right]\times100\%=0.31\%$$

列成公式为：

$$\rho=\left[\frac{\omega\times\varphi-(\omega-\omega_1)\varphi_2}{\omega_1}-\varphi_1\right]\times100\%$$

式中　ρ——母糟酒精含量的挥发损失,%

ω——起窖前窖内母糟含水量,%

φ——起窖前窖内母糟的酒精含量,%

ω_1——起到堆糟坝时的母糟含水量,%

φ_1——起到堆糟坝后母糟的酒精含量,%

φ_2——滴出来的黄水中的酒精含量,%

②母糟酒精含量在堆糟坝上的损失的计算

例如：母糟起到堆糟坝时的酒精含量是5%，每隔8h或24h再分析化验1次堆糟坝母糟的酒精含量：8h是4.95%，24h是4.85%等，然后用前者减去后者就可以计算出酒精

的损失，根据各种不同的要求和目的，可以计算出各个时间的损失量。

③拌料时母糟酒精含量的挥发损失计算

例如：拌料前，母糟的酒精含量为 4.85%，重量是 650kg，加高粱粉 130kg，糠壳 30kg，拌料后的粮糟酒精含量是 3.7%，问拌料过程中酒精挥发损失是多少？

$$\rho=\frac{650\times4.85\%-(650+130+30)\times3.7\%}{650}\times100\%=0.24\%$$

列公式为：

$$\rho=\frac{m\varphi-(m+m_1+m_2)\varphi_1}{m}\times100\%$$

式中 ρ——母糟拌料后酒精含量的损失，%

m——每甑拌粮糟用母糟量，kg

m_1——每甑拌粮糟用高粱粉量，kg

m_2——每甑拌粮糟用糠壳量，kg

φ——拌料前母糟的酒精含量，%

φ_1——拌料后粮糟的酒精含量，%

前述蒸馏效率实际上包括了挥发损失在内，为了避免数据复杂，减少分析化验项目，以利于迅速得出结果，及时指导生产，故将全部挥发损失和蒸馏损失统一列为蒸馏效率来计算。因此要提高蒸馏效率，不但要注意上甑工序，而且还必须注意减少开窖后母糟酒精含量的损失。但是确切的蒸馏效率应是上甑时拌料粮糟的酒精含量的理论产酒数除以实际产酒数。例如：拌料粮糟的酒精含量是 3.7%，每甑产 60%vol 酒精度的酒 45.5kg，每甑母糟 650kg，投粮 130kg，下糠 30kg，则蒸馏效率为：

$$\eta=\frac{45.5}{\frac{3.7}{60}\times810}\times100\%=91.1\%$$

三、 关于化验分析问题

为了用化验指导生产，逐步实现科学酿酒，化验分析工作必须做到：取样要具有代表性，分析结果准确、及时。这样才能起到指导生产的作用，并不断总结经验，推动生产向前发展，从而实现酿酒科学化的目标。根据化验分析应准确、及时、有代表性的原则，目前的具体做法如下。

1. 窖内发酵粮糟（即母糟）的取样和分析

（1）取样　取样采用竹片取样法，在本窖入窖装粮糟时，就将预先准备好的竹片放入窖内，让粮糟逐层均匀地装入竹片内，装完粮糟后，使竹片上端刚露出粮糟表面，并做一记号（以便开窖时好找）。再装入红糟，然后让竹片封入窖内发酵。待开窖前的 1~2 天，从窖内抽出竹片，窖内上、中、下层发酵粮糟由竹片带出，然后混合均匀，取样进行化验分析。

（2）化验分析项目和作用

①化验分析窖内发酵粮糟的含水量，以确定该窖应舀多少黄水，并将化验结果通知单提前告诉班组。

②化验分析窖内发酵粮糟酸度，以确定滴窖方法和采取的降酸措施等，使班组在开

窖前就知道本窖粮糟的酸度情况，以便提前做好必要的准备工作。

③化验分析窖内发酵粮糟的淀粉含量，并折算成在60%的含水量时的淀粉含量，使班组提前知道本窖的发酵情况、残余淀粉的情况，初步决定本排的投糠量。

④化验分析窖内发酵粮糟的酒精含量，通过计算，可以初步了解本窖的原料出酒率和粮耗，以便分析研究发酵好坏的原因。

⑤必要时可化验分析窖内发酵粮糟的总糖含量或微生物数量、活动情况等，以了解窖内发酵状况。

取样分析的主要目的是解决窖内发酵粮糟的水分和酸度问题，其次是初步了解本窖本排的发酵情况，预计粮耗和原料出酒率，研究确定配料等。

2. 堆糟坝母糟的取样和分析

（1）取样　当窖内发酵粮糟起到堆糟坝后，在踩拍整理堆糟坝母糟时，要在堆糟的上、中、下三层母糟均匀取样，尽量使样品具有代表性。取样完后，要立即进行化验分析，因为母糟起到堆糟坝后，很快就要配料蒸馏入窖，所以化验分析结果应在配料前通知班组。一般可在取样后2h内得出化验分析结果，用以指导生产。

（2）化验分析项目和作用

①堆糟坝母糟含水量的化验分析：根据化验分析结果，确定本窖全窖用量水的比例（与投粮量的比）和每甑应打量水的量，使入窖粮糟达到理想的标准含水量。

②化验分析堆糟坝母糟的残余淀粉含量，并与窖内发酵粮糟的淀粉含量比较，是否一致。然后较正确地得出母糟的残余淀粉含量，结合母糟酸度的大小和水分的多少，确定本排本窖的用糠比例，和每甑粮糟用糠壳的量，使入窖粮糟达到柔熟不黏、疏松不糙的标准，使淀粉含量达到合理的标准。

③化验分析堆糟坝母糟的酸度，并与窖内发酵粮糟的酸度比较，了解滴窖降酸情况，确定冲酸时间以及是否采用提高量水温度等降酸措施；同时提供确定用糠壳量和用量水量的参考依据。

④化验分析堆糟坝母糟酒精含量，并与窖内发酵粮糟的酒精含量相比较，了解起窖和滴窖时的挥发损失程度，进一步确定本窖、本排粮耗和原料出酒率；还可确定每甑粮糟或高粱应产酒的数量，计算其蒸馏效率，了解蒸馏过程中的损失情况。

⑤堆糟坝母糟的化验分析结果应与窖内发酵粮糟的各项化验分析数据相符合，出入不能过大，否则应重新取样，以确保结果的准确。

3. 入窖粮糟的取样和分析

（1）取样　入窖粮糟应按每甑入窖粮糟，即不同甑次的粮糟进行化验分析。这种粮糟应在入窖时均匀取样，尽量做到具有代表性，并应记下该甑粮糟的量水用量和该甑拌料粮糟是否刚好装完。如果有余或不足，以及前一甑遗留有尚未装完的拌料粮、料等，均会影响分析结果的准确性。

若为全窖粮糟，应在开始装粮糟时就放入事先准备好的竹片，等该窖粮糟装完后准备装红糟时，把竹片抽出，取出粮糟，拌匀后取样化验分析，或用特制取样器取样分析。

（2）化验分析项目和作用

①不同甑次入窖粮糟（每甑入窖粮糟）应化验分析水分、酸度、淀粉含量等是否符合理想的标准含量，如果不符合，在下一甑就要进行调整。若水分不合适，就应根据计

算结果增加或减少量水数量，使之达到入窖水分的标准含量。又如酸度大了，冲酸和提高量水温度后仍没有达到理想的入窖酸度，就应采取相应措施，使入窖酸度达到标准。化验分析不同甑次的入窖粮糟，主要是检验各项指标是否符合标准，不适宜就要再进行调整。必要时可测定糊精含量，以了解糊化程度是否完全，以指导蒸馏工艺，同时也可供下排生产参考。

②化验分析全窖入窖粮糟的水分、酸度、淀粉含量等，也可以化验分析所含糖分和糊精，以供下排分析研究发酵情况作参考。

4. 化验分析结果要与生产结合，并能及时指导生产

现举一个简单的实例：某年 4 月某车间某组某号窖，每甑投粮 130kg，每甑糟醅质量为 845kg，全窖共装粮糟 25 甑，窖池深度为 2. 7m。

（1）开窖前 2d，在打有记号处将塑料薄膜揭开，或将窖泥扒开，抽出事先放入的竹片后，再将窖泥封好窖池。然后将竹片内的发酵粮糟取出，拌和均匀后取样化验分析，分析结果为：水分 65. 4%，酸度 3. 2，残余淀粉 8. 3%，酒精含量 5. 4%。根据窖内发酵粮糟的上述化验分析结果，应提出以下指导生产的初步意见：

①含水分较大，全窖应舀黄水 1350kg，其计算公式为：

$$(65.4\% - 60\%) \times 1000\text{kg} \times 25 = 1350\text{kg}$$

②窖内发酵粮糟酸度偏高，应加强滴窖勤舀工作，尽量降低母糟含水量，从而降低酸度。经过滴窖措施舀出 1350kg 黄水后，母糟含水量降到 60%，酸度可以下降 0. 54。经过加粮加糠拌料后，酸度还可下降 1. 0 左右。再加强冲酸，入窖酸度可望降到 1. 4 左右。

③根据母糟残余淀粉含量和酒精含量分析，本窖发酵正常，原料出酒率达 52. 3% ~ 58. 1%，其计算方法为：

$$\frac{\frac{5.4}{60} \times 845}{130} \times 100\% = 58.5 \cdots\cdots \text{理论数}$$

$$\frac{\frac{5.4}{60} \times 845}{130} \times 90\% \times 100\% = 52.65 \cdots\cdots \text{实际数}$$

如果有上一排的入窖粮糟的化验分析数做比较，就可以计算出：在发酵过程中消耗用了多少淀粉，增加了多少酸度和增加了多少水分等。例如上一排入窖粮糟水分是 55. 5%，淀粉是 17. 5%，酸度是 1. 5。那么，发酵过程中耗用淀粉为 17. 5% - 8. 3% = 9. 2%，增加的酸度为 3. 2-1. 5 = 1. 7，增加的水分为 65. 4%-55. 5%-5. 4% = 4. 5%。由此可以确定发酵是比较正常的。

（2）母糟起到堆糟坝后，立即按化验分析结果，提出指导生产的初步意见。堆糟坝母糟的水分是 60. 8%，酸度 2. 53，残余淀粉含量 8. 5%，酒精含量 5. 4%。

①根据堆糟坝母糟的含水量和理想标准水分 56%，可确定本窖应打量水的比例为 85%，其计算依据为：

$$\frac{56 - (60.8 - 10)}{6} \times 100\% = 86.67\%$$

式中　6——理想标准水分，%

　　56——出甑糟水分，%

平均每甑粮糟实际应打量水 130kg×86.67%＝112kg。第 1、2 甑每甑打量水 82.5kg；第 3～6 甑每甑打量水 90～105kg；第 10～16 甑每甑打量水 112kg；第 17～23 甑每甑打量水 119～134kg；最后两甑粮糟每甑打量水 142.5kg。

$$全窖量水总量为\ 112\times25=2800\ (kg)$$

各班组可根据上述原则，结合母糟具体状况分配量水的量，但全窖用量水应在 2800kg 左右，即 85%左右。

②根据堆糟坝母糟的残余淀粉含量，用糠的标准范围，并参考堆糟坝母糟的酸度和水分，确定投糠数量。例如残余淀粉是 8.5%时，用糠量为 30.25～33kg，由于母糟酸度过大，含水量偏高，糠壳用量应略偏大一点，可确定全窖平均每甑用糠为 32.5kg（即为 25%糠量）。又依据深窖窖下多用、窖上面少用的原则，确定前 12 甑粮糟，每甑用糠 34kg（或相当于 34kg 粗糠的体积数），后面 13 甑每甑用糠 31kg（或相当于粗糠 31kg 的体积数）。

③根据堆糟坝母糟酸度为 2.53，确认滴窖状况不太理想，酸度和水分均未降到理想标准，即酸度仍偏高，水分略高。为确保入窖酸度达到理想标准，应采取大火冲酸、提高量水温度等降酸措施，继续解决酸度问题。否则将不利于生产，影响发酵的正常进行。

④根据堆糟坝母糟酒精含量，计算每甑粮糟应产 60%vol 酒精的酒的质量，并进一步核实窖内发酵粮糟酒精含量是否正确，所算结果有无差异等。堆糟坝母糟的酒精含量为 5.4%，每甑粮糟应产 60%酒精的酒 58.5kg。其计算方法为：

$$\frac{5.4}{60}\times650=58.5\ (kg)$$

然后根据班组每甑粮糟的实际产酒数量，就可以计算出蒸馏中的损失量和蒸馏效率等情况，从而促进班组提高蒸馏效率，减少蒸馏中的损失，总结蒸馏过程中的操作经验等，以利于提高操作技术水平。

四、 注意事项

（1）为了使化验分析结果能正确地指导生产，实现稳产高产、优质低耗的目的，除了化验分析结果必须准确、及时、无误外，在生产操作上应严格做好以下几点：

①堆糟坝的母糟必须认真地做到分层堆糟，使每甑母糟干湿基本均匀一致。

②拌和粮糟时，挖糟必须稳定，所拌和的粮糟每甑要达到规定的粮糟比。只有这样，才能保证配料稳准，入窖粮糟淀粉、酸度、水分达到标准。否则甑与甑间就会有较大差异，影响发酵正常和一致。

③每甑粮糟的大曲一定要加够，并拌和均匀；要做到低温入窖，使每甑入窖粮糟的温度都能达到标准。

（2）化验分析方法要统一，标准溶液须严格校正，尽量克服分析误差。

（3）生产设备力求做到标准化，尤其是每甑的体积要一致。只有这样，才能统一计算方法，克服计算上的误差。

化验指导生产的前提是首先找准入窖糟各项配料的指标和各项化验项目的标准以及达到这些标准的措施。由于各厂的工艺操作和设备条件、气候等的差异，各项标准和各种计算中的常数都是不相同的。

第十一节 几种浓香型名酒酿造工艺

一、 酿酒车间生产记录表

酿酒车间生产记录表见表5-33、表5-34。

表5-33　　　　酿酒车间生产原始记录（一）

窖别： 排 号 开窖时间：

<table>
<tr><td colspan="2" rowspan="2">班别
糟别
甑次</td><td></td><td></td><td></td><td></td><td></td><td></td><td></td><td></td><td></td><td></td><td></td><td colspan="2" rowspan="2">开窖糟情况</td><td colspan="2">上层</td><td>中层</td><td>下层</td></tr>
<tr><td>1</td><td>2</td><td>3</td><td>4</td><td>5</td><td>6</td><td>7</td><td>8</td><td>9</td><td>10</td><td></td><td colspan="2"></td><td></td><td></td></tr>
<tr><td colspan="2">项目</td><td></td><td></td><td></td><td></td><td></td><td></td><td></td><td></td><td></td><td></td><td></td><td colspan="2" rowspan="2">黄水情况</td><td colspan="4" rowspan="2"></td></tr>
<tr><td rowspan="2">配料</td><td>高粱</td><td></td><td></td><td></td><td></td><td></td><td></td><td></td><td></td><td></td><td></td><td></td></tr>
<tr><td>糠壳</td><td></td><td></td><td></td><td></td><td></td><td></td><td></td><td></td><td></td><td></td><td></td><td rowspan="11">窖内逐日温度检查</td><td>天数</td><td>1</td><td>2</td><td>3</td><td>4</td></tr>
<tr><td rowspan="2">蒸粮时间</td><td>抬盘</td><td></td><td></td><td></td><td></td><td></td><td></td><td></td><td></td><td></td><td></td><td></td><td>温度</td><td></td><td></td><td></td><td></td></tr>
<tr><td>出甑</td><td></td><td></td><td></td><td></td><td></td><td></td><td></td><td></td><td></td><td></td><td></td><td>天数</td><td>5</td><td>6</td><td>7</td><td>8</td></tr>
<tr><td rowspan="2">量水</td><td>数量</td><td></td><td></td><td></td><td></td><td></td><td></td><td></td><td></td><td></td><td></td><td></td><td>温度</td><td></td><td></td><td></td><td></td></tr>
<tr><td>温度</td><td></td><td></td><td></td><td></td><td></td><td></td><td></td><td></td><td></td><td></td><td></td><td>天数</td><td>9</td><td>10</td><td>11</td><td>12</td></tr>
<tr><td rowspan="2">曲药</td><td>数量</td><td></td><td></td><td></td><td></td><td></td><td></td><td></td><td></td><td></td><td></td><td></td><td>温度</td><td></td><td></td><td></td><td></td></tr>
<tr><td>撒曲温度</td><td></td><td></td><td></td><td></td><td></td><td></td><td></td><td></td><td></td><td></td><td></td><td>天数</td><td>13</td><td>14</td><td>15</td><td>16</td></tr>
<tr><td colspan="2">地温</td><td></td><td></td><td></td><td></td><td></td><td></td><td></td><td></td><td></td><td></td><td></td><td>温度</td><td></td><td></td><td></td><td></td></tr>
<tr><td colspan="2">上甑人</td><td></td><td></td><td></td><td></td><td></td><td></td><td></td><td></td><td></td><td></td><td></td><td>天数</td><td>17</td><td>18</td><td>19</td><td>20</td></tr>
<tr><td colspan="2">摘酒人</td><td></td><td></td><td></td><td></td><td></td><td></td><td></td><td></td><td></td><td></td><td></td><td>温度</td><td></td><td></td><td></td><td></td></tr>
<tr><td colspan="2">产酒量/kg</td><td></td><td></td><td></td><td></td><td></td><td></td><td></td><td></td><td></td><td></td><td></td><td></td><td></td><td></td><td></td><td></td></tr>
</table>

说明：配料若是多种粮食要分别填写，记录总数；抬盘指上甑毕，盖上云盖的时间；产酒量以工厂规定入库酒精度计或实际酒精度计；母糟情况根据开窖鉴定，将上、中、下层母糟情况分别填写。

表5-34　　　　酿酒车间生产原始记录（二）

<table>
<tr><td rowspan="2">工序</td><td rowspan="2"></td><td colspan="2">每甑投粮</td><td rowspan="2">谷壳</td><td colspan="2">装甑时间</td><td colspan="2">蒸粮时间</td><td colspan="2">量水</td><td colspan="2">曲药</td><td colspan="2">入窖温度</td></tr>
<tr><td>高粱</td><td>糯米</td><td>起</td><td>止</td><td>起</td><td>止</td><td>数量</td><td>温度</td><td>数量</td><td>撒曲温度</td><td>地温</td><td>品温</td></tr>
<tr><td rowspan="2">混蒸</td><td>1</td><td></td><td></td><td></td><td></td><td></td><td></td><td></td><td></td><td></td><td></td><td></td><td></td><td></td></tr>
<tr><td>2</td><td></td><td></td><td></td><td></td><td></td><td></td><td></td><td></td><td></td><td></td><td></td><td></td><td></td></tr>
</table>

续表

工序		每甑投粮		谷壳	装甑时间		蒸粮时间		量水		曲药		入窖温度	
		高粱	糯米		起	止	起	止	数量	温度	数量	撒曲温度	地温	品温
混蒸	3													
	4													
	5													
	6													
	7													
	8													
	9													
	10													
	11													
	12													
	合计													

理化	入窖糟　淀粉含量　酸度　水分 出窖糟　残淀　残糖　酸度　水分	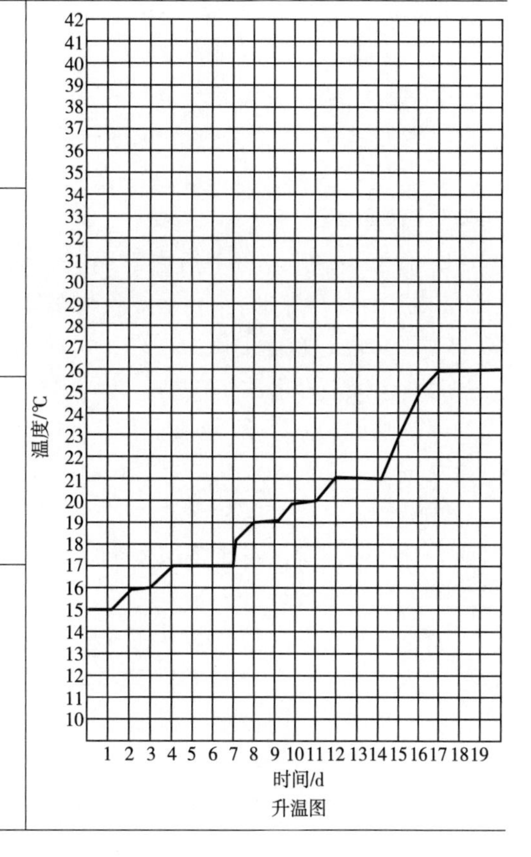
出窖糟鉴定	黄水：　斤 色：　香：　味：　悬头：	
入窖条件控制方案	糠：　%　糟比：　%	
工艺质量审核意见		
实绩	优级酒　kg　一级酒　kg　二级酒　kg 调味酒　kg　出酒率　%　优质率　%　合计　kg	

升温图

说明：若是多种粮食要分别填写，记录总数；理化指标要在开窖前填写，以便应用化验数据指导生产；入窖条件控制方案：指本排入窖温度、水分、用糠、用曲等；实绩：各级酒分别记录酒精度和重量；合计按60°标准计算；升温图每天按实测温度记录，最后连成曲线。

二、泸州老窖酒酿造工艺

泸州老窖酒酿造的基本特点可归纳为几句话，即以高粱或多种谷物为制酒原料，优质小麦培制中温曲、偏高中温曲或高温曲，泥窖固态发酵，采用续糟配料，混蒸混烧，量质摘酒，原度贮存，精心勾兑。

（一）泸州老窖酒的原辅材料

1. 原辅材料的储存管理

原辅料入库时，应根据仓房类型与性能、原辅料品种、质量、用途、存放时期长短以及季节等进行合理堆放，以确保储粮安全、充分利用仓容、节约仓储费用。

原辅料堆放时，应将新粮、陈粮、干粮、湿粮、有虫粮、无虫粮分开存放。

（1）仓内散装

①全仓散装：仓房结构牢固，仓墙不返潮，数量大、干燥、质量好又属长期储存的原粮采用全仓散装。新建的房式散装仓，很多是按全仓散装设计的，墙壁都有防潮层和装粮堆高线，堆粮高度一般在靠墙壁处高为2m，不要超过防潮线和堆高线，堆粮达到堆高线以后，粮面可以不同的坡度逐步加高，使粮堆中央平面增高至3.5~4.5m。

②包围散装：原辅料干燥、质量好、须长期保管，但数量不太大，或仓墙不牢固、易返潮者可以采用包围散装。包围散装的堆法有以下几种：

a. 包围一直包宽，每层以一直包二横包半非字组连接，层与层应注意盘头和骑缝，加强包围的牢固程度。

b. 包围一包半宽，一般由下而上，第1~5层（有的到第六层）采用一包半的宽度（即一横一直的半非形），往上厚度根据原辅料品种而定，如大米等第6~10包都是直包，第11~12包已近粮面侧压力减弱，可改用横包。小麦等自第6包往上应全部用直包，稻谷自第9包以上即可改用横包。转墙粮包要层层骑缝，包包靠紧，逐层收进，形成梯形，以加固包围强度，一般经验是每层收进30~35mm为宜，以12包高为例，上口约收进400mm。

③隔仓散装：常常用于大型仓房内，分隔成几个廒间进行散装储粮。这种堆放法，适应于分品种保管，对于批次不同、质量不一的原辅料可以分开保管，用隔仓板隔成对门过道，有利于通风。

隔仓板基本上由垂直的木柱和横卧的枕木用木头或铁条的拉杆连接成为一个刚体三角形，然后在这三角形的垂直面和水平面上用50cm厚的木板构成，当谷物倒入隔仓板后，由于原辅料作用在水平板面上的重量，防止垂直板的倒塌，而使垂直面构成挡墙的作用。

隔仓板的高度为2m，长度均为1.5m，在某隔仓板的下部开有出粮孔，隔仓板有竹制和木制两种。

④围囤散装：品种较多、数量少的原粮和种子粮，均可围囤散装。目前真空充氮或其他缺氧保管，需要密闭程度较高，亦采用仓内坐围的方法，再用塑料薄膜密闭囤身。

（2）仓内包装

①实垛：实垛称为平桩，长度不限，随仓房情况而定，宽度一般是四列（所谓“列”

是以粮包的长度为准），也可堆成二列、六列、八列等，高度要看粮种而定，大米四列以上的可堆 18 包高，二列的不宜超过 12 包高，稻谷可增加一包或两包，小麦、糙米等散落性较大的粮种要酌情减低，以防倒桩。实垛的牢固性在于“盘头”和“拍包”（“盘头”是指粮堆两头上、下层的粮包互相盘压，“拍包”是指上下层粮包相互骑口），通过盘头和拍包使整个粮堆的粮包都起到互相牵拉的作用，而组成一个牢固的整体。

②通风垛：主要是在秋冬季节用于保管高水分大米。增大粮堆孔隙，便于散温散湿，又便于逐包查温度。通风垛的形式很多，以“工”字桩与“金钱”桩最普遍。工字桩因为形如“工”字而得名，操作比较简单，但粮包的重量都是垂直向下，包心所吃到的压力特别大。金钱桩因为形如“金钱”而得名，操作比较复杂，但粮包重分散，所以通风效果较工字桩好。

（3）露天包装　露天包装的方法是：先做垫底，然后按实垛堆法进行堆垛，至一定高度后在垛两边的包各向内收半包，起脊坡度要大。垛好后，在垛四周围席 30 层，垛顶盖席层适当增加。当席盖到垛顶时，可用数层干净麻袋覆在粮包上，同时垛顶两边覆席塔头后，应再用数层席子从垛脊向两边覆盖，以免雨水从垛顶进入垛内。

（4）露天散装　露天散装堆板有包围墙散装和圆囤散装两种形式。

①露天包围墙散装：围墙粮包的堆法与仓内包围墙散装法基本相同，要层层骑缝，桩形与露天包装基本相同，但桩内不留空位，一般宽度 4m，全高 5m，檐下 2.5m。起脊坡度不少于 50°，长度不限。

②露天圆囤散装：目前，多采用“花盆式宝塔顶”的囤形。规格基本一致，囤底直径不大于 0.8m，囤身不高于 3m，由囤底向上逐步放宽。囤檐直径不大于 7.4m。囤顶共六层，每层收进 40～50cm；高度 50～60cm，第一层直径小于囤底直径，第六层直径不大于 2m，全高 6.1m（不计囤基），体积约 174m^3，容稻谷按每包 70kg 计算，约 1450t。露天圆囤全部用折子做囤，主要优点是容量大、囤身牢固、便于泄雨防漏。

2. 原辅料的除杂和粉碎操作规程

（1）除杂操作规程

①启动前检查：检查机器全部结构是否紧固；检查电源电压和各接线部位是否正确。

②空载运行：开机时各部位不得有碰撞和异常的声音；启动风机看运转方向是否正确；运转 10～15min 以后应拧紧转动结构的所有螺丝。

③除杂操作要点：将验收合格的原料投入除杂机，边除杂边将除杂后原料通过输送设备输送到原料储存处。工作完毕，打扫现场卫生，共用器具摆放整齐规范；收集杂质，通知保管员计量、扣除。

④注意事项：严格遵守操作规程，工作人员在操作时，须穿有紧扣衣袖的工作服，机器运行时不得在传动的部位摸弄。开机时，先启动风机，再启动除杂仓。运转 3～5min，无异常反应开始下料。正常工作时，除杂仓内物料不得超过观察孔中线，否则风机会吸走物料。在生产过程中，如物料太毛，需按时关机后，打开掏杂孔，清除风机叶轮上的杂物。否则，风机会振动、无力、影响清杂质量和振坏其他部位。

（2）粉碎操作规程

①机器运转前的准备工作：机器在正常启动前必须做好充分的准备工作和严格的检查工作，对机器本身要求各部件必须完整无缺，所有的固定螺栓和地脚螺母应牢固拧紧，

机器附件不得有妨碍运转的东西和杂物。

②开车和停车顺序：上述准备和检查工作完全符合要求后，即可启动破碎机。待机器转速正常后再向机器内送料，加料必须均匀，停车时应先停止给料。等到加料斗内无剩余物料后方可停止机器的运转。

③机器的正常运转：当机器正常运转之后，机器的操作者及有关人员必须注意下列事项：所有的固定螺栓是否有折断和松动现象；各轴承润滑情况是否正常，有无过热现象；各处密封是否严密，有无漏油现象；进料量是否有过多现象，出料粒度是否符合要求；轧辊及齿轮的运转情况是否正常。

④其它注意事项：不得改变机器的运转方向；机器运转中停电时，应立即拉断电源，以免突然来电时引起事故。

3. 特殊工艺对原辅材料的要求

浓香型大曲酒的发酵，是多种微生物类群的多种酶催化的复杂生化反应体系。在窖池发酵过程中怎样促进和满足各类微生物的生长繁殖和相互作用的条件，以便生成更为丰富的，为人们所喜爱的香味成分，从而提高酒质，是酿酒界长期以来研究的课题，在生产实践中，科技人员和工人师傅经过坚持不懈的努力，摸索、研究、总结出了许多提高浓香型大曲酒质量的特殊工艺措施。

（1）特殊工艺简介

①翻沙工艺：

方法：在窖池发酵30d左右时开窖，剥去面糟，将窖内发酵糟全部取出来。每甑加入一定数量的曲药，拌和均匀入窖，上层糟先入窖，下层糟后入窖，每甑入窖后再回入一定数量的原度酒或酯化液（回酒或酯化液的方法一般用瓢泼）。回酒一般下少上多，回酒至窖坎，发酵糟翻完后踩光。敷上面糟，最后将窖池封好，发酵1年左右开窖烤酒。

翻沙工艺实际上是由几种质量措施集合而成：

二次发酵：由于加了曲药，除了增加酒中的复合曲香气外，曲药中的微生物起二次发酵作用，酒中己酸乙酯等酯类含量在其他条件不变的情况下也会大增。

回酒发酵：乙醇是己酸乙酯合成底物。母糟体系中乙醇浓度的提高，促进己酸乙酯的生成，增强对母糟体系中丁酸、己酸等有机酸的消耗，反过来又促进窖泥功能菌的代谢能力增强，增加香味物质的形成。

延长发酵周期：窖池发酵生香过程经历微生物的繁殖与代谢、代谢产物的分解、合成等三个阶段。酯类等各种物质的生成和酒的老熟陈酿，是一个极其缓慢的生化过程，这是由己酸菌等窖泥微生物生长缓慢等因素所决定的。所以酒中风味物质的形成，除了提供适宜的工艺条件之外，还必须给予较长的时间，从而得到较多的风味物质。

②双轮底工艺：

方法：双轮底工艺有连续双轮底和隔排双轮底两种方法，无论连续或隔排双轮底，为使酒质更优，在第二次发酵前，都加入一定数量的曲粉和原度酒。

连续双轮底：在第一次起窖时，在窖底留一甑半母糟不起（下排配料后即成两甑粮糟）进行再次发酵，在留的底糟上面放两块隔篾，以便区分底糟和母糟，然后再在底糟上面装入粮糟，待第二排开窖时，起窖取到快要到两块隔篾的留底处时，就把双轮底上面约一甑半母糟，扒到黄水坑堆起。等双轮底糟取完后，再把留在黄水坑内的母糟拉平，作为下排的底糟，放上隔篾，再装粮糟，以后每排均按此操作进行，每排都有双轮底糟酒，所以叫做连续双轮底。

隔排双轮底：第一排下粮糟时，在入完一甑半粮糟时（下排配料后即成两甑粮糟）立即将其刮平，放上两块隔篾，然后再继续装入粮糟，第二排起窖时，所留底糟不动，再继续发酵一次。在底糟上面按常规操作装入粮糟，第三排起窖时，取到隔篾时停止起窖。然后加强滴窖工作，在准备蒸本窖第一甑粮糟时，再起底糟。以后每排均按此循环，每隔一排才产一次底糟酒，所以叫做"隔排双轮底"。

双轮底工艺不但母糟与窖泥的接触面大，而且与翻沙工艺一样是由二次发酵、回酒发酵、延长发酵期等多种技术措施集合而成，所产酒香味特浓，酸、酯含量很高，专门用作勾兑或调味用酒，可提高泸州老窖酒的等级。

③柔酽母糟工艺：柔酽母糟是一种手感肥实、保水性能较强的母糟，产出基酒微量成分非常丰富，口感表现出厚实、醇甜、浓酽。柔酽母糟培育的措施为控糠控水，减缓窖内发酵升温速度，降低窖内母糟有氧呼吸对淀粉的消耗，以淀粉和粮食发酵的残渣吸收储存水分。柔酽母糟出窖淀粉浓度为12%~14%，入窖淀粉浓度为18%~22%；出窖水分为59%~61%，入窖水分为52%~55%；出窖黄水较少（一般每甑25~30kg）；稻壳用量为投粮量的20%~26%。

④母糟低淀粉度夏工艺：热季度夏工艺，是指酿酒生产过程中，因外界气温高，不适宜于酒精发酵，而采取的生产压排措施。在这一过程中，由于外界气温高，对窖泥功能菌生长繁殖非常有益，母糟体系内主要进行生酸生酯发酵，如果仍然保持体系内正常生产期间的淀粉浓度，生酸微生物必然大量将母糟残余淀粉消耗掉，生成大量有机酸，一方面不利于生产的大转排；另一方面，在大转排蒸馏过程中，这部分有机酸大量损耗，相当于白白地浪费。

小转排时，依据母糟酒精发酵能力，控制入窖母糟淀粉浓度，保证在酒精发酵期将淀粉彻底转化为乙醇。在热季度夏期间，母糟体系内主要利用乙醇、蛋白质、脂肪等营养物质，进行生酸生酯发酵。

⑤增大投粮大转排工艺：因热季气温高，对酿酒生产不利，所以采取了热季停产措施。

窖内温度高，有利于窖泥功能菌生长繁殖和物质代谢；母糟发酵期较正常生产显著增长，窖内母糟积淀的香味物质丰富，对酵母菌酒精发酵抑制作用较强的有机酸——己酸、丁酸等残留在母糟中的浓度较高；母糟乙醇浓度显著降低，蒸馏时对醇溶性己酸、丁酸等提取率较低，在母糟中残留量显著增高。为此，通过增大投粮，单甑稻壳使用量增加，单甑母糟使用量减少，降低了抑制酒精发酵作用较强的己酸、丁酸等有机酸浓度，保证母糟进行正常的酒精发酵。

（2）特殊工艺对原辅料要求

①原料的要求：采用特殊工艺的目的是酒质的提高，应选用优质的高粱为主要原料，或搭配适量的玉米、大米、糯米、小麦等。应避免霉变、腐烂的原料以及杂质的混入。

②辅料的要求：以优质糠壳为辅料，使用2~4瓣粗壳，要求新鲜、干燥、无霉变，杂质要少。使用前可使用竹筛去除糠壳内含土及其他夹杂物，清蒸时适当延长时间，清蒸后存放时间控制在24h之内。

③对其他材料的要求：

回酒：为避免回酒的质量影响产品品质，回酒应无色透明、无悬浮物、无沉淀，香气较正、无异邪杂味，酒体较正、味较净、无异味。

曲药：选用好曲，质量不好的曲杂菌多而酵母少，会加快发酵糟升温升酸的速度。二次用曲选用特制产酯生香能力强的专用曲，如泸州老窖公司在传统大曲基础上，引入“勾兑”概念，将窖泥功能菌固化剂、B类酶促物质等功能成分融入大曲中，形成微生物群类更为丰富、微生物酶系更为完善、酯化力显著高于传统大曲的产品，称为底糟（翻沙）专用曲。底糟（翻沙）专用曲已经全面应用于泸州老窖酿酒生产中，较传统大曲发酵提高优质酒率30%。

4. 原辅材料的配比

（1）投粮量与粮糟比　每一甑投入的用粮量与糟醅用量的比例，通常称为粮糟比。投粮量应以甑桶容积的大小来确定。粮糟比是依据工艺特点、对酒质的要求、发酵期的长短、粮粉的粗细等确定的，一般为1∶（4~5.5）。糟醅从形态上看，应符合“疏松不糙，柔熟不腻”的质量要求，同时使糟醅入窖淀粉能控制在17%~19%的正常范围内。当然，粮糟比不是一成不变的，还应考虑生产季节、糟醅发酵的情况等因素。季节不同调节入窖淀粉的原则：热减冷加。母糟残余淀粉不同调节入窖淀粉的原则：残余淀粉高少投粮，残余淀粉低多投粮。对产量质量不同要求确定入窖淀粉的原则：以产量为主，淀粉含量应低一点；以质量为主，淀粉含量应高一点。根据曲中酵母菌发酵能力的高低确定入窖淀粉的原则：耐酸、耐酒精能力强的酵母菌，可多投粮：反之，少投粮。

（2）加糠量　糠壳在酿酒生产上主要起填充剂作用。合理使用糠壳能调整淀粉浓度，稀释酸度，促进糟醅升温，利于保水、保酒精，同时也能提高蒸馏效率。总之，在固态法白酒生产上是离不开它的。但因糠壳有糠杂味，因此在生产中要控制其用量。在生产中正确使用糠壳应遵循以下原则：

①热减冬加。酿酒行业一般把全年分为旺季（1、2、3、4、5、12月）、淡季（7、8、9月）、平季（6、10、11月），旺、淡、平三季节用糠一般如下：（对粮比）旺季20%~25%，淡季20%~23%，平季20%~26%。

热减冬加的理由：冬季气温低，微生物生长繁殖困难，多用糠壳可增加氧气，使酵母能很好地生长繁殖；冬季一般使用新粮，新粮黏度较大，所以增加糠壳用量以降低黏度；通过热季后，母糟酸度增加，故应加糠稀释酸度，以利发酵。以上是冬季加糠的理由。反之，也就是热季减糠的理由。

②根据母糟残余淀粉高低不同的用糠原则：残余淀粉高（母糟腻）多用糠；残余淀粉低（母糟糙）少用糠。

③根据母糟中含水量不同的用糠原则：水大糠宜大，水小糠宜小。要注意此种用糠原则只是利于蒸馏取酒，乃是一种被动的办法，因为水大用糠大容易把母糟做糙，水小减糠容易把母糟做腻，最好的办法是滴窖减水，使母糟含水量适宜。

④根据粮粉粗细不同的用糠原则：粮粉粗少用糠，粮粉细多用糠。

⑤窖内分层用糠的原则：底层糟多用糠，上层糟少用糠。其理由为：底层受压力大，尤其是大而深的窖；底层空气少，微生物在发酵初期的生长繁殖受到一定影响；底层酸大，水分大。

⑥根据母糟酸度大小不同用糠的原则：在同一时期内，酸大糠大，酸小糠小，增加3%左右的糠壳可降低0.1的酸度。酸度大、残余淀粉高，可采取加糠的措施。

（3）加水量　酿酒生产是离不开水的。淀粉糊化、糖化，微生物的生长繁殖、代谢活动等，都需要一定数量的水。酿酒生产用水有量水、酒糟水、黄水、加浆水、底锅水、冷却水等多种。但就酿酒生产来看，主要是讲“量水”。在生产中正确使用量水应遵循以下原则：

①冬减热加：冬季因生产入窖温度低，升温慢。最终发酵温度不高，水分挥发量少，水分损失也小。所以冬季使用量水应少一些。而热季生产时，量水用量相应要多一些。冬季量水用量为60%~80%，热季量水用量为80%~100%。

②根据酒糟含水量大小确定用水量：酒糟水分大，量水应少用；酒糟水分小，量水应多用。

③根据酿酒原料的差异考虑量水用量：一般地讲，粳性原料用水应稍多一些，糯性原料用水应稍少一些。储存时间长的原料，多用一些水；储存时间短的新鲜原料，少用一些水。

④糠大水大、糠小水小：在配料中用糠量大时，应多加一定量的水；用糠量小时，应少加一定量的水。

⑤根据酒糟中残余淀粉的高、低确定量水用量：酒糟含残余淀粉高的，应多用水；反之，则少用水。

⑥根据新、老窖池确定用水量：一般新窖（建窖时间不长的窖池）用水量宜大一些，老窖（几十年以上的窖池）用水量宜小一些。另外，窖池的容积大的用水量应稍大些，窖池的容积小的用水量应稍小些。

⑦根据酒糟层次确定用水量：窖池底部酒糟少用水，窖面酒糟多用水。即工艺操作上打“梯梯水”的原则。

（4）加曲量　大曲是糖化发酵剂，在酿酒生产中起着重要的作用。正确使用大曲应遵循以下原则：

①入窖温度高低（或季节不同）的用曲：入窖温度高（热季）少用曲，入窖温度低（冬季）多用曲。

②投粮多少及残余淀粉高低不同的用曲：投粮多，多用曲；投粮少，少用曲。残淀高，减粮不减曲；残淀少，少用曲。

③曲质好坏不同用曲：曲质好，少用曲；曲质差，多用曲。

④在相对情况下酸度大小不同的用曲：入窖酸度大，多用曲，入窖酸度小，少用曲。

⑤曲药粗细不同的用曲：曲药粗多用曲，曲药细宜少用曲（细曲升温快，吹口猛，主发酵期短，无持久力，降温快；粗曲分布不均匀，有些粮食淀粉接触不到曲药。一般认为曲药粗些，产酒质量好些）。

（二）泸州老窖酒的发酵工艺参数控制

窖池发酵情况直接影响着产品质量，发酵是否正常受到入窖条件的影响和制约。发酵工艺参数的控制主要集中在对糠壳、水分、温度、淀粉浓度、酸度、曲药等因素的控制上。

1. 糠壳

（1）糠壳的作用

①利于滴窖。糠壳使母糟中有适宜的空隙，故使黄水能下沉窖底。

②糠壳能起到降低母糟的酸度、淀粉浓度、水分含量的作用，以满足发酵所需条件，促进微生物生长、代谢活动。

③保证蒸馏效率和糊化程度。糠壳能增强酒糟的骨力，增大粮糟中各物质间的界面关系，使之在蒸酒时不压汽、不夹花，蒸粮不起疙瘩、糊化彻底，为发酵创造有利条件。

④调节窖内空气，糠壳使窖内发酵糟中有适量的空气，利于酵母生长繁殖，建立起优势，使糖化发酵正常，并且升温正常，但糠壳不宜过多，过多则空气多，会进行好气发酵，严重影响产品质量。

（2）糠壳使用应该注意

①糠壳的质量应是新鲜，无霉烂变质，金黄色的粗糠。

②注意容积和重量相结合，由于糠壳粗细有时不同，而糠壳粗细的相对密度不一致、相同重量时容积不一致，在使用细糠时，不能单考虑其重量，而应着重考虑其容积应与粗糠相同。

③坚持熟糠配料。因为生糠中含有多缩戊糖和果胶质，在蒸馏和发酵中能生成糠醛和甲醇等有害物质而影响酒质，并且生糠中杂菌多，还有生糠味、霉味，所以在工艺上要求将生糠进行清蒸处理，使之成为熟糠方可投入生产。

（3）糠壳与产酒的关系　糠大酒味糙辣且淡薄，糠少酒味醇甜，香味长。糠大易操作，且产量有保证，拌料、滴窖、蒸馏都较容易进行。要注意糠少母糟中包含的水分就大，滴窖、拌料、蒸馏都不易掌握，在这种情况下，操作不当就会影响出酒率，如其他条件适合，操作细致得当，产量和质量就会好。用糠要求做到使酒糟柔熟不腻、疏松不糙。在保证酒糟不腻的情况下，尽量少用糠，以提高产品质量。糠壳用量一般为20%~25%。

在生产中用糠量过多的现象常在淡季、平季产生，造成窖内发酵升温快而猛，主发酵期过短，只有2~3d（淀粉变糖变酒这阶段称主发酵期，时间一般在10~15d，即封窖到升温达最高点这一时间内）。其现象一般是：母糟现硬、现糙，上干下湿，上层糟在窖内倒烧；黄水黑清，下沉快，味酸而不涩，也不甜；下排入窖粮糟不起悬，不起“爪爪”，量水易流失，不保水。

生产中用糠量过少一般在旺季，而酒糟现腻，其现象一般是：发酵升温缓慢，最终温度低，甚至不升温，无吹口或吹口差等；发酵糟死板，跌头小；母糟腻，黄水黏，滴不出；蒸馏时穿烟慢，夹花吊尾，出甑后粮糟现软，无骨力。

2. 水分

（1）量水　所谓量水就是打入粮糟中一定数量的90℃以上的热水。其作用：

①稀释酸度：量水的加进，稀释了粮糟的酸度，并促进了粮糟中酸的挥发，从而降低了入窖酸度。

②保证发酵用水：使粮糟吃足水分，提供微生物生长、代谢所需的水分，以保证发酵正常进行。

③调节窖内温度：水分蒸发时需要热能，从而降低了窖内温度，以利微生物在适当

的温度下进行代谢活动。

④降低入窖粮糟的淀粉浓度，有利于酵母菌的发酵作用。

⑤促进新陈代谢：由于去掉了发酵后的黄水，加入了新鲜的水分，可以促进必要的新陈代谢，提高酒糟的活力。

⑥可以增加粮糟的表面水分，以便使曲粉吸水，使曲药中的微生物及酶的活性增强，提高曲药的糖化发酵能力。

⑦起渠道作用：打入粮糟中的量水，经过翻动使粮糟的表面水分和淀粉中的溶胀水分连结起来，从而使有益微生物通过表面进入淀粉内部，促进淀粉的糖化和发酵。

生产中量水和酒糟含水量的范围：正常量水范围为60%～100%（对粮重百分比）；正常酒糟含水范围：入窖酒糟含水量为52%～55%，出窖母糟含水量为58%～62%。

量水的使用除了前面讲的原则外还应注意以下问题：量水必须90℃以上（最好是沸水），打完量水必须翻糟，水温高和翻糟都会促使粮糟中的淀粉把量水吸收进去。否则，会形成粮糟表面水分过多，于发酵不利。量水用量一般不应超过100%（对粮），如果母糟含水量不够，可在润粮时加水。量水应清洁卫生，严禁煤油、汽油、香皂等污染。打量水时应细致操作，以免烫伤。

量水与产量、质量的关系：水大产量高，水小质量好；水大易操作，水小操作困难，但如果操作细致，配料适当，产量、质量均佳。所以在生产正常情况下，尽量用水小，即做到入窖水分低。

生产中水分过小的现象：粮糟入窖后，升温快、幅度高；发酵终止后，母糟现干、现硬，易倒烧，黄水少；出窖母糟含水量小，润粮困难，粮粉吃不透，不转色，糊化不好，出甑后，不柔熟；入窖粮糟干沙，不起悬；酵母菌生长繁殖差，数量不足。

生产中水分过大的现象：入窖粮糟升温缓，但升温幅度大，顶点温度高，可达15～16℃，产量还可以；发酵糟中微生物、杂菌生长繁殖快，数量多，生酸大，黄水酸而不涩；产酒香味差，味淡薄，质量不好。

（2）黄水　黄水是发酵后产生的黄色液体，北方称为黄浆水。

通过滴窖，把黄水舀出来。滴窖在酿酒生产上有着特殊的意义。它可以降低母糟中的酸度（特别是可以降低乳酸和乳酸乙酯等水溶性不挥发性酸酯的含量，相应地增加酒中己酸乙酯等挥发性酸酯的含量），减少水分和一些不利于发酵的阻碍物质，可以在配料上减少糠壳用量，利于蒸馏，利于加进新鲜水分，所以滴窖是工艺上一个重要技术措施，它能达到均衡生产的目的，千万不要忽视。

黄水的作用：

①一定数量的黄水可以抑制杂菌生长，保护发酵糟免受其侵害，使窖内糟子不发生倒烧现象。

②黄水酸大可促进酯化反应，使酯的含量增加。

③为窖泥微生物提供丰富的营养物质。黄水中含有酸、酯、醇、醛、蛋白质、糖等都是窖泥微生物所需的良好营养成分。因此，黄水可加速窖泥老熟，从而提高酒质。

3. 温度

在泸州老窖酒生产中，温度占有重要的地位。温度与发酵有密切的关系，温度过高，会影响酵母菌等微生物的活力，阻碍发酵，故在生产中要尽可能地把温度控制在适宜范围内，使发酵顺利进行。酿酒生产中经常使用的有关温度的术语有：地温、室温、入窖温度、升温幅度、发酵顶点温度、窖体温等。

（1）温度的作用 可提供有益微生物生长繁殖及代谢活动所需要的适宜条件。酒糟中微量成分的生成和相互间的转化都需要一定的温度。蒸粮使淀粉糊化，发酵促使淀粉生成葡萄糖等。

（2）正常的入窖温度和升温幅度 正常的入窖温度是18~20℃。这是因为酵母菌的适宜生长温度是28℃，最适发酵温度是32℃，18~20℃入窖温度虽然不是酵母菌最适生长和最适发酵温度范围。但在较低温度条件下酵母菌生长缓慢，菌体健壮，具有较大的活力和持久的发酵能力，使发酵完全彻底，提高产量。并且在发酵过程中，蛋白质、脂肪、果胶等分解较少，因而酒中杂醇油、醛等物质含量较少，酒质纯正、质量较好。固体发酵的特点是温度无法控制，在主发酵期，温度逐日上升，如在30℃左右入窖（即高温入窖），糖化发酵加快，温度猛升，酵母菌体不健壮，易衰老死亡，发酵不彻底，持续时间短，多余糖分被杂菌利用生酸。且在高温下，杂质含量高，酒质不纯，出现苦味或燥辣味。

正常的升温幅度为15℃左右。每天发酵升温1~2℃，时间7~15d为正常。否则就不正常。

工艺上规定入窖温度的原则：以地温为依据确定入窖温度的原则，地温在20℃以下时，入窖温度可控制在18~20℃；地温在20℃以上时，入窖温度可控制低于地温1~2℃入窖。

（3）入窖温度与产量、质量的关系 入窖温度低（18~20℃）的优点：

①发酵升温缓慢，主发酵期长达10~15d，发酵完全，出酒率高且质量好。

②可以抑制杂菌生长繁殖。低温不利于杂菌生长而有利于酵母菌的繁殖，由此可以抑制杂菌的生长，到30~32℃时发酵已基本完成，乳酸菌、乙酸菌受到抑制。

③生酸幅度小。减少糖分、酒精的损失，而且母糟正常，有利于下排生产。

④入窖温度低，发酵顶点温度不高，只达32℃左右，加之升温缓慢，吹口清凉有力而不猛，酒精和挥发性香味物质损失少。

⑤杂质生成量少，如甲醇、杂醇油等。而醇甜物质生成较多，利于酒质的提高。

入窖温度高的缺点：

①发酵升温快猛，主发酵期短，只有5d左右。发酵不完全，出酒率低，质量差。

②有利于杂菌生长繁殖。在高温情况下，有害杂菌同有益菌同时生长、竞争，消耗淀粉。随着发酵的进行，温度上升越高，达33℃以上时，有害杂菌的活力增强。而酵母菌的活力减小，影响糖变酒。而杂菌大量消耗糖分、酒精，产酸多，这样的损失无法挽回。入窖温度低，如果操作不当而少产酒，淀粉还存在于母糟中，下排可挽回：热季不产酒，而残淀又不高，就无法挽回了。

③生酸幅度大，杂菌在高温下大量繁殖，消耗淀粉等营养物质，生酸大，使母糟带病，给下排生产带来困难。

④杂质生成多。原料中的五碳糖、果胶质、蛋白质、单宁在高温发酵情况下，加速分解成甲醇、糠醛、杂醇油等而严重影响酒质。

⑤生成糖多、酒精少。即糖化好、酒化差，酵母菌发酵能力钝化，但霉菌的糖化力

加速。把大量淀粉变成糖，而酵母菌不能利用或利用不完，反而给杂菌提供了充足的营养。温度高的黄水黑清而甜，母糟黑硬。

⑥由于升温猛，吹口猛，CO_2 多，生成的酒精会随 CO_2 跑掉，温度高的窖能闻到酒精味。开窖冲劲大的母糟，产量、质量都不好。

生产中入窖温度过高过低的一些现象：

①生产中入窖温度过高，母糟黑硬、酸度大，冲头大（酒气味大），黄水清、黑，现甜、酸而不涩，酒味燥辣、淡薄，香气短。

②生产中温度过低的现象：发酵初期升温缓慢，有时 2~3d 不升温，主发酵期太长，有的长达一个月左右，母糟颜色嫩，黄水黏，现花，产酒甜味重、香味差，产量质量都不好。

4. 淀粉

（1）淀粉的作用　具有降低母糟的酸度和水分的作用；加入粮粉拌和后可降低母糟水分 10%，降低酸度 1/6；提供微生物的营养成分和提供发酵所需温度，是窖内升温的主要来源；是母糟新陈代谢循环的主要物质之一。

（2）正常酒糟的淀粉含量和粮糟比　泸州老窖酒生产中，正常入窖粮糟的淀粉含量为 18%~22%，正常母糟残余淀粉含量为 9%~13%。

（3）使用淀粉（投粮）时应注意问题　原料要求饱满，无霉变虫蛀，含水分不超过 13%。

要保证润粮时间，让粮粉吃透水分，蒸粮保证 60~70min，但又不超过 70min。粮粉粗细度要适宜，过细要增大用糠量，过粗不易糊化。

（4）入窖淀粉含量与产量、质量的关系　入窖淀粉含量高一点，糟子肉实肥大，含有益成分丰富，产酒浓香、醇，但粮耗高一点；相反糟子变瘦纤，含有益成分少一点，产酒香气不浓，单调带糙，但粮耗要低一点，出酒率高些。由于质量是企业的生命，所以现在主张入窖淀粉偏高一点为好。入窖淀粉含量与粮耗的关系见表 5-35。

表 5-35　入窖淀粉含量与粮耗的关系

每甑投粮/kg	入窖温度/℃	入窖淀粉/%	用曲量/%	发酵最高温度/℃	升温幅度/℃	出窖淀粉/%	粮耗/(kg/100kg)
120	22.5	16.32	19.23	35	12.5	8.06	216.3
130	22	17.26	20	38	16	8.70	226.11
110	23	15.29	19.13	35.5	12.5	8.07	238.88
120	23	16.46	19.58	38	15.5	9.86	244.89

5. 酸度

酸度是指酒糟中的含酸量。在窖池发酵过程中，总是有一定量的有机酸类物质形成。它们的形成主要是细菌代谢作用的结果，如葡萄糖在乙酸菌的作用下生成乙酸，葡萄糖在乳酸菌的作用下生成乳酸。此外，在一些生化反应中，一些物质也可能变成酸类物质。如乙醇、乙醛也可以氧化成乙酸，一些低级酸也可以合成高级酸。随着发酵的继续进行，酸类物质与其他物质反应还可生成其他香味物质，如在发酵后期酸、醇起酯化反应可生成酯类物质。所以酸是形成泸州老窖酒香味成分的前体物质。其本身也是酒中的一种重要的呈味物质。所以母糟中酸度低时，产酒不浓香，味单调。但酸度过高会抑制有益微生物（主要是酵母菌）的生长和代谢活动，从而使发酵受阻，严重影响产量和质量。所以，我们必须从正反两个方面深刻地认识它，从而在生产中有效地利用它。

（1）酸的作用　有利于糊化和糖化作用，酸有助于将淀粉水解成葡萄糖；适宜的酸度可以抑制杂菌生长繁殖，而有利于酵母菌生长；提供有益微生物的营养物质和生成酒中各种风味物质；酯化作用，酸是酯的前体物质，有什么样的酸，才能产生什么样的酯，各种酯的产生都离不开酸。

（2）正常粮糟的适宜酸度范围

入窖粮糟适宜酸度范围：冬季 1.5~1.8；夏季 1.5~1.9。

出窖母糟适宜酸度范围：冬季 2.5~3.0；夏季 3.0~3.5。

要特别注意控制入窖酸度，因为除入窖酸度外，在发酵中还要生酸增大酸度，而酵母菌的耐酸能力则有限。因此，入窖酸度不宜过大。

（3）调节适宜酸度的原则　入窖温度高低不同时调酸的原则：入窖温度高，酸可稍高，以酸抑制杂菌，达到以酸抑酸；入窖温度低时，酸可低一点。对产量和质量有不同要求的调酸原则：侧重产量，入窖酸度可低一点；侧重质量，入窖酸度可稍高一点。入窖粮糟淀粉含量高低不同的调酸原则：入窖粮糟淀粉含量高，酸宜小；入窖粮糟淀粉含量低，酸宜高。发酵周期不同的调酸原则：发酵周期长，入窖酸度可稍高；发酵期短，入窖酸度可调低点。

（4）生产过程中酒糟酸度变化规律　发酵期在 45~60d 的，发酵升酸幅度在 1.5 左右为正常。出窖到入窖的降酸应在 1.5 左右，其降酸过程是：滴窖降低酸度 0.5 左右，加粮加糠可降低酸度 0.6 左右，蒸酒蒸粮阶段可降低 0.4 的酸度（每流 7.5kg 酒可降低 0.1 的酸度，此外打量水、摊晾也有降酸的作用）。

（5）窖内升酸过大的原因　高温入窖，杂菌生长繁殖快造成生酸过大。糠大，糟糙，造成窖内空气多，好气性细菌大量生长，升温高、升酸高。窖池管理不善，空气渗入，杂菌作用加强，生酸大。入窖水分大。杂菌易于生长，生酸会大。量水温度过低，入窖粮糟表面水分被杂菌利用造成生酸大。清洁卫生差，酒糟感染杂菌，易于生酸。入窖酒糟酸度过低，热季在 1.5 以下，冬季在 1.2 以下，抑制不住杂菌生长，升酸幅度很高。

（6）酸度过大的危害　入窖酸度高，酵母菌生长繁殖差，酶活性降低，发酵不能正常进行，造成粮耗高、质量差、产酒少的现象。发酵后期杂菌繁殖，淀粉和糖分损失大，出窖母糟酸度大，不仅是大量损失淀粉、糖分的结果，而且给下排配料带来很大困难。酸度大对设备的腐蚀增大，缩短了设备使用寿命，并且使酒中重金属等杂质含量增加，从而严重影响酒的质量，超过卫生指标。

（7）调节（降低或升高）酸度技术措施　低温入窖。酸度越大，越要坚持低温入窖，低温入窖是降酸的主要措施。

搞好清洁卫生工作。加强窖池管理，残糟回蒸等，都是控制杂菌繁殖的有效措施，可以确保升酸幅度不高。

加强滴窖。黄水黏不好滴时，可加酒尾滴窖。

串酒蒸馏降酸。在蒸馏时，在底锅中加入一般曲酒，可降低糟醅中的酸度。

加青霉素控制酸度。1g 粮糟可加 0. 5U 的青霉素。1 甑可加 50 万 U，这样可控制升酸幅度在 1. 5 左右，这是因为酵母菌、霉菌属真核生物，而细菌是原核生物，青霉素对酵母菌、霉菌无杀伤力，却可以杀死细菌，从而降低酸度。

淡季（热季）采取减粮可以降低出窖酸度，在进入旺季（冬季）的前一排则采取加粮措施以稀释酸度，以保证转排快。

红糟打底也是降低母糟酸度的措施：热季用红糟做底糟，丢掉，红糟做底糟利于滴窖，因而可降低母糟酸度。

缩短发酵期可以降低母糟酸度，延长发酵期可提高母糟的酸度。

加强双轮底糟的降酸工作。将双轮底糟分散蒸馏入窖，既可降低酸度，又可提高整窖母糟风格。

在入窖时或发酵中期加入生香酵母菌液，可以抑制酒糟生酸，这样升酸幅度在 1. 2 以内，对质量也有一定好处。新窖母糟酸低时，在发酵中期，采取回灌老窖黄水，人为地提高发酵糟的酸度，可以抑制杂菌生长繁殖，减少本身的升酸幅度，并且利于酯化作用。

（8）生产中酸度过高过低的现象　入窖酸度过高的现象：窖内不升温，不来吹，15d 左右取糟分析，糖分高、淀粉高，酒精含量少。对于这种情况，应提前开窖，根据母糟淀粉含量，减少投粮可挽回并使酸度转入正常。

入窖酸度偏大的另一种现象是：糟子发硬，含糖高，黄水甜，产量和质量也不好。

发酵时间太长会引起酸大，其出窖母糟红烧、黄水有悬，产量和质量均不错，尤其是质量好，但如果不采取有效降酸措施，下排就会减产。

入窖酸度过低的现象：入窖酸度低，产量较高，质量差。入窖温度、酸度与出窖酸度、粮耗的关系见表 5-27。

6. 曲药

曲药因制曲发酵所控制最高品温不同分为三种类型：

高温曲：品温最高达 68℃以上，以茅台酒为代表，主要用来生产酱香型大曲酒。

中温曲：品温最高不超过 52℃，以汾酒为代表，主要用于生产清香型大曲酒。

中高温曲：品温在 56～62℃。它介于中温曲与高温曲发酵所控制的温度之间，最高品温不超过 62℃，所以称为中高温曲。以泸州老窖为代表的浓香型白酒均用中高温曲。

泸州老窖酒生产所用的曲一般为传统大曲，由天然接种，自然发酵，多菌种混合培养而成。泸州老窖酒生产上所使用的曲药，是发酵成熟并经三个月贮存后的大曲块经粉碎而成的曲粉，曲药是一种习惯上的名称。

（1）曲药的作用　提供有益微生物。参与酿造泸州老窖酒的有益微生物主要来源于曲。据化验分析，1g 入窖酒糟中，活酵母数为 2800 万个左右，其中 60%是曲药提供的。

起投粮、增加淀粉含量的作用。曲药中含淀粉一般在 57%～58%，这些淀粉经二次发酵能产一部分酒，这种二次发酵酒，香味特殊，是构成泸州老窖酒独特风格不可缺少的一部分。

具有增香作用。曲药中含有较丰富的蛋白质、氨基酸、芳香族化合物，它们在发酵过程中，通过微生物或温度的作用而生成微量的芳香物质，增加了酒的特殊香味，而使浓香型大曲酒酒质更加醇美。

正常入窖粮糟适宜的用曲范围：粮糟比 1∶（4～5），用曲占投粮的 20%左右。

（2）曲药使用时应注意的问题　计量准确，撒曲或下曲要均匀。曲药入窖后要求转色，即接近粮糟颜色，因此要求注意水分和加强翻拌。要使用新鲜的曲药。先打先用，最好不要贮存，生霉变色的曲药决不能使用。

（3）用曲过多过少在生产中的一些现象　用曲过多，发酵时造成升温快、升温高，产酒带苦带涩，这就是常说的“曲大酒苦”。

用曲量过少，出酒率低，质量不好，酒味淡薄，不浓香，原度酒的酒精度不高。

对以上糠壳、水分、温度、酸度、淀粉、曲药六项参数的控制，在实际生产中，不是一项一项割裂开来的，而是一个有机的整体，它们整体地表现在入窖粮糟上，构成有益微生物生长繁殖并适合其代谢活动的培养基。

三、 五粮液酒酿造工艺

“跑窖循环，续糟发酵；分层起糟，分层入窖；量质摘酒，按质并坛”是五粮液独特的工艺。好的产品是靠工艺、技术参数和相应的设备，由工人精心操作完成的。五粮液生产的“跑窖循环，续糟发酵”是该厂的传统工艺。此工艺使糟醅在一个大环境中驯化，对调整糟醅结构大有好处。“分层起糟，分层入窖”工艺是典型的精心操作，对好坏糟醅发酵后产的酒质便于区分蒸馏，为五粮液原酒质量的稳定起到重要的作用。

所以，独特的生态环境、酿酒原料和酿酒生产工艺是酿造优质五粮液酒的前提条件。

（一）原料和辅料

1. 原料

（1）五种粮食感官及理化标准

①高粱：宜宾五粮液股份有限公司企业标准，高粱感官要求（摘要）见表5-36，理化指标见表5-37。

表5-36　感官要求（高粱）

项目	感官要求
色泽	具有高粱固有的颜色和光泽
气味	具有高粱正常的气味，无霉味及其他异杂味
金属物质	无

表5-37　理化指标（高粱）

项目	单位	技术指标
容重	g/L	≥720
不完善粒	%	≤3.0
虫破粒	%	≤5.0
带壳粒	%	≤5.0
杂质	%	≤1.0
害虫密度	头/kg	≤2

续表

项目		单位	技术指标
水分		%	≤13.5
淀粉（干基）	总淀粉（干基）	%	≥75
	其中：支链淀粉	%	≥85
品温与环境温度差值		℃	<5

卫生指标：高粱卫生指标按 GB 2715 规定执行。

②大米：宜宾五粮液股份有限公司企业标准，大米感官要求（摘要）和理化指标见表 5-38、表 5-39。

表 5-38　感官要求（大米）

项目	感官要求
色泽	具有大米固有的颜色和光泽
气味	具有大米正常的气味，无霉味及其他异杂味
金属物质	无
加工精度	背沟有皮，粒面留皮不超过 1/3 的占 75%以上

表 5-39　理化指标（大米）

项目		单位	技术指标
不完善粒		%	≤6.0
杂质	总量	%	≤0.40
	糠粉	%	≤0.20
	带壳稗粒	粒/kg	≤70
	稻谷粒	粒/kg	≤16
小碎米		%	≤2.5
黄粒米		%	≤2.0
害虫密度		头/kg（包）	≤2
互混		%	≤5.0
水分		%	≤14.0
总淀粉（干基）		%	≥77
品温与环境温度差值		℃	<5

卫生指标：大米卫生指标按 GB2715 规定执行。

③糯米：宜宾五粮液股份有限公司企业标准，糯米感官要求（摘要）和理化指标见表 5-40、表 5-41。

表 5-40　　感官要求（糯米）

项目	感官要求
色泽	具有糯米固有的颜色和光泽
气味	具有糯米正常的气味，无霉味及其他异杂味
金属物质	无
加工精度	背沟有皮，粒面留皮不超过 1/3 的占 75%以上

表 5-41　　理化指标（糯米）

项目			单位	技术指标
不完善粒			%	≤6.0
杂质	总量		%	≤0.40
	糠粉		%	≤0.20
	带壳稗粒		粒/kg	≤70
	稻谷粒		粒/kg	≤16
小碎米			%	≤2.5
黄粒米			%	≤2.0
害虫密度			头/kg（包）	≤2
互混	糯米互混		%	≤5.0
	小碎米互混		%	≤15.0
	籼粳互混		%	≤10.0
水分			%	≤14.0
淀粉	总淀粉（干基）		%	≥77
	其中：支链淀粉	籼糯	%	≥95
		粳糯	%	≥98
品温与环境温度差值			℃	<5

卫生指标：糯米卫生指标按 GB2715 规定执行。

④小麦：宜宾五粮液股份有限公司企业标准，小麦感官要求（摘要）和理化指标见表 5-42、表 5-43。

表 5-42　　感官要求（小麦）

项目	感官要求
色泽	具有小麦固有的颜色和光泽
气味	具有小麦正常的气味，无霉味及其他异杂味
金属物质	无

表 5-43　理化指标（小麦）

项目	单位	技术指标
容重	g/L	≥750
不完善粒	%	≤4.0
虫破粒	%	≤3.0
赤霉病粒	%	≤4.0
杂质	%	≤1.0
害虫密度	头/kg	≤2
水分	%	≤12.5
总淀粉（干基）	%	≥75
品温与环境温度差值	℃	<5

卫生指标：小麦卫生指标按 GB2715 规定执行。

⑤玉米：宜宾五粮液股份有限公司企业标准，玉米感官要求（摘要）和理化指标见表 5-44、表 5-45。

表 5-44　感官要求（玉米）

项目	感官要求
色泽	具有玉米固有的颜色和光泽
气味	具有玉米正常的气味，无霉味及其他异杂味
金属物质	无

表 5-45　理化指标（玉米）

项目		单位	技术指标
容重		g/L	≥685
不完善粒	总量	%	≤5.0
	其中：生霉粒	%	≤2.0
	杂质	%	≤1.0
害虫密度		头/kg	≤2
水分		%	≤14.0
总淀粉（干基）		%	≥75
品温与环境温度差值		℃	<5

卫生指标：玉米卫生指标按 GB2715 规定执行。

（2）粉碎

①配料程序：配料过程由微机系统按配方比例（高粱 36%、大米 22%、糯米 18%、小麦 16%、玉米 8%）完成。

②粉碎后混合粮粉：混合粮粉粗细度标准为细粉≤8%，其中高粱、大米、糯米、小麦粉碎度为四、六、八瓣，玉米粉碎颗粒不得有大于整粒的1/4，除糯米（籼米）≤20粒/0.5kg外，其余粮食无整粒。

2. 辅料

宜宾五粮液股份有限公司企业标准，谷壳感官和质量要求（摘要）见表5-46。

表5-46　感官和质量要求（谷壳）

项目	质量要求
霉变	无霉变
颗粒形状	2~4瓣
骨力	手握糠壳坚挺，无明显松软感觉
色泽	黄色、正常，无其他异色
气味	具有谷壳特有的正常气味，无其他异杂味
杂质	≤0.5%
水分	≤14.0%
粗细度（细粉）	≤10.0%

（二）酿酒工艺

五粮液酿酒工艺流程图见图5-11。

1. 工艺流程

2. 操作工艺

（1）原料处理　酿制浓香型大曲酒的原料，须粉碎后使用，目的是增加原料受热面，有利于淀粉颗粒的吸水膨胀、糊化，并增加粮粉与酶的接触面，为糖化发酵创造良好条件。为了增加大曲与粮粉的接触面，曲药也必须进行粉碎，以未通过20目筛，粗粉>80%。使用辊式粉碎机。

稻壳是酿造大曲酒的优良填充剂，使用前应清蒸30min以上，以消除异味及生糠味等，蒸后摊开，晾干备用，熟糠含水量<13%。

（2）开窖

剥窖皮：将封窖泥剥开取出，放入踩泥池中。

起面糟：严格区分面糟与母糟，用铁铲将面糟铲至推车中，运到堆糟坝（或晾堂上）堆成圆堆，拍紧，撒上一层熟（冷）稻壳，防止酒精挥发。

起母糟：根据当日应做甑数将母糟分层连续起至堆糟场分别堆放，拍光并撒上一薄层熟（冷）糠。起至底窖糟时，安上梯子下窖。

每起完一甑母糟，及时清扫窖壁；整口窖池起完糟醅后，再清扫窖池；当日所用母糟起好后，窖池上搭盖塑料布，减少挥发损失。

滴窖：将剩余酒糟起在窖另一侧，开始滴窖。每隔3h舀黄水一次。舀得的黄水可回底锅串蒸或作他用。

开窖鉴定：每出一个窖，由车间主任带队，召集有关人员对该窖的黄水、母糟进行

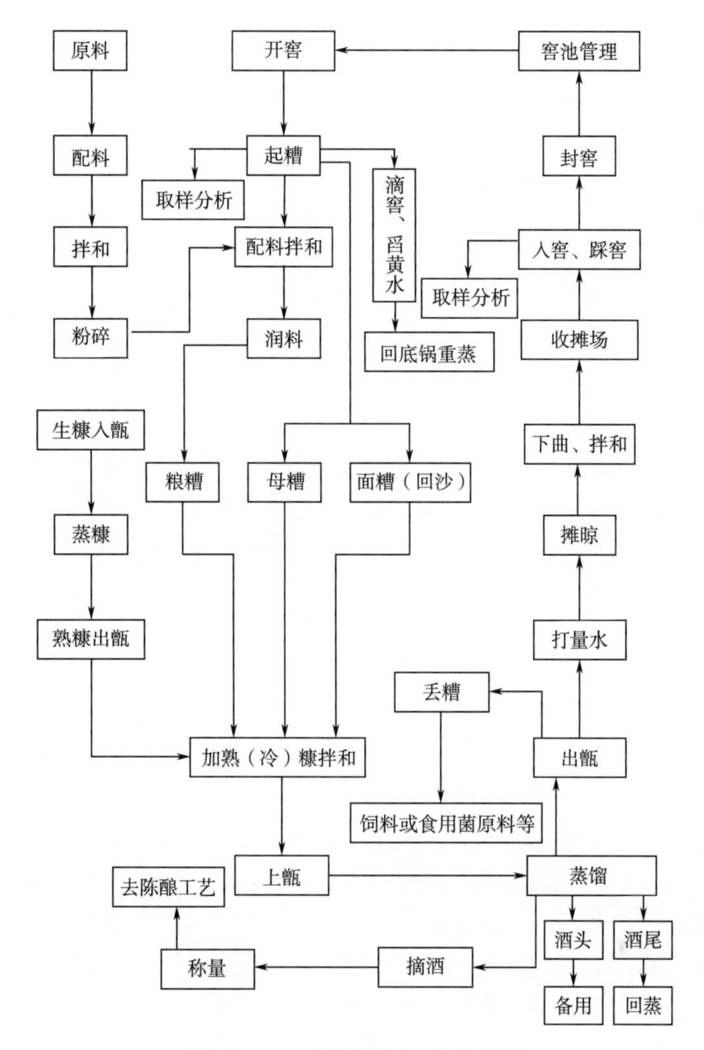

图 5-11 五粮液酿酒工艺流程图

鉴定，结合分析数据，分析母糟发酵情况，黄水的好坏，确定下排的配料、入窖温度及操作措施。

（3）配料拌和 根据开窖鉴定结果和窖别、甑别、粮糟比决定配料，一般粮粉与母糟比为 1∶(4.5~5)（视季节及具体情况定），稻壳 25%左右。

上甑 1h 前拌和，第一甑可半小时前拌和。配好料并拌和两次，要求配料准确、稳定。拌和后，粮粉应无堆、团现象，拌和完撒上一层熟稻壳，上甑前 15min 左右再拌和一次，收堆。

（4）润料 润粮时间 60~75min，粮粉转色。底层湿糟醅，可适当缩短润粮时间。

（5）加熟糠拌和 加糠量（以混合粮粉重量计）23%~27%。拌和均匀，糠壳无堆、团现象（拌和 2~3 次）。

（6）上甑

上甑蒸汽压力：0.03~0.05MP。

上甑至穿烟盖盘时间：≥35min。

上甑要轻撒匀铺，探汽上甑，汽压均匀。

（7）蒸馏摘酒　要求缓火流酒、大火蒸馏。熟粮标准：内无生心，糊化彻底，熟而不黏。摘取酒头量：0.5kg 左右。蒸汽压力：流酒时≤0.03MPa，蒸粮时≤0.05MPa。流酒速度：2~2.5kg/min。流酒温度：20~30℃。流酒至出甑时间：≥40min。酒尾单独接取，备下甑重蒸或作他用。

面糟与母糟分开蒸，其酒也分别贮存。

（8）出甑　出甑前先关汽阀，用行车将活动甑吊至晾糟床正上方，打开甑底将糟醅放下。面糟蒸酒后作为丢糟，可用作饲料或食用菌原料等。

（9）打量水　量水温度 95~100℃（不低于 95℃）。量水用量（以混合粮粉重量计）75%~90%。堆闷（打量水以后）时间：3~8min。

（10）摊晾　在晾床（晾糟棚）上摊晾，摊晾时间：≥30min。摊晾温度：地温在 20℃以下时，16~20℃；地温在 20℃以上时，平地温。翻划各 2 次以上。

（11）下曲、拌和　曲药用量（以混合粮粉重量计）20%，下曲温度（摊晾调整后的温度）：地温在 20℃以下时，16~20℃；地温在 20℃以上时，平地温。要求拌和均匀，曲粉无堆团现象。所用曲药不能贮存太久，当日用当日运。

（12）收摊场　曲粉拌和均匀后，用铁锨迅速将糟醅铲入糟醅吊斗中，立即清扫晾糟床及周围地面糟醅并将其铲入吊斗中，行车将糟醅吊斗运至窖池上方。

（13）入窖踩窖　入窖温度：地温在 20℃以下时，16~20℃；地温在 20℃以上时，平地温。各点温差：≤1℃。踩窖沿四周至中间，热季一足复一足密踩，冷季可稀脚。窖池按规定装满粮糟甑数后踩紧拍光，放上隔篾，再做一甑红糟覆盖在粮糟上并踩紧拍光。

（14）封窖　将封窖泥添加新黄泥热水浸泡后踩柔熟，用专用泥吊斗将封窖泥运至窖池进行封池。封池泥厚度：15~20cm。

（15）窖池管理　封窖后 15d 左右必须每天清窖，避免裂口。用温度较高的热水调新鲜黄泥泥浆淋洒窖帽表面，保持窖帽滋润不干裂，不生霉。

四、剑南春酿造工艺

酿造剑南春大曲酒对原料的质量要求也十分严格。因为原料质量的好坏，将直接关系到出酒率的高低和酒质的优劣。在浓香型名优白酒的生产中，原料是基础，不同原料产出的白酒，在风味上差别较大。相同的原料因品种、产地不同，其产品质量与出酒率也大不相同。因此，酿酒之前对原料的选择要特别慎重，关键是要根据酒体风味特征的设计方案来选择原料及其品种，并采取相应的技术措施，才能收到最佳的效果。其次，所选用的原料还应注意保持其稳定性，经常变动原料对酿酒生产是非常不利的。

1. 原辅材料的质量要求

酿制名优白酒多数都是以粮谷为原料。谷物中含有一定量的淀粉和纤维素。

粮谷原料一般以糯（黏）者为好，即支链淀粉含量高者为佳。具体为糯高粱和糯米。原料要求颗粒饱满，有较高的千粒重，原粮水分在 14%以下。优质的白酒原料要求新鲜、无霉变和较少的杂质，淀粉含量较高，蛋白质含量适当，脂肪和单宁含量少，并含有多种维生素及无机元素，不得有黄曲霉素及农药残留物等有害成分。总之是以有利于微生物的生长、繁殖与代谢，有利于名优白酒形成明显的个性风味特征为原辅料选择标准。

2. 原辅料的加工要求

（1）原料处理　酿制大曲酒的原料必须粉碎，其目的是增加原料受热面积，有利于淀粉颗粒的吸水膨胀、糊化，并增加粮粉与酶的接触面积，为糖化发酵创造良好条件。原料颗粒太粗，蒸煮糊化不透，曲子作用不彻底，将许多可利用的淀粉残留在酒糟里，造成出酒率低；原料过细，虽然易蒸透，但蒸馏时易压汽，酒醅发腻（黏），易起疙瘩，这样就要加大填充料用量，给成品质量带来不良影响。由于大曲酒发酵均采用续糟法，母糟都经过多次发酵，因此，原料并不需要粉碎过细。

剑南春酒、绵竹大曲酒的制酒原料由高粱、大米、糯米、小麦、玉米混合粉碎而成，粗细程度，要求一粒粮食分成6~8瓣，能通过20目筛的细粉为20%±5%，根据季节变换和发酵母糟所含残余淀粉的高低决定每甑原料的用量，各季入窖粮糟淀粉含量应控制在17%~20%。

（2）对曲药的处理　酿酒的大曲，形如砖状，必须经粉碎后，才能使用，粉碎度以通过20孔筛的占30%左右为宜。粉碎过细，曲药中微生物酶与淀粉接触面大，糖化发酵快，但持续力差，没有后劲；如粉碎太粗，接触面太小，微生物酶没有充分利用，糖化发酵太缓，影响出酒率。粉碎后的曲药粉要妥善放置，避免受潮霉变，保持酶的活性，一般不宜储存太久。

（3）对糠壳的处理　糠壳是酿造剑南春大曲酒的优质填充剂，但由于糠壳中含有较多的多缩戊糖及果胶质，在酿酒过程中能产生糠醛及甲醇等物质。糠壳还带有霉味、生糠味等，因此，使用前务必对糠壳进行清蒸处理。蒸糠过程中多缩戊糖分解，产生糠醛随水蒸气挥发，生糠味、霉味也随之跑掉。

经试验证明30min为蒸糠最佳时间，由于多缩戊糖大大减少，糠醛等杂质在成品酒中含量大大降低。因此，对糠壳进行清蒸处理在工艺中是比较重要的一环。

蒸糠时，必须将底锅水换掉洗净，大火（大汽）蒸，蒸到有清香味才能出甑，出甑后立即摊薄、晾干，温度降至室温，然后收拢备用，熟糠的含水量不得超过13%。

3. 原辅料的除杂和粉碎

剑南春酒原料通常采用振动筛去除原料中的杂物，用吸式去石机除石，用永磁滚桶除铁。

原料的粉碎采用锤式粉碎机、辊式粉碎机及万能磨碎机。粉碎的方式有湿式粉碎及干式粉碎两种。

（1）制曲原料的粉碎　多粮型酒的原料粉碎要求通过20目筛孔的细粉占30%~35%；单粮型曲料粉碎能通过40目筛的占50%，有的甚至高达60%。

在原料粉碎时，一定注意粉碎的粗细度，如果原料粉碎过粗，制成的曲还不易吸水，黏性小，不好踩，不易成型。而且由于坯中物料空隙大，水分迅速蒸发，热量散失快，培曲过程中曲坯过早干裂，表面粗糙，微生物不易繁殖，曲坯上火快，成熟也快，断面生心，微生物生长不好。如果粉碎过细，则压制好的曲块黏性大，坯内空隙小，水分、热量不均易散失，霉菌易在表面上生长，引起曲的酸败，曲子升温慢，成熟也晚，出房后水分不易排尽，甚至还会造成曲坯“沤心”和“鼓肚”“圈老”等现象。因此，控制大曲原料粉碎度是十分必要的。剑南春酒厂曲房粉碎按照原料比例分别粉碎，小麦要粉碎成过20目筛细粉占50%，无整粒，粗细均匀。大麦应粉碎成细面，即麦皮呈片粒状，麦心粉碎成细粉状，所谓的“烂心也烂皮”的颗粒状。这样，既可利用麦皮的透气、疏松性能，又能使麦心营养成分与微生物充分接触，吸收营养，有利于微生物在大曲上生长，还能使曲料吸水性好，水分适中（一般40%）。这样好踩，曲块成型好。

（2）制酒原料的粉碎　由各种原料混合粉碎而成，粗细度，要求一粒粮食分成6~8瓣，能通过20目筛的细粉为20%±5%。单粮型酒生产用的高粱粉碎成4~6瓣，一般能通过40目筛，其中粗粉占50%。多粮型生产的原料粉碎要求成4、6、8瓣，成鱼籽状，无整粒混入；玉米粉碎成颗粒，大小相当于其余四种原料，无大于1/4粒者混入；多粮粉混合后通过20目筛的细粉不超过20%，对坚硬的黑壳高粱可适当破碎得细些。

4. 原辅料的配比

（1）粮食的科学配比　科学的配比对名酒质量与风味起着非常重要的作用。剑南春酒厂生产粮食配料为：高粱40%，大米25%、糯米15%，小麦15%，玉米5%。为了提高质量，热天不减粮，以提高母糟的残余淀粉和入窖淀粉含量来克服酸高不升温的矛盾，达到产品既优质又能安全度夏的目的，改变了传统的工艺措施。一般酿酒厂家都是热天减粮、加糠。总之一定要保持一定的残余淀粉的含量，粮不能太细，母糟的残淀粉不得低于10%，酒体才丰满浓郁。

（2）辅料糠壳使用的一般原则　优质剑南春大曲酒用糠量一般为18%~25%。在酿酒旺季（1、2、3、4、5、12月）用糠量为23%~25%；在酿酒平季（6、10、11月）用糠量一般为18%~20%；在酿酒淡季（7、8、9月）用糠量一般为20%~23%。

5. 剑南春酒酿造关键技术

传统工艺与现代技术相结合的新工艺。在传统工艺的基础上，在多年的研究试验中总结出了几套新工艺，如“复式新工艺”“一长二高三适当”的关键技术等等，其中重点是“一长二高三适当”，是提高浓香型名优酒的关键技术。

（1）“一长二高三适当”的技术措施

“一长”是指：发酵时间长。发酵前期10~30d属糖化发酵、产酒阶段，后面的时间属于酯化阶段，产生的酸和醇反应生成酯，所以时间长一点。其实质是使母糟与窖泥有更多的接触时间，这样有机酸用醇类再经较长时间缓慢的发酵、富集和酯化，使剑南春的主体香己酸乙酯含量增多。经过对比实验得知：发酵40d酒的己酸乙酯含量是126mg/100mL；50d：180mg/100mL；60d：200mg/100mL；120d：437mg/100mL。其他相应的香味成分含量也随时间的增加而增加，所以发酵期70~75d的酒质量好，基础酒的口感好，醇甜，主体香突出。采用双轮底发酵140~150d，时间长，酿出来的酒味道比上面的酒好得多，因此常把双轮底酒用作调味酒。

“二高”是指酸高，淀粉高。发酵时间长，产生的酸就多，出窖糟酸度达3.5~4.0，而理论讲要3.0以下，实际名酒的生产中酸度要高些。有酸才能产生酯。采取提高入窖母糟酸度的办法，把入窖酸度控制在2.0~2.4范围内，出窖酸度达3.6以上。如果母糟内酸的含量少，就会导致酒味短、淡、不柔和也不协调，稍偏高的入窖酸度，使产出酒的己酸乙酯含量平均增加了50~80mg/100mL。在长期的生产实践中，也证实母糟内酸含量高、淀粉低时发酵升温困难，所产的酒少，而且杂味多，风味不典型。解决的办法就是提高入窖淀粉含量，在发酵过程中，经微生物作用随淀粉的转化而温度上升的特点来解决母糟酸高不升温不发酵的弊端。在相同的入窖酸度条件下，把淀粉含量控制在19%左右进行发酵，有利于酒中各种香味物质的生成。如果出窖母糟淀粉含量在10%~13%，有颗粒，少部分未发酵完最好，每次不要使其发酵太完全，糟子不能太空了。如果母糟残余淀粉在10%以下或7%~8%，就只能产一般曲酒，而产不出名优好酒。母糟发酵空了而且在热天又减粮，肯定在发酵中不升温，所以母糟要肥实一些，即残余淀粉要稍多一点，粮食粉碎稍粗一点，但不要整粒的，投粮也不要太多，以免酒中带生粮食味。过去一到热天为了安全度夏就实行：减粮、加糠 、加水。加谷壳、加水的目的是减酸，但酿出来的酒味淡，糟味、辅料味重。现在采取热天不减粮、不减曲、不加谷壳、不加过多的水而采用上述方法安全度夏。

“三适当”是指：水分、温度、谷壳适当。适当的水分是发酵的重要因素。入窖水分过高，也会引起糖化和发酵作用快、升温过猛，产出的酒味淡；而水分过少，会引起酒醅发干，残余淀粉高，酸度低，糟醅不柔和，影响发酵的正常进行，造成出酒率下降，酒味不好。剑南春酒厂的入窖水分控制在53%~54%，出窖水分一般在58%~60%，基础酒的己酸乙酯含量就高。温度是发酵正常的首要条件，如果入窖温度过高，会使发酵升温过猛，使酒醅酸过高，在增加了己酸乙酯含量的同时，也增加了醛类等成分，使酒质差，口感不好。而低温入窖，虽然对控制杂味物质的生成和提高出酒率有利，但已酸乙酯香味成分生成量也会减少。所以按照热平地温冷13的原则来控制入窖发酵温度，更有利于正常发酵、产酯，产出的酒浓香、醇和、无杂味，具有典型风格。根据多年的实践经验，从入窖糟的淀粉含量来控制入窖温度比较好。谷壳是良好的疏松剂和填充剂，在保证母糟疏松的前提下，应尽量减少谷壳的用量，如果谷壳多，就会导致母糟糙，将造成酒的味道单调。但谷壳用量太少，会使母糟发腻，同样影响发酵和蒸馏，而且还因谷壳含糠醛、多缩戊醛和其他邪杂味等物质，对酒的质量有很大的影响，所以在使用谷壳之前，必须敞蒸30min，其用量一般控制在每100kg原料在25%之内。

（2）复式新工艺　该工艺是将优质的母糟作填充剂，加入一定量的浓香型曲酒，采用复蒸技术，再次蒸馏，把残留在优质母糟中的香味成分和曲酒中的香味物质再次进行充分的精馏浓缩出来，并进行科学的分馏，从而达到基础酒的香味物质增加，提高质量和名酒的合格率的目的。

因为在蒸馏中，常受到蒸馏时间、组分沸点、挥发系数大小的限制，一次性的蒸馏不能将糟子中的各种微量香味成分全部蒸馏出来，仍有不少残存在糟子中。因此采用蒸馏不同时间，改变挥发系数，将残存在母糟中的各种香味成分重新蒸馏出来，使酒中各种微量成分的含量发生量变，而重新排列组合。

采用的工艺方式有三种：

①将同类优质粮糟配入一定量的双轮底发酵母糟，将一定量的尾酒加入底锅水内进行精馏分类。

②将多余的双轮底糟作填充剂加入一定量的底层糟的酒进行精馏分类。

③将已蒸馏的双轮底糟晾冷处理后，加入适量的尾酒进行精馏分类。

采用“复式新工艺”必须做到：

①严细工艺操作是保证，必须按照曲酒生产操作规程，上甑要轻倒匀铺，缓慢蒸馏，否则不能完全达到复式目的。

②底窖糟的选择标准，在生产过程中，必须选择经过两轮发酵期的底窖糟，其应颜

色正、闻味香浓、无异杂味，pH3~4，残淀适中。

③复式酒质的优劣档次，提高级数与使用的酒基质量成正比，即优质酒基复式后的质量档次上升得多，劣质酒基复式后的质量档次上升得少。

五、 苏、鲁、豫、皖浓香型白酒生产工艺

苏、鲁、豫、皖浓香型白酒，在风格特征上与川酒有较大的差异，形成了两个不同的流派。前者是“纯浓香型”的流派，后者是“浓厚带陈”的流派。这两个流派的产生与其生产工艺密切相关。

四川浓香型大曲酒的生产工艺，采用的是“原窖分层堆糟法”“ 跑窖分层蒸馏法”工艺；而中原生产的浓香型大曲酒是采用“混蒸老五甑”工艺。在发酵周期上也各有不同，前者为60~90d，后者为45~60d。

1. 从立楂到圆排转入正常生产

从立楂到圆排转入正常生产操作见图5-12。

从投产开始，按以下生产程序进行操作：

第一排：又称立楂排（立排）。共两甑，分别投入新原料，配醅或糟2~3倍，加入辅料30%~40%，进行蒸煮糊化，出甑后加热水（也有加冷水的）泼浆、降温、加大曲粉、加水，入窖发酵。

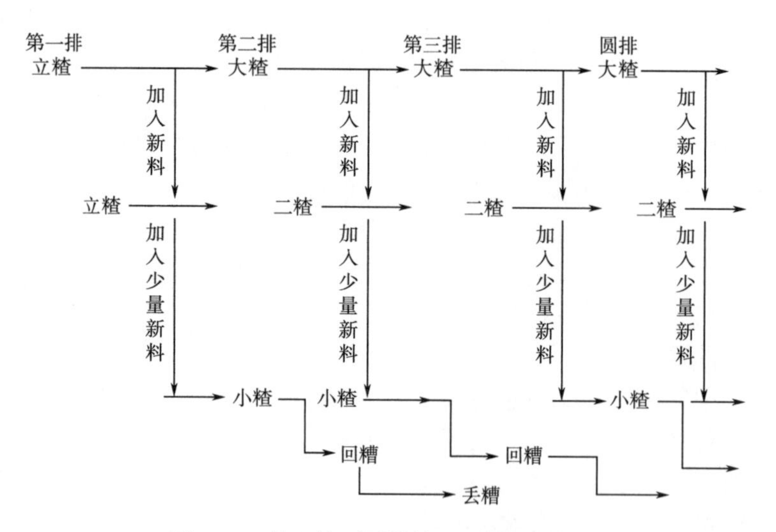

图5-12 从立楂到圆排转入正常生产图解

第二排：共做3甑。分别按比例加入新原料，分成3甑，其中2甑为大楂和二楂，一般加入原料的80%左右，其余1甑加入原料的20%左右作为小楂。进行蒸馏和糊化，出甑后加热水泼浆、降温、加大曲粉、加水，分层入窖发酵。

第三排：共做4甑。将第二排小楂酒醅不加新原料，蒸馏出酒后作回糟入窖发酵。大楂和二楂酒醅出窖后同第二排操作，作大楂和二楂以及小楂分层入窖发酵。

第四排：圆排，将第三排的回糟出窖蒸馏取酒后为丢糟。大楂和二楂和小楂酒醅出窖后同第三排操作，配成4甑，其中大楂、二楂、小楂和回糟分层入窖发酵。从圆排开始，按此方式循环操作，转入正常生产。

窖内各甑发酵材料的安排顺序可因地制宜，根据各厂具体情况和季节变化，安排窖内各甑。有的把小楂放在窖底，回糟放在上顶，有的把回糟放在窖底，小楂放在上顶，各有好处。一般冬季把回糟放在窖底；夏季把回糟放在上顶，小楂放在窖底，见图5-13。

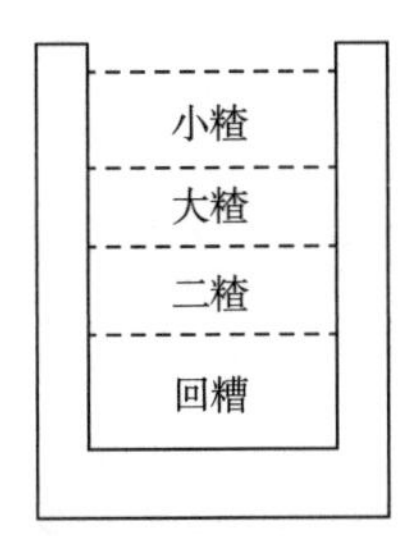

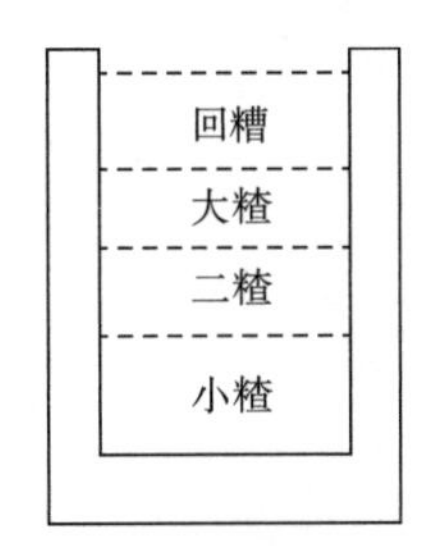

图5-13　窖内冬季（左）和夏季（右）各甑发酵材料排列顺序

2. 工艺参数

（1）原辅料及粉碎度的要求　见表5-47和表5-48。

表5-47　原辅料感官及理化要求

品名	感官要求	水分	淀粉	杂质
高粱	色泽正常，无霉变，粉碎成6~8瓣	15%以下	58%以上	无
辅料	色泽正常，干燥，无霉变，清蒸除杂	/	/	/

表5-48　原料粉碎度要求

品名	粉碎度
高粱	通过20目筛的为20%~40%
大曲	通过20目筛的为50%~70%

（2）配料比要求见表5-49。

表5-49　配料比要求

项目	要求
原料：酒醅	1：（4.5~5.0）
原料：辅料	1：（0.15~0.2）
原料：大曲粉	1：（0.20~0.26）

①各甑配料要求见表5-50。

表5-50　各甑配料要求

项目	大楂	二楂	小楂	回糟	备注
高粱	40%	40%	40%	0	—
大曲粉	6%~8%	6%~8%	5%~6%	3%~4%	为原料质量分数
辅料	5%~6%	5%~6%	4%~5%	4%~5%	为原料质量分数

②蒸馏和糊化要求　蒸馏时，应控制流酒速度，流酒温度为25～30℃，入库酒精度为63%vol以上。蒸煮糊化要求熟而不黏，内无生心。糊化时间大楂、二楂、小楂分别为70～85min、65～80min、60～75min。

酒醅出入窖要求见表5-51。

表5-51　酒醅出入窖理化检测

项目	水分/%	酸度	糖分/%	淀粉/%	含酒量/%	温度/℃
入窖糟醅	53～56	≤1.5	≤0.6	18～23	—	冬13～18，其余略低于室温
回糟	—	—	—	—	—	28～32
出窖糟醅	58～62	1.8～3.0	≤0.5	11～14	2.0～4.0	25～38

注：此表仅供参考，各厂要求有异。

3. 操作要点

(1) 出窖、配料　出窖要求严格分层出醅，各甑分开；出窖毕，清扫窖壁、窖底，用酒尾喷洒，并撒入少许曲粉，以保养窖池。严格按粮醅比、粮辅料比进行配料。粮、醅、糠充分拌匀。

(2) 装甑　要求轻、松、薄、平、准，见潮撒料，不跑汽，不压汽，上汽均匀。上甑蒸汽压力不超过0.2MPa。

(3) 蒸酒、蒸粮　截头去尾，量质接酒。流酒时，蒸汽压力控制在0.05～0.1MPa，流酒温度25～35℃，入库酒酒精度在63%vol以上。吊尾毕，加大汽蒸粮，要求熟而不黏，内无生心。

(4) 出甑、泼热水浆　出甑酒醅在鼓风晾渣机上摊平，泼入70～80℃的热水，使淀粉颗粒充分吸收水分。

(5) 降温、加曲、加水　泼热水浆后，迅速翻醅，用扫帚打散疙瘩，开鼓风机降温，适温时撒曲粉和水，用扬冷机打一遍，要求水、曲均匀，温度适宜。

(6) 入窖发酵　每甑入窖要分清，并用少量稻壳分隔。泥封厚8～10cm，盖上薄膜，冬季保温，可加盖4~6包稻壳。管好窖皮，不能裂口和长霉。搞好清洁卫生。

第十二节　酿酒环境保护

一、浓香型白酒生产对环境的影响因素

浓香型白酒生产中对环境有影响的因素包括废气、废水、固废污染物、噪声等。

二、采用环境保护措施的主要依据

(1)《中华人民共和国环境保护法》。

(2)《中华人民共和国环境影响评价法》。

(3)《中华人民共和国大气污染防治法》。

（4）《中华人民共和国水污染防治法》。

（5）《中华人民共和国固体废物污染环境防治法》。

（6）《中华人民共和国环境噪声污染防治法》。

（7）《中华人民共和国清洁生产促进法》。

（8）《中华人民共和国安全生产法》。

（9）《建设项目环境保护管理条例》，国务院第 253 号令。

（10）《危险化学品安全管理条例》，国务院第 591 号令。

（11）《国务院关于落实科学发展观加强环境保护的决定》，国务院国发［2005］39 号文。

（12）《国务院关于加快发展循环经济的若干意见》，国务院国发［2005］22 号文。

（13）《关于加强工业节水工作的意见》，国家经贸委等六部委［2000］1015 号文。

（14）《中华人民共和国自然保护区条例》。

（15）《发酵酒精和白酒工业水污染物排放标准》（GB 27631—2011）。

（16）《清洁生产标准　白酒制造业》（HJ/T 402—2007）。

（17）《大气污染物综合排放标准》（GB 16297—1996）。

（18）《饮食业油烟排放标准（试行）》（GB 18483—2001）。

（19）《锅炉大气污染物排放标准》（GB 13271—2014）。

（20）《工业企业厂界环境噪声排放标准》（GB 12348—2008）。

（21）《防治城市扬尘污染技术规范》（HJ/T 393—2007）。

（22）《城镇污水处理厂污染物排放标准》（GB 18918—2019）。

（23）《危险废物贮存污染控制标准》（GB 18597—2023）。

（24）《生活垃圾填埋污染控制标准》（GB 16889）。

三、废气污染治理

（一）浓香型白酒生产中废气产生种类

1. 可以形成有组织排放的废气

原辅料投料、除杂过程中产生的粉尘（G1、G2）、原料粉碎产生的粉尘（G3）、小麦投料、除杂过程中产生的粉尘（G4）、大曲粉碎产生的粉尘（G5）、锅炉燃烧烟气（G6）。

2. 生产过程中通常无组织排放的废气

这些废气主要包括：窖池发酵废气（G7）、汽车运输及原料装卸产生的扬尘（G8）、丢糟暂存区及酿酒、储酒车间产生的异味（G9～G11）、废水站无组织排放的异味（G12）、蒸糠废气。

（二）废气治理及排放

1. 有组织排放废气的治理

（1）生产过程粉尘　原辅料投料、除杂过程中产生的粉尘（G1、G2）、原料粉碎产生的粉尘（G3）、小麦投料、除杂过程中产生的粉尘（G4）、大曲粉碎产生的粉尘（G5）通过袋式除尘器收集处理后，废气按 GB 16297 要求经排气筒排出。

（2）锅炉燃烧烟气　目前浓香型白酒生产通常采用锅炉集中提供蒸汽进行蒸馏，也有部分厂家采用直燃式底锅蒸馏。在这个过程中，可能产生大气污染的锅炉燃烧采用的能源主要为天然气，也有部分厂家采用酒糟锅炉、生物质锅炉或者采用脱硫沼气作为燃烧介质。

在浓香型白酒生产中锅炉燃烧烟气主要为一定量的 NO_x、少量的 SO_2、烟尘。

根据《锅炉大气污染物排放标准》（GB 13271—2014），燃气锅炉排放标准：烟尘≤ $20mg/m^3$、$SO_2 \leqslant 50mg/m^3$、$NO_x \leqslant 150mg/m^3$，通过烟囱排放。燃烧灰进行综合利用。通常采用天然气、脱硫沼气作为能源的视为清洁能源，能满足直接排放标准；生物质燃料以及丢糟锅炉由于燃料本身生产的不确定性以及材质本身的原因，一般需要经脱硫、脱硝工艺处理后进行排放。

2. 无组织排放废气的治理

（1）汽车运输、原料装卸等过程中产生的扬尘，通过设置原料库房，运输、装卸中加强管理和通风，及时清扫厂区地面，并用水增湿防尘等措施加以控制；投料必须在原料破碎车间完成，破袋后投料操作应稳、匀、轻，加强破碎车间的管理和通风。

（2）丢糟、废水站污泥等必须存放在专门的丢糟暂存区、污泥暂存间，切勿露天堆放。丢糟、污泥应及时清理。

（3）对于酿酒车间、白酒储存区、丢糟处理车间、蒸糠车间无组织挥发的 TVOC，以及废水站散发的异味，对新建项目，需划定项目卫生防护距离，厂区废水处理站边界以外 100m、原料卸料储存区边界以外 50m、酿酒车间边界以外 50m、丢糟处理车间边界以外 50m、基酒储罐区边界以外 50m 所形成的包络线，不涉及环保搬迁，该范围内今后不得规划和新建居民区、学校、医院等环境敏感设施；对于已有建筑，则尽可能采取增大厂房通风条件，通过设置间歇式鼓风设备或者增加排风扇等措施来保证达到 GB 16297—1996 的要求。

同时，对于浓香型白酒企业，在厂区内部尽可能规划大面积的景观绿化，对厂内无组织排放的废气有一定的净化作用。

无组织废气产生、治理及排放措施见表 5-52。

表 5-52　　无组织废气产生、治理及排放措施

分类	序号	废气名称	主要治理措施	排放特征	备注
无组织排放废气	G7	窖池发酵废气	成分为少量的 CO_2、CH_4，自然通风排放	散排	起窖池时排放量最大 起窖时使用鼓风机鼓风
	G8	原料装卸、运输粉尘	粉尘，加强管理和通风，及时清扫地面，加水增湿；设置卫生防护距离	散排	
	G9	酿酒车间有机废气	酿造车间的丢糟及时清理转运至丢糟处理间丢糟暂存处暂存；设置卫生防护距离	散排	
	G10	丢糟处理间丢糟暂存处有机废气	缩短丢糟的暂存时间，及时外运综合利用；设置卫生防护距离	散排	
	G11	基酒罐区有机废气	采用管道和酒泵输送，减小装卸时有机废气排放；设置卫生防护距离	散排	
	G12	废水站异味	加强管理，设置除臭工艺；沼气脱硫后回收利用	散排	

四、 废水污染治理

（一）废水产生来源及特点

浓香型白酒生产中产生的废水主要包括工艺废水和生活污水。

浓香型白酒生产工艺废水可划分为高浓度废水、低浓度废水以及中低浓度废水。

高浓度废水包括：黄水、蒸馏锅底水、淘汰的低度酒尾水、浸泡废水、酒罐洗罐水等。而低浓度废水包括基酒降度废水、酒糟干燥冷凝水、摊晾机等设备冲洗水及晾堂、酒泵操作间地面冲洗水等。这两种废水的特点是采用重铬酸钾作为氧化剂测出的化学需氧量（COD_{Cr}）浓度特别高，其中高浓度有机废水 COD_{Cr}浓度可以高达上万甚至 1×10^5mg/L，主要化学成分为低碳醇（乙醇、戊醇、丁醇等）、脂肪酸、糖类、醇类、酯类、粗蛋白及氨基酸等，这些废水化学需氧量（COD）、生化需氧量（BOD）、悬浮物（SS）值高，成分复杂，pH 为酸性，间歇性排放，属于主要污染物。但是这两种废水易于生化处理，属于易降解有机废水。

中低浓度废水包括洗瓶水、冷却水、锅炉排污水、除盐水系统膜系统清洗废水等，主要含 pH、SS 和盐类，水质相对清洁。

生活污水主要指生产厂区员工办公、生活产生的废水，生活污水中的 COD、BOD、磷、有机物等有害物质的含量都比较高，不能直接排放。

（二）酿酒废水治理

1. 严格达标排放

首先，浓香型白酒生产工厂严格遵循“雨污分离”原则，厂区雨水管网和污水管网严格区分开来独立运行。

其次，浓香型白酒生产中要尽可能地采取节水减排措施，从工艺源头减少污水的排放量。

最后，所有的工艺废水和生活污水都必须经过处理，达到国家标准要求后才能排放。

2. 清洁生产

浓香型白酒酿造排放的废水均为无毒性的，常规生产废水排放量大，污染物 COD 浓度高。

如何使废水排放量减少且可生化性提高，是传统白酒酿造企业实施清洁生产降低环境污染的重要内容。清洁生产措施很多，比如采用消耗低、污染轻、转化率高、经济效益高的先进工艺和设备等等，但清洁生产是一个相对的概念，白酒酿造实施清洁生产尽量贯穿于整个生产过程之中。

（1）甑锅底水（又称底锅水） 浓香型白酒生产所产生的甑锅底水，主要来源于馏酒蒸煮工艺过程中，加入底锅回馏的酒梢和蒸汽凝结水。在馏酒、蒸煮过程中有一部分配料从甑箅漏入底锅，致使底锅废水中 COD 浓度高达 120000mg/L 左右，SS 浓度高达 800mg/L，它们是酿造生产过程中的主要污染源。底锅水中含有大量的有机成分，国内一些名酒企业从底锅水中提取乳酸制品获得了较好的经济效益和环境效益，底锅水中可以提取到乳酸和乳酸钙，而乳酸及乳酸钙是食品、医药、香料、饮料、烟草等加工业的重要原料和添加剂，应用前景十分广阔。一个日处理高浓度（COD120000mg/L）有机污水180t 的工程，可以年产高质量乳酸 1800t、乳酸钙 300t，年产值可达 1700 多万元，经济效益十分可观，同时还可大大降低底锅水中的 COD 浓度，环境效益也很显著。

另外，加大甑锅甑箅网孔密度，减少醅料落入底锅，也可以降低底锅水中的 COD 浓度。

将底锅水（加黄水串蒸后的）按 1∶2 用水稀释后，添加一定无机盐和微量元素后，30℃培养 24h，离心、烘干即得饲料酵母。用此法每吨浓底锅水可得菌体 45kg，这样年产6000t 大曲酒的工厂，每年可生产干酵母粉 200 多吨。

（2）黄水　酒醅在发酵过程中必然产生一些黄水。黄水在窖池养护、窖泥制作、底锅水回收等方面有一定的助益，但许多企业黄水的产生和再利用不成比例，黄水的利用率不高。一方面由于黄水 COD 和 BOD 含量高，给环境带来很大污染，另一方面黄水中大量有益成分如酸、酯、醇等物质未得到很好的开发和利用。

应用生物酯化酶对黄水进行酯化，生成酯化液及高酯调味酒。酯化液就是利用现代微生物技术与发酵工程技术将有机酸等成分转化为酯类等白酒香味成分的混合液，其中富含以己酸乙酯为主要成分的多种香型白酒所含的香味成分。由酯化酶催化合成的香酯液其己酸乙酯含量大大超过高酯调味酒，且具备“窖香”“糟香”特点。用该产品在车间串蒸，可使原酒质量迅速提高而不受发酵周期的限制，与同用化学合成香料勾兑新型白酒相比，利用酯化液生产的高酯调味酒可使产品质量更稳定，风格更典型，还可解决化学香料所产生的“浮香”及可能出现的危及人身安全的问题，在当前酒类市场竞争十分激烈的形势下，可以大幅度地降低白酒生产的成本，对提高质量、降低环境污染、实现资源的再利用具有十分重要的意义。

采用生物酶酯化技术后，可以取得以下效果：①实现原酒质量突破性提高。②应用于串蒸、提取高酯调味酒，实现新型白酒勾兑技术的重大突破。③实现对酿酒下脚料资源的再利用，使黄水中的 COD、BOD 含量在原有基础上下降 80%。④每吨黄水可产 60%vol 原酒 20～30kg，价值 600～1050 元，酯化后的黄水不再稀释，可直接进行“生化+物化”处理，每吨黄水降低污水处理费用 21.6 元（不包括水资源费和排污费），经济效益十分可观。

（3）冷却水　冷却水为馏酒过程中酒蒸汽间接冷却用水，酒蒸汽通过水冷式冷凝器从气态转变成液态成为原酒。常规的生产过程是冷却水从冷凝器中带走一部分热能，就被当作废水随同甑锅底水及其他杂物一同排入地沟，浪费了大量的水资源和能源，给企业的经济效益、社会效益、环境效益造成很大损失。清洁生产将冷却水循环使用，多次循环，一水多用，节约水资源，降低生产成本，减少废水排放量。目前国内一些酿酒企业，在冷却水回收上采用全封闭回收管网，将冷却水汇入集水池，分配给浴室和包装车间洗瓶使用，浴室用水和洗瓶水经中和水处理后，作为消防、冲洗场地、冲洗厕所、绿化（浇洒草地）、锅炉除尘和冲灰以及炉排大轴的冷却用水。另一部分冷却水处理后作为锅炉的补充水，富余部分的冷却水经地下水网回流和上塔循环时将热能释放，重新进入供水管网，再次用于冷却。冷却水用于其他工序取代新鲜水，可节约大量的水资源，大大降低污水排放量，另外通过加强车间内部管理，增强职工的节能降耗意识和环境意识，定期对冷凝器进行除垢，可节水30%左右。

（4）清洗场地水　常规清洗场地用水是新鲜水，而清洁生产则用冷却水或洗瓶后的水作清洗场地用水，这样既可节约水资源，又为企业创造一定的经济效益。清洗场地水中混有大量天然有机物，使废水中COD、SS含量升高，增加了废水处理的难度，从清洁生产角度，应在车间排污口处设沉淀池，将车间排出的酯料和其他悬浮物及时清捞出去，减少对废水的进一步污染，减少污水处理压力，降低污水处理成本。同时加强车间内部管理，减少酯料抛洒，可以减少COD负荷20%左右。

利用底锅水、清洗场地水和利用后的黄水进行沼气发酵，已在许多酒厂实现，使污水达到国家规定的排放标准。

（5）洗瓶水　用冷却水洗瓶，由于具有一定的温度，洗瓶效果非常显著，同时对洗瓶机增加水循环利用装置，可节约用水量的60%以上。

3. 废水处理

浓香型白酒生产产生的工艺废水、生活污水COD、BOD、磷、有机物等有害物质的含量都比较高不能直接排放，需要经污水处理站处理后，达到国家相关标准要求后才能排放。

浓香型白酒生产产生的工艺废水易于生化处理，属于易降解有机废水。通常的处理方法有物理法、化学法和生物法。而处理过程通常分为三部分：预处理、二级处理和深度处理。

（1）预处理　污水在进入沉淀处理与生物处理之前都必须进行预处理，以保证后续处理工段的运行。

（2）二级处理　从目前酿酒废水处理工艺来讲，主要包括厌氧和好氧两个单元。实践证明，采用厌氧-好氧工艺比单独使用厌氧工艺或是好氧工艺处理效果更好。原因为：①厌氧工艺处理负荷高，好氧工艺脱氮除磷效果好，两者可互补。②厌氧工艺有着良好的耐冲击能力，为好氧创造稳定的进水条件，但是厌氧出水水质不能达标。好氧能有效处理厌氧出水中剩余有机物，出水水质优于厌氧。③厌氧过程可收集沼气，而好氧工艺相比其他物理化学方法成本低、耗能少。现就各处理单元情况分述如下。

①厌氧单元：固态酿酒工业废水的主要来源为锅底水、微量黄水以及从烤酒房混排的冷凝水，其特点是有机质含量高，污染物COD、BOD浓度大，直接排放会对水环境造成严重污染。我国从20世纪60年代起已开始采用“厌氧”生物技术进行治理，到20世纪80年代初已普遍推广。早期采用厌氧处理技术的目的多用于获得能源（沼气），使用的反应器多为厌氧接触工艺，污泥和消化液的二次污染问题较难解决，近20年来通过不断研究，引进新技术，厌氧消化工艺和设备日臻完善，并通过后续的好氧处理，现已基本满足酿酒工业废水处理及达标排放的需要。

酿酒工业目前广泛采用的厌氧工艺反应器有以下一些类型。

a. 推流式发酵池：这是20世纪50~80年代广泛采用的厌氧发酵装置。优点是：工艺简单、操作方便、建设容易。但突出的缺点是：COD负荷低［$<3kg/(m^3\cdot d)$］，滞留期长（10~15d），占地大、工艺落后、发酵效果差，因此在20世纪80年代后期已很少采用。

b. 厌氧接触工艺：为克服推流式发酵池的缺点，从20世纪80年代开始出现厌氧接触工艺。这种反应器的优点是操作简单，启动容易，适用范围广，COD 负荷提高到 4~5kg/（m^3·d），去除率 85%，产气 51m^3/（m^3·d）；缺点是 COD 负荷大于 5kg/（m^3·d）后易发生酸化现象，使去除率降低。

c. 上流式厌氧污泥床（UASB）：目前 UASB 反应器是较先进的厌氧反应器。优点是 COD 容积负荷高［>5kg/（m^3·d）］，停留时间短（2~5d），投资低，COD 去除率>85%，最高可达 98%，出水水质好；缺点是对进水的悬浮物较敏感，如悬浮物过多，会对系统造成冲击。

d. 两级厌氧工艺：两级厌氧工艺出现于 20 世纪 90 年代中期，主要用于克服 UASB 工艺对进水悬浮物浓度敏感的问题，与 UASB 工艺相比，处理效率相差不大，由于分成两级，设备投资和运转费反而提高。

各类高浓度废水的厌氧处理工艺比较见表 5-53。

表 5-53　　高浓度有机废水厌氧处理工艺比较

项目	推流式发酵池	厌氧接触工艺	上流式污泥床 UASB	两级厌氧工艺
容积负荷/［kgCOD/（m^3·d）］	<3.0	3.0~5.0	5.0~10.0	5.0~10.0
水力停留时间/d	>15	1~10	2~5	2~5
COD/BOD 去除率/%	70/80	75~80/>85	>80/>85	>80/>85
产气量/［m^3/（m^3·d）］	2	5	10	10
投资	较大	一般	小	大
占地	较大	一般	小	一般
管理控制	容易	容易	较难	较难
调试	容易	容易	周期长	周期长
工艺先进性	落后	一般	先进	先进

②好氧单元：由于酿酒废水有机物含量高，即使采用目前最先进的厌氧技术也难做到达标排放。因此，国内外酿酒行业普遍用厌氧工艺辅以好氧或其他工艺，进一步降低有机污染。

好氧工艺发展的历史较长，至今已出现各种“好氧”工艺几十种，它们与厌氧或其他工艺相搭配形成各种特点的废水处理工艺。酿酒工业目前采用的好氧工艺主要有生物接触氧化、SBR（间歇曝气活性污泥工艺或序批式活性污泥工艺）、传统活性污泥法、一体化氧化沟、二级生化处理等。

一般酒厂好氧单元的选择根据工厂的污水指标以及场地和运营管理要求来选择，以下主要介绍两种：

a. SBR 技术：SBR 池从进水—生物氧化（包括厌氧、缺氧、好氧）—沉淀—出水—待机五个过程在一个池内完成，能很好地解决活性污泥易产生膨胀的问题，更主要的是设备简单、反应效益高、运行灵活可靠、管理简便、自动化程度高，投资运转费用比活性污泥法低 1/3。

b. 生物接触氧化工艺：采用固定式生物填料作为微生物的载体，生长有微生物的载体淹没在水中，曝气系统为微生物供氧。由于生物接触氧化法的微生物固定生长于生物填料上，克服了悬浮活性污泥易于流失的缺点，能保持很高的生物量。其工艺特点为：

（a）对冲击负荷和水质变化耐受性强，运行稳定。

（b）容积负荷高，占地面积小，建设费用较低。

（c）污泥产量较低，无需污泥回流，运行管理简单。

（3）深度处理　深度处理旨在进一步降低出水中的 BOD_5、SS、总磷（TP）等污染物指标，尤其是氮、磷的存在对于污水再生利用影响很大，污水排放标准一般有一级 B 标准和一级 A 标准，氮、磷等指标的去除率要求较高，必须通过深度处理单元才能满足出水要求。

作为二级处理的后续处理，深度处理流程的设计将直接取决于二级处理系统的工艺设计条件。一般在长泥龄、较完善的生化系统后，采用常规的深度处理工艺流程就能达到很好的处理效果；而在高负荷、短泥龄的生化处理流程后进行深度处理，则往往需要较复杂的处理工艺才能达到较满意的处理效果。这主要是由于生化处理越完善，尾水中的溶解性有机污染物含量越低。在高负荷的生化处理系统尾水中往往含有大量的溶解性有机物质，对于这类污染物质采用常规的深度处理手段是难以截除的。

白酒生产废水深度处理方法有：吸附法、膜过滤法、催化氧化法、混凝沉淀法等。

（4）污泥处理　污泥是污水处理过程的产物，除无机惰性物质外，还含有较多的有机物、病原菌、寄生虫卵等，易发生腐化变臭，若不经处理直接排放将会造成环境的二次污染。

污泥的处理是污水处理厂的重要组成部分，其目的就是要使污泥减容、减量、稳定、无害及综合利用，一般的处理流程为浓缩→消化→脱水→干化→处置。脱除污泥水分，缩小污泥体积的方法主要有浓缩、调理、脱水和干化；稳定污泥中有机物主要通过消化、焚烧、氧化和消毒等。

根据近年来污泥处理技术的发展，目前污泥机械脱水常用的设备有：带式压滤脱水机、离心脱水机、板框压滤脱水机和螺旋压榨脱水机，污泥机械脱水的原理基本相同，都是以过滤介质两面的压力差作为推动力，使污泥中水分通过过滤介质形成滤液，截留固体形成滤饼从而达到脱水的目的。脱水污泥的含水率一般可达到 80%左右。

五、固废污染物治理

浓香型白酒生产产生的固体废物主要有：粮食筛选杂质、稻壳筛选杂质、粮食破碎布袋除尘器产生的收尘灰、小麦筛选杂质、大曲粉碎工段布袋除尘器产生的收尘灰、脱硫塔及脱硫后布袋收尘器产生的收尘灰、锅炉燃烧灰、酿酒发酵中产生的酒糟、废包材、废活性炭、废硅藻土、废水处理站产生的污泥以及厂区生活垃圾；废润滑油、废机油危险废物通常采用专用容器盛装，也可以视为固体废物。主要固体废物为酿酒发酵中产生的丢糟。

白酒厂的工业固废基本都具有可回收或再利用特性。其中大曲粉碎工段除尘器收尘灰应经回收作原料；脱硫塔产生的脱硫石膏外送水泥厂综合利用；锅炉废渣可用于建筑材料；废水站污泥干化后可作厂区绿化用肥；酒糟则是做饲料的优质原料；废弃的包装材料则可全部回收，合理利用可以达到很好的经济效益。

而废活性炭和废硅藻土为一般固废；生活垃圾、粮食筛选杂质，经厂区垃圾桶收集后，需由当地环卫部门定期清运至城市生活垃圾集中处理厂。

废润滑油、废机油危险废物，需严格按照危险废物的暂存、运输、处置等标准进行管理。需要在厂区合理位置设置危废暂存间，内设桶暂存，底部按要求采取防渗措施，及时交由有资质的机构进行处理与处置。

固态酒糟的利用，详见第六章第七节“丢糟的综合利用”。

六、 噪声污染治理

浓香型白酒生产高噪声源主要来自锅炉房、原料除杂、粉碎机以及污水站曝气机、冷却塔、循环水泵、风机等设备。

对噪声的控制主要从以下几个方面采取治理措施。

（1）尽量选用低噪声设备。

（2）振动设备设减振器或减振装置；磨粉机、曲药粉碎机设置于室内，空压机基底设橡胶隔振垫，以减振降噪；对高噪声设备单独进行隔声处理等。

（3）管道设计中注意防振、防冲击，以减轻振动噪声。风管及流体输送应注意改善其流畅状况，减少空气动力噪声。

（4）对厂区进行优化布置，合理布局，防止噪声叠加和干扰，经距离衰减实现厂界达标。

（5）生产过程中关闭门窗，利用厂房进行隔声降噪。

（6）加强设备的维护与管理，尽量减少设备摩擦产生的噪声。

（7）锅炉开工试运行时，为达到管路干净无污的目的，需进行蒸汽压力吹扫。吹管噪声较大，最高可达 130dB（A），由于吹管时间持续较短，属于突发噪声，且吹管频率很低（3~4 年一次），故企业应在吹管进行前一周内，对周边企业、居民进行告知吹管时间段，尽量降低突发噪声对周边环境的影响。同时，严禁在夜间出现这种情况。

表 5-54 列举浓香型白酒常见噪声源及治理措施。

表 5-54　　浓香型白酒生产主要噪声源及治理措施一览表

<table>
<tr><th>序号</th><th>设备名称</th><th>布置位置</th><th>源强/dB（A）</th><th>治理措施</th></tr>
<tr><td>1</td><td>粮食清理及破碎机组</td><td rowspan="3">原料处理车间、制曲车间</td><td rowspan="3">~85</td><td rowspan="3">采取减振、隔声、合理布局等措施；对较大噪声设备单独房间设置并采用建筑隔音、吸音措施</td></tr>
<tr><td>2</td><td>小麦清理及粉碎、制曲机组</td></tr>
<tr><td>3</td><td>大曲粉碎机机组</td></tr>
<tr><td>4</td><td>电机、汽轮机、安全阀等</td><td rowspan="4">锅炉房、应急发电机房、消防动力站等</td><td rowspan="2">~95</td><td rowspan="2">选用低噪设备，采取减振、厂房隔声等措施</td></tr>
<tr><td>5</td><td>引风机</td></tr>
<tr><td>6</td><td>循环水泵</td><td>~90</td><td rowspan="2">采取减振、隔声、合理布局等措施</td></tr>
<tr><td>7</td><td>给水泵</td><td>~80</td></tr>
<tr><td>8</td><td>曝气风机</td><td>废水站</td><td>~90</td><td>厂房隔声，合理布局</td></tr>
</table>

续表

序号	设备名称	布置位置	源强/dB（A）	治理措施
9	酒泵	酒泵操作间	~95	选用低噪设备、厂房隔声等措施
10	冷却塔	冷却塔	~80	选用低噪设备

第十三节　酒醅和黄水的检验

一、酒醅检验

（一）试样的采集

酒醅分析项目包括入池、出池醅中水分及挥发物、酸度、还原糖、淀粉以及出池醅和酒糟中酒精含量等。酒醅中各成分分布不均匀，取样应力求具有代表性。入池酒醅可在摊晾完毕时取样，从每堆的四个对角部位及中间的上，中、下层取样。出池酒醅在窖池内按窖壁、窖中的上、中、下层等量取样。混合均匀，用四分法缩分后，取0.5~1.0kg供分析。

（二）水分及挥发物

水分及挥发物的测定有恒温干燥法和红外灯烘烤法，根据样品烘干前后质量差，计算出所失去质量的百分数，即为水分及挥发物的含量。

1. 恒温干燥法

（1）仪器　电子天平：感量0.01g；恒温干燥箱：精度±2℃；干燥器：内盛有效干燥剂。

（2）分析步骤　取直径100~120mm干燥至恒重的表面皿，称重（准确至0.01g），记下空表面皿质量m_0，在表面皿内加入一定量的酒醅样品（约10g），记录表面皿和试样质量m_1。将试样于100~105℃的干燥箱中恒温干燥3h，直至恒重，置于干燥器中冷却，称取并记录表面皿及试样质量m_2。

（3）结果计算　样品中水分及挥发物含量按下式计算：

$$X = \frac{m_1 - m_2}{m_1 - m_0} \times 100$$

式中　X——样品的水分及挥发物含量，g/100g

m_1——烘干前，表面皿加试样的质量，g

m_2——烘干后，表面皿加试样的质量，g

m_0——恒重表面皿的质量，g

（4）精密度　在重复性条件下，获得两次独立测定结果的绝对差值不得超过算数平均值的2%。

2. 红外灯烘烤法

(1) 仪器　电子天平：感量0.01g；红外线烤灯；干燥器：内盛有效干燥剂。

(2) 分析步骤　取直径100~120mm干燥至恒重的瓷盘，称重（准确至0.01g），记下瓷盘质量m_0，在瓷盘内加入一定量的酒醅样品（约20g），记录瓷盘和试样质量m_1。将试样放在红外线烤灯下烘烤（灯距离试样8~10cm），烘烤过程中间歇搅拌、碾碎，烘烤至干而不糊，将烘干的试样置于干燥器中冷却，称取并记录瓷盘及试样质量m_2。

(3) 结果计算　同1. 恒温干燥法（3）结果计算中公式。

（三）酸度

试样中的有机酸，以酚酞为指示剂，采用氢氧化钠溶液进行中和滴定，其反应式为：

$$RCOOH+NaOH \rightarrow RCOONa+H_2O$$

1. 试剂

同第四章第九节四、(一)。

2. 仪器

碱式滴定管；恒温干燥箱；电子天平：感量为0.01g和0.0001g。

3. 分析步骤

(1) 待测液制备　称取酒醅试样10g（准确至0.01g），置于250mL烧杯中，加无二氧化碳水100mL，用玻璃棒搅拌0.5min，浸泡30min。浸泡时间内，每隔5min搅拌1次。将浸提液用双层纱布或脱脂棉过滤，收集滤液备用。

(2) 酸度滴定　准确吸取10.0mL待测液于150mL三角瓶中，加无二氧化碳水20mL，摇匀，再加2滴酚酞指示液，用氢氧化钠标准滴定溶液滴定至溶液呈微红色，且30s不褪色。记录消耗氢氧化钠标准滴定溶液的体积V_1。

以水作空白，同样操作进行空白试验，记录消耗氢氧化钠标准滴定溶液的体积V_0。

4. 结果计算

酒醅试样的酸度按下式计算。

$$X=\frac{c\times(V_1-V_0)\times 200}{10}$$

式中　X——试样的酸度，即10g试样消耗0.1mol/L氢氧化钠标准滴定溶液的毫摩尔数，mmol/10g

c——氢氧化钠标准滴定溶液的浓度，mol/L

V_1——滴定试样时，消耗氢氧化钠标准滴定溶液的体积，mL

V_0——空白试验时，消耗氢氧化钠标准滴定溶液的体积，mL

200——试样稀释体积，mL

10——取样液进行滴定的体积，mL

所得结果表示至两位小数。

5. 精密度

在重复性条件下获得的两次独立测定结果的绝对差值，不得超过算术平均值的10%。

（四）还原糖

酒糟中还原糖含量较低，故采用反滴定法进行测定。待测样与斐林溶液作用完全后，用葡萄糖标准溶液滴定剩余的二价铜，比较样品滴定与空白滴定分别消耗葡萄糖标准溶液的量计算试液中的葡萄糖量，即为样品的还原糖含量。

1. 试剂

（1）次甲基蓝指示剂（10g/L）：称取 1.0g 次甲基蓝，加水溶解并定容至 100mL。

（2）斐林溶液　同第四章第九节五、（一）（6）。

（3）葡萄糖标准溶液（2.5g/L）：称取经 103~105℃烘干至恒重的无水葡萄糖 2.5g，精确至 0.0001g，用水溶解，并定容至 1000mL。此溶液需当天配制。

2. 仪器

恒温水浴锅：精度±0.2℃；电炉；酸式滴定管；电子天平：感量为 0.001g、0.0001g。

3. 分析步骤

（1）待测液制备　称取样品 10g（准确至 0.01g），置于 250mL 三角瓶中，准确加入 100mL 水，搅匀，浸泡 30min，浸泡期间，每隔 15min 搅拌 1 次。用脱脂棉过滤，将滤液定容至 100mL 容量瓶中备用。

（2）试样滴定

①预滴定：准确吸取斐林溶液甲、乙液各 5.00mL 于 150mL 三角瓶中，加 10mL 水，加入 10mL 待测液，再加入一定量的葡萄糖标准溶液，摇匀，置于电炉上加热约 2min 至沸腾后，加 2 滴次甲基蓝指示剂，以每 2~3s 一滴的速度继续滴入葡萄糖标准溶液直至蓝色消失为终点。记录消耗葡萄糖标准溶液的体积 V_0，滴定操作在 1min 内完成。

②正式滴定：准确吸取斐林溶液甲、乙液各 5mL 于 150mL 三角瓶中，加 10mL 水，加入 10mL 待测液，再加入比预滴定少约 1mL 的葡萄糖标准溶液，摇匀，置电炉上加热约 2min 至沸腾后，加 2 滴次甲基蓝指示剂，以每 2~3s 一滴的速度继续滴入葡萄糖标准溶液至蓝色消失为终点。滴定操作应在 1min 内完成，记录消耗葡萄糖标准溶液的体积 V_1。

4. 结果计算

酒醅还原糖用下式计算：

$$X = \frac{(V_0 - V_1) \times c \times 100}{m \times 10} \times 100$$

式中　X——酒醅中还原糖含量，%

V_0——空白滴定时消耗葡萄糖标准溶液的体积，mL

V_1——试验测定时消耗葡萄糖标准溶液的体积，mL

c——葡萄糖标准溶液的质量浓度，g/mL

10——吸取待测液的体积，mL

m——称取酒醅的质量，g

100——酒醅待测液体积（指公式中第一个 100），mL

100——换成 100g 酒醅含还原糖克数

注：所得结果表示至两位小数。

5. 精密度

在重复性条件下获得的两次独立测定结果的绝对差值，不得超过算术平均值的 20%。

（五）淀粉

1. 试剂

同第四章第九节五、(一)。

2. 仪器

酸式滴定管：25mL；电子天平：感量为 0.01g、0.0001g；电炉。

3. 分析步骤

（1）待测液制备　称取入池酒醅 5g（或出池酒醅 10g）（准确至 0.01g），置于 250mL 三角瓶中，加入盐酸溶液 100mL，插入直形冷凝管（约 1m），置电炉上微沸水解 30min，取出，迅速用自来水冷却至室温，用氢氧化钠溶液中和至微酸性，用定性滤纸或脱脂棉过滤于 500mL 容量瓶中，并用水充分洗涤残渣，洗液并入容量瓶中，定容，摇匀，得待测液。

（2）试样的测定

①预滴定：准确吸取斐林溶液甲、乙液各 5.00mL 于 150mL 三角瓶中，加入 2.00mL 待测液，加 10mL 水，再加入一定量的葡萄糖标准溶液，摇匀，置于电炉上加热约 2min 至沸腾后，加入 2 滴次甲基蓝指示剂，以每 2~3s 一滴的速度继续滴入葡萄糖标准溶液直至蓝色消失为终点。记录消耗葡萄糖标准溶液的体积 V_0。

②正式滴定：准确吸取斐林溶液甲、乙液各 5.00mL 于 150mL 三角瓶中，加入 2.00mL 待测液，加 10mL 水，再加入比预滴定少约 1mL 的葡萄糖标准溶液，摇匀，置电炉上加热约 2min 至沸腾后，加入 2 滴次甲基蓝指示剂，以每 2~3s 一滴的速度继续滴入葡萄糖标准溶液至蓝色消失为终点。滴定操作应在 1min 内完成，记录消耗葡萄糖标准溶液的体积 V_1。

4. 结果计算

淀粉含量下式计算

$$X = (V_0 - V_1) \times c \times \frac{1}{2} \times 500 \times \frac{1}{m} \times 0.9 \times 100$$

式中　X——淀粉含量,%；

V_0——空白滴定时消耗葡萄糖标准溶液的体积，mL

V_1——试验测定时消耗葡萄糖标准溶液的体积，mL

c——葡萄糖标准溶液的质量浓度，g/mL

m——称取酒醅的质量，g

2——吸取待测液体积，mL

500——滤液定容体积，mL

100——换成 100g 酒醅的含糖克数

0.9——葡萄糖换算为淀粉的系数

注：所得结果表示至两位小数。

5. 精密度

在重复性条件下获得的两次独立测定结果的绝对差值，不得超过算术平均值的10%。

6. 注意事项

（1）煮沸时间应准确控制，当糖液全面沸腾时，才可以开始计时。

（2）滴定时加水量要与校正斐林溶液时一致，因溶液的体积对消耗糖液有影响。

（六）出池酒醅中酒精含量

1. 相对密度法

用密度瓶法测定酒醅馏出液的相对密度，由酒精的相对密度查出相应的酒精体积分数（即酒精度）。

（1）仪器 附温密度瓶（25mL）；电炉；酒精计：（0～10%）vol和（10%～20%）vol精密酒精计，分度值为0.1度。

（2）分析步骤

①蒸馏：称取酒醅100g（准确至0.01g）于1000mL圆底烧瓶中，沿瓶壁少量多次加入200mL水，确保将残留于瓶口与瓶壁的酒醅冲下。连接冷凝回流装置，以100mL容量瓶作接收器。开启冷却水（冷却水温宜低于15℃），缓慢加热蒸馏。当馏出液收集至接近刻度线时，取下容量瓶，盖塞。冷却至温度与原样品温度基本相同，加水定容，摇匀，得到待测样，静置待用。

②测量：将附温度计的25mL密度瓶洗净，热风吹干，恒重。然后注满煮沸并冷却至15℃的水，插上带温度计的瓶塞，排出气泡，浸入20℃±0.1℃的恒温水浴中，待内容物温度达到20℃时，取出。用滤纸擦干瓶壁，盖好盖子，立即称重。

倒掉密度瓶中水，用馏出液洗涤并注满馏出液，同上操作，称重。

（3）结果计算 馏出液的相对密度按下式计算：

$$X = \frac{m_2 - m}{m_1 - m}$$

式中 X——馏出液20℃时的相对密度

m——密度瓶的恒重质量，g

m_1——密度瓶和水的质量，g

m_2——密度瓶和馏出液的质量，g

根据酒醅相对密度，查20℃时酒精水溶液的相对密度与酒精浓度换算表得出酒醅的酒精度。

2. 酒精计法

将馏出液转移至100mL量筒中，搅拌均匀，静置几分钟至气泡消失，向量筒中缓慢放入洁净干燥的酒精计和温度计，轻轻按一下酒精计，不得接触量筒壁，平衡5min，水平观测，读取与弯月面相切处的酒精度示值，同时记录温度，根据测定的酒精计示值和温度，查酒精计温度、酒精度（乙醇含量）换算表换算成20℃时的酒精度。

（七）酒醅中残余酒精含量

酒糟中残余酒精含量是衡量白酒蒸馏技术的一个重要指标。但酒糟中酒精含量甚低，其蒸馏液难以用相对密度法或酒精计法准确测量。重铬酸钾把酒精氧化为乙酸，同时黄色的六价铬被还原为绿色的三价铬，可用比色法进行测定。该法对酒精的检测下限可达0.02%，其反应式如下：

$$3CH_3CH_2OH+2K_2Cr_2O_7+8H_2SO_4=3CH_3COOH+2Cr_2(SO_4)_3+2K_2SO_4+11H_2O$$

1. 试剂

（1）0.1%vol 酒精标准溶液：准确吸取 0.1mL 无水酒精于 100mL 容量瓶中，用水定容至刻度。

（2）20g/L 重铬酸钾溶液：称取 2g 重铬酸钾溶于水，并稀释至 100mL。

（3）浓硫酸。

2. 仪器

分光光度计；恒温水浴锅。

3. 分析步骤

（1）标准曲线的绘制　在 6 支 10mL 的比色管中，分别加入 0、1、2、3、4、5mL 0.1%vol 酒精标准溶液，分别补水至 5mL。各管中加入 1mL 20g/L 重铬酸钾溶液、5mL 浓硫酸，摇匀，于沸水浴中加热 10min，取出冷却。该标准系列管密塞，可长期保存，或于波长 600nm，1cm 比色皿测吸光度，以光密度为纵坐标、酒精标准溶液体积为横坐标作图，绘制标准曲线。

（2）测定：吸取 5mL 出池酒醅馏出液［同“（六）出池酒醅中酒精含量”中的馏出液］于 25mL 比色管中，加 1mL 20g/L 的重铬酸钾溶液，5mL 浓硫酸，摇匀，与标准系列管一起加热，冷却，目视比色或分光光度计比色测定。

4. 结果计算

酒醅中残余酒精含量按下式计算：

$$X\ (\text{mL}/100\text{g}) = V\times 0.001\times\frac{1}{5}\times 100\times\frac{1}{m}\times 100$$

式中　V——试样管与标准系列中颜色相当时标准酒精液的体积，mL；或试样管吸光度，查标准曲线求得酒精含量，mL

0.001——标准酒精液的体积分数

5——吸取出池酒醅馏出液体积，mL

100——出池酒醅馏出液总体积，mL

m——试样质量，g

二、黄浆水检验

（一）酸度

黄浆水中的有机酸，以酚酞为指示剂，采用氢氧化钠标准滴定溶液进行酸碱中和滴定，以消耗氢氧化钠标准滴定溶液的量计算黄浆水的酸度。

酸度：以每 1mL 黄浆水，消耗 0.1mol/L 氢氧化钠标准滴定溶液的体积数来表示，即每 1mL 黄浆水，消耗 1mL 0.1mol/L 氢氧化钠标准滴定溶液为 1 度酸度。

1. 试剂

同第四章第九节四、（一）。

2. 仪器与材料

碱式滴定管；恒温干燥箱；电子天平：感量为0.01g和0.0001g。

3. 分析步骤

（1）样液的制备　取混合均匀的黄浆水1mL于250mL三角瓶中，加无二氧化碳水50mL，搅匀，备用。

（2）滴定　向样液中加入2滴酚酞指示剂，用0.1mol/L氢氧化钠标准滴定溶液进行滴定，滴定至微红色，且30s不褪色为终点，记录消耗氢氧化钠标准滴定溶液的体积V。

4. 结果计算

酸度按下式计算：

$$X = \frac{c \times V}{0.1}$$

式中　c——氢氧化钠标准滴定溶液浓度，mol/L

V——滴定耗用氢氧化钠标准滴定溶液体积，mL

0.1——氢氧化钠标准滴定溶液浓度，mol/L

5. 精密度

在重复性条件下获得的两次独立测定结果的绝对差值，不得超过算术平均值的5%。

（二）还原糖

1. 试剂

（1）次甲基蓝指示剂（10g/L）　称取1.0g次甲基蓝，加水溶解并定容至100mL。

（2）斐林溶液　同第四章第九节五、（一）（6）。

（3）葡萄糖标准溶液（2.5g/L）　称取经103~105℃烘干至恒重的无水葡萄糖2.5g，精确至0.0001g，用水溶解，并定容至1000mL。此溶液需当天配制。

2. 仪器

恒温水浴锅：精度±0.2℃；电炉；酸式滴定管；电子天平：感量为0.001g、0.0001g。

3. 分析步骤

（1）待测液制备　取黄浆水样品10mL置于100mL容量瓶，用水稀释并定容至100mL，摇匀备用。

（2）试样滴定

①预滴定：准确吸取斐林溶液甲、乙液各5.00mL于150mL三角瓶中，加10mL水，加入10mL待测液，再加入一定量的葡萄糖标准溶液，摇匀，置于电炉上加热约2min至沸腾后，加2滴次甲基蓝指示剂，以每2~3s一滴的速度继续滴入葡萄糖标准溶液直至蓝色消失为终点。记录消耗葡萄糖标准溶液的体积，滴定操作在1min内完成。

②正式滴定：准确吸取斐林溶液甲、乙液各5mL于150mL三角瓶中，加10mL水，加入10mL待测液，再加入比预滴定少约1mL的葡萄糖标准溶液，摇匀，置电炉上加热约2min至沸腾后，加2滴次甲基蓝指示剂，以每2~3s一滴的速度继续滴入葡萄糖标准溶液至蓝色消失为终点。滴定操作应在1min内完成，记录消耗葡萄糖标准溶液的体

积 V_1。

4. 结果计算

还原糖以 100mL 黄浆水含还原糖克数计，用下式计算：

$$X = \frac{(V_0 - V_1) \times c \times 100}{V \times 10} \times 100$$

式中 X——黄浆水中还原糖含量，g/100mL

V_0——空白滴定时消耗葡萄糖标准溶液的体积，mL

V_1——试验测定时消耗葡萄糖标准溶液的体积，mL

c——葡萄糖标准溶液的质量浓度，g/mL

100——黄浆水稀释定容的体积（指公式中第一个 100），mL

V——取黄浆水的体积，mL

10——吸取待测液的体积，mL

100——换成 100mL 黄浆水含还原糖量

注：所得结果表示至两位小数。

5. 精密度

在重复性条件下获得的两次独立测定结果的绝对差值，不得超过算术平均值的 20%。

（三）残余淀粉

黄浆水中淀粉经酸水解后生成葡萄糖，采用葡萄糖标准滴定溶液反滴定的方法进行测定：待测液与斐林溶液作用完全后，用葡萄糖标准滴定溶液滴定剩余的二价铜，由葡萄糖标准溶液的用量与空白滴定比较计算待测液中的葡萄糖量。测出的残余淀粉含量实际上是包括还原糖等的总量。

1. 试剂

（1）盐酸溶液（1∶4）　量取 20mL 浓盐酸，缓慢倒入 80mL 水中，摇匀即可。

（2）NaOH 溶液（200g/L）　称取氢氧化钠 100g 于 200mL 烧杯中，用水溶解，冷却后倒入 500mL 的容量瓶中，加水至刻度，摇匀备用。

（3）次甲基蓝指示剂（10g/L）　称取 1.0g 次甲基蓝，加水溶解并定容至 100mL。

（4）斐林溶液　同第四章第九节五、（一）（6）。

（5）葡萄糖标准溶液（2.5g/L）：称取经 103～105℃ 烘干至恒重的无水葡萄糖 2.5g，精确至 0.0001g，用水溶解，并定容至 1000mL。此溶液需当天配制。

2. 仪器

恒温水浴锅：精度±0.2℃；电炉；酸式滴定管；电子天平：感量为 0.001g、0.0001g。

3. 分析步骤

（1）试样水解　称取黄浆水试样 10g（准确至 0.01g），置于 250mL 三角瓶中，加入盐酸 100mL，瓶口装上约 1m 的回流管，置电炉上微沸水解 30min，取出，迅速用自来水冷却至室温，用氢氧化钠溶液中和至微酸性，定容至 500mL 容量瓶中，摇匀，待测。

（2）预滴定　准确吸取斐林溶液甲、乙液各 5.00mL 于 150mL 三角瓶中，加 10mL 水，加入 10mL 待测液，再加入一定量的葡萄糖标准溶液，摇匀，置于电炉上加热约 2min 至沸腾后，加 2 滴次甲基蓝指示剂，以每 2～3s 一滴的速度继续滴入葡萄糖标准溶液直至蓝色消失为终点。记录消耗葡萄糖标准溶液的体积 V_0，滴定操作在 1min 内完成。

(3) 正式滴定　准确吸取斐林溶液甲、乙液各 5mL 于 150mL 三角瓶中，加 10mL 水，加入 10mL 待测液，再加入比预滴定少约 1mL 的葡萄糖标准溶液，摇匀，置电炉上加热约 2min 至沸腾后，加 2 滴次甲基蓝指示剂，以每 2~3s 一滴的速度继续滴入葡萄糖标准溶液至蓝色消失为终点。滴定操作应在 1min 内完成，记录消耗葡萄糖标准溶液的体积 V_1。

4. 结果计算

淀粉含量按下式计算：

$$X\ (\%) = \frac{(V_0 - V_1) \times c}{m \times \frac{10}{500}} \times 100 \times 0.9$$

式中　V_0——空白滴定时消耗葡萄糖标准溶液的体积，mL

V_1——试验测定时消耗葡萄糖标准溶液的体积，mL

c——葡萄糖标准溶液的质量浓度，g/mL

m——称取黄浆水的质量，g

10——测定吸取待测液体积，mL

500——滤液定容体积，mL

100——换成 100g 黄浆水的含糖克数

0.9——葡萄糖换算为淀粉的系数

所得结果表示至两位小数。

5. 精密度

在重复性条件下获得的两次独立测定结果的绝对差值，不得超过算术平均值的 10%。

（四）酒精含量

1. 仪器

电炉；恒温水浴：精度±0.1℃；酒精计：(0~10%) vol 和 (10%~20%) vol 精密酒精计，分度值为 0.1 度。

2. 分析步骤

(1) 蒸馏　测量并记录黄浆水样品温度，用 100mL 容量瓶取 100mL 黄浆水于 1000mL 圆底烧瓶中，用 100mL 水多次洗涤容量瓶，洗液全部并入圆底烧瓶中，再加几颗玻璃珠。连接冷凝回流装置，以 100mL 容量瓶作接收器。开启冷却水（冷却水温宜低于 15℃），缓慢加热蒸馏。当馏出液收集至接近刻度线时，取下容量瓶，盖塞。冷却至温度与原样品温度基本相同，加水定容，摇匀，得到待测样，静置待用。

(2) 测量　将馏出液转移至 100mL 量筒中，搅拌均匀，静置几分钟至气泡消失，向量筒中缓慢放入洁净干燥的酒精计和温度计，轻轻按一下酒精计，不得接触量筒壁，平衡 5min，水平观测，读取与弯月面相切处的酒精度示值，同时记录温度。根据测定的酒精计示值和温度，查酒精计温度、酒精度（乙醇含量）换算表换算成 20℃时的酒精度。

所得结果应表示至一位小数。

第六章　浓香型白酒酿造技艺的传承创新

第一节　浓香型白酒酿造过程中己酸乙酯的生成条件

为了提高泸型曲酒的质量和名优酒比率，各生产厂采用了很多方法，主要是运用各种手段来提高浓香型白酒中己酸乙酯的含量及其他风味物质的适当配合。为了弄清浓香型白酒酿造过程中己酸乙酯生成条件与环境、设备、工艺等的关系，四川省食品发酵工业研究设计院，从1986年初开始，在泸州曲酒厂车间一、二、六、九、十二个组对不同窖龄、不同等级、不同窖容、不同工艺条件、不同发酵周期的20个窖池进行了广泛细致的查定，历时年余，取得了2700个数据，了解泸酒酿造过程中不同条件、不同工艺与己酸乙酯生成量的关系，积累了许多宝贵的资料。

一、 窖泥质量和己酸乙酯生成量的关系

酿造泸型曲酒，窖泥是基础。传统建造窖池是以泸州五渡溪的优质纯黄泥搭建，需经数十年的老熟过程，才能产出名优酒。通过对不同窖龄的窖泥进行理化检测和微生物检查，我们可以发现一些规律性（表6-1）。

表6-1　　不同窖龄泥质的理化成分及细菌总数

窖号	窖龄	等级	水分	氨态氮	有效磷	腐殖质	pH	细菌总数
1—1—5	122	特曲	30.00	178.57	1046.03	8.38	6.20	16.1
1—1—13	122	特曲	30.35	179.47	2114.56	10.08	6.30	22.50
1—1—14	122	特曲	32.10	184.09	2100.84	15.11	5.80	36.50
1—6—3	52	特曲	37.50	404.06	2302.27	20.41	6.00	62.50
1—9—30	27	头曲	39.05	102.54	271.39	11.25	6.00	26.00
1—9—31	27	头曲	37.65	150.36	2676.66	9.34	6.20	50.50
1—1—25	21	二曲	38.40	202.92	1329.79	7.07	6.70	2.80
1—2—26	21	二曲	39.60	517.28	1577.29	11.47	6.20	1.45
1—2—20	22	二曲	32.70	557.21	1464.32	8.32	6.20	2.70

注：①氨态氮、有效磷单位为mg/100g干土，腐殖质单位为g/100g干土，细菌总数单位为1×10^{10}个/g干土，窖龄为年，水分为%。

②窖号1—1—5，第一个“1”表示一车间，第二个“1”表示一班组，第三个数字“5”表示5—窑，下同。

从表6-1看出，窖龄越长，等级越高。不同窖的有效磷和腐殖质含量均有较大的差

异；细菌总数亦有明显的增加。

窖龄长，泥质好，如1—1—14、1—1—5发酵60~83d，在母糟、操作工艺正常的情况下，也能产出50%左右的特曲，己酸乙酯含量可达180mg/100mL以上；而窖龄短、泥质较差的1—1—25、1—1—26，即使采取特殊工艺，发酵期达97d，也只能全部产二曲，己酸乙酯含量仅为120mg/100mL左右。

二、窖容与产己酸乙酯量的关系

生产实践证明，无论百年老窖或人工老窖，都是靠近窖底或窖壁那一部分母糟出的酒质量最好或较好，窖中心或上层母糟产的酒较差。因此，在窖池长、宽、深比例适当的前提下，容积小，产酒的质量较好，己酸乙酯含量也较高，酒质也较稳定。例如1—9—30，1—9—31甑口为8甑，在窖泥质量基本接近的情况下，窖龄比1—1—5、1—1—14（甑口为14~15甑）短近百年，但酒的产量和质量一直都比较稳定。

据天津科技大学等单位有关资料介绍，己酸菌、丁酸菌在窖泥中生长繁殖缓慢，它们代谢所产的酸向酒醅里扩散也很缓慢。若窖泥活性良好，曲酒发酵30d，己酸迁移的厚度也只有10cm左右。因此，为了提高曲酒质量只得延长发酵期或增大酒醅与窖泥的接触面积，所以，适当小的窖容，在其他操作工艺恰当时，可使酒质较为稳定。当然，现行生产中使用的大窖，可使用其他技术措施来提高酒质和名优酒的比率。

三、发酵期与己酸乙酯生成量的关系

泸州曲酒厂在同等级窖池中，母糟、操作工艺基本相同的条件下，发酵期越长，酒质越好，酒中己酸乙酯含量也越高（表6-2）。

表6-2　不同发酵期与己酸乙酯生成量的关系

窖等级	甑口	发酵期/d	封、开窖时间/月	己酸乙酯*	乳己比	总酯*
特曲窖	12	33	5~6	62.70	1∶0.3	0.3594
	14	60	4~6	87.90	1∶0.5	0.3027
	14	83	4~6	169.6	1∶0.8	0.3738
	10	185	3~9	154.7	1∶0.6	0.3914
头曲窖	12	34	11~12	40.0	1∶0.6	0.1618
	14	72	1~4	52.6	1∶0.3	0.2694
	8	126	1~5	396.6	1∶2.4	0.3817
	8	198	5~12	365.0	1∶1.1	0.4079
二曲窖	16	41	1~3	33.6	1∶0.4	0.1963
	12	75	2~4	88.2	1∶0.7	0.2558
	13	97	1~4	106.2	1∶0.4	0.3583
	17	163	6~12	206.7	1∶0.7	0.4599
	17	88	7~10	186.7	1∶0.6	0.5117
三曲窖	18	50	2~3	54.1	1∶0.5	0.2764
	14	547	6月~次年12月	394.2	1∶0.9	0.7911

注：*酒精度以60%vol计，己酸乙酯单位为mg/100mL，总酯单位为g/100mL。

表 6-2 说明：

（1）发酵期与己酸乙酯生成量基本上成正比，但不一定越长越高。

（2）己酸乙酯生成与季节、入窖温度关系密切，一般是以 1~5 月份产的酒高于 6~12 月份产的酒；但总酯含量则相反。

（3）大面积的生产窖池，不论等级如何，一般产的基础酒，乳己比例失调，即酒中乳酸乙酯>己酸乙酯，因此“增己降乳”仍然是生产中需要解决的问题。

目前，不少厂家采用延长发酵期的方法来提高酒质，一般来说，在母糟、操作工艺、曲药质量、入窖条件正常的情况下，是行之有效的。在查定中发现了例外的现象，如一车间九组 30#、31#窖，第一排一月份入窖，五月份开窖，发酵期 126~129d，己酸乙酯含量分别为 396.6mg/100mL 和 410.7mg/100mL；而第二排是五月份封窖，十二月份开窖，发酵期为 198d，两排相差 70d，但基础酒中己酸乙酯含量却比第一排减少了 41.6~79.7mg/100mL。可见，酒中己酸乙酯的生成量随着发酵期的延长而有所减少，这可能是酶的分解作用之故。当然，查定的窖池毕竟还为数不多，不一定有确切的代表性。但由此可见，发酵期不是越长越好。

四、不同工艺条件与己酸乙酯生成量的关系

许多浓香型白酒厂主要采用翻沙、灌（泼）酯化液、延长发酵期等方法来提高酒质和名优酒比率。在母糟正常、条件掌握恰当时，是一些有效的措施。通过对不同等级、不同窖龄、不同甑口、不同工艺的窖池，可明显地看出其效果（表 6-3）。

表 6-3　不同工艺条件与己酸乙酯生成量的关系

窖号	窖龄/年	等级	甑口	工艺特点	酒中理化成分*				
					总酸	总酯	己酸乙酯	乳酸乙酯	乳己比
1—1—5	122	特曲	14	常　规	0.0861	0.4012	182.00	226.0	1∶0.8
1—6—3	52	特曲	12	产量窖	0.0807	0.3594	62.70	188.6	1∶0.3
1—9—30	27	头曲	8	延长发酵期	0.0826	0.4218	438.0	179.3	1∶2.4
1—2—18	26	头曲	14	常　规	0.0769	0.2732	53.30	165.1	1∶0.3
1—1—24	26	头曲	13	翻　沙	0.0803	0.4118	112.8	208.8	1∶0.5
1—1—25	21	二曲	13	翻　沙	0.1004	0.3714	128.6	266.9	1∶0.5
1—2—20	22	二曲	16	常　规	0.0607	0.3372	90.40	138.5	1∶0.7
1—2—26	21	二曲	17	延长发酵期	0.1230	0.4814	211.60	323.6	1∶0.7
1—5—1	12	二曲	17	产量窖	0.0483	0.2182	37.40	83.2	1∶0.4

* 计量单位总酸、总酯为 g/100mL，己酸乙酯、乳酸乙酯为 mg/100mL。

由表 6-3 看出：

（1）同等窖池中，不同的工艺特点，其酒中己酸乙酯含量差异较大，一般是延长发酵期>翻沙>常规>产量窖。

（2）质量较差、等级低的窖池，在母糟正常、操作细致、条件工艺得当时，通过延长发酵期和翻沙或灌窖等措施，可提高酒的质量和酒中己酸乙酯含量，达到高等级窖池的水平。

值得注意的是，若母糟不正常、条件掌握不当，即使采取延长发酵期或翻沙等手段，亦不能取得良好的效果。例如，一车间一组24#、25#窖，系二曲窖池，采用翻沙工艺，发酵期为94~97d。结果除24#窖产少量头曲外，其余均为二曲。基础酒中已酸乙酯含量仅为90~120mg/100mL，可谓“劳民伤财”，得不偿失。

五、 蒸馏过程中己酸乙酯含量的变化

大曲酒蒸馏是采用混蒸间歇式蒸馏。在蒸馏过程中，酒精浓度不断变化，酒中微量芳香成分也随着发生很大的变化。通过查定，再次证实，在蒸馏过程中已酸乙酯和乙酸乙酯馏出量与酒精浓度成正比，如果缓慢馏酒，使酒精在甑桶内最大限度地浓缩，并有较长的保留时间，其中溶解的上述酯类就增高。反之，大汽快蒸，酒精快速流出，酒醅中虽高产已酸乙酯，却不能丰收于酒中。乳酸乙酯和丙三醇等易溶于蒸汽中，酒精浓度高时它们馏出较少，随着酒精浓度降低，它们的含量也随着增加。

表 6-4　　蒸馏过程中主要微量成分的变化　　单位：mg/L

窖池等级	工艺条件	馏分	总酸		总酯		乙酸乙酯		丁酸乙酯		乳酸乙酯		己酸乙酯	
			含量	%	含量	%	含量	%	含量	%	含量	%	含量	%
特曲窖	常规工艺	酒头	687	14.60	7834	33.51	1140	68.82	357	51.37	561	5.17	2509	43.34
		初馏	529	11.24	6013	25.72	4140	25.00	182	26.19	1124	10.36	1588	27.43
		中馏	620	13.17	2703	11.56	1023	6.18	121	17.41	1358	12.51	938	16.20
		终馏	112	23.62	3357	14.36	0	—	35	3.04	3216	29.64	418	7.22
		酒尾	1759	37.37	3469	14.84	0	—	0	0	4593	42.32	336	5.80
头曲窖	常规工艺	酒头	740	16.60	5015	31.79	5031	53.06	263	36.68	676	9.64	1501	36.88
		初馏	579	12.98	4273	27.09	4018	42.38	220	30.68	688	9.81	1344	33.02
		中馏	735	16.48	1806	11.46	433	4.57	200	27.89	1134	16.17	569	14.64
		终馏	1051	23.57	2068	13.11	0	0	21	2.93	2203	31.42	353	8.67
		酒尾	1354	30.37	2613	16.56	0	0	13	1.80	3310	47.21	276	6.78
	延长发酵期	酒头	643	12.24	9875	31.89	9635	62.07	1526	52.77	1505	9.76	1068	40.91
		初馏	635	12.09	7035	22.72	5565	33.71	970	33.05	1460	7.91	7910	30.71
		中馏	908	17.29	4245	13.71	650	4.23	270	9.40	2860	16.33	3840	14.61
		终馏	1323	25.19	4685	15.13	0	0	85	2.93	5025	28.47	2055	7.81
		酒尾	1560	29.70	5125	16.55	0	0	55	1.85	6230	37.60	1550	5.96
二曲窖	常规工艺	酒头	559	10.98	5473	29.75	5862	54.92	432	47.52	750	6.78	2262	36.60
		初馏	625	12.28	5020	27.33	4143	38.81	321	35.31	860	7.73	1905	30.90
		中馏	823	16.17	2545	13.83	669	6.27	88	9.68	1245	11.19	979	15.88
		终馏	1118	21.96	2104	11.44	0	0	56	6.16	3202	28.79	609	9.88
		酒尾	1966	38.62	3247	17.65	0	0	12	1.32	5061	45.50	411	6.67
	翻沙工艺	酒头	831	14.92	7381	30.40	7020	50.98	405	46.44	1218	7.98	2360	35.73
		初馏	678	12.17	6568	27.60	6093	44.25	359	41.17	1484	9.72	2160	32.69
		中馏	996	17.88	3038	12.51	658	4.78	67	7.68	2586	16.95	971	14.70
		终馏	1375	24.68	3382	13.93	0	0	24	2.75	4286	28.09	613	9.28
		酒尾	1691	30.35	3907	16.09	0	0	17	1.95	5686	37.26	502	7.60

续表

窖池等级	工艺条件	馏分	总酸		总酯		乙酸乙酯		丁酸乙酯		乳酸乙酯		己酸乙酯	
			含量	%	含量	%	含量	%	含量	%	含量	%	含量	%
三曲窖	常规工艺	酒头	541	15.35	6080	33.91	7562	54.30	410	44.52	474	5.85	813	33.66
		初馏	460	13.05	4626	25.80	5284	37.94	329	35.72	593	7.32	707	29.28
		中馏	581	16.49	2250	12.55	1080	7.26	127	13.79	1164	14.37	429	17.76
		终馏	877	24.89	2274	12.68	0	0	32	3.47	2476	30.57	250	10.35
		酒尾	1060	30.22	2700	15.06	0	0	23	2.50	3392	41.88	216	8.94

从表6-4可见，己酸乙酯、乙酸乙酯、丁酸乙酯和醇、醛类物质，在蒸馏过程中，随着酒精浓度降低，馏酒时间的增长而逐渐下降；而乳酸乙酯和有机酸则与此相反。

从蒸馏过程酒中微量芳香成分的变化，可以肯定量质摘酒和适当控制摘酒酒精浓度的重要性。

六、 入窖条件和己酸乙酯生成的关系

众所周知，要提高泸型曲酒的质量，窖泥是基础，曲药是动力，母糟是前提。但在生产中往往对母糟重视不够。为了提高酒质只强调采取特殊工艺措施，而忽视了母糟的具体情况，因而经常出现效果不佳的情况。人们在生产实践中，认为要想提高酒质，必须做到母糟长期"柔熟不腻、疏松不糙"。若要母糟风格良好，入窖条件，即糠、水、温等要素的恰当、灵活掌握是至关重要的因素。

1. 入窖温度

参与曲酒发酵的微生物，其生长繁殖最适温度随微生物种类而异。例如酵母生长最适温度为28~30℃，而己酸菌、丁酸菌等窖泥功能菌的最适温度为32~34℃，若入窖温度高，淀粉液化和糖化加速，但酵母过早钝化和衰老，造成有糖不能变成酒，而乙酸菌和乳酸菌等细菌在此情况下迅速繁殖，将糖变酸，以至降质减产。例如，一车间一组5#、13#、14#特曲窖，采用常规工艺，发酵周期基本相同，而5#、13#窖入窖温度为18℃左右，14#窖入窖温度为22℃左右，所产的酒己酸乙酯含量相差较多，5#、13#窖己酸乙酯含量为150~180mg/100mL，而14#窖只有94.2mg/100mL。

有资料报道，若入窖温度超过25℃，己酸乙酯含量虽然增加，但其他杂味物质，如醛类、高级醇类等也大量增加，且出酒率明显下降。这样不但酒味杂、酒质差，增大消耗、降低产量，而且对提高质量、产量，降低消耗等也不利。所以提倡主攻低温入窖、延长发酵周期来确保质量。低温入窖对控制杂味生成、提高出酒率均起良好作用。因此，冬季把入窖温度提高到16~18℃最为适宜。这样的入窖温度虽有上述优点，但己酸乙酯及其他酸、酯等风味物质生成量也随之而减少。某名酒厂历年分析数据表明，仅以己酸乙酯（或总酯）的生成量而言，16~18℃入窖的比25℃以上入窖的减少20%~30%，就是说16~18℃入窖的，己酸乙酯生成量为100mg/100mL，25℃以上入窖的，己酸乙酯为150mg/100mL，但杂味物质增加，酒味不纯。因此，全面衡量还是16~18℃为宜，这样能使发酵缓慢进行，窖内升温幅度最高为32~35℃，有利于正常发酵，也有利于生香产酯，酒质优良，异杂味少，但出酒率略低。

当然，这个问题尚有争议，认为：冬天入窖温度为13~17℃（热平地温冷13℃），出酒率高，酒质醇和绵甜，浓香好，杂味少，但己酸乙酯生成量相对略低。而夏季入窖温度在25℃以上，出酒率稍低，香味随之而增加，有杂味。在18~20℃入窖，出酒率和酒质都可兼顾，即己酸乙酯生成量高，杂味却不多。因此，也有人认为入窖温度适当提高更好，以18~20℃为宜。

因此，掌握适当的入窖温度，使能进行低温缓慢发酵，才能保证酒的产量和质量稳定提高。

2. 入窖酸度

入窖酸度的高低，直接影响糖化、发酵的速度和酶活性。母糟中适当的酸度，可抑制有害微生物的生长。在适宜的入窖酸度范围内，酸度大的生成己酸乙酯多。浓香型白酒的适宜入窖酸度为1.7~2.2。入窖酸度过高，会影响正常发酵，己酸乙酯生成量也会减少。入窖酸度在1.8左右，比入窖酸度在1.0左右的，可增加己酸乙酯含量30~50mg/100mL。母糟中酸度的高低与入窖发酵温度密切相关，低温缓慢发酵，前发酵期长，升温缓慢，有益微生物生长旺盛，因而出窖酸度增加不多。在酸度适宜的环境下，有利于窖泥功能菌的生长活动，也有利于主体香物质的形成。因此，入窖酸度不仅与出酒率有关，而且与酒质密切相关。

3. 入窖淀粉

淀粉在发酵过程中，除主要变成酒精外，还产生二氧化碳和酒中的微量芳香成分。此外，还要供给微生物生长的需要。据理论计算和实际测定，在固态法白酒发酵过程中，当消耗1%淀粉时，一般品温升高2℃左右，若入窖温度高，入窖淀粉也高，窖内升温猛而高，使产酒微生物过早衰老，给生酸菌生长繁殖造成良好的环境，母糟大量生酸，对产酒微生物和窖泥功能菌均不利，以致降质减产。因此必须掌握适当的淀粉浓度，特别是热季，更要注意。

生产实践表明，入窖淀粉含量的高低与出酒率和酒质关系密切。入窖淀粉含量高，生成的己酸乙酯也多。一般来说，入窖淀粉的含量在17%~19%，生成的己酸乙酯多。若入窖淀粉控制在15%左右，虽有利于出酒率，但不利于己酸乙酯的生成。据某名酒厂经验，入窖淀粉18%比15%左右的，己酸乙酯可增加10~30mg/100mL。入窖淀粉主要由投料量决定，故应根据出窖糟残余淀粉来计算投粮量，才能确保入窖淀粉浓度，以免降质减产。

4. 入窖水分

水是窖内一切变化的基础物质，但过多过少均不适宜。若水分过大，糖化发酵快，升温猛，母糟酸度大；水分过低，糟子发干或起疙瘩，窖内黄水少，亦不能正常发酵。生产实践表明，入窖水分少的己酸乙酯生成量多，入窖水分大的，己酸乙酯生成量少。水分适当，可增加己酸乙酯含量10~30mg/100mL。实践中发现，量水用量太大（即入窖水分高），酒味淡薄，酒中己酸乙酯及其他主要芳香成分减少。例如，1—1—5窖量水用量为90%左右，酒中己酸乙酯为180mg/100mL；而1—1—14窖量水用量为102%，酒中己酸乙酯仅为94.2mg/100mL。可见，适当的量水用量是提高酒质的重要因素。

5. 糠壳用量

酿造中加入糠壳，是为了增加酒醅的疏松度，便于发酵和蒸馏。但糠壳用量过多

（很多厂没有具体规定）有以下弊病：

（1）发酵时母糟内含空气过多（若踩窖不好尤甚），窖内升温猛而高，生酸也多；

（2）母糟太糙，保不住黄水，黄水过早下沉，母糟显干，发酵不正常，酒质必然也差；

（3）蒸馏时带来更多异杂味。

因此，要视母糟具体情况来决定糠壳用量。

当然，入窖条件中的诸因素（糠、水、温、酸、淀等）往往是相互影响的。因此，在开窖鉴定时，要根据上排母糟、黄水的具体情况，通盘考虑下排入窖条件。

综上所述，入窖条件与酒质及酒中己酸乙酯含量有着密切的关系，因查定时数据尚嫌不多，代表性也不够，有些问题尚待进一步证实。

七、发酵条件与己酸乙酯生成的关系

1. 酸度与己酸乙酯生成的关系

据生产数据统计分析，发酵过程中升酸高的，己酸乙酯生成量多；升酸低的，己酸乙酯生成量少。升酸幅度在 1.0 左右，己酸乙酯生成量在 100mg/100mL 左右；升酸幅度 1.5 左右时，己酸乙酯生成量为 150mg/100mL；以后每上升 0.1 的酸度，可增加己酸乙酯 20mg/100mL，就是说升酸越多，己酸乙酯生成也多。相反，升酸越少，己酸乙酯的生成越少。所以，要求在主发酵期正常生酸，酒精发酵正常，产酒多；产酸期（中期）则产酸量更大，才能多产酯。要从工艺上加以解决。

2. 黄浆水与己酸乙酯生成的关系

在发酵过程中，被黄浆水浸泡着的酒醅，所生成的己酸乙酯量高；相反，没有被黄浆水浸泡的酒醅生成的己酸乙酯也少。在发酵过程中后期，黄浆水也逐渐下沉，正常窖池开窖时一般有 1/4~1/3 的酒醅被黄浆水浸泡，此部分酒醅可多产己酸乙酯 30~50mg/100mL。北方不少酒厂在建造窖池时因未采取防水措施，加上筑窖马虎，数年不见黄浆水，这对提高酒质甚为不利。

3. 酒醅在窖内的位置与己酸乙酯生成的关系

前已述及，因窖泥中的己酸菌生长繁殖缓慢，生成的己酸往酒醅转移的速度也慢，所以靠近窖壁，特别是窖底的酒醅，产己酸乙酯比窖中酒醅高 30~60 mg/100mL。底糟因接触窖底，加上黄浆水浸泡，并延长发酵期，故己酸乙酯生成量成倍增加，这是“双轮底”发酵工艺的奥妙所在。

八、工艺操作与己酸乙酯生成的关系

1. 蒸馏与己酸乙酯的生成

据资料介绍，蒸馏操作好的，可将酒醅中 80%的香味物质转移到酒中；若蒸馏操作粗糙，酒和芳香成分的提取损失就大，严重时损失近一半，可见此道工序之重要。但至今不少酒厂对此仍未足够重视。影响己酸乙酯提取效果的因素较多，现归纳如下。

（1）蒸馏时酒醅的含水量　若出窖酒醅水分为 61%，通过润料，酒醅、粮粉、稻壳混合后，水分若减少 10%，也就是说上甑酒醅水分只有 51%左右，这种情况有利于己酸乙酯的提取；若上甑酒醅水分超过 51%，己酸乙酯提取量减少 10%~20%，这种情况不但造成酒中己酸乙酯含量下降，而且乳酸乙酯含量增加，从而造成己酸乙酯与乳酸乙酯比例失调，影响酒质。从以上分析可知，北方某些酒厂以水润粮，造成上甑酒醅水分偏高，对己酸乙酯提取不利，故此工艺操作值得商榷。

（2）上甑技术对提取己酸乙酯的影响　上甑技术好坏非常重要。上甑好，可以多出酒，降低粮耗，而且酒的质量好。车间实测证明，上甑技术好的，可使成品酒的质量提高近一个等级，酒中己酸乙酯可增加5%～10%，蒸馏效益也提高10%～20%。上甑操作的要点是：上甑前粮粉、酒醅、稻壳要拌和均匀；底锅水要勤换，以免带来煳味等异杂味；上甑应轻撒匀铺，探汽上甑，上平上匀，边高中低。

（3）上甑时间对提取己酸乙酯的影响　上甑时间与上甑时火力或蒸汽大小密切相关。浓香型白酒中的风味成分十分复杂，已检测出的超过1000种，其沸点相差极为悬殊，低的只有几十度，高的近300℃。在甑桶中各种物质相互混溶在一起，沸点也发生变化，形成特有的蒸发系数，不同沸点的香味物相伴馏出。例如，乙酸乙酯和己酸乙酯沸点相差较大，但都溶于酒精蒸气，它们的馏出量与酒精浓度成正比。如果缓慢蒸馏，使酒精在甑桶内最大限度地浓缩，并有较长的保留时间，其中溶解的微量成分（特别是我们需要的）就增高。反之，大汽快蒸，上甑时间短，酒精快速流出，酒醅中即使高产己酸乙酯也难丰收于酒中。实践可知，上甑时间35～40min的比上甑时间20min或50min以上的（视甑桶容积而异）己酸乙酯含量高20%左右。而且，大汽快蒸，因酒精浓度迅速降低，而使乳酸乙酯大量馏出，微量成分失调，酒质下降。

2. 操作中异常现象与己酸乙酯的生成

在生产操作中，一些违反工艺操作的异常现象使己酸乙酯含量升高，但量比关系失调，有些物质，如高级醇类、乙醛、乙缩醛、乙酸乙酯等含量过高，影响酒质，有异杂味，口感很差，举例如下。

（1）粮糟发“倒烧”　发“倒烧”是指粮糟（即加粮的酒醅）入窖期间临时停产一段时间，窖内粮糟发“倒烧”（“反烧”），升温到40～50℃，下排开窖产酒，己酸乙酯含量有的高达4～9g/L，但出酒率差；发酵后“倒烧”是指发酵终止或出窖后在堆糟坝倒烧，所产酒己酸乙酯含量也可达7～8g/L，但发倒烧的酒，一般都有“倒烧味”（或硫醇味）。

（2）人工培养窖泥　窖泥配方均因地制宜，各有优缺点。若培养窖泥时添加肥塘泥、烂水果、腐殖质等，产酒的己酸乙酯在刚投料的第一、二轮，即可达3～5g/L，但丁醇、异丁醇、丙醇等含量较高，酒的口感较差。当然，影响人工培养窖泥效果的因素甚多，在此不多叙述。

九、特殊工艺与己酸乙酯生成的关系

为了提高浓香型曲酒中己酸乙酯含量，从而提高名优酒率，许多单位都在研究特殊工艺方法。效果较好的有：发酵泥回窖发酵、回糟发酵、翻沙灌窖、己酸菌液及酯化液的综合运用、喷淋窖壁等方法，简称为“养、回、灌、酵、保”。“养”是培养母糟的风格；“回”是粮糟入窖时回发酵泥、己酸菌液、双轮底糟；“灌”是在主发酵期结束时灌入酯化液、酒、黄浆水或液体窖泥；“酵”是两次发酵生香（翻沙）；“保”是保养窖泥，特别是上半部窖壁要坚持每轮保养，给窖泥微生物添补营养和水分。

以上各种方法都是当前从生产工艺上提高己酸乙酯含量、提高酒质的有效措施，但要因地制宜、因窖而异。有的可以1~3种方法同时采用，或轮换进行。这些工艺措施主要目的是搞好母糟风格，为有益微生物的生长代谢及酯化作用提供良好条件。值得注意的是，上述诸种方法，不能连续在一个窖中使用，否则会使出酒率较大幅度降低，酒质也不理想。

我们探讨了浓香型曲酒酿造过程中己酸乙酯的生成条件，并采取很多措施来提高酒中己酸乙酯含量，在此同时有一个问题值得注意，就是要适当降乳，缩小乳酸乙酯与己酸乙酯的比例。否则己酸乙酯升高的同时，乳酸乙酯也随之升高，乳、己比例仍然失调，酒质也不理想。“增己降乳”问题，应主要从工艺操作上解决：

（1）严格工艺操作及强化管理。

（2）保证窖池、酒醅有足够水分。

（3）严格窖池管理和保养。

（4）认真搞好清洁卫生，减少杂菌感染。

（5）控制用曲量。

（6）量质摘酒。

（7）搞好液体窖泥的培养，制好酯化液并适当应用于生产。

（8）在蒸馏粮糟时，每甑可在底锅中加入适量的一般曲酒，增加酒精浓度，可使己、乳比例变化。

（9）控制曲块中乳酸菌的生长。

浓香型白酒酿造过程中影响己酸乙酯生成的因素甚多，虽然经过一年多的实际查定、分析、总结，某些问题也只是有所发现，有些问题尚难下结论，只是抛砖引玉，提出来供思考并与同行商榷。

第二节 “原窖分层”酿制工艺

我国浓香型白酒生产的工艺操作方法习惯分为“原窖法”“跑窖法”和“老五甑”法3种类型，其中“原窖法”适用最为广泛，是一种主要的传统方法。

所谓“原窖法”，是指发酵酒醅在循环酿制过程中，每一窖的糟醅经过配料、蒸馏取酒后仍返回到本窖池；而“跑窖法”是将这一窖的酒醅经配料蒸酒蒸粮后装入另一窖池，一窖撵一窖地进行生产。

“原窖法”每窖的甑口（容量）不强求固定，窖内糟醅的配料上下一致，而不像“老五甑法”那样每窖固定为5个甑口，窖内糟醅的配料上下不同。

传统的“原窖法”生产，窖内的酒醅分为两个层次，即母糟层和红糟层，每甑母糟统一投粮（即与投粮量相应的糠、水、曲），每窖母糟配料后增长出来的糟醅不投粮，蒸馏后覆盖在母糟上面，谓之红糟。红糟、母糟均统一入窖、同期发酵出窖，每窖糟醅发酵后要全部从窖内取出，堆置在堆糟坝上，以便配料蒸馏后重新将糟醅返回原窖。堆糟的方法是：红糟单独堆放，单独蒸馏，蒸后弃之（谓之丢糟）；母糟则按由上而下的次序逐层从窖内取出，一层压一层地堆铺在堆糟坝上，即上层母糟铺在下面，下层母糟盖在上面，蒸馏时像切豆腐块一样，一方一方地挖取母糟，再拌料蒸酒。每甑蒸馏摘酒均采取“断花摘酒”的方式，断花前接取的为基础酒，其酒精含量保持在63%vol以上，断花后接取酒尾，用于下次回蒸。丢糟酒单独装坛，母糟酒和红糟酒则统一装坛贮存，用于勾兑成品酒。

“原窖法”工艺是在老窖生产的基础上发展起来的。它强调窖池的等级质量，强调保持本窖母糟风格，避免不同窖池特别是新老窖池母糟的相互串换。所以俗称“千年老窖万年糟”。在每排生产中，同一窖池的母糟上下层混合拌料，蒸馏入窖，使全窖的母糟风格保持一致，全窖的酒质保持一致。配料操作比较方便，每窖各排的发酵情况比较清楚，便于掌握，便于总结经验教训，所以这种工艺方法被广泛沿袭采用。

传统的“原窖法”工艺重视了原窖发酵，避免了糟醅在窖池间互相串换，但对同窖池的糟醅则实行统一投粮、统一发酵、混合堆糟、混合蒸馏以及统一断花摘酒和装坛。这种“统一”和“混合”的结果，导致了全窖糟醅的平均和酒质的平均，这对于窖池生产能力的发挥、淀粉的充分利用、母糟风格的培养以及优质酒的提取和经济效益的提高都有一定的影响。随着等级酒价格的悬殊，这种影响尤甚。

总结长期的生产实践经验和多年的科研成果，借鉴兄弟厂名酒生产工艺优点，泸州老窖酒厂创造了“原窖分层酿制工艺”，对传统的“原窖法”工艺进行了系统的改革，扬长避短，充分发挥老窖的优势和潜力，达到了优质低耗高产的目的。

1. “原窖分层酿制工艺”的依据和方法

浓香型曲酒生产区别于其他白酒生产的主要特点是采用泥窖固态发酵。经过长年循环发酵，使窖泥中产生大量的多种类的微生物及其代谢产物，这是产生浓香型曲酒的典型香味——窖香的主要来源之一。生产物质含量越丰富，对发酵糟的培养越有益，酒质风格也越佳。而窖池中生香物质的含量是不均匀的，越到下层窖泥生香物质越多，窖底含量最为丰富。上下层窖泥成分的分析实例（表6-5）。

表6-5　上下层窖泥成分分析实例

样品		水分/%	氨态氮/(mg/100g)	速效磷/(mg/100g)	腐殖质/(mg/100g)	厌氧菌/(个/g)	pH
1#窖	上层泥	31.80	273.87	6.36	4.79	1.2×10^6	6.60
	下层泥	36.10	293.26	37.00	11.92	2.9×10^6	6.00
2#窖	上层泥	32.80	279.02	31.91	6.49	6.4×10^6	6.50
	下层泥	35.50	310.08	107.87	9.95	5.94×10^6	6.20

从表6-5可以看出，下层窖泥中的微生物生长繁殖的物质比上层窖泥的含量高。

糟醅入窖发酵大体上可分为3个阶段。第1阶段为主发酵期，时间是封窖后1~5d（与季节和入窖温度等有关），这段时间主要是淀粉变糖、糖变酒，淀粉不断消耗，酒精不断增长，还生成少量的酸和乙醛，释放大量的热量和二氧化碳以及部分甲烷和氢。第2阶段为生酸期，时间约在主发酵期后的20d之内，这段时间糖化发酵基本终止，霉菌和酵母逐步衰亡，温度下降，而产酸细菌大量生长繁殖，把残存在糟醅里的淀粉、糖分和已生成的醇类物质转化为各种有机酸。第3阶段为生香期，一般在生酸后期就开始，即在糟醅入窖 30~35d 之后。这个阶段糟醅中各类微量成分相互作用而生成新的物质，其中主要是酯化，即由酸和醇生成酯类，酸和醇的含量越丰富，酯化效果就越好。窖泥中的微生物把发酵生成的物质进一步转化或合成为各种香味成分，越靠近窖泥，酯化时间越长，酒醅中形成的香味成分就越多。由于酒醅中黄浆水的下沉，越是下层的酒醅其酸、醇和其他微量成分含量越丰富，加上窖底中窖泥微生物的作用，底部酒醅中的微量香味成分比中、上层多得多，所产的酒也好得多。

各层发酵糟产品质量的比较见表 6-6。

表 6-6　　各层发酵糟产品质量比较　　单位：g/100mL

样品	酒精/%vol	总酸	总酯	总醛	杂醇油	甲醇	糠醛
上层糟	64.70	0.0491	0.1115	0.0266	0.1019	0.0232	0.00139
中层糟	60.40	0.0913	0.2934	0.0267	0.0795	0.0219	0.00273
底层糟	60.08	0.1041	0.3567	0.0341	0.0999	0.0220	0.00175

从表 6-6 看出，上层糟其产品质量较差，越往下层酒质越好，底层糟酒质最佳。

数据统计表明，母糟淀粉含量的多少不仅对糖化和产酒量起决定作用，而且对母糟风格和基础酒质量有着重要影响。母糟留有残余淀粉多，酒质醇和柔绵；反之则燥辣刺喉。可是增大淀粉会导致产量和质量的矛盾，丢糟中所浪费的残余淀粉也会增加。

蒸馏摘酒时机对酒质影响极大，先馏出来的酒，酒精含量高、醇溶性物质多，品味优良，随着流酒时间的延续，酒精含量不断下降，高沸点物质逐渐增多，酒的品味也越来越差。表 6-7 显示了不同馏分酒的各种成分变化。

表 6-7　　不同馏分酒的各种成分含量变化　　单位：g/100mL

项目	酒头	70%以上	60%~70%	50%~60%	20%~50%	3%~20%	酒尾
酒精/%vol	76.2	75.2	68.6	56.2	28.2	8.5	23.4
总酸	0.043	0.029	0.0536	0.0612	0.1668	0.222	0.305
挥发酸		0.025	0.0269	0.0438	0.088	0.103	
总酯	0.960	0.556	0.2974	0.2354	0.746	0.736	0.098
挥发酯	0.820	0.510	0.253	0.214	0.5	0.487	0.041
总醛	0.041	0.0375	0.0239	0.0181	0.0132	0.0075	0.01
糠醛	0.0002	0.000012	0.00004	0.0004	0.0004	0.00058	0.00079
甲醇	0.0095	0.0032	0.003	0.082	0.0013	0.00097	0.0034
高级醇	0.090	0.065	0.046	0.041	0.0084	0.0053	0.0042
多元醇	0.470	0.540	0.610	0.660	1.31	1.6	1.0
甘油	0.0010	0.000051	0.00006	0.00007	0.00017	0.00021	0.0002
双乙酰	0.0009	0.00009	0.00024	0.0003	0.00032	0.00039	0.00027
乙缩醛		0.2934	0.024	0.01054	0.0072	0.0042	

从表 6-7 中看出，随着馏分的延续，酒中有益成分逐渐减少，杂味成分逐渐增多，因此摘酒时机的掌握对区分酒精含量有着重要的作用。

综上所述，在一个窖池内酒醅的发酵是不均匀的，每甑糟的蒸馏酒质也是不均匀的。如果我们能巧妙地利用这种差异性，在工艺上加以区别对待、区别处理，将能产生优质、低耗、高产的最佳效果。

“原窖分层酿制工艺”的基本点就是对发酵和蒸馏的差异扬长避短，分别对待。这个方法可以概括为：分层投粮、分期发酵、分层堆糟、分层蒸馏、分段摘酒、分质并坛，简称“六分法”。

（1）分层投粮　针对窖池内酒醅发酵的不均匀性，在投粮上予以区别对待。即在整窖总投粮量不变的前提下，下层多投粮，上层少投粮，使1个窖池内各层酒醅的淀粉含量呈梯度结构。其层次划分以甑为单位，但为了操作方便，可大体上分为3层。第1层是面糟（约占全窖糟量的20%左右），每甑投粮可比全窖平均量少1/3左右，第2层是“黄浆水线”以上的酒醅，可按全窖平均量投粮；第3层是“黄浆水线”以下的酒醅（包括双轮底糟），每甑投粮可比全窖平均多1/3左右。

（2）分期发酵　针对窖内各层发酵糟发酵过程中的变化规律，在发酵期上予以区别对待。上层酒醅在生酸期后酯化生香微弱，让其在窖内继续发酵意义不大，就提前予以出窖蒸馏。底层糟生香幅度大，就延长其酯化时间。每窖糟醅可区分为3种发酵期：面糟（上层）在生酸期后（在入窖30~40d）即出窖蒸馏取酒，只加曲不投粮，使之变为红糟，再将其覆盖在原窖母糟上面，封窖再发酵；母糟（中层）发酵60~65d，与面上的红糟同时出窖；每窖留底糟1~3甑，2排出1次，称为双轮底（第1排不出窖，但要加曲），其发酵时间在120d以上。

（3）分层堆糟　为保证各层酒醅的分别蒸馏和下排的入窖顺序，各层酒醅出窖后在堆糟坝的堆放要予以区别。面糟和双轮底糟分别堆放，以便单独蒸馏；母糟分层出窖，在堆糟坝上由里向外逐次堆放，以便先蒸下层糟，后盖上层糟（黄浆水线上、下的母糟要予以区别）。

（4）分层蒸馏　针对各层酒醅发酵质量不同、酒质不同，为了尽可能多地提取优质酒，避免由于各层酒醅混杂而导致全窖酒质平均下降，各层酒醅应分别蒸馏。即面糟和双轮底糟分别单独蒸馏；二次面糟取酒后扔掉；双轮底糟仍装入窖底；母糟则按由下层到上层的次序蒸馏，并按分层投粮的原则进行配料，按原来的层次依次入窖。有的厂在此基础上，根据本厂实际情况加以改进：双轮底糟作上层糟，中层糟靠近双轮底糟的部分降至底层，对降低入窖酸度和培养母糟风格有较好的作用。

（5）分段摘酒　针对不同层次酒醅的酒质不同、蒸馏中各馏分酒质不同，为了更多地摘取优质酒，提高优质品率，要根据不同酒醅适当分段摘酒（基础酒或调味酒）。即对可能产优质酒的酒醅，在断花前分成前后2段或3段摘酒。具体做法是：

①每甑摘取酒头0.5kg。

②上层的面糟（包括红糟和丢糟）的酒质较差，可不分段；双轮底糟可分段摘取不同风格的调味酒或优质酒的上品。仍采用断花摘酒法。

③其余酒醅酒的摘取，应视窖池的新老、发酵的好坏、酒醅的层次分2段或3段摘取（即量质摘酒）。一般原则是：新窖黄浆水线以上的母糟前段酒摘取1/3左右，后段占2/3；黄浆水线以下的酒醅可分两段摘，各占一半；老窖或发酵特别好的新窖，黄浆水线以上的母糟分两段摘，各占1/2；黄浆水线以下的母糟，前段摘酒占2/3，后段酒占1/3。

前段酒酒精含量66%vol以上，后段酒酒精含量60%vol以上，最低不少于59%vol。以上摘酒分段方法要视各厂具体情况，如窖池、发酵好坏、母糟风格、黄浆水有无等进行，不能一概而论。

（6）分质并坛　采取分层蒸馏和分段摘酒工艺后，基础酒酒质就有了显著的差别。为了保证酒质，便于贮存勾兑，基础酒应严格按质并坛。一般的原则是：

①酒头和丢糟酒分别单独装坛。

②红糟酒和黄浆水线上层母糟后段酒可以并坛。

③黄浆水线上层母糟前段酒和黄浆水线下层母糟的后段酒可以并坛。

④黄浆水线下层母糟前段酒单独并坛。

⑤双轮底糟酒和调味酒要视不同风格和质量分别单独并坛。

以上各种类型，酒质有明显差异，便于分等定级和勾兑。若按上述原则并根据酒的具体质量、口感再行并坛，则效果更好，但要求有较高的品尝水平。

“六分法”工艺是在传统的“原窖法”工艺的基础上发展起来的。从酿造工艺整体上来说，仍然继承传统的工艺流程的操作方法，而在关键工艺环节上，系统地运用了多年的科研和生产实践成果，借鉴了其他酿酒工艺的有效技术方法。此工艺通过在泸州老窖酒厂、射洪沱牌曲酒厂等名优酒厂应用，大幅度提高了名优酒比率，取得了显著的经济效益。

2. “原窖分层酿制工艺”有关问题的商榷

（1）“六分法”工艺的精髓　“六分法”工艺的根本宗旨是保证和提高产品质量。它抓住投粮、发酵期和蒸馏摘酒三个影响酒质的关键问题，采取了一系列的工艺措施。

“六分法”的精髓是一个“分”字，它应用全面质量管理的分层理论，对生产过程中的差异进行不同的工艺处理。针对窖池各层次发酵质量的差异，采取“分层”投粮和“分期”发酵，把“钢”用在“刀刃”上，充分发挥下层酒醅产好酒的潜力，多产好酒，增进酒质的绵柔、醇和、浓厚的优良风格。同时，粮多养糟（高进高出），下层酒醅越养越好，随着循环配料，下层糟不断向上增长，面糟不断被丢弃，全窖酒醅形成良性循环，全窖酒质将会不断提高。加之在蒸馏摘酒上采取分层蒸、分段摘的工艺措施，尽量把发酵质量好的酒和前段馏分的好酒提取出来，使优质酒酒质更纯，比率更高。最后通过“分质并坛”确保优质酒的质量，同时也兼顾了普通基础酒的质量，使等级分明、规范。

（2）“六分法”与产量、消耗　“六分法”充分考虑到生产中质量同产量、消耗的矛盾，采取了一系列在保证质量的前提下增加产量、降低消耗的措施。

首先是面糟的二次处理。入窖时，面糟少量投粮，发酵中期，就将其出窖蒸馏，再变为红糟（不投粮）入窖。全窖出窖再蒸1次，比传统方法多蒸1次酒，等于使窖池的利用率提高了20%左右。据泸州老窖酒厂实践：面糟的出酒率可提高20%。

“分期发酵”较好地解决了延长发酵期和增加消耗的矛盾。窖期长，酒质好，但消耗增大。“六分法”充分发挥了“养糟挤回”的作用，下层酒醅逐次向上增长，投粮量逐次减少，残余淀粉逐渐被利用，直到上升为面糟，再经过二次处理，残余淀粉得到充分利用，丢糟中的淀粉含量可降至7%以下，有效地减少了粮耗。

（3）“六分法”与传统工艺　“六分法”是在“原窖法”的基础上借鉴吸取“跑窖法”“老五甑法”等传统工艺的精华，本着“博采众长，为我所用”的原则，不是照搬，而是有机结合。

“六分法”吸取了“老五甑法”的“分层投粮”“养糟挤回”的特点，以充分利用淀粉，提高母糟风格和酒质。“六分法”在“分层投粮”的基础上，又增加了“分期发酵”工艺，充分发挥了老窖容积大，可保留大量老糟，下层酒醅逐次增长，从而养糟更有效，挤回更彻底，对提高母糟风格和提高酒质更有利。

（4）“六分法”的操作技术　“六分法”是一项系统的不可分割的完整工艺，它使传统的“原窖法”工艺更细致严密，因而对操作技术的要求更为严格。除了要继承发扬传统工艺“稳准配料、细致操作”的技术要求外，还必须全面掌握“六分法”操作要领。特别要注意两个重要特点：

①酒醅特点：由于是分层投粮和分期发酵，全窖各层酒醅将出现明显差异。越往下层，淀粉浓度越大，酸度也越大，含水分也多，这就增加了配料和蒸馏的难度。要注意入窖酸度，控制上层酒醅的用糠量，提高上甑技术，采用耐酸酵母，并特别注意季节转变时的生产配料。此外，由于第一次面糟要投粮，中间要提前开窖蒸馏，所以要注意窖池的密封和管理，并做好生产计划安排。

②酒质特点：实行“分段摘酒”和“分质并坛”，要求操作者提高品尝技术水平，以提升对酒质的判别能力。要能正确识别酒醅发酵质量，正确掌握分段摘酒时机，并坛时要注意检查辨别酒质，防止优劣酒“混为一坛”。

第三节　“辨证施治”在浓香型白酒生产中的应用

浓香型白酒的生产历史源远流长，数百年来，历代传承，口授心传，在生产实践中积累了丰富的经验。中医在诊断中运用望、闻、问、切四诊，“辨证施治”已有2000多年的历史。在白酒生产中，可应用四诊对曲药、窖池、操作、母糟、黄水等进行诊断，找出生产中存在的问题，“对症下药”进行治理，解决生产中的疑难，从而达到指导生产、提高产量和质量的目的。“四诊”在白酒生产中的运用，非一人之见解，是历代酒师经验的总结，具有较强的实用性，对初涉白酒行业的新兵，学习与实践会有帮助。

一、中医诊断学中对“辨证施治”的论述

中医诊断疾病的理论与方法肇始奠基很早。公元前5世纪著名医家扁鹊就擅长“切脉、望色、听声、写形、言病之所在”。约成书于公元前三世纪的《黄帝内经》，不仅在诊断学的方法上奠定了望、闻、问、切四诊的基础，更重要的是提出诊断疾病必须结合致病的内外因素加以综合考虑。中医诊断学是在中医基础理论的指导下，研究诊察疾病，辨别证候的学问。既重视四诊等基本技能，还特别重视辨证方法与有关诊断的理论。

中医诊断中的辨证求因，就是在审查内外方法的基础上，根据病人一系列的具体症候，加以分析、综合，求得疾病的本质和症结所在，为临床治疗提供确切的依据。既然诊断要根据审察内外和辨证求因的原则进行，诊断的方法，便要求对病人做周密的观察与全面的了解。想达到这一要求，必须四诊合参。四诊就是望、闻、问、切。诊断必须要做到四者具备，才能见病知源。再高明的医生，都不能以一诊代替四诊。疾病是复杂

而多变的，证候的显现有真相也有假象。

中医诊断学的主要内容，包括四诊、八纲、辨证。下面着重介绍一下，可运用到酿酒生产中的“四诊”。

四诊：望诊，是对病人神、色、形、态、五官、舌象以及分泌物、排泄物等进行有目的的观察，以了解病情，测知肺腑病变。闻诊，是根据病人语言、呼吸等声音及由病人体内排出的气味，以辨别内在的病情。问诊，是通过对病人或家属的询问，可以得知病人平时的健康状态、发病原因、病情经过和病人平时的自觉症状等。切诊，是诊察病人的脉候和身体其他部位的情况，以测知体内体外一切变化的情况。据以上四诊合参的原则，不能以一诊代四诊，同时，症状、体征、病史的收集，一定要审察准确，不能草率从事。

中医诊断中，运用四诊进行辨证施治，是否可将此理论和方法应用到白酒酿造生产中，我们不妨一试。

二、“四诊” 在浓香型白酒生产中应用

（一）曲药生产

1. 望诊

运用视觉对曲坯（块）及曲房整体和局部进行细致观察、分析。

（1）制曲原料配比、原料粉碎度、曲坯尺寸、重量、踩曲方法、曲坯水分、穿衣情况及断面菌丝等

原料配比：制曲原料配比情况不同，有单独用小麦制曲的，也有用大麦加小麦，还有用大麦、小麦加豌豆的，也有在小麦中添加高粱的。许多名酒企业，制曲原料配比，均是历代传承，对产品的独特风格，作用不可忽视。有的厂在制曲时加入少量优质曲粉，实际上是接种，使有益微生物占优势。

原料粉碎度：为有利于原料的黏合和微生物的生长繁殖，制曲原料必须粉碎，为使皮不易磨烂，原料粉碎前要先加水润料。润料水温冬热夏冷，润料加水量一般为5%~10%，时间为3~4h。粉碎的要求是“心烂皮不烂”的“梅花瓣”，即将麦子皮磨成片状，心子磨成粉状。各厂对制曲原料粉碎度要求也略有差异，如泸州老窖是粗粉占75%~80%，细粉占20%~25%；安徽古井贡则是粗粉占60%，细粉占40%。如果原料粉碎得过细，则黏性大，曲坯内空隙小，培菌时水分和温度不易散发，曲块升温过快，使生酸菌大量繁殖，容易造成“窝心”“不透”，甚至“垮曲”现象；原料过粗时，曲坯空隙太大，水分和温度不易保持，导致曲坯过早干裂、表皮不挂衣、生心。

曲坯尺寸：曲坯外形以长方体为主。五粮液、剑南春等传统曲坯中间有突起，为“包包曲”，其余多为平板曲，曲的长、宽、厚尺寸差异不大，最小的是古井贡曲，其次是五粮液曲和泸州曲，最大的是洋河曲和双沟曲，每块重达3800g。近年资料表明，各厂曲坯尺寸、曲坯重量都有加大的趋向。

曲坯水分：曲坯中的水分除来自原料外，主要是来自拌料和踩曲用水。粉碎后的原料粉，含水分仅15%左右。拌料时加水量与季节、气候密切相关。川酒曲由于湿度大，加水较少，且曲坯成型后要放在晾曲场1~2h，曲坯的化验水分在36%~38%；苏皖豫一

带，气候干燥，加水量较大，曲坯化验水分在38%~40%。曲坯水分根据季节与气温变化要做适当调整，如五粮液酒厂，冬季曲坯化验水分要求36%，春秋为37%，夏季为38%。

踩曲（成型）方法：传统是人工踩制，现许多采用机械压制。人工踩曲，先观察曲料是否拌匀，有无灰包、疙瘩，随即装入曲模，要一次装够，装好后先用足掌从中心踩一遍，再用足掌沿四边踩两遍（平板曲）。而包包曲则要求足掌沿四边踩，形成“包包”，要踩紧、踩光，特别是四角更要踩紧，中间略松。川酒制曲，踩好后的曲坯要在晾曲场晾1~2h，刚一收汗立即入房，若曲坯在晾曲场放置过久，曲坯表面水分蒸发过多，入房后易起厚皮，不挂衣。机械制曲，大大减轻了劳动强度，曲坯大小与人工踩制的差不多，工作效率高，曲块均匀，平整光滑。主要是不像人工踩曲那样能“提浆”，故皮张一般较厚，通过多年摸索，在培菌工艺上采取措施解决“穿衣”差的问题，不难解决。

穿衣情况：曲坯入房后由于自然接种和温度、湿度的控制，适于微生物生长繁殖，在曲坯表面霉菌、酵母、细菌等都会生长。穿衣情况，反映出霉菌（主要）、酵母在曲坯表面的生长繁殖状况，穿衣良好，是因踩曲水分及松紧适宜、晾汗合适，曲房温度、湿度控制适宜、门窗开闭适时等。若穿衣不好，可在这几个方面找原因，对症下药。

断面菌丝：曲块断面颜色、菌丝分布等反映出酿酒有益菌生长情况，其质量与培菌管理密切相关。曲料粉碎度、加水量、踩曲松紧度、培菌温度、湿度、翻曲、收堆等细致操作和工艺得当，断面白色为主，菌丝密布、均匀，出现红、黄斑点等，都是优质曲应有的特征；若断面带青、黑等异色，说明工艺、操作管理存在问题，应找准原因，及时解决。

（2）曲房大小、结构、覆盖物、卧曲方式

曲房大小：传统制曲多用小青瓦平房，砖木结构，一般曲房3.6m宽、5~6m长、约3m高，约每间面积为22m^2。现在曲房有些面积达50m^2以上。每平方米曲房可摆放曲坯约25块（指单层）。根据全年用曲量和制曲次数、曲房面积，即可算出所需曲房间数。

曲房结构：以砖木结构平瓦房为好，房内砌墙到屋顶，采用弧形竹席顶棚（内填稻草），窗对开，不宜太大，门往外开，内挂麻袋门帘；地面用黄泥、炭渣、石灰按7∶3∶1比例混匀夯实。这种曲房造价低，有利于培菌期间温、湿度的控制。现在，许多采用楼房制曲，是框架或砖混结构，地面最好铺一层黄泥，以利保潮，墙壁可挂草帘，顶棚加竹席夹稻草，顶棚上开气窗出气，加以改造后，再细致管理，亦能产好曲。

卧曲方式：传统工艺中，川酒“平板曲”一般采用“||||☰||||”的卧曲方式，如泸州曲、沱牌曲。曲间距冬季10mm，夏季20~30mm，春秋20mm。川酒“包包曲”多采用“□□□□”的卧曲方式。苏皖豫一带的洋河、双沟、古井贡、宋河均采用“|||| |||| ||||”的形式卧曲，曲间距为2~3mm，所谓“似靠非靠”。

覆盖物：为使入房曲坯保温、保潮，都以稻草、草垫、麻袋、芦席等作覆盖物。覆盖物是曲块微生物的重要来源，要求无霉烂、无生虫、无异臭。若覆盖物正常使用，不要每次更换。

贮曲房：贮曲房要与曲房相近，以缩短运输距离。一般出房的曲药须贮存3个月后才能用于生产。每平方米可贮存曲块约350块（各厂有异），由全年用曲量计算贮曲房面积。贮曲房结构可与曲房相同，要求通风、干燥，双扇门，水泥地面，地面最好做防潮处理以免曲块在贮存中容易受潮。

2. 闻诊

运用嗅觉对曲坯（块）的气味进行鉴别。在制曲阶段的曲坯或成品曲块，在鉴别其质量时，“曲香”是重要的部分。对曲坯或曲块的表面，特别是断面的气味，正常的曲块应有悦人的曲香，其香气有点带“海味”的气味，也有人说是带“豆豉”的气味，是蛋白质分解的正常气味。若曲中带霉味、酸味、馊味等杂味，说明培菌管理出现问题，主要是温度、湿度控制不当，翻曲不及时造成。曲坯在培菌阶段，在后半期，若温度过低，有效微生物不能继续生长繁殖，造成生心，故“前火不可过大，后火不可过小”。若温度控制不当，曲心水分散发不出，生酸菌大量繁殖，曲子会带酸味、霉味，甚至馊味。

3. 问诊

询问曲房、曲库管理人员，查看曲房生产记录。如每间曲房地面铺稻壳的厚度、稻壳新鲜程度，每间曲房码曲数量、铺草厚度，洒水温度、数量，揭草时间，翻曲时间、次数，收堆码曲层数、方式，培菌时间，温度、湿度变化，培菌最高温度、达到最高温度时间、维持较高温度天数，门窗开闭时间、次数，贮曲时间及曲虫治理等，均应详细记录，以帮助诊断。

4. 切诊

运用感觉器官对曲坯或曲块细致观察，并结合曲的理化检验进行全面分析。

曲块（成品曲）泡气程度：优质曲药要泡气，拿到手上感觉较轻，若曲块板结，说明培菌发酵不良。采用“容重测定”也是检验曲块泡气程度的方法。

曲的理化检验：曲是以小麦等为原料，自然网罗制曲环境中的微生物接种培养，多种微生物在曲坯培菌过程中此消彼长、盛衰交替，自然积温转化并风干而成的一种多酶多菌微生物制品。原有的大曲质量判定标准感官指标占60%，断面、皮张、外观、曲香的判别因人而异，变数较大，难以统一。生化指标中液化力、糖化力、发酵力指标设置是借用纯种酵母及单一酶制剂的测定方法和概念，在参数指标设置方面存在着指标设置有交叉重叠、单纯一个指标作用不明、将大曲假设为单一微生物菌体或单一酶制剂，忽视了大曲是一种典型的“多酶多菌”微生物制品，是一种“活性”物质。

泸州老窖沈才洪等在深入研究大曲原有质量标准体系的基础上，进行大量实验，提出了新的大曲质量标准体系指标的设置。其主要内容包括：

（1）大曲的主体指标，即“生化指标”：酒化力、酯化力、生香力分别占30%、20%、15%，共65%。

（2）大曲辅助指标

①理化指标：曲块容重、水分、酸度分别占15%、5%、5%，共25%。

②感官指标：香味、外观、断面、皮张分别占4%、2%、2%、2%，共10%。

应用这个标准，根据评定，综合得分81分以上为优级曲，71~80分为一级曲，60~70分为二级曲，59分以下为不合格曲。

通过对制曲过程和成品曲的望、闻、问、切四诊，便可了解制曲整个过程存在的问题，找出影响曲质的因素，从每个环节细致分析，找出病因，对症下药，大曲质量一定会逐步提高。

（二）窖池和窖泥

1. 望诊

运用视觉对窖池和窖泥进行细致观察。要观察窑池形状和尺寸，是否有好的建窑材料和外部环境，建窑方法是否正确，窑泥涂抹厚度和方法，窑泥干湿度、色泽、柔熟程度，有无白色结晶体，是否保水等。

2. 闻诊

闻诊是运用嗅觉对窖泥进行鉴别。

分别取窖壁上、中、下层和窖底泥，对其气味进行鉴别。培养成熟的优质窖泥应有老窖泥特殊的香气，或皮蛋气味。若窖泥带酸味严重，表示窖泥在培养中杂菌（乙酸菌等）太多，或母糟酸度过大；窖泥带腐败臭，表明窖泥培养时加了烂水果、肠衣水、动物汁、蚕蛹粉、豆饼粉或阴沟泥等；窖泥带尿素味或氨味，表示培养窖泥时，加尿素太多；窖泥带异臭，表明配方中添加了不需添加的物质；窖泥带生味，表示窖泥未培养成熟或配方不合理所致。

3. 问诊

询问窖池建造和窖泥制作者，并查看相关记录。

（1）建窖情况　初到某厂的车间现场，已投产多年，看不到建窖过程，故需询问建窖情况，如地层结构、防水处理、窖底处理方法、保水情况、窖埂尺寸、建筑材料配比、筑窖方法等。

（2）窖泥　了解人工培养窖泥的配方、材料处理情况（如黄泥、肥田泥、藕塘泥是否晒干、碾细）、拌料均匀度、培养温度、培养升温情况、培养时间等。

4. 切诊

综合望诊、闻诊、问诊情况，结合窖泥的理化检验数据进行细致分析，找出造成窖池和窖泥现状的主要原因，对症下药，指出解决的办法。

例如，到某厂生产车间检查窖池和窖泥现状，发现窖池完好，无蹋窖、垮窖等情况，而窖池上、中层窖壁干燥、部分裂口、指按很硬，取一些窖壁泥看，颜色不均匀，有蛋白质腐败臭。窖壁下部和窖底泥因有黄水滋润，故泥质柔软，带黄水味、酸味和母糟味，稍有酒香和窖香。这种窖池和窖泥通过望、闻、问、切四诊，可从以下方面进行分析：①窖池是黄泥等筑成，无塌窖、垮窖等情况，说明建窖较好。②窖池上、中层窖壁干燥，部分裂口，指按很硬，说明窖泥缺水，窖池在使用中可能入窖糟水分偏少，窖泥没有很好养护。③窖泥颜色不均匀，有蛋白质腐败臭，说明窖泥制作时没有踩柔熟、均匀，配方中含蛋白质太多，又未充分转化。④窖底泥较滋润、柔软，稍有酒香和窖香，但缺乏老窖泥的特殊芳香，说明窖泥制作时可能窖泥功能菌培养不当或不足，培养时温度和时间不够等。⑤通过理化检验，发现培养的窖泥中水分不足，腐殖质不够，氨态氮偏高，有效磷较多。通过具体分析，可对症下药：①加强养护窖池，每轮出窖后用窖泥功能菌培养液、黄水等喷淋窖壁，或在窖壁上、中部戳一些小洞，再喷灌培养液，然后抹平，在入窖前洒一些曲粉，每排坚持如此。②若经数排连续养护，起色不大，应考虑将上、中部分窖壁窖泥剥下，重新涂上培养成熟的窖泥。③培养窖泥应充分重视配方、操作培养温度和时间等。

（三）酿酒生产

1. 望诊

运用视觉对酿酒生产操作和母糟、黄水进行细致观察。

（1）操作　在生产现场仔细观察酿酒生产全程操作。

起窖：包括剥窖泥、起面糟、起粮糟、滴窖时间、舀黄水次数及数量等。

剥窖皮：观察是否将窖皮泥上的面糟刮净，是否将窖皮泥从面糟上清除干净。

起面糟：观察起面糟是否彻底、堆糟情况等。

起母糟：根据工艺要求起粮糟（原窖法、跑窖法、原窖分层法、老五甑法）。

滴窖：观察黄水坑的设置是否合理，是否提前抽出黄水，按传统操作的滴窖时间、舀黄水次数和数量等，要求“滴窖勤舀”。

拌粮糠，包括观察原辅料优劣、原料配比（单粮或多粮）、原料粉碎度、粮糟比、粮糠比、拌和方式、润料时间等。

原辅料优劣：观察原辅料是否新鲜、无霉烂、无虫蛀，原料若有霉变或不够新鲜，最好不用或经清蒸处理后再用。稻壳是否清蒸好，熟糠是否带正常的香气，不应有生糠味，更不能有霉味或其他异杂味。

原料粉碎度：酿酒原料和曲药的粉碎，原则是夏粗冬细，即热季适当放粗，冬季适当变细。各厂要求不一。

原料配比：分单粮和多粮，单粮一般使用高粱，也有个别使用大米、玉米等；多粮一般使用高粱、大米、玉米、糯米、小麦等，也有加小米、荞麦的。各厂因成品酒风格各异，原料配比不必要求一致。

粮糟比、粮糠比：粮糟比一般为1∶（4.5～5.5），糠壳用量一般为原料量的20%～25%，原则是单粮较少，多粮适当增加。

拌和、润料：观察拌和是否均匀，是否消灭灰包、疙瘩。润料粮糟堆是否盖上稻壳；润料时间是否40min以上；上甑前是否将粮、糟、糠拌和均匀。

上甑操作：观察底锅水、甑桶是否清洁及上甑汽压（或火力）、上甑技巧、上甑时间等。

上甑技巧：要求轻、撒、匀、铺，探汽上甑，上甑时间不少于40min，盖盘后5min应开始流酒。

接酒：包括流酒速度、流酒温度、量质摘酒、各段酒的流酒时间和数量。

蒸粮：包括蒸粮时间（从盖盘到出甑）是否达到60min以上，糊化程度是否达到“熟而不黏，内无生心”。

出甑、打量水：包括打量水方法、均匀程度、量水温度、量水数量、打量水后是否堆积等。要求打量水要均匀，在甑边出甑糟堆上打，量水温度90℃以上，量水使用量视出窖糟水分、入窖水分和季节变化进行调整。

摊晾、撒曲：包括摊晾设备、摊晾面积、厚度、摊晾时间、撒曲方法、温度、曲药用量、均匀程度等。摊晾设备主要有晾堂、晾糟棚（鸭儿棚）、晾糟床、通风箱及晾糟机等。各厂选用有所不同。总的原则是尽量缩短摊晾时间。要求摊晾面积尽量大些，厚度薄些，以减少杂菌感染机会。撒曲要求均匀，减少飞扬损失；曲药用量每100kg粮粉下曲

18~22kg，随气温、季节进行调节；下曲温度根据入窖温度、气温变化等灵活掌握，一般在冬季比地面温度高3~5℃，夏季与地温相同或高1℃。

入窖、封窖：包括入窖温度、踩窖、每窖粮糟甑数、面糟甑数；封窖泥情况、泥封厚度、管窖情况等。入窖温度随季节、地温而变化，若地温在10℃以下，入窖温度为16~18℃；地温在11~15℃，入窖温度为17~19℃；地温在16~20℃，入窖温度为18~22℃；地温在21~25℃，入窖温度为22~25℃；地温在25℃以上，一般是热季，入窖平地温。入窖温度测定方法，全甑糟醅入窖完，适当踩窖后，在糟面四方各插一支温度计，观察入窖温度，每支温度计读数不能相差1℃，否则就是入窖温度不均匀。踩窖，踩窖是减少糟醅中的空气，以延缓发酵。踩窖在热季踩密脚，冬季踩稀脚。封窖泥，要求柔熟、黏性好，含母糟和糠壳少。泥封厚度为10~15cm，要拍紧、皿光，特别是窖边更要加厚封好。管窖，即窖池的日常管理，要求窖皮不干裂、不长霉、不长虫。为保持窖皮泥湿润，可在每天清窖后下班前盖上一层薄膜。要设专人管窖。

（2）母糟、黄水

母糟色泽：正常的母糟应是黄褐色或猪肝色（多粮与单粮颜色有差异）；若母糟色较浅（黄中带白）、显粑（软）、显腻，表示发酵不正常。

母糟泡气、柔熟程度：母糟疏松、泡气，肉实有骨力，表示上排发酵基本正常；若母糟显燥，表明水大糠大或投粮不足；若母糟显腻，没有骨力，颗头小，表明连续几排配料不当，糠少水大，糖化发酵不正常。

黄水色泽、黏稠度：黄水金黄透亮（似菜油），悬丝长，表示发酵正常，母糟也正常；若黄水黄中带白或浑浊不清，母糟也显腻、显粑，表示上排配料糠少水大，糖化发酵不正常；若黄带黑（颜色较深）、清、悬丝少，表明上排入窖温度偏高，前期升温猛，可能是糠大水大，致母糟显燥，发酵亦不正常。黄水，犹如人的排泄物，通过仔细鉴定，可发现病情，找出病因。

2. 闻诊

运用嗅觉和味觉对母糟、黄水进行鉴定。

母糟：糖化发酵正常，窖池中窖泥又正常，母糟应有酒香和酯香，这种母糟产、质量较好；若母糟只有酒香，缺少酯香，表明上排量水用量偏大，黄浆水增多，这种母糟可能出酒率较高，但酒的香浓味较差；若母糟酒香、酯香都差，带酸味，表示上排母糟发酵不正常，或是糠少水大，或是升温不够等。

黄水：正常的黄水应无甜味、酸味小、涩味大。若黄水带甜味、酸、涩味少，表明母糟发酵不正常，酒的产量低、质量差；若黄水酸味重、涩味少，表示母糟发酵亦不正常，乙酸菌、乳酸菌大量繁殖，酒的产、质量亦差。

3. 问诊

询问窖池管理人员，了解窖内发酵情况。

清窖情况：观察窖池是否密封完好，有无裂口，特别是窖边；窖皮泥有否长霉、生虫；窖内面糟和母糟是否生霉等。

窖池升温：察看窖池升温记录，前10天每天走温情况。要求缓慢发酵，正常的发酵有时1~3d都不升温或只升温1~2℃，以后1d升温1~2℃，10d左右升到最高温度；发酵走温14~15℃表明糖化发酵缓慢、正常。如入窖温度15~16℃，10d左右窖内温度可升到

31~32℃，就比较正常，酒的产量、质量都会较好。窖池升到顶温后要“挺”10d左右，再缓慢下降，即“前缓、中挺、后缓落”。

吹口情况：检查发酵吹口是四川大曲、小曲酒生产的传统习惯。吹口是在入窖时插一竹竿，封窖后取出，此孔直通窖心，用木塞塞好出口。每天检测窖内温度变化时，一并检查吹口情况。取去木塞，听吹出气体的声音和闻其气味，判断发酵正常与否。

发酵期：发酵期长短与酒的产量、质量关系较大，发酵期各厂控制长短不一，有发酵40d左右，也有发酵60~70d、80~90d，质量窖有的长达100d以上。

4. 切诊

根据望诊、闻诊和问诊，结合母糟、黄水的化验数据，进行全面分析，指导生产。

母糟、黄水的化验数据包括水分、酸度、淀粉、还原糖、含酒量，有的厂还有微生物的检测。从分析数据了解母糟在发酵中，物质的变化和微生物的盛衰交替情况及种群的变化。根据化验数据，结合“三诊”，进行细致分析，找出差距，对症下药。

例如，开窖鉴定，通过“四诊”，对母糟、黄水进行鉴定，并结合化验数据，发现下述情况。

（1）母糟发酵后疏松泡气，肉实有骨力，颗头大，红烧（即呈深猪肝色），嗅闻有酒香和酯香。黄水金黄透亮、悬丝长，口尝酸味小、涩味大；化验出窖糟水分、酸度、淀粉、残糖都在正常范围。表示母糟“柔熟不腻，疏松不燥”，发酵良好。下排应稳定配料，细致操作，可保证酒的产量、质量。即投粮、用曲、用糠、用水、入窖温度等均应保持相对稳定，不可随意变动。

（2）母糟发酵基本正常，疏松泡气，有骨力，呈猪肝色，鼻闻有酒香，缺少酯香。黄水透明清亮、悬丝长，呈金黄色，有酸、涩味；化验出窖糟、酸度、淀粉、残糖基本正常，但水分偏大。这种情况母糟产的酒，香气较弱，有回味，酒质比前一种情况略差，但出酒率较高。从母糟和黄浆水情况来看，上排配料和入窖条件基本恰当，但量水用量偏大，黄水增多，黏稠度不如前，下排应在稳定其他配料的基础上，适当减少量水用量，以提高酒的香浓味。

（3）母糟显腻，没有骨力，颗头小。黄浆水浑浊不清，黏性也大，带甜、酸味。出窖糟化验，淀粉、残糖偏高。这是因为连续几排配料不当，糠少水大，造成母糟显腻，残余淀粉高。下排配料时，可考虑加糠减水，以恢复母糟骨力，使发酵达到正常。

（4）母糟显糙，抓一把在手，感觉“顶手”，肉头差，保不住水；酒香、酯香差。黄水棕褐色，悬丝少，带酸味，涩味少。出窖糟化验，淀粉、残糖都较低。这种母糟可能是用过糖化酶，淀粉利用较充分，稻壳用量过大，水也大，故母糟显得瘦、糙。此情况的母糟，酒的产量、质量均差。应在粮糟中停止使用糖化酶，适当加大投粮，加醅减糠，适当减少用水，注意细致操作和入窖条件，几排后才能好转。

（5）母糟显粑（软），没有骨力，酒香也差。黄水黏性大，黄中带白，有甜味，酸、涩味少。出窖糟化验，淀粉、残糖偏高。这种黄水不易滴出。此种情况比第（3）种情况严重，故酒的产量、质量都差。此种情况多发生在冬、春季，有时夏季也会发生。这是由于连续几排配料中，糠少水大，造成母糟显粑，没有骨力。粮糟入窖后不能正常糖化发酵造成出窖糟残淀高。尤其是黄水中含糊精、淀粉、果胶等物质较多，使黄水白黏酽浓，不易滴出。解决办法是，下排加糠减水，使母糟疏松，并注意入窖温度。要通过连续几排努力，才能使母糟逐渐达到正常。

母糟和黄水的具体情况还有更多，难以逐一列举，影响因素甚多，如前诸多叙述。应认真贯彻传统工艺和操作，做到稳、准、匀、适、勤，才能保证优质高产。

传统操作要在继承的基础上加以发展，在科学发展观的指导下，开拓创新，与时俱进，使民族传统产业代代相传。

“烤酒熬糖，充不得内行”，根据中医“四诊”，“辨证施治”，尝试运用到浓香型白酒酿造生产中，只能是粗浅认识，难免谬误，希望在生产实践中不断总结、引证，使“四诊”在酿酒生产中得到更广泛的应用，并指导生产。

第四节　传统工艺的创新

一、双轮底发酵

“双轮底”发酵是四川宜宾五粮液酒厂在总结传统操作经验的基础上于20世纪60年代首先试验成功的，经多年的生产实践，证明双轮底发酵是提高产品质量的极其有效措施。凡经双轮底发酵的，酒质显著提高，从色谱数据看，不一定己酸乙酯等增加很多，但酒却香浓突出，味感特别丰厚。从常规化验得知，总酯含量由原来的0.7g/100mL上升至1g/100mL，升酯率达30%。双轮底发酵，总结了母糟长期与窖底泥接触，并被黄浆水浸没，酸、酯、酒含量丰富的经验积累，使传统技艺得以创新。运用双轮底发酵制作优质基酒和调味酒，对增加酒的香浓味、提高名优酒质量发挥了很大的作用。此技术已在全国各地普遍推广应用。

所谓“双轮底”发酵，就是将已发酵成熟的酒醅起到黄水能浸没到的酒醅位置为止，再从此位置开始在窖的一角留约一甑（或两甑）的酒醅不起，在另一角打黄浆水坑，将黄浆水舀完、滴净，然后将这部分酒醅全部铺平于窖底，在面上隔好篾块（或撒一层熟糠），再将入窖粮糟（大楂）依次盖在上面，装满后封窖发酵。隔醅篾以下的底醅经两轮以上发酵，称为“双轮底”糟。在发酵期满蒸馏时，将这一部分底醅单独进行蒸馏，产的酒叫做“双轮底”酒。

搞“双轮底”发酵，必须严格注意以下几点。

（1）上排入窖品温不得超过21℃（指四川而言）。最好是在21℃以下才做“双轮底”，否则会因生酸过大，造成减产。在夏季不宜做，一般在11~次年4月（指四川）这段时间做为宜。

（2）经两轮发酵的底醅，酸度较大，单独蒸馏后，可作为配醅分层（甑）回于窖中或作他用。

（3）“双轮底”糟，不宜加多量的曲粉，更不能打量水，曲药加入太多，会使“双轮底”酒味杂。打量水会使酒味淡薄。

（4）进行“双轮底”生产的窖，上排发酵、产酒量、酒质都必须正常，方可进行。特别是母糟和酸度情况，要高度重视。

（5）“双轮底”糟出窖后要单独堆放（其他用途除外），堆糟坝要有一定的斜度，最好要有黄水坑，再滴窖 12h 以上，使“双轮底”糟含水分降到 60%以下，否则会蒸不出酒；若过分加大稻壳用量，则会严重影响酒质。

（6）有些厂为了增加“双轮底”酒的产量，在蒸“双轮底”糟时，在底锅中加入黄浆水。使酒带黄水味，异杂味增加，损害了双轮底酒的风味。

“双轮底”发酵问世后，经过多年的生产实践，有了不少的创新和发展。如“连续双轮底”“隔排双轮底”，还有的厂将窖底和窖边都搞成双轮，然后将窖心和窖边酒醅分开，单独蒸馏，效果也很好，但操作麻烦。根据很多厂反映，“隔排双轮底”效果更好。两种“双轮底”和一般母糟参数比较见表 6-8。

表 6-8　两种“双轮底”和一般母糟参数比较

项目	连续双轮底	隔排双轮底	一般母糟	说明
出窖酸度	2.9~4.0	3.6~4.5	2.3~3.4	
入窖酸度	1.8~2.9	2.3~3.2	1.4~1.8	底糟蒸成粮糟时，出甑取样
出窖水分/%	57~61	60~64	55~58	
入窖水分/%	54~55	55~56	53~54	
配料前水分/%	57~60	60~62	53~57	混糟时取样
配料后水分/%	50~53	52~54	48~49	配成粮糟，上甑时取样
出窖淀粉含量/%	9.5~10	10~11	8~10	折合成 60%含水量计算
入窖淀粉含量/%	15~17	16~18	14~16	
入窖糟含酯量/%	0.5~0.7	0.5~0.8	0.43~0.6	折合成 60%含水量计算
出窖糟含酯量/%	1.2~1.8	1.2~2.0	0.6~0.8	折合成 60%含水量计算
稻壳用量/kg	40	55	25	每甑粮糟
每甑产酒/kg	40	35	45	折成 60%vol 计

表 6-9　“双轮底”发酵效果

项目	老窖连续“双轮底”	老窖隔排“双轮底”	新窖隔排“双轮底”	新窖连续“双轮底”	一般老窖酒	一般新窖酒
酒精含量/%vol	61	60.5	60.9	60.6	60.6	60.4
总酸/［g/100mL］	0.1297	0.1042	0.0956	0.1136	0.0768	0.0639
总酯/［g/100mL］	0.6164	0.6205	0.5530	0.5810	0.3290	0.2840

表 6-10　“双轮底”酒主要酸、酯含量　单位：g/100mL

项目	酸				酯			
	乙酸	己酸	不挥发酸（乳酸计）	总酸（常规法）	乙酸乙酯	己酸乙酯	不挥发酯（乳酯计）	总酯（常规法）
“双轮底”酒	0.1050	0.2653	0.0394	0.2685	0.2056	0.4406	0.2738	0.6793
边糟酒	0.0915	0.2146	0.0236	0.2182	0.1596	0.3186	0.1313	0.4532
中糟酒	0.0660	0.0325	0.0117	0.0906	0.1179	0.1037	0.0849	0.2297

“双轮底”发酵为什么浓香特别突出呢？“双轮底”发酵，实际上是延长了发酵期，使底醅与窖底泥有更长的接触时间，并承载下一排的黄水，这样有机酸及酯类经长时间缓慢的发酵和积累，使浓香型大曲酒的主体香味物质己酸乙酯含量增多，“复杂成分”富集。从表6-9、表6-10可见，“双轮底”酒总酯、总酸、乙酸乙酯、己酸乙酯都有不同程度的增加，所以浓香扑鼻，酒质特佳。

“双轮底”发酵工艺是提高浓香型曲酒质量极其有效的措施，但不少酒厂做“双轮底”名不符实，有的将丢糟（扔糟）放于窖底，有的将上层糟（回活）放入窖底或将中层糟（靠近上层的母糟或二楂）放于池底，双轮发酵蒸馏后糟醅便扔掉。这种做法实际上不是“双轮底”，只是双轮糟发酵。其用意是避免酒醅酸度增加，影响出酒率，用酒醅吸收发酵下沉的黄浆水，降低粮糟（大楂）的出窖酸度。置于窖底的丢糟、上层糟本身就酸低、酒少，产香的前体物质也少，即使在窖底，产酯、产香效果也受到严重影响。另外，虽然有的厂真正按双轮底工艺生产，但糟醅蒸馏后就丢掉，不敢加粮再入窖发酵，此法对提高母糟风格质量、增加产香前体物质极其不利，应充分重视。

搞“双轮底”发酵，必须结合本厂工艺操作、窖泥、酒醅等具体情况，酌情采用。一般不宜在一个窖连续做下去，特别是在夏季换排后更应注意。

二、 夹泥发酵

浓香型曲酒生产实践中证实，窖泥与酒醅的接触面积越大，生成的己酸乙酯量就越高，酒质也越佳。在入窖粮糟中每甑或隔甑以适当的方式铺设厚约两寸的人工培养优质窖泥，使单位体积母糟占有窖泥的表面积比未夹泥的接触面积增加2~3倍，使己酸菌等窖泥功能菌的数量及其活动场所均相应增加，在同样的工艺条件下，可使酒质有明显的提高，见表6-11。

表6-11　　夹泥发酵成品酒常规分析　　单位：g/100mL

糟别		酒精度	总酸	总酯
(1)	一般窖上层糟	68	0.0169	0.177
(2)	一般窖上层糟	68	0.0432	0.243
(1)	夹泥窖上层糟	68	0.0569	0.461
(2)	夹泥窖上层糟	68	0.0604	0.523

1. 夹泥发酵应注意的问题

夹泥发酵已有不少生产厂进行试验，但有的效果不明显，酒质提高不多，主要原因是人工培养窖泥的配方或工艺不当，夹泥方式有问题，入窖条件控制不适宜等。因此，夹泥发酵应注意下面几个问题：

（1）泥的质量，这是夹泥发酵的关键。

（2）夹泥方式，可以将泥做成条形、圆形或方形，不要相互靠紧，以免影响黄水的下沉和发酵的进行。

（3）发酵期，适当延长些酒质更好。但若各方面控制得当，可以适当缩短发酵期。

（4）入窖条件要做适当调整，如入窖温度、入窖水分等。

（5）发酵后的夹泥应进行“再生”，酒质才能稳定提高。

夹泥发酵是人工培养技术的发展，是提高浓香型大曲酒质量的有效措施，若方法得当、操作细致，成品酒（全窖平均）的己酸乙酯含量可达400mg/100mL以上。

传统浓香型大曲酒生产，都用泥巴晾堂，在制曲和酿酒过程中都会有一定的泥土带入酒醅中，例如踩曲场、曲房、晾堂等传统都用黏性黄泥建造。在酒醅摊晾时使用木锨、竹木“扒疏”等工具，每次都会将晾堂上的泥巴铲入酒醅中。母糟出窖时，窖壁、窖底的泥巴也不可避免带一些入糟中。这些泥土混合在母糟中，为窖泥微生物的栖息、繁殖提供了更适宜的场所。因此，可以将人工培养的优质窖泥以适当方式加入粮糟中，从而提高酒质。加泥发酵应注意：

（1）泥的质量，要求含有大量的窖泥微生物及其生长繁殖所需要的营养物质。

（2）加泥数量不宜太多，否则会使母糟“发腻”，一般第一次可多加些（如5%），以后就减少到1%~2%。也不一定每排都加。

（3）加泥方法可以在“量水”中混合泼入，窖泥先混入量水中，能起到“热处理”之作用；也可在撒曲时同时混入。

2. 夹泥发酵的改进

四川绵阳丰谷酒业采用自制夹泥发酵器和每轮补充窖泥功能菌的夹泥发酵法进行浓香型白酒生产，解决了原夹泥发酵中存在窖泥易进入糟醅，影响酒质和操作、难以循环使用等难题，效果十分显著。

（1）夹泥方法

将优质老窖泥装入夹泥发酵器中并压紧，同时补充窖泥功能菌，然后将夹泥发酵器分层铺入糟醅中。每个夹泥发酵器装窖泥10kg，夹泥发酵器起固定窖泥的作用，夹泥发酵器之间留一定空隙，便于黄水下沉。每轮糟醅发酵完后，将夹泥发酵器取出，补充一定量的窖泥功能菌，再进入下一轮糟醅的发酵，反复循环使用。

（2）夹泥效果

①使用夹泥发酵器所产酒质比较见表6-12、表6-13。

表6-12　　使用夹泥发酵器产酒比较

成分	使用夹泥发酵器的酒	对照
总酸/（g/L）	0.63	0.44
总酯/（g/L）	7.52	3.89
乙酸乙酯/（mg/100mL）	282.4	155.1
丁酸乙酯/（mg/100mL）	37.4	19.8
己酸乙酯/（mg/100mL）	404.4	171.1
乳酸乙酯/（mg/100mL）	58.5	108.2
尝评结果	主体香突出，醇、甜、净、爽	窖香浓，醇、甜、净、爽较突出

表 6-13　不同夹泥方法对比

编号	基本情况			
	有无明显窖泥味	操作是否方便	能否循环使用	效果
1#	无	方便	能	很明显
2#	很明显	不方便	不能	较明显
3#	有一定	不方便	有限	较明显
4#	有一定	不方便	有限	较明显

注：1# 采用自制夹泥发酵器和每轮补充窖泥功能菌的方法；2# 直接将窖泥分层铺入粮糟中；3# 用编织袋装窖泥分层铺入粮糟中；4# 用竹帘固定好窖泥分层铺入粮糟中。

②注意事项

a. 夹泥发酵如果没有老窖泥而是使用新制的人工窖泥，会造成所产酒中正丙醇含量偏高，其原因是新窖泥中梭状芽孢杆菌造成，而老窖泥中含有某种（类）对梭状芽孢杆菌生成正丙醇的代谢途径产生抑制的物质。因此，使用新窖泥时可加入一定量的老窖泥，以增加新窖泥中该种（类）物质的含量。夹泥发酵的效果与所使用窖泥的质量关系极大，应尽量使用优质老窖泥。

b. 夹泥发酵所使用的窖泥，要每次出窖后补充窖泥功能菌和营养物质，并进行培养，才可循环使用。

c. 制作夹泥发酵器的材料，必须是符合食品安全，无毒、无异味、不影响酒质。

三、 翻沙工艺

翻沙技术（也称复式发酵）是提高浓香型大曲酒质量的重要措施。翻沙，是在糟醅酒精发酵基本完成后，同时投入常规曲药、黄浆水、酯化液和工艺用酒（加水降度），拌和均匀，再继续入窖发酵。采用这种工艺，由于补充了黄浆水、酯化液和酒，增加了糟醅中酸、醇的含量，有利于浓香型酒风味物质尤其是酯类物质的产生和积累，大大提高了基础酒的质量。此法已在全国同类香型酒厂中广泛应用，均取得良好的效果。

通过多年的实践，人们认识到翻沙工艺仍有潜力可挖，于是从单翻沙到双翻沙，即在完成 1 次单翻沙发酵后，追加投入 1 次曲、黄浆水和酒等物料，再继续翻沙发酵。这样发酵期延长到 9~12 个月甚至更长，优质酒比率从 40%左右提高到 90%以上，但产量（出酒率）较低。由于双翻沙窖期太长，糟醅酸度大，一般用于生产调味酒。为了克服原翻沙工艺中的不足，泸州老窖酒厂又创造出“分段用曲翻沙工艺”“规范分段用曲翻沙工艺”“夹心曲翻沙”“回菌泥翻沙”等新技术。下面分别做简要介绍。

1. 分段用曲翻沙工艺

（1）工艺流程　见图 6-1。

整个工艺设计需时为 4~5 个月。

（2）分段用曲翻沙工艺效果　从表 6-14 可见，分段用曲工艺比单翻沙工艺出酒率高 10%，曲耗略有降低，粮耗降低近 11%。出现此结果的原因在于分段用曲避开了削弱曲药发酵力的两个主要因素——高酸（黄浆水）和高醇（酒）浓度。因此，分段用曲工艺中的淀粉消耗率比单翻沙高 15%左右，产酒量也多 10%左右，相应地降低了各项消耗指标。

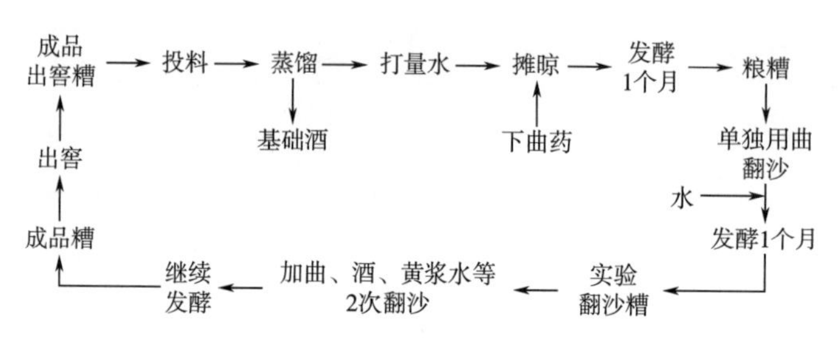

图 6-1　分段用曲翻沙工艺流程

质量比较：由表 6-15 可见，从优质率来看，分段用曲仅次于双翻沙；从优质酒（中国名酒）数量来看，分段用曲最多；从己酯含量和口感来看，双翻沙工艺作调味酒生产是适合的，分段用曲主要产特曲。另外，分段用曲工艺生产的酒，口感醇甜、谐调、干净。

表 6-14　　三种翻沙工艺的产量与消耗对比

工艺类型	发酵期/月	产量/（t/窖）	实际吨酒消耗/t	
			高粱	曲药
分段用曲	4	2.530	2.944	0.915
单翻沙	4	2.300	3.300	0.921
双翻沙	12	2.150	4.644	1.556

表 6-15　　三种翻沙工艺质量对比

工艺类型	特曲产量/%	优质率/%	综合样已酯含量/（g/L）	口感评价
分段用曲	2.050	81	2.5~3.1	浓香醇甜，谐调，干净
单翻沙	0.920	40	2.5 以下	浓香醇甜，干净
双翻沙	2.000	93	4.0 以上	酯香突出，陈味好

泸州老窖酒厂彭单等认为在单独用曲翻沙时，糟醅已经 1 个月发酵，有 35%左右的淀粉被消耗或转化。转化的淀粉大部分成酒，其余的则转化为淀粉降解途径（如 TCA 途径和 EMP 途径）中的各种中间物（如各种二元酸、三元酸、二碳酸、四碳酸、六碳酸等）。这些中间产物在单独加曲时，可能被曲中某些微生物直接利用而转化成浓香型酒特有的风味物质或其前体物质，从而在较短的时间内提高质量。而在单翻沙工艺中，由于高酸、高酒的影响，曲药微生物直接利用这些中间物的能力被削弱。

2. 规范分段用曲翻沙工艺

（1）工艺流程　见图 6-2。

本工艺与分段用曲翻沙工艺相比，减少了一步传统翻沙程序。整个工艺设计用时为 2 个月，两种工艺用时相差一半。

（2）生产实际效果　四川泸州老窖酒厂罗汉基地五车间从 1995 年 9 月至 1996 年 9 月的实验班组按上述工艺生产。

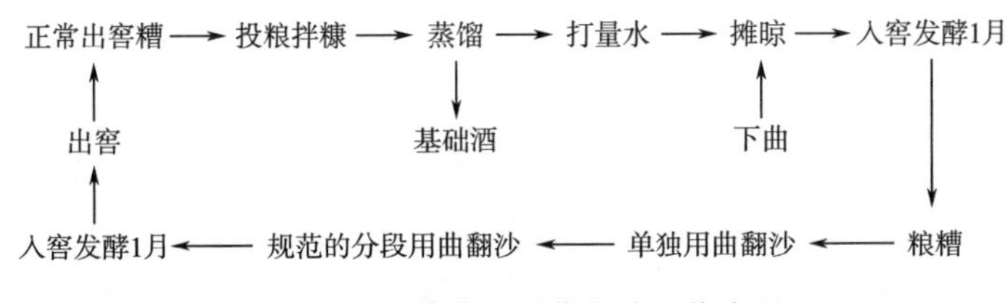

图 6-2　规范分段用曲翻沙工艺流程

出入窖检验结果：从表 6-16 可以看出，由于采取的工艺措施相同，发酵 1 个月的 2 种粮糟差别不大。此时，淀粉消耗约 30%，酸度增长幅度也基本相同。然而，由于粮糟之后的工艺措施差别相对较大，导致单翻沙成品出窖糟残余淀粉比分段用曲高 10%以上，淀粉消耗率也相应降低约 10%。

表 6-16　　两种工艺出入窖检验结果

工艺类别		规范分段用曲	单翻沙
原始入窖糟	酸度	1.53	1.57
	淀粉含量/%	17.01	16.97
粮糟	酸度	2.16	2.19
	淀粉含量/%	12.07	11.95
成品出窖糟	酸度	2.90	3.54
	残余淀粉含量/%	9.11	10.46
	耗淀粉率/%	46.4	38.4
发酵期/月		2	4
窖数/个		11	9

两种工艺的投入对比：单翻沙工艺在翻沙时强调黄浆水、酒和曲药的同时投入，提高了糟醅的酸、醇含量，强化了后期酯化发酵环境，对浓香型酒的主体香的快速生成创造了条件。而规范的分段用曲翻沙工艺则强调曲药充分发挥作用，生成各种呈香呈味物质。

两种工艺的产量及消耗比较见表 6-17。分段用曲比单翻沙产量增加 20%，粮耗和曲耗相应降低了 17%和 24%。出现这种结果的根本原因在于工艺上的差异——翻沙时黄浆水和酒的投入。

表 6-17　　两种工艺产量及消耗比较　　单位：kg/窖

工艺类别	实际产量	实际吨酒消耗/t		产量增长比率/%	消耗降低比率/%	
		粮耗	曲耗		粮耗	曲耗
规范分段用曲	2290	2.7380	0.7004	20.53	17.03	24.13
单翻沙	1900*	3.3000	0.9232			

* 产量的实际数已扣除翻沙用酒 400kg。

黄浆水的投入，极大地增加了粮糟的酸度，对酵母继续进行酒精发酵有严重的影响，以致淀粉的出酒率降低，消耗上升。工艺用酒的投入，使粮糟的酒精量进一步升高，阻碍酵母进一步生成酒精，同样会导致淀粉出酒率下降，消耗上升。而规范的分段用曲翻沙工艺，则是单独用曲翻沙，避免增加酸度和乙醇浓度，相反还通过增加投入曲药和适当水分，稀释一部分酸度和酒精浓度，为曲药充分发挥自身的发酵能力、利用残余淀粉创造了有利条件，从而提高了淀粉出酒率，相应地降低了粮耗和曲耗。

两种工艺的质量对比：从表 6-18 可知，单翻沙酒的己酸乙酯含量略高，平均为 2.0g/L，但己酯的生成速度则比规范分段用曲工艺慢得多，约是后者的一半。而且，从口感来比较，分段用曲工艺产酒醇甜、谐调，比单翻沙工艺胜出一筹。

表 6-18　两种工艺质量对比情况

工艺类别	发酵期/月	己酯含量/（g/L）	优质率/%	口感评价
规范分段用曲	2	1.5~2.3	40 以上	浓香醇甜，干净谐调
单翻沙	4	1.5~2.5	40 左右	浓香干净

3. 夹心曲翻沙

所谓夹心曲，就是将含有经人工扩大培养的优质菌泥的麦粉料踩进曲心，经强化培养而制成的大曲。

传统的泸州老窖酿酒作坊是制曲、酿酒没有分家。当时的酿酒作坊是烤酒封窖后，就在摊晾的黄泥晾堂上踩曲，平房土屋，自然堆积发酵。曲坯在晾堂、窖角发酵培养。制曲操作过程中曲坯自始至终接触土壤，曲中就自然接种了酿酒生产场地的经“长期驯化”了的土壤有益菌。为了恢复优良的传统工艺，20 世纪 70 年代泸州老窖酒厂赖高淮等将人工培养的优质窖泥，适量加入曲坯中，强化曲质，收到了较好的效果。20 世纪 90 年代初，该厂将人工优质菌泥植入曲心进行培养，将培养好的曲药用于新窖翻沙，取得了良好的效果。为什么用于新窖呢？因为新窖中的窖泥其微生物的数量相对比老窖少得多，因而酒质差，而夹心曲菌泥中含较多的窖泥微生物，正好弥补了新窖中窖泥微生物少的缺陷，特别是采用翻沙这一技术措施，能把夹心曲均匀分布于窖内糟醅中，也就是把窖泥微生物均匀接种于糟醅中，生长繁殖代谢，促使糟醅中形成更多的香味物质，从而使酒质提高。

菌泥夹心曲的质量为，外观呈深麦皮黄，并现灰白色，无裂口；断面整齐，菌丝生长良好，有少许黄点；曲香特殊，有类似炒黄豆香的香味，无其他异味；水分 3%左右。该曲达一级曲水平。

常规翻沙与夹心曲翻沙物料对比见表 6-19。

表 6-19　常规翻沙与夹心曲翻沙物料对比

材料	38#（夹心 b 曲）	39#（一般曲）
翻沙材料	夹心曲　150kg 黄浆水　2 坛 6#酒　1 坛 培养泥　15kg	常规曲　150kg 黄浆水　2 坛 6#酒　1 坛 培养泥　15kg

注：以上两个窖的发酵期为 3.5 个月。

夹心曲用于新窖翻沙，能将浓香型酒酒质提高 1~2 个等级。

一般曲与夹心曲翻沙效果比较见表 6-20。

表 6-20　　一般曲与夹心曲翻沙效果比较

项目	38# （夹心曲）	39# （一般曲）
产量/kg	1250	1150
口感	曲香突出，回味好	曲香好
理化数据/（g/L）	己酸乙酯 3.626，乳酸乙酯 2.809	己酸乙酯 3.172，乳酸乙酯 2.991
定级	特曲	二曲

4. 回菌泥翻沙

窖帽糟醅在发酵过程中，由于长期未与窖泥接触，故酒质较差，也影响全窖酒的质量。泸州老窖酒厂通过翻沙回入菌泥，加入窖帽糟醅中，使窖泥微生物参与窖帽糟醅的香味物质形成，进而达到提高酒质之目的。

回泥量的多少会影响效果，过少效果差；过多则影响糟醅发酵，且带明显的泥腥味。

回泥使用情况见表 6-21。

表 6-21　　回泥使用情况

糟醅量/kg	27200	27200	27200	27200	27200
翻沙用曲/kg	550	550	550	550	550
翻沙用黄浆水/kg	500	500	500	500	500
酒精 30%vol 的酒量/kg	500	500	500	500	500
回菌泥量/%		0.10	0.20	0.50	1.0
翻沙发酵期/d	90	90	90	90	90
窖帽产酒精 60%vol 的酒量/（kg/甑）	40	38	37	36	35
糟等级	二曲	头曲 30%	头曲	头曲	特曲 20%
全窖等级	头曲	头曲	特曲	特曲	特曲

按糟醅量的 0.2%使用回泥效果最好，糟醅风格不会出现带腻现象；而按 1%的量使用，连续几排后糟醅含泥过重，显腻，效果差。

优质菌泥的培养工艺流程如图 6-3 所示。

四、 香型融合

（一）各种香型白酒相互关系

中国白酒香型不同，其风格特征、香味成分和工艺特点有着密切的关系。最初认定了五大香型（即清香、浓香、酱香、米香和其他香），后又确定为十种香型（即其他香型中兼香、特型、凤型、药香、豉香、芝麻香），再后又新增两个香型，即老白干香型和馥郁型，成为 12 种香型。我们要研究这 12 种香型白酒的成因、工艺特点、香味成分的个性、风味特征等，从而便于各香型之间的相互融合，取长补短，提高产品质量，传承创新。

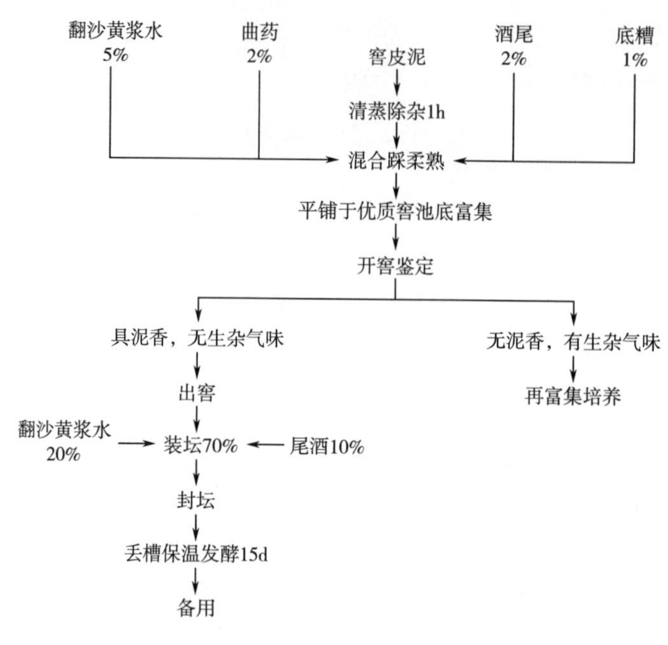

图 6-3 优质菌泥培养工艺流程

许多人认为，中国白酒是分三大基本香型，以大曲为主要糖化发酵剂来说，这种说法应是“共识”。米香型因是以小曲为糖化发酵剂，故单独列出，应无异议。“米香型”与“豉香型”之间的密切关系甚是明显，暂不细说。余下的 7 种香型，都以“浓香、清香、酱香”三大基本香型为母体，以一种、两种或两种以上的香型，将制曲、酿酒工艺加以融合，结合当地地域、环境加以创新，形成各自独特的工艺，衍生出多种香型。

浓—酱→兼香型（浓中带酱或酱中带浓）

浓—清→凤型

浓—清—酱→特型、馥郁型

以清香为基础→老白干型

以酱香为基础→芝麻香型

清—浓→药香型

（二）香型融合的典型范例

1. 白酒香型融合与创新的思考

（1）博采众长，相互借鉴 以三大基本香型为基础，各香型之间相互学习、借鉴已普遍进行，有的是用多种香型酒组合、勾调，如清香、浓香、酱香组合；清香型酒可用大曲清香、麸曲清香或小曲清香组合；凤型、特型、芝麻香型、米香型、董型（药香型）等与浓香型酒组合，都有产品问世。有的是用不同香型的典型工艺，来提高自身产品的质量，如浓香型酒生产中，采用堆积发酵；小曲清香型酒在糖化糟中加入大曲配糟、中温大曲再入窖发酵；清香型与酱香型酒工艺结合生产“清中带酱”酒；凤型酒与浓香型酒工艺结合生产“凤兼浓”酒等，都是成功的例子。

（2）采用多种原料酿酒 不同原料酿制的酒，其风味各不相同，“五粮液”“剑南春”“水井坊”“国窖 1573”等“酒体丰满、绵甜、柔顺、净爽”均与采用多种原料酿制相关。随着市场消费喜好的变化，各种香型在酿造中使用多种原料已是趋势明显。笔者在 21 世纪初，就曾用多种原料生产清香型和豉香型、米香型酒，其产品风味与单一原料比较，差异较大，前者比后者更绵甜，柔和、丰满。

（3）香型融合意在创新　“创新是指人们为了发展的需要，运用已知的信息，不断突破常规，发现或产生某种新颖、独特的有社会价值或个人价值的新事物、新思想的活动”。开拓创新是时代的需要，市场的需要。

现代社会，交通运输便利，商品大流通，促进全国各地消费习惯的变化。中国白酒的“香型”，原来是区域性的，香型的融合创新，是产品走向全国的必然趋势。只要口味符合广大消费者的要求，不必拘泥于什么样的“香型”。如此看来，原白酒“国家标准”（各种香型）中，对一些指标的要求和限制，似乎应该考虑。白酒标准中，重要的是“卫生指标”，这应是强制性的标准。而各种香型的特定指标，随着香型的淡化、融合创新，意义究竟有多大，值得思考。

中国白酒在世界蒸馏酒中独树一帜，源远流长，随着技术的发展、消费的变化、与世界的交流，传统的民族特产要保留发展，传承创新；中国白酒酿造技艺博大精深，香型各具特点，要相互借鉴、融合、创新，不要受已有香型的束缚，新的产品，说不清“香型”的白酒，将会不断出现，中国白酒将会更丰富多彩。

2. 与浓香型相关的香型融合典型范例

（1）兼香型类白酒的特点　原国家评酒时的“兼香”，是指“酱兼浓”或“浓兼酱”，它兼顾了酱香和浓香型白酒的风味特点，并协调统一。但有各自的特点。如白云边酒，庚酸含量较高，是酱香型酒的 10 倍以上，是浓香型白酒的 7 倍左右；与此相对应的庚酸乙酯含量也较高；2-辛酮含量虽然仅在 1mg/L，但它的含量高出浓香和酱香型白酒许多倍。而黑龙江玉泉白酒与白云边酒在香气成分上又有较大差异，玉泉酒的己酸乙酯含量比白云边酒高出近 1 倍，己酸含量超过乙酸含量，而白云边酒则是乙酸>己酸。

兼香型白酒虽然都是融合了浓香与酱香型白酒的工艺特点，但因当地气候、水土、微生物区系、操作工艺等的差异，造成香味成分和风格特点都有各自的特征。

（2）药香型白酒的特点　以大米加 95 味中药制成小曲，大麦加 40 味中药制成大曲，大小曲混用，采用川法小曲酒工艺制小曲糟醅蒸馏取酒或取糟醅直接与香醅串蒸。香醅是小曲酒糟、大曲酒糟和大曲未蒸酒的香醅混合加大曲再发酵制成。发酵窖池的窖泥是用石灰、白泥、洋桃藤汁混合制成搭窖，偏碱性。小曲酒发酵 7d，香醅发酵 6~10 个月。

药香型类白酒是以董酒为代表。它传统采取大曲与小曲并用，还在制曲配料中添加了数十味中药。故董酒具有小曲清香和大曲浓香的许多特征，由于工艺特殊，在香味组分上表现出如下几个特点：

①总酸高，其中乙酸含量最高。丁酸含量超过任何一种香型的白酒，相应的丁酸乙酯含量也较高。

②总醇含量超过总酯含量。

③总酯含量低于总酸含量。

④组分中含有一定量的己酸乙酯、丁酸乙酯、己酸等。但乳酸乙酯含量较低，只有其他各类香型白酒相应组分的 35%~50%。

⑤药香型酒有关中药给酒带来的特殊成分，尚未见报道。

（3）凤兼浓香型白酒　凤兼浓酒是凤型酒生产厂为适应消费市场的变化，在凤型酒土暗窖固态发酵混蒸混烧老五甑工艺的基础上，通过技术创新，融合浓香型酒部分生产工艺特点，生产出的一种既有凤型酒醇香秀雅、甘润挺爽的特征，又有浓香酒绵柔、甜净风格的新香型白酒。

①凤型酒与凤兼浓酒工艺上的区别

a. 制曲和酿酒原料：制曲原料凤型酒只有大麦、豌豆两种，而凤兼浓制曲原料增加了小麦，属多粮制曲；酿酒原料凤型酒只有高粱一种，为单粮发酵，而凤兼浓酿酒原料为高粱、大米、小麦，属多粮发酵。

b. 制曲最高温度不同，凤型 58~60℃，凤兼浓 58~63℃，提高了制曲温度，曲中微生物的数量和种类均发生了变化，为凤兼浓酒香味物质的生成提供了条件或前体物质。

c. 发酵期延长，传统凤型酒发酵期 14~16d，凤兼浓发酵期为 22~30d。

d. 窖泥不同，凤型酒为了控制酒中己酸乙酯含量每年更换一次新窖泥，而凤兼浓则采用两年修补一次或人工培养窖泥。

e. 生产工艺：凤型酒一年为一个生产周期，当年 9 月立窖，次年 6 月挑窖；凤兼浓则为部分连续生产或挑一半压一半，秋季中下旬开始掰窖生产。

f. 贮存容器，传统凤型酒是酒海贮存 1~3 年，凤兼浓是先在酒海贮存 0.5~1 年，再转入陶坛或不锈钢罐中贮存 3~6 个月，再勾兑调味。

②凤型酒与凤兼浓酒香味成分比较

a. 基酒成分见表 6-22。

表 6-22　凤型酒与凤兼浓酒基酒主要香味成分比较　单位：mg/100mL

香味成分	发酵期/d				
	16	22		30	
	凤型	凤型	凤兼浓	凤型	凤兼浓
乙醛	58.67	47.80	62.85	36.90	63.4
甲醇	15.78	16.15	15.41	15.20	20.4
乙酸乙酯	219.20	181.00	218.50	169.30	191.6
正丙醇	52.34	44.82	53.80	119.90	38.2
仲丁醇	8.93	10.00	6.30	5.10	6.2
乙缩醛	5.83	14.35	11.80	64.00	11.40
异丁醇	14.02	11.45	10.80	15.00	9.60
正丁醇	8.22	5.85	4.90	7.30	12.40
丁酸乙酯	7.76	8.27	9.70	6.70	16.60
异戊醇	48.60	37.35	59.40	51.50	32.00
乳酸乙酯	127.80	120.82	135.40	105.60	255.20
己酸乙酯	22.02	49.55	89.50	67.05	114.00

感官特征：

凤型：清亮透明，醇香纯正，醇厚平顺，谐调味长。

凤兼浓：清亮透明，香气浓郁，醇厚绵甜，味长爽净。

b. 成品酒成分见表 6-23。

表 6-23　　45%vol 凤型与凤兼浓成品酒成分比较　　单位：mg/100mL

成分	凤型	凤兼浓
总酸/（g/L）	0.55	0.70
总酯/（g/L）	1.97	2.36
乙醛	24.95	18.18
乙酸乙酯	105.88	98.15
正丙醇	43.08	33.90
仲丁醇	5.44	4.69
乙缩醛	12.60	11.66
异丁醇	7.52	9.46
正丁醇	5.30	4.35
丁酸乙酯	10.31	10.65
异戊醇	28.55	26.11
乳酸乙酯	90.36	95.60
己酸乙酯	39.39	82.17

感官特征：

凤型：清亮透明，醇香秀雅，醇厚丰满，甘润挺爽，诸味协调，回味悠长。

凤兼浓：清亮（或微黄）透明，香气馥郁，凤浓协调，绵甜柔和，余味悠长。

（4）浓、芝融合香型白酒　河北三井酒业崔海灏等进行了浓香型与芝麻香型白酒工艺融合创新性试验，采用高氮配料、高温堆积、大麸结合和浓香型的混蒸混烧、泥窖发酵工艺有机融合，取得较好效果。

①配料　每个窖池投料 900kg，其中高粱 800kg，小麦 100kg，芝麻香专用曲 30%，高温大曲 10%，中温曲 5%。

②混蒸混烧　这是浓香型酒生产的典型工艺。

③高温堆积　酒醅蒸酒后晾至 30℃，加曲，堆积成长方体状，堆积时间为 48h，最高温度为 50~53℃，糟表面生出零星的白色斑点，在翻开表层 5cm 内的堆积糟内有大量的白色斑点，在堆积糟内部有些许白色斑点，同时堆积糟闻有浓郁的水果香气后，摊晾降温至 30~32℃ 即可入池。

④泥窖、长酵　酒醅经高温堆积后摊晾入泥窖，发酵 40d。

⑤效果分析见表 6-24、表 6-25。

表 6-24 **原酒理化检测结果**

项目	4~48 池			4~50 池		
	1 次	2 次	3 次	1 次	2 次	3 次
酒精/%vol	64.8	65.3	70.8	67.2	67.9	69.6
总酸/（g/100mL）	0.187	0.089	0.069	0.085	0.086	0.061
总酯/（g/100mL）	0.743	0.586	0.632	0.665	0.649	0.527
乳酸乙酯/（mg/100mL）	432.6	300.1	476.2	463.6	428.8	389.3
乙酸乙酯/（mg/100mL）	184.9	147.2	127.4	151.5	178.8	128.8
己酸乙酯/（mg/100mL）	400.3	345.8	234.2	260.6	287.3	217.6
丁酸乙酯/（mg/100mL）	23.4	16.7	12.1	12.5	11.3	8.3
戊酸/（mg/100mL）	2.85	1.41	0.60	0.56	1.41	0.25
乙酸/（mg/100mL）	146.2	108.7	52.6	87.7	81.6	24.7
己酸/（mg/100mL）	111.6	44.5	19.1	28.8	37.9	22.2
丁酸/（mg/100mL）	41.4	14.2	6.8	9.78	11.7	6.55

表 6-25 **原酒品评结果**

池号	轮数	风格特点	品评
4-48	1	浓香型较突出	窖香较突出，醇和，轻微焦煳香
	2	略偏浓	浓郁香较好，醇厚丰满，煳香较好
	3	具有典型性	香气馥郁谐调，醇厚柔和，后味焦煳香较长
4-50	1	略偏浓	闻香清爽，窖香明显，醇厚，焦煳香明显
	2	典型性较好	馥郁香气较好，香味谐调，后味较长
	3	具有典型性	香气优雅馥郁，细腻、丰满、爽净，余味悠长

试验证明，以高粱和小麦为原料，芝麻香酒专用曲和大曲相结合，采用混蒸混烧、高温堆积、泥窖长期发酵，经 3 轮生产试验，酒体的馥郁香气突出，闻香淡雅舒适，有浓香的醇厚感，后味有类似酱香的焦煳香，取得了预期的效果。

（5）清、酱、浓融合香型白酒　湖北石花酒业与四川省食品发酵工业研究设计院合作，创造性地将清香、酱香、浓香三种香型的典型工艺有机地融合，成功地生产出独具特色的新产品。

清、酱、浓融合曲酒生产工艺流程见图 6-4。

①工艺特点：多粮，地缸、泥窖固态发酵，采用高、中、低温曲，三香工艺融合，混蒸混烧，高温堆积，量质摘酒，分质陈酿，精心勾调。

a. 糖化发酵剂：小麦制大曲，低温曲（45~50℃），偏高中温曲（包包曲）（60~62℃），高温曲（68~70℃），三种曲视不同糟醅单独或混合使用。

b. 原料配比及处理：高粱碎成 4、6、8 瓣，玉米粉碎度与高粱相近（通过 2.0mm 筛孔者占 3/4），大米、糯米为整粒，粮醅比 1∶(4~5)，稻壳用量 20%~23%，大曲总用量

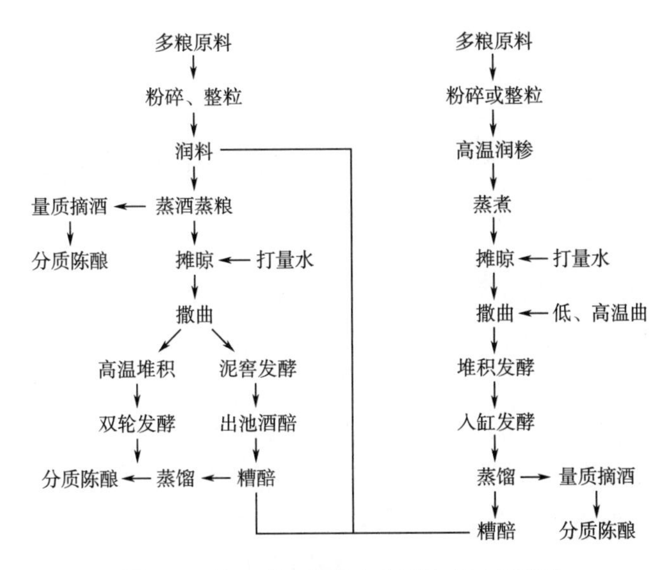

图 6-4　清、酱、浓融合曲酒生产工艺流程

20%~25%。

②清酱酒生产：

原料用量：高粱 50%、大米 30%、糯米 12%、玉米 8%。

高温润料：四种粮食混匀。润料水用量 65%，水温 90℃，润料时间 8h，堆温达 50℃。

蒸糠壳：要求圆汽后蒸 30min。蒸糠后出甑、摊冷、收堆，备用。

蒸粮：润料结束，加 5%~10%熟糠，拌匀，上甑。要求蒸粮时间为 40min。

打量水、摊晾、撒曲：出甑粮食中泼入 95℃以上热水，热水用量为 70%~90%，使粮食中含水分 53%~55%，晾糟机上冷至 23~25℃，均匀撒曲。用曲量：低温曲 10%，高温曲 8%。

高温堆积：粮曲拌匀后堆积，收堆温度 23℃，最后要求达到 48~50℃。堆积第二天，堆高开始下跌，有黄色液体渗出，至开堆时堆高下跌达 30cm 以上。开堆时闻有明显的醪糟味并伴有乙酸乙酯香。

入窖发酵：堆积后糟醅冷至 21~23℃，入窖，薄膜封窖，四边压紧，适当踩窖，安好温度计，窖面用冷熟糠（厚约 20cm）、草垫保温。发酵 30d。每天定时测定窖温变化，做好记录（表 6-26）。

表 6-26　　**发酵温度变化记录**　　单位:℃

封窖　17~18	5d　28~32	10d　30~34	15d　28~32	20d　25~28	25d　23~26
1d　22~24	6d　30~32	11d　29~33	16d　26~30	21d　25~28	26d　23~26
2d　28~30	7d　30~34	12d　29~33	17d　26~30	22d　25~28	27d　23~26
3d　28~30	8d　30~34	13d　28~32	18d　26~30	23d　25~28	28d　23~26
4d　28~32	9d　30~34	14d　28~32	19d　25~28	24d　25~28	29d　开窖

注：从入窖到出窖一个月（12.17~1.17）气温为 1~10℃。因窖池发酵升温较快，发酵第 2 天在窖面适当踩窖。发酵 7d 窖跌 15cm。

开窖、蒸馏、接酒：开窖时检查窖面糟醅，如有霉变，丢掉。出窖糟醅加10%左右的熟糠（视糟醅干湿而定），拌匀，上甑严格操作。

出甑、摊晾、撒曲：蒸馏毕，出甑摊晾，冷至28~30℃，撒入低温曲10%。高温曲8%，分成6甑，用摊晾机摊冷，拌匀后进行高温堆积，每隔4h测温一次，堆积至71h，因升温太慢（气温-1~8℃），面上加盖薄膜。本次堆积期间恰逢“三九”寒冬，堆积近6天，温度仍只升到42℃。堆积糟未见往下缩，也没有黄色液体流出。

第二次发酵，堆积后糟醅冷至28~30℃，每甑泼入酒尾（18.5%vol）20kg，入窖毕，薄膜封窖，四边压紧，适当踩窖，安好温度计，窖面用冷熟糠、草垫保温。发酵30d。

化验项目：

入窖糟：1#窖：水分50.8%，酸度0.84，淀粉24.6%，还原糖3%；2#窖：水分55.3%，酸度0.99，淀粉19.8%，还原糖2.6%。

出窖糟：1#窖：水分57.2%，酸度2.53，淀粉13.3%，还原糖2.2%，含酒量10%；2#窖：水分58.3%，酸度2.64，淀粉16%，还原糖1.8%，含酒量9.6%。

③三香酒生产：

原料用量：每甑投混合粮300kg（高粱50%、大米30%、糯米12%、玉米8%）。

熟糠用量为23%~25%；中温曲用量18%，高温曲用量8%。高粱、玉米粉碎，按浓香型酒生产要求，大米、糯米为整粒。

粮糟比1∶（4~5），浓香粮糟50%，清酱二次发酵糟50%。

润料：粮醅混合后润料40~50min。

蒸酒蒸粮：上甑要求“轻撒匀铺、探汽上甑”，流酒温度23~25℃，流酒速度3~4kg/min，量质摘酒。蒸粮时间70min。

出甑、打量水、摊晾、撒曲：蒸馏毕，出甑打量水，摊晾，冷至25~26℃，撒入中温曲18%、高温曲5%，拌匀后收堆。量水温度90℃，量水用量110%~130%。摊晾用晾糟机摊晾约20min（每甑）。出机温度18~22℃。

入窖条件：酸度0.95~1.4，淀粉18%~21%（夏少冬多），水分52%~54%。

窖池管理：封窖后做好窖池管理，尤其窖边不能裂口生霉。发酵前30天每天监测温度变化，做好记录（表6-27）。

表6-27　　发酵温度变化记录（前面为13-1号，后面为13-2号）　　单位：℃

封窖 18~24	5d 30~38	10d 44~43	15d 40~41	20d 39~38	25d 39~38
1d 20~26	6d 34~38	11d 42~42	16d 39~38	21d 39~38	26d 39~38
2d 22~28	7d 38~38	12d 42~42	17d 39~38	22d 39~38	27d 39~38
3d 24~33	8d 40~42	13d 41~42	18d 39~38	23d 39~38	28d 39~38
4d 25~38	9d 40~44	14d 40~41	19d 39~38	24d 39~38	29d 39~38

发酵70~90d出窖，蒸酒，蒸粮（留三甑作双轮底，双轮底糟每甑加高温曲、酯化液、浓香三段酒等材料）。

④香味成分：见表6-28。

表 6-28　三香酒与浓、清、酱香酒香味成分比较　单位：mg/L

香味成分	三香	浓香	清香	酱香
一、醇类				
甲醇	77.5	86.3	81.8	126.7
正丙醇	414.2	156.0	154.8	1716.1
正丁醇	50.82	81.9	4.1	57.2
仲丁醇	23.7	24.1	2.7	66.9
异丁醇	104.2	86.6	222.8	119.6
正戊醇	5.5	5.8	3.5	10.2
2-戊醇	5.2	8.9	<1.0	5.5
2-甲基-1-丁醇	69.4	65.8	121.3	89.9
异戊醇	242.9	231.8	360.7	295.6
正己醇	24.8	41.8	2.9	24.7
1,2-丙二醇	91.9	3.9	<1.0	<1.0
2，3-丁二醇（左旋）	31.9	13.7	16.5	66.4
2，3-丁二醇（内消旋）	30.6	6.4	7.8	45.4
β-苯乙醇	5.4	4.7	4.5	12.8
糠醇	7.9	4.7	<1.0	18.4
二、酯类				
甲酸乙酯	25.9	27.2	3.9	106.6
乙酸乙酯	1785.4	1257.7	1844.3	2911.7
乙酸异戊酯	<1.0	<1.0	4.8	5.7
丁酸乙酯	177.9	305.3	5.7	84.8
戊酸乙酯	54.0	82.8	1.8	27.5
己酸乙酯	1095.1	2386.0	4.7	80.2
己酸丁酯	2.2	7.0	<1.0	1.5
己酸异戊酯	<1.0	4.1	<1.0	<1.0
庚酸乙酯	14.2	29.2	<1.0	6.2
辛酸乙酯	14.6	30.0	7.2	10.7
癸酸乙酯	<1.0	<1.0	<1.0	2.2
月桂酸乙酯	<1.0	<1.0	<1.0	<1.0
十四酸乙酯	<1.0	2.5	1.8	<1.0

续表

香味成分	三香	浓香	清香	酱香
棕榈酸乙酯	<1.0	24.6	29.7	36.4
丁二酸二乙酯	<1.0	<1.0	<1.0	<1.0
油酸乙酯	<1.0	9.5	18.3	12.0
亚油酸乙酯	<1.0	17.5	26.3	22.1
乳酸乙酯	1029.3	1441.7	1003.0	1050.4
苯乙酸乙酯	<1.0	0.7	<1.0	1.2
三、有机酸类				
乙酸	1227.4	735.4	630	2384.1
丙酸	42.8	40.5	12.8	105.9
异丁酸	12.0	17.5	6.4	16.2
丁酸	136.4	223.3	1.8	86.9
异戊酸	17.5	15.2	4.8	33.8
戊酸	17.1	20.0	<1.0	13.8
己酸	238.9	532.4	<1.0	52.5
庚酸	<1.0	4.4	<1.0	3.1
辛酸	<1.0	4.9	<1.0	3.8
四、羰基化合物类				
乙醛	303.4	178.8	97.1	708.5
正丙醛	<1.0	<1.0	<1.0	3.7
异丁醛	8.3	8.0	2.3	26.8
异戊醛	24.0	25.6	3.8	66.0
苯甲醛	<1.0	<1.0	0.8	3.7
糠醛	59.3	49.8	<1.0	323.5
丙酮	8.9	9.2	1.2	27.5
2-戊酮	5.5	8.8	<1.0	13.5
3-羟基-2-丁酮	27.2	13.3	5.1	117.2
五、缩醛类				
1,1-二乙氧基-2-甲基丁烷	<1.0	5.8	1.9	6.9
1,1-二乙氧基-3-甲基丁烷	5.6	19.6	5.7	27.8
乙缩醛	195.5	345.0	236.4	751.4

注：1. 酒样由国家食品质量监督检验中心检测。2. 表列数据均以酒精度 60%vol 表示。

从表 6-28 所列数据可见：

a. 三香酒与典型的浓香、清香、酱香型酒的香味成分有明显的不同，这是独特的工艺形成的。

b. 乙酸乙酯、己酸乙酯、乳酸乙酯、丁酸乙酯，称为中国白酒中的“四大酯”。乙酸乙酯是清香型酒的主体香，酱香型酒中含量也较高，三香酒乙酸乙酯含量高于浓香型，其含量介于浓、清、酱之间；己酸乙酯是浓香型酒的主体香，清香型酒含量极微（有时检不出），酱香型酒一般100mL中只有几十毫克，三香酒己酸乙酯只有浓香型酒的一半左右；乳酸乙酯是中国酒重要的呈味物质，三香酒中乳酸乙酯含量与清香型、酱香型酒接近，但低于浓香型酒；丁酸乙酯是浓香型酒中重要的酯类，清香型酒含量极微（或检不出），酱香型酒含量较少，而三香酒中丁酸乙酯含量低于浓香型，但高于酱香和清香型。

c. 酸类是中国固态法白酒重要的呈味物质。三香酒的乙酸、丙酸、异丁酸、丁酸、异戊酸、戊酸含量都在浓、清、酱之间；己酸含量只有浓香型的50%左右，但却高于酱香型4倍，更高于清香型；庚酸、辛酸含量大大低于浓香与酱香，与清香接近。

d. 三香酒的醇类与浓、清、酱香酒亦有显著差异，三香酒的正丙醇含量低于酱香，但远高于浓香、清香；许多醇类含量三香酒都介于清、浓、酱之间；2，3-丁二醇、3-羟基-2-丁酮是白酒中重要的甜味物质，是白酒绵甜、柔和口味中不可缺少的成分，三香酒中含量都高于浓香、清香，在酒体中发挥了重要的作用。

e. 三香酒中的棕榈酸乙酯、油酸乙酯和亚油酸乙酯，经降度、除浊处理后，已大部分被除去，其含量明显低于浓香、清香、酱香酒。

风格特点：醇香幽雅，三香和谐，圆润绵柔，丰满爽净，风格独特。

第五节　利用现代生物技术增己降乳

一、 丙酸菌的选育及应用

乳酸是白酒发酵过程中的中间产物，它的代谢途径很多，最终是在微生物酶的作用下形成乳酸乙酯。乳酸乙酯是固态法白酒中必不可少的物质，但在浓香型曲酒中若己酸乙酯和乳酸乙酯比例失调，则严重影响酒质。有的厂采用“量质摘酒”工艺，摘取头段酒作为名优酒，头段酒中己酸乙酯含量一般都多于乳酸乙酯，但后段酒中却恰恰相反，大多乳酸乙酯高于己酸乙酯，主体香差，后味苦涩带杂。若不分段摘酒，则不少酒仍然存在己、乳比例失调。

原天津轻工业学院、辽宁大学、四川省食品发酵工业研究设计院有限公司等单位，均选育出优良的降乳菌（丙酸菌），通过生产应用，在“降乳”上取得了较大的突破。在“降乳”的同时，应采取“增己”的配套措施，才能使酒质全面提高，否则，虽然乳酸乙酯降下来，己酸乙酯太少，主体香仍然缺乏，也不能称之为好酒。

1. 丙酸菌的特性及生态分布

（1）丙酸菌的特性　丙酸菌是参与曲酒发酵的重要菌类。丙酸发酵过程是将葡萄糖转变为丙酮酸，通过EMP途径生成丙酸。或利用乳酸直接进行丙酸发酵，生成丙酸、乙酸和CO_2，丙酸、乙酸都是生成己酸乙酯的前体物质。

①不同碳源培养基对丙酸发酵的影响：丙酸菌在厌氧或微氧条件下，可利用碳水化

合物、有机酸、多元醇等发酵生成丙酸和乙酸的混合物，也有较少量的异戊酸、甲酸、琥珀酸及二氧化碳产生。

②丙酸菌的发酵产物：采用不同培养基培养，其发酵产物有异，但主要是丙酸，其次是乙酸，也有少量甲酸、戊酸、庚酸等。在高粱糖化液复合培养基中，能有效地降低乳酸含量，乳酸的含量可降低50%~90%，这对浓香型曲酒生产是十分可喜的，它为利用微生物降低酒中乳酸与乳酸乙酯的含量开辟了一条新的途径。

③培养基pH对丙酸菌发酵的影响：据文献记载，丙酸菌生长的最适pH在6.8~7.0，在此范围能良好繁殖。而浓香型曲酒发酵酸度较高，pH为3.7~4.5，因此，在设计培养基时应重视这个问题，使选育的菌株能适应这个环境。

（2）丙酸菌在酿造过程中的生态分布　四川省食品发酵工业研究设计院有限公司在宜宾五粮液酒厂、泸州老窖酒厂、射洪沱牌曲酒厂、古蔺县仙潭酒厂、新津县余波酒厂、成都全兴酒厂等，对浓香型曲酒酿造过程中的窖泥、麦曲、母糟、场地残留物、环境等，进行了广泛的采样，就丙酸菌的生态分布进行了2年多的研究。

①窖泥中的丙酸菌：丙酸菌属厌氧菌，窖泥中检出较多。据统计，窖泥中的丙酸菌占整个检测总数的43.7%，窖泥中丙酸菌下层居多（占50%以上），中层次之，上层较少。

②酒醅和黄浆水中的丙酸菌：酒醅和黄浆水中的丙酸菌数量仅次于窖泥，占总数的42.25%。酒醅中丙酸菌的分布与窖泥相似，其数目是下层多于中层，中层又多于上层。黄浆水中丙酸菌数量不多，可能是酸度过高之故。

③麦曲中的丙酸菌：在研究中发现，麦曲中也有少量的丙酸菌检出，其数量占整个总数的8.4%，估计来自环境和场地。麦曲中检出的丙酸菌产酸量降低。曲房和晾堂残留物也曾检出丙酸菌，只占总数的4%左右。麦曲和场地中检出的丙酸菌，可能是耐氧型的，在好氧情况下仍能正常生长。

2. 丙酸菌的培养及乳酸降解程度的测定

（1）培养基　三角瓶：乳酸钠0.5%，酵母膏0.5%，氯化钠0.05%，pH5.0；卡氏罐及大罐：乳酸钠0.1%，酵母膏0.1%，氯化钠0.05%，pH5.0~5.5。

（2）培养条件　传代培养为32℃，恒温培养7d；生产应用根据乳酸降解情况，一般为7~10d。

（3）乳酸降解程度的测定

原理：乳酸在Cu^{2+}存在下，用硫酸氧化为乙醛，然后用对羟基联苯显色，溶液呈紫罗蓝色，在560nm测量吸光度，用乳酸锂或乳酸钠溶液在系列浓度下的吸光度绘制标准曲线，求得含量。

试剂：乳酸锂或乳酸钠标准溶液；20%和40%$CuSO_4$溶液；1.5%对羟基联苯，0.5% NaOH溶液。

将培养液稀释后，用分光光度计测出OD值，然后从标准曲线上查出乳酸含量。

由于生产应用中培养液内的乳酸必须全部降解后才能使用，因此，生产应用中不必测定乳酸含量。菌液与对羟基联苯反应后，须呈无色或微蓝色方可使用。

3. 丙酸菌在生产中的应用

应用方法：在入池大楂和二楂中使用不同投菌量，连续或隔排投菌。菌液使用量为

0.15%~2%。

应用丙酸菌降低酒中乳酸乙酯的含量效果明显。实践表明，连续投菌两排以上，乳酸乙酯会大幅度降低，反而造成己乳比例失调；采用隔排投菌，乳酸乙酯虽有回升，但量不大，乳己比始终在（1~1.1）：2。各厂可视具体情况而定。

北方某厂为改善部分退化窖池己酸乙酯含量偏低的状况，采用本厂优质老窖泥作种源，逐级扩大培养液体窖泥，并将其与丙酸菌液一起加入窖泥中，在发酵酒醅中隔排加入丙酸菌液。经3排之后，酒质明显提高。

表6-29结果说明，丙酸菌与人工老窖技术相结合，不仅能使酒中乳酸乙酯含量大大降低，而且己酸乙酯的含量也有较大幅度的增加，真正起到“增己降乳”的效果。

表6-29　丙酸菌与液体窖泥结合效果　单位：mg/100mL

实验项目	乳酸乙酯	己酸乙酯	乙酸乙酯	丁酸乙酯
试验Ⅰ	233.79	284.35	132.88	12.36
试验Ⅱ	227.50	264.03	129.64	14.52
对照池	329.38	201.53	109.87	13.58

4. 值得注意的问题

（1）发酵池中乳酸形成的高峰期在入池后25d左右。在入池时投入丙酸菌，由于前期乳酸含量较少，而且入池菌液要求在培养基中乳酸完全降解后才使用，投菌后由于乳酸来源不足，加上发酵醅中各种因素的影响，降乳效果下降。可在窖池中乳酸形成的高峰前（约入窖20d）投菌，效果更佳。

（2）丙酸菌应与人工老窖、强化制曲及其他提高酒质的技术措施相结合，才能有效地“增己降乳”。

（3）丙酸菌在白酒生产中的应用仅仅是个开始，很多条件尚不成熟，尚待进一步探索。

二、酯化酶在浓香型白酒中的应用

浓香型白酒的香味物质及风格主要依靠微生物及其代谢产物——酶的催化作用，产生醇、酸、酯、醛、酮等而形成的，其中以己酸乙酯、乳酸乙酯、乙酸乙酯等物质含量多少及其比例关系而决定酒质的优劣。在发酵过程中，醇、酸形成酯比较缓慢，因而使浓香型白酒生产周期长、成本高。

浓香型白酒的主体香是己酸乙酯。可根据己酸乙酯的特点，选育代谢酯化酶的菌株，产生活性高的酯化酶，催化己酸乙酯的生成，从而达到提高酒质、缩短发酵周期的目的。

1. 粗酯化酶的生产

粗酯化酶生产工艺流程见图6-5。

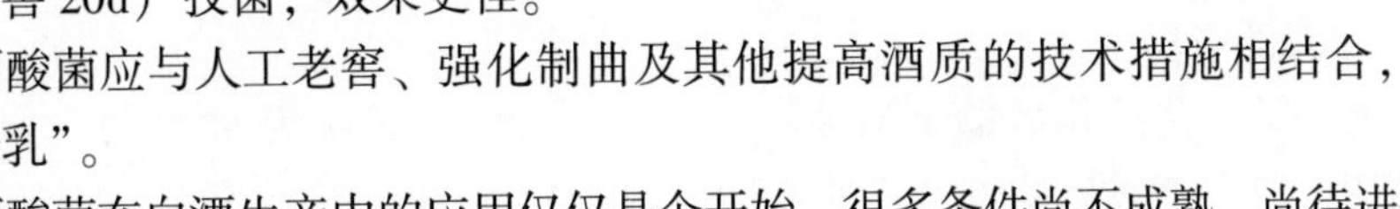

斜面菌种→种子培养→曲盘培养
↓
麸皮→拌料→蒸料→摊晾→接种→厚层通风培养→干燥→粉碎→粗酶制剂

图6-5　粗酯化酶生产工艺流程

操作方法如下。

（1）斜面菌种培养　培养基：麸皮汁 1000mL，葡萄糖 1%，酵母膏 0.1%，琼脂 2%，自然 pH。98kPa 压力灭菌 30min，接种后于 28~32℃培养 4~5d，取出备用。

（2）种子扩大培养　将新鲜麸皮、1%葡萄糖，加水拌和后分装于 250mL 三角瓶，98kPa 压力下灭菌 45min，冷却、接种，32~35℃培养 2~3d，备用。

（3）厚层通风培养　将新鲜麸皮加水拌和后，置高压柜中 98kPa 压力灭菌 45min，取出冷后接种，接种量为 5%，扬散后装箱，控温、通风，培养 48~72h 出箱。干燥、粉碎后即为粗酶制剂。

（4）生产实践上培养物质的改进　为了更适应于浓香型曲酒生产，通过试验，在大生产中将培养物料麸皮改为丢糟与高粱粉的混合物，也能取得较好的效果。但成品曲的颜色稍差。

2. 酯化液的制备及应用

（1）己酸液的制作

培养基：丢糟浸出液，乙酸钠 0.2%，硫酸铵 0.05%，酵母膏 0.05%，小麦粉 0.5%，酒精 2%vol（后加），pH6.0 左右。

方法：将上述成分加水至一定容积后灭菌，置发酵池中，冷却后将己酸菌群固定化载体加入培养基中，34~35℃培养 6~7d，取上层己酸液为酯化液底物。己酸液中己酸含量为 0.46~0.50g/100mL。

（2）酯化液的制作：尾酒 60%（己酸含量 0.25~0.3g/100mL），己酸发酵液 30%，黄浆水 5%，低质酒 5%，酯化酶干燥产品 4%~5%，30℃酯化，保温 6~7d。

（3）酯化液的应用

制高酯调味酒：将酯化后的上清液注入分馏器，收集酒精为 60%vol 以上的馏出液，残液循环使用。馏出液香味浓烈，己酸乙酯高达 4.2~5g/L 可作为高酯调味酒。

酯化液中残留固形物与糟醅混合蒸馏：酯化液成熟后，大量香味成分除游离在液体中外，还有相当部分以吸附形式贮存和毛细管贮存于沉在底部的固形物中。将其分离后与糟醅混合蒸馏，可使基础酒中己酸乙酯增加，提高优质品率。

以酯化酶为催化剂制作酯化液、串蒸 60d 发酵期的糟醅：取尾酒 50kg，加入 2kg 精酶制剂，在一定温度下酯化数日，取质量相同的糟醅进行串蒸，可明显地提高己酸乙酯含量，其他各微量成分无明显变化（表 6-30）。

表 6-30　　发酵 60d 糟醅串蒸效果　　单位：mg/100mL

组分名称	上层糟		下层糟	
	对照	试验	对照	试验
乙酸乙酯	93.6	94.4	139.3	88.9
丁酸乙酯	6.9	23.1	21.2	24.0
乳酸乙酯	157.9	158.7	171.5	160.8
己酸乙酯	96.7	194.4	212.9	347.2

以酯化酶为催化剂制作酯化液、串蒸 40d 发酵期的糟醅：取 150kg 尾酒，加入 6kg 粗

酶制剂，在一定的温度下酯化数日。将全窖糟醅混合均匀（双轮底糟除外）后蒸馏，分甑加入酯化液串蒸，己酸乙酯明显提高，达到了60d发酵期酒质水平（表6-31）。

表6-31　　发酵40d糟醅串蒸效果　　单位：mg/100mL

组分	40d发酵期		60d发酵期
	对照	试验	
乙酸乙酯	149.4	111.1	116.5
丁酸乙酯	15.9	16.3	14.1
乳酸乙酯	165.2	142.1	164.7
己酸乙酯	145.5	197.3	169.4

注：表中数据为10批结果平均值。

在双轮底糟中加入酯化酶发酵：在双轮底糟中加入2kg酯化酶进行发酵，操作按常规进行，己酸乙酯有较大幅度的增加，且80d发酵期的己酸乙酯含量高于对照120d发酵期的含量（表6-32）。

表6-32　　酯化酶在双轮底糟中应用效果　　单位：mg/100mL

组分名称	80d发酵期		120d发酵期	
	对照	试验	对照	试验
乙酸乙酯	60.7	95.9	190.9	180.3
丁酸乙酯	20.2	23.1	21.3	34.1
乳酸乙酯	216.9	310.3	235.3	242.3
己酸乙酯	206.8	348.1	300.5	537.8

酯化酶在浓香型曲酒生产中应用的效果是明显的。该酶一个重要特点是若底物中有己酸、乳酸和乙醇，则主要产物是己酸乙酯，乳酸乙酯无甚变化，这是一个相当可贵的“专一性”。但底物中要求有较高的己酸浓度。若将酯化酶与丙酸菌以适当方式结合，则结果会更理想。

3. 多功能复合香酯酶在浓香型酒中的应用

中国科学院成都生物研究所与河南省仰韶酒厂合作，将多功能复合香酯酶（“MZ”香酯酶）应用于浓香型白酒，取得明显效果。根据“MZ”多功能复合酶的特异性能单一或同时催化多种基质，及发酵糟酒酯类的量比关系，设计所需的酯化底物和生成香酯的量比进行试生产。

仰韶酒厂近4年时间应用实践：酶液中己酯的最高含量3个月可达1500mg/100mL，大于黄浆水酯化液的100倍；发酵期30d出池者，每甑加酶液约2kg，可提高己酸乙酯在200mg/100mL左右；用于食用酒精串香，酒体口感上可与发酵池60d以上者相媲美，在提高浓香型酒质量与产量方面效果显著。

（1）“MZ”酶化液对仰韶酒蒸馏提香的效果　取90d的酶化液2kg洒入待上甑的30d发酵期的香糟中蒸馏，另一甑不加酶化液者为对照，同条件进行蒸馏，各接取前馏分40kg，经色谱分析及理化测定，结果见表6-33。另又以提香酒的发酵池酒样85d发酵出池者进行对比品尝，其感官品评结果见表6-34。

表 6-33　　应用“MZ”技术增酯效果　　单位：mg/100mL

处理	己酸乙酯	乙酸乙酯	乳酸乙酯	丁酸乙酯	总酸
加酶化液	468.4	273	168.2	47.6	84.2
对照	122.5	180	127.4	21.8	63.7

表 6-34　　应用“MZ”技术提香酒的感官品评

酒样	综合评语
30d 发酵池（经处理）	浓香突出，味甜净，香味长
85d 发酵池（未处理）	窖香突出，谐调，后味香长

从表 6-33、表 6-34 看出：己酸乙酯比对照样提高很多，可达高档酒质量标准；且四大酯均同步增长，口感浓香突出，与几个发酵期酒编号品尝，效果相同，达到提高酒质等级、缩短发酵期的目的。

（2）“MZ”酯化液在酒精串香上效果　河南仰韶酒分厂发酵期均在 60d 以上，属新用时间不长窖池，各班组定为酒精串香组，每班底醅，大糙两甑共串酒精含量 96%vol 食用酒精 300kg，两甑共加酯化液 10kg，酒入上甑糟醅中，每班平均产优质酒（酒精含量为 63%vol）230kg、大曲酒 500kg，所串优质酒、大曲酒分析结果见表 6-35。

表 6-35　　“MZ”技术所串优质酒、大曲酒成分分析　　单位：mg/100mL

项目	优质酒	大曲酒	项目	优质酒	大曲酒
总　酸	54.2	47.6	异丁醇	25.7	18.35
乙　醛	14.6	10.9	正丁醇	10.5	7.45
乙酸乙酯	192.7	95.7	丁酸乙酯	43.3	13.5
正丙醇	15.6	18.3	异戊醇	34.2	17.6
仲丁醇	12.5	4.72	乳酸乙酯	147.8	127.4
乙缩醛	15.7	8.24	己酸乙酯	294.6	91.5

从表 6-35 可见：由串香提出的优质酒，其己酯含量赶上了发酵池的己酯指标；经串香后酒体中各微量成分比例协调，月平均优质率为 31.5%。大曲酒各项指标也达到内定大曲酒标准，并具有口味净爽等诸多特点。

（3）“MZ”酶催化合成香酯的多功能　“MZ”酶为一种能催化合成香酯的特异性的酯化酶，能单一催化某一基质和同时催化多种底物及基质生成不同的生物香酯，在白酒上可用于提香、串香和调香。单一基质产生单一酯，混合基质产生复合酯，其效果如表 6-36、表 6-37 所示。

表 6-36　　单一底物合成香酯效应　　单位：g/L

酯化时间/d	己酸乙酯	乙酸乙酯		乳酸乙酯	
	酶Ⅰ	酶Ⅰ	酶Ⅱ	酶Ⅰ	酶Ⅱ
66~88	60.99	4.094	4.096	25.87	28.22

注：引自河北曹雪芹家酒厂试验结果。

表 6-37 混合基质合成香酯效果 单位：g/L

酯化时间/d	己酸乙酯	乙酸乙酯	乳酸乙酯	丁酸乙酯
13	1.448	0.735	1.280	0.410

三、采用黄浆水酯化法提高酒质

黄浆水酯化技术在浓香型曲酒中的应用，是全国同类型酒厂提高曲酒质量的先进技术措施之一。经十余年的努力，各地根据本厂实际情况，采用多种办法，对黄浆水进一步利用，取得了很好的效果。现将有关资料，加上笔者的生产科研实践，综合介绍如下。

1. 黄浆水的成分

酒醅在窖内发酵过程中，淀粉由糖变酒，同时产生二氧化碳从吹口跑出，单位酒醅的重量相对减少，结晶水游离出来，原料中的单宁、色素、可溶性淀粉、糊精、还原糖、酵母自溶物、乙醇等溶于水中，随着发酵温度的下降，缓慢沉于底部而形成黄浆水。故有经验的酒师，可从出窖黄浆水的色、悬头、气味、口味等判断上排母糟的发酵情况，并确定下排入窖条件。黄浆水中除含上述成分外，还有大量的酸类，特别是乳酸、乙酸、己酸、丁酸等，并有大量经长期在窖内特定环境中驯养的梭状芽孢杆菌，是优质的“液体窖泥”。黄浆水的主要成分参见表 6-38、表6-39、表 6-40。

由此可见，黄浆水的成分相当复杂，富含有机酸及产酯的前体、营养物质。当然，黄浆水的成分与窖池、母糟、发酵情况、曲药质量、操作工艺等关系极大，其成分的种类、数量相差也大。

表 6-38 黄浆水的主要成分 单位：%

酸度	淀粉	还原糖	酒精	pH	蛋白质	酸类	醇类	醛类	酯类	单宁及色素	黏度/(Pa·s)
4.2~5.5	1.2~2.0	0.3~0.8	3.5~8.0	3.2~3.5	0.15~0.18	3.5~5.5	2~4	0.15~1.5	1.5~3.6	0.1~0.21	$(2.5 \sim 4.0) \times 10^{-3}$

表 6-39 黄浆水中的主要酸类 单位：mg/100mL

酒厂	己酸	乳酸	丁二酸	乙酸	丁酸
五粮液酒厂	131	56.24	63	369	83
泸县酒厂	144	59.73	80	733	134
剑南春酒厂	139	57.28	150	405	196
成都酒厂	262	55.79	53	490	133
文君酒厂	337	53.87	75	516	167
射洪沱牌曲酒厂	125	43.00	100	322	71
双流二担山酒厂	135	55.64	80	390	56

表 6-40 不同级别窖池黄浆水成分 单位：mg/100mL

窖级别	己酸	乳酸	丁二酸	乙酸	丁酸
优质窖	372	6975	86	867	203
甲级窖	230	6645	62	367	110
乙级窖	158	6331	58	679	108
丙级窖	136	6053	54	529	88
低级窖	128	5609	52	529	89

2. 直接用黄浆水制备酯化液

黄浆水中的许多物质，特别是酸类及大量产酯的前体物质，对提高曲酒质量、增加曲酒香气、改善曲酒风味有着重要的作用。如果采取适当的措施，使黄浆水中的醇类、酸类等物质通过酯化作用转化为酯类，特别是增加浓香型曲酒中的己酸乙酯，对提高曲酒质量有重大意义。某厂曾选择 4 个方案进行试验。①直接酯化。②加曲酯化。③加窖泥酯化。④加曲加窖泥酯化。以上四个方案，都是在 30~35℃条件下，酯化 30d，然后分别取酯化液蒸馏，馏液进行气相色谱分析，结果见表 6-41。

表 6-41 四个方案酯化效果比较 单位：mg/100mL

成分	直接酯化	加曲酯化	加窖泥酯化	加曲加窖泥酯化	对照：黄浆水直接蒸馏
己酸乙酯	—	—	17. 63	21. 63	—
乳酸乙酯	169. 2	80. 73	17. 70	240. 6	62. 24
乙酸乙酯	—	—	—	28. 07	—
丁酸乙酯	—	—	2. 76	4. 74	—
乙醛	26. 0	39. 19	45. 87	9. 57	19. 49
乙缩醛	20. 8	14. 30	30. 22	—	—

由表 6-41 看出，加窖泥和加曲加窖泥的酯化液中已酸乙酯含量较高，而后者又比前者较明显。但是，其酯化效果受曲药、窖泥质量影响很大。

在总结实验室试验的基础上进行扩大生产，取不同班组黄浆水、酒尾、曲粉、窖泥培养液，按一定比例混合，搅匀，于大缸内密封酯化。具体操作如下：黄浆水 25%，酒尾（酒精含量为 10%~15%vol）68%，曲粉 2%，窖泥培养液 2.5%，香醅 2.5%。pH3. 5~5. 5（视黄浆水等 pH 而定，不必调节），温度 30~34℃，时间 30~35d。酯化后取样分析，结果见表 6-42。

表 6-42 生产试验酯化效果比较 单位：mg/100mL

季节		己酸乙酯	乳酸乙酯	乙酸乙酯	丁酸乙酯	乙醛	乙缩醛
淡季	酯化前	30. 63	108. 5	72. 14	19. 63	39. 17	98. 67
	酯化后	124. 2	187. 2	83. 32	23. 99	98. 29	101. 8
旺季	酯化前	39. 98	91. 42	111. 1	14. 68	119. 5	47. 67
	酯化后	156. 5	94. 42	157. 3	20. 42	126. 6	144. 5

生产扩大试验表明，黄浆水加适量物质酯化后，四大酯都有所增加，特别是己酸乙酯增加明显，说明此技术的可靠性。

在同一班组，采用同一窖池的酒醅上甑蒸馏，底锅中倒入 100~200kg 黄浆水酯化液，蒸馏时分段摘酒，各排同段酒的分析结果见表 6-43。

表 6-43　　黄浆水酯化液串蒸效果比较　　单位：mg/100mL

项目		排次	己酸乙酯	乳酸乙酯	乙酸乙酯	丁酸乙酯	乙醛	乙缩醛
加黄水酯化液串蒸	淡季	1	195.0	93.37	410.0	15.42	206.1	98.97
		2	211.0	77.94	401.3	14.27	174.4	66.75
		3	208.7	41.26	498.4	16.87	195.1	68.45
	旺季	1	239.7	196.2	526.3	14.17	306.5	172.1
		2	198.4	172.1	496.2	18.24	243.7	108.9
		3	212.4	235.2	483.4	19.21	292.2	114.2
对照	淡季	1	119.7	66.43	384.4	9.94	175.5	36.46
		2	125.3	59.64	409.7	11.81	169.4	30.83
		3	156.9	54.32	424.1	21.08	145.4	49.87
	旺季	1	169.5	162.2	299.1	20.11	198.2	454.9
		2	141.7	49.42	307.1	16.17	208.4	109.9
		3	131.5	151.4	296.5	9.48	269.0	206.6

由上表可见，应用黄浆水酯化液串蒸，能有效地提高酒中己酸乙酯含量，净增 70~100mg/mL。乙酸乙酯也有增加，醛类有增有减，规律性不强，是何原因尚待进一步研究。

3. 采用生物激素制取黄浆水酯化液

采用添加 HUT 溶液制备黄浆水酯化液，是一种新的尝试。HUT 溶液主要成分是泛酸，它在生物体内以 CoA 形式参加代谢，而 CoA 是酰基的载体，在糖、酯和蛋白质代谢中均起重要作用。生物素是多种羧化酶的辅酶，也是多种微生物生长所需的重要物质。

HUT 溶液：取 25%赤霉酸、35%生物素，用食用酒精溶解；取 40%泛酸用蒸馏水溶解。将上述两种溶液混合，稀释至 3%~7%，即得 HUT 液。

酯化液：黄浆水 35%，酒尾（酒精含量 20%）55%，大曲粉 5%，酒醅 2.5%，窖泥 2.5%，HUT 液 0.01%~0.05%。保温 28~32℃，封闭发酵 30d。

添加 HUT 和未加 HUT 液制备的酯化液成分，经常规和气相色谱检测，结果如表6-44 所示。

表 6-44　　成熟酯化液主要成分比较　　单位：mg/100mL

项目		总酸	总酯	己酸乙酯
1	添加 HUT	240	527	249
	未加 HUT	202	469	214

续表

项目		总酸	总酯	己酸乙酯
2	添加 HUT	229	525	217
	未加 HUT	193	470	192
3	添加 HUT	248	506	238
	未加 HUT	220	482	207

由表 6-44 可知，制备黄浆水酯化液时添加 HUT 液，可使酯化液中总酸、总酯、己酸乙酯增加。

黄浆水酯化液在生产中的应用：将添加 HUT 制备好的酯化液加入底锅串蒸，酒质有显著提高，见表 6-45。

表 6-45　UHT 酯化液串蒸后酒质情况　单位：mg/100mL

项目	总酸	总酯	己酸乙酯	高级醇	乙缩醛
试验	109.4	422.7	203.6	80.9	107.2
对照	80.5	384.1	163.0	66.1	88.6

利用 HUT 液制备的黄浆水酯化液的作用机理尚待深入研究。

4. 添加己酸菌液制备酯化液

(1) 酯化液的制备

方法和配方：

①菌种 10%，己酸菌培养基 8kg，用黄浆水调 pH4.6，用酒尾调酒精含量 8%。

②菌种 12%，己酸菌培养基 10kg，用黄浆水调 pH4.2，用酒尾调酒精含量为 8%。

培养条件：

①保温 30℃，发酵 30d。

②保温 33℃，发酵 30d。

(2) 酯化液成分　取不同培养酯化时间的酯化液蒸馏后，用色谱进行分析，结果如表 6-46 所示。

表 6-46　不同培养酯化时间酯化液蒸馏色谱分析结果　单位：mg/100mL

成分	配方 1#			配方 2#		
	发酵 10d	发酵 20d	发酵 30d	发酵 10d	发酵 20d	发酵 30d
乙醛	25.6	28.7	30.5	17.2	17.5	16.0
甲醇	23.6	25.4	28.6	17.8	18.2	19.1
乙酸乙酯	703.6	1227.6	1304.2	724.8	954.6	1256.7
正丙醇	11.8	21.1	22.0	3.8	—	4.3
仲丁醇	13.6	19.8	25.6	—	—	—

续表

成分	配方 1#			配方 2#		
	发酵 10d	发酵 20d	发酵 30d	发酵 10d	发酵 20d	发酵 30d
乙缩醛	16.3	21.6	48.4	—	—	—
异丁醇	4.5	9.6	31.8	5.2	8.43	23.4
正丁醇	17.1	22.4	20.8	15.2	11.5	12.7
丁酸乙酯	68.2	112.4	134.5	30.6	33.2	43.7
异戊醇	46.4	55.0	56.0	29.0	29.2	28.1
乳酸乙酯	332.6	532.3	561.2	315.8	335.6	362.7
己酸乙酯	569.3	838.9	1070.6	254.2	264.9	334.6

由表 6-46 可见，配方 1#比 2#酯化液中己酸乙酯含量高，随着酯化期的延长，己酸乙酯含量增幅也大。

（3）蒸馏提香　生产出高质量的酯化液后，能否将酯化液中的酯类等香味成分有效地提取是一个关键。首先，要有较好的酒醅，即酒醅中酒精含量高、气色正，以便酯类物质尽可能多地被酒精溶解，便于提取。

采用两个方法提取：

①在出窖酒醅（发酵仅 28d）中泼入酯化液 100kg（每甑），拌匀润粮。

②将 100kg 酯化液倒入底锅中，取同样出窖酒醅作对照，摘取前馏分 20kg，做色谱分析，结果如表 6-47 所示。

表 6-47　不同串蒸方法效果比较　单位：mg/100mL

项目	润料串蒸	底锅串蒸	对照	项目	润料串蒸	底锅串蒸	对照
乙醛	50.0	41.6	35.5	异丁醇	19.4	23.9	9.0
甲醇	12.5	13.3	12.7	正丁醇	12.5	9.3	5.3
乙酸乙酯	548.3	466.3	394.9	丁酸乙酯	31.5	40.0	8.4
正丙醇	13.6	11.8	10.6	异戊醇	5.33	68.9	28.3
仲丁醇	18.8	21.6	5.4	乳酸乙酯	85.2	85.9	83.9
乙缩醛	27.2	23.5	26.8	己酸乙酯	431.8	385.9	125.8

（4）注意事项　获得高质量酯化液的关键是菌种的优劣及接种量，酒尾、黄浆水、曲药的比例，酸度，酒精含量，酯化温度，酯化时间。

配方 1#酯化液中己酸乙酯增加较多，丁酸乙酯也有较大增长，乳、己比例较谐调，但乙酸乙酯含量过高，造成乙>己，影响主体香，有待进一步探索。

用酯化液润粮串蒸比倒入底锅串蒸效果好。

应用酯化液串香后，酒质有明显提高，感官品评香浓，各味较醇和谐调，余味长，是缩短发酵周期、提高产品质量的较好方法之一。

5. 黄浆水酯化液的其他应用

黄浆水酯化液除用于串蒸提高酒质以外，还可用来灌窖、培养窖泥。

（1）用酯化液灌窖　具体方法是：

①选择窖泥质量好、能保住水的窖池。

②酒醅发酵正常、气色正。

③将适量成熟的酯化液，在主发酵结束后（一般封窖后 15~20d）灌（或泼）入加粮的酒醅中，再密封发酵 50~60d，出窖蒸馏，效果见表 6-48。

表 6-48　酯化液灌窖效果　单位：mg/100mL

窖号	总酸	总酯	己酸乙酯	乙酸乙酯	乳酸乙酯	丁酸乙酯
15	139.2	576.3	371.4	204.6	173.5	36.8
16	136.7	495.8	296.3	189.5	164.7	30.5
17（对照）	128.9	293.8	98.4	103.5	186.3	24.7

采用黄浆水酯化液灌窖，效果相当明显，但应注意下述几点：

①母糟发酵不正常，如酸度过高、母糟显腻，不宜灌窖；

②热季最好不用此法；

③灌窖用的酯化液不宜太多，一般每甑 50kg；

④窖池不能漏水，否则效果不明显；

⑤灌窖后要有一定的再酯化时间。

（2）用酯化液培养窖泥　人工培养窖泥时若加入适量的酯化液，则效果更好。培养窖泥的资料甚多，各家配方不一，在此不再赘述。

四、糖化酶和活性干酵母的应用

糖化酶即葡萄糖淀粉酶，是一种生物催化剂，它能水解淀粉、糊精、低聚糖的 α-1，4 糖苷键，作用方式为从葡聚糖分子非还原性末端顺次切下葡萄糖单位，是淀粉糖工业和以淀粉为原料的发酵工业重要的催化剂，它广泛应用于酒精、葡萄糖和白酒工业的生产。

酒精活性干酵母或称酒用活性干酵母（简写为 AADY）属现代生物产品，20 世纪 80 年代末在我国问世以来，迅猛推开，充分显示了它强大的生命力。AADY，是将具有活力的纯种酒精酵母经培养、压榨等处理后，保存在不影响活性的干燥固体基质中的产品，具有活力高、保存期长、运输方便、使用简单等优点。TH-AADY 是耐高温活性干酵母的简写，湖北宜昌食用酵母基地等单位生产。这些产品，菌种具有耐高温（42℃）、耐酒精（13%vol）、耐酸（pH2.5）、耐浓糖、出酒率高等特点，对白酒安全度夏起着重要的作用。

20 世纪 90 年代始，推广应用糖化酶和 AADY 的浓香型白酒厂甚众，下面以名优酒厂为主进行介绍。

1. 某名优酒厂

从 1991 年 12 月起该厂对糖化酶和 AADY 在曲酒串香、培窖、制曲等方面进行了 2 年的摸索、试验，终于使糖化酶和 AADY 在浓香型曲酒生产中的运用有了较完整的配套工艺和技术措施。

（1）试验材料与方法

①材料：

TH-AADY：宜昌酵母基地生产，复水活化后使用。

糖化酶：成都酶制剂厂生产，5U/g，吸水后使用。

②方法：

a. 传统工艺常规操作。

b. 与相应特殊工艺和技术措施配套。

c. 与窖泥功能菌混合培养使用。

（2）试验结果

①在曲酒生产中应用：使用0.06%~0.08%的TH-AADY和50U/g的糖化酶，淀粉出酒率最高可达62.16%，平均提高9.43%。在实践中为了使酒质、酒率同步增长，采取了一系列配套工艺：

a. 增大入窖、出窖物料的淀粉含量，即“高进高出”、养窖保糟。通常入窖时淀粉浓度控制为22%左右，才能保证下轮母糟的质量。

b. 利用夏季平均气温在30℃以上的有利条件，培养并使用液体窖泥培养液。

c. 采用回糟发酵技术。

d. 在提高制曲品温的基础上，将多功能菌液应用于制曲。夏季可适当减少用曲量但使用高温曲。

e. 采用可控蒸馏技术。

②在丢糟再发酵和串香酒生产上的应用：

a. 用于丢糟再发酵制酒：将0.04%的TH-AADY和30U/g的糖化酶，以及大曲及生香功能菌液按适当比例混合后，均匀地加入丢糟中，按曲酒生产工艺进行再发酵1个月，酒醅色泽暗红，有浓郁的酒香和酯香，单独蒸馏可比原工艺生产的香醅多产酒15~20kg（65%vol）。

b. 用于制串香酒：多数厂采用面糟、丢糟进行再次发酵制香糟，再用基础酒串蒸制得串香酒。将TH-AADY和糖化酶应用于制作香醅，可充分利用残余淀粉，提高香醅中的酒精及香味成分的含量。总酸从0.095g/L增加到0.15~0.2g/L；总酯从0.2g/L增加到0.3g/L以上，口感更加醇和。

③在液态窖泥培养液上的应用：可采用两种方法。一是将TH-AADY活化后与其他材料同时加入坛中，密封后进行发酵；二是先将TH-AADY与部分原料入坛密封发酵3d后，再加入优质窖泥或己酸菌液等功能菌源，继续密闭，恒温35℃发酵7~15d即可。

开坛检查，采用新工艺的液态窖泥悬丝更丰富，色泽金黄，具有浓郁的老窖泥气味，芽孢杆菌数比原工艺多10倍，且降低了窖泥液培制的费用。

此法实际上是进行了前后两段发酵。先由酵母利用培养基中的溶解氧进行繁殖和发酵，生成己酸菌繁殖所必需的碳源酒精等成分。继而酵母在缺氧和饥饿的环境下，大量死亡而形成自溶物，这就等于为己酸菌等提供了酵母膏。因而TH-AADY的添加，有力地促进了己酸菌的生长繁殖。

④在制曲中应用：制曲生产时添加（2~3）/10万的AADY，经活化后拌入制曲原

料。通过 AADY 在中高温曲（60℃）、偏高温曲（65℃）中的试用，发现 AADY 在偏高温曲制备中比中高温曲效果好，一等品率提高幅度较大，穿衣率更明显，表明添加 AADY 制曲可促进培菌前期菌丝生长。热季利用 AADY 制曲再与 TH-AADY、减曲、特殊工艺配合使用，不仅能保持出酒率，还能保证酒质。

通过该厂两年多的应用，认为 TH-AADY 用于浓香型白酒生产必须坚持用量宜小不宜大的原则，否则会造成酒体改变、母糟瘦薄变软发腻影响正常生产；同时证实在浓香型白酒生产中单纯使用糖化酶和 AADY，效果不太理想，只能提高出酒率，必须采用配套工艺，走质量效益型道路，才能使酒质、酒率同步提高。该厂的经验，值得同行重视和借鉴。

2. 山东坊子酒厂

该厂从 1992 年起在串香白酒试验的基础上，逐步在浓香型白酒生产中全面推广，取得了较显著的效果和经济效益。

（1）试验方案　为提高出酒率并保证产品质量，在糖化酶用量一定的前提下，寻求 TH-AADY 和大曲的合理用量。

①TH-AADY 和糖化酶的用法：将自来水调温后加入 TH-AADY，搅匀活化，复水比为 1∶10，温度为 39~40℃，复水时间为 10~15min，再添加预先用少量水拌匀的糖化酶混合，然后补充 50kg 自来水，搅拌后均匀地泼入粮醅。

②操作和检测：按传统方法进行实际操作。发酵过程中，用点触式温度计逐日测定品温。蒸出的酒，以酒精度为 65%vol 的酒计算出酒率，并进行尝评、常规理化指标检测和气相色谱分析，原料出酒率以酒精度 65%vol 计。

③试验方案：如表 6-49 所示。

表 6-49　　试验方案

条件	对照窖	试验窖 1#	试验窖 2#	试验窖 3#
TH-AADY 用量/%	—	0.05	0.08	0.12
糖化酶用量/（U/g 料）	—	80	80	80
高中温曲各半的用量/%	30	30	20	15
每窖投料量/kg	600	600	600	600
发酵期/d	45	45	45	45

（2）试验结果和结论

①发酵温度变化：新工艺酒醅发酵达到最高品温的时间比传统工艺早些，最高品温高些，持续时间长些，但仍符合“前缓、中挺、后缓落”的温度变化规律。

②成品酒出酒率：新工艺酒的原料出酒率，比对照样高 4.18%。

③成品酒质量：

a. 成分分析：如表 6-50 所示。表中检测数值以酒精度 60%vol 计。

表 6-50　成品酒成分检测结果　单位：g/L

项目	对照窖	试验窖 1#	试验窖 2#	试验窖 3#
总酸	0. 805	0. 606	0. 768	0. 712
总酯	3. 59	3. 120	3. 430	3. 180
己酸乙酯	2. 15	1. 860	2. 180	1. 980
乳酸乙酯	2. 23	1. 674	1. 890	1. 860
乙酸乙酯	1. 25	1. 488	1. 680	1. 560
丁酸乙酯	0. 25	0. 171	0. 213	0. 203

从表 6-50 可知，新工艺酒的 4 大酯含量比例较合理。虽总酸和总酯含量略低于对照酒样，但乳酸乙酯含量有所下降。

b. 品评：新工艺酒具有纯正的窖香，口味甘净，具有泸型酒固有的风格。

能否在淀粉含量较低、酸度较高、产酒量少的二糌和三糌中，以 TH-AADY 和糖化酶完全代替大曲，须进一步试验。

在使用 TH-AADY 的同时，若配以生香活性干酵母，则酒质可望进一步提高。

3. 山东泰安酿酒厂

山东泰安酿酒总厂，将 TH-AADY 和糖化酶试用由开始的 40 多个窖池发展到 840 个窖池，取得了大面积的试验和应用成果。

（1）糖化发酵剂

①大曲：自制的高、中温曲。其原料配比为小麦：大麦：豌豆=7：2：1，制曲最高品温为 58~60℃，成曲平均糖化力为 200~350U/g。

②糖化酶：湖北省钟祥县酶制剂厂产品。活力为 40000U/g。TH-AADY 产自湖北宜昌食用酵母基地。

（2）使用方案及操作　最初设计 3 个方案，其中之一是减曲量为 50%，以添加 TH-AADY 和糖化酶予以弥补。但后来考虑到该方案把握不大，故采取以下两个方案。其投料及糖化发酵剂用量如表 6-51 所示。

表 6-51　使用方案　单位：kg

方案	投料量	大曲用量	糖化酶用量	TH-AADY
1	1500	375	2. 2	0. 75
2	1500	250	3. 0	1. 20
对照	1500	375	0	0

表 6-51 所列方案是按经验数据设计的，即通常要求 1g 原料所需糖化力为 120~180。

①方案 1 所需的糖化酶和 TH-AADY 量：

a. 糖化酶用量：该方案的用曲量不减，同对照的用曲量相比，为原料量的 25%。但大曲的糖化力仅有 250U/g，合 1g 原料分享到糖化力为：1500×25%×250÷1500 = 62. 5（U）。若补充到所需糖化力的下限 120U/g，则应加糖化酶量为 1500×（120-62. 5）÷

40000=2.2（kg）。

b. TH-AADY 用量：很难计算出准确数，取经验数据 0.05%。

②方案 2 的 TH-AADY 和糖化酶用量：

a. TH-AADY 用量：取经验数据 0.08%。

b. 糖化酶用量：因减曲量为 1/3，故应加糖化酶为（1500×25%×1/3×250÷40000）+2.2=3.0（kg）。

③用法：先将糖化酶置于一水桶中，倒入半桶 40℃左右的温水搅匀后，静置 15min，使糖化酶吸水。再加入 TH-AADY 搅匀，在 35~38℃下吸水活化 15~20min 后，液面即冒小气泡。这时即可将其泼至粮糟上。然后加曲粉拌和，入窖发酵。

上述活化液的配制量应以甑为单位分甑活化，分别添加。不宜大量活化，以免污染杂菌和酵母衰老。

④物料入池和出池的主要指标：见表 6-52。

表 6-52　　物料入池、出池主要指标对比

方案			淀粉含量/%	酸度	酒精含量/vol%
1	新工艺	入池	15.38	1.30	—
		出池	7.72	2.85	4.5
	对照池	入池	16.01	1.12	—
		出池	9.11	2.52	3.7
2	新工艺	入池	16.15	1.38	—
		出池	7.42	2.80	4.5
	对照池	入池	17.14	1.20	—
		出池	8.94	2.40	4.2

⑤分析和品尝：生产过程的样品检测由总厂气相色谱分析室、成品化验室和半成品化验室负责，分析结果数字均为平均值。成品酒质量由市内 4 名省级白酒评委和部分市级评委鉴评。

（3）使用结果

①发酵升温情况：新工艺酒醅发酵升温幅度比对照窖高 2~3℃，这与淀粉消耗量大致吻合。且发酵后期降温较缓慢，出池品温相对为高。

②出酒率和酒质：如表 6-53 所示，新工艺第 1 排的总酸和总酯略低于对照样，但第 2 排却大幅度上升，而排平均值接近对照窖；主体香己酸乙酯处于稳中有升的状态；乳酸乙酯的含量低于对照样。

表 6-53　　出酒率及酒质　　单位：g/L

排	试样	出酒率/%	总酸	己酸乙酯	乳酸乙酯	评语
1	新工艺	41.7	0.466	233.01	205.7	窖香突出，味正绵甜，尾净爽，余香长
	对照	34.9	0.576	230.36	241.65	窖香突出，味正谐调，尾净，余香较长

续表

排	试样	出酒率/%	总酸	己酸乙酯	乳酸乙酯	评语
2	新工艺	38.93	0.534	285.18	225.78	窖香浓郁，味正绵甜，尾净爽，余香长
	对照	34.06	0.558	280.28	291.86	窖香浓郁，味正谐调，尾净，余香较长

（4）讨论

①酒醅淀粉浓度：新工艺第1、2排发酵后酒醅的残余淀粉，均比对照低1.45%左右。故可将夏季减粮的做法改为不减粮，冬季可适当增加投料量，以保证酒醅的正常发酵。

②酒的香味：个别新工艺酒样的香味略逊于对照样。这个问题可通过浇灌酯化液、回酒醅发酵等辅助配套措施，以及加强成品酒的勾调等方法解决。

4. 甘肃武威皇台酒厂

（1）主要原材料

①酿酒用原辅料：玉米为当地产；稻壳为宁夏、安徽产。

②糖化发酵剂：

a. 麸曲：麸曲为自制的河内白曲，水分34%，酸度1.5，糖化力490U左右。

b. 固态生香酵母：自制。水分53%，酸度0.1左右，细胞数2.45×10^8个/mL以上，出芽率16%以上。

c. TH-AADY：宜昌食用酵母基地产。

d. AS 3.4309糖化酶：上海新型发酵厂产。酶活性为50000U/g。

③酿造用水：选用皇娘娘台的清泉水。

（2）生产工艺 采用清蒸混烧、续粒法老五甑传统工艺。

①原料预处理：

a. 粉碎：玉米粉碎成黄米粒大小，能通过100目筛的细粉不超过10%，且无整粒玉米。

b. 润料：用30%~35% 70℃以上热水浸润。须充分翻拌均匀，无干粉，无疙瘩。润料时间为6~8h。

c. 清蒸：加盖259%的稻壳进行清蒸，待圆汽后蒸60~80min。要求蒸后熟而不黏，无生心，有玉米香味，无异杂气味。

②配料、混蒸：

a. 配料：每窖大、二、三、四粒的投粮比例如表6-54所示。将上述经清蒸的玉米、稻壳和刚出窖的酒醅，按1∶（4.5~5.0）的粮醅比进行配料，混合均匀，消除结块，分粒次堆放。

表6-54　各粒次配料　　单位：kg

粒次	高粱	稻壳	麸曲	生香酵母	TH-AADY	糖化酶
大粒	250	62.5	37.5	12.5	0.125	0.2
二粒	250	62.5	37.5	12.5	0.125	0.2
三粒	250	62.5	37.5	12.5	0.125	0.2
四粒	150	37.5	22.5	7.5	0.125	0.4

b. 混蒸：即边蒸酒边进一步糊化玉米。装甑时要求缓汽上料、轻撒匀铺、探汽上甑、边高中低，装甑时间为 30～40min，蒸馏时流酒温度为 25～28℃，流酒速度 2.5～3.0kg/min。须量质摘酒，掐头去尾，大汽追尾，酒尾集中于底锅。双轮底酒应单独蒸馏和存放。

③加量水和糖化发酵剂：经混蒸后的物料，除一甑丢糟外，其余各甑均加量水和糖化发酵剂。

a. 打量水：要求使用 80℃以上的热水，分 2～3 次打量水，使底醅充分吸水，以免水流入风道。加水后吹风降温。

b. 加糖化发酵剂：加量如表 6-55 所示。生香酵母用量为原料量的 5%，用曲量为 15%，夏季可酌情减量。

表 6-55　各楂次糖化发酵剂及原辅料用量　单位：kg

楂次	投料	辅料	用曲	生香酵母	TH-AADY	糖化酶
大楂	250	62.5	37.5	12.5	0.125	0.2
二楂	250	62.5	37.5	12.5	0.125	0.2
三楂	250	62.5	37.5	12.5	0.125	0.2
四楂	150	37.5	22.5	7.5	0.125	0.4
合计	900	225	135.0	45	0.50	1.0

c. TH-AADY 复水活化：将 TH-AADY 投入 20 倍的 38～40℃的温水中，并与糖化酶浸泡液混匀后保温活化 1～2h。

d. 具体用法：待粮醅品温降为 37℃以下时，将上述 TH-AADY 和糖化酶溶液用 35℃水分几次稀释加入。翻拌均匀后再加入麸曲和生香酵母，拌匀后待品温降至入窖要求时即可入窖。

④入窖：

a. 入窖条件：如表 6-56 所示。

表 6-56　入窖条件

项目	旺季	淡季	夏季
温度/℃	18～20	17～19	16～17
酸度	1.7～2.0	2.0～2.2	2.5 以上
淀粉含量/%	16～17	14～16	13～14
水分/%	55～56	56～57	57 左右

b. 双轮底：取窖底部酒醅 400～600kg，不经蒸馏即加入适量大曲、生香酵母及酒精为 15%～20%vol 的酒尾，拌匀后直接入窖，并放几根竹竿适当踩醅。

c. 回酒醅：取窖中上部的酒醅约 200kg，不经蒸馏，加入适量的麸曲、生香酵母，拌匀后入窖。

d. 回酒：将稀释至酒精为 15%～20%vol 的酒尾，按每甑醅 5～10kg 的量泼入待入窖醅中。

e. 夹层泥袋发酵：将优质窖泥装在袋中，置于酒醅夹层中进行发酵。

f. 封窖：将面糟适度踩实后，盖上约 15cm 的糟子，再加封 10cm 左右的泥巴。窖帽高度不超过 50cm。

⑤发酵：待品温升至最高时，在窖顶打孔灌入培养成熟的己酸菌液 45kg 后，再将孔用泥封严。在发酵过程中，须随时踩实下陷处，并用土垫好，严防窖有裂缝，并保持窖池卫生，定时测量品温。

（3）结果　新工艺的原料出酒率达 48.9%，比原工艺提高 1.7%。成品酒主要质量指标稳中有升，经尝评，窖香浓、人口绵、味谐调、尾基本净爽、余味较长。

（4）讨论　个别班组的个别窖池连续几排使用 TH-AADY 后，效果不明显，但采取了增加辅料用量和新鲜酒糟大幅度退醅的措施后，三、四排出酒率即回升，再使用 TH-AADY 时效果较好。

若麸曲质量差，则使用 TH-AADY 的效果也不好，故 TH-AADY 必须与其他工艺因素密切结合，方能共同发挥作用。通常 TH-AADY 应以稀糖液复水活化，上述与糖化酶液混合后的活化方法，有待进一步验证。

5. 江苏沛公酒厂

江苏省沛公酒厂将 TH-AADY 应用于高档浓香型沛公优质大曲酒生产，总结出了“大楂和回楂强化发酵、丢糟集中再发酵”的新技术，并与“多轮底增香、人工培制窖泥、回酒和回醅发酵、使用己酸菌液和酯化液、蒸馏提香”等综合措施相配套。

（1）糖化发酵剂

①TH-AADY：湖北宜昌食用酵母基地生产。该产品在 40~42℃能正常发酵，产酸少，耐酸能力强。

②中高温大曲：自制。最高培曲温度为 55~58℃。糖化力为 450~600U/g。

③糖化酶：无锡酶制剂厂生产。酶活性为 50000U/g。

（2）新工艺内容

①TH-AADY 及糖化酶的使用方法：

TH-AADY 使用方法：将 TH-AADY 加于 20 倍 38~40℃、2.5%糖度的溶液中，复水活化 15~20min 后，再与大曲粉混匀一并使用。

糖化酶使用方法：将糖化酶在 30℃温水中浸泡 25~30min 后使用。

②TH-AADY 和糖化酶的使用方案：

a. 用于大楂发酵：将 TH-AADY 35g 活化后，与大曲粉 75kg 混合，加于大楂中发酵 45d。

b. 用于回楂发酵：以 TH-AADY 95g、糖化酶 500g、大曲 10kg 的比例，加于回楂中发酵 45d 后，蒸得的回糟酒再经增香除杂处理。

c. 用于丢糟发酵：将丢糟所含淀粉折算成原粮量，再以 120U/g 原粮计算所需的糖化酶量，与 0.05% TH-AADY 和 10%大曲粉一起，加入丢糟中发酵 15~18d。蒸得的丢糟酒再经增香除杂处理。

③配套措施：采用如前所述的强化生香和蒸馏提香等综合措施，以利于在提高出酒率的同时确保产品的上乘质量。

（3）应用结果

①大楂酒：

酒醅升温规律：达到最高品温的时间比对照窖提前2~3d。

产酒状况：原料出酒率比对照窖高3.7%；名优酒率达49.23%，比对照窖高22.33%。

酒质：总酯含量平均比对照窖高0.35g/L，总酸含量比对照窖高0.35g/L，四大酯比例协调。由于经活化的TH-AADY具有很强的抑制杂菌繁殖的优势，故所产的酒杂味和暴辣感均减轻。

②回楂酒：减曲，添加TH-AADY和糖化酶于回楂发酵，提高了原料利用率，但未降低回楂酒质量，成品酒具有窖香纯正浓郁、味甜爽净的特点。

③丢糟酒：丢糟经集中再发酵后，淀粉含量仅为7%左右。多产部分丢糟酒可综合应用。

6. 关于糖化酶和AADY应用于浓香型白酒生产几个问题的讨论

TH-AADY和糖化酶在浓香型白酒生产中的应用范围较广，其效果也不尽相同。总的看来，这项新工艺不能孤立地应用，应与传统的或新型的其他措施相配套，理顺各种关系，找到一条较完整系统的工艺路线，方能达到事半功倍的效果，否则就会顾此失彼甚至适得其反。

（1）应用于粮醅发酵　这里所说的粮醅即粮楂，包括大楂和小楂。

①不减曲法：

a. 只添加TH-AADY和糖化酶：该法尤其适用于北方的冬季，可使酒醅正常升温。既能提高原料出酒率，又能保证酒质。

b. 只添加TH-AADY：有人认为，在旺季，粮醅比为1：(4.5~5.0)，采用传统工艺是较适宜的，可以保证母糟的优良特性，不必再外加糖化发酵剂。但在热季，由于地温在25℃以上，故糖化速度超过发酵速度，致使生酸菌大量繁殖而生酸过多，因此可添加适量的TH-AADY以利于安全度夏。但TH-AADY用量不宜过多，以免有损母糟和影响酒质。主张只加TH-AADY而不同时使用糖化酶的理由也是为了保证酒质，以免酒的香味淡薄。

②减曲法：各厂一致的意见是全酶法不可行。但究竟减曲到什么程度，则众说纷纭。笔者认为关键在于各厂的配套措施和发酵条件不同，即前提不同，因而往往会殊途同归、异曲同工。另外一个前提是产品的档次，高档和中档大曲酒对糖化发酵剂的种类及其量比要求是不同的。因而，对于减曲并同时使用TH-AADY和糖化酶，可归纳为以下三类意见：

a. 配套措施及包括入窖条件在内的发酵条件不同：因而有的主张减曲10%~20%；有的认为应减曲20%~25%；有的赞成减曲1/4~1/3，最多不得减1/3以上；有的经验则可减曲1/3~1/2。

b. 产品档次不同：认为优质大曲酒可减曲25%，普通大曲酒可减曲50%。

c. 因季节而异：对同一种酒而言，春秋两季及冬季，减曲量可大些；夏季，减曲量可少些。但也有人认为采用增粮、减曲、加TH-AADY和糖化酶的工艺，会使母糟色泽加深且酒带霉味，因而这条路线是不可行的。

（2）应用于面糟发酵 TH-AADY和糖化酶的用量　可按面糟的淀粉含量、入池条件，根据经验数据予以计算。发酵后蒸得的酒可用于串香，即将酒装入底锅，甑内装香醅或大楂酒醅蒸馏取酒；或用于不同酒醅的回酒发酵，以资增香。

（3）应用于丢糟发酵　通常生产1t 60%vol的浓香型白酒，约有3t丢糟，其中含可利用淀粉为5%以上。如果添加适量的TH-AADY和糖化酶，发酵10d后，品温升高5~6℃，淀粉下降约2.2%，可产丢糟酒60~70kg。这样成本较高，且酒质也差。故有的专家主张还是加一些粮为好。丢糟再发酵的方式有多种，可由专窖集中发酵，也可在面糟上强化发酵。一般总出酒率可提高2%~4%，但丢糟酒淡薄，己酸乙酯含量仅为60mg/100mL左右，乙酸乙酯约为200mg/100mL，另有一些醇、醛类成分。通常这类酒上不了档次，可如同面糟酒那样用于串香和增香。

（4）TH-AADY应用于其他方面

①用于制大曲：以利于酵母增殖、驯育和提高成曲的酶活性。

②应用于培制窖泥：有利于己酸菌的增殖。

③应用于双轮底：但双轮底的作用是产香，而TH-AADY非产酯酵母，故其效果应进一步通过实践证实。此外，还有在翻沙中添加TH-AADY和糖化酶的。关于TH-AADY的使用方法，有的厂认为不必预先活化。但从使用目的而言，还是以活化为好，以利于提高活性和减少用量。

（5）配套措施

①丢糟酒的生香和提香：上述添加TH-AADY和糖化酶生产的丢糟酒，可进一步进行如下的生香和提香。

a. 生香：可将1/3的淡酒回入窖底的醅中，同时添加酒尾、黄浆水和大曲粉，成为生香层。随着酒精和己酸浓度的增加，生成己酸乙酯的速度也大大加快；与此同时，在大曲中各种酶的作用下，生成诸多微量成分。加之一系列生化反应产生香味，约需消耗6%的酒精发酵成底糟。

b. 提香：将2/3的淡酒置于底锅，上述底糟装于甑中进行串香。传统的蒸馏工艺中，底锅主要盛水，并加入少量前几排的酒尾。这样蒸馏时提香效率较差，因为酯类和高级醇大多易溶于醇而难溶于水，己酸乙酯、乙酸乙酯和丁酸乙酯等都是醇溶性的。

据有的专家研究，当底锅中溶液保持酒精为32%vol时，则馏出液中己酸乙酯浓度达到极大值；当加入丢糟酒等使底锅水中酒精达15%vol以上时，则全甑酒醅均置于有效的提香范围内。因此，如果仅将TH-AADY和糖化酶的作用停留于多产丢糟酒阶段，则其意义极为有限；但若将新工艺与传统工艺进行更深层次的有机结合，则其实用价值就较高。

②注意入窖条件：有的厂提出在冬季使用TH-AADY和糖化酶时，应坚持酒醅进出窖的淀粉浓度“高进高出”的原则，以利于养窖保糟，这是有一定道理的。但在夏天则应注意入窖温度和淀粉浓度。酒醅的最高品温等于入窖品温加升温幅度。升温幅度与酒醅淀粉浓度有关，热量来自酵母的呼吸和发酵所产的热能。据经验，酒醅淀粉消耗1%，则品温上升1.7~2℃，这一经验数是与理论计算值接近的。例如最高品温不超过36℃、入窖品温20℃，则允许升温幅度为16℃、可消耗8%的淀粉。通常出窖淀粉浓度为8%~9%，则不难算出入窖淀粉浓度与升温幅度的关系值。

此外，为防止品温升得过高，还可采取减少用糠量，将窖顶物料踩实，以减少醅中含氧量等措施。

③回醅发酵：将发酵好的酒醅再加入一些粮和少量经清蒸的稻壳，入窖进行发酵、蒸馏。

④换池发酵：双轮底发酵可提高总酯含量，但也存在出酒率低，以及易使窖泥老化等缺点。为此，可采取换池发酵法，即在酒醅历时 15～20d 的主发酵结束后，将酒醅取出，加入适量大曲粉或 TH-AADY 和糖化酶，再换入另一个窖中，继续发酵 20d。其结果，己酸乙酯、丁酸乙酯和乙酸乙酯含量大幅度提高，而乳酸乙酯含量则大为降低。究其原因，是由于将靠近原窖底、窖壁含己酸和丁酸、己酸菌和丁酸菌较多的酒醅，比较均匀地分配到另一窖的全窖中了。这些菌和产酯酵母的生酸、产酯作用得以增强。此外，因己酸菌能以乳酸为碳源生长，故己酸乙酯含量高时，乳酸乙酯含量就比较低。另外，在换窖时，由于添加了大曲粉 TH-AADY 和糖化酶，故出酒率也有所提高。

⑤加酯化液：在主发酵期结束后，灌入酯化液。但必须注意使用优良的酯化液，否则反而会降低出酒率。

⑥蒸馏：采用薄层串蒸提香法。

⑦其他：如制曲中加入多功能菌、适当延长发酵期等，均有利于酒质的改善。

（6）取得的主要成果

①提高了原料出酒率：至少将丢糟中的淀粉含量降低 2.2%，因而提高了出酒率。

②提高了名优品率：采用添加 TH-AADY 和糖化酶的方法，进行面糟追酒，并只添加 TH-AADY 强化粮醅发酵，采取双轮底生香，薄层串蒸的配套措施，可使名优品率由原来的 20%～30%提高到 55%以上。若采用添加 TH-AADY 和糖化酶，对面糟和丢糟进行追酒、粮醅传统发酵、多轮底生香、高酒精度串香的一套工艺，名优品率稳定提高。

③使安全度夏成为现实，初步做到了夏季不减产、不停产。

第六节　不加粮异常母糟的再利用

大曲酒厂因种种原因，如自然灾害、酒不好销、资金短缺或原料供应不上等，被迫停产。为了保持窖池不致干涸毁坏，入窖糟醅中没有投粮，只加少量曲粉，封回原窖，即整窖母糟采取了类似红糟的操作办法入窖，以达到减少亏损，兼顾养窖保糟的目的。这种窖发酵期长达半年、一年，甚至数年之久。此种窖的母糟称为不加粮异常母糟（下称“不加粮母糟”），它与正常投粮的母糟有很大的差异。

一、 不加粮母糟的性质和特点

1. 感官特征

不加粮母糟色泽赤红，手感显干，显硬，不柔熟，骨力差，持水能力差，上部母糟与下部母糟水分含量差异较大。9 甑窖池黄浆水量仅有 250kg 左右。

2. 理化性能

不加粮母糟与正常母糟的理化指标比较见表 6-57，其水分含量、酸度和淀粉含量偏低，若利用此糟加粮再利用，糟醅骨力显著下降。

表 6-57　　正常、异常出窖糟的理化指标测定

类别	发酵期	水分/%	酸度	淀粉/%	还原糖/%
正常母糟	2 个月	60.18	3.07	9.35	0.98
异常母糟	6 个月	59.82	2.98	7.25	1.00
异常母糟	2 年	56.50	2.69	7.89	0.95

3. 微生物种群

采用平板稀释计数法测定不加粮母糟与正常母糟的微生物种群与数量，结果见表6-58。

表 6-58　　微生物种群和数量的测定　　单位：个/g

类别	发酵期	霉菌	酵母	细菌
正常母糟	2 个月	1.27×10^{4}	1.93×10^{4}	8.60×10^{5}
异常母糟	6 个月	1.96×10^{2}	2.30×10	3.29×10^{5}
异常母糟	2 年	<10	<10	1.03×10^{4}

从表 6-58 可见，异常母糟随着发酵期的延长，霉菌、酵母和细菌的数量都不断下降，尤其是霉菌和酵母的数量下降较快。这可能对下排窖内微生物的繁殖有不利影响。

二、不加粮母糟保窖过程中的变化

不加粮母糟在保窖过程中生理生化特性、微生物种群和数量究竟有何变化，与加粮母糟正常容池的母糟有何差异，泸州酿酒科研所曾对不同类型的母糟进行过定窖跟踪测试。

1. 跟踪测试的方法

选用某厂窖容 5 甑的 3 个窖池，试验前将 3 个窖的出窖糟混合均匀后作基础母糟，其酸度为 3.07，淀粉含量为 10.75%，水分为 60.33%。采用三种方案跟踪测试：A 每甑投粮 140kg，发酵 2 个月，作正常母糟；B 每甑投粮 140kg，发酵 1 年，作加粮母糟；C 不投粮，蒸酒后加曲发酵 1 年，作不加粮母糟。定期取样，分析母糟酸度、水分、淀粉和还原糖及做微生物检测（包括细菌、芽孢杆菌、酵母、霉菌）。

2. 测试结果与分析

（1）理化指标测定结果　见表 6-59。

表 6-59　　不加粮母糟保窖过程母糟理化测定

测定日期	酸度				淀粉含量/%				水分/%			
	A		B	C	A		B	C	A		B	C
	入窖糟	出窖糟	窖内母糟	窖内母糟	入窖糟	出窖糟	窖内母糟	窖内母糟	入窖糟	出窖糟	窖内母糟	窖内母糟
1991.12.20	1.54	—	1.44	2.11	18.25	—	17.75	11.75	54.2	—	55.4	62.5

续表

测定日期	酸度				淀粉含量/%				水分/%			
	A		B	C	A		B	C	A		B	C
	入窖糟	出窖糟	窖内母糟	窖内母糟	入窖糟	出窖糟	窖内母糟	窖内母糟	入窖糟	出窖糟	窖内母糟	窖内母糟
1992.02.20	1.73	2.78	2.69	2.45	21.65	11.56	10.21	9.23	52.5	62.4	60.1	61.1
1992.04.20	1.73	2.69	2.98	2.59	16.50	9.04	9.72	9.16	55.8	61.8	59.5	58.9
1992.06.20	1.81	3.31	2.93	2.60	16.50	8.73	8.26	8.97	55.0	62.3	60.0	58.0
1992.11.16	—	4.23	4.12	3.26	—	9.49	8.58	8.35	—	59.2	57.6	56.4

从表6-59可见：①不加粮母糟入窖时起点酸度高，但窖内生酸幅度小，无论半年或1年发酵期，其酸度都低于加粮的母糟，这一结果说明了“不加粮母糟酸度高”的认识是不确切的。②不加粮母糟因未投粮，其淀粉含量起点较低，1年后母糟中残余淀粉当然也较低，加粮母糟的淀粉含量变化主要是在前两个月。③不加粮母糟1年后水分明显偏低，这是母糟显干、窖泥干燥的重要原因。

（2）微生物种群与数量的测定结果　见表6-60。

表6-60　不同类型母糟微生物的检测　单位：个/g

测定日期	酵母			霉菌			细菌		
	A	B	C	A	B	C	A	B	C
	出窖糟	窖内母糟	窖内母糟	出窖糟	窖内母糟	窖内母糟	出窖糟	窖内母糟	窖内母糟
1991.12.20	1.9×10^2	2.3×10^2	1.1×10^3	3.6×10^3	4.6×10^3	2.7×10^2	4.0×10^4	5.0×10^4	5.4×10^4
1992.02.20	1.3×10^5	5.0×10^4	5.6×10^3	1.0×10^2	3.0×10^2	6.0×10	2.6×10^5	2.1×10^5	7.9×10^4
1992.04.20	1.8×10^3	1.0×10^4	1.8×10^4	1.0×10^3	1.0×10^3	2.3×10^3	5.9×10^3	1.5×10^4	5.3×10^3
1992.06.20	7.2×10^3	7.3×10^2	2.3×10^2	8.3×10^2	3.7×10^2	1.9×10^2	2.0×10^4	1.1×10^5	3.3×10^5
1992.11.16	1.2×10^4	1.0×10^3	<10	3.8×10^3	1.2×10^3	3.0×10	5.9×10^3	2.9×10^4	1.4×10^4

从微生物检测结果可知：①不加粮母糟与加粮母糟半年内酵母数差异不大，1年后不加粮母糟酵母数显著减少。②霉菌数的变化情况与酵母数相似。③细菌及芽孢杆菌数的变化情况加粮与不加粮母糟无明显差异。

三、利用不加粮母糟恢复生产出现不出酒或出酒率低的原因

在生产实践中，利用不加粮母糟恢复生产存在的主要问题是母糟显干，加粮入窖后，窖内不升温，不来吹（酒厂的习惯用语。是指在发酵期间，用竹竿在窖内插一小孔，无发酵产生的二氧化碳产生，发酵不正常），最终是出酒率极低（甚至不出酒）。究竟是何原因，下面做一个分析。

1. 糖化作用受阻

据试验结果和生产调查分析，利用不加粮母糟恢复生产第一排不出酒或出酒率极低，是因糖化作用受阻或发酵作用受阻。从糖化酶和酵母对出酒率的影响结果（表 6-61）看，增加酵母后出酒率提高很少，而增加糖化酶后出酒率提高很多。因此，初步认为利用不加粮母糟恢复生产，第一排不出酒或出酒率低的主要原因是糖化作用受阻。

表 6-61　糖化酶和酵母对不加粮母糟处理后的出酒率　单位：%

处理	重复 1	重复 2	平均	比对照增减
糖化酶	20.05	30.91	25.46	10.71
AADY	11.25	23.57	17.48	2.64
对照	8.97	20.57	14.77	—

2. 酸酯类香味物质的积累

母糟内酸酯类香味物质的积累，影响了淀粉酶和糖化酶的作用，从而使糖化作用受阻。从两种降酸措施的试验结果（表 6-62）看，清蒸能显著提高出酒率，而用 $(NH_4)_2CO_3$ 化学中和法降酸，却不能明显地提高出酒率。清蒸不仅能蒸掉部分酸类物质，而且还能减少母糟内部酯类物质。

表 6-62　两种降酸措施试验结果比较

处理方法	入窖酸度	出酒率/%	酸、酯含量/（g/L）		
			总酸	总酯	己酸乙酯
用 $(NH_4)_2CO_3$ 中和	1.36	15.82	1.385	5.222	3.465
清蒸	1.41	26.37	0.963	4.541	3.040
对照	1.49	14.77	1.601	5.008	3.340

四、利用不加粮母糟恢复生产的有效措施

根据利用不加粮母糟恢复生产出现不出酒或出酒率低的原因分析，以及不加粮母糟的特性，建议采取下列措施，可有效地利用不加粮母糟恢复生产。

（1）清蒸（最好是串蒸）　清蒸可以降低入窖糟的酸度，同时也可驱除母糟中部分酯类物质。若采用白酒或食用酒精串蒸，则效果更好。

（2）增加用曲量　增加用曲量可以增强糖化作用，提高母糟活性，削弱酸、酯类物质对糖化发酵作用的阻碍。

（3）适当增加稻壳用量、量水用量和投粮量　不加粮母糟持水力差，母糟显干，骨力差，采取适当增加糠、水、粮，可使母糟逐渐恢复骨力和持水力，同时也有一种稀释作用，使转排母糟能正常进行糖化发酵。

（4）使用糖化酶和 AADY　使用糖化酶和 AADY 后，可强化糖化发酵作用，使母糟逐渐恢复正常。

（5）缩短发酵周期　缩短周期，经几轮转排后，母糟易恢复正常。

第七节　丢糟的综合利用

丢糟是酿酒后的副产物。由于其含水量高，并保留有许多未完全发酵的残余营养物质，酸度又高，堆放极易霉变腐烂。丢糟含水量高，给干燥带来很大的麻烦，加之丢糟干物质中仅难以分解利用的禾稻壳就占60%~65%，这使整个丢糟干物质的营养价值大大降低。因此，丢糟的综合利用一直是白酒行业需要解决的课题。数十年来，酿酒行业对固态酒糟的利用进行了许多研究和应用。例如，回糠酿酒，粮渣制曲，丢糟分离物回窖酿酒，丢糟粉制酯化液和培养液，培养食用菌，提取蛋白质，生产淀粉酶和纤维素酶，提取复合氨基酸及微量元素，提取植酸和植酸钙，提取戊聚糖，厌氧发酵回收沼气，制取SCP饲料，生产饲料蛋白，与石灰发酵做染色还原剂，制肥料等，但这其中除了用作饲料、农肥之外，其他方法都不能从根本上解决酒糟的最终去向问题，而且有的还可能制造出更多的糟渣，不能彻底解决酒糟对环境的污染。

一、丢糟的营养价值

固态法白酒发酵周期虽然很长，但原料中仍有很多营养成分未被利用，丢糟中还有丰富的营养物质（表6-63、表6-64、表6-65、表6-66）。

表6-63　固态酒糟的常规营养成分

项目	湿糟	干糟	玉米
水分	57~61	7~10	10~19
粗淀粉	8~10	10~13	62~70
粗蛋白	5~6	14~22	8~16
粗脂肪	1.4~2	4~7	2.7~5.3
粗纤维	10~12	17~21	1.5~3.5
灰分	5.8~6.5	4~15	1.5~2.6
无氮浸出物*	19~21	42~46	—

*无氮浸出物内包括粗淀粉。

表6-64　固态酒糟中的氨基酸　单位：%

名称	含量	名称	含量	名称	含量	名称	含量
谷氨酸	2.209	胱氨酸	0.754	甘氨酸	0.496	组氨酸	0.328
丙氨酸	0.948	缬氨酸	0.636	亮氨酸	1.252	精氨酸	0.494
苏氨酸	0.441	蛋氨酸	0.170	酪氨酸	0.332	脯氨酸	0.961
丝氨酸	0.518	天冬氨酸	0.884	苯丙氨酸	0.705		
色氨酸	1.530	异亮氨酸	0.588	赖氨酸	0.400		

表 6-65　　固态酒糟中的维生素　　单位：mg/100g

名称	维生素 A	维生素 B	维生素 C	维生素 PP	烟酰胺
含量	625.00	27.90	37.50	419.92	182.69

表 6-66　　固态酒糟中的无机元素　　单位：mg/100g

名称	磷	钾	钙	镁	铁	锰	钠	铜	钼	铯	氯	铬	铅
含量	0.5	0.7	0.3	0.3	0.1	0.01	0.03	0.001	0.0004	0.0005	0.26	无	无

二、丢糟在白酒生产中再利用

1. 生产复糟酒

复糟酒是以传统白酒丢糟作为主要原料，通过添加自然酒曲或强化发酵剂（例如干酵母、糖化酶等）经一定周期在窖池内发酵后，再经蒸馏而得的白酒。行业每年产生的丢糟数量庞大，一次丢糟中淀粉含量一般 12%~15%，还有大量的呈香呈味物质，丢糟中的淀粉有效利用将会产生巨大的经济效益，因此一次丢糟生产复糟酒在行业内推广较多。

2. 回糠酿酒

河南省商丘林河酒厂利用本厂研制成功的一台锥体滚筒式酒糟筛分机，将酒糟中形态完整的稻壳分离出来，重复发酵酿酒。这种回糠酒无糠的杂味，绵度相当于贮存半年以上的原大曲酒。

四川省农科院水稻高粱研究所与四川泸州曲酒厂利用物理方法分离出的稻壳回窖酿酒不影响出酒率，己酸乙酯含量大幅度提高，并且主要酯的量比关系较为谐调。

3. 粮渣制曲

白酒丢糟的粮渣中含有丰富的蛋白质、氨基酸和多种微量元素，是制曲的良好原料。泸州曲酒厂将曲酒丢糟中残余粮渣用于培制大曲，经贮存后，用于大曲酒生产。经多轮使用，说明对入窖糟、出窖糟的水分含量、酸度大小影响甚微，与未加粮渣的曲比较，酒中总酸、总酯含量差异不显著。四轮次使用，酒中己酸乙酯平均提高 97.3%，己酸乙酯占总酯的 40%左右，且四大酯比例协调，酒质提高 1~2 个等级，出酒率四轮次平均提高 3.61%。可见，粮渣制曲对提高出酒率和酒质效果十分显著。

4. 丢糟分离物同时用于回窖酿酒

白酒丢糟经分离后，得到糠壳、粮渣和洗糟水三大部分。洗糟水中富含糖分、淀粉、蛋白质和一些发酵产物，营养极为丰富，将其加热至 80℃以上，作为量水打入粮糟之中，并将分离到的糠壳取代 40%的新糠作辅料，用粮渣曲作糖化发酵剂，将分离物同时用于酿酒。其工艺流程如下：

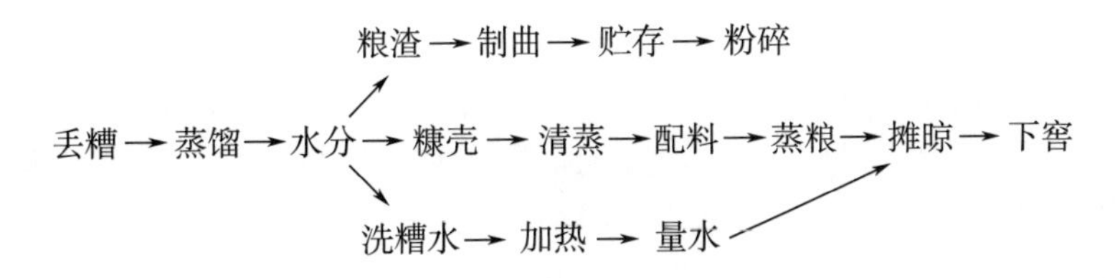

上法经连续四轮发酵试验，结果表明对入、出窖糟水分、酸度、淀粉影响不显著，对产出酒的总酸总酯也无副作用。试验窖出酒率略高于对照窖，己酸乙酯含量比对照窖高 70%~78%，口感也优于对照窖，达到浓香型优级酒水平。

5. 粮渣曲用于翻沙

“翻沙”是浓香型酒生产中常用的一项提高产品质量的措施。翻沙中的用曲量一般为投粮量的 5%。选择上轮出酒率与酒质基本一致的两个邻近窖池，入窖后发酵 30d 进行翻沙。翻沙用的其他物料也相同，对照窖用全小麦曲，试验窖用粮渣曲，用量均为每 7.5kg，翻沙后封窖 9 个月又 23 天，同时开窖取酒，结果如表 6-67 所示。

表 6-67　粮渣曲用于翻沙窖效果　　单位：g/L

处理方法	出酒率/%	总酸	总酯	己酸乙酯	乳酸乙酯	己酸乙酯/乳酸乙酯
全小麦曲翻沙	21.6	1.213	8.639	5.4795	3.7215	1.42
粮渣曲翻沙	20.8	1.313	9.152	5.5382	3.7306	1.48

6. 丢糟糠壳用于串香酒生产

四川沱牌曲酒厂用流化床振动烘干设备将丢糟烘干，将糠壳和粮渣分离，分别再用于酿酒生产。通过用不同水分和用量的丢糟糠壳，替代部分新鲜谷壳用于串香酒生产，发现水分为 20%、用量为 20kg/甑的丢糟糠壳加入串香酒香糟中，能改变蒸馏桶中串香糟化学成分和物理性能，进而使串香酒质量得到明显的提高。

7. 用丢糟粉制酯化液和培养液

将丢糟粉按 10%~50%的不同比例分别制酯化液、发酵液，并用于酿酒生产。试验中采用 20%丢糟粉制酯化液，30%丢糟粉制发酵液，将酯化液和发酵液用于：①养窖。②灌窖强化酯化。③串香酒或曲酒生产。④培养窖泥。通过几轮窖池使用，证明丢糟粉所制的酯化液、培养液能提高曲酒的优质品率（表 6-68）。

表 6-68　应用酯化液、发酵液效果统计

项目	一车间		二车间		三车间	
	实验	对照	实验	对照	实验	对照
酯化液窖池/（个/次）	10	10	20	15	30	20
发酵液窖池/（个/次）	18	18	26	26	26	26
一级优质率/%	25.40	16.8	38.1	21.4	29.8	19.4
二级优质率/%	46.2	43.1	52.3	48.1	51.4	46.3
平均出酒率/%	44.3	44.2	38.6	38.7	42.8	41.6

8. 丢糟粉用于培养人工窖泥

在原窖泥配方的基础上加入 8%~10%的丢糟粉和用丢糟粉制成的酯化液、培养液，以增加窖泥中的氮、磷和菌种源，可使人工培养的窖泥质量更好。投窖后大多数窖池在第一排即能产出好酒。

综上所述，将丢糟经适当处理后用于酿酒生产，不仅可节约原料、降低成本，而且能带进大量的呈香呈味物质和对酿酒至关重要的微生物群体。所以，用丢糟作原辅料酿酒可一举多得。

三、利用丢糟作饲料资源

1. 鲜糟的贮存

青贮是鲜酒糟贮存的好办法，它利用厌氧环境使乳酸菌生长，产生乳酸，增加酸度，从而抑制杂菌生长，防止霉烂。其方法是：鲜酒糟与其他碾碎料以3：1混合，含水量在70%左右，密封，同时以石灰中和。另一方法是：将鲜酒糟置于窖中，2~3d后，将渗出液体除去，再加鲜糟，渗出液体后又除去，如此层层添加，最后一次保留上清液，盖好窖口。据黑龙江省北安市城郊畜牧站报道，用缸、窖、塑料袋等均可进行青贮。青贮不仅可以有效地保存酒糟中的营养成分，还可延长鲜糟保存时间，防止霉变腐败。此外，在青贮过程中，酒糟中的残留酒精挥发掉，可以增加酒糟饲料的适口性。

2. 利用鲜糟生产单细胞蛋白饲料

用生物方法处理酒糟进行单细胞蛋白（SCP）饲料的生产逐渐引起了人们的重视，很多单位开展了该领域的研究，并已取得良好效果。例如，山西省农林科学院玉米研究所报道，他们研制的酒糟SCP饲料，粗蛋白质含量可达39.37%。山西省农业科学院土壤肥料研究所研制的饲料，粗蛋白含量比酒糟提高8%~9%。重庆某酒厂用大曲酒糟接种白地霉生产SCP，粗蛋白含量最高达27.2%。湖南农学院微生物室用他们选育的两株酵母生产SCP，可使酒糟的粗蛋白含量提高到25.8%。这些研究虽已取得可喜的进展，但由于集中在残余淀粉的利用而未涉及纤维素的降解，从而给酒糟的进一步开发留下了余地。

赵守贤等以降解纤维素为突破口进行了进一步研究。他们选用SCP生产菌、纤维素降解菌和生长素产生菌进行了酒糟多功能饲料的开发，使粗蛋白含量有了进一步提高，同时饲料中新增了一定量的生长素，从而取得了更大的经济效益和社会效益。邢亦顺等用白地霉生产SCP，用康宁木霉降解纤维素，用赤霉菌生产生长素，开发出适于土法生产的分步转化法和适于工业生产的综合转化法、液体发酵法三项工艺。四川大学生物工程系邓小晨等研制的酒糟高蛋白多功能饲料也取得了显著的效果。他们将SCP生产菌、纤维素降解菌和酒糟内原有的微生物优化组合，使之在酒糟这一特殊基质上的生长性能更进一步改善。这些方法生产出的饲料蛋白质含量高、适口性好，代替鱼粉做无鱼粉饲料，很受欢迎。

3. 将酒糟烘干粉碎后，直接或配合作饲料

鲜酒糟直接用于饲料的做法已不适应，要提高酒糟饲料的质量和储存时间，必须进行加工。对固态酒糟干燥处理的常用工艺为：将鲜酒糟烘干后，进行稻壳筛分，分出的稻壳可用于再生产，酒糟用来生产便于储存的饲料。用这种方法处理酒糟，可彻底解决环境污染问题，产品得率高，饲料价值好。

成都市农机研究所研制成功的组合式气流干燥设备，干燥强度大、时间短、效率高、能较快地去除物料吸附水，每小时可干燥酒糟120kg以上，煤耗小于75kg，每1kg干燥成本为0.06元左右。

酒糟烘干后粉碎做饲料出售，虽然能耗较高，但保存了酒糟的营养成分，而且工艺简单、处理量大。烘干后的酒糟用来代替米糠和麦麸作填充料，价格较糠麸便宜，可以

节省部分饲料粮。干糟比鲜糟适口性强，牲畜喜食。

四川省水稻高粱研究所和四川省养猪研究所联合开展酒糟做猪饲料的研究。在猪饲料中加入适量酒糟，饲喂效果和瘦肉型猪标准的预期日增重与对照较接近。每使用100kg干酒糟作猪饲料，可节省糠麸等饲料45kg左右。同时，还研制出“酒糟饲料专用添加剂”，在使用酒糟作饲料的同时，饲喂这种添加剂，猪的日增重提高15%～25%，并可节省饲料11%～16%。

4. 经微生物发酵后生产饲料

据报道，目前国内主要用于生产菌体蛋白的微生物有曲霉菌、根霉菌、假丝酵母菌、乳酸菌（杆菌、链球菌）、枯草芽孢杆菌、赖氨酸产生菌、拟内孢霉、白地霉等。研究表明，混合菌的发酵效果更明显，采用多菌种混合回转发酵，占地面积小，发酵36～48h，可将酒糟的粗蛋白含量提高至30%以上，氨基酸含量在22%以上，粗纤维降低了2%左右。在发酵阶段，菌株代谢酶破坏了纤维素和木质素之间的紧密结构，更易于动物消化吸收，从而大大提高了酒糟蛋白饲料的生物效价。

5. 用于养殖蝇蛆和蚯蚓间接生产饲料

据介绍，有一种加工方法也可行，可充分利用酒糟里的有效成分。使用酒糟和动物粪便为培养物养殖蝇蛆和蚯蚓，蝇蛆和蚯蚓均是很好的动物性蛋白饲料，品质较高。鲜蚯蚓含蛋白质10%～14%，制干后可达56%～65%。蛋白质中含有多种游离氨基酸，其中以亮氨酸和谷氨酸的含量最高，每百克样品分别含22.161g和6.227g。蝇蛆干粉的蛋白质含量也达53.26%，赖氨酸4.09%，蛋氨酸1.41%，其中，必需氨基酸总量是鱼粉的2.3倍，蛋氨酸、赖氨酸分别是鱼粉的2.7倍及2.6倍，并有实践证明还具有抗菌（蛆粉）和促生长的功能，可用于鸡、鸭、猪的饲料，特别适用于水产养殖的活饵料，如用于一些珍稀特种养殖业，价值更高。养殖蝇蛆和蚯蚓后的酒糟渣是很好的有机肥料，含氮仍有1.06%～2.43%，若制成复合花肥，价值更高，此外还可用于养鱼（泥鳅、鲤鱼、鲫鱼）、田螺和栽培蘑菇等。

四、深度“三废”效益化利用

1. 酿酒废水处理利用

白酒生产发酵过程中除丢糟等固废外，还会产生黄水、底锅水等液态副产物。黄水是糟醅发酵过程中产生水分从糟醅上部向下沉淀聚集，同时携带多种营养物质、风味成分形成的黄色或者褐色带有特殊风味的液体；底锅水则是白酒蒸馏和粮食糊化时水蒸气在糟醅中反复冷凝下沉聚集在锅底中与原有水分形成的混合液体。这两种副产物都含有丰富的香源物质和风味成分，例如白酒中主要的酯类、醇类、有机酸，此外还包括杂环类化合物、酚类化合物、含氮化合物、还原糖等。行业内多数企业只是采用传统的方式简单串蒸和简单酯化的方法粗放处理，这样的方式对这两种副产物利用率低且效果差，没有充分挖掘其最大价值，其排放物还会加大环境负担。五粮液首创的利用超临界CO_2萃取技术从酿酒副产物中提出呈香呈味物质，再还原到酒体中，极大提高了产品附加值。该技术能对黄水、底锅水进行高效利用，产品质量安全性高，风味优良。该技术为行业树立了酿酒液体废弃物处理的标杆，获得了省科技进步一等奖，解决了行业共性问题。该技术在其他酒厂也陆续推广使用。

在此基础上，五粮液开发建设了环保湿地一期，立足于以补给宋公河生态用水为目的，结合园区打造5A级景区为目标的废水治理工程，配合长江经济带建设打造绿色制造标杆。

本项目采用不饱和垂直流滤床和表面流滤床，原理是利用湿地中植物、微生物和生态填料的物理、化学和生物作用达到污水净化的目的。废水从上至下依次渗过石英砂、火山石、铁矿渣、砾石四层生态填料，微生物在填料中附着形成生物膜，通过呼吸分解、硝化、反硝化等作用降解氮、有机物等污染物；生态填料也可吸附、阻截废水中的部分污染物（悬浮物、磷酸盐等），配合植物的吸收，将污染物无害化。

2. 企业从源头统筹考虑“三废”的效益化利用

随着白酒企业规模的不断扩大，对酿酒副产物分类单项处理模式已经不适合现代企业的发展需求，实力雄厚的大型酒企开始探索从源头统筹考虑三废的综合链式利用。其中五粮液把治理“三废”的重点转移到产前和生产过程中，打造了白酒循环经济生产链。

五粮液循环经济模式，通过“烟、气综合利用”项目研发，利用“丢糟多级链式综合利用”和“酿酒底锅水萃取”发明技术，解决了丢糟污染的问题；并用乳酸生产中排放的结晶废液萃取酒用呈香呈味物质，做到达标排放的同时大大提升了酿酒副产物的利用价值，为行业树立了循环经济的标杆。

3. 酿酒废弃物的深度效益化利用

随着国家环保政策的进一步收紧，环保要求越来越高，各项政策鼓励企业深度挖掘和利用企业自身“三废”。为贯彻好“绿水青山就是金山银山”的精神，白酒行业不断利用自身研发能力或者与第三方合作加大技术研发，把新技术、新管理运用到白酒“三废”的利用。近年来以龙头企业为代表的白酒企业在循环经济领域投入不断加大，绿色生产理念得到很好的贯彻。以五粮液为例，为有效解决五粮液集团公司酿造废水处理形成的大量污泥，彻底改变污泥填埋处理的单一处置模式，经过长期研究和试验验证，形成了以好氧堆肥为技术主线的污泥资源化利用模式。以污泥为主体，酿酒丢糟为辅料，添加少量废弃制曲草帘，调节物料水分在60%左右。将混合后的物料堆成长条形垛体，底部进行通风处理，维持50~65℃高温15d左右，再经10d左右后熟，制备的肥料符合农业部NY 525—2012《有机肥料》标准要求，该有机肥料在宜宾市蔬菜种植、花卉栽培方面取得了良好的施用效果。现在五粮液在建设100万亩五粮液酿酒专用粮基地中已使用酿酒丢糟与高粱秸秆进行组合制备高粱专用肥料，避免污泥中残留的聚丙烯酰胺（PAM）对种粮土壤的传导，确保种植基地全流程实现有机种植。施用高粱专用有机肥的糯红高粱相比于施用化肥的亩产增产15%~20%。丢糟有机肥向上游原料种植拓展使用，打开酿酒副产物利用新思路，也为酿酒企业把握延伸产业链提供了技术支撑。同时，五粮液也在筹建丢糟生物发电工程，顺应国家政策导向，实现生物质能源的绿色化。

近年来以丢糟为原料的新型高分子材料也已面世，将丢糟与天然生物基材合成的新型高分子复合材料具有良好的抗菌性、机械性、功能性、生物可降解等优点，在建材、包装材料等多个领域具有良好的应用前景。

五、其他

1. 栽培食用菌

酒糟中氮、磷元素含量高，并含丰富的B族维生素和生长素，非常适于担子菌的生长，故鲜酒糟稍经处理，即可进行食用菌的栽培。鲜酒糟的处理，主要是调整其 pH。鲜酒糟的 pH 在 0.6~1.0，需加石灰水调节。一般栽培料 pH 控制在平菇 pH7、凤尾菇 pH8、草菇 pH8~9、猴头菇 pH4.5~6.5。用鲜酒糟栽培食用菌是酒厂附近农民致富的好路子。

2. 利用酒糟酿制食醋

四川省食品发酵工业研究设计院有限公司利用丢糟代替辅料，用 AS3.324 菌及酒精酵母 2.351 和乙酸菌 1.141 制食醋，出醋率从 8.6%提高到 10%~14.5%，各项指标均符合 SB71-78 二级醋标准。

山东大学与掖县酿造厂，利用酒糟或部分酒糟（70%酒糟，30%醋糟）取代辅料酿制食醋，其出醋率由原工艺的 4kg（乙酸 3.5%）提高 0.7kg，该品口感好，略带酒酯香味。

综上所述，酒糟中含有丰富的营养成分，这是对酒糟进行开发利用的依据。纵观目前各种利用方法，笔者认为，酿酒行业将丢糟再利用效益明显，并可提高酒质和出酒率，但其利用酒糟的数量有限。用酒糟生产食醋、食用菌、提取有机酸和复合氨基酸等，虽然是一条路子，但酒糟处理量也微不足道，而且存在着废渣如何处理问题。将酒糟加工成饲料，最好是单细胞蛋白饲料，烘干后与其他原料配合，制成适合于喂养猪、牛、鱼或其他禽畜的饲料是目前较实用的方法。可以相信，随着研究的深入，酒糟的综合利用将具有广阔的前景。

3. 丢糟的无害化综合处理技术

1998 年，五粮液在国内首创，利用丢糟酿酒和燃烧供热及利用稻壳灰生产白炭黑的“无窖化、效益化处理丢弃酒糟工艺技术”研制成功。此项目共投资 2.167 亿元建设了丢糟多级链式综合利用设施。利用丢弃酒糟生产复糟酒，废弃丢糟送至锅炉房燃烧产蒸汽，丢糟灰生产的白炭黑，形成了年处理糟 50 万 t，增产原酒 15000 多 t，丢糟燃烧产蒸汽 90 万 t，稻壳灰生产白炭黑 5000t 的生产规模，基本实现了资源化利用、无害化处理、减量化排放，彻底解决了丢糟污染问题，在国内首次实现了固态法白酒清洁化生产。

4. 酒糟生产农肥

近几年有人在豫西红黏土旱地进行实验，每公顷 3.75~7.5 万 kg 酒糟配合无机氮磷肥施用，对小麦生长十分有利，能促进小麦次生根生长，单株分蘖数、营养元素吸收量、小麦地上部分干重均有明显增加，小麦增产 10.2%~12.8%；酒糟氮和无机氮各半，磷肥配施增产效果最佳，比等量无机氮和磷肥配施的产量提高 23.8%，增产达显著水平，氮肥利用提高 98.9%，土壤供氮量减少 18.6%；酒糟与无机氮配施对小麦的连应效果也很显著；每公顷 1.875~7.50 万 kg 酒糟配合无机氮磷肥施用，对旱地培肥效果明显。

保护生态环境是任何一个企业所应承担的社会责任，白酒行业必须结合自身特点发展循环经济，坚持科技创新，不断利用新技术、新方法提高“酿酒副产物”的利用效率，挖掘其更大利用价值，实现环境友好的绿色发展模式。白酒企业必须以高度的社会责任感和使命感，提高企业资源综合利用效率、生产技术水平和整体竞争能力，才能取得良好的社会效益、经济效益和环境效益，最终实现人与自然、人与社会的和谐发展。

第七章　人工老窖

第一节　人工老窖的科学依据

浓香型白酒的主体香味成分自20世纪60年代中期开始，国内不少单位进行了深入的研究，通过纸层析和气相、液相色谱分析，一致确认己酸及其酯类为浓香型白酒的主体香味物质，梭状芽孢杆菌是产生这两种物质的主要菌类。“好窖出好酒。好酒的基础是优质窖泥、优良工艺和精心管理”，这是浓香型大曲酒生产必须遵循和认同的真理，而人工老窖泥的研究和应用就是利用各种科技手段、微生物、土壤等相关学科的成果，模拟老窖泥的老熟机理以及各种成分，尽量缩短自然老熟时间而达到优质窖泥的水平和实际效果。

窖泥是浓香型大曲酒发酵不可缺少的先决条件。按四川的传统认为，50年以上的老窖才能产出特、头曲，20年左右的窖一般只产二、三曲。新搭建的窖泥用纯黄泥搭成，要经过相当长时间，泥色才由黄转乌，又逐渐变为乌白色，并由黏性绵软再变为脆硬。这个自然老熟过程一般需要20年以上的时间。老窖泥质软无黏性，泥色乌黑带灰，并出现红绿色彩，带有浓郁的窖香。窖龄越长，酒质越好。

一、己酸乙酯的生成

第一途径：在发酵过程中，酒精和乙酸结合生成丁酸，丁酸再与酒精结合生成己酸：

$$CH_3CH_2OH+CH_3COOH \rightarrow CH_3CH_2CH_2COOH+H_2O$$

$$CH_3CH_2CH_2COOH+CH_3CH_2OH \rightarrow CH_3(CH_2)_4COOH+H_2O$$

在生物合成过程中，在无细胞酶存在下，酒精与磷酸在乙酰与乙酰磷酸存在下，与乙酸结合生成丁酸，当丁酸与磷酸共同存在，受到氧化，反过来又变成乙酰磷酸。发酵一般是以高分子向低分子分解，而己酸发酵是具有2个碳的酒精为基质制造具有6个碳的己酸，属于合成发酵。

在浓香型白酒发酵过程中，是以淀粉质为原料，在淀粉酶的作用下，将淀粉转化成葡萄糖，发酵生成己酸、乙酸、CO_2和放出氢：

$$(C_6H_{10}O_5)_n \xrightarrow{\text{淀粉酶}} nC_6H_{12}O_6$$

$$2C_6H_{12}O_6 \rightarrow 4CH_3COCOOH+4H_2\uparrow$$

$$4CH_3COCOOH+2H_2O \rightarrow CH_3(CH_2)COOH+2CH_3COOH+4CO_2+2H_2$$

$$CH_3(CH_2)_2COOH+2CH_3COOH+2H_2 \rightarrow CH_3(CH_2)_4COOH+CH_3COOH+2H_2O$$

$$总式：2C_6H_{12}O_6 \rightarrow CH_3(CH_2)_4COOH+CH_3COOH+4H_2$$

己酸再与乙醇起酯化反应，生成浓香型酒的主体香味成分己酸乙酯：

$$CH_3(CH_2)_4COOH+CH_3CH_2OH \rightarrow CH_3(CH_2)_4COOC_2H_5+H_2O$$

但是脂肪酸随着碳原子的增加，酯化十分困难，酒中的己酸酯尚有一部分是通过另一途经产生的。

第二途径：在发酵过程中，芽孢杆菌利用乙酸乙酯为承受体，加入乙醇变成丁酸乙酯，然后再与乙醇反应生成己酸乙酯：

$$CH_3COOC_2H_5+CH_3CH_2OH \rightarrow CH_3(CH_2)_2COOC_2H_5+H_2O$$

$$CH_3(CH_2)_2COOC_2H_5+CH_3CH_2OH \rightarrow CH_3(CH_2)_4COOH+CH_3COOC_2H_5+H_2O$$

由此可知，乙醇、乙酸、乙酸乙酯均是成香的前体物质。但是，在反应过程中（指以乙酸乙酯为承受体的反应），当乙酸乙酯量大于乙醇时，反应只到丁酸乙酯为止；反之，则继续下去到生成己酸乙酯为止。

二、 各层发酵糟所产酒质比较

大量生产实践证明，越是接近窖底或窖墙的发酵糟，其酯含量越高。足见浓香型酒的特殊芳香与窖泥有密切关系。各层发酵糟成分的比较见表 7-1。

表 7-1　各层发酵糟成分的比较　单位：g/100mL

项目	总酸	总酯	杂醇油
上层糟	0.0491	0.1115	0.1019
中层糟	0.0913	0.2934	0.0795
下层糟	0.1041	0.3562	0.0989

三、 窖泥中成分

1. 老窖泥、田间泥、窖皮泥土质比较

不同泥样分析结果见表 7-2。

表 7-2　不同泥样分析结果

项目	水分/%		pH	氨态氮/(mg/100g 土)	腐殖质/(g/100g 土)	有效磷/(mg/100g 土)	备注
	鲜样	风干					
田间泥	23.1	3.76	4.60	6.78	2.50	0.02	红旗山取样
窖皮泥	31.8	8.54	6.90	29.32	4.04	45.30	一组取样
老窖泥	38.16	17.85	4.80	121.28	14.92	600.10	三组取样

注：系 20 世纪 60 年代泸州酒厂查定数据。

2. 窖泥中的氨基酸

窖泥中的氨基酸含量一般在 2%~10%范围内，比土壤中的氨基酸含量高数倍至数十倍。氨基酸含量随上层、中层、下层酒糟的顺序而增加，酒中总酯与己酸乙酯含量随上层、中层、下层的顺序而增加，两者之间呈正比关系。

3. 窖泥中的无机及微量元素

新、老窖的窖泥中铁、铝、镁、锰、钼、锌、钛、硼、速效磷等元素差异较大。初步认为是对浓香型酒质量有影响的元素。有效磷含量过低或过高均不适宜，并影响酒质。在人工培泥时要注意对有效磷的控制。

4. 窖泥中白色晶体和白色团块

窖泥中的白色晶体和白色团块是窖泥成熟和老化、板结的主要特征和必然反应。经过分析确认白色晶体为乳酸铁，白色团块为乳酸钙，这两种物质会使己酸菌和窖泥功能菌所产生的总有机酸、乙酸、丙酸、丁酸、己酸下降，并会使己酸和丁酸的比例失调。因此，在培养窖泥时不宜添加含 Ca^{2+} 的化学物质，如石灰水、普钙、重钙等，同时要加强对窖泥的后期养护及管理。

5. 窖泥中的有机酸

窖泥中的挥发性有机酸总量为 0.97%~2.30%，不同窖泥中有机酸含量差异见表 7-3。

表 7-3　　不同窖泥中有机酸的含量*

项目	老窖泥	一般窖泥	人工窖泥
有机酸总量	100%	137.38%	128.71%
窖中几种酸比例	己酸>乙酸>丁酸	丁酸>己酸>乙酸	己酸>乙酸>丁酸
己酸	55.52%	24.55%	38.24%
丁酸	12.99%	39.1%	19.36%
乙酸	22.45%	19.03%	37.18%

* 表中数据是以老窖泥有机酸总量为基数 100%计。

黄浆水中乙酸含量高，己酸含量低，只使用黄浆水培制窖泥，很难达到百年老窖己酸含量水平和各种酸的比例。

通过上述分析总结，为人工培养老窖泥提供了较为充足的科学依据。

第二节　液体窖泥的制备

液体窖泥是指将窖泥进行人工液体培养，经反复连续淘汰纯化，得一较纯的复合菌株培养液。液体窖泥是维护和改造劣质窖池必备的手段和措施，同时也是提高酒质的一种方法。

一、丁酸发酵液

培养基：牛肉膏 1.5g，葡萄糖 3g，蛋白胨 2g，$CaCO_3$ 2g，老窖泥浸出液 100mL（取老窖泥 100g，加 85℃以上热水 150g，充分搅拌成泥浆水，自然澄清，取清液作培养基添加用水）。

培养方法：采用三级扩大培养。

将培养基约 500mL 装入烧瓶内，塞上棉塞，灭菌，冷后接入老窖泥 3%~5%，然后加热至刚沸腾即止，急冷，此时基本上所有的营养细胞都已被杀死，只留下具有芽孢的耐热细菌，水封，至34℃保温培养，16~18h后开始产气，液封鼓泡，镜检可发现大量杆状菌和少量的大型梭状菌。

培养液成熟后，颜色黄浊，略臭，似黄浆水味，pH变化不大，约为4.5。菌体染色为革兰染色阴性，发酵液中含丁酸和己酸。

二、己酸菌发酵液

培养基：$CH_3COONa \cdot 3H_2O$ 0.5%，$(NH_4)_2SO_4$ 0.05%，$WK_2HPO_4 \cdot 3H_2O$ 0.04%，$MgSO_4 \cdot 7H_2O$ 0.02%，酵母膏0.1%，自来水适量（杀菌后，接种前加入乙醇2%），$CaCO_3$ 1%，调pH6.8~7，培养温度32~34℃，培养基应尽量充满容器，造成厌气条件，培养时间为7d。

菌种一般采用分离纯种或老窖泥液。

在培养期间，可用显微镜检查杂菌污染情况，同时用20%硫酸铜溶液检测己酸的生成量。通常在接种后1~3d基本上不产己酸，4~6d开始产酸，7d后己酸含量明显增加，己酸菌生长也很旺盛，10~12d己酸量达到高峰。在逐级扩大培养中，一般1、2级种子培养7d，大生产用己酸发酵液则适当延长到15d为好。

三、混合培养液

制备混合培养液是大生产常用的一种方法，具有成本低廉、简单易行的特点。其培养液配方：老窖泥（接种泥）5%~10%，底层母糟15%，曲粉2%，乙醇2%（用酒头、酒尾、曲酒照折），营养盐（按照老窖泥的结构和需要，调整N、P、K等营养成分，可采用0.5%的高效复合肥，或按己酸菌培养液配方添加一半）适量，黄浆水10%，调pH5~6，90℃以上热水调配。

工序：将酒醅、黄浆水装入麻坛内，倒入90℃以上热水（或部分热底锅水），立即封坛，待冷至50℃左右，加入曲粉、老窖泥、营养盐，调pH，加入适量的乙醇，保持乙醇含量2%~5%，并且用乙醇封面，然后封坛。保温32~34℃，培养8~10d。正常培养液应为金黄色或淡黄色，气味与老窖泥相似，有悬丝，镜检杆菌多，健壮，有极少量酵母，基本无其他杂菌。

制备液体窖泥应注意以下几个问题：

（1）合成培养基中乙酸钠和乙醇是必不可少的物质，否则己酸就不能生成，用其他的乙酸盐代替乙酸钠也可以。酵母膏含有一定的生长素，能促进己酸的合成，酵母膏的量不足或质量低劣都会影响己酸合成，其他无机盐影响不大。用酒糟浸出液（或液态法酒厂的酒糟水）作配料用水，可以取代酵母膏和无机盐。

（2）己酸菌（或窖泥）培养液有时会变黑，有的有黑色沉淀，有的出现黑色膜状物。据分析可能是由强氧化作用，氨细菌感染引起的。

（3）培养基pH的影响。己酸菌属于变形杆菌，是梭状芽孢杆菌，它除了有己酸合成的一套酶系外，还有另一套酶系，在环境条件正常时它可以通过乙酰辅酶A的作用形成丁酰辅酶A，进而再形成己酸。但在环境改变不适于己酸菌合成己酸，即pH过高时就会使另一套酶系产生作用，在肽酶的作用下分解蛋白质，首先脱掉氨基酸分子上的氨基，

进一步产生 H_2S，因而产生恶臭，并造成培养液变黑。当菌液变黑时，培养基的 pH 在 8 以上。

四、 酯化液的制作

酯化液的利用是微生物技术与传统工艺相结合的产物，是提高酒质和培养窖泥所普遍采用的一种方法。其主要的依据是用醇、酸在酶系的作用下脱水生成酯类。目前的生产方式大致可分为两种：自然状态的酯化（物理方法），添加催化剂酯化（生物方法）。采用最多最普遍的还是物理方法，因其简单，便于车间、班组自行调节掌握。而生物法所需用的菌种和大规模生产模式尚未取得突破性进展。

1. 物理方法

配方为：黄浆水 25%，调整酒精度为 5%~20%vol（用较好的酒调配效果更佳），大曲粉 2%，己酸菌液 1.5%，香醅 1.5%，老窖泥 2%。

没有黄浆水时可用母糟浸提液代替，取 1 份的底层糟，1.5 倍的 90℃以上热水浸泡，搅拌，30min 后过滤，取滤液备用，同时根据情况添加部分己酸等物质。

将上述原料按比例放入坛中，上面用高浓度酒封面，外用食品级塑料薄膜盖住，涂上封坛泥，pH 在 3.5~5.5，酯化温度保持在 30~34℃，酯化时间 1~3 个月。

2. 生物方法

（1）HUT 液　取 25%赤霉酸（IS）、35%生物素，溶解时用食用酒精，取 40%泛酸用蒸馏水溶解，将上述溶液混合，稀释至 3%~7%，即得 HUT 液。按照黄浆水 35%、酒尾（酒精含量 20%vol）55%、大曲粉 5%、酒醅 2.5%、老窖泥 2.5%，配好后，加黄浆水量 0.01%~0.05%的 HUT 液，在 28~32℃下封闭发酵 30d。泛酸在生物体内是以 CoA 形式参与代谢的，而 CoA 是酰基的载体，在糖酯和蛋白质代谢中均起重要作用。生物素是多种羧化酶的辅酶，也是多种微生物生长所需的重要物质。

（2）由己酸菌三级培养成菌液　取菌种 10%，己酸菌培养基 8kg，用黄浆水调 pH 4.6，酒头（尾）调酒精含量 8%vol，温度 30℃，发酵 30d。考虑蒸馏时的提香效果，要有较高浓度的酒精存在；要保证一定的时间完成正反两方向的质量扩散（浸入、提出）。因此，利用其串香时，上甑时间应为 35~40min。用此方法时要注意：菌种的选择和加量，酒尾和黄浆水的比例，酸度的大小，酒精浓度的高低，酯化温度和时间。

现在用固定化技术生产己酸菌液已基本成熟。其基本原理就是用几组相连接的不锈钢发酵罐，将己酸菌等窖泥功能菌用海藻酸钠等物质固定在柱子里面，用微型泵或采用落差将黄浆水、酒和母糟浸提液等混合物以一定的速度和流量注入反应罐中，反应时间大约为 7d，通过柱子中固定菌的生长繁殖，培养成合格的己酸菌液。因其采用较纯的菌种和较严格的厌氧条件，有利于己酸菌的生长和繁殖。这是培养和增强窖泥中己酸菌含量的较佳方法，同时其产物用于养窖和改窖都有很好的效果。用固定化技术生产出来产品的特征为：呈金黄色或清油色，有浓郁的老窖泥气味，镜检有大量健壮的梭状芽孢杆菌，色谱分析有一定量的己酸乙酯存在。

（3）以酯化酶为主培养酯化液　以酯化酶培养酯化液的配方是尾酒：酯化酶=25：1，另加经高温煮沸速冷至 40℃的黄浆水和糟水，在 30~40℃下酯化 14~15d。

第三节　窖泥的培养

窖泥培养的各个方面是相互依存、相互协调的，必须要有好的培养基质、生产工艺及精心管理才能培养出优质高效的人工老窖泥。

一、 窖泥所需的营养物质

人工培养的成熟窖泥和老窖泥一样，其最大的特点是梭状芽孢杆菌含量丰富。梭状芽孢杆菌等窖泥功能菌在窖泥中生长所需的营养物质一般认为有腐殖质、有效磷、氨态氮、乙酸、乙醇、生长素、水等。土壤肥力是通过土壤复合胶体表现其功能，土壤复合胶体是由微生物、有机胶体和无机胶体构成的，它有类似生物同化和异化作用的生理功能。在土壤复合胶体中，腐殖质起着重要的作用，土壤板结医治的方法一般为增加有机物特别是腐殖质的含量。因此，在窖泥配方设计时，要充分考虑土壤与窖泥之间的相通特性，老熟的窖泥在泥与微生物之间的水分和养分供给方面呈“稳、匀、足、适”的良好生态环境。

1. 腐殖质

窖泥腐殖质是在微生物酶的作用下形成的简单化合物和微生物代谢产物的合成物，以及有机残体或其他有机物腐殖化的过程中形成的一类特殊分子有机化合物。在其分子上含有若干羧基、酚羟基、羟基、甲氧基、甲基、醌基等能与外界进行反应的官能团。

腐殖质的形成基本上分为两个阶段：第一阶段是在有机残体分解中形成组成腐殖质分子的基本成分，如多元酚含氧有机化合物（如肽等），一部分转化为矿化作用最终产物 CO_2、H_2S、NH_3等，同时产生再合成产物和代谢产物，如胡敏酸的组成部分多元酚氨基酸、多肽或寡糖等。第二阶段是在各种微生物群分泌的酚氧化酶的作用下，把多元酚氧化成醌，即：

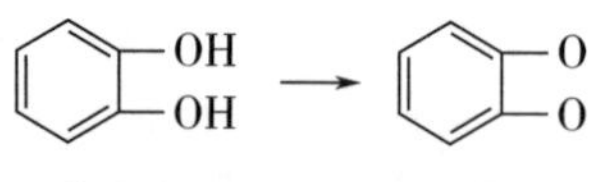

多元酚（—OH，—OH）→ 醌（—O，—O）

醌再进一步与含氧的有机化合物缩合形成腐殖质分子的基础，即：

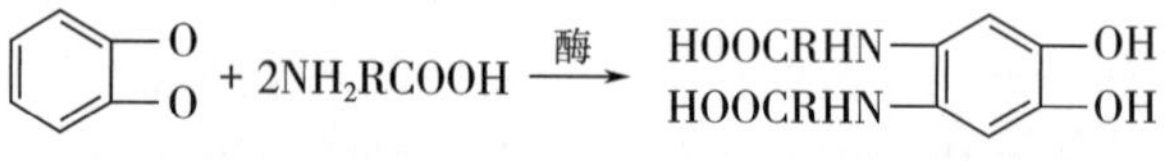

醌（—O，—O） + $2NH_2RCOOH$（有机化合物） $\xrightarrow{酶}$ 腐殖质分子（HOOCRHN—，HOOCRHN—，—OH，—OH）

酿酒原料高粱中含大量的单宁（多元酚），是否可变成腐殖质的前体现未明确。但可以肯定的是二元酚可氧化成醌及腐殖质分子。木质素和碳水化合物在微生物作用下也可形成多元酚，蛋白质在蛋白酶的作用下可转化为氨基酸或肽链，缩合形成腐殖质分子。

黄浆水中含大量腐殖质前体（AA）等，给窖泥腐殖质的形成提供良好的前体物质。出窖时的好气条件有利于有机物的分解，旺盛的微生物群为腐殖质分子的形成提供大量的酶，因而一般窖泥中腐殖质要比土壤中的高。

窖泥腐殖质的功能是：

（1）为微生物营养元素的来源　窖泥中除可吸收的游离 NH_4^+ 等外，很多氮素经过分解及合成作用转化为腐殖质，保存在窖泥中。许多腐殖质成分的分解又是缓慢的，能保证微生物对养分的“稳、匀、足、适”的需要。腐殖质胶体在氧化物表面形成保护膜衣，形成不易溶解的无效磷，减少磷酸盐与 Ca、Mg、Fe、Al 等元素结合，提高磷素的有效性。微生物所需要的 K、Ca、Mg、S、Fe 等元素在腐殖质中也有不同程度的含量，还含有维生素 B_1、维生素 B_2 和维生素 B_6、烟酸、激素、生物素、吲哚乙酸等，它们有的是微生物的营养物质，有的对微生物生长有刺激作用。

（2）缓冲调节作用和离子代换作用　腐殖质分子的前体物质羟基、酚式羟基、烯醇式羟基、亚胺基等使有机体带负电荷，有较强吸收阳离子的能力，每 100g 腐殖质吸收量为 150~400mmol，比黄泥高 4~5 倍，吸收的阳离子可由另一种代换能力强的阳离子代换出来，如：

$$\text{土壤胶体}\cdot Ca^{2+}+2H^+ \rightleftharpoons \text{土壤胶体}\cdot 2H^+ + Ca^{2+}$$

这种代换作用可受离子浓度的影响，如 Ca^{2+} 浓度高时，反应会按上式逆向进行。腐殖质分子质量大、功能团多、解离后带电量大、有机胶体分散度高，具很大的表面吸收作用，阳离子代换量大，对窖泥营养的保持和酸度的调节有重要作用。

（3）保水作用　腐殖质是亲水胶体而又疏松多孔，有很强的保水作用，腐殖质含量高的窖泥吸水率可达 900%~2500%，一般土壤吸水只有 400%~600%。所以腐殖质对保持窖泥的滋润状态，发挥窖泥功能有重要作用。

2. 有效磷

磷是核酸与磷脂的成分，组成高能磷酸化合物及许多酶的活性基。一般磷的适合浓度为 0.005~0.01mol/L。微生物主要是从无机磷化合物中获得磷，磷进入细胞后即迅速同化为有机的磷酸化合物。磷酸根在能量代谢中起调节作用，在一定范围内，磷酸盐对培养基 pH 的变化有缓冲作用。磷是己酸菌大量繁殖的必需物质，磷又是参与乙醇、乙酸化合成己酸这一发酵过程的重要物质。例如丁酸和磷酸相结合，加入乙醇，才能生成己酸。有效磷是指土壤中能被植物及时吸收利用的那一部分磷素。在人工培泥过程中，不宜加过磷酸钙和重过磷酸钙，因为它们含有游离的酸性强的 H_3PO_4，Ca^{2+} 又易与乳酸形成沉淀，造成窖泥老化。

3. 氮（氨态氮）

微生物细胞的干物质中氮的含量仅次于磷和氧，它是构成微生物细胞中核酸和蛋白质的重要元素。凡是构成微生物细胞物质或代谢产物中氮素来源的营养物质均称为氮源。含蛋白质的有机氮源称为迟效性氮源，而无机氮源或以蛋白质的各种降解产物形式存在的有机氮源则被称为速效氮源。

在人工培泥时添加 N、P 应以 $(NH_4)_2PO_4$ 等为主，不必加入价格很高的 KH_2PO_4。氮素的添加不应加硝氮，它在窖泥厌氧条件下发生反硝化脱氮，造成氮素损失。当 pH5~8，温度为 30~35℃时，最有利于反硝化作用。土壤中氮素转化是供给微生物以速效氮源的重要过程。控制土壤条件使有益微生物活跃，进行氮素转化中有益的过程，是控制土壤中氮素转化的基本依据。

土壤有机质为微生物提供能源，主要是碳水化合物和含氮有机物，当有机质的 C/N 等于 25：1 时，微生物繁殖快，材料易于分解，有机质氨化分解作用所产生的氨大部分或全部供给微生物利用。一般认为 C/N 在（8~12）：1 范围内（相当于腐殖质的 C/N）最为稳定，矿化速度极缓慢，碳源和氮源能有效长久地保持于土壤中。

土壤对尿素有一定吸附能力，尿素分子与粉粒矿物或腐殖质上的官能团以氢键的形式相结合。尿素在土壤中可在脲酶作用下转变为 $(NH_4)_2CO_3$：

$$CO(NH_3)_2+2H_2O \xrightarrow{\text{脲酶}} (NH_4)_2CO_3+H_2$$

在 30℃时，只需 2d 就会出现氨化高峰，而氨态氮在检测时对结果影响较大，使测定结果与实际含量有较大的差别。窖泥的培养温度又以 30~35℃最好，因此，在人工培泥时添加尿素要充分考虑这些因素。如是需添加尿素或尿素型复合肥，最好是在培养时加一部分，在挂窖前再加一部分，以免氮素损失太大，或根据每轮检验结果，分批分期添加。

4. 生长素

酵母菌、细菌、霉菌等微生物，在死亡之后菌体自溶产生的一些物质，如核酸、B 族维生素、生长素 H、核黄酸、乙酸等是微生物的生长素。维生素只是作为酶的活性基，需要量一般很少，其浓度范围为 1~50mg/L 甚至更低。

5. 酵母自溶物

它是酵母破败自溶后的产物。它含有核糖核酸和维生素 B_1、生物素 H、维生素 B_2 和叶酸等，都是促进己酸菌繁殖的重要物质，所以己酸菌发酵时，必须有大量的酵母自溶物作营养基，才能促进发酵。当浓香型大曲酒酒厂培养窖泥需酵母自溶物时，一般自行制作，其方法为：将活性干酵母活化（2%稀糖水，保温 30~35℃，活化 2h）繁殖后，加入已按比例配好的己酸菌培养液中，用高浓度酒（或酒精）封面，隔绝发酵容器中的氧气来源，使酵母充分利用培养液中的氧，当氧消耗到一定时间，酵母因缺氧而逐渐死亡，成为酵母自溶物。己酸菌生长需厌氧环境，酵母消耗部分氧，正好使己酸菌生长达到较好条件，逐渐建立生长优势，而最终大量繁殖。在窖泥培养中，同样可以添加 TH-AADY 活化液，一是补充酵母自溶物，二是使泥彻底发酵柔熟。

6. 乙醇

乙醇主要为己酸菌等细菌提供碳源。己酸菌在酒精浓度为 2%~5%vol 这个范围内都能正常生长，当酒精浓度达到 12%vol 时，维持不生长、不繁殖、不死亡的情况。人工培泥时所选用的酒头、酒尾、母糟浸出液，正是利用它们所含有的丰富酸类物质及乙醇，为菌类生长提供营养成分。

二、窖泥原料的选择

原料选择的原则是：根据人工培泥的理论依据，结合各种原辅料的有效成分，尽量选用酿酒生产的下脚料，减少外添加物质，以较小的投入成本换取较大效益的产出，以最佳配合缩短培泥老熟时间。

1. 黄泥、优质泥

黄泥要求黏性好，含杂质少，基本无沙石，pH 为中性偏酸，晾干后粉碎使用。优质泥又称肥田泥，为去掉上表含草5cm左右后的下面15~20cm的泥层，要求黏性好，肥效较高，含腐殖质、氮、微生物等较多。

2. 窖皮泥

它是制作人工老窖泥的主要基质。因其长期与母糟、面糟、曲药等接触，又从空气中富集了较多的有益微生物，有一定的腐殖质（5%~9%）和窖泥功能菌存在，同时也对环境有了一定的适应能力，故更能适应于窖泥培养。其要求为：有一定的窖皮泥香味，色泽泛黑，含糟量尽可能少，黏性较强。

如果培养人工窖泥需求量较大，窖皮泥不够时，不宜全部更换原窖皮泥，只能每轮换取1/3~1/2，因全新的窖皮泥至少需半年的时间才能达到使用要求，否则跟鲜泥无甚区别。另外，也可采用单独培养窖皮泥的办法，其具体操作为：将鲜黄泥加丢糟粉5%或粮糟10%，大曲粉2%，老窖泥2%~5%，黄浆水5%，己酸菌培养液15%，酒头、酒尾5%，拌和均匀，控制水分在32%~35%，堆积保温32℃，发酵1~2个月，每隔10~15d翻动1次，目的是加快泥质的氧化速度和增加酵母菌数。在第1次翻动时，将发酵泥踩柔熟，然后收堆。每次翻时可添加0.5%~1%的曲粉。此方法同样可以作为培养优质窖泥的预备。

3. 老窖泥（接种泥）

它是制作混合菌液和提供菌源不可替代的物质，系发酵时间长且正常窖池底部泥和下半部窖壁泥。在酿酒生产中应注意这样一个细节：每次在出窖时都会有小泥块随糟一起取出，这些小泥块应及时拾取，放入一特定坛中积存起来，并在坛中加入己酸菌培养液，上面用高浓度酒封面，使己酸菌在里面生存，并大量繁殖梭状芽孢杆菌，这是获取接种泥较好的一种方法。

另外一种培养接种泥的方法是将优质窖皮泥（气味、色泽正常）加入2%大曲粉、2%乙醇、2%母糟、10%~20%己酸菌培养液（或5%培养基），以及乙酸钠等营养物质，拌和均匀踩至柔熟，水分控制在35%~38%，放入窖池底部，随糟发酵2~3轮，即可成为质量较高的接种泥。因其在窖池底部与窖底、壁、母糟等不断进行微生物渗透和交换，同时下沉的黄浆水也将大量菌种和营养成分带到泥中，与之进行能量和物质交换，故使接种泥的含菌数和营养成分达到老窖泥水平。在制作接种泥时，要求选择发酵正常、无渗漏、质好量大的窖池。

4. 黄浆水

黄浆水内含有机酸、乙醇、腐殖质前体物质、酵母自溶物以及一些经驯化的生香菌类。所用黄浆水要求色泽呈金黄色或清油色，悬丝较好，酸度不宜过大，富含大量梭状芽孢杆菌，这是制作酯化液、己酸菌液、发酵液的基础物质。注意，不宜只用黄浆水和酒尾培养窖泥。

5. 大曲粉

内含大量的酵母、霉菌、细菌以及淀粉。培养窖泥初期，它对泥土起接种与升温的作用，以后曲粉中的微生物大量死亡，形成菌体自溶物，供土壤微生物使用。所含淀粉可逐渐转化为腐殖质，也为细菌利用，同时增加窖泥中的曲香味。

6. 活性淤泥

最好为酿酒车间、制曲车间暗沟里的淤泥，它主要是车间清洗工用具时落下来的酒糟、窖泥、曲粉以及酒梢子、底锅水等物质的混合发酵产物，含有丰富的厌氧或兼性厌氧微生物——甲烷菌等。取出后，在太阳下晒干，使还原性物质氧化，以利生产上使用。在选用淤泥时，不可泛取，要选择正常、无异臭、不带沙或含沙量少、细泥状的物质。

7. 水果发酵物

此系水果经腐烂发酵后的产物。将所选用的苹果、烂梨等粉碎后，加入适量的大曲粉、黄浆水、活性淤泥、TH-AADY 活化液等，放入池中或坛中发酵，使苹果、烂梨发酵彻底，形成有利于窖泥微生物利用的物质。这种原料可为窖泥提供部分碳源——乙醇，同时补充窖泥中植物性腐殖质以及微量元素、生长素等。但应注意采用这种原料培养成熟的窖泥使用后，有可能会增加酒中的乙酸乙酯含量，同时带来异香（指窖泥培养方法有异或不成熟）。因此，在制作窖泥时，水果发酵物应适量，宜少不宜多。

8. 肠衣发酵液

肠衣发酵液指将小肠的肠绒经长时间发酵成熟后的液体部分。其原料要求必须新鲜，将肠绒与肠衣分开，切成小段。配方为：黄浆水 25kg，热底锅水或 90℃以上热水 50kg，肠绒 25kg，酒尾（酒精度 25%vol）25 kg，接种泥 10 kg，曲粉 4 kg，下层母糟 2 kg，活性淤泥 5kg，磷酸氢二钾 0.5kg，硫酸镁 0.01kg，硫酸钠 0.03 kg，粮糟，乙醇适量。培养方法为：先将黄浆水与热水混合，调 pH 为 4.5~5.5，待品温降至 30~40℃将其余部分材料投入发酵坛中密封，在 30~37℃的条件下培养 3 个月以上。也可以先将肠绒单独处理，按肠绒 100kg、曲粉 10kg、活性淤泥 25kg、85℃以上热水 200kg 混合入坛发酵，使肠绒全部腐烂变成液体。用液体制作肠绒发酵液将缩短其成熟时间，效果更好。另外，在培养己酸菌液时加入 1%的肠绒发酵液，将有助于己酸菌液的成熟，同时气味更浓。

肠衣发酵液成品要求为：无原料本味，无腐败臭味，有一定的老窖泥气味或酯香味，色泽淡黄。另外在接种时可添加 5%~10%的己酸菌培养液。肠衣发酵液的作用为动物性腐殖质，增加窖泥中全氮的含量，以及其他有机营养成分。其弊端在于如果发酵液处理不当，易给酒中带来原料味或腐败味，影响酒糟的风格，甚至影响酒的质量。另外，因其蛋白质含量高，使用不当，会使酒中的杂醇油含量升高。因此，在考虑使用肠衣作营养物质时，要充分合理地设计发酵液配方和工艺，尽量延长成熟时间。在处理肠绒时可接种放线菌进行处理，其分解产物可为产品增加一种特殊的芳香。现在“肠衣发酵液”一般不再使用。

9. 泥炭

泥炭含有丰富的腐殖质，含量一般在 30%以上，可分为草原泥炭和高山泥炭两种。草原泥炭是以腐烂草根和草茎经长年在地下腐败厌氧演变而形成的黑色泥层，它是以枯草根茎为主，疏松、泡气，易粉碎和贮存。吸水和保水性能好，一般吸水在 900%~2500%。高山泥炭是由烂木、树叶等演变而成，以木质为主，干燥失水后如同煤一样坚硬，只能用机器粉碎，而且不易保存，吸水力不如草原泥炭。高山泥炭的缺点是在窖泥中使用几轮后，易发生板结现象，这需加强对窖池养护的责任心。因此，在窖泥中最好使用草原泥炭。

10. 糟

包括母糟、粮糟和丢糟粉，主要是为窖泥提供营养和疏松介质。

三、 窖泥生产的工序

人工老窖泥培养的主要依据是：按照嫌气芽孢杆菌（己酸菌等窖泥功能菌）的生存条件，用人工合成的方法使窖泥更能适应微生物的生存和繁殖，合理配搭N、P、K、腐殖质、微量金属元素、水分等营养成分，严格控制培养温度等外界因素的影响。人工培泥的方法主要有两种，即纯种培养和混合培养。所谓纯种培养就是用己酸菌培养液、酯化液、乙醇、大曲等物质与所需原辅料拌匀至柔熟，然后入池发酵，32~35℃保温，1~3个月成熟。混合培养就是用湿料经三级堆积培养，采用纯种菌液与混合菌液，逐步增加营养成分的方法。此工艺适应于规模较小的企业，其缺点是成熟期较长，一般需3~4个月；其优点为可以全部采用本厂下脚料，成本较低。

（1）工艺流程

①纯种法培养：原辅料（己酸菌液、酯化液、酒头、酒尾等）→拌匀、搅拌柔熟→入池封闭发酵1~3个月，32~35℃保温→途中抽检二三次（补充所需营养成分）→检验合格→成品

②混合法培养：见图7-1。

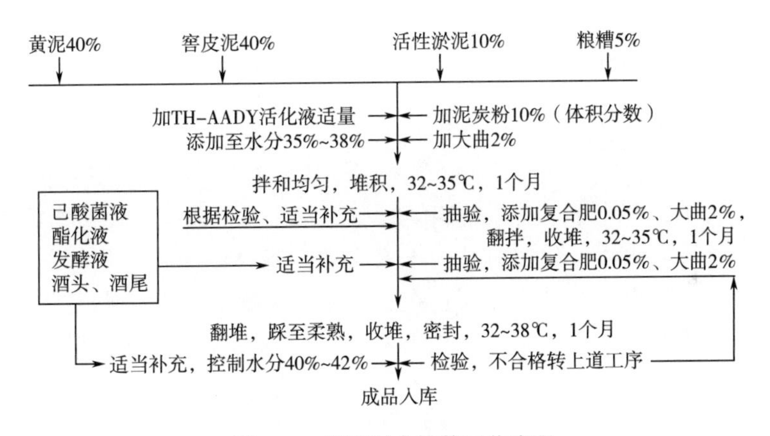

图7-1　窖泥混合培养工艺流程

（2）操作步骤

①纯种培养：将鲜窖皮泥50%、干黄泥粉30%、大曲粉5%~8%、粮糟（丢糟粉）1%~1.5%、乙醇2%（也可用次酒，酒头、酒尾，保证窖泥中酒精含量为2%vol）、己酸菌液、酯化液、发酵液、复合肥0.05%~0.1%等原辅料拌和均匀，水分控制在35%~40%，用搅拌机或人工踩至柔熟，入池发酵1~3个月成熟，32~35℃保温。

②混合法培养

a. 先将鲜黄泥（干细黄泥）或优质泥、窖皮泥、活性淤泥、粮糟（丢糟粉）、泥炭等物质按比例一层一层铺好，厚度控制在30~50cm，然后加入由酯化液、己酸菌液、发酵液、酒头、酒尾等混合的液体，拌匀、收堆（堆高约1m），再泼入部分混合液，控制水分在35%~38%，皮面用锹拍光，并涂抹1层黄泥浆，外再用塑料薄膜盖住，边（接）头处用黄泥封好。插上温度计，以利观察发酵变化情况。如温度不够，用热丢糟进行覆盖升（保）温，使发酵温度在32~35℃，发酵1个月，进行常规分析，感官鉴

定。在拌泥前可以泼洒 2%~5%的 TH-AADY 活化液，有利于泥的发酵柔熟和补充酵母自溶物。

b. 根据检测结果，对其进行感官综合鉴定。横截面层次清楚，各种原辅料发酵较好，有一定的气味，无霉变、酸败。补充大曲 2%、复合肥 0.05%、乙醇 1%~2%、混合液适量，进行翻拌，收堆，处理方法同前。控制水分在 36%~39%，32~35℃堆积发酵 1 个月。

c. 经过两轮的发酵，窖泥已基本成熟。感官上呈黑褐色，基本上无原料本色，有较明显的老窖泥气味，镜检中有较多的梭状芽孢杆菌，理化指标基本上能达到。再进行 1 次翻堆，其目的是将泥拌和柔熟，补充菌液及营养物质，然后收堆，表面泼 1 层高浓度酒，用薄膜密封。于 32~38℃发酵 1 个月。

d. 经过 3 个月的发酵，窖泥已经成熟。色泽乌黑（黑褐色），无原料本色，质地均匀，断面泡气，有明显的老窖泥气味和酯香酒香，镜检含丰富、健壮的梭状芽孢杆菌。

在进行人工培养窖泥时要注意：泥吸收水分后的膨胀力和微生物发酵的发酵力；在窖池中发酵窖泥时，注意不要将窖泥和得过稀或过干，过稀容易将窖壁挤垮或变形，过干则不利于微生物生长，同时还要考虑挂窖时的水分。另要注意窖泥培养过程的密闭性，一般发酵正常的窖泥池同酒糟池一样可产生燃烧的气体，并且产气旺盛。

四、 人工老窖效果差的原因

人工老窖的创造和发展，对浓香型大曲酒质量的提高，其作用不容忽视也不能替代。人工培窖的配方，因地制宜，百花齐放，但有不少效果不甚理想，究其原因有：

（1）窖泥配方不合理　不少厂家所用的窖泥配方，不是根据窖泥微生物的营养需要，而是盲目地添加大量烂水果、猪肠黏液、人畜粪便、腐臭淤泥等。这种方法不但不符合食品卫生安全要求，带来异臭异味，而且在窖泥中带来大量腐败细菌和大肠杆菌，于浓香型大曲酒发酵毫无益处。这类配方产出的酒，往往带泥臭味，苦涩异杂味重，多年不变，严重影响酒质。

有的在配方中加豆饼、花生枯、大米、高粱等，而忽视加黄浆水、酯化液、酒，这也是没有根据老窖泥中厌氧微生物的营养特性而盲目地浪费粮食，并使培窖成本无谓增加。还有的添加中草药、植物花草等，企图使窖泥带有某种特殊香味，以改善酒质，实际却适得其反。

窖泥配方中，应以酒厂副产物为主，再添加适量营养物质，这样既可驯养窖泥微生物，又可降低成本，而且效果良好。四川省食品发酵工业研究设计院有限公司与古蔺县仙潭酒厂合作，采用下列配方培养窖泥：黄泥、优质泥晒干粉碎，加大曲粉 10%、丢糟粉 3%、混种培养液 5%、大坛酯化液 5%，并适量加入氮、磷、钾、腐殖质和酒头酒尾等，密封发酵一月以上。培养成熟的窖泥具有浓郁的老窖泥香气。

（2）微生物来源不足或不正　有的酒厂以为窖泥培养得越臭越好，于是在黄泥中加入大量臭泥。这些污泥，有的取自工厂排废水的臭水沟，有的取自屠宰场或厨房的阴沟。这类来自污泥的微生物，大多数是与酿酒无益的微生物，有的甚至是致病菌。这样培养的窖泥酿出的酒必然是酒质低劣、怪杂味重。

有的厂家只把黄泥、肥泥加氮肥、磷肥等堆积起来，不加或少加窖泥培养液，发酵时间又短，导致培养后的窖泥带氨臭味，没有老窖泥的特殊气味。还有的厂把黄泥、窖皮泥拌和些丢糟、底锅水、黄浆水，堆积几天就使用。这些方法都是忽视了人工接种有益菌类以及窖泥功能菌生长繁殖的必要条件。其结果是所产的酒质量均不理想。

（3）微生物种类单一　窖泥中的微生物，我们着重研究过的不外乎只有几种，己酸菌、丁酸菌研究得多一些。但窖泥中微生物，应该说已知的只是少数，未知的却是多数。若培养窖泥时只用单一的己酸菌、丁酸菌，虽然对增加酒中的己酸乙酯含量有一定的作用，但其他香味成分仍然不足，酒质很不全面。故培养窖泥最好使用本厂老窖泥或名优酒厂选育的混合菌株（窖泥功能菌）作种子，这样效果更好。

（4）操作不细，管理不严　不少厂家在培养窖泥时处于靠天吃饭的自然状态，只利用热季进行突击性培养，培养场地临时将就，缺乏必要的培养工艺规程，操作粗糙、配料不匀，泥块大小不一、温度不加控制、水分干湿不匀等，这些都应引起足够的重视。

五、窖泥质量等级判定标准

窖泥质量等级判定标准由两部分组成：一是感官鉴定（表 7-4）；二是理化、微生物检测（表 7-5）。下面介绍一个指标评定标准（表 7-6），供酒厂参考，根据自身具体情况再行制定。

表 7-4　窖泥感官质量评定

项目	等级	标准要求
色泽	一	灰褐色或黑褐色，无投入原料本色
	二	黄褐色，无投入原料本色
	三	黄色或主体泥色，无其他原料本色
气味	一	香气纯正，有浓郁的老窖泥气味，略有酯香、酒香，香味持久，无其他异杂味
	二	香气正，有老窖泥气味和酯香、酒香，无其他异杂味，香较持久
	三	香气较正，无其他异杂味如酸败味、霉味、生味、腐烂味、腥臭味等
手感	一	柔熟细腻，无刺手感，断面泡气，质地泡气，均匀无杂质，明显有黏稠滋润感
	二	较柔熟细腻，刺手感较明显，断面泡气，质地泡气，均匀无杂质，有一定的黏稠感
	三	柔熟感一般，刺手感明显，断面较死板、均匀，有少许杂质，微带黏稠感

表 7-5　窖泥理化、微生物指标评定表

项目	标准范围
水分/%	38～42
氨态氮/（mg/100g 干土）	110～250
腐殖质/%	11～18
有效磷/（mg/100g 干土）	150～300
细菌总数/（亿个/g）	≥ 2.0
芽孢杆菌数/（万个/g）	≥ 35

表 7-6　窖泥质量评价标准

窖泥质量评价指标	指标描述	额定分
水分/%	≥36	10
	30~35	5~9
	25~29	0~4
有机质含量/%	≥8	10
	6.0~7.9	7~9
	5.0~5.9	3~6
	2.0~4.9	0~2
产酸能力（以己酸+丁酸计）/［mg/（g 窖泥·9d）］	≥280	10
	200~279	7~9
	100~199	3~6
	10~99	0~2
pH	6.0~7.5	10
	5.0~5.9 或 7.6~8.5	7~9
	4.5~4.9	3~6
	2.5~4.4 或 8.6~9.6	0~2
细菌总数/（$\times10^{11}$个/g 干泥）	≥1.3	10
	0.9~1.2	5~9
	0.5~0.8	0~4
耐热芽孢杆菌数/（$\times10^{11}$个/g 干泥）	≥1.0	10
	0.6~0.9	5~9
	0.2~0.5	0~4

若配方不合理，操作不当，缺乏必要的检验和标准，培养的窖泥在窖内发酵数年甚至 10 余年，仍有异臭，并出现板结老化，酒质难以提高。

第四节　窖池建造

浓香型大曲酒生产与其他香型曲酒不同之处在于使用窖泥和万年糟，需要窖泥与粮糟的有机结合，才能产出高质量的酒。建窖时需要考虑窖池形状、窖池大小、建窖材料、建窖环境等诸多因素，建窖完成的同时还需要考虑挂窖和投粮的进度。

1. 窖池形状、大小

窖池的形状和大小应根据生产需要和最大限度利用窖体表面积（尤其是底面积）来进行设计。

窖的容积大小是与甑桶容积相适应的，窖容又与投料量和工艺要求相关联。窖容越大，单位体积酒醅接触的窖体表面积就相对地减少。

$$A = S/V$$

式中　A——单位体积酒醅接触的窖体面积，m^2/m^3

S——窖体总表面积，m^2

V——窖体总容积，m^3

现将三者的一些数据对应列入表 7-7。

表 7-7　　窖容、窖表面积与单位体积酒醅接触的窖体面积的数据对应

V/m^3	5	6	7	8	9	10	11	12	13
S/m^2	14.8	16.5	18.5	20.13	21.64	23.5	24.83	26.0	27.97
$A/$（m^2/m^3）	2.9	2.75	2.64	2.52	2.41	2.35	2.26	2.16	2.13

窖的表面积与窖的长和宽之比密切相关，当两者之比为 1∶1 时，窖墙的总面积最小(即正方形)，两者之比越大，总面积越大。为便于起窖、入窖、刨斗操作，一般长宽比在（1.6~2.0）：1 为宜。设计窖池可选取长 3.5~4.0m、宽 1.5~2m 的比例。

窖的深度直接影响窖底面积，窖池越深，底面积越小。窖深以1.8~2.0m 比较合理。

在窖池形状、大小设计时应充分考虑这三者的关系和生产安排。各地窖形和大小不统一，有窖深达 3m 的，也有 1.6m 深的；甑容也不一样，大的在 2.5m^3以上，小的只有 1.0m^3多。老五甑，即使甑容较大，因甑口决定，故窖容一般较小。窖容大小应与投粮量、粮糟比、每窖甑数（包括粮糟、红糟、双轮底糟等）配套。

2. 建窖材料及其条件

窖池的使用效果和年限与建窖材料的选择、环境条件有十分密切的关系。有好的建窖材料和外部环境，所建窖池就能延长其使用寿命，反之则一年半载就可能倒塌，同时将严重影响和制约产量和质量。

建窖时外部条件即环境条件的勘测尤为重要，包括当地的气候、地理、地势、地质、水位等情况。建窖一般要求在地势较高、无渗透水和保水性能较强的地方进行。对于外部条件较差的地方就应该对其做预处理，最主要的是防水处理。防水处理就是将地下水、地表水与窖池隔绝，使窖池形成一个小环境。防水处理的方法一般为：用水泥、卵石、石灰、沙等材料制建 20~30cm 厚的地坪，同时在四周砌上与窖（水平线）等高的隔水层，这样就能保证窖池不再发生渗透现象。在条件较好、土质优良、水位较低的地方，可直接挖窖，四周都是优质黄土，是理想的建窖环境。

建窖的材料包括两种：一种是以土、泥为主体，一种是以砖、石为主体。以泥土为主的为佳。

3. 建窖的方法

建窖的方法包括两大种：一种以泥为主体，层层垒上；一种以砖、石为主体，砌成墙状，外面涂窖泥。

建窖包括窖埂和窖底两部分。现以四川某名酒厂的建窖方式为例作一介绍。

主要材料为：黄泥、石灰、碎石。将几种材料按一定比例混合，加水使其达到一定的含水量，然后按照 15°斜度的原则，用两板相挟，一层一层夯紧往上升；其间每隔 10~15cm，加一些竹篾墙筋，以增加其粘合力和抗膨胀力。每个交换处都应重叠，表面用石板或水泥板盖上。窖底用黄泥填紧至 30cm，再放人工培养窖泥。

4. 窖泥的涂抹

窖泥涂抹包括窖壁和窖底两个部分，窖泥涂抹厚度要求为：窖壁 10~15cm，窖底 20~30cm。

搭窖时，将干湿合适的人工培养窖泥用力掷向窖壁，一块紧挨一块，直至将壁全部搭满，然后用手将泥抹平，不能有凹凸不平的地方，最后将窖壁抹光滑。窖底倒入泥后，按规定厚度踩紧、抹平、抹光。投粮前，撒部分曲粉在窖壁与窖底表面，随即将粮糟入窖。若不能及时投料，可用薄膜盖好窖池，以防水分挥发、窖泥受损和感染。空窖时间最好不超过 2~3h。

综上所述，窖池的建造关键在材料的选择；窖池防水处理，即窖池保水和外部对窖池渗透水两个方面；要考虑黄浆水浸泡时对筑窖材料的腐蚀程度及浸泡时能维持多长时间；搭窖时应严格要求。

5. 窖池的保养

“养窖、护窖”是防治窖泥退化的重要手段，也是保证窖泥长期稳定和优质高产的条件。

（1）在糟醅入窖时，要严格控制入窖条件，不宜大起大落；在糟醅出窖时，注意不要伤窖泥。出窖后，必须把窖底、窖壁的酒醅打扫干净，并用窖泥培养液、黄水、酒尾混合物淋洒窖壁和窖底，随即撒一层曲粉，并及时投料。若不能及时入窖，需用薄膜将窖口封严，以防窖泥风干和空气、杂菌侵入。

（2）当窖壁（特别是上部）出现板结时，可采取在窖壁打孔灌液的方法，在灌液后立即将窖壁抹平。若板结较严重，可将板结部分窖泥刮下（2~3cm），加入培养液和营养物质及部分培养好的窖泥（增加黏性和补充菌源）拌匀，踩柔熟，重新抹上。

（3）“以窖养糟”“以糟养窖”是相互联系的，只有在母糟正常的情况下，才能更好地养护窖池。每个窖不宜连续搞特殊工艺（如翻沙、延长发酵期等），更不宜长期以“丢糟保窖”，否则会影响窖泥功能菌的正常生长活动，加速窖池老化。

窖池是基础，基础不打好，再好的曲药和工艺操作都难以发挥应有的作用。这是许多厂的实践和经验教训。

第五节　窖池退化的防治

一、 影响窖泥退化的因素

我国北方，受干燥气候和土质的影响，在窖池使用一段时间后，窖池四壁表面自上而下出现白色物质，这些物质以粉末和晶状体形式存在。这样的发酵窖池水分低，酸性大，窖泥黏度降低，手捻成散状，无一点油滑感，并伴有严重杂味。用此种窖池生产出的酒主体香成分己酸乙酯明显下降，严重影响产品质量。窖池退化的原因颇多，可以从下述诸方面进行分析。

1. 退化泥与优质泥成分比较

正常窖泥与老化窖泥比较见表 7-8，退化泥与优质泥成分比较见表 7-9。退化窖池泥中的水分、N、P、K 及己酸菌含量都比正常窖池低，并且酸度大。因此，应提高退化窖池的质量，让它接近或达到优质窖池泥成分，必须缩短两者间的差别。

表 7-8　　正常窖泥与老化窖泥比较

项目	正常窖泥	老化窖泥
色泽	乌黑，在阳光下呈荧光，五光十色	浅灰黄，有白色盐层
手感	湿润，细软，油滑	干燥，砂粒，板结坚硬
嗅	浓郁芳香	缺少香味或气味不正
镜检	杆菌、梭菌多并健壮	杆菌、梭菌少并瘦弱

表 7-9　　退化泥与优质泥成分比较

泥样		pH	水分/%	氮含量/(mg/100g)	磷含量/(mg/kg)	钾含量/%	腐殖质含量/%	己酸菌/(10^4个/mL)	酵母菌/(10^4个/mL)
退	1	4.0	30	27	89	0.04	4.87	123	90
化	2	3.9	29	19	324	0.06	7.15	98	88
泥	3	4.1	26	46.2	150	0.02	5.78	56	49
优质泥		6.2	41	202.7	620	1.23	11.47	965	715

2. 白色物质成分形成的原因及其对发酵窖池的影响

北方窖池老化现象为：窖池表面起碱，板结发硬，析出大量白色碎状物质和结晶物，主要是乳酸铁和乳酸钙等乳酸盐类。

乳酸钙、乳酸铁的形成是窖泥开始退化的表征。北方地下水硬度大，带入大量钙离子；选择培养泥时，钙、铁离子过多，加之工艺粗糙、卫生条件差，乳酸大量形成；窖池又没有很好保养，造成窖泥失水，大量生成乳酸盐类。

实践证明，乳酸钙和乳酸铁对己酸菌等窖泥功能菌有明显的毒害作用，当乳酸铁、乳酸钙含量在0.5%时，己酸菌数显著下降。在相同浓度下，乳酸铁比乳酸钙的毒害作用更大。

3. 窖池退化与pH的关系

老化窖泥pH一般偏低（表7-9）。pH对己酸菌数和己酸产量有很大的影响。窖泥pH不仅影响着窖泥中的有机物降解、无机物的溶解、胶体物质的凝聚与分散、氧化还原和各种微生物的活动强度，而且直接影响窖泥中多种酶参与的生化反应速度，继而影响微生物的生长代谢。不同pH的己酸菌生长情况见表7-10。

表 7-10　　不同 pH 的己酸菌生长情况

pH	3	3.5	4	4.5	5	5.5	6	6.5
己酸菌产己酸量/(mg/100mL)	4.60	4.67	4.68	18.54	27.41	39.08	43.17	45.05
己酸菌数/(1×10^7 个/mL)	6.42	6.47	6.49	8.12	10.87	15.64	17.67	21.92

4. 窖泥退化与水分的关系

老化窖泥的水分含量偏少，使窖泥功能菌新陈代谢的产物不能及时传出细胞体外，以致大量积累，导致生长繁殖停滞而死亡。窖泥微生物所需的营养物质也需有足够的水分溶解后，才能供给微生物的生命活动之用。北方酒厂，因受气候的影响，窖池水分蒸发快，特别是夏季，池壁严重失水形成板结，入池后酒醅中的水分难以向窖壁浸润。因此，水分是窖池退化的最关键的因素。所以从工艺上、窖池保养上，保证充足的水分十分必要。

5. 窖泥退化与微生物及其营养物质的关系

窖泥微生物种类繁多，这些微生物在适宜条件下生长、繁殖、代谢，合成浓香型曲酒特有的香气成分，因此，酒的质量决定于这些微生物的生命活动。若窖泥水分、营养物质等缺乏，势必影响窖泥微生物的生长繁殖，菌数急剧下降，导致窖泥退化。因此，窖池必须保持湿润，定期补充营养物质和窖泥功能菌，以保持微生物长盛不衰。

6. 窖池退化与发酵条件的关系

入窖发酵条件和控制主要是针对酒醅入窖温度、淀粉、酸度、水分等。

（1）温度　入窖温度适当，糟醅在发酵过程中就可以达到升温、生酸正常，利于养窖；若入窖温度过高，发酵不良，酸度加大，加速窖泥老化。

（2）淀粉　酒醅中淀粉含量多少取决于投料量和酒醅中填充料的配合比例，适宜的淀粉含量可使发酵正常，酒醅容易保住水分，窖池也能湿润。

（3）酸度　入窖酸度正常，不但能使酒醅发酵正常，也是防止窖池退化的重要条件。

（4）水分　对于北方窖池，适当偏大入窖水分，不仅能使窖池保持湿润、防止老化，还可提高出酒率。

7. 窖池退化与操作环境的关系

环境中存在着大量的杂菌，工艺不细、操作马虎，极易将杂菌带入酒醅。因此，必须随时搞好操作现场的清洁卫生。发酵池要严格管理，出池后的窖池应立即用薄膜覆盖，以减少水分散发和杂菌感染。

二、窖池退化的防治

窖池泥的退化应以防为主，针对容易促使窖泥退化的诸多因素，采取有效措施，保证人工老窖的逐渐成熟，继而成为真正的“老窖”，是人工培窖之根本。

窖池泥退化的预防，除采取上述针对性的措施外，还可辅以下列方法：

（1）黄浆水、尾酒、曲粉混合物喷洒养护。

（2）己酸菌培养液养护。

（3）酯化液、己酸菌液养护。

（4）营养物质加窖泥综合培养液养护。

各厂可根据实际情况，选择适当的技术措施，才能确保人工老窖之效果。

第六节　窖泥检验

一、试样的制备

取回的泥样（包括人工培窖的黄泥、发酵泥、复壮泥）因水分大，不宜长期贮存，应立即平摊在瓷盘、木板或光洁地面上，层厚约 2cm，风干 3~5 昼夜，间隔翻拌，使之均匀风干。在半干时，将大块土捣碎，以免完全干后成硬块，不易粉碎。

泥样风干后，用四分法分取约 250g，研磨成粉，并通过 60 目筛，保存在磨口瓶中。

氨态氮在风干过程中易起变化，需用新鲜泥样测定，同时测定水分，以换算为绝干样的含量。

二、 水分及挥发物的测定

窖泥中微生物的生化活动与窖泥含水量有密切关系，水分过少时，微生物生长、繁殖困难；水分过大时，窖泥过稀，搭窖困难，使用不便。人工窖泥必须湿润柔熟。同时，各分析项目都以绝干样中含量表示。

窖泥中水分有化学结合水、吸附水和自由水，以吸附水为主。采用 105~110℃直接烘干法，自由水和吸附水都能烘干。

1. 仪器

电子天平：感量为 0.01g；电热干燥箱：精度±2℃；干燥器：内盛有效干燥剂。

2. 分析步骤

（1）风干土样水分测定　取风干土样 4~5g，置入已恒重的称量皿中，并使试样平铺。在 105~110℃烘箱内，烘 6h 后，取出、加盖，在干燥器中冷却 30min 称重，再于 105~110℃烘 2~3h，冷却、称重，直至恒重（两次质量差小于 0.03g）。

（2）新鲜土样水分测定　称取土样 10~15g，操作同（1）。

3. 结果计算

水分和挥发物含量按下式计算

$$X=\frac{m_1-m_2}{m_1-m}\times 100\%$$

式中　X——试样的水分和挥发物含量，%

m_1——烘干前，称量皿加试样的质量，g

m_2——烘干后，称量皿加试样的质量，g

m——恒重称量瓶的质量，g

计算结果保留至小数点后两位。

4. 注意事项

（1）若试样中腐殖质含量较高，为防止分解，第 1 次烘后称重就可计算，不必反复烘烤至恒重。

（2）风干土样的水分一般在 10%以下，4~5g 土样中含水分 0.4~0.5g（新鲜土样含水 30%左右）。

三、 pH

因酿酒微生物生长繁殖过程中的生化变化和代谢产物受窖泥 pH 的影响较大，故在人工培窖过程中，必须测定土壤的 pH。窖泥经水提取后，用 pH 计测定。

1. 仪器

pH 计；电子天平：感量为 0.01g。

2. 分析步骤

（1）校正 pH 计　用两种标准 pH 缓冲液校正 pH 计。

（2）测定 pH　称取风干、粉碎且过 60 目筛后的土样 5.0g 于 100mL 烧杯中，加水 50mL，间歇搅拌 30min，放置 30min，用 pH 计测定试样 pH。

四、 氨态氮

氨态氮是微生物分解有机质而形成的，它是窖泥功能菌生长、繁殖所需的主要氮源。用氯化钠溶液浸出土壤中的氨态氮，与碱性碘化汞钾（K_2HgI，奈氏试剂）反应生成淡黄色至红棕色络合物。可用分光光度计在 425nm 处测定吸光度，与标准氨溶液比较，求得氨态氮含量。

本法测得的氨态氮是游离氨（NH_3）和铵盐的总量。

试样溶液中若有钙、镁离子，可与奈氏试剂形成沉淀，使溶液浑浊，干扰氨的正确测定。加入酒石酸钾钠与 Ca^{2+}、Mg^{2+} 生成稳定的络合物，以避免与奈氏试剂相互作用。

1. 试剂

（1）奈氏试剂　称取 10g 碘化汞、7g 碘化钾，溶解后加到 50mL 360g/L NaOH 溶液中，摇匀，稀释至 100mL，摇匀，静置，取上层清液使用。贮存于棕色具胶塞瓶中，可保存 1 年。

（2）酒石酸钾钠溶液　50g 酒石酸钾钠溶于 100mL 水中，为驱除酒石酸钾钠中可能存在的铵盐，煮沸蒸发约 1/3 体积，冷却后再稀释至 100mL。

（3）氯化铵标准液　准确称取 0.3819g NH_4Cl，溶于水并定容至 100mL。其浓度以 N 计为 1mg/mL。

（4）氯化铵标准使用液　吸取氯化铵标准液 10mL 用水稀释定容至 1L。其浓度以 N 计为 10μg/mL，以 NH_3 计为 12.2μg/mL。

（5）10%氯化钠溶液。

2. 仪器

分光光度计（可见光范围）；电子天平：感量为 0.01g 和 0.0001g。

3. 分析步骤

（1）试样制备　称取新鲜泥样 1~5g（准确至 0.01g），加入 10%氯化钠溶液，使体积为 25mL，搅匀，浸出 10min（必要时把硬块捣碎），用干滤纸过滤后备用。

吸取 1mL 滤液（必要时用水稀释后再吸取）于 50mL 比色管中，用水稀释至刻度。加入 1~2 滴酒石酸钾钠溶液和 1mL 奈氏试剂，充分混匀。放置 10min 后以标准系列中“0”管为空白，于波长 425nm 处测吸光度。

（2）标准系列配制　吸取标准使用液（10μg/mL 的氮）0、0.5、1.0、2.0、4.0、6.0、8.0、10.0mL，分别置入 50mL 比色管中，用水稀释至刻度后，按试样相同显色、测吸光度。以吸光度对氨态氮（N）微克数绘制标准曲线。或用目测法进行比较。

4. 结果计算

氨态氮以下式计算：

$$X = c \times 25 \times n \times \frac{1}{m} \times \frac{1}{1000} \times 100 \times \frac{1}{1 - \omega}$$

式中　X——新鲜窖泥氨态氮的含量，mg/100g

c——试样溶液中氨态氮质量，μg

25——泥样稀释体积，mL

n——试样再稀释倍数，若不再稀释，则 $n=1$

m——新鲜泥样质量，g

1000——把 μg 换算成 mg 的系数

ω——新鲜泥样水分，%

5. 注意事项

（1）加入奈氏试剂后，若有黄色沉淀，则说明试样中氨态氮浓度过高，应适当稀释后再测定。

（2）土壤中液态氮和硝酸盐氮因受微生物作用会迅速转化，用氯化钠溶液浸出土样时，加几滴甲苯，可抑制微生物的作用。

五、有效磷

有效磷是土壤中能被植物吸收利用的磷，是细胞核的组成成分，也是微生物生长、繁殖的必需物质。首先用酸性氯化铵提取泥样中的有效磷，溶出的磷酸或磷酸盐在酸性溶液中加入钼酸铵，生成黄色的磷钼酸盐，再被氯化亚锡还原成蓝色络合物钼蓝，用比色法测定。

1. 试剂

（1）氟化铵-盐酸溶液　称取 0.56g 氟化铵溶于 400mL 水中，加入 12.5mL 1mol/L HCl 溶液，用水稀释至 500mL，贮于塑料瓶中。

（2）酸性钼酸铵溶液　称取 5g 钼酸铵溶于 42mL 水中，在另一烧杯中注入 8mL 水和 82mL 浓盐酸。然后在搅拌下把钼酸铵溶液倒入烧杯中，贮于棕色瓶中。

（3）氯化亚锡溶液　称取 1g 氯化亚锡（$SnCl_2 \cdot 2H_2O$）溶于 40mL 1mol/L HCl 溶液中，贮于棕色瓶中。

（4）无磷滤纸　将直径为 9cm 的定性滤纸浸于 0.2mol/L HCl 溶液中 4~5h，使磷、砷等化合物溶出，取出后用水冲洗数次，再用 0.2mol/L HCl 淋洗数次。最后用水洗至无酸性，在 60℃烘箱中干燥。

（5）磷标准溶液　准确称取于 110℃ 干燥 2h 后冷却的磷酸二氢钾（KH_2PO_4）0.2195g，溶于水，并定容至 1L。此溶液含磷为 50μg/mL。

（6）磷标准使用液　准确吸取磷标准溶液 25mL 于 250mL 容量瓶中，用水稀释至刻度，其浓度为 5μg/mL。

（7）硼酸。

2. 仪器

电子天平：感量为 0.01g 和 0.0001g；电热干燥箱：精度±2℃；干燥器：内盛有效干燥剂；分光光度计。

3. 分析步骤

（1）试样处理　称取 2.00g 风干、过 60 目筛的土样于 50mL 烧杯中，加入氯化铵-盐酸溶液至 20mL，浸泡 30min，每隔 5min 搅拌 1 次。然后用干燥的无磷滤纸过滤，加入约

0.1g 硼酸，摇匀，使之溶解后备用。

（2）磷的测定　吸取 1mL 试样浸出液，注入 25mL 容量瓶中，用水稀释至刻度。吸取此稀释液 1~2.5mL（视磷含量多少而异，一般黄泥含磷少，可直接取浸出滤液测定。窖皮泥磷含量较高，吸取稀释液 2.5mL 测定。老窖泥含磷量多，吸取 1mL 稀释液即可），于 25mL 比色管中，加入 2mL 酸性钼酸铵溶液和 3 滴氯化亚锡溶液，用水稀释至刻度。放置 15min 后，用 2cm 比色皿在 680nm 波长处，以标准系列中“0”管为空白测定吸光度。

（3）标准系列制备　吸取磷标准使用液 0、0.5、1.0、2.0、3.0、5.0mL，分别注入 25mL 比色管中。加入 2mL 酸性钼酸铵溶液和 3 滴氯化亚锡溶液显色，用水稀释至刻度，摇匀。放置 15min 后，同上条件测定吸光度，以吸光度为纵坐标，标准液的磷微克数为横坐标，绘制标准曲线。

4. 结果计算

有效磷含量按下式计算：

$$X = m_1 \times \frac{1}{V} \times 25 \times 20 \times \frac{1}{m} \times \frac{1}{1000} \times 100 \times \frac{1}{1-\omega}$$

式中　X——有效磷含量，mg/100mg

m_1——试样溶液中有效磷质量，μg

V——吸取稀释试样的体积，mL

25——稀释试样总体积，mL

20——试样浸取液体积，mL

m——风干泥试样质量，g

ω——风干试样水分，%

5. 讨论

（1）氟化铵有毒性，溶液不能用嘴吸取。

（2）加入硼酸可防止氟离子的干扰和对玻璃的侵蚀，能增加显色灵敏度。

（3）因显色温度对色泽影响较大，故试样和标准系列应保持相同的显色温度和显色时间。

六、有效钾

土壤中有效钾主要为水溶性钾和代换性钾，它是酵母、霉菌、细菌等微生物所必需的无机盐类。老窖泥中有效钾含量比新窖泥高得多，测定有效钾含量，可为人工培窖提供一定的依据。

首先用碳酸铵置换，浸出土壤中钾，同时使试样中钙、镁沉淀。然后灼烧除去铵盐。在酸性溶液中用亚硝酸钴钠作钾的沉淀剂，生成亚硝酸钴钠钾黄色沉淀，用重量法测定。

$$Na_3Co(NO_2)_6 + 2K^+ \rightarrow K_2NaCo(NO_2)_6\downarrow + 2Na^+$$

1. 试剂

（1）碳酸铵溶液　称取 28.5g 碳酸铵溶于水，稀释至 1L。

（2）0.1mol/L 硝酸溶液　取 6.7mL 浓硝酸用水稀释至 1L 即为 0.1mol/L 硝酸溶液。取 0.67mL 浓硝酸用水稀释至 1L 即为 0.01mol/L 硝酸溶液。

（3）200g/L 亚硝酸钴钠溶液　称取 10g 亚硝酸钴钠，溶于 50mL 水中，临用时配制。

（4）0.01mol/L 硼酸溶液　称取 0.6g 硼酸溶于水，稀释至 1L。

2. 仪器

恒温水浴、通风柜。

3. 分析步骤

（1）试样处理　准确称取 2.500g 风干土样于 250mL 具塞三角瓶中，加入 100mL 碳酸铵溶液，浸出 1h，其间每 15min 摇动 1 次，然后用 1 号烧结玻璃滤器上铺滤纸片抽气过滤。用 100mL 碳酸铵溶液分 3~4 次洗涤，过滤速度不宜太快，以将土壤胶体吸附的钾全部置换出来。将浸出液定量移入蒸发皿内，在水浴上蒸干。残渣加 3~5mL 硝酸再蒸干，并反复操作 3 次，至有机物去净。

蒸干冷却后，在低于 500℃的条件下灼烧去除氨，冷却至室温。以上操作宜在通风柜内进行。

（2）钾的沉淀　在灼烧去除氨的试样蒸发皿中，准确加入 25mL 0.1mol/L 硝酸溶液，用带橡皮头的玻璃棒擦洗皿壁，使残留物溶解并混合均匀。为了减少液体蒸发，迅速用干滤纸过滤于 50mL 三角瓶中，吸取 10mL 滤液于 200mL 烧杯中，边搅拌边徐徐加入 10mL 亚硝酸钴钠溶液，边加边摇，使其混合均匀，盖好表面皿，在 20℃左右放置过夜，使沉淀完全。

在 2 号烧结玻璃滤器上铺定量滤纸片（事先烘干至恒重），抽气过滤，用 0.01mol/L 硼酸将杯中沉淀全部移入滤器，再用 0.01mol/L 硝酸洗沉淀 10 次，每次 2~3mL。接着用 95%的乙醇洗 5 次，每次 2~3mL。擦干滤器外壁，在 110℃烘 1h，置干燥器中冷却后称重。

4. 结果计算

沉淀组成为 $K_2NaCo(NO_2)\cdot 6H_2O$，其中 K_2O 含量=17.216%。

$$X = m_1 \times 0.17216 \times \frac{1}{10} \times 25 \times \frac{1}{m} \times 1000 \times 100 \times \frac{1}{1-\omega}$$

式中　X——绝干试样中有效钾含量（以 K_2O 计），mg/100g

m_1——亚硝酸钴钠钾沉淀质量，g

m——风干试样质量，g

10——测定时吸取浸出液体积，mL

25——浸出液总体积，mL

1000——换算成 mg 的系数

ω——试样水分，%

七、腐殖质

腐殖质是土壤中结构复杂的有机物，它只有在好气性过程受到某种抑制时，才能在土壤中积累，主要成分是含有氨基及环状有机氮的化合物。腐殖质及其分解产物是微生物主要养分。土壤中腐殖质含量常用重铬酸钾氧化法测定。在硫酸存在下，加入已知量的过量重铬酸钾溶液与土壤共热，使其中活性有机质的碳氧化成二氧化碳。过量的重铬酸钾，以邻菲咯啉为指示剂，用硫酸亚铁溶液滴定。以与有机碳反应所耗重铬酸钾计算有机碳含量。

$$2K_2Cr_2O_7+8H_2SO_4+3C \rightarrow 2Cr_2(SO_4)_3+2K_2SO_4+3CO_2\uparrow+8H_2O$$

$$K_2Cr_2O_7+6(NH_4)_2Fe(SO_4)_2+7H_2SO_4 \rightarrow Cr_2(SO_4)_3+3Fe_2(SO_4)_3+6(NH_4)_2SO_4+K_2SO_4+7H_2O$$

腐殖质中平均含碳58%。本法操作简便，且不受碳酸盐中碳的影响。但土壤中腐殖质平均氧化率只能达到90%，所以将测出的有机碳乘以氧化校正系数（100/90=1.1）和碳与腐殖质的换算系数（100/58=1.724），才能代表土壤中腐殖质的实际含量。

1. 试剂

（1）0.2mol/L硫酸亚铁溶液　称取56.0g硫酸亚铁（$FeSO_4 \cdot 7H_2O$）或称取80g硫酸亚铁铵（$NH_4)_2SO_4 \cdot FeSO_4 \cdot 6H_2O$，溶于水中，加入15mL硫酸，用水稀释定容至1000mL。

（2）0.8mol/L重铬酸钾标准溶液　称取39.2245g重铬酸钾加400mL蒸馏水，加热使溶解，冷却后用蒸馏水定容至1L。

（3）邻菲咯啉指示剂　称取1.485g邻菲咯啉（$C_{12}H_8N_2 \cdot H_2O$）及0.695g硫酸亚铁（$FeSO_4 \cdot 7H_2O$）溶于100mL水中，形成红棕色络合物，摇匀，贮存于棕色瓶中，该溶液现配现用。

（4）浓硫酸。

2. 仪器

（1）油浴：加热用油为固体石蜡或植物油。

（2）插试管用的铁丝笼。

（3）电子天平：感量为0.0001g和0.01g。

3. 分析步骤

准确称取0.1~0.5g（精确至0.0001g）风干窖泥样于干燥的硬质试管中，用吸管准确加入0.8mol/L重铬酸钾标准溶液5mL，然后缓慢加入5mL浓硫酸，并小心旋转摇匀。

在试管口放一小漏斗，以冷凝蒸发出的水汽，将试管放入已加热至185~190℃的油浴中，以铁丝笼固定试管，注意油浴温度控制在170~180℃。从试管内液面开始滚动或有大气泡发生起计时，煮沸5min，取出冷却后将试管内容物全部转移至250mL三角瓶中（注：如煮沸后的溶液颜色呈绿色，表示重铬酸钾用量不足，应再称取较少的样品重做），用水反复冲洗试管和小漏斗，洗液一并倒入三角瓶中，使溶液总体积为60~80mL。滴入3~4滴邻菲咯啉指示剂，用0.2mol/L硫酸亚铁溶液滴定，由橙黄经蓝绿到棕红色为终点。记录硫酸亚铁用量（V）。

每批分析时，必须做2~3个空白标定，空白标定不加样品，但加入0.1~0.5g石英砂，其他步骤与测定样品时完全相同，记录硫酸亚铁用量（V_0）。

4. 结果计算

腐殖质含量按下式计算：

$$腐殖质含量=\frac{(V_0-V)\times1.1\times0.003\times1.724\times\frac{0.8000\times5.0}{V_0}}{m\times K_2}\times100\%$$

式中　V_0——空白试验消耗硫酸亚铁液的体积，mL

V——样品测定时消耗硫酸亚铁的体积，mL

0.003——碳的毫克当量

1. 724——窖泥中有机质含碳量以 58%计，将有机碳换算成腐殖质需乘以系数（100/58）

0. 8000——重铬酸钾标准溶液的浓度，mol/L

5. 0——重铬酸钾标准溶液的体积，mL

m——风干试样质量，g

1. 1——氧化校正系数

K_2——将风干样品换算至烘干样品的水分的换算系数，即 1-(风干样品的水分-烘干样品的水分/风干样品的水分)

5. 注意事项

（1）称样量视有机质多少而定，含腐殖质 7%～15%的窖泥，称 0. 1g；2%～4%者称 0. 3g；小于 2%者则称 0. 5g。

（2）消煮温度和时间应严格掌握，否则对结果有较大影响。若消煮完毕后，试管内重铬酸钾的红棕色消失，则应适当减少试样用量再测定。

（3）邻菲咯啉指示剂与空气接触时间长了会失效，应现配现用。

第八章　浓香型白酒的贮存

第一节　原酒入库

一、 原酒入库相关知识

（一）基本术语

1. 质量

这里所说的质量，通常是指物体的宏观质量。在国际单位制中，质量的单位是千克（kg），我国的法定计量单位中把在日常生活和贸易中的重量用来代替质量，即重量是质量的同义词；把作为重力理解的重量称为重力（G），它等于物体的质量（m）与重力加速度（g）的乘积，单位是牛顿（N）。即物体的重力为：$G=mg$。

2. 密度

物体的质量（m）与其体积（V）之比在一定温度、压力条件下是一个常数，该常数表示物质分子排列疏密的程度，人们称它为密度。均匀物质或非均匀物质的密度为：

$$\rho=m/V$$

在 SI 中密度的单位是千克每立方米（kg/m^3）。习惯上常用其分数单位克每立方厘米（g/cm^3）。由于体积的单位也采用毫升（mL），所以日常工作中有人用 g/mL 作为密度单位。例如，60%vol 的酒在 20℃时的密度为 0.9091g/mL，即 60%vol 白酒 1mL，其质量为 0.9091g。

3. 容积

容积系指容器内可容纳物质（液体、气体或固体微粒）的空间体积或容积。SI 中容积的单位是立方米（m^3）。习惯上用升（L）、毫升（mL）来表示。《预包装食品标签通则》GB 7718 中规定“液体食品，用体积”标注。因此，对于白酒、酒精的体积一般采用升（L）或毫升（mL）。

4. 酒精浓度

酒精浓度是指一定质量（重量）或一定体积的酒液中所含纯乙醇的多少。酒精浓度有两种表示方法：

（1）质量（重量）百分比浓度：即 100g 酒液中所含纯乙醇的克数，也就是质量（重量）百分比，以 m/m 表示。

（2）体积（容积）百分比浓度：指在温度 20℃时 100mL 酒液中所含纯乙醇的容积（mL）数量。就是通常所说的酒精度，以 V/V 表示。如 52%vol 酒，指酒液在温度 20℃时，100mL 酒液中含有 52mL 乙醇。

5. 温度

物体的冷热程度。要确定一个物体的冷热程度必须使用温度计。我们平时使用的温度计上通常会标有字母℃，表示采用的是摄氏温标。摄氏温标规定为：冰水共存时的温度为 0℃，沸水的温度为 100℃。0℃和 100℃之间分成 100 等份，每一份为 1 摄氏度，符号为℃。

（二）酒精度表和温度表的使用

1. 酒精度计和温度计的使用

酒精度计具有几种不同的规格，在白酒企业中一般采用三支一组的，温度计采用 0~100℃的水银温度计。使用步骤为：将擦拭干净的量筒、酒精度计和温度计，用待测酒样润洗 2~3 次后，把所测酒样倒入量筒中，静置数分钟，待样液中的气泡逸出后，放入酒精度计和温度计（0~100℃，分刻度 0.1），再轻轻按一下酒精度计，待读数恒定后，水平观测与弯月面相切处的刻度值，记下酒精度和温度。

2. 查表

当酒精度计放入不同的酒液中时，便可观察到一个具体的示值，根据这个示值和该酒液的温度，利用《酒精度和温度校正表》查出在标准温度 20℃时该酒液的酒精度。例如用温度计测得某酒液的温度为 15℃，酒精度计测得该温度下酒液的酒精度为 59%vol，则可在《酒精度计温度与 20℃酒精度（乙醇含量）换算表》中从表最左列上找到 15℃，再从该表最上行找到酒精度计示值 59%vol，两栏的交叉点为 60.8，即这种酒在标准温度 20℃时的酒精度为 60.8%vol。

一般白酒企业在基础酒交库验收时，酒精度、温度的校正可采用一种粗略的计算方法，即在读取酒精度计的刻度后，再读取温度计上的温度数，每低于或高于 20℃时，高 3℃扣酒精度 1 度，低 3℃加酒精度 1 度。也就是温度以 20℃为准，每高 1℃扣酒精度 0.33 度，每低 1℃，加酒精度 0.33 度。这样的方法，虽然简便，但不够精确。

若测得的温度或酒精度计的示值不是整数，可选最邻近该数的整数来代替，如温度 12.1℃、13.9℃用 12℃、14℃代替，示值 59.2、85.7 用 59、86 代替。

（三）酒精度的折算

1. 折算率和加浆系数

折算率公式是把高浓度白酒（酒精）兑成低浓度的白酒（酒精），或把低浓度的白酒（酒精）折算成高浓度的白酒（酒精）不可缺少的。折算率的计算是根据《白酒、酒精酒精度和质量百分比对照表》中给出的有关质量分数（单位：%）来计算的。

$$\text{折算率}=\frac{\text{原酒酒精的质量分数}}{\text{标准酒酒精的质量分数}}$$

$$\text{加浆系数}=\frac{\text{原酒酒精的质量分数}}{\text{标准酒酒精的质量分数}}-1=\text{折算数}-1$$

例：原酒的酒精度为75.8度，标准酒酒精度为50度，求其折算率和加浆系数？

根据对照表中20℃时白酒（酒精）酒精度和质量分数对照表，查得75.8度的白酒质量分数为68.71，50度的白酒质量分数为42.43，按上式计算得：

$$折算率=68.71/42.43=1.6194$$

$$加浆系数=（68.71/42.43）-1=1.6194-1=0.6194$$

（四）原酒验收

为规范原酒的质量风格，便于同类型质量风格特点的原酒组合储存。在进行原酒定级分类前，需制定相应的原酒质量标准，规范原酒的定级分类。

每个酒厂对原酒的验收都有自己的企业标准，但其格式大同小异，主要区别是对等级、数据的要求。以某企业为例：感官要求见表8-1，理化指标见表8-2。

表8-1　感官要求

项目	一等	二等	酒尾一	酒尾二	双轮底	酒头	酒尾三	黄水丢糟酒
色	无色，清澈透明，无悬浮物，无杂质，允许微黄							
香	闻香正、浓郁、入口香、较甜、放香长	闻香正、浓郁、入口香、较甜、放香好	闻香正、较浓郁	闻香较淡、入口较香	窖香浓郁、入口香甜	闻香冲、浓郁、入口香、放香好、香味较协调	闻香淡、入口酸味重	闻香较好
口味	香味谐调、余味长、后味净	香味较谐调、余味较长、后味净	香气较淡、欠谐调、后味较净	较涩口、香气较淡、带酒尾味、后味欠净	香气浓郁、浓厚谐调、酒体丰满、余味爽净	较冲、香味较浓	较涩口、带酒尾味、后味欠净	有黄水丢糟味、带酸涩味、后味欠净
风格	具本品风格							

表8-2　理化指标

项目	一等	二等	酒尾一	酒尾二	双轮底	酒头	酒尾三	黄水丢糟酒
酒精度/%vol	≥72	≥68	≥66	≥59	≥66	≥66	≥53	≥52
总酯/（g/L）	≥4.8	≥4.1	≥3.2	≥2.8	≥5	≥5.6	≥2.8	≥3.6
总酸/（g/L）	≥0.5	≥0.5	≥0.5	≥0.7	≥0.5	≥0.9	≥1.4	≥2.3

（五）原酒入库工序

1. 原酒入库

（1）清洁容器

①工序描述：根据容器卫生情况，用加浆水冲洗容器或先用加浆水冲洗后，再用酒精擦洗，然后用加浆水冲洗。

②工序控制点：清洗所用材料不带异味，不得出现脱落纤维、线条等；若人要进入容器内进行清洗，需先用加浆水对容器进行冲洗，待容器无酒气后，方可进入内部清洗；清洗容器必须彻底、不留死角。

（2）清洁管道

①工序描述：先用加浆水冲洗后，再用待输送酒冲洗。

②工序控制点：冲洗管道应彻底，不得出现任何邪杂异味。

（3）核对交验信息

①工序描述：仔细核对酿酒班组交验基酒的交验信息，包括酿酒班组、窖号、订单号等内容。

②工序控制点：严格按工艺标准认真核对交验信息。

（4）称重

①工序描述：准确称取交验基酒的净重。

②工序控制点：定期校验地上衡或台秤；称重应公正、客观，相互监督。

（5）入坛

①工序描述：将交验的基酒按类别倒入相应容器中。

②工序控制点：严格按工艺要求，分质入坛；认真核对容器编号，避免误入容器。

入坛时应"轻拿轻放"，避免损坏容器，杜绝跑、冒、滴、漏；基酒入坛前应对其进行初步感官鉴别，杜绝有异臭的基酒进入容器，污染其他酒源。

（6）填写记录

①工序描述：认真填写基酒入库记录。

②工序控制点：记录填写必须及时、准确、详细、真实。

（7）搅拌均匀

①工序描述：用醒子或压缩空气将满桶（坛）的基酒搅拌均匀。

②工序控制点：搅拌时间足够，确保酒彻底均匀。

（8）量酒精度

①工序描述：用酒精度计、温度计测量整桶（坛）交验基酒的酒精度，折算成标准温度20℃时的酒精度。

②工序控制点：定期校验酒精度计、温度计；测量前应用待测基酒润洗量筒、酒精度计、温度计；严格按酒精度计、温度计的使用方法正确操作。

（9）取样

①工序描述：用取样瓶取一定量（300~500mL）的基酒。

②工序控制点：彻底清洗样瓶，确保取样瓶干净，无异味、无残留。

（10）填写瓶签

①工序描述：认真填写瓶签信息。

②工序控制点：填写的内容必须准确、详细、真实。

（11）贴封容器

①工序描述：用封条贴封容器口。

②工序控制点：封条须经贴封人签字，并写上日期等。

（12）填写流通卡

①工序描述：认真填写基酒校验流通卡。

②工序控制点：流通卡填写必须及时、准确、详细、真实。

（13）信息录入

①工序描述：将交验基酒的信息录入基酒入库管理系统。

②工序控制点：信息录入必须及时、准确、详细、真实。

2. 基酒定级

（1）清洗品酒杯：用自来水清洗品酒杯，清洗完毕后放入消毒柜烘干、备用。

（2）编组

①工序描述：将待感官鉴评的基酒根据其质量类型进行编组。

②工序控制点：严格按基酒生产工艺要求和感官鉴评的要求进行编组。

（3）出样

①工序描述：备样员将待感官鉴评的基酒倒入品酒杯中，摆放在尝评桌上。

②工序控制点：酒液盛满品酒杯的1/3；小心倾倒，避免酒样交叉感染。

（4）感官鉴评

①工序描述：尝评员采用“一杯品评法”对各酒样进行感官鉴评定级（分类）。

②工序控制点：通过培训提高尝评员的品评准确力；尝评员独立完成感官鉴评定级（分类）；保持尝评队伍的稳定。

（5）感官定级（分类）

①工序描述：统计各尝评员的鉴评定级（分类）结果，确定感官定级（分类）结果。

②工序控制点：采用少数服从多数的原则。

（6）指标分析

①工序描述：采用气相色谱仪分析检测各基酒的微量成分含量情况。

②工序控制点：定期校验气相色谱仪；严格按气相色谱仪操作规程操作，加强“比对”工作。

（7）结果反馈

①工序描述：将基酒指标分析结果及时反馈给相关部门。

②工序控制点：结果反馈必须及时、准确、真实。

（8）综合等级

①工序描述：根据感官定级和指标分析情况，确定交验基酒的等级。

②工序控制点：结果反馈必须及时、准确、真实。

3. 入库小样组合

（1）小样组合

①工序描述：根据容器容量和基酒质量风格，进行小样组合。

②工序控制点：质量优先、兼顾成本；基酒选择力求“就近原则”，减少转运费用。

（2）确认方案

①工序描述：尝评员对小样进行质量鉴评，优选小样组合方案。

②工序控制点：质量优先、兼顾成本。

（3）出具放样单

①工序描述：根据优先的组合方案，出具酒源放样单。

②工序控制点：格式规范，力求完美。

（4）调度安排

①工序描述：根据酒源放样单，安排酒源转运入库。

②工序控制点：科学安排，降低转运费用及损耗。

4. 入库储存

（1）清洁容器

①工序描述：根据容器卫生情况，用加浆水冲洗容器或先用加浆水冲洗后，再用酒精擦洗、然后用加浆水冲洗。

②工序控制点：清洗所用材料不带异味，不得出现脱落纤维、线条等；若人要进入容器内进行清洗，需先用加浆水对容器进行冲洗，待容器无酒气后，方可进入内部清洗；清洗容器必须彻底、不留死角。

（2）清洁管道

①工序描述：先用加浆水透洗后，再用待输送酒源冲洗。

②工序控制点：冲洗管道应彻底，不得出现任何邪杂异味。

（3）核对基酒入库信息

①工序描述：仔细核对入库酒源与放样单信息是否一致。

②工序控制点：严格按工艺要求认真核对。

（4）计量（称重、测量酒精度）

①工序描述：准确称取入库酒源的净重和酒精度。

②工序控制点：定期校验地上衡或台秤、酒精计、温度计；酒精度测量前应用待测基酒润洗量筒、酒精度计、温度计；严格按地上衡或台秤、酒精度计、温度计的使用方法正确操作。

计量应公正、客观，相互监督。

（5）连接管道

①工序描述：根据容器位置连接输酒管道。

②工序控制点：杜绝跑、冒、滴、漏。

（6）连接接地线

①工序描述：若是罐车转运，应将罐车停靠在指定的位置、垫好三角木，用接地线将罐车与静电接地桩连接好。

②工序控制点：定期校验静电接地桩是否符合要求；检查静电接地线是否完好、畅通。

（7）检查酒泵

①工序描述：根据容器管道和输酒管道大小，选择酒泵，并检查酒泵是否完好。

②工序控制点：酒泵与输送流量、压力的匹配。

（8）连接酒泵电源、启动酒泵

①工序描述：接通输酒泵电源，并开启酒泵电源。

②工序控制点：检查工作电压是否正常；检查静电接地线是否完好、畅通。

(9) 进酒完毕：待酒输送完毕后，关闭电源、阀门。

(10) 填写凭证

①工序描述：认真填写相关凭证。

②工序控制点：凭证填写必须及时、准确、详细、真实。

(11) 填写记录

①工序描述：认真填写基酒入库记录。

②工序控制点：记录填写必须及时、准确、详细、真实。

(12) 搅拌均匀

①工序描述：用醒子或压缩空气将满桶（坛）的基酒搅拌均匀。

②工序控制点：搅拌时间足够，确保酒源彻底均匀。

(13) 信息维护

①工序描述：将入库的基酒信息录入基酒入库管理系统。

②工序控制点：信息录入必须及时、准确、详细、真实。

(14) 清理现场

①工序描述：组合基酒入库完毕后，清扫现场，确保现场整洁、规范。

②工序控制点：严格按酒库管理要求和工艺要求，做好设施设备的定置定位和现场的规范、整洁。

(15) 酒体管理

①工序描述：根据酒库管理规定做好酒源的管理、信息维护等工作。

②工序控制点：确保账、物、卡相符；真实、动态管理。

（六）原酒存放

1. 白酒存放

好酒都要经过一段时间的储存，酒质才能醇和绵柔，消除新酒味和辛辣暴味。所以，名优酒都要有一定的储存期才能包装出厂，贮存期间的管理工作也是十分重要的。根据勾兑需要，贮存酒库的管理必须做好以下工作。

(1) 调味酒的存放　调味酒用220kg或用500kg麻坛装存，用布垫盖口，用木板压盖并在木板盖上加沙袋。如麻坛口较小，可用猪小肚或食品级硅胶套封口，按调味酒的要求进行管理。

(2) 名酒的存放　其方法同调味酒。

(3) 优质酒的存放　优质酒和待升优质酒可用陶坛或不锈钢桶装存。各等级酒要按不同的特点、等级并坛。库房管理员要详细地记录，清楚地掌握酒库、包装车间中各种酒的方位，等级和数量。

2. 白酒老熟

经发酵、蒸馏而得的新酒，分级入库后，必须经过一段时间的贮存。不同白酒的贮存期，按其香型及质量档次而异。如优质酱香型白酒最少要求在3年以上，优质浓香型或清香型白酒一般需1年以上，普通白酒最短也应贮存3个月。贮存是保证蒸馏酒产品质量的至关重要的生产工序之一。刚蒸出来的白酒，具有辛辣刺激感，并含有某些硫化物等不愉快气味，称为新酒。经过一段时间的贮存后，刺激性和辛辣感会明显减轻，口味变得醇和柔顺，香气风味都得以改善，此谓老熟。

二、原酒常规管理知识

原酒的分级一般是按酒头、前段、中段、尾段、尾酒、尾水进行区分，并按不同的验收结果分级入库。实际生产中，都是采用一个班组，每月固定按各自确定的等级将酒收入库中，待月底进行集体评定，确定等级。暂时不能确定的留待集体评议或一段时间后再评。

原酒等级的确定跟酿酒车间的生产有很大的关系，一般分为调味酒、优级酒、普通酒三大类，也可根据本厂特点再细分。如采用特殊工艺进行生产的产品出来后，可能只有一、二个等级，即调味酒和优级酒。这就要求酒库人员和酿酒车间人员都具备一定的尝评能力，能大致区分酒的优劣。

（一）原酒各等级酒的特点

1. 调味酒

具有特殊香味或作用的酒都可以称为调味酒。一般情况下，正常发酵生产的底层糟酒、双轮底酒，以及各种特殊工艺生产的酒都有可能产生调味酒，如糟香味大的、浓香的、香浓的、窖香的、酸大的等。

2. 优级酒

一般为前段和中段酒，这部分酒香味成分较谐调丰满，也可按不同的发酵周期、生产季节、发酵情况进行细分。

3. 普通酒

又称为大宗酒，即为中段和后段的酒，一般不再细分，集中收入大罐中。

（二）酒库管理

在白酒的生产中，酒库管理尤为重要。不能把酒库孤立地看作是存放和收发而已，应该看成是制酒工艺的重要组成部分，也是重要的一个工序。在贮存中质量仍在不断发生变化，它起着排除杂质、氧化还原、分子排列等作用，使酒味醇和、酒体绵软，给勾兑调味创造良好的条件。所以，酒库管理是工艺管理上的重要一环。

1. 原酒安全管理

由于原酒中的酒精分子浓度很高，若遇火源或电火花，就容易引起燃烧，造成火灾、爆炸，直接威胁到财产安全和人的生命安全。因此防火、防静电、防泄漏，在原酒库房管理中显得尤其重要。因此，原酒库所使用的电气设备必须是防爆电气设备、使用低压电源，工作人员出入库必须穿纯棉工作服、穿防静电鞋，禁止携带火种进入库区，禁止使用手机等；生产场地内不准抽烟，禁止不相干的人员进入。

库区进入车辆要戴防火帽；严格动火作业，设置禁止动火作业区和限制动火作业区；完善安全管理制度和安全操作规程，落实安全生产责任制；教育员工树立高度安全意识，掌握各种火灾应急处理方法和必备安全知识，养成良好安全生产习惯，具备正确使用消防设施、设备的技能等。

常见火灾及需要的灭火器材：A 类火灾，是指固体物质火灾，通常使用水、泡沫、卤代烷型和磷酸铵盐干粉灭火器等。B 类火灾，是指液体和可熔化的固体物质火灾，通常使用泡沫、磷酸铵盐干粉、卤代烷型、二氧化碳灭火器等。C 类火灾，是指气体火灾，灭火器材同 B。D 类火灾，是指金属类火灾，通常使用干砂、化石粉、铸铁粉等。E 类火灾，是指带电物体和精密仪器等火灾，通常使用卤代烷型、二氧化碳、磷酸铵盐干粉灭火器。A、B、C、E 类火灾，首选灭火器材是：磷酸铵盐干粉灭火器和卤代烷型灭火器。

2. 现场清洁管理

生产现场要保持清洁，注意防火、防雷击；每天对酒库及四周进行清扫，保持清洁的环境；每次工作完成以后要对所用的设备及器具（过滤机、空气泵、电泵、周转罐等）进行清洗，并放在规定的地方；库房内禁止使用移动电话。

3. 原酒储存管理

（1）新酒入库时，应先经专业品评人员评定等级后，按等级或风格在库内排列整齐。新酒的尝评方法与尝老酒要有区别，也就是要排除新酒味来尝。

（2）各种不同风味的原酒，不要不分好坏任意合并，这样无法保证质量。

（3）容器标识明确，详细建立库存档案，写明坛号、产酒日期、窖号、生产车间和班组、酒的风格特点、毛重、净重、酒精度等。有条件的厂，最好能附上色谱分析的主要数据，为酒体设计创造条件。

（4）原酒贮存后，还要定期品尝复查，调整级别，做到对库存酒心中有数。

（5）调味酒单独原度贮存，不能任意合并，最好有单独一间小酒库贮存。

（6）酒体设计人员要与酒库管理员密切联系，酒库管理人员要为酒体设计人员提供方便。

4. 容器的标识

原酒储存容器一般都采用大小罐并用。大容器（不锈钢大罐）储存优级、普级原酒；小容器（如陶坛）储存调味酒或特级原酒，储存一定时间后再将特级原酒按各自的特点和使用情况组合入大罐，再次贮存。

原酒在入库后，需对其质量、重量等情况进行区分，也就是如婴儿出生一样有一个身份证明，即原酒的标识。标识，简单地说就是记录储存容器中原酒的详细资料卡，悬挂在容器的醒目处。在原酒酒库中的标识，其内容一般有：入库时间、重量、酒精度、等级、使用时间等，有条件的最好将色谱分析报告和理论检测指标同时附上，更有利于管理和使用。酒库标识的一般格式见表 8-3。

表 8-3　酒库标识的一般格式

入库时间：	生产班组：
重量/kg	酒精度（20℃）
等级（名称）	主要色谱数据/(g/L)
总酸/(g/L)	总酯/(g/L)
管理人员	使用时间

5. 食品卫生管理

个人卫生管理重点：每年至少进行一次健康体检，患有痢疾、伤寒、病毒性肝炎、活动期肺结核、化脓性渗出性皮肤病以及其他影响食品卫生疾病的人员，不能从事酒库工作，做到人人持有健康合格证。新职工、转岗职工上岗前要进行卫生知识等必需知识的培训，考试合格。老职工一般每两年培训一次。工作服勤洗勤换，保持穿着整洁；不使用化妆品，不佩带戒指、耳环、项链和手表等饰品；不穿短裙、短裤、背心和拖鞋；勤洗澡、勤理发、勤剪指甲、勤对镜整容；岗前、岗后、挖耳扭鼻后要洗手；不穿工作服如厕，如厕后要彻底洗手；工作期间意外受伤出血时，要对可能污染的现场用70%～75%vol 酒精进行消毒并清洁，清洁后物品要及时清理；不在工作场所吃食物等。

从收酒入库到原酒使用的全过程，要建立并实施防止污染和交叉污染的措施；与酒直接接触的设备、管道、容器等应无味无毒无害，不与酒发生任何反应；裸露的管道口用食品袋包扎，防止异物进入；新设备、容器、管道使用前要进行有效清洗，一般是先用碱液串洗，再用清水清洁；保持生产现场和现场附近卫生状态良好，消除附近蚊蝇孳生地；除虫灭害药物应低毒、低害或无害，专人管理专人使用，并做好使用记录；门、窗、地沟预留口配备有效的防鼠、防虫蝇设施等。

6. 设备管理

完善设备管理制度，建立管理台账，挂牌管理；建立三级维修、保养和验收管理制度，维修实施后及时做好记录；转动设备的转动部件要保持运转灵活，设安全防护罩；容器密集区的金属容器和管道接地可靠，接地电阻 10Ω 以下；大的贮酒容器的呼吸阀要经常检查保持灵活；特殊设备要设专人管理，建立台账和使用、维修、保养记录；改变设备或容器的结构，要经过设备管理部门的批准；车辆装卸作业时要充分接地，防止静电积累后集中释放；经常检查容器、管道、设备及连接点，及时消除跑、冒、滴、漏现象等。

7. 用电管理

不使用高耗能用电设备，鼓励使用新型节能产品；电源不明设并使用金属套管隔离；用电设备达到 E 级防爆要求；开关和照明灯应使用低压电源并具有相应防爆功能；电器及用电设备的安装、维修、检修由专职电工进行；配电箱内部不存放杂物：不用手心触摸或探试带电设备，应用手背探试，发现异常噪声或异常温度及时保修；落实用电计量装置和用电管理制度。

8. 原酒储存管理的注意事项

（1）不要脏酒贮存　所谓脏酒贮存是指原酒贮存前容器没有清洗或没有清洗干净。因为新酒中含有一些微生物尸体、灰尘、蛋白质、胶质、纤维等杂质，这些杂质经过长时间的沉淀后，附在容器壁上或沉淀在容器底部，而这些物质又是白酒中不应该存在的物质，这将直接影响到新酒的质量，给新酒带来异杂味。

（2）原酒贮存要原度贮存　原酒的酒精含量较高，在相同容积情况下，酒中各种物质的相对浓度和绝对量较之于降度酒要高得多。白酒贮存期间各种物质之间的相互作用基本上是化学反应，化学反应的速度与反应物质的浓度有关，因此原度贮存时物质间的化学反应要快一些，也就是老熟速度快些。而且原酒贮存比降度酒贮存要节约相当多的场地和有关人员。

（3）密封和间歇搅拌　容积较小的贮存容器如麻坛，现在一般用食品级厚塑料薄膜或食品级硅胶套将坛口封住，用绳把薄膜系紧于坛口周边后，再放上沙袋或其他重物来密封，这种密封方式效果良好。须提醒注意的是要选用聚乙烯膜而不要选用聚氯乙烯膜，聚氯乙烯（PVC）分无毒性和有毒性两种，无论属于哪一种，它们都含有配方性的多种助剂，这些助剂对白酒蒸气或酒精差不多都是可溶性的。它们的溶出对酒质的影响不能忽视，尤其是在新用时。聚乙烯的情况要好得多。

大的贮酒容器一般常用的密封方法是把罐口周围做成一圆形浅槽，槽中放入水，盖子下沿再插入水面以下。这就是所谓的水封。这种密封方式的效果远不及前一种。大罐中的白酒与白酒液面上方的白酒蒸气之间有一个平衡（蒸发溶解平衡）关系，白酒蒸气必然要溶解在罐口水封的水中，使之成为一种浓度较低的酒，它再向大气中散发蒸气，其中就有一定量的酒蒸气。这一过程将连续不断地进行下去。这就是水封效果不是很好的基本原因。水封的第二个缺点是水易于污染。灰尘和污垢免不了不断地进入水中，酒精含量不高，微生物在其中繁衍生息在所难免；不注意清洗，操作不当，缺乏敬业精神，水封中的污水将被带入酒罐中。夏季气温高，通过罐顶跑酒和水封的水易污染，必须加以重视。寒冷的北方，若用水封，冬季结冰，则罐盖打不开。

新酒入库后，酒库工作人员一般都不去触动它们，让新酒在罐中静置，这是一种惰性。搅拌对新酒的老熟有促进作用，尤其是在初期阶段效果更大一些。采取间歇式搅拌，例如每隔 15d 或 20d、30d 搅拌 1 次，简单易行，效果明显。那种只注重组合、“调味”时的搅拌，忽视处于贮存期白酒的搅拌操作，是不应有的现象。

调味酒的鉴别并不只是从新酒就能确定的，须在一段时间后再进行判断，以确定实际用途。

三、 酒库智能管理

（一）酒库动态计量管理及自动预警系统

保障酒源安全、质量稳定、计量准确、酒源信息等的有效管理是白酒生产企业应高度重视的。充足的基础酒储备是保证产品质量稳定的前提，真实准确的基础酒储备信息是指导酿酒生产和保障产品质量的基础，安全、高效的库房管理一直是白酒行业追求的目标。随着基础酒价值的不断提升，酒库的安全监管需求越来越紧迫，特别是储存过程中酒体质量变化的状况要引起高度关注。

储酒罐应安装液位计，液位计可以比较准确地反映罐体中基础酒的液位高度，但不能有效地反映出酒罐中酒体的实际重量（质量）。另外，酒库可以实施进出酒源的自动计量，酒罐中白酒的重量（质量）可以根据进出记录计算而得，是一个静态的量（在此称为静态计量），但酒罐中酒的实际重量（质量）一般存在差异，静态计量可以作为一个参考。因为罐体在储存过程中，液位可能会发生改变，静态计量就不能很好地解决此类问题。

精确的罐体计量是企业生产管理的需求，同时也是指导酿酒生产和市场产品研发的重要依据。动态库存管理能很好地反映基础酒储存的实际重量（质量）。同时，能根据液位的变化，动态监控罐内酒体的储存安全情况。

因此，酒库动态计量管理及自动预警系统的重点在于根据库区储存酒源液位，结合罐体容积以及库内温度变化，对罐内基础酒进行动态计量。通过实时监测罐内酒源液位，实现罐内酒源液位变化的实时监控，并能根据生产计划，对不同酒源储存量进行判断，实现基础酒储存量的准确计量和预警。

（二）阀阵控制系统

白酒企业为了在市场上提高竞争实力，越来越重视白酒的质量及成本的管理与控制，作为现代配管系统的关键环节——双座阀的使用，是保证产品质量的同时，达到生产最大化、操作最简化的较好途径。随着国外技术、设备的引入及酿酒工艺日臻完善，生产规模越大，输酒管道系统越复杂。因此，输酒系统是控制产品在各个部分间正确流动，保证产品质量不被外部细菌、污物污染的关键。

传统的白酒厂发展到现代化的大型白酒企业，其输酒系统也经历了诸多的改变，由最初完全手工操作的软管系统，到管板系统，逐渐演变成为全自动控制，以双座阀为主，配合其他阀门管路的阀阵系统。

为了满足生产工艺要求，又必须解决管路系统的矛盾，阀阵管路系统应运而生。阀阵系统主要有如下特点：首先，阀阵的全封闭设计，隔断管路中液体与空气的接触，阀体的无死角设计等保证了完美、快速的 CIP 清洗，解决了在线清洗的问题，将产品受污染的概率降到最低。其次，阀阵的紧凑性，可以使酒库的空间得到很好的利用。阀门的集中安装，一方面可以实现阀门的自动控制，另一方面可以使白酒生产管理更加现代化，也便于阀门的维修管理。另外，阀阵可以在阀门供货商的车间中组装完毕，交货后客户只需要进行与其他管路的连接，就可以实现原设计的功能，能够缩短白酒厂输酒系统安装的时间并提高安装精度。并且，在阀阵的设计中，为考虑今后企业生产的扩建，能够预先准备一定的扩展空间和功能，却不会增加阀阵制造的成本，因此，也大大降低了建设的成本。

（三）基础酒信息化管理技术

基础酒入库的信息管理以前一般采取手工散账的模式。随着计算机技术、信息技术，网络技术的发展，白酒企业先后开展了单机版的数据库、网络版的数据库、SAP 系统（Systems Applications and Products in Data Processing）等基础酒储存管理的信息化研究，使酒库信息管理逐渐步入科学化、规范化的轨道，酒库的信息查询和更新更加及时、准确，进一步减轻了劳动强度，提高了工作效率，保证了数据的准确性。

（四）白酒生产自动化控制管理系统开发

针对白酒企业生产过程及基础酒质量控制方面的技术难题，白酒企业可根据自身情况，量身定制智能管理系统，从而实现基础酒转运过程中的精确计量和数据实时采集。直接保证了基础酒安全准确储存，大大降低了酒损。该系统的应用能提高企业酒库智能化、自动化管理水平，减少中间周转环节，避免管道阀门的人工转换，可提高基础酒转运效率和生产效率，有效节约人力成本和能耗。

作为白酒生产管理的核心组成部分，白酒生产自动控制及信息管理系统重点解决了白酒生产基础酒计量不准确、基础数据采集困难或不及时、无法实施在线监控等库房管理以及储存生产过程操作不方便等难点问题，实现了白酒一键勾调，实现了生产管理及生产过程的准确计量及数字化控制；通过软件系统对设备开启的历史记录，实现库房管理的全面监控，确保酒库安全；通过白酒生产原始数据的集中、实时采集，实现生产数据的真实、准确、及时记录；通过信息管理系统实现数据的汇总分析，为企业提供决策支持。

1. 系统组成

白酒生产自动控制及信息管理系统是对白酒生产过程进行检测、控制和管理的系统，采用分散就地控制、集中调度管理的思路，形成一套完整的基础酒储存、转运、组合、勾兑、过滤、输送灌装的控制和管理体系。系统按白酒的生产区域和工艺流程分为三个部分。

（1）基础酒库区子系统　包括对酿酒车间生产、车辆运输、基础酒组合控制和管理。通过数据采集在计算机上进行监视和控制，对相应的参数进行设置和管理，实现基础酒从生产车间、槽车到基础酒储罐的自动化控制及准确计量，显示储罐中基础酒的实时容量、液位、温度等信息。

（2）组合勾调区子系统　采用酒源放样单管理，根据工艺要求设定组合勾调配方，由计算机进行系统控制，自动开启相应的泵和阀门，通过流量计进行计量，准确地将基础酒、加浆水等打入组合罐，原料添加完毕后自动启动搅拌机搅拌。组合勾调结束后打入成品酒库区，完成整个组合勾调过程中原料的定量输送和设备自动启停，实现组合勾调过程的全面系统管理。

（3）成品库区子系统　可以查询到成品酒库区各种规格、品种的储存量，将成品酒输送给灌装车间，完成输送过程中的精确计量和输送管道存酒的双向清理。系统中实时显示监测设备的使用状态，如阀门、酒泵、酒罐、仪表等状态，通过组态界面直观显示全部工艺过程，可以根据工艺不同，对其相应的参数进行设置和调整，对数据进行校正，通过信息平台可以对数据进行查询，产生统计报表，完成打印等操作。当某个时间段出现报警时会弹出报警对话框，并详细记录报警信息进行处理和用于历史报警查询。

2. 系统配置

系统配置要包括控制设备、现场检测调节仪表设备以及软件系统。选用全球知名公司的产品以保证设备的可靠性、稳定性和操作方便性，通过企业实际应用系统完全能够满足白酒生产过程控制管理的需求。

3. 按需量身定制

白酒生产工艺操作虽然简单，但储酒罐数量众多，分区分散布置，工艺管路交叉错综复杂，在有关控制操作方法上各企业也有差别。如各罐区跨区域互为输酒连通的方式，借用过滤、组合勾调管道实现引水、顶水及压缩空气顶酒等工艺步骤来实现，组合勾调环节采用单罐组合勾调还是多罐同时组合勾调，包装生产线高位罐液位控制有无必要，初滤、精滤设备的安装位置等，可根据白酒企业生产需求进行定制组合、开发系统。

生产自动控制在白酒企业生产中的应用，彻底改变了传统白酒生产工艺设备落后、能耗大、成本高的状况，对提高生产效率、提高产品质量、提高生产管理水平，适应现代白酒生产新要求起到了重要作用。

第二节　酒精度与容积测定

一、酒精度的测定

酒精度俗称酒度，为体积百分数，标识单位:%vol，俗称“度”。表示在20℃时每100mL酒溶液中含有酒精的体积（mL）。如某原酒的酒精度是74.3%vol表示在20℃时100mL酒溶液中含有酒精74.3mL。国标GB/T 10345—2007规定的酒精度的测定方法有2种：一是密度瓶法，二是酒精计法。该两种方法的前提是以蒸馏法去除不挥发物质，然后测量、校正。但是，在原酒的管理中，使用这些方法测定酒精度受到条件限制。实践证明，采用简化改良的酒精计法，能快速测量结果，误差不大，能够满足原酒的管理需要。方法简述如下：均匀取原酒样品注入洁净、干燥（或用待测量的原酒进行涮洗）的250mL或500mL量筒中，静置至气泡消失，放入洁净、干燥（或用待测量的原酒进行冲洗）的酒精计和温度计，轻轻下按一次酒精计。5min后，读取温度示值，然后水平观测，读取酒精计与液面的月牙面相切处的刻度值。查《酒精计温度与20℃酒精度（乙醇含量）换算表》，换算成20℃时的酒精度。结果保留1位小数。

注意事项：酒精计分度值0.1%vol；量筒宜大不宜小，太小影响测量精度；先读取温度值后读取酒精计示值，尽量减少或消除温度计的滞后效应。

二、容积测定

（一）定量量取样品

1. 取样、留样

需要按照确定或计算的容积数量进行容积测定。如量取50、100、150、200、500mL样品，可直接用50mL或100、150、200、500mL校准的量筒量取，并进行量筒误差校正。读取数值时，观测液体月牙面下面成一条直线时，月牙面下面对应的刻度值即容量示值。

2. 各类容器存量测定

测量各类容器存量容积时，通常会有以下类型的容积计算：

圆柱体，如罐体的柱体部分；圆锥体，如罐体的锥底；圆台体，如木制容器；长方体或正方体，如地下酒池；球冠体，如罐体的球冠底；桶体，如酒缸、酒海、卧式罐等。计算公式如下：

圆柱体 $V=\pi r^2 h$　（r—内半径　h—液面高）

圆锥体 $V=\pi r^2 h/3$　（r—锥底内半径　h—锥高）

圆台体 $V=\pi h(R^2+Rr+r^2)/3$　（R、r—底面和液面半径　h—液面高）

长方体 $V=abc$　（a—内长　b—内宽　c—液面高）

球冠体 $V=\pi h^2(3R-h)/3$　（R—球半径　h—冠高）

桶体 $V=\pi h(2D^2+Dd+3d^2/4)/15$　（D—桶腹直径　d—桶底直径）

（二）容积的直接测量

目前在酒类企业计量中用得最多的容积测量方式就是直接采用流量计进行测量，下面就流量计的计量原理和使用介绍如下。

容积式流量测量是采用固定的小容积来反复计量通过流量计的流体体积。所以，在容积式流量计内部必须具有构成一个标准体积的空间，通常称其为容积式流量计的“计量空间”或“计量室”。这个空间由仪表壳的内壁和流量计转动部件一起构成。容积式流量计的工作原理为：流体通过流量计，就会在流量计进出口之间产生一定的压力差，流量计的转动部件（简称转子）在这个压力差作用下产生旋转，并将流体由入口排向出口，在这个过程中，流体一次次地充满流量计的“计量空间”，然后又不断地被送往出口，在给定流量计条件下，该计量空间的体积是确定的，只要测得转子的转动次数，就可以得到通过流量计的流体体积的累积值。

设流量计计量空间体积为 v（m^3），一定时间内转子转动次数为 N，则在该时间内流过的流体体积为：

$$V=Nv$$

再设仪表的齿轮比常数为 a，a 的值由传递转子转动的齿轮组的齿轮比和仪表指针转动一周的刻度值所确定。若仪表指示值为 I，它与转子转动次数 N 的关系为：

$$I=aN$$

由上两式可得在一定时间内通过仪表的流体体积与仪表指示值的关系：

$$V=(v/a)\ I$$

为了适应生产中对流量测量的各种不同介质和不同工作条件的要求，产生了各种不同型式的容积式流量计。其中比较常见的有齿轮型、刮板型和旋转活塞型等三种型式，现分别介绍如下。

1. 齿轮型容积流量计

这种流量计的壳体内装有两个转子，直接或间接地相互啮合，在流量计进口与出口之间的压差作用下产生转动，通过齿轮的旋转，不断地将充满在齿轮与壳体之间的“计量空间”中的流体排出，通过测量齿轮转动次数，可得到通过流量计的流体量。

另一种齿轮型容积式流量计是腰轮容积流量计，也称罗茨型容积流量计，这种流量计的工作原理和工作过程与椭圆齿轮型基本相同，同样是依靠进、出口流体压力差产生运动，每旋转一周排出四份“计量空间”的流体体积量，所不同的是在腰轮上没有齿，它们不是直接相互啮合转动，而是通过安装在壳体外的传动齿轮组进行传动。

上述两种齿轮型式的容积流量计，可用于各种液体流量的测量，尤其是用于油流量的准确测量，在高压力、大流量的气体流量测量中，这类流量计也有应用，由于椭圆齿轮容积流量计直接依靠测量轮啮合，因此对介质的清洁度要求较高，不允许有固体颗粒杂质通过流量计。

2. 刮板式容积流量计

刮板式容积流量计也是一种较常见的容积式流量计。在这种流量计的转子上装有两对可以径向内外滑动的刮板，转子在流量计进、出口压差作用下转动，每转动一周排出四份“计量空间”的流体体积，与前一类流量计相同，只要测出转动次数，就可以计算出排出流体的体积量。较常见的凸轮式刮板流量计，壳体的内腔是一圆形空筒，转子也是一个空心圆筒形物体，径向有一定宽度，径向在各为90°的位置开四个槽，刮板可以在槽内自由滑动，四块刮板由两根连杆连结，相互垂直，在空间交叉，在每一刮板的一端装有一小滚珠，四个滚珠均在一个固定的凸轮上滚动使刮板时伸时缩，当相邻两刮板均伸出至壳体内壁时，就形成一计量空间的标准体积。刮板在计量区段运动时，只随转子旋转而不滑动，以保证其标准容积恒定。当离开计量区段时，刮板缩入槽内，流体从出口排出。同时，后一刮板又与其另一相邻刮板形成第二个“计量空间”，同样动作，转子运动一周，排出四份“计量空间”体积的流体。

在刮板式容积流量计中，还有所谓旋转阀式刮板流量计，它的工作原理与凸轮式相似，但结构不同，这里就不详细叙述了。

3. 旋转活塞式容积流量计

旋转活塞式（也称为摆动活塞式）容积流量计的结构与工作原理：旋转活塞位于固定的内外圈之间，活塞的轴靠着导辊滚动，中间隔板将计量空间分成两部分，活塞的上缺口和隔板啮合，当活塞依箭头方向运动时与隔板成直线运动．活塞在进出口流体压力差的作用下，始终与内外圆桶壁紧密接触旋转，交替不断地将活塞与内外圆筒之间的流体排出，通过计算活塞旋转次数可得到流过的流体量。

旋转活塞式容积流量计具有通流能力较大的优点，它的不足是在工作过程会有一定的泄漏，所以准确度较低。

第三节　白酒在陈酿过程中的变化

一、 老熟机理

关于老熟机理，国内外都有一些报道，但尚无统一的认识。特别是我国白酒，香型复杂，老熟中的变化有不少的差异。一般规律认为，经过发酵的酒醅通过蒸馏得到新酒，在新酒中所含的酸成分可促使醇和水的氢键缔合，很快地达到缔合平衡。随着老熟过程的延长，主要发生的是酯化反应，并使香味成分增加，这一过程发生缓慢。在此过程中，还存在酯水解生成酸的反应，直至平衡的建立而达到老熟终点。其中生成的酯或酸均可参与醇与水的缔合作用，形成一个较稳定的缔合体，从而使酒体口感醇和，并且有很浓郁的醇香味。

酒中的醇、酸、醛、酯等成分经氧化和酯化、分解作用达到新的平衡，其反应如下：

醇经氧化成醛

$$RCH_2OH \rightarrow RCHO+H_2O$$

醛经氧化成酸

$$RCHO \rightarrow RCOOH$$

醇、酸酯化成酯

$$RCH_2OH+RCOOH \xleftrightarrow{H_2O} RCOOR$$

醇、醛生成缩醛

$$2R'OH+RCHO \rightarrow RCH(OR')_2+H_2O$$

促进蒸馏酒的老熟的原因，过去都强调氧化作用，实际上由醇氧化成酸比较容易，而希望通过贮存进行酯化却比较困难。

1. 物理变化

（1）乙醇与水分子间的氢键缔合作用　白酒是酒精度较高的酒，而饮用时要求柔和，也就是平时所说的“绵软”。“绵软”虽然与香味没有直接影响，但如果酒精的刺激性强，对香味也起到掩盖作用。所以“绵软”也是白酒质量的一项重要指标，只有“绵软”，香味方能突出，才能醇和、谐调。

日本赤星亮一等人研究贮存年数不同的蒸馏酒的电导率变化，发现电导率随贮存年数增加而下降。认为这是由于分子间氢键缔合作用生成了缔合群团，质子交换作用减少，降低了乙醇的自由分子，从而减少了刺激性，使味道变醇和了。白酒中组分含量最多的是乙醇和水，占总量的98%左右。它们之间发生的缔合作用，对感官刺激的影响是十分重要的。随着人们对白酒陈酿过程的研究，又提出了一些见解。中科院感光化学所王夺元等应用高分辨率、H^+核磁共振技术，在白酒模型体系研究的基础上，建立了通过直接测定由氢键缔合作用引起的化学位移变化，由质子间交换作用引起的半高峰宽变化及缔合度来评价白酒体系中氢键缔合作用。在对清香型的汾酒研究中认为酒体中氢键缔合作用广泛存在，并对酒精度有明显依赖性；其次氢键的缔合过程在一定条件下是一个平衡过程，当平衡时化学位移及峰形均保持不变，这表明物理老熟已到终点。在实验中观察到，含65%vol酒精的体系在没有酸、碱杂质时，贮存20个月后，根据测定，氢键缔合体系已达到平衡。但白酒除乙醇和水两种主要成分外，还含有数量众多的酸、酯、醇、醛等香味成分，它们将会对白酒体系的缔合平衡产生影响，如微量酸可使缔合平衡更快达到。实测了若干种含酸新蒸馏酒的H^+核磁波谱，发现其化学位移、半高峰宽及缔合度已接近模型白酒体系的缔合平衡状态。这说明实际上白酒中各缔合成分间形成的缔合作用强烈，并显示促进缔合平衡的建立无需通过长期的贮存，只要引入适量的酸就可以大大缩短缔合平衡过程。在测定贮存5个月及10年的汾酒时，它们的化学位置值没有差别即缔合早已平衡，但口感却差别很大。因此氢键缔合平衡不是酒品质改善的主要因素，也不是白酒陈酿过程中的控制因素。结合化学分析测定，认为陈酿过程中品质变化的决定因素是化学变化。其描述的贮存陈酿过程是：当蒸馏酒醅得到新酒，其所含的酸成分可促使醇、水氢键缔合，很快达到缔合平衡，随着陈酿贮存的延长，主要发生化学反应并使香气成分增加，这过程较缓慢。在此过程中还存在酯水解生成酸，直至平衡建立到达终点，生成的酯或酸均可参与醇、水缔合作用，形成一个较稳定的缔合体，从而使酒体口感柔和、绵软、香味浓郁。

从食品化学看，任何食物的香气和味并非单一化学组分刺激所造成，而是和存在于食物中众多成分的化学分子结构、种类数量及其相互缔合形式有关。白酒的风味也就是酒体中各种化学组分的缔合平衡分配过程综合作用于人们感官的结果。

（2）香气成分的溶解度变化　白酒中香气成分的溶解度和其含量（浓度）、温度、酒精度密切相关。在低度酒中温度尤为重要。安徽古井酒厂王勇等在研究低度酒货架期返浊时，发现经-5℃冷冻的30%vol及38%vol古井贡酒出现失光变浊，升温解冻后形成油花飘浮于液面。收集油花并进行色、质谱仪器分析结果显示，共含有香气成分 200 余种，其中主要的有 76 种成分。它们之中己酸、庚酸、辛酸、戊酸、丁酸、棕榈酸、油酸、亚油酸的乙酯以及己酸丙酯、己酸异丁酯、己酸异戊酯、己酸乙酯、乙酸等 13 种占总量的 93.93%。在油花中棕榈酸、油酸及亚油酸的乙酯占 8.8%，而己酸乙酯占 47.1%，戊酸乙酯占 9.01%，庚酸乙酯占 8.15%，辛酸乙酯占 7.43%，这四大酯共占 71.68%。油花中绝大部分是酯类，其次是酸，除溶解度大的乙酸、丙酸外，随碳链的增长互溶性越来越小，有机酸析出都在 30%以上，辛酸超过 50%。醇类、羰基化合物与水基本相溶，其含量变化不大。说明当完全合格清澈透明的出厂酒，由于气温下降而出现的货架期失光变浊的原因来自白酒中香气成分本身，由于温度变化使其溶解度下降而造成。因此低度浓香型酒香气成分的适宜含量还有待进一步研究。

2. 老熟与金属含量的关系

各种酒类制品中的金属含量来自原料、酿造用水、容器及生产设备等。金属的多少，即使是同类的酒也因制造方法的不同而各异。国外关于金属对糖化、发酵和微生物发育繁殖的影响，对微生物无机营养及对酶活性方面影响的研究，已有很多报道。一般蒸馏酒的金属含量比酿造酒为低。

日本的泡盛酒传统方法贮存于陶质酒坛中。经贮存后的酒中，铁、铜、钙、锰、锌、镁、钾和钠的含量超过新酒很多。这是酒在贮存过程中酒坛中的金属成分溶解到酒中所致。这一现象是促进泡盛酒老熟变化的重要因素，并使酒带金黄色。这些金属含量大体随贮存年限的延长按比例增加。因此，陶质酒坛贮的酒，如以铁的含量计算，大致可以推算出酒的老熟期。

1977 年五粮液酒厂刘沛龙等首先报道白酒中金属元素的测定结果及其与酒质的关系。对白酒中金属元素的含量、来源、在白酒老熟过程中的作用及其与酒质的关系进行了论述。

（1）不同贮存期酒中金属含量　见表 8-4、表 8-5。

表 8-4　　贮存 10 年、20 年酒中金属元素的含量　　单位：μg/L

试样	A 酒样				B 酒样	
酒精含量/%vol	52		39	29	52	
酒龄/年	20	10	10	10	20	10
K	3470	2220	660	420	2310	2350
Ca	4360	890	10010	11920	4330	2180
Mg	3490	690	6440	7350	2300	860
Cd	9.10	4.44	5.52	8.23	2.04	4.65
Fe	62.20	101.70	203.10	196.20	136.80	104.60
Pb	28.41	23.29	40.22	26.97	12.42	7.30
Cu	39.87	13.05	34.90	39.02	10.34	8.57
Mn	29.57	20.14	31.74	33.85	20.70	25.54
Al	660	470	140	120	1260	770
Ni	3.10	1.58	4.62	3.52	2.08	1.76
Cr	3.08	0.71	3.49	2.37	4.29	3.31
Na	15260	34750	10490	8140	8840	29000

表 8-5　　贮存 30 年、40 年酒中金属元素的含量　　单位：μg/L

酒龄	K	Ca	Mg	Cd	Fe	Pb	Cu	Mn	Al	Ni	Cr	Na
40 年老酒	7810	5440	4520	0.58	1045.01	86.60	367.46	48.44	42040	7.77	4.14	8470
30 年老酒	4190	2960	1280	0.22	961.10	49.79	32.21	35.51	5220	5.24	7.48	6330

注：表中所列数据为 40 年老酒 8 个、30 年老酒 2 个的平均值。

从表 8-4 可见，这些盛于酒瓶中的酒样，除 Na 以外，其他金属元素的含量随存放时间延长而增加。因此，所增加的金属元素，是由酒瓶材质溶入酒中的。在 10 年贮存期不同酒精度（酒精含量）的 A 酒中，金属元素 Ca、Mg、Cd、Cu、Mn 随酒精度降低而增加，K、Al、Na 随酒精度降低而降低，Fe、Pb、Ni，Cr 在酒精含量为 39%的酒中最高。这与加浆用水及随贮存期增加酒中酯的水解导致有机酸增加，使酒瓶材质中的金属溶出量增多有关。

由表 8-5 的测定结果反映出，贮存 30 及 40 年的老酒中，金属元素含量要比 10 及 20 年酒中多得多，尤其是 Fe、Cu、Al，故增加的金属元素与贮酒器有关。一般酒中 Fe 含量越高，酒色越黄，酒中铁含量最多不能超过 2mg/L，否则将出现沉淀。酒的黄色除与铁含量有关外，还与白酒中的某些有机成分有关。经液相色谱分析，已发现有 4 种有机物可使酒产生黄色。

酒的贮存时间越长，酒精损失越多，酸度越高，以致使盛酒容器中的金属元素溶入酒中越多。一般盛酒容器中的金属元素以氧化物形式存在，溶解于酒中仍不及酸的增长，因此酒的 pH 随贮存时间的延长而缓慢降低。

（2）新酒贮存过程中金属元素含量的变化　取车间刚蒸馏出来的新酒，盛入两种不同材质的贮酒容器中，每半年取样分析，结果见表 8-6 及表 8-7。

表 8-6　　新酒贮存于容器 1 中的金属元素含量变化　　单位：μg/L

车间号	贮存时间	K	Ca	Mg	Al	Na	Pb	Mn	Ni	Cu	Cr	Cd	Fe
501	新酒	950	450	90	27.17	370	0.98	2.47	0.46	7.09	1.48	1.94	13.16
	半年	1210	610	80	90.20	130	7.40	8.56	0.49	9.97	1.49	1.26	29.10
	—年	1920	1490	170	130.23	170	7.21	14.64	0.50	11.84	1.48	2.81	52.01
505	新酒	740	440	110	18.13	240	1.98	2.46	0.44	3.17	1.51	1.22	16.58
	半年	1670	320	70	113.50	40	17.41	3.08	0.51	7.84	1.22	1.31	30.86
	一年	1600	360	200	172.47	150	9.77	7.11	0.95	7.96	1.66	2.68	66.24
509	新酒	1260	540	170	21.74	170	1.63	7.73	0.16	7.02	3.39	2.62	29.28
	半年	1580	440	160	66.09	160	9.51	9.08	0.39	8.18	5.73	1.41	37.98
	一年	1990	320	330	68.71	290	7.12	14.76	1.44	10.54	5.98	3.58	59.83
511	新酒	1050	1180	240	6.18	320	2.83	3.09	1.62	2.29	2.59	0.21	12.64
	半年	1140	470	180	39.93	1160	8.07	8.91	2.27	5.56	1.81	1.29	31.06
	一年	92	620	430	136.50	480	10.49	11.75	1.17	7.52	2.37	4.21	55.13

表 8-7 新酒贮存于容器 2 中的金属元素含量变化 单位：μg/L

贮存时间	K	Ca	Mg	Cd	Fe	Pb	Cu	Mn	Al	Ni	Cr	Na
新酒	1520	1200	390	1.09	17.48	0.78	10.33	4.85	44.36	0.91	2.88	1830
半年	200	400	00	1.08	31.49	4.03	4.13	9.71	21.06	3.90	4.95	900
一年	970	280	340	2.96	21.97	1.83	15.51	0.19	65.91	0.99	9.56	270

注：表中数据取自 5 个酒样的平均值。

容器 1 的材质中含有各种金属氧化物，因此酒经贮存后，这些金属元素便被溶入酒中，增加较多的有 Al、Fe、Cu、Pb、Mn，而 Ca、Mg、Cr、Cd 几乎不增加，甚至减少。容器 2 的材质较为单一，含金属元素少，溶入酒中也少。其中除 Fe、Mn、Ni、Cr 增加较多外，绝大部分金属元素不增加，甚至减少。经品尝认为，容器 1 贮存白酒的陈酿效果比容器 2 为好。以上结果证实，贮酒容器的材质直接决定了酒中金属含量的品种，贮存期的长短与其含量多寡有关。

（3）金属元素在酒老熟过程中的作用 选用 $NiSO_4$、$Cr_2(NO_3)_3$、$Fe_2(SO_4)_3$、$CuSO_4$、$MnSO_4$ 5 种金属盐，按一定浓度添加于新酒中，1h 后比较各金属元素除去新酒味的能力。结果 Fe^{3+}、Cu^{2+} 去新酒味较强，Ni^{2+} 有一定的作用，Cr^{3+}、Mn^{2+} 无去新酒味的能力。新酒味的主要成分一般认为是硫化物，而添加的 5 种金属盐均能与酒中硫化物反应生成难溶的硫化物。然后将酒样放置于 25℃ 恒温箱中，经 1 个月、5 个月后分别测定其微量成分变化及品尝，结果见表 8-8、表 8-9。

表 8-8 金属元素催化 1 个月后酒中的微量成分 单位：mg/100mL

酒样	乙醛	乙缩醛	乙酸	乙酸乙酯	异丁醇	异戊醇	己酸乙酯
1#酒样	43.78	207.39	41.41	117.25	29.85	40.26	383.16
Mn^{2+}	60.36	198.04	31.00	112.90	30.05	38.04	328.21
Cu^{2+}	50.41	188.23	38.16	115.56	80.00	37.54	325.27
Fe^{3+}	58.70	211.50	59.53	112.98	29.72	38.17	324.67
Cr^{3+}	71.18	270.34	51.44	111.50	29.78	38.77	331.99
Ni^{2+}	87.81	200.74	32.96	107.63	29.30	40.80	320.92
2#酒样	37.89	108.34	48.53	81.52	29.01	44.99	336.42
Mn^{2+}	32.46	100.31	51.98	79.00	26.66	43.89	330.94
Cu^{2+}	20.36	90.03	40.54	85.62	30.58	49.88	322.24
Fe^{3+}	35.27	117.93	48.08	77.24	27.76	43.66	322.24
Cr^{3+}	41.00	160.58	37.89	84.12	27.88	44.23	318.25
Ni^{2+}	31.12	99.44	31.14	79.90	28.24	45.53	327.74

表 8-9 金属元素催化 5 个月后酒中的微量成分 单位：mg/100mL

酒样	乙醛	乙缩醛	乙酸	乙酸乙酯	异丁醇	异戊醇	己酸乙酯
1#酒样	40.52	175.03	40.11	95.75	26.1	33.96	299.56

续表

酒样	乙醛	乙缩醛	乙酸	乙酸乙酯	异丁醇	异戊醇	己酸乙酯
Mn^{2+}	36.77	172，51	41.15	97.63	27.54	34.26	301.24
Cu^{2+}	39.31	170.22	37.83	96.26	27.11	33.68	302.63
Fe^{3+}	61.76	233.43	79.42	112.17	26.85	33.98	296.11
Cr^{3+}	77.61	254.21	75.69	113.24	27.23	34.35	269.65
Ni^{2+}	41.34	164.50	44.36	94.89	26.46	34.10	294.80
$2^{\#}$酒样	43.00	68.34	43.41	68.95	24.37	21.98	290.24
Mn^{2+}	30.87	58.85	57.30	64.31	23.10	21.18	307.99
Cu^{2+}	36.63	74.16	38.20	69.27	24.25	22.87	293.18
Fe^{3+}	64.07	114.25	80.70	75.93	23.78	22.75	297.74
Cr^{3+}	75.48	132.26	67.66	74.56	24.53	22.77	289.69
Ni^{2+}	38.33	67.27	48.76	65.33	23.98	22.31	284.29

从表 8-8、表 8-9 说明，Fe^{3+}、Cr^{3+}对酒有明显的催化氧化能力，其他金属元素作用不明显。反映在酒中乙醛、乙缩醛、乙酸、乙酸乙酯明显增加，这是由于酒精氧化成乙醛，再氧化成乙酸，乙醛和酒精缩合生成乙缩醛，酒精与乙酸酯化生成乙酸乙酯所致。但将这 2 种酒样品尝，结果是未经催化的原酒样最好，添加金属元素的酒样不同程度地欠自然，显刺辣，没有发现一个酒样有陈味。

二、 风味物质的变化

新蒸馏出来的酒，一般比较燥辣，不醇和也不绵软，含有硫化氢、硫醇、硫醚等挥发性硫化物，以及少量的丙烯醛、丁烯醛、游离氨等杂味物质。这些物质与其他沸点接近的物质组成新酒杂味的主体。上述物质消失后，新酒杂味也大为减少，也就是说在贮存过程中，低沸点臭味物质大量挥发，所以酒中上述异味减少。

在 9~10℃ 较低温度下贮存酒，密封于陶坛内，经 50~60d 后，硫化氢含量下降 33.2%~97.5%，其他硫醇及二乙基硫也大为减少，几乎完全失去新酒味。经 1 年贮存的酒，已检验不出挥发性硫化物（表 8-10）。如果贮存温度升高，挥发性物质迅速降低。这说明白酒必须有一定的贮存期。

表 8-10　　贮存中臭味物质的变化　　单位：g/100mL

酒别	硫化氢	硫醇	二乙基硫	丙烯醛	氨
新产董酒	0.0888	痕迹	痕迹	痕迹	痕迹
贮存 1 年董酒	痕迹	未检出	未检出	痕迹	痕迹
贮存 2 年董酒	痕迹	未检出	未检出	未检出	痕迹
新大曲酒	0.1173	痕迹	痕迹	痕迹	痕迹
贮存 1 年大曲酒	未检出	未检出	未检出	未检出	痕迹

四川某浓香型名酒厂用毛细管柱辅以填充柱分析了该厂大量的新老酒，得出了以下几个结论：

表 8-11 **贮存 10 年前后酒中四大酯的变化** 单位：mg/L

成分 \ 含量 \ 酒号		1#	2#	3#	4#	5#	6#	7#	8#	9#	10#	平均差值
乙酸乙酯	前后	927.1	927.0	1008.2	1062.4	791.8	1179.0	1043.0	1007.8	1053.0	936.0	
		1118.1	558.9	580.3	860.8	984.3	920.0	1148.6	1104.7	1127.2	784.4	
	差值	+191.0	−368.1	−427.9	−201.6	+192.5	−259.0	+105.6	96.9	+74.2	−151.1	−74.8
丁酸乙酯	前后	341.4	244.1	243.9	253.5	278.8	289.9	257.8	298.8	332.8	301.5	
		244.7	140.3	132.2	169.3	172.3	170.0	189.6	176.9	227.0	213.8	
	差值	−96.7	−103.8	−111.7	−84.2	−106.5	−119.9	−68.2	−121.9	−105.8	−87.7	−100.6
乳酸乙酯	前后	1152.7	959.5	1177.4	1237.3	853.8	1171.9	243.7	1123.3	1396.1	1599.9	
		586.2	658.8	705.7	716.5	681.7	653.9	765.3	694.7	865.0	798.6	
	差值	−566.5	−300.7	−471.7	−520.8	−172.1	−517.9	−478.4	−428.6	−531.1	−801.3	−478.9
己酸乙酯	前后	2018.5	1757.1	1605.2	1842.1	2118.2	1555.0	1548.0	2074.2	2044.1	1381.5	
		1425.8	1302.4	1281.6	1462.5	1468.5	1074.8	1288.5	14265	1541.6	996.9	
	差值	−592.7	−454.7	−323.6	−379.6	−649.7	−480.2	−259.5	−647.7	−502.5	−384.6	−467.5

表 8-12 **贮存 10 年前后酒中有机酸的变化** 单位：mg/L

项目		1#	2#	3#	4#	5#	6#	7#	8#	9#	10#	平均差值
乙酸	前后	502.4	582.4	539.8	513.2	513.5	531.4	560.6	469.2	490.0	423.4	
		642.2	1064.8	714.7	710.8	701.6	822.8	1103.0	867.9	504.9	525.3	
	差值	+139.8	+482.4	+174.9	+197.6	+188.1	+291.	+542.4	+398.7	+14.9	+101.9	+253.2
丙酸	前后	6.7	8.0	8.2	7.0	13.7	8.1	7.8	9.2	7.0	8.6	
		67.2	61.2	59.0	41.9	44.7	50.8	50.2	54.5	61.6	53.5	
	差值	+60.5	+53.2	+50.8	+34.9	+31.0	+42.7	+42.4	+45.3	+54.6	+44.9	+46.0
丁酸	前后	74.0	109.0	80.6	78.8	83.6	73.5	80.8	84.9	76.4	84.1	
		119.7	176.6	123.3	127.7	158.5	141.2	151.1	166.7	123.4	132.4	
	差值	+45.7	+67.6	+42.7	+48.9	+74.9	+67.7	+70.3	+81.8	+47.0	+48.3	+59.5
异丁酸	前后	5.4	6.7	7.2	6.0	4.6	5.9	5.7	8.6	4.2	8.9	
		10.7	10.7	9.4	8.3	7.5	8.8	9.9	10.8	8.9	13.8	
	差值	+5.3	+4.0	+2.2	十2.3	+2.9	+3.1	+4.2	+2.2	+4.7	+4.9	+3.6
戊酸	前后	16.4	24.5	18.2	19.5	20.1	19.3	17.2	16.3	20.6	11.8	
		28.0	42.5	42.5	30.2	32.3	34.7	34.5	37.6	33.0	25.4	
	差值	+11.6	+18.0	+24.3	+10.7	+12.2	+15.4	+17.3	+21.3	+12.4	+13.6	+15.7

续表

项目		1#	2#	3#	4#	5#	6#	7#	8#	9#	10#	平均差值
异戊酸	前	10.9	16.1	14.9	13.4	7.9	10.9	10.9	13.4	11.0	10.8	
	后	18.3	18.7	16.2	11.4	12.0	13.8	16.8	18.6	13.9	17.4	
	差值	+7.4	+2.6	+1.3	-2.0	+4.1	+2.9	+5.9	+5.2	+2.9	+6.6	+3.7
己酸	前	335.2	588.1	411.3	422.4	333.2	329.0	386.6	388，9	441.8	241.8	
	后	830.3	1203.1	957.2	996.6	793.5	326.0	1033.4	1098.8	1088.4	603.6	
	差值	+495.1	+615.6	+545.9	+574.2	+460.3	+497.0	+646.8	+709.9	+646.6	+361.8	+555.3

（1）经过大量数据分析，发现老酒的标记峰为二乙氧基甲烷峰，新酒在5年内无此峰，随着酒龄的增加，二乙氧基甲烷的含量逐渐增加，与酒龄成正比关系。

（2）存放过程中所有的酯都减少。

（3）随着存放时间的延长，酒中的酸增加越多。酸的增加来源于酯的水解和酒的损失。

（4）酒的醇类有三种变化趋势：甲醇的沸点低，在贮存过程中比乙醇易挥发，因此含量随贮存时间增长而减少；正丙醇的沸点比乙醇稍高，贮存过程中变化不大；其他高级醇挥发性比乙醇小，贮存过程中含量提高。2，3-丁二醇、正己醇、正庚醇在老窖酒中含量特别高，可能与老窖风格有关。

（5）存放过程中醛类的变化大约10年之内呈增加趋势，以后又有所减少。

中科院感光化学研究所王夺元等对汾酒老熟过程的作用机理进行了研究，认为：清香型汾酒的主体香乙酸乙酯在老熟1年半左右的时间内达到最高值，贮存期延长，主体香成分反而下降，老熟10余年的汾酒，其主体香成分降低大约75%。乙酸的含量随老熟时间的延长而增加，这可能与酯的水解反应有关。由于酒体中含有大量水，且在酯化反应时又有水分子生成，故使酯化的逆过程更有利。这种酸的生成可促使缔合平衡更快建立，有利于稳定缔合结构的重组。此外，酸的存在可参与其他的酯化反应，例如清香型酒中另一主体香成分乳酸乙酯随老熟期的延长而减少，很可能发生了反应生成双酯，这种反应既消耗了体系中过量的酸，又可产生新的香气成分，有利于改善酒的质量。

三、贮酒时间对酒质的影响

在酒类生产中，不论是酿造酒或蒸馏酒，都把发酵过程结束、微生物作用基本消失以后的阶段叫做老熟。老熟有个前提，就是在生产上必须把酒做好，次酒即使经长期贮存，也不会变好。对于陈酿也应有个限度，并不是所有的酒都是越陈越好。酒型不同，以及不同的容器、容量、室温，酒的贮存期也应有所不同，而不能独立地以时间为标准。夏季酒库温度高，冬季温度低，酒的老熟速度有着极大的差别。为了使酒有一定的贮存时间，适当地增加酒库及容器的投资是必要的。应该在保证质量的前提下，确定合理的贮存期。有人曾将不同香型名优白酒贮存在相同的传统陶坛中，利用核磁共振设备，测定白酒氢键的缔合作用；同时还进行了白酒的一般常规分析，测定氧化还原电位和溶解氧等变化。但尚不能说明酒质的好坏和老熟的机理，还应以尝评鉴定为主要依据，并结合仪器分析，才可了解贮存过程中白酒风味变化的特征，以便提供酒厂决定每种香型白酒老熟最佳时间的依据。以浓香型白酒为例：选用新酒 92.5kg，贮存于 100kg 传统陶坛中，其感官变化的评语见表 8-13。

表 8-13　浓香型酒贮存中的感官变化

贮存期限	感官评语
0	浓香稍冲，有新酒气味，糙辣微涩，后味短
1	闻香较小，味甜尾净，糙辣微涩，后味短
2	未尝评
3	浓香，进口醇和，糙辣味甜，后味带苦涩
4	浓香，入口甜，有辣味，稍苦涩，后味短
5	浓香，味绵甜，稍有辣味，稍苦涩，后味短
6	浓香，味绵甜，微苦涩，后味短，欠爽，有回味
7	浓香，味绵甜，微苦涩，后味欠爽，有回味
8	浓香，味绵甜，回味较长，稍有刺舌感
9	芳香浓郁，绵甜较醇厚，回味较长，后味较爽净
10	未尝评
11	芳香浓郁，绵甜醇厚，喷香爽净，酒体较丰满，有陈味

四、低度白酒贮存过程中质量的变化

低度白酒的生产，最初出现两大技术难题，就是“水味”和“浑浊”，难以保持原酒的风格，通过数年的努力，这两大难题已经解决，并且解决得越来越好。但是，随着低度白酒的发展，产量的增加，发现低度白酒贮存中发生变化，口味变淡并带异杂味，随着贮存时间的增加和贮存条件的差异，这种变化尤甚。为了探索低度曲酒在贮存中质量变化的原因，找出解决问题的科学依据，四川省食品工业品发酵工业研究设计院有限公司、宜宾五粮液酒厂、四川沱牌曲酒厂、四川古蔺朗酒厂联合对低度曲酒贮存过程中质量的变化进行了研究。低度曲酒的贮存过程中质量的变化，主要是微量成分的变化。采用日本岛津 GC—TAG 气相色谱仪，自制毛细管柱，对酒中微量成分进行检测。低沸点醇酯采用直接进样，低沸点有机酸采用衍生的苄酯化法，高沸点醇酯采用乙醚-戊烷富集提取，共定量出酯类 30 种、酸类 11 种、醇类 24 种、醛酮类 5 种，取得 19800 多个数据。每隔 3 个月分析一次，同时结合感官尝评，从中发现了一些规律性的东西，初步掌握了降度酒和低度曲酒在贮存中微量成分的变化，了解到口感变化的原因，为稳定和提高低度曲酒质量提供了可靠的科学依据。

（一）低度曲酒贮存过程中芳香成分的剖析

1. 酒精含量

贮存过程中酒精含量略有降低，但变化不明显。经过 1 年时间最高的差 0.15%vol，而最低的仅差 0.07%。酒样在贮存过程中酒精含量的降低一般是由于挥发损失。三个品牌低度酒和降度酒 1 年时间酒精含量、总酸、总酯含量变化见表 8-14。

表 8-14　　　　酒精含量、总酸、总酯检验表

样品名称 / 酒精含量 / 分析日期 / 分析项目	五粮液									
	39%vol					52%vol				
	1994-11	1995-02	1995-05	1995-08	1995-11	1994-11	1995-02	1995-05	1995-08	1995-11
酒精含量/%vol	38. 72	38. 75	38. 75	38. 72	38. 65	51. 92	51. 94	51. 95	51. 92	51. 85
总酸含量/(mg/100mL)	57. 00	57. 49	57. 94	55. 82	58. 46	66. 76	66. 40	66. 85	69. 18	72. 88
总酯含量/(mg/100mL)	268. 56	268. 34	263. 98	255. 66	250. 36	384. 02	342. 57	336. 63	328. 67	320. 36

样品名称 / 酒精含量 / 分析日期 / 分析项目	郎酒									
	39%vol					53%vol				
	1994-11	1995-02	1995-05	1995-08	1995-11	1994-11	1995-02	1995-05	1995-08	1995-11
酒精含量/%vol	39. 08	39. 07	39. 05	39. 00	38. 95	52. 32	52. 36	52. 35	52. 30	52. 25
总酸含量/(mg/100mL)	271. 64	270. 56	271. 01	278. 64	286. 51	309. 82	308. 50	307. 65	307. 26	311. 56
总酯含量/(mg/100mL)	421. 20	408. 58	391. 82	367. 66	360. 10	525. 42	534. 68	525. 60	515. 62	507. 67

样品名称 / 酒精含量 / 分析日期 / 分析项目	沱牌曲酒											
	39%vol					52%vol					60%vol	
	1994-11	1995-02	1995-05	1995-08	1995-11	1994-11	1995-02	1995-05	1995-08	1995-11	1994-11	1995-11
酒精含量/%vol	37. 35	37. 28	37. 30	37. 25	37. 20	51. 24	51. 30	51. 30	51. 22	51. 25	59. 90	59. 80
总酸含量/(mg/100mL)	52. 45	53. 98	54. 97	60. 59	62. 27	71. 53	70. 46	71. 26	75. 86	78. 82	84. 64	85. 40
总酯含量/(mg/100mL)	227. 87	225. 90	223. 46	193. 60	189. 06	338. 24	337. 33	336. 63	322. 26	314. 69	396. 23	331. 72

2. 有机酸类

低度酒 38%~39%vol 和降度酒 52%~53%vol 所含酸的种类基本相同。浓香型酒（五粮液、沱牌曲酒）酸含量在 10mg/100mL 以上的为乙酸、己酸和乳酸 3 种，1mg/100mL 以下的为丙酸、异丁酸、异戊酸、庚酸和辛酸 5 种。酱香型酒（郎酒）酸含量在 10mg/100mL 以上的为乙酸和乳酸 2 种，1~10mg/100mL 为甲酸、丙酸、异丁酸、正丁酸、异戊酸、正戊酸和己酸 7 种，含量在 1mg/100mL 以下的为庚酸和辛酸 2 种。酒在贮存中有机酸的变化见表 8-15。

表 8-15　　　　曲酒贮存中有机酸的变化　　　　单位：mg/100mL

样品 / 酒精含量 / 分析日期 / 成分名称	五粮液									
	39%vol					52%vol				
	1994-11	1995-02	1995-05	1995-08	1995-11	1994-11	1995-02	1995-05	1995-08	1995-11
甲酸	1. 41	1. 65	1. 72	1. 98	2. 07	1. 89	1. 91	2. 13	2. 33	2. 46

续表

成分名称 \ 样品 / 酒精含量 / 分析日期	五粮液									
	39%vol					52%vol				
	1994-11	1995-02	1995-05	1995-08	1995-11	1994-11	1995-02	1995-05	1995-08	1995-11
乙酸	19.36	19.43	19.62	20.63	21.76	26.73	25.50	25.74	26.80	27.15
丙酸	0.55	0.56	0.55	0.77	0.80	0.69	0.69	0.70	0.97	1.03
异丁酸	0.67	0.67	0.67	0.68	0.67	0.76	0.79	0.76	0.78	0.82
正丁酸	6.44	6.40	6.47	7.04	7.09	7.17	7.07	7.15	7.69	7.70
异戊酸	0.76	0.70	0.70	0.71	0.73	0.81	0.81	0.79	0.79	0.80
正戊酸	2.22	2.22	2.27	2.44	2.65	2.56	2.53	2.51	2.69	2.83
乳酸	12.02	13.14	16.96	16.96	17.72	21.76	22.66	23.14	23.38	27.39
己酸	32.78	33.45	23.78	36.10	38.27	39.99	40.28	40.35	42.98	44.34
庚酸	0.665	0.71	0.73	0.74	0.76	0.74	0.78	0.81	0.85	0.90
辛酸	0.35	0.41	0.41	0.41	0.41	0.42	0.49	0.50	0.55	0.60
合计	77.21	79.34	83.21	88.46	92.93	103.52	103.51	104.58	109.81	116.02

成分名称 \ 样品 / 酒精含量 / 分析日期	郎酒									
	39%vol					53%vol				
	1994-11	1995-02	1995-05	1995-08	1995-11	1994-11	1995-02	1995-05	1995-08	1995-11
甲酸	4.08	4.06	4.08	4.02	4.43	4.86	5.02	4.89	5.38	5.53
乙酸	212.71	213.74	217.70	220.0	225.0	242.49	239.71	244.57	246.95	248.27
丙酸	6.84	7.14	7.12	8.35	8.44	9.36	9.29	9.11	10.14	10.25
异丁酸	1.40	1.28	1.13	1.18	1.18	1.98	1.66	1.62	1.55	1.58
正丁酸	6.55	6.52	6.55	8.23	8.02	7.98	7.92	7.97	9.22	9.35
异戊酸	0.92	1.00	1.03	1.06	0.98	1.44	1.56	1.58	1.59	1.47
正戊酸	2.28	2.05	2.1	2.28	2.29	2.07	1.98	2.02	2.15	2.24
乳酸	68.37	68.84	70.27	71.87	74.10	82.01	84.54	86.95	87.68	88.32
己酸	6.67	6.85	7.01	7.04	7.10	5.71	5.89	5.86	5.82	5.85
庚酸	0.50	0.48	0.43	0.45	0.40	0.44	0.49	0.58	0.58	0.61
辛酸	—	0.21	0.19	—	—	—	0.24	0.27	—	—
合计	310.21	312.17	317.6	324.48	331.94	358.34	358.30	365.42	371.06	373.47

成分名称 \ 样品 / 酒精含量 / 分析日期	沱牌曲酒											
	38%vol					52%vol					60%vol	
	1994-11	1995-02	1995-05	1995-08	1995-11	1994-11	1995-02	1995-05	1995-08	1995-11	1994-11	1995-11
甲酸	3.22	3.06	2.85	3.32	3.11	5.22	4.81	4.95	5.13	4.16	4.91	3.76
乙酸	28.43	26.25	26.19	31.38	31.08	38.47	39.28	38.75	40.86	39.88	50.36	43.55

续表

样品 / 酒精含量 / 分析日期 / 成分名称	沱牌曲酒											
	38%vol					52%vol					60%vol	
	1994-11	1995-02	1995-05	1995-08	1995-11	1994-11	1995-02	1995-05	1995-08	1995-11	1994-11	1995-11
丙酸	0.54	0.54	0.57	0.74	0.70	0.66	0.67	0.57	0.80	0.89	0.83	0.85
异丁酸	0.40	0.43	0.41	0.40	0.45	0.59	0.63	0.60	0.60	0.63	0.68	0.74
正丁酸	5.07	4.90	4.88	5.70	5.65	7.78	7.14	7.49	7.85	7.63	8.46	8.46
异戊酸	0.56	0.57	0.55	0.57	0.56	0.71	0.78	0.76	0.77	0.79	0.78	0.94
正戊酸	1.09	0.92	0.87	1.06	1.60	1.15	1.24	1.19	1.32	1.33	1.46	1.51
乳酸	17.96	18.81	19.54	20.84	20.81	22.08	22.11	22.52	24.46	26.62	24.94	25.60
己酸	25.11	25.30	25.96	28.74	30.03	32.38	32.46	31.45	36.49	35.88	39.73	39.89
庚酸	0.30	0.35	0.38	0.37	0.39	0.42	0.45	0.47	0.49	0.50	0.50	0.52
辛酸	0.58	0.63	0.66	0.68	0.74	0.69	0.82	0.88	0.91	0.99	0.92	1.03
合计	83.26	81.76	82.36	93.80	95.12	110.15	110.39	109.63	119.68	119.30	133.75	126.85

各种有机酸含量在酒样中的排列顺序：

（1）五粮液为39%vol的酒样　己酸>乙酸>乳酸>正丁酸>正戊酸>甲酸>异戊酸>庚酸>异丁酸>丙酸>辛酸。

（2）五粮液为52%vol的酒样　己酸>乙酸>乳酸>正丁酸>正戊酸>甲酸>庚酸>异戊酸>异丁酸>丙酸>辛酸。

（3）沱牌曲酒为38%vol的酒样　乙酸>己酸>乳酸>正丁酸>甲酸>正戊酸>辛酸>异戊酸>丙酸>异丁酸>庚酸。

（4）沱牌曲酒为52%vol的酒样　其排列同38%vol的酒样。

（5）郎酒为39%vol的酒样　乙酸>乳酸>丙酸>己酸>正丁酸>甲酸>正戊酸>异丁酸>异戊酸>庚酸。

（6）郎酒为53%vol的酒样　其排列同郎酒39%vol的酒样。

酒样中各种有机酸含量的比例关系：

若以乙酸含量为1，其他各酸含量的比例见表8-16。

表8-16　酒样中各有机酸含量比例关系表

样名 \ 项目	乙酸	甲酸	丙酸	异丁酸	正丁酸	异戊酸	正戊酸	乳酸	己酸	庚酸	辛酸
五粮液											
39%vol	1	0.07	0.03	0.03	0.33	0.04	0.11	0.62	1.69	0.03	0.02
52%vol	1	0.07	0.03	0.03	0.27	0.03	0.10	0.81	1.50	0.03	0.02

续表

样名＼项目	乙酸	甲酸	丙酸	异丁酸	正丁酸	异戊酸	正戊酸	乳酸	己酸	庚酸	辛酸
沱牌曲酒											
38%vol	1	0.11	0.02	0.01	0.18	0.02	0.04	0.63	0.88	0.01	0.02
52%vol	1	0.14	0.02	0.02	0.20	0.02	0.03	0.57	0.84	0.01	0.02
郎酒											
39%vol	1	0.02	0.03	0.01	0.03	0.004	0.01	0.32	0.03	0.002	—
53%vol	1	0.02	0.04	0.01	0.03	0.006	0.01	0.34	0.02	0.002	—

贮存1年后酒样中有机酸的变化值见表8-17。

表8-17　1994年11月第一次测定与1995年11月第5次测定的差值　单位：mg/100mL

样名＼项目	甲酸	乙酸	丙酸	异丁酸	正丁酸	异戊酸	正戊酸	乳酸	己酸	庚酸	辛酸	变化总量
五粮液												
39%vol	0.66	2.4	0.25	0	0.65	-0.03	0.43	5.70	5.49	0.11	0.06	15.93
52%vol	0.57	0.42	0.34	0.06	0.53	-0.01	0.27	5.63	4.35	0.16	0.18	12.50
沱牌曲酒												
38%vol	-0.11	2.65	0.16	0.05	0.58	0	0.51	2.85	4.92	0.09	0.16	11.86
52%vol	-1.06	1.41	0.23	0.04	-0.15	0.08	0.18	4.54	3.50	0.08	0.30	9.15
郎酒												
39%vol	0.35	12.29	1.6	0.22	-1.47	0.06	0.01	5.73	0.43	-0.10	—	21.72
53%vol	0.67	0.67	0.89	-0.4	1.37	0.03	0.17	6.31	0.14	0.17	—	15.13

从表8-17看出，低度酒的总酸量比降度酒总酸量增幅稍大一些。在浓香型酒中，乳酸、己酸和乙酸的增幅较大，一般均在1%以上。在酱香型酒中，乙酸、乳酸、正丁酸和丙酸的增幅在1%以上。其酸含量一般均是随贮存时间的延长而略有增加，其中低度酒的增酸量也略高于降度酒的酸增量。

3. 酯类

采用10%PEG20M固定液涂渍的毛细管柱（61m×0.32mm）浓缩预处理法分析酒中的高沸点成分（表8-18）；20%DNP+7%Tween80混合固定液涂渍的毛细管柱（65m×0.32mm）直接进样法分析名优低度酒中的低沸点成分（表8-19）。共定性酯类33种，定量30种。各种酯的含量差别相当大。含量最高的有己酸乙酯、乳酸乙酯、乙酸乙酯、丁酸乙酯4种，含量最低的有乙酸异丁酯、丙酸甲酯、丁酸戊酯、苯甲酸乙酯等微量酯类。

表 8-18　　曲酒贮存中高沸点酯类的变化　　单位：mg/100mL

成分名称＼分析日期＼样名	五粮液 39%vol					五粮液 52%vol				
	1994-11	1995-02	1995-05	1995-08	1995-11	1994-11	1995-02	1995-05	1995-08	1995-11
乙酸正己酯	0.32	0.39	0.57	0.43	0.39	0.48	0.41	0.58	0.60	0.56
戊酸丁酯	0.57	0.56	0.54	0.57	0.53	0.67	0.69	0.68	0.70	0.66
庚酸乙酯	4.47	4.60	4.41	4.44	4.13	6.24	5.76	5.85	5.73	5.53
辛酸乙酯	3.17	3.00	2.92	3.07	2.89	4.52	4.30	4.36	4.25	4.05
己酸异戊酯	1.31	0.88	0.84	1.43	1.10	1.88	1.49	1.51	2.32	2.20
乙酰乙酸乙酯	0.03	0.02	0.05	0.04	0.04	0.04	0.05	0.04	0.05	0.04
丁二酸二甲酯	0.02	0.02	0.02	0.03	0.02	0.02	0.02	0.03	0.02	0.01
癸酸乙酯	0.27	0.24	0.23	0.27	0.22	0.41	0.37	0.35	0.40	0.35
苯甲酸乙酯	0.02	0.02	0.02	0.02	0.02	0.02	0.03	0.03	0.04	0.03
丁二酸二乙酯	0.11	0.10	0.11	0.13	0.11	0.14	0.13	0.13	0.13	0.14
月桂酸乙酯	0.03	0.02	0.03	0.02	0.02	0.12	0.16	0.16	0.22	0.20
肉豆蔻酸乙酯	0.02	0.02	0.02	0.02	0.02	0.27	0.25	0.26	0.30	0.28
棕榈酸乙酯	0.06	0.06	0.06	0.07	0.07	0.28	2.28	2.14	2.47	2.25
油酸乙酯	0.02	0.02	0.01	0.02	0.02	0.93	1.08	1.01	1.14	1.12
亚油酸乙酯	0.05	0.04	0.04	0.07	0.07	1.76	1.86	1.76	2.17	2.01
乳酸异戊酯	0.28	0.27	0.28	0.29	0.27	0.34	0.34	0.29	0.30	0.30
十八酸乙酯	—	—	—	—	—	0.01	0.04	—	0.03	0.04
成分名称＼分析日期＼样名	郎酒 39%vol					郎酒 53%vol				
	1994-11	1995-02	1995-05	1995-08	1995-11	1994-11	1995-02	1995-05	1995-08	1995-11
丁酸乙酯	0.04	0.05	0.04	0.03	0.01	0.06	0.06	0.06	0.06	0.06
乙酸正己酯	0.32	0.32	0.32	0.36	0.24	0.45	0.40	0.42	0.48	0.39
戊酸丁酯	0.24	0.30	0.26	0.27	0.24	0.34	0.34	0.36	0.332	0.30
庚酸乙酯	0.70	0.78	0.70	0.66	0.64	0.86	0.85	0.83	0.76	0.80
辛酸乙酯	0.44	0.49	0.45	0.42	0.38	0.62	0.58	0.58	0.54	0.56
己酸异戊酯	2.57	2.63	2.42	2.41	2.40	4.72	4.72	4.36	4.60	4.50
乙酰乙酸乙酯	0.14	0.14	0.18	0.16	0.17	0.25	0.27	0.55	0.23	0.15
丁二酸二甲酯	0.03	0.01	0.01	0.01	0.01	0.05	0.02	0.02	0.01	0.01
癸酸乙酯	0.03	0.02	0.01	0.02	0.03	0.05	0.03	0.03	0.04	0.04
苯甲酸乙酯	0.05	0.04	0.04	0.04	0.04	0.04	0.04	0.04	0.02	0.06

续表

成分名称 \ 分析日期 \ 样名	郎酒 39%vol					郎酒 53%vol				
	1994-11	1995-02	1995-05	1995-08	1995-11	1994-11	1995-02	1995-05	1995-08	1995-11
丁二酸二乙酯	0. 21	0. 15	0. 14	0. 13	0. 11	0. 25	0. 27	0. 27	0. 25	0. 24
月桂酸乙酯	0. 05	0. 03	0. 02	0. 03	0. 02	0. 06	0. 04	0. 04	0. 04	0. 04
肉豆蔻酸乙酯	0. 02	0. 01	0. 01	0. 01	0. 01	0. 09	0. 10	0. 11	0. 10	0. 10
棕榈酸乙酯	0. 24	0. 25	0. 30	0. 27	0. 24	3. 95	3. 75	3. 78	3. 96	3. 76
油酸乙酯	0. 10	0. 07	0. 09	0. 10	0. 05	1. 65	1. 29	1. 42	1. 65	1. 56
亚油酸乙酯	0. 30	0. 25	0. 30	0. 30	0. 24	3. 61	2. 48	2. 55	3. 29	3. 04
乳酸异戊酯	0. 21	0. 20	0. 20	0. 19	0. 19	0. 32	0. 29	0. 27	0. 28	0. 31
十八酸乙酯	—	—	—	—	—	0. 02	0. 05	0. 05	0. 11	0. 05

成分名称 \ 分析日期 \ 样品	沱牌曲酒 38%vol					沱牌曲酒 52%vol					沱牌曲酒 60%vol	
	1994-11	1995-02	1995-05	1995-08	1995-11	1994-11	1995-02	1995-05	1995-08	1995-11	1994-11	1995-11
丁酸乙酯	0. 13	0. 07	0. 07	0. 06	0. 06	0. 11	0. 12	0. 13	0. 11	0. 11	0. 51	0. 11
乙酸正己酯	0. 14	0. 11	0. 21	0. 19	0. 19	0. 30	0. 30	0. 34	0. 24	0. 20	0. 68	0. 13
戊酸丁酯	0. 33	0. 33	0. 33	0. 31	0. 32	0. 54	0. 47	0. 45	0. 50	0. 50	0. 60	0. 44
庚酸乙酯	1. 87	1. 94	1. 79	1. 59	1. 66	3. 16	3. 10	3. 07	2. 93	2. 94	3. 52	3. 07
辛酸乙酯	3. 95	3. 89	3. 67	3. 29	3. 30	6. 85	6. 70	6. 79	6. 47	6. 36	7. 70	6. 81
己酸异戊酯	0. 57	0. 61	0. 61	0. 58	0. 58	1. 13	1. 04	1. 11	1. 21	1. 17	1. 53	1. 08
乙酰乙酸乙酯	0. 08	—	—	—	—	—	—	—	—	—	—	—
丁二酸二甲酯	—	—	—	—	—	—	0. 02	0. 02	0. 02	0. 02	-	-
癸酸乙酯	0. 20	0. 18	0. 19	0. 18	0. 16	0. 36	0. 36	0. 36	0. 36	0. 32	0. 41	0. 40
苯甲酸乙酯	0. 04	0. 03	0. 02	0. 03	0. 02	0. 06	0. 02	0. 03	0. 03	0. 03	0. 13	0. 05
丁二酸二乙酯	0. 04	0. 05	0. 05	0. 05	0. 05	0. 20	0. 10	0. 08	0. 09	0. 09	0. 28	0. 20
月桂酸乙酯	0. 09	0. 09	0. 09	0. 09	0. 08	0. 04	0. 04	0. 05	0. 05	0. 04	0. 14	0. 12
肉豆蔻酸乙酯	0. 02	0. 02	0. 01	0. 01	0. 01	0. 04	0. 05	0. 04	0. 05	0. 05	0. 08	0. 05
棕榈酸乙酯	0. 05	0. 04	0. 06	0. 10	0. 06	2. 64	2. 45	2. 82	2. 75	2. 35	3. 00	3. 11
油酸乙酯	0. 06	0. 05	0. 03	0. 03	0. 02	1. 60	1. 53	1. 96	1. 89	1. 57	1. 77	2. 10
亚油酸乙酯	0. 13	0. 08	0. 10	0. 13	0. 12	2. 24	2. 10	2. 64	2. 50	2. 08	2. 59	2. 90
乳酸异戊酯	0. 22	0. 15	0. 17	0. 16	0. 14	0. 27	0. 20	0. 19	0. 14	0. 17	0. 28	0. 25
十八酸乙酯	—	—	—	—	—	—	0. 05	0. 07	0. 06	0. 05	0. 02	0. 07

表 8-19 曲酒贮存中低沸点酯类的变化 单位：mg/100mL

样名 / 分析日期 / 成分名称	五粮液 39%vol					五粮液 52%vol				
	1994-11	1995-02	1995-05	1995-08	1995-11	1994-11	1995-02	1995-05	1995-08	1995-11
甲酸乙酯	35. 59	35. 56	35. 16	24. 31	33. 94	36. 54	35. 25	35. 91	34. 88	34. 30
乙酸乙酯	45. 11	44. 48	43. 09	42. 26	42. 51	68. 97	67. 88	67. 667	66. 10	65. 17
丙酸甲酯	1. 96	1. 59	1. 98	1. 89	1. 89	1. 99	1. 78	1. 96	1. 81	1. 80
乙酸特丁酯	2. 89	2. 28	2. 66	2. 65	2. 65	2. 99	2. 66	3. 05	2. 85	2. 64
丙酸乙酯	21. 83	20. 63	22. 29	19. 85	19. 19	22. 85	21. 91	22. 78	20. 70	19. 81
乙酸异丁酯	0. 45	0. 43	0. 44	0. 44	0. 35	0. 42	0. 52	0. 35	0. 31	0. 28
丁酸乙酯	14. 67	14. 11	15. 38	13. 04	13. 48	16. 63	15. 91	16. 92	15. 86	15. 83
戊酸乙酯	9. 91	9. 97	10. 17	8. 73	8. 84	10. 76	10. 59	11. 25	10. 32	10. 07
乳酸乙酯	78. 08	76. 67	71. 61	74. 15	74. 92	88. 29	85. 37	84. 36	83. 17	82. 86
乙酸正戊酯	1. 38	1. 88	1. 36	1. 34	1. 31	3. 06	3. 65	3. 00	2. 30	2. 12
己酸乙酯	235. 30	220. 07	225. 90	219. 69	218. 64	296. 90	283. 87	281. 79	280. 15	278. 70
总量	447. 17	427. 85	430. 04	418. 05	417. 58	549. 40	529. 39	529. 04	518. 45	513. 59

样品 / 分析日期 / 成分名称	郎酒 39%vol					郎酒 52%vol				
	1994-11	1995-02	1995-05	1995-08	1995-11	1994-11	1995-02	1995-05	1995-08	1995-11
甲酸乙酯	6. 95	6. 57	5. 87	6. 41	6. 33	8. 89	8. 67	7. 99	7. 24	7. 25
乙酸乙酯	353. 08	332. 72	310. 58	280. 57	276. 78	400. 41	390. 77	376. 95	370. 76	369. 47
丙酸甲酯	2. 55	2. 86	2. 50	2. 21	2. 16	2. 89	3. 08	2. 70	2. 63	2. 61
乙酸特丁酯	3. 93	4. 76	3. 87	3. 83	3. 46	5. 49	5. 67	4. 31	5. 28	5. 08
丙酸乙酯	1. 46	1. 31	1. 40	1. 43	1. 35	2. 30	3. 11	2. 80	2. 50	2. 44
乙酸异丁酯	0. 62	0. 72	0. 56	0. 68	0. 53	0. 69	0. 75	0. 61	0. 88	0. 52
丁酸乙酯	7. 46	6. 98	7. 48	7. 30	7. 05	9. 89	9. 45	9. 84	9. 28	9. 23
戊酸乙酯	2. 89	2. 45	2. 52	2. 27	2. 22	2. 91	2. 88	3. 01	2. 82	2. 75
乳酸乙酯	74. 61	71. 70	70. 76	66. 13	63. 55	132. 71	131. 10	131. 71	128. 41	125. 68
乙酸正戊酯	1. 54	1. 97	1. 52	1. 41	1. 31	5. 48	6. 45	4. 97	4. 70	5. 37
己酸乙酯	10. 96	10. 40	10. 52	10. 46	10. 31	10. 91	10. 63	10. 99	10. 51	10. 02
总量	466. 05	442. 35	417. 40	382. 70	375. 05	582. 57	572. 56	555. 88	545. 01	533. 17

样品 / 分析日期 / 成分名称	沱牌曲酒 38%vol					沱牌曲酒 52%vol				
	1994-11	1995-02	1995-05	1995-08	1995-11	1994-11	1995-02	1995-05	1995-08	1995-11
甲酸乙酯	3. 31	2. 43	2. 53	2. 22	2. 14	5. 28	5. 04	4. 35	4. 40	4. 92

续表

成分名称＼分析日期＼样品	沱牌曲酒 38%vol					沱牌曲酒 52%vol				
	1994-11	1995-02	1995-05	1995-08	1995-11	1994-11	1995-02	1995-05	1995-08	1995-11
乙酸乙酯	95.88	79.67	79.64	58.79	53.64	126.11	128.98	130.09	110.42	109.80
丙酸甲酯	0.35	0.34	0.32	0.33	0.30	0.58	0.46	0.53	0.43	0.42
乙酸特丁酯	2.63	1.83	1.78	1.71	1.73	3.44	2.77	2.76	2.79	2.92
丙酸乙酯	1.50	1.22	1.10	1.03	1.14	2.09	1.82	2.13	1.76	1.73
乙酸异丁酯	0.29	0.25	0.33	0.21	0.20	0.42	0.40	0.42	0.33	0.32
丁酸乙酯	12.78	11.51	11.31	11.07	9.08	19.90	18.65	18.39	17.72	17.62
戊酸乙酯	3.19	2.92	3.27	3.05	2.31	4.96	4.95	5.34	5.21	4.93
乳酸乙酯	62.42	59.98	57.24	54.40	52.14	86.86	82.01	80.60	78.32	77.16
乙酸正戊酯	0.93	0.90	0.89	0.95	0.81	3.99	3.61	3.02	2.27	2.89
己酸乙酯	125.48	124.95	123.18	121.40	92.21	209.01	207.65	206.16	206.10	204.99
总量	308.76	286.05	281.59	265.16	215.70	462.64	456.34	453.76	429.75	427.70

五粮液、沱牌曲酒、郎酒高、低度酒中主要酯类含量大小依次为：

己酸乙酯>乳酸乙酯>乙酸乙酯>丁酸乙酯>戊酸乙酯（五粮液）。

己酸乙酯>乙酸乙酯>乳酸乙酯>丁酸乙酯>戊酸乙酯（沱牌曲酒）。

乙酸乙酯>乳酸乙酯>己酸乙酯>丁酸乙酯>戊酸乙酯（郎酒）。

庚酸乙酯>辛酸乙酯>棕榈酸乙酯>亚油酸乙酯>油酸乙酯（五粮液）。

辛酸乙酯>庚酸乙酯>棕榈酸乙酯>>亚油酸乙酯>油酸乙酯（沱牌曲酒）。

己酸异戊酯>棕榈酸乙酯>亚油酸乙酸>油酸乙酯（郎酒）。

上述名优酒中主要酯类的含量大小顺序，每隔 3 个月分析 1 次，共分析 5 次，其排列顺序不变。

低度曲酒经过一段时间贮存，其酯类普遍降低。变化最大的是低沸点酯类。低沸点酯类中己酸乙酯等酯类变化最大，乙酸乙酯、丁酸乙酯等酯类变化最小。这也许是造成低度曲酒贮存后“味寡淡”的原因之一。

低度曲酒贮存过程中，其高沸点酯类（如庚酸乙酯、辛酸乙酯、棕榈酸乙酯等）变化微小，但总的是略呈降低趋势。

4. 醇类

醇类的剖析，也采用与酯类相同的方法和色谱柱，共定量出名优酒中 24 种醇类。这些醇在高、低度曲酒中含量相差很大（表 8-20、表 8-21）。特别是郎酒中正丙醇含量达到 130mg/100mL 以上，若是高度郎酒则达到 210mg/100mL 以上。

含量最大的是异戊醇、异丁醇、正丙醇等，最小的是高沸点醇类，如庚醇、环己醇等。通过贮存后分析，醇类在名优酒中含量大小顺序为：

异戊醇>正丙醇>异丁醇>仲丁醇>正丁醇（五粮液）。

异戊醇>正丙醇>异丁醇>正丁醇>仲丁醇（沱牌曲酒）。
正丙醇>异戊醇>正丁醇>仲丁醇>异丁醇（郎酒）。

表 8-20　　曲酒贮存中高沸点醇类的变化　　单位：mg/100mL

样名 / 分析日期 / 成分名称	五粮液 39%vol					五粮液 52%vol				
	1994-11	1995-02	1995-05	1995-08	1995-11	1994-11	1995-02	1995-05	1995-08	1995-11
叔戊醇	—	—	—	—	—	—	—	—	—	—
正己醇	0.14	0.18	0.21	0.20	0.20	0.14	0.22	0.22	0.19	0.17
异己醇	—	—	—	—	—	—	—	—	—	—
环戊醇	0.07	0.05	0.06	0.05	0.04	0.08	0.09	0.11	0.09	0.08
环己醇	0.03	0.03	0.03	0.06	0.05	0.05	0.02	0.05	0.09	0.08
2-辛醇	0.20	0.19	0.17	0.21	0.18	0.33	0.31	0.32	0.32	0.30
庚醇	0.05	0.06	0.05	0.03	0.03	0.09	0.08	0.09	0.08	0.08
辛醇	0.06	0.06	0.05	0.07	0.06	0.10	0.10	0.10	0.11	0.10
壬醇	—	—	—	—	—	—	—	—	—	—
癸醇	0.11	0.09	0.11	0.12	0.04	0.03	0.03	0.03	0.03	0.04
月桂醇	0.04	0.04	0.04	0.04	0.04	0.03	0.03	0.03	0.03	0.04
十四醇	—	—	—	—	—	—	—	—	—	—
β-苯乙醇	0.14	0.14	0.14	0.18	0.14	0.17	0.17	0.16	0.19	0.17
肉桂醇	—	—	—	—	—	0.04	0.05	0.05	0.05	0.05
样名 / 分析日期 / 成分名称	郎酒 39%vol					郎酒 53%vol				
	1994-11	1995-02	1995-05	1995-08	1995-11	1994-11	1995-02	1995-05	1995-08	1995-11
叔戊醇	—	—	—	—	—	—	—	—	—	—
正己醇	0.16	0.21	0.13	0.15	0.15	0.27	0.30	0.30	0.20	0.20
异己醇	—	—	—	—	—	—	0.03	0.04	0.03	—
环戊醇	0.06	0.07	0.06	0.05	0.06	0.09	0.13	0.14	0.11	0.11
环己醇	0.04	0.04	0.08	0.07	0.06	0.07	0.06	0.06	0.13	0.13
2-辛醇	0.03	0.03	0.03	0.03	0.03	0.05	0.05	0.04	0.05	0.03
庚醇	0.07	0.07	0.06	0.07	0.06	0.05	0.13	0.13	0.09	0.10
辛醇	0.81	0.76	0.73	0.63	0.55	1.28	1.19	1.36	1.03	1.08
壬醇	—	—	—	—	—	0.02	0.02	0.03	0.01	0.02
癸醇	0.03	0.03	0.02	0.02	0.01	0.02	0.03	0.04	0.02	0.02
月桂醇	—	—	—	—	—	—	—	—	—	—
十四醇	—	0.01	0.02	0.04	0.04	—	—	—	—	0.04

续表

成分名称 \ 分析日期 \ 样名	郎酒 39%vol					郎酒 53%vol				
	1994-11	1995-02	1995-05	1995-08	1995-11	1994-11	1995-02	1995-05	1995-08	1995-11
β-苯乙醇	0.34	0.41	0.44	0.42	0.39	0.57	0.56	0.50	0.61	0.51
肉桂醇	0.02	0.02	0.03	0.04	0.03	0.21	0.15	0.15	0.17	0.15

成分名称 \ 分析日期 \ 样名	沱牌曲酒 38%vol					沱牌曲酒 52%vol					沱牌曲酒 60%vol	
	1994-11	1995-02	1995-05	1995-08	1995-11	1994-11	1995-02	1995-05	1995-08	1995-11	1994-11	1995-11
正己醇	0.11	0.13	0.12	0.10	0.09	0.21	0.21	0.21	0.20	0.20	0.26	0.15
环戊醇	0.08	0.05	0.04	0.04	0.04	0.16	0.08	0.08	0.10	0.06	0.17	0.14
环己醇	0.02	0.02	0.01	0.01	0.01	0.05	0.03	0.03	0.03	0.02	0.03	0.03
2-辛醇	0.36	0.36	0.34	0.30	0.30	0.64	0.61	0.62	0.57	0.56	0.76	0.47
庚醇	0.05	0.04	0.06	0.03	0.03	0.08	0.07	0.07	0.04	0.04	0.10	0.04
辛醇	0.10	0.09	0.08	0.09	0.08	0.15	0.11	0.12	0.12	0.11	0.16	0.10
癸醇	0.16	0.15	0.15	0.15	0.14	0.14	0.10	0.08	0.09	0.09	0.28	0.20
十四醇	—	0.04	0.02	—	0.03	—	0.05	0.05	0.05	0.04	0.03	—
β-苯乙醇	0.04	0.07	0.06	0.06	0.05	0.12	0.08	0.07	0.09	0.10	0.15	0.09
肉桂醇	—	—	—	—	—	0.03	0.07	0.07	0.08	0.06	0.19	0.10

表 8-21　　曲酒贮存中低沸点醇、醛类的变化　　单位：mg/100mL

成分名称 \ 分析日期 \ 样名	五粮液 39%vol					五粮液 52%vol				
	1994-11	1995-02	1995-05	1995-08	1995-11	1994-11	1995-02	1995-05	1995-08	1995-11
甲醇	6.74	5.60	7.17	6.89	6.17	8.39	7.61	8.29	8.15	8.12
异丙醇	6.61	5.24	6.26	6.27	6.38	6.73	6.68	6.30	6.42	6.88
正丙醇	16.79	15.31	17.88	17.87	17.70	20.51	18.78	22.00	21.70	21.00
仲丁醇	4.89	4.83	5.14	4.98	4.55	4.59	3.99	4.89	4.88	4.45
异丁醇	11.78	10.64	12.72	12.97	12.08	14.85	12.02	13.91	13.89	13.34
正丁醇	3.75	2.97	3.71	3.56	2.95	4.46	3.76	4.59	4.60	4.07
异戊醇	28.08	26.70	30.31	32.15	28.57	33.85	30.56	37.94	39.50	36.80
正戊醇	0.20	0.21	0.33	0.35	0.28	0.48	0.49	0.50	0.57	0.52
正己醇	2.14	2.47	2.98	2.86	2.73	2.95	3.47	4.26	4.20	4.04
醇总量	80.98	73.97	86.49	87.99	81.41	96.81	87.36	102.68	103.73	99.22
乙醛	27.14	26.75	26.43	26.25	26.20	27.32	27.07	28.57	27.00	26.98

续表

成分名称 \ 分析日期 \ 样名	五粮液 39%vol					五粮液 52%vol				
	1994-11	1995-02	1995-05	1995-08	1995-11	1994-11	1995-02	1995-05	1995-08	1995-11
乙缩醛	16.91	16.22	16.09	16.27	17.46	34.98	34.07	33.42	28.96	38.13
糠醛	1.32	1.25	1.51	1.41	1.48	1.63	1.48	1.64	1.74	1.57
双乙酰	5.31	5.30	5.39	5.28	5.27	5.64	5.12	5.93	5.42	5.30
醋鎓	2.82	2.72	2.39	2.47	2.21	2.90	2.90	2.64	2.53	2.42
醛总量	53.50	52.24	51.81	51.68	52.62	72.47	70.64	72.20	65.65	74.40

成分名称 \ 分析日期 \ 样名	郎酒 39%vol					郎酒 53%vol				
	1994-11	1995-02	1995-05	1995-08	1995-11	1994-11	1995-02	1995-05	1995-08	1995-11
甲醇	9.71	7.96	9.60	9.26	9.16	12.73	12.27	12.43	12.09	1.32
异丙醇	6.82	6.86	6.91	8.27	7.09	6.77	8.25	7.99	7.98	9.89
正丙醇	147.52	135.23	147.99	147.09	149.64	237.81	219.72	229.04	227.60	237.39
仲丁醇	7.10	7.06	7.65	7.16	6.93	9.44	9.21	10.90	10.10	9.09
异丁醇	6.87	5.73	6.25	6.02	5.66	9.85	8.94	9.57	8.80	8.50
正丁醇	7.33	7.00	7.69	7.35	6.94	9.33	8.94	9.97	9.64	8.85
异戊醇	17.73	17.74	19.23	18.95	18.05	27.63	26.40	29.82	29.61	28.79
正戊醇	0.70	1.11	0.85	0.79	0.76	1.26	1.70	1.29	1.14	1.03
正己醇	1.74	2.15	2.16	2.10	2.04	2.37	2.90	2.89	2.64	2.48
醇总量	205.52	190.84	208.33	206.99	206.27	317.19	299.33	313.90	305.79	317.34
乙醛	50.41	50.34	48.41	47.95	47.92	49.06	54.63	49.03	48.35	48.33
乙缩醛	32.66	32.59	29.08	25.04	30.26	65.68	64.92	59.21	55.89	64.58
糠醛	6.97	6.91	7.19	7.04	6.93	12.89	12.73	13.72	13.66	13.70
双乙酰	24.92	22.88	24.59	24.10	22.07	23.84	24.52	25.23	21.64	20.66
醋鎓	17.44	15.85	16.18	16.18	16.05	18.82	18.64	17.20	17.81	17.61
醛总量	132.40	128.57	125.45	120.21	123.23	170.29	175.44	164.39	157.35	174.88

成分名称 \ 分析日期 \ 样名	沱牌曲酒 38%vol					沱牌曲酒 52%vol				
	1994-11	1995-02	1995-05	1995-08	1995-11	1994-11	1995-02	1995-05	1995-08	1995-11
甲醇	7.11	6.47	6.29	6.20	6.80	9.92	9.70	11.02	8.97	8.77
异丙醇	1.81	1.81	1.79	1.78	1.80	2.19	2.18	1.99	1.98	2.20
正丙醇	8.61	8.61	8.99	8.84	8.33	11.73	11.89	11.72	11.71	11.58

续表

成分名称 \ 分析日期 \ 样名	沱牌曲酒 38%vol					沱牌曲酒 52%vol				
	1994-11	1995-02	1995-05	1995-08	1995-11	1994-11	1995-02	1995-05	1995-08	1995-11
仲丁醇	2.91	2.83	2.54	2.28	1.98	2.70	2.60	3.91	2.32	2.30
异丁醇	5.61	5.45	6.14	6.65	5.56	7.78	7.79	7.41	7.37	7.85
正丁醇	4.35	4.51	4.68	4.21	4.26	5.95	6.04	5.75	5.39	7.856
异戊醇	19.97	21.36	21.70	21.42	22.44	27.26	27.09	26.94	27.30	27.78
正戊醇	0.21	0.20	0.22	0.19	0.16	0.49	0.48	0.45	0.50	0.42
正己醇	2.56	3.34	4.01	4.38	3.40	3.39	4.49	3.03	4.09	4.25
醇总量	53.14	54.58	56.38	55.95	54.73	71.41	72.26	72.22	69.63	72.22
乙醛	31.69	26.75	26.75	25.76	22.62	40.35	34.78	33.85	32.42	33.76
乙缩醛	16.06	16.24	16.24	16.89	16.81	42.96	43.54	44.18	43.41	45.14
糠醛	+	+	+	+	+	+	+	+	+	+
双乙酰	+	+	+	+	+	+	+	+	+	+
醋酚	+	+	+	+	+	+	+	+	+	+
醛总量	47.25	42.99	42.19	42.65	39.43	83.31	78.32	78.03	75.83	78.90

低度曲酒经过一段时间的贮存，其醇类普遍略呈上升趋势，但总的变化不大。低沸点醇类比高沸点醇类上升稍明显一些。变化最大的是异戊醇和正丙醇等醇类。变化较小的是高沸点醇类。

5. 乙醛、乙缩醛和双乙酰

不论是降度曲酒或是低度曲酒，经贮存，乙醛含量降低，即随着贮存时间的增加，乙醛含量降低。这是因为乙醛沸点低（21.5℃），在贮存过程中乙醛易挥发所致。此外，在贮存过程中，乙醛也有可能被还原生成乙醇；缩醛和双乙酰的生成也要消耗少量乙醛。

而乙缩醛含量随贮存时间的延长而增加。例如酒精度为39%vol的五粮液经1年贮存，乙缩醛含量从16.91mg/100mL增加到17.46mg/100mL，38%vol的沱牌曲酒从16.06mg/100mL增加到16.81mg/100mL，高度曲酒也有这样的规律。

双乙酰含量随贮存时间的延长略呈下降趋势，但变化很少，例如：52%vol的五粮液经1年贮存，双乙酰含量从5.64mg/100mL降到5.30mg/100mL。

双乙酰是由乙醛和乙酸反应而成：

$$\underset{\text{乙醛}}{CH_3CHO}+\underset{\text{乙酸}}{CH_3COOH} \rightleftharpoons \underset{\text{双乙酰}}{CH_2COCOCH_2}+\underset{\text{水}}{H_2O}$$

由于贮存期延长，乙醛含量减少，根据化学平衡规律，化学平衡向左移动，乙酸含量增加，相应的双乙酰含量也应减少。此外，在贮存过程中，极小量双乙酰也许被还原生成醋酚，双乙酰沸点也不高（沸点87℃）而产生挥发现象，这些原因均消耗双乙酰而使之含量降低。

（二）芳香成分的变化对酒味的影响

1. 不同贮存期曲酒的感官品评

为了解不同贮存期曲酒口感的变化，在取样检测微量成分的同时，每隔3个月取样进行感官品评，结果见表8-22、表8-23、表8-24。

表8-22　五粮液不同贮存期口感的变化

酒精含量/%vol	品评日期	贮存期/月	品评结果
39	1994-11	0	窖香浓郁，醇甜柔和，爽净
	1995-02	3	窖香浓郁，醇甜，爽净
	1995-05	6	窖香浓郁，醇甜，爽净
	1995-08	9	窖香浓郁，醇甜、稍淡
	1995-11	12	窖香浓郁，醇甜，稍淡，略带不愉快味
52	1994-11	0	窖香浓郁，醇甜爽净，谐调，丰满
	1995-02	3	窖香浓郁，醇甜爽净，谐调
	1995-05	6	窖香浓郁，醇甜爽净，较丰满
	1995-08	9	窖香浓郁，醇甜爽净
	1995-11	12	窖香浓郁，醇甜爽净

注：贮存期为收到瓶装样品的月份开始起计算，厂内贮存期未计，表8-23、表8-24同。

表8-23　沱牌曲酒不同贮存期口感的变化

酒精含量/%vol	品评日期	贮存期/月	品评结果
60	1994-11	0	窖香浓郁，绵厚，爽净
	1995-08	9	窖香浓郁，绵甜，醇和，爽净
38	1994-11	0	放香好，窖香浓，醇甜，带陈味，稍淡
	1995-02	3	放香好，窖香较浓，醇甜，带陈味，稍淡
	1995-05	6	放香稍差，窖香较浓，醇甜，稍淡，带不愉快味
	1995-08	9	放香稍差，醇甜，稍淡，带不愉快味
	1995-11	12	放香稍差，醇甜，稍淡，带不愉快味
52	1994-11	0	窖香浓郁，醇甜，绵厚，较爽净
	1995-02	3	窖香浓郁，醇甜，绵陈，较净
	1995-05	6	窖香浓郁，醇甜，绵陈，较净
	1995-08	9	窖香浓郁，醇甜，绵陈，较净
	1995-11	12	窖香浓郁，醇甜，陈味较重

表8-24　郎酒不同贮存期口感的变化

酒精含量/%vol	品评日期	贮存期/月	品评结果
39	1994-11	0	酱香较好，味较长，欠细腻
	1995-02	3	酱香较好，味较长，酸稍突出
	1995-05	6	酱香较好，味较长，酸稍突出
	1995-08	9	酱香较好，酸稍突出，出现不愉快味
	1995-11	12	酱香较好，酸味稍重，出现不愉快味

续表

酒精含量/%vol	品评日期	贮存期/月	品评结果
53	1994-11	0	酱香突出，醇绵，味长，欠细腻
	1995-02	3	酱香突出，醇绵，味长，欠细腻
	1995-05	6	酱香突出，醇绵，味较长
	1995-08	9	酱香较好，醇绵，味较长
	1995-11	12	酱香较好，醇绵，味较长，带不愉快味

从尝评结果看，降度酒（瓶装）只要密封较好，贮存 1 年口感基本无大的变化；低度酒即使密封较好，贮存 9 个月后会出现不同程度的不愉快味道，随着贮存时间增加，这种味道会加重，酒味也随之变淡。这是由于酒中微量成分的量比关系变化所致，与检测结果吻合。

2. 有机酸变化对酒质风味的影响

从色谱检测结果看，降度曲酒和低度曲酒在贮存过程中有机酸大多呈增加趋势。在浓香型曲酒中，乳酸、已酸增加较大，其次是乙酸和丁酸；在酱香型曲酒中，乙酸、乳酸、正丁酸、丙酸增加较多。“氧化”和“水解”反应是低度曲酒贮存中有机酸增加的途径。低度酒比降度酒增加幅度更大，这是引起口感变化的重要因素。

有机酸含量的高低，是酒质好坏的一个标志。在一定比例范围内，酸含量高的酒质好；反之，酒质差。瓶装酒，本来出厂时就已勾兑好，微量成分平衡、谐调，但经贮存后，由于酒中有机酸的增加，使酒中酸、酯等微量成分平衡关系破坏、失调，引起了酒质的变化。

3. 酯类变化对酒质风味的影响

降度酒和低度酒经贮存后，酯类含量普遍降低，这与原度酒（高度酒）的贮存结果相反。这是一个新的发现，而且随着贮存时间的延长，酯类含量减少也随之增加。低沸点酯类中以已酸乙酯、乳酸乙酯等酯类变化最大，高沸点酯类变化微小，但呈下降趋势。

从色谱检测数据来看，以五粮液为例，低沸点酯类总量，39%vol 的酒从 447. 17mg/100mL 降低到 417. 58mg/100mL；52%vol 的酒从 549. 40mg/100mL 降到 513. 59mg/100mL；沱牌曲酒 38%vol 的从 308. 76mg/100mL 降到 215. 70mg/100mL，52%vol 的从 462. 64mg/100mL 降到 427. 70mg/100mL。总酯的降低量与原酒（贮存前）中酯的种类和含量密切相关。酱香型低度酒酯类的降低幅度更大，39%vol 的郎酒，低沸点酯类从 466. 05mg/100mL 降到 375. 05mg/100mL，降低了近 100mg/100mL。而 53%vol 的郎酒，总酯仅降低 50mg/100mL 左右。由此可见，一般来说，低度曲酒在贮存中低沸点酯类的减少速度比降度酒或高度酒快。酯类减少，酸类增加，酸酯比例失调，是低度曲酒贮存后口感变淡、出现不愉快气味的主要原因。

酯类在曲酒中存在着下面的平衡关系：

$$RCOOR'（酯）+H_2O \rightleftharpoons R'OH（醇）+RCOOH（酸）$$

这个反应是可逆的，当酒中乙醇含量较高，酸的含量也足够时，反应趋向酯化方向。但当原酒精度加浆降低，特别是降至低度酒后，酒中酯、酸含量减少（与原度酒或高度酒比较），乙醇含量也减少。而水的比例增加很多，促使酯类的水解，造成酯类含量减少，酸类含量增加。当然，这个反应是十分缓慢的，通过 1 年多的跟踪检测，这个反应确实存在。酒中酯化和水解的物理化学机理十分复杂，如何阻止或尽量减少这个水解反应，是低度曲酒保持质量的重要措施。有待今后进一步探索。

4. 醇类变化对酒质风味的影响

低度酒和降度酒经过一段时间贮存后，其醇类普遍呈上升趋势，这与水解反应式相符，但总的变化不如酸、酯大。醇类的增加，特别是异戊醇、正丙醇等醇类的增加，加之酸、酯平衡失调，导致酒中出现不愉快的气味。

5. 醛酮类变化对酒质风味的影响

色谱检测结果表明，无论是降度酒还是低度酒，经贮存后，乙醛含量降低，随着贮存时间的延长，乙醛降得越多。乙缩醛则相反，即贮存时间越长，含量越高。这是因为乙缩醛是由乙醛和乙醇经缩合而成的：

$$\underset{\text{乙醛}}{CH_3CHO}+\underset{\text{乙醇}}{2C_2H_5OH} \longrightarrow \underset{\text{乙缩醛}}{CH_3CH(OC_2H_5)_2}+\underset{\text{水}}{H_2O}$$

在降度酒特别是低度酒中，乙醇浓度低，醇醛缩合的速度也较慢。

双乙酰含量随贮存时间的延长呈降低趋势，但变化较少。

综上所述，低度曲酒是酸、醇、酯、醛、酮等成分的有机混合体，其成分本身就存在着一定的平衡规律而构成一个平衡体系。通过研究发现，降度酒和低度酒在贮存过程中质量变化较大，酒中有机酸增加，酯类减少，醛酮类也有上升趋势，酸、酯、醇、醛、酮含量和比例的变化是低度曲酒贮存后口感变淡和出现不愉快味道的根本原因。降度酒和低度酒，由于乙醇和水比例的重大变化，造成很多醇溶性的微量成分在低度酒除浊过程中减少，酯类的缓慢水解及醛类的缓慢氧化反应使酒中酸、醇增加，酯类减少。因此，在生产低度曲酒时要注意：①白酒不宜无限降度，特别是名优曲酒更应保持自己的独特风格。②影响低度曲酒贮存中质量变化的因素众多，如贮存条件（温度、光照、包装容器、密封程度）、加浆水质量（金属离子或非金属离子）、除浊方法（冷冻、不同吸附剂）等，应引起生产厂家的重视。

第九章　浓香型白酒的品评

第一节　品评的意义和作用

1. 品评的定义

白酒的品评又叫感官评定，是指评酒者通过眼、鼻、口等感觉器官，对白酒样品的色泽、香气、口味及风格特征的分析评价。感官评定是按照各类白酒的质量标准来鉴别白酒质量优劣的一门检测技术，它具有快速、准确、方便、适用的特点，到目前为止，还没有被任何分析仪器所替代，是国内外用以鉴别食品内在质量的重要手段。

2. 品评的作用

（1）在生产中，通过品评可以及时发现问题，总结经验教训，为进一步改革工艺和提高产品质量提供科学依据。

（2）通过品评，可以及时确定产品等级，便于分级、分质、分库贮存，同时又可以掌握酒在贮存过程中的变化情况，摸索规律。

（3）品评是验收产品、确定质量优劣及把好进出厂酒质量的十分重要和起决定性作用的方法，它也标志着每个酒厂品评技术水平的高低。

（4）品评是检验勾兑、调味效果的比较快速和灵敏的一个好方法，有利于节省时间、节省开支和及时改进勾兑和调味方法，使产品质量稳定。

（5）通过品评，与同类产品比较，找出差距，并评选出地方或国家名、优酒，树立榜样，带动同类产品提高质量水平。

（6）品评还是上级机关和生产领导部门监督产品质量评选名优产品的手段。

（7）品评是鉴别假冒伪劣商品的手段之一。

第二节　品评的基础知识

一、 人体感觉器官的有关知识

酒的色、香、味，是靠人的眼、鼻、口等感觉器官相当复杂的生理感觉来辨别的，即所谓“眼观其色，鼻闻其香，口尝其味”。

1. 视觉

视觉是由眼视神经和视觉中枢的共同活动完成的。眼是视觉的外部器官，是以光波为适宜刺激的特殊感官。外界物体发出或反射的光，透过眼的透明组织发生折射，在眼底视网膜上形成物像；视网膜感受光的刺激，并把光能转变成神经冲动，再通过视神经将冲动传入视觉中枢，从而产生视觉，所以眼兼具折光成像和感光换能两种作用。人眼感觉到的可见光是在400~750nm范围的电磁波。在白光照射下，如果酒液不吸收可见光，则白光全部通过，酒液呈无色透明，如果可见光全部被吸收，则酒液呈现黑色。

酒的外观鉴定，包括色调、光泽（亮度）、透明度、清亮、浑浊、悬浮物、沉淀物等，都是用视觉器官——眼来观察的。在没有色盲、视觉正常的人的眼光下和观察方法正确、光度适宜、环境良好等条件下，对酒样的观察是能得到正确的效果的。

2. 嗅觉

人能感觉到香气，主要是由于鼻腔上部嗅觉上皮的嗅觉细胞起作用，在鼻腔深处有与其他颜色不同的黄色黏膜，这里密集着像蜂巢状排列的嗅细胞。当有气味的分子，随着空气吸入鼻腔，接触到嗅膜后，溶解于嗅腺分泌液或借助化学作用而刺激细胞，从而发生神经传动，通过传导至大脑中枢，发生嗅觉。一般吸入的空气经过鼻腔的时候，并不直接通过嗅黏膜，只能以回旋式气流，将有气味的气体分子或挥发性物质溶解在黏膜表面液体中，再刺激嗅细胞的较短纤毛，所以人们要多吸一些气体，以保证嗅细胞接触到足量的带气味的空气。最好的方法是头部略为下低，酒杯放在鼻下，让酒中香气自下而上进入鼻孔，使香气在闻的过程中容易在鼻甲上产生涡流，使香味分子多接触嗅膜。一般来说，人的嗅觉还是比仪器灵敏得多，但人的嗅觉容易适应也容易疲劳，嗅觉一疲劳就分辨不出香气了。

3. 味觉

人与动物都有味觉，然而多数其他动物却有着高度发达的味觉，它要比人灵敏好多倍。味觉是经唾液或者经水将食物溶解，通过舌头上的味蕾刺激细胞，然后由味蕾传达到大脑，便可分辨出味道来。人的味蕾约9000个、牛35000个、鸡最少只有24个。狗的味觉最灵敏。称为味蕾细胞群的味觉感觉分布在口腔的周围，大部分于舌上，并分布于上颚、咽头、颊肉、喉头。舌的各个部位味觉也不相同，也就是说，各种呈味物质只有在舌头的一定位置上才能灵敏地显示出来。例如，甜味的灵敏区在舌尖、咸味的灵敏区在舌尖到舌的两侧边缘，酸味在舌的两边最敏感，而舌根对苦味最敏感。在舌的中部反而成为“无味区”了。所以在评酒时，要充分与反复利用舌尖及舌边缘以及口腔的各个部位，不能卷上舌头，通过“无味区”而直接下咽，这样就容易食而不知其味．舌表面也并不是完全无味区，只是不及其他部位灵敏罢了。人的味觉也容易疲劳，舌头经长时间连续刺激，灵敏度越来越差，感觉也变得迟钝。因此，尝酒时一次样品不能太多，品尝一轮后要稍事休息，并用淡茶漱口，以帮助味觉的恢复。

在世界上最早承认的味觉是酸、甜、苦、咸4种，又称基本味觉，鲜味被公认为味觉是后来的事。辣味不属于味觉，是舌面和口腔黏膜受到刺激而产生的痛觉。涩味也不属于味觉，它是通过麻痹味觉神经而产生的。

二、 酒中的呈味物质

1. 对酒中呈味物质的认识

在酿酒工业中常用酸味、甜味、咸味、苦味、辣味、鲜味、涩味等来说明不同的现象，找出影响质量的因素。为了准确地进行判断，先要熟悉不同的单一香味成分的特征，然后在检查白酒的风味时，才能在复杂成分混合的情况下，正确加以辨认。下面将口味与物质的关系分别介绍于下：

（1）酸味物质　酒中的酸味物质均属有机酸（人为加的除外），例如白酒中的乙酸、乳酸、丁酸、己酸及其他高级脂肪酸等；果露酒中的柠檬酸、苹果酸、酒石酸等；黄酒中的琥珀酸、氨基酸等。无论是无机酸、有机酸及酸性盐的味，都是氢离子起作用。在进入口内感觉的酸味，由于唾液的稀释，这些酸的缓冲性和酸味的持续性，其呈味时间的长短及实际上食品的味与生成的味等均有差别。在相同 pH 的情况下，酸味强度的顺序如下：

乙酸>甲酸>乳酸>草酸>无机酸

各种酸有不同的固有的味，例如，柠檬酸有爽快味，琥珀酸有鲜味，乙酸具有愉快的酸味，乳酸有生涩味。酸味为饮料酒必要的成分，能给予爽快的感觉，酸味过多过少均不适宜，酒中酸味适中可使酒体浓厚、丰满。

（2）甜味物质　甜味物质种类甚多，所有具有甜味感的物质都由一个负电性的原子（如氧、氨等）和发甜味团、助甜味团构成（如甘油，发甜味团为 CH_2OH—CHOH—，助甜味团为 CH_2OH—），酒中常带有甜味，是酒精本身因—OH 的影响。在一个氢氧基的场合，仅成了分子乙醇溶液，就有甜味的感觉。羟基数增加，其醇的甜味也增加，其甜味强弱顺序如下：

乙醇<乙二醇<丙三醇<丁四醇<戊五醇<己六醇

多元醇不但产生甜味，还能给酒带来丰富的醇厚感，使白酒口味软绵。除醇类外，双乙酰具有蜂蜜样浓甜香味，醋鎓和双乙酰都能赋予酒的浓厚感。酒中还含有氨基酸多种，氨基酸中也有多种具有甜味，D-氨基酸中多数是甜的，D-色氨酸的甜度是蔗糖的 35 倍；而 L-氨基酸中，苦的占多数，但 L-丙氨酸、L-脯氨酸却是甜的。

（3）咸味物质　具有咸味的全部都是盐类，但盐类并不等于食盐。盐类中有甜味也有苦味，而食盐以外的盐类大部分有一些咸味。盐的咸味是由于：盐类离解出阳离子，易被味觉感受部位的蛋白质的羧基或磷酸的磷酸基吸附而呈咸味。白酒中的咸味，多由加浆水带来。如果加浆水中含无机盐类较多，则带异杂味，不爽口，而且会产生大量沉淀，必须考虑除去。

（4）苦味物质　苦味在口味上灵敏度较高，而且持续时间长，经久不散，但常因人而异。酒中的苦味物质是酒精发酵时酵母代谢的产物，如酪氨酸生成酪醇，色氨酸生成色醇，特别是酪醇在二万分之一时尝评就有苦味。

制曲时经高温，其味甚苦，这与酵母产生的苦味道理差不多。我国白酒生产的经验，制曲时霉菌孢子较多，酿酒时加曲量过多或发酵温度过高等，都会给成品酒带来苦味。此外，高级醇中的正丙醇、正丁醇、异丁醇、异戊醇和 β-苯乙醇等均有苦涩味。

苦味物质中常含有苦味肽，疏水性的氨基酸或碱性氨基酸的二肽，差不多都呈现苦味。苦味物质的阈值是比较低的，而且持续性强，不易消失，所以常常使人饮之不快。在酒的加浆用水中，含有碱土金属的盐类，或硫酸根的盐类，它们中的大多数都是苦味物质。一般说来，盐的阳离子和阴离子的相对原子质量越大，越有增加苦味的倾向。

（5）辣味物质　辣味不属于味觉，是刺激鼻腔和口腔黏膜的一种痛觉。酒的辣味，是由于灼痛刺激作用于痛觉神经纤维所致。在有机化合物中，凡分子式具有：—CHO（如丙烯醛、乙醛）、—CO—（丙酮）、—CH = CH—（如阿魏酸）、—S—（如乙硫醇）等原子团的化合物都有辣味。白酒中的辣味，主要来自醛类、杂醇油、硫醇，还有阿魏酸。

（6）涩味物质　涩味是通过麻痹味觉神经而产生的，它可凝固神经蛋白质，使舌头黏膜的蛋白质凝固，产生收敛性作用，使味觉感到涩味，使口腔里、舌面上和上腭有不滑润感。果酒中的涩味主要是单宁。白酒中的涩味是由醇类、醛类、乳酸及其酯类等产生的，还包括木质素及其分解的化合物——阿魏酸、香草酸、丁香酸、丁香醛、糠醛等以及杂醇油。尤以异丁醇和异戊醇的涩味重。白酒中的辣味和涩味物质是不可避免的，关键是要使某些物质不能太多，并要与其他微量成分比例协调，通过贮存、勾兑、调味掩盖，使辣味和涩味感觉减少。

（7）咸、甜、酸、苦诸味的相互关系　咸味由于添加蔗糖而减少，在1%~2%食盐浓度下，添加7~10倍量的蔗糖，咸味大部分消失。甜味由于添加少量的食盐而增大；咸味可因添加极少量的乙酸而增强，但添加大量乙酸时咸味减少。在酸中添加少量食盐，可使酸味增强。苦味可因添加少量食盐而减少，添加食糖也可减少苦味。总之，咸、甜、酸、苦诸味能相互衬托而又相互抑制。

2. 口味物质的相互作用

（1）中和　两种不同性质的味觉物质相混合时，它们失去各自独立味道的现象，称为中和。

（2）抵消　两种不同性质的味觉物质相混合时，它们各自的味道都被减弱的现象，称为抵消。

（3）抑制　两种不同性质的味觉物质相混合时，其中一种味道消失，另一种味道出现的现象，称为抑制。

（4）加强效果　两种稍甜物质相混合时，它们的刺激阈值的浓度增加一倍，这种现象，即使在酸味物质中也有。

（5）增加感觉　在一种味觉物质中加入另一种味觉物质，可以使人对前一种味觉物质的感觉增加的现象，称为增加感觉。经试验，在测定前5min，用味精溶液漱口后，人对于甜味、咸味的灵敏度不变，但对酸味和苦味的灵敏度增加，所谓增加感觉现象，这对评酒影响很大。所以在尝评酒之前不要吃过多的味精食品，以免影响评酒结果。

（6）变味　同一种味觉物质在人的舌头上停留时间的长短不同，人对该味觉物质的味觉感受也不同的现象，谓之变味。例如，评酒时若用硫酸镁溶液漱口，开始是苦味，25~30s后变为甜味。

（7）混合味觉　各种味觉物质互相中和、抵消、抑制和加强等反映发生给人的一种综合感觉，称为混合味觉。一般来说，甜、酸、苦容易发生抵消，甜与咸能中和，酸与苦有时则是既不中和也不能抵消。

总之，味觉的变化是随着味觉物质的不同而有变化。为了保证各种名优白酒的质量与风味，使产品保持各自的特色，必须掌握好味觉物质的相互作用和酒中微量香味成分的物理特征。

第三节　品评方法

一、白酒评酒的方式、方法与步骤

1. 评酒的方式

根据评酒的目的、提供酒样的数量、评酒员人数的多少，可采取明评和暗评的评酒方式。

明评：明评又分为明酒明评和暗酒明评。明酒明评是公开酒名，评酒员之间明评明议，最后统一意见，打分并写出评语。暗酒明评是不公开酒名，酒样由专人倒入编号的酒杯中，由评酒员集体评议，最后统一意见，打分，写出评语，并排出名次顺位。

暗评：暗评是酒样按密码编号，从倒酒、送酒、评酒一直到统计分数、写出综合评语、排出顺位的全过程，分段保密，最后揭晓公布评酒结果。评酒员所做出的评酒结论具有权威性和法律效力，其他人无权更改。

2. 尝评的几种方法

从国内、外的报道来看，一般多采用差异品评法，主要有下述几种：

（1）一杯品尝法　先拿出一杯酒样，尝后将酒样取走，然后拿出另一个酒样，要求尝后做出这两个酒样是否相同的判断。这种方法一般是用来训练或考核评酒员的记忆力（即再现性）和感觉器官的灵敏度。

（2）两杯品尝法　一次拿出两杯酒，一杯是标准酒，另一杯是酒样，要求品尝出两者的差异。有时两者均可为标准样，并无差异。这是用来考核评酒员的准确性。

（3）三杯品尝法　一次拿出三杯酒样，其中有两杯相同的，要求品尝出哪两杯是相同的，不相同的一杯酒与相同的两杯酒之间的差异，以及差异程度的大小等。此法可测出评酒员的再现性和准确法。

（4）顺位品评法　将几种酒样分别在杯上做好记录，然后要求评酒员，按酒精度高低或优劣，顺序排列。此法在我国各地评酒时最常采用。在勾兑调味时常用此法做比较。

（5）秒持值衡定评酒法　就是以 s（秒）为单位，把一定量的名优白酒在口腔内保持的时间和这种酒中各种微量香味成分的综合后的物理反映特征对感官刺激的程度，用数字表示出来的方法。

（6）五字打分法　就是将名优白酒的感官物理特征按香、浓、净、级别、风格的顺序排列，分别用五个数字来代替评语的方法。这样对酒质优劣的评定，就有了具体衡量的尺度。

（7）尝评计分法　按尝评酒样之色、香、味、格的差异，以记分表示。我国第三、四、五届评酒会全是采用百分制计分法。即以总分为 100 分，其中色 10 分、香 25 分、味 50 分、风格 15 分。而国外对蒸馏酒尝评记分则常采用 20 制计分法。即总分为 20 分，其中色2分（色泽与透明度各1分），香8分，味10分。目前国内有的省市考虑到除感官尝评产品质量的优劣以外，理化卫生指标的合格与否也不能忽视，所以把理化指标也列入评分项目。这对保证人体健康、加强质量标准的管理，有积极的促进作用。一般尝评记分表格如表9-1、表9-2所示。

表9-1 白酒尝评记录表

轮次： 评酒员： 年 月 日

酒样编号	评酒计分				总分	评语	名次
	色10分	香25分	味50分	格15分	100分		
1							
2							
3							
4							
5							

表9-2 计分标准

质量指标	项目	分数	质量指标	项目	分数
色泽	无色透明	+10	口味	淡薄	-2
	浑浊	-4		冲辣	-3
	沉淀	-2		后味短	-2
	悬浮物	-2		后味淡	-2
	带色（除微黄色外）	-2		后味苦（对小曲酒放宽）	-3
香气	具备固定香型的香气特点	+25		涩味	-5
	放香不足	-2		焦煳味	-3
	香气不纯	-2		辅料味	-5
	香气不足	-2		稍子味	-5
	带有异香	-3		杂醇油味	-5
	有不愉快气味	-5		糠腥味	-5
	有杂醇油气味	-5		其他邪杂味	-6
	有其他臭气	-7	风格	具有本品的特有风格	+15
口味	具有本香型的口味特点	+50		风格不突出	-5
	欠绵软	-2		偏格	-5
	欠回甜	-2		错格	-5

注："+"表示加分，"-"表示扣分。

3. 评酒的步骤

白酒的品评主要包括：色泽、香气、品味和风格4个方面。按照眼观其色，鼻闻其香，口尝其味，并综合色、香、味三方面的感官印象，确定其风格的方式来完成尝评的全过程。具体评酒步骤如下：

眼观色（10分）：白酒色泽的评定是通过人的眼睛来确定的。先把酒样放在评酒桌的白纸上，用眼睛正视和俯视，观察酒样有无色泽和色泽深浅，同时做好记录。在观察透明度、有无悬浮物和沉淀物时，要把酒杯拿起来，然后轻轻摇动，使酒液游动后进行观察。根据观察，对照标准，打分并做出色泽的鉴评结论。

鼻闻香（25分）：白酒的香气是通过鼻子判断确定的。当评酒样上齐后，首先注意酒杯中的酒量多少，把酒杯中多余的酒样倒掉，使同一轮酒样中酒量基本相同之后才嗅闻其香气。在嗅闻时要注意：

（1）鼻子和酒杯的距离要一致，一般在1~3cm。

（2）吸气量不要忽大忽小，吸气不要过猛。

（3）嗅闻时，只能对酒吸气，不要呼气。

在嗅闻时按1、2、3、4、5顺次进行，辨别酒的香气和异香，做好记录。再按反顺次进行嗅闻。经反复后，综合几次嗅闻的情况，排出质量顺位。再嗅闻时，对香气突出的排列在前，香气小的、气味不正的排列在后。初步排出顺位后，嗅闻的重点是对香气相近似的酒样进行对比，最后确定质量优劣的顺位。

当不同香型混在一起品评时，先分出各编号属于何种香型，而后按香型的顺序依次进行嗅闻。对不能确定香型的酒样，最后综合判定。为确保嗅闻结果的准确，可采用把酒滴在手心或手背上，靠手的温度使酒挥发来闻其香气，或把酒倒掉，放置10~15min后嗅闻空杯。后一种方法是确定酱香型白酒空杯留香的唯一方法。

闻香的感官指标应是香气是否有愉快感觉，主体香是否突出、典型，香气强不强，香气的浓淡程度，香气正与不正，有无异香或邪杂香气，放香的大小。尝评人员根据上述情况酌情扣分。

品尝味（50分）：白酒的口味是通过味觉确定的。先将盛酒样的酒杯端起，吸取少量酒样于口腔内，品尝其味，在品尝时要注意：

（1）每次入口量要保持一致，以0.5~2.0mL为宜。

（2）酒样布满舌面，仔细辨别其味道。

（3）酒样下咽后，立即张口吸气，闭口呼气，辨别酒的后味。

（4）品尝次数不宜过多，一般不超过3次。每次品尝后茶水漱口，防止味觉疲劳。

品尝要按闻香的顺序进行，先从香气小的酒样开始，逐个进行品评。在品尝时把异杂味大的、异香和暴香的酒样放到最后尝评，以防味觉刺激过大而影响品评结果。

在尝评时按酒样多少，一般又分为初评、中评、总评三个阶段：

初评：一轮酒样闻香气时从嗅闻香气小的开始，入口酒样以布满舌面，并能下咽少量酒为宜。酒下咽后，可同时吸入少量空气，并立即闭口用鼻腔向外呼气，这样可辨别酒的味道。做好记录，排出初评的口味顺位。

中评：重点对初评口味相似的酒样进行认真品尝比较，确定中间及酒样口味的顺位。

总评：在中评的基础上，可加大入口量，一方面确定酒的余味，另一方面可对暴香、异香、邪杂味大的酒进行品尝，以便从总的品尝中排列出本次酒的顺位，并写出确切的评语。蒸馏白酒的基本口味有甜、酸、苦、辣、涩等。白酒的味觉感官检验标准应该说是在香气纯正的前提下，口味丰满浓厚、绵软、甘洌、尾味净爽、回味悠长、各味谐调。

过酸、过涩、过辣都是酒质不高的标志，评酒员根据尝味后形成的印象来判断优劣，写出评语，给予分数。酒味的评分标准是具备本香型的特色，各味谐调给 48~50 分，有某些缺点酌情扣分。

综合起来看风格（15 分）：根据色、香、味的鉴评情况，综合判定白酒的典型风格。风格就是风味，也称酒味，是香和味综合的印象。各种香型的名优白酒，都有自己独特的风格。它是酒中各种微量香味物质达到一定比例及含量后的综合阈值的物理特征的具体表现。具有固有独特的优雅、美好、自然协调，酒体完美，恰到好处的给 15 分，一般的、大众的酌情扣分，偏格的扣 5 分。

4. 浓香型白酒的品评要点

（1）感官要求 《GB/T 10781. 1—2021 白酒质量要求 第 1 部分 浓香型白酒》中对浓香型白酒的感官要求如表 9-3、表 9-4 所示。

表 9-3　　高度酒感官要求

项目	优级	一级
色泽和外观	无色或微黄，清亮透明，无悬浮物，无沉淀*	
香气	具有以浓郁窖香为主的，舒适的复合香气	具有以较浓郁窖香为主的，舒适的复合香气
口味口感	绵甜醇厚，谐调爽净，余味悠长	较绵甜醇厚，谐调爽净，余味悠长
风格	具有本品典型的风格	具有本品明显的风格

*当酒的温度低于 10℃时，允许出现白色絮状沉淀物质或失光。10℃以上时应逐渐恢复正常。

表 9-4　　低度酒感官要求

项目	优级	一级
色泽和外观	无色或微黄，清亮透明，无悬浮物，无沉淀*	
香气	具有较浓郁的窖香为主的复合香气	具有以窖香为主的复合香气
口味口感	绵甜醇和，谐调爽净，余味悠长	较绵甜醇和，谐调爽净
风格	具有本品典型的风格	具有本品明显的风格

*当酒的温度低于 10℃时，允许出现白色絮状沉淀物质或失光。10℃以上时应逐渐恢复正常。

（2）浓香型白酒的品评术语

色泽：无色，晶亮透明，清亮透明，清澈透明，无色透明，无悬浮物，无沉淀，微黄透明，稍黄、浅黄、较黄、灰白色，乳白色，微浑，稍浑，有悬浮物，有沉淀，有明显悬浮物。

香气：香浓郁，较浓郁，具有以己酸乙酯为主体的纯正、谐调的复合香气，窖香不足，窖香较小，窖香纯正，较纯正，有窖香，窖香不明显，窖香欠纯正，窖香带酱香，窖香带陈味，窖香带焦煳气味，窖香带异香，窖香带泥臭气，其他香等。

口味：绵甜醇厚，醇和，香醇甘润，甘洌，醇和味甜，醇甜爽净，净爽，醇甜柔和，绵甜爽净，香味谐调，香醇甜净，醇甜，绵软，绵甜，入口绵，柔顺，平淡，淡薄，香味较谐调，入口平顺，入口冲、冲辣、糙辣，刺喉，有焦味，稍涩，涩，微苦涩，苦涩，稍苦，后苦，稍酸，较酸，酸味大，口感不快，欠净，稍杂，有异味，有杂醇油味，酒梢子味，邪杂味较大，回味悠长，回味较长，尾净味长，尾子干净，回味欠净，后味淡，后味短，后味杂，余味长，余味较长，生料味，霉味等。

风格：风格突出、典型，风格明显，风格尚好，具有浓香风格，风格尚可，风格一般，固有风格，典型性差，偏格，错格等。

二、 尝评技巧与基本功的关系

评酒员要求感觉器官灵敏，经过专门训练与考核，符合感官分析要求，熟悉白酒的感官品评用语，掌握相关香型白酒的特征。要想有较高水平的尝评技巧必须要有扎实的基本功。首先是应该加强理论知识的学习：

（1）要学习微生物学，掌握发酵工业中微生物的特性、作用和功能，加深了解酒中各种香味物质的生成机理。

（2）要学习酿造工艺学，搞清楚什么样的操作方式，什么样的环境条件，什么样的菌种生成什么样的香味物质，采取何种措施可以增加酒中的有益物质。

（3）要掌握具体的操作工艺过程，加强工艺管理，提高基础酒的名酒合格率。

（4）学习有机化学，掌握微量香味物质的物理化学性质。

（5）要对全国各种香型的酒类进行分析鉴定尝评，便于扩大眼界，探索各名优酒香味成分的奥秘。

（6）严格进行基础训练，规定尝评种类、尝评进程、尝评方式、尝评内容。怎样才能快速准确呢？一般是采取边闻边写评语，牢记酒的风格特征和气味强弱程度。气味好的在前，差的往后靠，中间剩下一般的。然后根据气味，从最好到最差，或从最差到最好，依次尝评，边尝边写评语。最后根据尝评印象排列名次确定分数和评语。再以得分多少和评语好坏来确定被尝样酒的质量等级。这样能提高功效，结果也较为准确。如果按先闻再尝再排名次给分数下评语的程序来办，效果就差多了。

三、 评酒的规则

评酒的规则和注意事项，是保证品评的准确性和达到最好结果所必需的措施，评酒员和工作人员都要认真遵守。现就全国白酒评选时的规则和注意事项阐述之，供参考。

1. 评酒规则

（1）正式评酒应先进行 2~3 次标样酒的试评，以协调统一打分和评语标准的尺度。

（2）评酒场所要求安静、清洁、宽敞、空气新鲜。根据条件可选用单间或大间评酒室。

（3）评酒台要求照明良好，无直射阳光，台面应铺有白色桌布。

（4）酒杯按 GB/T 10345—2007 执行。

（5）参加评比的样品，须由组织评选的单位指定检测部门，按国家统一的检测方法进行严格的检测，并出具正式检测报告。

（6）参加其他香型评选的产品，必须附有工艺操作要点、企业标准等资料，并经有关部门组织专业技术人员审查认可。

（7）参加评选的样品，由主管评选组织的下一级经委或食协会同标准局、工商局及主管部门组成抽样小组，在当地商业仓库抽样监封。抽取酒样时，要在相同产品中相当多的库存量内抽取（国家级的规定，库存量不得少于100箱），抽样数量根据需要确定，抽取的酒样，应是评选前3~12月期间内的商品。

2. 评酒人员注意事项

（1）严格遵守作息制度，不迟到不请假，不中途退出评酒会议。要精力充沛，精神饱满，偶有小恙，如感冒、头痛等都不宜参加评酒。

（2）评选前30min不吸烟，评比期间早、中餐忌食生葱、生蒜等辛辣食物。不将有异味的物品和有气味的物品和有气味的化妆品携入工作场所，评委应饮食正常，过饥过饱对评酒都有影响。

（3）评酒前最好先刷牙漱口，保持口腔清洁，以便对酒做出正确的鉴别。

（4）个人评选暗评时要独立品评和考虑。不相互议论和交换评分表，不得询问样品情况。

（5）评分和评语要书写确切，字体清楚。

（6）评酒期间，除正式评酒外，不得饮酒和交换酒样。

（7）在评酒过程中有不公正或行为不正者，作为废卷处理或取消评委资格。

（8）集体评议时（明评），允许申诉、质询、答辩有关产品质量问题。

3. 评酒的时间

评酒的时间以上午9时开始最适宜，这时人的精神最充足稳定，注意力易于集中，感官也灵敏。下午最好是2时或2时以后开始。每次评酒时间长短在1h左右为宜。每日评酒样尽量不超过24个（1组5~6个，1日4~5组为宜）。总之，以不使评酒员的嗅觉和味觉产生疲劳为原则。

四、 影响品评结果的因素

1. 评酒的环境与容器

酒类质量的感官品尝，除依赖评酒员较高的灵敏度、准确性和精湛的评酒技巧外，还要有较好的评酒环境和评酒容器等条件的配合。

（1）评酒室　人的感觉灵敏度和准确性易受环境的影响。国外资料报道，在设备完善的评酒室和有噪声等干扰的室内进行品评对比，结果显示在良好的环境中，可使品评的准确度提高，两者品评的正确率相差达15%。据测定，评酒室的环境噪声通常在40dB以下，温度为18~22℃，相对湿度调节至50%~60%较适宜。为了给评酒员创造一个良好的评酒环境，评酒室大小应合适，适当宽敞，不可太小；天花板和墙壁应用统一的色调中等的材料；评酒室要光线充足，空气清新，不允许有任何异味、香味、烟味等。

评酒室内的陈设应尽可能简单些，无关的用具不要放入。集体评酒室应为每个评酒员准备1张评酒桌，桌面铺白色桌布（或白纸）。桌子之间应有一定的间隔，最好在1m以上，以免相互影响。评酒员的坐椅应高低适合、舒适，以减少疲劳。评酒桌上放1杯清水，1杯淡茶，桌旁设1个水盂。评酒室最好有温水洗手池。

（2）评酒杯　评酒杯是评酒的主要工具，它的质量对酒样的色、香、味可能产生心理的影响。评酒杯可用无色透明、无花纹的高级玻璃杯，大小、形状、厚薄应一致。我国白酒品评多用郁金香形（请参看 GB/T 10345—2007），容量约 60mL，评酒时装入 1/2~3/5的容量，即到酒杯腹部最大面积处。这种杯的特点是腹大口小，腹大蒸发面积大，口小能使蒸发的酒气味分子比较集中，有利于嗅觉。评酒用的酒杯要专用，以免染上异味。在每次评酒前酒杯应彻底洗净，先用温热水冲洗多次，再用洁净凉水或蒸馏水清洗，用烘箱烘干或用白色洁净绸布擦拭至干。洗净后的酒杯，应倒置在洁净的瓷盘内，不可放入木柜或木盘内，以免感染木料或涂料气味。

2. 评酒的顺序与效应

（1）评酒顺序　同一类酒的酒样，应按下列因素排列先后顺序评酒：

①酒精含量：先低后高。

②香气：先淡后浓。

③滋味：先干后甜。

④酒色：无色、白色、红色。如为同一酒色而色泽有深浅，应先浅后深。

（2）评酒的效应　由于评酒的顺序，可能出现的生理和心理的效应，会引起品评的误差，影响结果的准确。各种条件对感官尝评的影响有下述几个方面：

①顺序效应：有甲、乙两种酒，如果先尝甲，后尝乙，就会发生偏爱甲酒的心理作用。偏爱先品尝的 1 杯，这种现象称为正的顺序效应；有时则相反，偏爱乙酒，称为负的顺序效应。因此，在安排品评时，必须先从甲到乙，反过来由乙到甲，进行相同次数的品评。

②顺效应：人的嗅觉和味觉经过长时间的连续刺激，就会变得迟钝，以致最后变为无知觉的现象，称为顺效应。为了避免发生这种现象，每次尝评的酒样不宜过多，如酒样多时应分组进行。

③后效应：在品评前一种酒时，往往会产生影响后一种酒的现象，这称为后效应。我国评酒的习惯，是尝一杯酒后，休息片刻，回忆其味，用温热淡素茶漱口，以消除口中余味，然后再尝另一杯，这样来消除后效应。

为了避免这些心理和生理效应的影响，评酒时应先按 1、2、3……顺序品尝，再按……3、2、1 的顺序品评，如此反复几次，再慢慢地体会自然的感受。

3. 评酒样品的编排和评酒时间

（1）评酒样品的编排　集体评酒的目的是对比、评定酒的品质。因此，一组的几个酒样必须要有可比性，酒的类别和香型要相同。分类型应根据评委会所属地区产酒的品种而定，不必强求一致。白酒分酱香、清香、浓香、米香、其他香、兼香型等和糖化剂种类分别品评，也包括不同原料、不同工艺的液态法白酒、低度白酒、普通白酒。

每次品评的酒样不宜过多，以不使评酒员的嗅觉和味觉产生疲劳为原则。一般来说，1d 之内品评的酒样，不宜超过 20 个，每组酒样 5 个，1 天评 4 组（或称 4 轮次）。每评完 1 轮，应稍事休息再评，以使味觉得到恢复。

（2）酒样的温度　食品和饮料都一样，温度不同，给人的味觉和嗅觉也有差异。人的味觉在 10~38℃最敏感，低于 10℃会引起舌头凉爽麻痹的感觉；高于 38℃则易引起炎热迟钝的感觉。评酒时若酒样的温度偏高，则香大，有辣味，刺激性强，不但会增加酒的不正常香和味，而且会使嗅觉发生疲劳；温度偏低则可减少不正常的香和味。各类酒的最适宜的品评温度，也因品种不同而异。一般来说，酒样温度以15~20℃为好。

（3）评酒时间　评酒的时间以上午9~11时为最好，这是一天中精神最充足稳定、注意力容易集中的时间，也是感官最敏感的时辰。如需下午继续进行，应在下午3~5时较好。评酒的时间，一般每轮为1h左右，时间过长易于疲劳，影响效果。

4. 评酒应注意的事项

（1）评酒中应各自独立品评，不得互议、互讲、互看评比内容与结果。

（2）评酒中不得吸烟，不得带入芳香的食品、化妆品、用具等。

（3）评酒中不得有大声饮、嗽声和拿放杯声。

（4）评酒中除由工作人员简介情况外，不得询问所评酒的任何详尽情况。

（5）评酒期间不得食用刺激性强及影响到评酒效果的食品。

（6）评酒期间不得进入样酒工作室及询问评比结果。

（7）评酒期间应尽量休息好，不要安排个人会外活动，一般不接待来访人员，不吐露酒类评比的情况。

（8）评酒期间只能评酒不得饮酒。

第四节　原酒品评

一、 原酒不同酒精度的品评

乙醇的沸点比水低，因此，酒糟在蒸馏时各馏段的酒精度不一样，前段酒的酒精度较高，通过对原酒酒精度的鉴别可以判别原酒属于的段次情况。原酒酒精度的品评主要依据香气大小、对味觉的刺激大小进行判定。放香大、刺激性强，一般酒精度较高。由于各原酒的香味物质的含量不一致，在香气和口味上存在较大差异，因此原酒精度的品评还受原酒的香味物质含量的影响。品酒员在进行原酒酒精度差训练考核时，应尽量选择同一原酒降度成不同的酒精度差进行训练考核，如下所述。

原酒不同酒精度的品评是初步判断原酒精度范围的简单而快速的方法，在摘酒、馏分段确定中有实用价值。原酒精度差品评样品，可用除浊的原酒加浆稀释，也可以用食用酒精配制，酒精度差间隔5%vol，例如：50%vol、55%vol、60%vol、65%vol、70%vol、75%vol等。实际生产中，为了更好地为生产服务、贴近实际，用除浊后的同一种香型的原酒通过稀释配制样品，进行反复训练，能起到更好的实用效果。将梯度增长的不同酒精度溶液，分别倒入酒杯中，密码编号，以5杯为一组，品尝区分不同酒精度，并写出由低至高或由高至低的酒精度排列顺序。鉴别时先将一组中最高、最低酒精度品评出来，然后再品评中间几个酒样，既节省时间又可避免酒精对口腔的伤害。

二、 原酒的香与味

白酒中的各种香味成分主要来源于粮食、曲药、辅料、发酵、蒸馏和贮存，形成了如糟香、窖香、陈味、浓香等不同的香气和口味，但如果原辅料质量不过关，白酒发酵过程中管理不善，容器、设备工具不干净或污水等影响会使原酒出现怪杂味，如糠味、臭味、苦味、腥味、尾水味、尘土味、酸味、霉味、油哈喇味、橡皮味、涩味以及黄水味等。这些异杂味产生有的是原料引起的，有的是生产过程中产生的，有的是受设备的影响而带到酒中的。

白酒中的杂味成分，现在能有效地检验出来的还不多，尚有许多工作要做。香味与杂味之间并没有明显界限，某些单体成分原本是呈香的，但因其过浓，使组分间失去平衡，以致香味也变成了杂味；也有些本应属于杂味，但在微量情况下，可能还是不可缺少的成分。因此，在浓香型原酒的品评当中，需要有效地鉴别出其中的杂味，做出相应的处理，避免造成不必要的损失。

（一）白酒香与味的认识

1. 香气的认识

正常香气可分为陈香、浓香、糟香、曲香、粮香、馊香、窖香、泥香和其他一些特殊香气；不正常的香气有焦香、胶香等。

（1）陈香　香气特征上表现为浓郁而略带酸味的香气。陈香又可分为窖陈、老陈、酱陈、油陈和醇陈等。

①窖陈：指具有窖底香的陈或陈香中带有老窖底泥香气，似臭皮蛋气味，比较舒适细腻，是由窖香浓郁的底糟或双轮底酒经长期贮存后形成的特殊香气。

②老陈：是老酒的特有香气，丰满、幽雅，酒体一般略带微黄，酒精度一般较低。

③酱陈：有点酱香气味，是酱油气味和高温陈曲香气的综合反映。所以，酱陈似酱香又与酱香有区别，香气丰满，但比较粗糙。

④油陈：指带脂肪酸酯的油陈香气，既有油味又有陈味，但不油哈，很舒适宜人。

⑤醇陈：指香气欠丰满的老陈香气（清香型尤为突出），清雅的老酒香气，这种香气是由酯含量较低的基础酒贮存所产生的。

浓香型白酒中没有陈香味都不会成为好名酒，要使酒具有陈香是比较困难的，都要经过较长时期的自然储存，这是必不可少的。

（2）浓香　浓香是指各种香型的白酒突出自己的主体香的复合香气，更准确地说它不是浓香型白酒中的“浓香”概念，而是指具有浓烈的香气或者香气很浓。它可以分为窖底浓香和底糟浓香，一个是浓中带老窖泥的香气，比如酱香型白酒中的窖底香酒；一个是浓中带底糟的香气，香得丰满怡畅。对应的是单香、香淡、香糙、香不谐调、香杂（异香）等。

（3）糟香　糟香是固态法发酵白酒的重要特点之一，是白酒自然感的体现，它略带焦香气和焦煳香气及固态法白酒的固有香气，是母糟发酵的香气形成，一般是经过长发酵期的质量母糟经蒸馏才能产生。

（4）曲香　曲香是指具有高中温大曲的成品香气，香气很特殊，是空杯留香的主要成分，是四川浓香型名酒所共有的特点，是区别省外浓香型名白酒的特征之一。

（5）粮香　粮食的香气很怡人，各种粮食有各自的独特香气，它也应当是构成酒中粮香的各种成分的复合香气。这在日常生活中是常见的，浓香型白酒采用混蒸混烧的方法，就是想获得更多的粮食香气。

实践证明，高粱是酿造白酒的最好原料，其他任何一种单一粮食酿造的白酒的质量都不如高粱白酒，但用其他粮食同高粱一起按一定比例进行配料，进行多粮蒸馏发酵酿造白酒，索取更加丰富的粮香，能获得较好的效果，使粮香气突出，成为混合粮食香气，使香气别有一番风味，更加舒适。

有人对几种常用粮食作用的看法是：高粱生醇，大米生甜，酒米（糯米）生厚（绵），玉米生糙，小麦生香。所以，浓香型名白酒均采用混蒸混烧法取酒。在制曲的原料上大都采用纯小麦，也有少数厂家用大麦、小麦，小麦、高粱，大麦、小麦、豌豆等使大曲各具独特的香气风格。

（6）馊香　馊香是白酒中常见的一种香气，是蒸煮后粮食放置时间太久，开始发酵时产生的似2，3-丁二酮和乙缩醛的综合气味。

（7）窖香　窖香是指具有窖底香或带有老窖香气，比较舒适细腻，一般四川流派的浓香型白酒中窖香比较普遍，它是窖泥中各种微生物代谢产物的综合体现；而江淮流派的浓香型白酒厂家因缺少老窖泥，一般不具备窖底香。

（8）泥香　泥香指具有老窖泥香气，似臭皮蛋气味，比较舒适细腻，不同于一般的泥臭、泥味，又区别于窖香，比窖香粗糙，或者说窖香是泥香恰到好处的体现，浓香型白酒中的底糟酒含有舒适的窖泥香气。

（9）特殊香气　不属于上述香气的其他正常香气的统称为特殊香气，如芝麻香、木香、豉香、果香等等。木香是指白酒中带有一种木头气味的香气，难以描述。

（10）焦香　焦香是指酒含有类似于物质烧“煳”形成的焦味。

（11）胶香　应该说是胶臭，是指酒中带有塑胶味，令人不快。

2. 白酒的味

白酒中的味可分为：醇（醇厚、醇和、绵柔等）、甜、净、谐调、味杂、涩、苦、辛等。任何白酒都要做到醇、甜、净、爽、谐调。这五个方面缺一不可，有异杂味和不谐调的白酒，不是好白酒，这是基本条件。这五个方面要求一般的尝评人员都能区别辨认。

（1）醇和　入口和顺，没有强烈的刺激感。

（2）绵软　刺激性极低，口感柔和、圆润。

（3）清冽甘爽　口感纯净、回甜、爽适。

（4）爆辣　粗糙，有灼烧感，刺激感强。

（5）上口　是指入口腔时的感受，如入口醇正、入喉净爽、入口绵甜、入口浓郁、入口甘爽、入口冲、冲劲大、冲劲强烈等。

（6）落口　是咽下酒液时，舌根、软腭、喉等部位的感受，如落口甜、落口淡薄、落口微苦、落口稍涩、欠净等。

（7）后味　酒中香味成分在口腔中持久的感受，如后味怡畅、后味短、后味苦、后味回甜等。

（8）余味　饮酒后，口中余留的味感，如余味绵长、余味干净等。

（9）回味　酒液咽下去后，回返到口中的感觉，如有回味、回味悠长、回味醇厚等。

（10）臭味　主要是臭气的反映，与味觉关系极小。

（11）苦味　由于苦味物质的阈值一般比较低，所以在口感上特别灵敏，而且持续时间较长，可以说是经久不散，因此常常使人产生不快的感觉。另外，苦味反应较慢，说酒有后苦而无前苦就是这个原因，适当的苦味能丰富和改进酒体风味，但苦味大，不易消失就不令人喜欢了。

(12) 酸味　酸味是由于舌黏膜受到氢离子刺激而引起的，白酒中酸味要适宜。酸味物质少，酒味糙辣，反之，酸量过大，酒味淡，后味短，酸涩味重。酒中酸味物质适中，可使酒体醇厚丰满。

(13) 涩味　当口腔黏膜蛋白质凝固时，会引起收敛的感觉，此时感到的滋味便是涩味。因此不是作用于味蕾而产生，而是由于刺激到感觉神经末梢而产生的。所以它不能作为一种味而单独存在。白酒中的涩味是由不谐调的苦、酸、甜共同组成的综合结果，酒中的酸味物质主要是单宁、醛类、过多的乳酸及酯类，这些物质有凝固神经蛋白质的作用，所以能使人产生涩味的感觉。

（二） 白酒的杂味

提高白酒质量的措施，就是“去杂增香味”。如能除去酒中的杂味干扰，相对的也就提高了白酒的香味。在生产实践中经常遇到的是去杂比增香困难很多。去杂、增香两者是统一的，既是技术问题，也是管理问题。两者相对而言，去杂，管理占的比重大。增香，技术占的比重大。去杂的难度要比增香的难度大。在工艺上，原辅料应蒸透，要搞好清洁卫生工作，加强管理，缓慢蒸馏，按质摘酒，分级贮存，做好酒库、包装管理。生产全过程都不能马虎，否则就要出现邪杂味而降低了产品质量。关于酒中的杂味成分，现在能有效检验出来的还不多，尚有许多工作要做。

香味与杂味之间并没有明显界限，某些单体成分原本是呈香的，但因其过浓，使组分间失去平衡，以致香味也变成杂味；也有些本应属于杂味，但在微量情况下，可能还是不可缺少的成分。

要防止邪杂味突出，除加强生产管理外，在勾调时还应注意如何利用相乘作用，掩盖杂味出头，使酒味纯净。这就要看勾调人员的水平了。但酒质基础太差，杂味是难以掩盖的。

一般沸点低的杂味物质多聚积于酒头。因其多为挥发性物质，如乙醛、硫化氢、硫醇、丙烯醛等。另有一部分高沸点物质则聚积于酒尾，如番薯酮、油性物质等。酒头和酒尾中尚有大量的香味成分混于其中。可以分别贮存，在勾调上是有价值的。如果措施不当，就容易出现除杂的同时把香味也除掉的情况。

若白酒中杂味过分突出，想依靠长期贮存来消除，或用好酒掩盖是相当困难的。低沸点成分在贮存过程中，由于挥发而减少或消除；高沸点物质也有的被分解，也有变化。但有些稳定的成分，例如糠醛，不但没有变化，反而由于乙醇被蒸发而相对被浓缩了。

(1) 糠味　杂味中常见的是糠味。在糠味中又经常夹带着尘土味或霉味，给人粗糙不快的感觉，并因其造成酒体不净，后味中糠腥味突出，这种产品在市场上也极不受欢迎。究其原因，是不重视辅料，购买糠时没有严格按要求选购；进厂后未能很好地保管与精选；工艺中清蒸不透或清蒸时间不够，造成糠味未除；或者是生产中用糠量过大等等原因所造成。辅料中夹带泥沙、草芥及发霉的不能采购。辅料进厂后加强保管极为重要。有的厂对辅料不入库保管，不择场地随意堆积，露天存放，以致风吹雨淋，其中混有鼠屎、鸟粪，不但严重影响产品质量，还会造成经济损失。

对辅料清蒸可以排除其邪杂味，减少糠味带入酒中。清蒸时火力较蒸酒时要大，时间要够（30min 以上），清蒸完毕后，应及时出甑摊晾，收堆装袋后备用。制酒时切忌用糠壳过多，既影响质量，又增加成本，还会降低酒糟作为饲料的质量而难以销售。为了有效地蒸糠，可在糠中洒水，杂味随水蒸气而排出，还能有效地杀死杂菌。酒糟中的稻壳可回收再利用，使酒中无糠味，又提高了酒糟质量。

（2）臭味　酒中带有臭味（气），当然是不受欢迎的。但是白酒中都含有呈臭味成分，甚至许多食品也是如此，因其极稀薄（在阈值之下）或被香味及刺激性成分掩盖所以臭味不突出罢了。新蒸馏出来的酒，一般比较燥辣，不醇和也不绵软，含有硫化氢、硫醇、硫醚等挥发性硫化物、杂味物质。这些物质与其他沸点接近的物质组成新酒杂味的主体。上述物质消失后，新酒杂味也大为减少，也就是说在贮存过程中，低沸点臭味物质大量挥发，所以酒中上述异味减少。这些臭味物质在新酒中是不可避免的。蒸馏时采取提高流酒温度的方法，可以排出大量杂味；余者在贮存过程中，也可以逐渐消失。但高沸点臭味成分（糠臭、窖泥臭）却难以消失。

在质量差的浓香型白酒中，最常见的是窖泥臭，有时臭窖泥味并不突出，但却在后味中显露出来，也有越喝臭窖泥味越突出的。出现窖泥臭的原因主要是窖泥营养成分比例不合理（蛋白质过剩），窖泥发酵不成熟，酒醅酸度过大，出窖时混入窖泥等因素所造成的。窖泥及酒醅发酵中，生成硫化物臭味的前体物质主要来自蛋白质，即蛋白质中的含硫氨基酸，其中半胱氨酸产硫化氢能力最为显著，胱氨酸次之；奇怪的是，含硫的蛋氨酸反而对硫化物生成的解硫作用有抑制能力。梭状杆菌、芽孢杆菌、大肠杆菌、变形杆菌、枯草杆菌及酵母菌都能水解半胱氨酸，并生成丙酮酸、氨及硫化氢。

在众多微生物中，生成硫化物臭味能力最强的首推梭状杆菌。在我们日常生活中，食物（特别是鱼肉类）产生腐败臭，绝大多数是侵入梭状杆菌造成的。酵母菌对氨基酸解硫也不示弱，恰恰这两种菌是培养窖泥的主力军。窖泥中添加豆饼粉和曲粉，氮源极为丰富。所以在窖泥培养过程中，必然产生硫化物臭，其中以硫化氢为主。硫化氢是己酸菌的营养成分，但培养基中有蛋白胨时，硫化氢就不起作用了。挥发性硫化物以臭味著称，其中硫化氢为臭鸡蛋、臭豆腐的臭味；乙硫醚是盐酸水解化学酱油时产生的似海带的焦臭味；乙硫醇是日光照射啤酒的日光臭；丙烯醛则有刺激催泪的作用，还具有脂肪蜡烛燃烧不完全时冒出的臭气；而硫醇有韭菜、卷心菜、葱类的腐败臭。

窖泥臭不可能只是硫化物臭，可能还有许多臭味成分共同存在。当前对这一方面的科研工作尚未展开，仍有许多谜有待揭开。对于硫化物及其臭味也需要正确对待，例如：硫化物中有的成分在稀薄时，与其他香味相配合，还是不可缺少的一员呢！臭味虽不受人喜爱，但也并非一无是处。例如食品臭了，臭味提醒你吃不得；环境中出现臭味，臭味告诉你应尽快离开，防止疾病传染。

据文献记载，发酵时，硫化物在温度、糖浓度、酸度大的情况下生成最大，酵母菌体自溶以后，其蛋白质也是生成含硫化物的前体物质。在 3 种形成乙酯的脂肪酸中，棕榈酸为饱和脂肪酸，油酸及亚油酸为不饱和脂肪酸，棕榈酸乙酯、油酸乙酯及亚油酸乙酯是引起白酒浑浊、产生油臭的主要原因，低度白酒中，己酸乙酯、戊酸乙酯、庚酸乙酯、辛酸乙酯等在冬季也可能使酒发生失光现象。温度与酒精浓度不仅对三种高级脂肪酸乙酯的溶解度有影响外，而且对白酒中一些主要呈香味的酯类等物质同样有极大的影响。谷物中的脂肪在其自身或微生物（特别是霉菌）中脂肪酶的作用下，生产甲基酮，这种成分造成脂肪的不良油臭（油哈臭，哈喇味）。

在长时间缓慢作用下，脂肪酸经酯化反应生产酯，又进一步氧化分解，便出现了油脂酸败的气味。含脂肪多的原料（如碎米、米糠，玉米）若不脱胚芽，长时间在高温多湿情况下贮存，最容易出现这种现象。窖池管理不善，烧包透气浸入大量霉菌，酒醅也容易产生。这些物质被蒸入酒中，将会出现油臭、苦味及霉味。

（3）苦味　一般情况下，酒中苦味常伴有涩味。白酒中苦味有的是由原料带来的，如高粱中的单宁及其衍生物等。使用霉烂原辅料，则出现苦涩味，并带有油臭。五碳糖过多时，生成焦苦味的糠醛。蛋白质过多时，产生大量高级醇（杂醇油），其中丁醇、戊醇等皆呈苦味。用曲量过大，大量酪氨酸发酵生成酪醇，酪醇的特点是香而奇苦，这就是“曲大酒苦”的症结所在。

白酒是开放式生产的，侵入杂菌在所难免。如果侵入大量杂菌，形成异常发酵，则其酒必苦。在生产过程中应加强卫生管理，防止杂菌侵袭。清洁卫生管理不善而侵入青霉菌时，酒就必然苦涩。

苦味一般在低温下较敏感，在尝评白酒时，如果气温低，如在北方的冬季，酒微带苦味或有苦味，当同一酒样升温至15~25℃时，就尝不到苦味。有时后味带苦的酒，在勾兑中可以增加酒的陈味。

（4）霉味　酒中带有霉味是常见的杂味。霉味多来自原料及辅料的霉变（尤其是辅料保管不善），窖池“烧包漏气”及霉菌丛生所造成。酒中的霉味和苦涩味会严重影响其质量，也浪费了大批粮食。停产期间在窖壁上长满青霉，则酒味必然出现霉苦。清洁卫生管理不善，酒醅内混入大量高温细菌，不但苦杂味重，还会导致出酒率下降，而且难以及时扭转。夏季停产过久，易发生此类现象。

酒库潮湿、通风不良，库内布满霉菌，会致使好端端的酒出现霉味。这是因为白酒对杂味的吸收性极强，会将环境中霉味吸于酒内。霉味经长期贮存有些可以减轻，但难以完全消失。

（5）腥味　白酒中有腥味会使人极为厌恶。出现腥味多因白酒接触铁锈造成。接触铁锈，会使酒色发黄，浑浊沉淀，并出现鱼腥味。铁罐贮酒因涂料破损难以及时发现，或管路、阀门为铁制最容易出现此现象。用血料加石灰涂酒篓、酒箱、酒海长期存酒，血料中的铁溶于酒内，导致酒色发黄，并带有血腥味，还容易引起浑浊沉淀。用河水及池塘水酿酒，因其中有水草，也会出现鱼腥味。

（6）生料味　生料味存在于闻香和入口，表现为类似生豆腥或生花生的香味。产生原因为使用的原料水分过大，将要发生霉变，原料已产生了异味。

（7）煳味　蒸酒时锅底不清洁或底锅水烧干，使酒带煳味。兼香型白酒分九轮发酵，七次取酒，酒醅由于反复高温堆积，多轮次高温发酵，反复蒸煮，一部分原料呈现焦煳状态，在蒸馏时，焦煳味被拖带入原酒中。在品评时要集中注意力闻香，焦香物质的阈值较低，容易闻出来，焦煳味往往与煳苦味相伴，要注意把握后味。

（8）松香味　新制甑桶、新冷凝器，会产生松香味。

（9）油味　在3种形成乙酯的脂肪酸中，棕榈酸为饱和脂肪酸，油酸及亚油酸为不饱和脂肪酸，亚油酸乙酯极为活泼而不稳定，它是引起白酒浑浊，产生油臭的罪魁祸首。酒在贮存过程中出现的油臭味主要是亚油酸乙酯被氧化分解而生成的壬二酸半乙醛乙酯。

谷物中脂肪在其自身或微生物中的脂肪酶的作用下生成甲基酮，这种成分造成脂肪的不良油臭（油哈臭、哈喇味）。在长时间缓慢作用下，脂肪酸经酯化反应生成酯，又进一步氧化分解，便出现了油脂酸败的气味。含脂肪多的原料（如碎米、米糠、玉米）若不脱胚芽，长时间在高温多湿情况下贮存，最容易出现这种现象。窖池管理不善，透气进入大量霉菌，酒醅也容易发生。这些物质被蒸入酒中，将会出现油臭、苦味及霉味。酒精度越低，越容易产生油臭，油臭是被空气氧化造成的。

（10）辣味　白酒的辣味是不可避免的。有人说："喝白酒就应该有辣味的刺激性才够味儿，如果没有辣味，而像凉水一样，就没有意义。"它说明辣味在白酒的微量成分中，也是必不可少的东西。关键是不要太辣，也不要没有辣，而必须含量适中，并与其他诸味谐调配合。白酒中的辣味成分主要有：糠醛、杂醇油、硫醇和乙硫醚，还有微量的乙醛。此外，白酒生产不正常产生的丙烯醛，刺激性就更大，可以称为辣味大王了。

（11）涩味　涩味是因麻痹味觉神经而产生的，使口腔里、舌面上和上腭有不润滑感。有人认为，它不能成为一种味而单独存在，其理由是涩味是由于不谐调的苦、辣、酸味共同组成的，并常伴随着苦、酸味共存。白酒中呈涩味的物质主要有：乳酸及其酯类、单宁、糠醛、杂醇油，这些也都容易使酒中出现涩味和苦味。

（12）尘土味　尘土味主要是辅料不洁，其中夹杂大量尘土、草芥造成的，再加上清蒸不善，尘土味未被蒸出，蒸馏时蒸入酒内。此外，白酒对周边气味有极强的吸附力，若酒库卫生管理不善，容器上布满灰尘，尘土味会被吸入酒内。酒中的尘土味在贮存过程中会逐渐减少，但很难完全消失。

（13）橡胶味　最令人难以忍受的是酒内有橡胶味。一般是用于抽酒的橡胶管和瓶盖内的橡胶垫的橡胶味被酒溶出所致。酒内一旦溶入橡胶味，根本无法清除。因此，在整个白酒生产及包装过程中，切勿与橡胶接触，以免造成不应有的损失。

白酒是一种带有嗜好性的酒精饮料，亦是一种食品。对食品的评价，往往在很大程度上要以感官品评为主，白酒的质量指标，除了理化、卫生指标外，还有感官指标，对感官指标的评价，要有评酒员来进行品尝鉴别，所以酒的品评工作是非常重要的。

三、原酒的品评方法

色泽鉴别：先把酒样放在评酒桌的白纸上，正视和侧视有无颜色或颜色的深浅，然后轻轻地摇动，立即观察其透明度及有无悬浮物和沉淀物。

香气鉴别：将酒杯端起，用鼻子嗅闻其香气，闻时要注意鼻子和酒杯的距离要一致，一般为1~3cm处，吸气量不能忽大忽小，嗅闻时只能对酒吸气不要呼气。

口味鉴别：将酒杯端起，吸取少量酒样于口腔内进行品评，每次入口量要保持一致，以0.5~2.0mL为宜，酒样布满舌面，仔细辨别其味道。酒样下咽后，立即张口吸气闭口呼气，辨别酒的后味，如苦、涩、焦、杂等，品尝次数不宜过多，一般不超过三次，防止产生后效应和味觉疲劳。

刚生产的浓香型基础酒，其酒精度有高有低，在品评过程中，酒精度高的酒较酒精度低的酒口感会丰富些，且酒精度高容易掩盖掉一些异杂味，使品评产生误差。所以，我们在评酒前先把酒样降到同一酒精度再进行品评，不但提高了品评的公正性，而且使酒质有了很大提高。

因同一种酒在酒精度高时其苦味会明显，在酒精度低时其甜味会较明显，故同一种酒在不同的季节品评时口感会有差别。所以，我们在评酒室安装空调，无论春夏秋冬都在同一室温下进行品评，这在提高酒质上又是一大突破。

四、原酒感官品评术语

（一）视觉术语

色泽：正常色泽为无色，微黄，淡绿色（淡绿豆色），浅橙黄色；非正常色泽为蓝色，粉红色，茶色。

清澈度：无色透明，晶亮透明，清亮透明，清澈透明，无悬浮物，不透明，暗失光，无沉淀；微浑，稍浑、浑浊，有悬浮物，有沉淀，有明显悬浮物。

挂杯性：在标准评酒杯中注入2/5容量的酒液，轻摇后静置，能看到玻璃杯内壁上挂有薄薄一层酒液，在重力的作用下缓慢下滴，好酒移速慢，最后形成数个小酒滴，多者为好，称为挂杯。而新酒则此现象不明显。

（二）嗅觉术语

经陈贮后的好原酒，对嗅觉刺激后的反应则呈现不同的香感：主体香突出、明显、不明显，放香大、较大、较差，香不正、有异香、冲鼻、刺激、新酒臭较大。

新酒的香气极为复杂，不仅不同班组同一天生产的酒香气各异，即便是同一杯酒在品评过程中也是在变化的。

（三）触觉术语

好的原酒经过多年陈贮后，用手在酒坛中搅动，手指捻动，会感到柔滑，同时还可体会到酒液的稠感；而手在新酒中或水中捻动则无上述感觉。饮用陈酒时，口腔会感到酒体是抱团的不发散，而饮用新酒在有强烈刺激感的同时，会感到酒体的离散和不柔熟。

（四）味觉术语

绵甜醇厚，醇和，香醇甘润，甘冽，醇和味甜，醇甜爽净，净爽，醇甜柔和，绵甜爽净，香味谐调，香醇甜净，醇甜，绵软，绵甜，入口绵，柔顺，平淡，淡薄，香味较谐调，入口平顺，入口冲、冲辣、糙辣，刺喉，有焦味，稍涩，涩，微苦涩，苦涩，稍苦，后苦，稍酸，较酸，酸味大，口感不快，欠净，稍杂，有异味，有杂醇油味，酒梢子味，邪杂味较大，回味悠长，回味较长，尾净味长，尾子干净，回味欠净，后味淡，后味短，后味杂，余味长、较长，生料味，霉味等。

（五）黄淮派原酒的品评术语

1. 色泽

无色，晶亮透明，清亮透明，清澈透明，无悬浮物，无沉淀，微黄透明，稍黄，浅黄，较黄，灰白色，乳白色，微混，稍浑，浑浊，有悬浮物，有沉淀，有明显悬浮物。

2. 香气

窖香浓郁、较浓郁，具有以己酸乙酯为主体的纯正、谐调的复合香气，窖香不足，窖香较小，窖香纯正、较纯正，有窖香，窖香不明显，窖香欠纯正，窖香带酱香，窖香带陈味，窖香带焦煳味，窖香带异香，窖香带泥臭气，其他香等。

3. 口味

绵甜醇厚，醇厚，香绵甘润，甘冽，醇和味甜，醇甜爽净，净爽，醇甜柔和，绵甜爽净，香味谐调，香醇甜净，醇甜，绵软，绵甜，入口绵、柔顺、平淡、淡薄，香味较谐调，入口平顺，入口冲、冲辣、糙辣，刺喉，有焦味，稍涩，涩，微苦涩，苦涩，稍苦，后苦，梢酸，较酸，酸味大，口感不快，欠净，稍杂，有异味，有杂醇油味，酒梢子味，邪杂味较大，回味悠长，回味长，回味较长，尾净味长，尾子干净，回味欠净，后味淡，后味短，后味杂，余味长、较长，生料味，霉味等。

4. 风格

风格突出、典型，风格明显，风格尚好，具浓香风格，风格尚可，风格一般，固有风格，典型性差，偏格，错格等。

五、 不同馏分原酒的品评

白酒蒸馏流酒时，随着蒸馏温度不断升高，流酒时间逐渐增长，酒精浓度则由高浓度逐渐趋向低浓度，而按照质量要求则需要中、高浓度的酒精分离开的一种工艺操作过程称为摘酒。摘酒的过程中，一般将原酒的馏分分为酒头、前段、中段、尾段、尾酒、尾水。

传统工艺操作上是“断花”摘酒。“花”这儿是指水、酒精由于表面张力的作用而溅起的泡沫，通常称为“水花”“酒花”等。酒精产生的泡沫，由于张力小而容易消散，随着蒸馏温度的升高，酒精浓度逐渐降低，酒精产生的泡沫（酒花）的消散速度不断减慢。这时，混溶于酒精中的水含量逐渐增多，因为水的相对密度大于酒精，张力大，水泡沫（水花）的消散速度慢。现在工艺的改进，通常摘酒是开始流酒时，适当摘取酒头，根据酒质“量质分段摘酒”。

量质接酒，是指在蒸馏过程中，先掐去酒头，取酒身的前半部，1/3~1/2 的馏分，边接边尝，取合乎本品标准的特优酒，单独入库，分级贮存，勾兑出厂。其余酒分别作次等白酒。一般每甑掐取酒头 0.5~1kg，酒精度在 70%vol 以上。酒头的数量应视成品质量而确定。酒头过多，会使成品酒中芳香物质去掉太多，使酒平淡；酒头过少，又使醛类物质过多地混入酒中，使酒暴辣。当流酒的酒精度下降至（30%~50%）vol 时，应去酒尾。去尾过早，将使大量香味物质存在于酒尾及残存于酒糟中，从而损失了大量的香味物质；去尾过迟，会降低酒质。

馏出酒液的酒精度，主要以经验观察，即所谓看花取酒。让馏出的酒流入一个小的承接器内，激起的泡沫称为酒花。开始馏出的酒泡沫较多，较大，持久，称为“大清花”：酒精度略低时，泡沫较小，逐渐细碎，但仍较持久，称为“二清花”；再往后称为“小清花”或“绒花”，各地叫法不统一。在“小清花”以后的一瞬间就没有酒花，称为“过花”。“过花”以前的馏分都是酒，“过花”以后的馏分俗称“稍子”，即为酒尾。“过花”以后的酒尾，先呈现大泡沫的“水花”，酒精度为（28%~35%）vol。若装甑效果好，流酒时酒花利落，“大清花”和“小清花”较明显，“过花”酒液的酒精度也较低，并很快出现“小水花”或称第二次“绒花”，这时仍有（5%～8%）vol 的酒精度。直至泡沫全部消失至“油花”满面，即在承接器内，馏出液全部铺满油滴，方可揭盖，停止摘酒。如装甑操作不过关，从酒花可判断材料是否压汽。如“大清花”和“小清花”不一致，泡沫有大有小，稍子不利落，“水花”有大有小，都是操作技术不过关的表现。浓香型酒分段量质摘酒标准见表 9-5。

表 9-5　浓香型酒分段量质摘酒标准

摘酒段数	量质分段摘酒标准	等级	口感特征
一段酒	盖盘流酒开始，摘取酒头约 1kg	特级	窖香、糟香突出、浓郁，酯高酸低，尾净爽
		优级	窖香较浓，酒体较淡薄，浓香、有轻微杂味
		普级	风格不突出，异杂味明显
二段酒	量质摘酒	调味	窖香幽雅，糟香馥郁，酒体丰满醇厚，风格典型，个性突出
		特级	窖香、糟香突出，醇厚丰满，绵甜谐调，味长尾净，风格突出
		优级	窖香舒适，绵甜谐调，酒体较丰满，余味爽净，风格较典型
		普级	浓香，酒体绵甜、有轻微醛味，酒体较淡薄，具有风格
三段酒	摘至转小花	优级	浓香、窖香舒适，酒体较净、醇甜，风格较突出
		普级	浓香，醇甜较净，略有杂味，风格一般
四段酒	断花前摘尽	酒尾	香气较正，酸涩味较突出，酒体淡薄

六、调味酒的品评

（一）如何从原酒中发现调味酒

调味酒是指酿造过程中采用特殊工艺取得的具有典型风格和鲜明个性特征的基酒，经长期陈酿老熟，勾调时用于丰富和完善酒体的香和味的精华酒。调味酒一般要具有特香、特浓、特陈、特绵、特甜、特酸、窖香、曲香等独特风格，可分为：酒头调味酒、酒尾调味酒、双轮调味酒、陈年调味酒、老酒调味酒、窖香调味酒、曲香调味酒和酯香调味酒等。

1. 酒头和酒尾调味酒

挑选酒头和酒尾调味酒，要在“老窖”或发酵良好的酒醅蒸馏时选取。好酒的酒头 0.5～1.0kg，好酒的酒尾［酒精度（15%～25%）vol］分别贮存一年以上，正常状态下，贮存 2～3 年效果更好。贮存期间的第一年，每半年进行感官品评，其后每年进行一次感官品评，挑选出好的继续贮存或作为调味酒使用，不好的放弃，作一般使用。酒头调味酒对于提香效果明显，能有效增加酒的放香和前香。酒尾调味酒经贮存后变得酸甜适口，适量使用能使酒体变得圆满、爽净。

2. 双轮调味酒

获取双轮调味酒的前提是窖池要老、窖质优良、发酵状态良好，新窖、不良窖或发酵不良的双轮酒不宜留作调味酒。窖底发酵两轮或两轮以上的双轮醅，蒸馏时掐头去尾，由专职评酒员摘取全部或部分具有突出窖香、特浓或特绵的酒，贮存 3 年以上使用。双轮酒因窖底长时间发酵，往往极具特性，适用性广泛。

3. 酯香调味酒

由专职评酒员从第一馏分中摘取酯香特别突出的部分，贮存 3 年以上。

4. 老酒调味酒

选择具有典型风格的新酒贮存 5 年以上。也可以在原酒陈酿过程中的定期跟踪品评时，选取特色酒单独继续贮存。

5. 长酵调味酒

此调味酒不是一般意义上从原酒中挑选的调味酒，是指老窖发酵半年以上或优质新窖发酵一年，掐头去尾摘取部分或全部，贮存 3 年以上。

6. 曲香调味酒

优质基酒加入 2%的优质高温大曲，浸泡一年，取上清液。

正确挑选恰当的调味酒是生产的重要工序，生产者应根据生产需要制定各种调味酒的选择标准和基本存量，满足生产需要。日常生产中，要有意识地安排更多途径地获得调味酒，如采取特殊工艺、方法，或在蒸馏现场挑选或在原酒的品评中选取，也可以在陈酿过程中定向选择，单独贮存，保持调味酒多样性。在调味工作中，调味酒是很重要的，要做好调味工作必须有种类繁多的高质量调味酒。

（二）浓香型调味酒的验收标准

调味酒是指采用特殊工艺生产或仅陈酿老熟后，具有典型风格和鲜明个性特征的基酒，是在酒体设计时主要用于丰富和完善酒体的香和味的精华酒。调味酒拥有自己的独特个性，根据其独特的风味特点，可将调味酒分为不同的类型，各类型的调味酒各自具有不同的感官特点，其验收标准如下：

1. 酯香调味酒

酯香调味酒的酯含量较高，可达到 12g/L 以上。香气纯正，放香大，酒体浓厚、回味悠长，主要用于提高半成品酒的前香（进口香），增进后味浓厚。酯香调味酒贮存期必须在 3 年以上，才能投入调味使用。

2. 窖香调味酒

窖香调味酒要求老泥窖香明显、纯正、舒适，酒体醇厚绵甜，风格典型，含有较多的己酸乙酯、丁酸乙酯、己酸、丁酸等各种有机酸和酯，以及其他的呈香呈味物质，可提高半成品酒的窖香味和浓香味。

3. 双轮底调味酒

双轮底调味酒采用双轮底酿造工艺生产，微量成分丰富，酸酯含量较高，糟香、浓香突出，酒体醇厚绵甜、回味悠长，能增进基础酒的浓香味和糟香味。

4. 酒头调味酒

选择质量窖的酒醅蒸馏的酒头（每甑取 0.25～0.5kg），贮存 3 年以上就可用于基础酒的调味。酒头中杂质含量多、杂味重，但其中含有大量的芳香物质，它可提高基础酒的前香和喷头（喷香）。

5. 酒尾调味酒

选择质量窖的粮糟酒尾，每甑摘取 30~40kg，酒精度控制在 20%vol 左右，贮存 3 年以上，可用做调味酒。酒尾中含有大量的高沸点香味物质，酸酯含量也高，特别是亚油酸乙酯、油酸乙酯和棕榈酸乙酯含量特别高。酒尾调味酒可提高基础酒的后味，使酒体回味悠长，浓厚感增加。

6. 陈酿调味酒

选用生产中正常的窖池（老窖更佳），把发酵期延长到半年或 1 年，以增加陈酿时间，产生特殊的香味。半年发酵的窖一般采用 4 月入窖，10 月开窖（避过夏天高温季节）蒸馏。1 年发酵的窖，采用 3 月或 11 月入窖，到次年 3 月或 11 月开窖蒸馏。蒸馏时量质摘酒，质量好的可全部作为调味酒。这种发酵周期长的酒，具有良好的糟香味，窖香浓郁，后味余长，尤其具有陈酿味，故称陈酿（或长酵）调味酒。此酒酸、酯含量特高。

7. 老酒调味酒

从储存 5 年以上的老酒中，选择调味酒。有些酒经过 5 年储存后，酒质变得特别醇和、浓厚，具有独特风格和特殊的味道，通常带有一种所谓的“中药味”，实际上是“陈味”。用这种酒调味可提高基础酒的风格和陈酿味，去除部分“新酒味”。生产厂家可有意识地储存一些风格各异的酒，最好是优质双轮底酒，数年后很有用处。

8. 浓香调味酒

采用回酒、灌己酸菌培养液、延长发酵期等工艺措施，使所产调味酒酸、酯成倍增长，香气浓而不可咽，是优质的浓香调味酒。

9. 陈味调味酒

每甑鲜热粮醅摊晾后，撒入 20kg 高温曲，拌匀后堆积，升温到 55℃，摊晾，按常规工艺下曲发酵，出窖蒸馏，酒液盛于瓦坛内，置发酵池一角，密封，盖上竹筐等保护物。窖池照常规下粮糟发酵，经双轮以上发酵周期后，取出瓦坛，此酒即为陈味调味酒。这种酒曲香味突出，酒体浓厚柔和，香味浓烈，回味悠长。

10. 曲香调味酒

选择质量好、曲香味大的优质麦曲，按 2%的比例加入双轮底酒中，装坛密封 1 年以上。在储存中每 3 个月搅拌一次，取上层澄清液作调味酒用。酒脚（残渣）可拌和在双轮底糟上回蒸，蒸馏的酒可继续浸泡麦曲。依次循环，进一步提高曲香调味酒的质量。这种酒曲香味特别好，但酒带黄色及一些怪味，使用时要特别小心。

11. 酸醇调味酒

酸醇调味酒是收集酸度较大的酒尾和黄水，各占一半，混装于麻坛内，密封储存 3 个月以上（若提高温度，可缩短储存周期），蒸馏后在 40℃下再储存 3 个月以上，即可作为酸醇调味酒。此酒酸度大，有涩味。但它恰恰适合冲辣的基础酒的调味，能起到很好的缓冲作用。这一措施特别适用于液态法白酒的勾调。

12. 酱香调味酒

采用高温曲并按茅台或郎酒工艺生产，但不需多次发酵和蒸馏，只要在入窖前堆积一段时间，入窖发酵 30d，即可生产酱香调味酒。这种调味酒在调味时用量不大，但要使用得当，就会收到意想不到的效果。

七、 不同类型原酒的品评

1. 单粮浓香型新酒

(1) 单粮浓香型新酒的分类　浓香型白酒一般分为单粮型和多粮型，因生产中所用原料品种及比例不同，造成同是浓香型白酒，其风格也各有差异，所以酒界对浓香型酒有“川派”和“江淮派（皖、苏、鲁、豫）”之分。在新酒入库分类上各厂又有所不同，对于单粮浓香型酒口子酒业公司采用正常工艺酿造发酵蒸馏生产出来的分为乙级酒和一级酒；当采用双轮底工艺生产时，酿造发酵蒸馏出来的酒分为特级、甲级、乙级、一级酒四个等级。古井集团分为A、B、C、D四个等级。江苏洋河酒厂分为特级、优级、一级、二级四个等级。综合起来，分为以下四类为宜：特级、优级、甲级、乙级。

(2) 单粮浓香型各类新酒的感官鉴评　对各级单粮型浓香新酒的感官鉴定如表9-6所示。

表9-6　各等级酒鉴别

等级	感官	己酸乙酯
特级	窖香、甜、净、爽，风格特别突出	≥8.00g/L
优级	窖香、甜、净、爽等某一特点较突出	≥5.00g/L
甲级	窖香突出，香气正，味净，具有本品固有的风格特点	≥2.50g/L
乙级	窖香较好，口味纯净，无异杂味	≥1.70g/L

(3) 单粮浓香型陈酒的感官鉴评

三年陈酒：无色（或微黄）清澈透明，陈香、窖香突出，入口柔和，绵、净、回味长。

五年陈酒：无色（或微黄）透明，陈香幽雅，味醇厚柔和，落口爽净谐调，回味悠长。

(4) 单粮浓香型新酒、陈酒鉴评应掌握的要点

新酒：单粮浓香型新酒具有粮香、窖香并有糟香，有辛辣刺激感。合格的新酒窖香和糟香要谐调，其中主体窖香突出，口味微甜、爽净、谐调。但发酵不正常的新酒会出苦味、涩味、糠味、霉味、腥味、煳味及硫化物臭、黄水味、稍子味等异杂味。

陈酒：单粮浓香型白酒经过一定时间的贮存，香气具有了浓香型白酒固有的窖香浓郁感，刺激感和辛辣感会明显降低，口味变得醇和、柔顺，风格得以改善。经长时间的贮存，逐渐呈现出陈香，口感呈现醇厚绵软、回味悠长，香与味更谐调。品尝陈酒时，陈香、入口绵软是体现白酒贮存老熟后的重要标志。

2. 多粮浓香型新酒

(1) 多粮浓香型酒一般分为四类：如某名酒厂采用黄泥老窖，固态续糟混蒸发酵传统工艺生产出来的新酒分为优级、甲级、乙级和普通酒：当采用双轮底特殊工艺酿造发酵蒸馏出来的酒称为调味酒。该类酒一般都为特级。

(2) 多粮浓香型各类新酒的感官鉴评见表9-7。

表 9-7　　多粮浓香型各个等级酒的鉴评

等级	感官	己酸乙酯
特级	窖香常浓郁，浓、甜、厚、净、爽，余味和回味悠长，风格典型，个性特别突出	≥8.60g/L
优级	窖香浓郁，甜、厚、净、爽，余香和回味悠长，风格特征突出	≥4.0g/L
甲级	窖香浓郁，甜、浓、净，风格特征明显	3.0g/L
乙级	窖香较浓，尾味较净，无明显异杂味	1.50g/L
普通级	有窖香，尾味欠净，略有异杂味	1.50g/L

（3）多粮浓香型陈酒的感官鉴评

三年陈酒：无色（或微黄）透明，窖香浓郁，陈香明显。柔和、绵甜、尾味净爽，余香和回味悠长。

五年陈酒：无色（或微黄）透明，窖香浓郁，陈香幽雅，醇厚丰满，绵柔甘洌，落口爽净，余香和回味悠长，窖香和陈香的复合香气谐调优美。

十年陈酒：无色（或微黄）透明，窖香浓郁，陈香突出，幽雅细腻，醇厚绵柔，甘洌净爽，余香和回味悠长，酒体丰满，具有优美谐调的复合陈香。

（4）多粮浓香型新酒、陈酒鉴评应掌握的要点

新酒：多粮浓香型新酒具有复合多粮香、纯正浓郁的窖香并有糟香，有辛辣刺激感并有类似焦香的新酒气味。合格的新酒多粮复合的窖香和糟香比较谐调，主体窖香突出，口味微甜净爽。但发酵不正常和辅料未蒸透的新酒会出现醛味、焦苦味、涩味、糠味、霉味、腥味、煳味及硫化物臭、黄水味、稍子味等异杂味。

陈酒：多粮浓香型白酒经过一定时间的贮存，香气具有多粮浓香型白酒复合的窖香浓郁优美之感，刺激性和辛辣感不明显，口味变得醇甜、柔和，风格突出。经长时间的贮存，酒液中就会自然产生一种使人感到心旷神怡、幽雅细腻、柔和愉快的特殊陈香风味特征，逐渐呈现出幽雅的特殊陈香，口感呈现醇厚绵柔，余香和回味悠长，香味更谐调，酒体更丰满。品尝陈酒时，幽雅细腻的陈香明显、品味绵柔、甘洌、自然舒适是体现多粮浓香型白酒贮存老熟的重要标志。

八、浓香型原酒质量标准的制定

原酒质量标准的制定是关系成品质量控制的基础管理工作。制定得好，有激励作用，可促进质量的提高，使摘取的原酒等级分明，各有特点，便于选择使用，达到控制目的。相反，即使有好酒也摘不出来，造成等级质量无特点，给其后的生产带来麻烦。制定原酒的质量标准主要考虑以下几个方面：①根据生产的实际，恰当确定等级，不可生搬硬套。②确定每一级原酒摘取的数量范围。③确定每一级原酒的感官质量评语。④确定每一级原酒感官质量的分数。⑤确定每一级原酒的酒精度范围。⑥确定主要理化指标要求等。分级标准的制定一定要切合生产实际，要保证好酒摘得出来，不在多少。孬酒不要混入好酒当中；严格禁止生产班组内部进行“勾兑”调整，特别是双轮底酒不要兑入差酒中。

浓香型酒采用敞开式、多菌种发酵的固态法生产模式，虽然采用的原料和生产工艺

大致相同，但由于影响因素较多，每窖甚至每甑所产的原酒在感官、风格特征等方面存在较大差异。为规范原酒的质量风格，便于同类型质量风格特点的原酒组合储存，原酒在入库储存前需对其进行定级、分类，以形成不同等级、风格类型。在进行原酒定级分类前需制定相应的原酒质量标准规范原酒的定级分类，在制定原酒质量标准时应根据原酒酿造工艺特点和摘酒工艺情况，并结合成品酒酒体设计的具体需求和下一步新产品研发的战略规划的情况。

表 9-8 为浓香型不同等级原酒的感官质量标准；表 9-9 为浓香型不同等级原酒的理化质量标准。原酒质量等级的确定以感官品评为主，理化指标为辅。

表 9-8　　浓香型不同等级原酒的感官质量标准

项目	调味酒	特级酒	优级酒	普级酒
色泽	无色、清亮透明、无悬浮物、无沉淀	无色、清亮透明、无悬浮物、无沉淀	无色、清亮透明、无悬浮物、无沉淀	无色、清亮透明、无悬浮物、无沉淀
香气	窖香、糟香或浓香突出	窖香、糟香或浓香突出	较浓郁	较浓郁
口味	浓郁丰满，香味谐调、后味绵长净爽、回味悠长	浓郁丰满，绵甜，谐调、味长尾净	浓郁丰满，浓香典型、酒体醇厚甜味谐调、口味净爽	浓香、酒体绵甜、较丰满、较净
风格	风格典型突出	风格典型	风格好	风格一般

表 9-9　　浓香型不同等级原酒的理化质量标准

项目	调味酒	特级酒	优级酒	普级酒
酒精度%（体积分数）	≥68	≥67	≥65	≥63
总酸 g/L	≥1.5	≥1.2	≥0.8	≥0.5
总酯 g/L	≥4.0	≥3.0	≥1.8	≥1.0
己酸乙酯 g/L	≥3.1	≥2.5	≥2.0	≥1.5

黄淮派原酒的感官质量标准：

原酒的分级：原酒的分级一般是按酒头、前段、中段、尾段、尾酒、尾水进行区分，并按不同的验收结果分级入库。原酒等级的确定，一般分为调味酒、优级酒、普通酒三大类。

原酒各等级酒的特点：

调味酒：具有特殊香味或作用的酒都可以称为调味酒。一般情况下，正常发酵生产的底层糟酒、双轮底酒，以及各种特殊工艺生产的酒都有可能产生调味酒，如糟香味大的、浓香的、香浓的、窖香的、酸大的等。

优级酒：一般为前段和中段酒，这部分酒香味成分较谐调丰满，也可按不同的发酵周期、生产季节、发酵情况进行细分。

普通酒：又称为大宗酒，即为中段和后段的酒，一般不再细分，集体收入大罐中。

第十章　浓香型白酒风味物质

第一节　风味化学基础知识

一、 什么是食品风味

食品的味，是指食品进口后的感觉，说“可口”“不可口”这是味觉，但食品的味又与其气味密切相关，所谓的食品风味，是思想、味觉和咀嚼时所感受的，用鼻嗅到的称为香气，在口内咀嚼时可以感觉到的称为香味，二者统称为食品的风味。

二、 食品的味觉因素

食品在口中通过口腔进入消化道，这个感受过程统称味觉，具体分析有心理味觉、物理味觉和化学味觉。简要分析如下：

1. 心理味觉

心理味觉是指一种食品的色泽、形状、光泽、用食环境等因素对人们味觉的心理影响。经研究，食品和色泽之间的关系与季节、风俗、地区、民族、习惯、文化素质等因素有关，人与人之间的差别也很大。

2. 物理味觉

物理味觉，指“口感”“咀嚼感”“软硬”“粗细”等，这些性质又与食品加工或食用的温度有关。这方面又可分为：机械、几何和触觉三方面的特性。

（1）机械特性　硬度、凝结性、黏性、弹性、附着性、脆性、咀嚼性、胶性等，酒为黏度，或称为酒体挂杯等。

（2）几何特性　指食品颗粒大小形态或微粒排列方面的有关性质。

（3）触觉性　指含水量、油性、硬度、柔软性、平滑性、脆性、弹性等。

3. 化学味觉

化学味觉是指化学物质作用于感觉器官而引起的味觉和嗅觉，称为化学味觉。一般来说，化学味觉分为甜、酸、苦、咸四个基本味觉。另外还有鲜味、涩味、辣味，被定为基本味是后来的事。

（1）咸味　是指氯化钠的滋味。有些无机盐及有机盐也有咸味。

咸味和甜味的关系：加入适当蔗糖，咸味减少；如在1%~2%氯化钠中加7~10倍蔗糖，咸味大致相抵；加入少量食盐，甜味增大，如10%糖加0.15%食盐，可使甜味增大。

咸味和酸味的关系：咸味因加入少量乙酸而加强；咸味因加入多量乙酸而减少。添加少量食盐，酸味也会加强；添加多量食盐，酸味会变弱。

咸味与苦味的关系：苦味因添加食盐而减少。

酒的咸味，也是一般卤族元素的离子产生的。酿造用水的硬度太高，往往会使带有上述离子及盐类的物质呈现咸味，微量的盐类如氯化钠能促使味觉的灵敏度，使酒味显得浓厚。

（2）甜味　甜味是蔗糖等糖所具有的滋味，呈现甜味物质的除糖以外还有糖醇、氨基酸、肽、磺酸等各类物质，见表 10-1。

表 10-1　呈现甜味的各类物质

碳水化合物	单糖、双糖	葡萄糖、果糖、半乳糖、木糖
碳水化合物	糖醇	山梨糖醇、麦芽糖醇、甘露糖醇等
有机化合物	氨基酸	丙氨酸、甘氨酸等
	天然物	甘草素、甜味菊等
	人工甜味剂	糖精、甘素等
	醇类	多元醇

甜味与其他味的关系：甜味因添加少量的乙酸而减少，加量越大，甜味越小；苦味因蔗糖的加入而减少。

（3）酸味　我们日常摄取的酸味来自乙酸、乳酸、琥珀酸、苹果酸、酒石酸、柠檬酸等。

白酒中的酸味，主要来自乙酸和乳酸。酸是酒的重要口味物质，要求酒中有一定含量，含量少，酒味寡淡，后味短；酸过大，有酸味，减少甜味，口感粗糙。

（4）苦味　单纯的苦味不是可口的滋味，但可调节其他不同味觉。

调节适当的苦味，能增加食品的风味。但不能说苦味物质在风味上具有独立的价值。与生活有关的是有益的苦味物质，如茶或咖啡中咖啡因、巧克力中的可可碱、柚子或葡萄果品中的柚皮苷、啤酒中的酒花等。

无机盐中钙盐、镁盐有苦味，如氯化镁，有的水苦多因为此盐类，这些与我们的酒和饮料有关。

有机物中生物碱、黄烷酮的配糖体（橙柚皮苷）、肽、蛋白酶水解蛋白是苦味物。

苦味物质的性质就是阈值很低。

在甜味和酸味中添加一些苦味，会使食品风味更为复杂，具有提高嗜好性的意义。

（5）鲜味　鲜味通常是指由谷氨酸钠所呈现的风味，除此之外，如肌苷酸、鸟苷酸等都是组合鲜味的主要物质。

（6）辣味　白酒中的辣味可能主要来自醛类。如甲醛、乙醛、丁醛、戊醛、己醛、糠醛、甘油醛、缩醛等，另外高级醇也具有刺激性的辛辣味，它们强烈刺激神经，使之产生辛辣感。

（7）涩味　涩味本不能成为味觉，它是某些物质刺激舌头的黏膜而产生收敛感的一种反应，酒中的涩味，多是由酸、甜、苦味三者不均衡，失去了合理的比例关系所造成的，涩味一般都与苦味相伴而出现涩苦。

白酒中的涩味主要来自酚类、呋喃化合物，其他有些氨基酸、吡嗪、高级醇也呈现涩味，过量的乳酸、乳酸乙酯、高级醇、单宁等物质均会产生涩味。

第二节　白酒中的风味物质

白酒中的风味物质有数百种，这些物质在口味上有细微或明显的差别，我们只把它们归纳在基本化学味觉和物理味觉中进行讨论。

一、白酒的甜味物质

甜味是食品的最基本口味。有甜味的化学物质极多，据沙伦伯格研究认为：凡化合物分子中有氢供给基（AH）和氢受基（B），两者的距离在0.25~0.40nm，此化合物易和人类味蕾中丁基羟基茴香醚（BHA）之间（0.3nm）形成氢键结合时，此物质就呈甜味。甜味的强弱取决于氢键数、氢键强度及有无疏水基隔断。

绝大多数白酒均呈甜味，此甜味不是来自糖类，而主要来自醇类。醇类的甜度随羟基数增加而加强。甜度比较：乙醇<乙二醇<丙三醇<丁四醇（赤藓醇）。但戊五醇、辛六醇，如山梨醇（甜度0.5~0.7）不如丁四醇（2.0）强。

白酒中醋酴、双乙酰也是主要风味物质。D-氨基酸大多有强的甜味。

白酒的甜味和糖形成的甜味有差别，属甘甜兼有醇厚感和绵柔感，在品尝时常常在呈味感中来得比较迟，呈后味，称“回甜”。若酒入口初就感到甜味，或回甜消失时间太长、甜味太强，则为白酒的缺点。

白酒经过长时间贮藏后熟，其氢键数增加，一般甜味要比新酒（刚蒸馏出来的酒）的好。

二、白酒的酸味物质

“无酸味就不成酒”。酸味是由舌味蕾细胞受到H^+的刺激而得到的感觉，口腔黏膜分泌的碱性物质中和了H^+，酸味就消失。凡在溶液中能解离氢离子的酸和酸性盐均有酸味。酸味的强度和氢离子的浓度成正比、与pH成反比。若饮料中有较多的缓冲物质，虽然游离氢离子浓度不大（但滴定总酸大），饮料在口腔中不断解离出H^+，此时酸感就较持久。呈酸物质的酸根也影响酸味强度和酸感，在相同的pH下，有机酸的酸味要比无机酸强烈。如在pH3.5下，乙酸>甲酸>乳酸>草酸>盐酸。

白酒属酸性饮料，pH在3.0~3.8，大多数白酒最佳口感pH在3.2~3.5，它的酸味主要来自有机酸，呈爽口的酸味。白酒中适口的酸味能促进酒体的丰满和活泼，酸也是稳定酒类中酯香味的稳定剂。白酒中缺乏酸类（如液态白酒），酒体会显得单薄、欠柔和、呆滞。白酒酸过量（酸露头）往往是发酵不正常、酿造中酸败的标志，会使酒体粗糙、不谐调、不柔和。

白酒中酸类大多来自酿造过程中，酵母等微生物的一系列生化反应。酸中有脂肪族的甲酸、乙酸、丙酸、丁酸、戊酸、己酸、庚酸、辛酸、癸酸等，三羧酸循环产生的草酸、柠檬酸等，以及乳酸、琥珀酸、丁香酸等有机酸，并在蒸馏时随水蒸气蒸馏而带出。在间歇式蒸馏中，酸含量一般为酒尾>酒身>酒头，故蒸馏时可以通过分割法在截取酒身时对酸含量加以控制。在蒸馏后贮藏时，通过醛、酮氧化，酸含量增加，通过酯化，酸含量减少，长期贮藏酒中酸含量呈减少趋势。

白酒中总滴定酸度在0.8~2.0g/L，如果超过2.0g/L就已过酸，而低于0.5g/L为缺酸。白酒中香味物质（特别是酯类）含量越高，酒中酸类也越多。如浓香型泸州老窖和酱香型茅台酒，总酸均在1.5~2.0g/L，而清香型、米香型酒香味物质含量少，总酸也低，一般在0.9~1.3g/L。

白酒的酸类中，低碳数（C数<5）脂肪酸和乳酸含量较高。乳酸含量占总酸的20%以上，是白酒的一大特点。乳酸酸体柔和浓醇并有涩味。己酸在浓香型（以己酸乙酯为主体香）中占总酸的1/3，它是浓香型白酒的特点。茅台酒和泸州老窖中还含有丰富的氨基酸，这和酿造中用氨基酸含量丰富的麦曲有关。

三、白酒的苦味物质

虽然单纯的苦味并不给人带来愉快感，但微量的苦味能起到丰富和改进食品风味的作用。人的味觉对苦味特别灵敏，苦味能使味觉感受器受到强有力的刺激作用，能促进感觉器官的活跃及各种味觉感受的强化。但由于苦味在味觉中停留时间较持久，故过强的苦味会导致其他味觉暂时被淹没，使味觉灵敏度降低。

苦味物质在化学结构中一般含有$—NO_2$、—N—、—SH、—S—、=C=S、$—SO_3H$等基团，无机离子Mg^{2+}、NH_4^+也呈苦味。

白酒的苦味主要来自白酒中生物碱、L-氨基酸、某些低肽、酚类化合物及美拉德反应产物类黑精、焦糖等。

各种白酒都呈微小的苦味。酒在口腔中停留时呈愉快的苦味，咽下后，苦味应立即消失（瞬时苦味），不残留苦味，这种苦味是正常的；若酒咽下后，苦味持续残留在口腔和舌根（即后苦），则是酒的缺点，会导致酒感粗糙、不柔和。

在低质白酒中，来自发芽马铃薯的龙葵碱和来自黑斑病甘薯的甘薯酮是不愉快苦味物质的来源。由于制曲（大曲和麸曲）控制不当与形成曲霉孢子（尤以青霉孢子为甚），发酵温度太高，蛋白质过度分解形成甲胺等含氮化合物和含—SH、—S—的化合物，也是不愉快苦味的来源。在酒精发酵副产物中，异丁醇极苦，正丁醇苦较小，正丙醇和异戊醇微甜带苦，这些副产物如过多则是苦味不愉快的原因。

白酒虽然应该有适口的苦味，但不愉快的苦味、苦味露头和后苦强是白酒最常见的缺点。

四、白酒中的咸味物质

咸味只有强弱之分，没有太多细微差别，但呈咸味的物质常常会咸中带苦或带涩。形成咸味的物质为碱金属中性盐类，尤以钠为最强，卤族元素的负离子均呈咸味，尤以Cl^-为最强，因此NaCl呈最典型、强的咸味。金属镁、钙的中性盐也有咸味。

主要的咸味物质：NaCl、KCl、NH_4Cl、NaI。

咸中带苦物质：KBr、NH_4Cl。

苦中带咸物质：$MgCl_2$、$MgSO_4$、KI。

咸中带甜物质：$CaCl_2$。

中性盐类正负离子价数越大，越具有咸中带苦的倾向。

白酒中无机离子的来源有：蒸馏时由水蒸气雾沫夹带入酒中；酒类后熟贮存容器溶解；调配成品酒时，勾兑水中带入。

勾兑调配用水，也称“加浆”。水质对酒风味影响很大。白酒蒸馏后贮存老熟的酒精含量一般为70%，勾兑成品酒时常常要加入稀释水15%～30%，如加浆水中有较多的Na^+、K^+、Mg^{2+}、Ca^{2+}，有时会使酒呈咸味。白酒标准中固形物含量应小于0.4g/L，一般不会呈咸味，但若超过1.0 g/L，而其中钠盐又占多数就可能呈咸味。

白酒若能感受到明显咸味，会导致酒味不谐调、粗糙，是酒的缺点。微量呈咸味盐类存在（<0.2g/L）能使味觉展开，酒体活泼，它也是酒必需的口味物质。

五、白酒中的其他风味物质

1. 涩味

轻度的涩味（收敛性）是红葡萄酒的特点，明显的涩味是白酒的缺点。

白酒的涩味物质主要来自酚类化合物，其中尤以单宁的涩味更强烈。曲酒原料高粱中含单宁类物质较多，如在蒸馏时蒸汽压太大，蒸馏速度太快，会有过多的单宁味。

由于发酵温度过高，酪氨酸经酵母水解脱氨、脱羧形成2，5-二羟基苯乙醇（酪醇），常常是给白酒带来苦涩味的原因之一。

白酒存在过多的乙醛、糠醛、乳酸也是涩味来源。无机离子中Fe^{3+}、Mg^{2+}也有涩味。

2. 辣味

辣味也属物理味觉，是辣味物质刺激口腔和鼻腔黏膜形成的灼热和痛感的综合。化学结构中具有酰胺基、酮基、醛基、异腈基、—S—、—NCS等官能团的强疏水性化合物呈强烈辛辣味。白酒中的辣味和食品中的花椒、胡椒、辣椒、芥子类的辛辣味有明显不同。白酒辣味是由醇类、醛类、酚类化合物引起的“冲辣”刺激感。一般白酒中含酒精40%～60%，如此高的酒精含量，饮用时呈冲辣感是自然的。白酒嗜好者也习惯和喜欢有一定冲辣感的酒，称之为“有劲”。

白酒在长期后熟陈酿中，其酒精和水分子发生氢键缔合，在评尝时，酒精的挥发大大减少，因此对味觉和嗅觉器官的刺激会大大降低，酒就不显得太冲辣，而感到绵柔。

新蒸馏出的酒因为含有较多易挥发的醛类，品尝时也具有新酒的冲辣感，随着长期贮存，醛类的挥发、氧化、缩合，减少了游离醛，冲辣感就降低。

第三节 风味物质与酒质的关系

一、中国白酒的香气成分

白酒主要由水、乙醇和微量成分组成，其中水和乙醇占98%左右，微量成分物质约占2%。微量成分决定着白酒的品质与风格，中国白酒十二大香型之间的差异主要由这

2%的微量成分物质决定。目前白酒中报道的微量成分有2400多种化合物，包括有机酸、酯类、醇类、醛类、含氮化合物、缩醛类、芳香族化合物、内酯类、呋喃类、萜烯类等。几种白酒的香气成分见表10-2。

表10-2　　几种白酒的香气成分（气相色谱法）　　单位：mg/L

成分名称	一般大曲酒	汾酒	茅台	三花	薯干白酒
醇类：					
甲醇	275	174	210	65	2116
丙醇	155	95	220	197	752
丁醇	86	11	95	8	20
仲丁醇	28	33	45	/	181
异丁醇	120	116	172	462	569
戊醇、2-戊醇	/	/	196	/	/
异戊醇	346	546	494	960	741
庚醇、辛醇	/	/	167	/	/
酯类：					
甲酸乙酯	111	/	212	/	/
乙酸乙酯	1700	3059	1470	229	310
丁(戊)酸乙酯	1922	/	313	/	/
乙酸异乙酯	47	/	25	/	/
己酸乙酯	1506	22	424	/	10
庚(辛)酸乙酯	63	/	17	/	/
乳酸乙酯	1650	2616	1378	995	1110
酸类：					
甲酸	31	18	69	4	26
乙酸	643	945	1110	216	634
丙(丁)酸	123	13	254	2	59
己(戊)酸	236	3	258	3	17
庚(辛)酸	/	/	8	/	8
乳酸	378	284	1057	978	54
醛类：					
乙缩醛	140	140	550	35	41
乙(甲)醛	8	29	19	19	25
丙醛	440	140	550	35	41
异(正)丁醛	38	3	11	1	2
异(正)戊醛	83	15	98	1	2
糠醛	19	4	294	4	7
酮类：					
丙酮	/	2	/	/	/
丁二酮	1	8	25	/	1
2-己酮	1	/	16	/	/

1. 醇类化合物

这是白酒香气成分中最为大量的一类物质，可以大致分为一元醇、多元醇和芳香醇，主要包括乙醇、异戊醇、正丙醇、正丁醇、异丁醇、2，3-丁二醇、甘油等，在白酒的所有醇类物质中乙醇含量最高，其次是异戊醇。白酒中的醇类物质不仅是呈味物质，同时部分也具有呈香功能，如2，3-丁二醇具有类似于黄油和奶油的香味，2-丁醇和2-庚醇等具有水果香，2-甲基丙醇具有麦芽香，在一定程度上可以改善白酒风味。高级醇是3个碳链以上的一元醇类物质的总称。高级醇的含量是形成白酒独特风味的重要成分之一，尤其是异戊醇，它的香气值（F. U）接近于1，有一种独特香气，与其他成分之间存在有相乘效果。高级醇是构成白酒酒体和风味的重要成分，同时还是重要风味物质酸类和酯类转化的桥梁。目前的研究表明，白酒中80%的高级醇由酿酒酵母产生。高级醇的含量和种类对口感和品质有很大的影响，适宜浓度的高级醇可以赋予酒特殊的香气。其不仅衬托出酯香，还可以使白酒口感丰满柔和、圆润醇厚，给人愉快舒适的感觉。酒中的高级醇浓度过低，则酒味淡薄不丰满，口感也较差；过高，则有令人不愉快的异杂味，并且饮用后容易“上头”。各种高级醇之间的比例谐调也非常重要，某一种或几种高级醇含量过高时会对酒的品质产生不良作用。例如，正丙醇含量超过高级醇总量的20%就会带来不良口味，并且易导致“上头”；异戊醇含量过高时，酒的香味过重并导致头痛。多元醇是白酒甜味和醇厚味的主要成分。多元醇产生的途径不是单一的，不同菌种、不同条件，对多元醇的生成量有较大影响，酵母、细菌、霉菌都能发酵生成多元醇。

2. 酯类化合物

目前白酒中报道的酯类物质有506种，其中含量最高的主要是四大酯：乙酸乙酯、乳酸乙酯、丁酸乙酯和己酸乙酯，占白酒总酯含量的90%以上。作为白酒质量鉴定中的重要指标，酯类物质是白酒的主要呈香物质，高级脂肪酸乙酯还可以丰富酒体，延长白酒后味，如浓香型大曲酒中含乙酸乙酯、乳酸乙酯、己酸乙酯最多，香气浓郁；汾酒的酯类几乎全是乙酸乙酯和乳酸乙酯，清香扑鼻；茅台酒的乙酸乙酯、乳酸乙酯和己酸乙酯均比大曲少，尤其己酸乙酯，但丁酸乙酯增多使香气醇厚持久，俗称“留杯香”；三花酒中各种酯类的含量都相对较少，香气清淡较弱。谷类酒与杂粮酒相比，后者中的乙酸异戊酯含量很低，其他酯类含量也少。当酒中含有微量的α-羰基（或羟基）异己酸乙酯时，它与异戊醇共存会使酒的香气更为强烈。白酒酿造过程中酯类物质的产生是由酸和醇进行酯化作用的结果，目前认为酯的形成途径有3种：一是由相关微生物在白酒酿造过程中代谢形成，酯的生物合成涉及两种酶：酰基辅酶A合成酶和醇乙酰转移酶；二是在酒曲（酒曲酯化酶）以及脂肪酶催化作用下由酸和醇反应生成相应酯类物质；三是通过单纯的有机化学反应合成酯，主要在白酒发酵后期以及贮存过程中，游离的酸醇分子通过化学反应合成相应酯类物质。

对于侧链脂肪酸来说，一般是先生成酮酸后再转生成酰基辅酶A，然后与醇合成比酮酸少一个碳原子的侧链脂肪酸酯；某些氨基酸例如苯丙氨酸生成酯的反应途径，是通过微生物的酶作用而进行。酯类的合成主要是在酵母菌体内进行，生成的产物再通过细胞膜进入培养液中。酯类化合物的生成量及成分因菌株而异。当酵母菌细胞膜上的不饱和脂肪酸过多时，会妨碍体内合成的脂类产物透过细胞膜，从而使生成的脂类减少，香气降低。一般情况下，脂类的生成量和发酵强度是平行关系，发酵一停止，酒的香气就开始减弱。加入泛酸和通入空气，都可以促进酯类的生物合成，提高酒的香气。磷酸的存在也能促进脂类的生物合成，但砷酸有阻碍作用。

蒸馏酒贮藏时间与酯化率的关系见表 10-3。

表 10-3　　蒸馏酒贮藏时间与酯化率的关系

贮藏期	8 个月	2 年	3 年	4~5 年
酯化率/%	34	36	62	64

3. 酸类化合物

酒中的有机酸种类很多，最新的研究发现高达 42 种有机酸，含量较大的是乙酸和乳酸；其次是己酸、丁酸、丙酸、戊酸、甲酸等；还发现有二元酸、三元酸、羟基酸和羰基酸等，含量一般较微。白酒中的有机酸影响白酒的风味，也是形成酯的前体物质。

这些酸类一部分来源于原料，大部分由微生物发酵生成，主要是由细菌产生的。比如乳酸主要由乳酸菌产生、乙酸由乙酸菌产生、丙酸由丙酸菌产生、丁酸由丁酸菌产生、己酸由己酸菌（梭菌）产生，白酒中的其他微生物如酵母、霉菌也会产生少量的酸类物质。

4. 羰基化合物

羰基化合物也是白酒中较为重要的香气成分。茅台酒中的羰基化合物成分最多，主要有乙缩醛、丙醛、糠醛、异戊醛、丁二酮等；大曲酒和汾酒中主要是乙缩醛和丙醛，其中汾酒的含量低些；三花酒中羰基化合物的含量很少。

大多数羰基化合物是由微生物酵解生成：

$$C_6H_{12}O_6 \xrightarrow{\text{EMP 途径}} CH_3COCOOH \xrightarrow{\text{脱羧酶}} CH_3CHO+CO_2$$

酒中含有的乙缩醛是由乙醛与醇类通过羧醛缩合反应生成。很多醇类如乙醇、异戊醇、仲戊醇等，都可以通过上述反应形成乙缩醛。乙缩醛具有柔和的香气。除上述主要生成途径外，少数羰基化合物还可以在酒的蒸馏和贮藏过程中，通过美拉德反应和醇类的氧化反应而生成。日本有人据此将白酒中的 3-脱氧葡萄糖醛酮作为白酒熟化管理的指标，规定新酒中该物质的含量为 50μmol/L，陈酒中的含量为 350μmol/L。

酒中的丁二酮除了受到某些特殊的乳酸菌污染时会产生外，也可以在熟化过程中由酵母代谢产生。丁二酮含量过多时会使白酒产生不快的嗅感。

糠醛就是谷壳和糠麸等酿酒原料受热引起的；来自原料中的某些物质经过复杂的微生物发酵作用，不但生成了一些含量较多的香气成分，有时还会形成一些含量极微的主体香气成分。例如在酱香型白酒中除了酯香和醇香成分外，还发现有微量的呈现酱香和焦香的吡嗪类、呋喃类化合物。

5. 酚类化合物

白酒中酚类为白酒芳香族物质中的主要成分，多在制曲过程中由微生物产生，也可由氨基酸或单宁等物质反应生成，主要包括苯酚、4-甲基愈创木酚、麝香草酚和丁香酚等，具有呈色呈香的功能，如愈创木酚、4-乙基愈创木酚可以赋予白酒丁香气味。

6. 吡嗪类化合物

吡嗪类化合物是指苯环的1，4位含两个杂氮原子的杂环化合物，其广泛存在于天然或加工后的食品中，是白酒中最重要的香气成分之一。目前报道不同香型白酒中含有大量的吡嗪类化合物，研究发现酱香型白酒中吡嗪含量最高，浓香型与清香型次之。目前的研究认为，白酒中吡嗪类化合物主要是在大曲生产过程中由细菌产生的，对芝麻香型大曲进行研究发现无论是高温曲或中温曲均有吡嗪物质产生，但高温曲吡嗪物质含量较高，同时也发现细菌曲中吡嗪物质含量远高于酵母曲和白曲，说明细菌是吡嗪的主要产生菌。

7. 萜烯类物质

萜烯类物质（又称为异戊二烯类化合物）分布广泛，多数动植物体内都存在，算是自然界总量最多的天然产物，其大致分为两类：一类是不含氧的碳氢类化合物；还有一类是含氧的萜烯醇、萜烯醛和萜烯酯等。白酒中含有丰富的萜烯类化合物，萜烯类物质一般有两个来源：一种是由酿酒原料带入白酒中，高粱、小麦等酿酒原料中本身含有大量的萜烯类物质，如β-石竹烯、香橙烯、香叶基丙酮等物质，这些物质在发酵、蒸馏过程中被带入到了基酒中；另外一个来源是由微生物代谢产生，主要的微生物一般认为是放线菌，也有研究报道酿酒酵母、库德里阿兹威氏毕赤酵母和海洋嗜杀酵母等微生物也可以代谢产生萜烯类物质。

8. 脂肽类

脂肽类化合物是一类非挥发性酸性物质，易溶于碱性溶液、有机溶剂，白酒中的脂肽类物质包括枯草素、地衣素、伊枯草菌素和丰原素等，其中地衣素为环脂肽类化合物，由地衣芽孢杆菌产生，而枯草素和丰原素为类脂肽类化合物，由枯草芽孢杆菌产生。目前研究人员对白酒中的地衣素研究较多，研究认为地衣素通常由芽孢杆菌产生，大致有两条产生途径，核糖体合成和非核糖体合成。

白酒香型和主要特征风味物质见表10-4。

表10-4　白酒香型和主要特征风味物质

香型	香型典型代表	主要特征风味物质
浓香型	五粮液 泸州老窖	酯类占绝对优势，其次是酸。酯类以己酸乙酯、乳酸乙酯、乙酸乙酯和丁酸乙酯等为主
清香型	山西“汾酒”、红星二锅头、牛栏山二锅头	乙酸乙酯、乳酸乙酯、乙缩醛、适量的酸类物质
酱香型	贵州“茅台”、四川“郎酒”	酯类和酸类占优势，醛酮类物质，含氮化合物。高沸点物质、杂环类物质含量高，成分复杂，难成定论
米香型	广西“桂林三花”	高级醇类、乳酸乙酯、乙酸乙酯、β-苯乙醇和酸类物质
凤香型	陕西“西凤酒”	乙酸乙酯、己酸乙酯、β-苯乙醇和异戊醇、酸类物质、丙酸羟胺、乙酸羟胺
药香型	贵州“董酒”	高级醇、丁酸乙酯、酸类，中草药复杂风味物质
豉香型	广东石湾“玉冰烧”	高级醇、β-苯乙醇、二元酸酯、酯类、酸类

续表

香型	香型典型代表	主要特征风味物质
芝麻香型	山东景芝“景芝神酿”	乙酸乙酯、乳酸乙酯、己酸乙酯、酸类、吡嗪、含硫化合物、含氮化合物等，高沸点成分多
特型	江西樟树“四特酒”	乳酸乙酯、己酸乙酯、乙酸乙酯，富含奇数碳乙酯、正丙醇、酸类
兼香型	湖北“白云边”、黑龙江“玉泉”	兼有浓香和酱香型白酒风味物质
老白干香型	河北“衡水老白干”	乳酸乙酯、乙酸乙酯、高级醇、酸类

二、 浓香型白酒的香味组分特点及风味特征

1. 浓香型白酒的香味组分

浓香型白酒的香味组分以酯类成分占绝对优势，无论在数量上还是在含量上都居首位。酯类成分约占香味成分总量的 60%；其次是有机酸类化合物，占第二位，占总量的 14%~16%；醇类占第三位，约为总量的 1%~2%；羰基类化合物（不含乙缩醛）则占总量的 6%~8%；其他类物质仅占总量的 1%~2%（表 10-5）。

表 10-5　浓香型白酒主要香味成分含量

（一）酯类化合物			
名称	含量/（mg/L）	名称	含量/（mg/L）
甲酸乙酯	14.3	乙酸丁酯	1.3
乙酸乙酯	1714.6	乙酸异戊酯	7.5
丙酸乙酯	22.5	己酸丁酯	7.2
丁酸乙酯	147.9	壬酸乙酯	1.2
乳酸乙酯	1410.4	月桂酸乙酯	0.4
戊酸乙酯	152.7	肉豆蔻酸乙酯	0.7
己酸乙酯	1849.9	棕榈酸乙酯	39.8
庚酸乙酯	44.2	亚油酸乙酯	19.5
丁二酸二乙酯	11.8	油酸乙酯	24.5
辛酸乙酯	2.2	硬脂酸乙酯	0.6
苯乙酸乙酯	1.3	总酯	5475.8
癸酸乙酯	1.3		

（二）醇类化合物					
正丙醇	173.0	异戊醇	370.5	β-苯乙醇	2.1
2，3-丁二醇	17.9	己醇	161.9	总醇	1030.8
异丁醇	130.2	仲丁醇	100.3		
正丁醇	67.8	正戊醇	7.1		

续表

（三）有机酸类化合物					
名称	含量/（mg/L）	名称	含量/（mg/L）	名称	含量/（mg/L）
乙酸	646.5	己酸	368.1	棕榈酸	15.2
丙酸	22.9	庚酸	10.5	亚油酸	7.3
丁酸	139.4	辛酸	7.2	油酸	4.7
异丁酸	5.0	壬酸	0.2	苯甲酸	0.2
戊酸	28.8	癸酸	0.6	苯乙酸	0.5
异戊酸	10.4	乳酸	369.8	总酸	1637.7
（四）羰基类化合物					
乙醛	355.0	丙烯醛	0.2	丁酮	0.9
乙缩醛	481.0	正丁醛	5.2	己醛	0.9
异戊醛	54.0	异丁醛	13.0	双乙酰	123.0
丙醛	18.0	丙酮	2.8	乙酸	43.0
				总量	1097.0
（五）其他类化合物					
糠醛	20	2-乙基—6-甲基吡嗪	0.108		
对甲酚	0.0152	三甲基吡嗪	0.294		
4-乙基愈创木酚	0.005	四甲基吡嗪	0.195		
2-甲基吡嗪	0.021	总量	21.0		
2，6-二甲基吡嗪	0.376				

从表10-5中可以看出，浓香型白酒香味组分中酯类的绝对含量占各成分之首，其中己酸乙酯的含量又是各香味成分之冠，是除乙醇和水之外含量最高的成分。它不仅绝对含量高，而且阈值较低，香气阈值为0.76mg/L，它在味觉上还带甜味、爽口。因此，己酸乙酯的高含量、低阈值，决定了这类香型白酒的主要风味特征。在一定比例浓度下，己酸乙酯含量的高低，标志着这类香型白酒品质的优劣。除己酸乙酯外，在浓香型白酒酯类组分含量较高的还有乳酸乙酯、乙酸乙酯、丁酸乙酯，共4种酯，称浓香型酒的“四大酯类”。它们的浓度在10~200mg/100mL数量级。其中己酸乙酯与乳酸乙酯浓度的比值在1∶（0.6~0.8），比值以小于1为好；己酸乙酯与丁酸乙酯的比例在10∶1左右；己酸乙酯与乙酸乙酯的比例在（0.5~0.6）∶1左右。另一类含量较适中的酯，其浓度在5mg/100mL左右，它们有戊酸乙酯、乙酸正戊酯、棕榈酸乙酯、亚油酸乙酯、油酸乙酯、辛酸乙酯、庚酸乙酯、乙酸特丁酸、甲酸乙酯等，共9种酯。再一类酯是含量较少的，其浓度约为1mg/100mL，它们是丙酸乙酯、乙酸正丁酯、乙酸异戊酯、丁酸戊酯、己酸异戊酯、乙酸丙酯等，共6种。最后一类是含量极微的酯，含量在10^{-6}浓度级或还要低，如：壬酸乙酯、月桂酸乙酯、肉豆蔻酸乙酯等，共19种。值得注意的是，浓香型白酒的香气是以酯类香气为主的，尤其突出己酸乙酯的气味特征。因此，酒体中其他酯类与己酸乙酯的比例关系将会影响这类香型白酒的典型香气风格，特别是与乳酸乙酯、乙酸乙酯、丁酸乙酯的比例，从某种意义上讲，将决定其香气的品质。

有机酸类化合物是浓香型白酒中重要的呈味物质，它们的绝对含量仅次于酯类含量，大约在140mg/100mL，约为总酯含量的1/4。经分析得出的有机酸按其浓度多少可分为三类。第一类为含量较多的，约在10mg/100mL以上，它们有乙酸、己酸、乳酸、丁酸4种。第二类为含量适中的，在0.1~4.0mg/100mL范围，它们有甲酸、戊酸、棕榈酸、亚油酸、油酸、辛酸、异丁酸、丙酸、异戊酸、庚酸等。第三类是含量极微的有机酸，浓度一般在1mg/L以下，它们有壬酸、癸酸、肉桂酸、肉豆蔻酸、十八酸等。有机酸中，乙酸、己酸、乳酸、丁酸的含量最高，其总和占总酸的90%以上。其中，己酸与乙酸的比例一般在1∶(1.1~1.5)；己酸与丁酸的比例在1∶(0.3~0.5)；己酸与乳酸的比例在1∶(1~0.5)；浓度大小的顺序为乙酸>己酸>乳酸>丁酸。总酸含量的高低对浓香型白酒的口味有很大的影响，它与酯含量的比例也会影响酒体的风味特性。一般总酸含量低，酒体口味淡薄，总酯含量也相应不能太高，若太高酒体香气显得“头重脚轻”；总酸含量太高也会使酒体口味变得刺激、“粗糙”、不柔和、不圆润。另外，酒体口味持久时间的长短，很大程度上取决于有机酸，尤其是一些沸点较高的有机酸。

有机酸与酯类化合物相比较芳香气味不十分明显，但一些长碳链脂肪酸具有明显的脂肪臭和油味，若这些有机酸含量太高仍然会使酒体的香气带有明显的脂肪臭或油味，影响浓香型白酒的香气及典型风格。

醇类化合物是浓香型白酒中又一呈味物质。它的总含量仅次于有机酸含量。醇类突出的特点是沸点低、易挥发、口味刺激，有些醇带苦味。一定的醇含量能促进酯类香气的挥发。若酯含量太低，则会突出醇类的刺激性气味，使浓香型白酒的香气不突出；若醇含量太高，酒体不但突出了醇的气味，而且口味上也显得刺激、辛辣、苦味明显。所以，醇类的含量应与酯含量有一个恰当的比例。一般醇与酯的比例在浓香型白酒组分中为1∶5左右。在醇类化合物中，各组分的含量差别较大，以异戊醇含量最高，在30~50mg/100mL浓度范围。各个醇类组分的浓度顺序为：异戊醇>正丙醇>异丁醇>仲丁醇>正己醇>2，3-丁二醇>异丙醇>正戊醇>β-苯乙醇。其中异戊醇与异丁醇对酒体口味的影响较大，若它们的绝对含量较高，酒体口味较差，异戊醇与异丁醇的比例一般较为固定，大约在3∶1。高碳链的醇及多元醇在浓香型白酒中含量较少，它们大多刺激性较小，较难挥发，并带有甜味，对酒体可以起到调节口味刺激性的作用，使酒体口味变得浓厚而甜。仲丁醇、异丁醇、正丁醇口味很苦，它们绝对含量高，会影响酒体口味，使酒带有明显的苦味，这将损害浓香型白酒的典型味觉特征。

羰基化合物在浓香型白酒中的含量不多。就其单一组分而言，乙醛与乙缩醛的含量最多，大约在10mg/100mL以上。其次是双乙酰、醋酴、异戊醛，它们的浓度在4~9mg/100mL；再其次为丙醛，异丁醛，其含量在1~2mg/100mL。其余的成分含量极微，在1mg/100mL浓度以下。羰基化合物多数具有特殊气味。乙醛与乙缩醛在酒体中处于同一化学平衡，它们之间的比例为：乙缩醛∶乙醛在1∶(0.5~0.7)。双乙酰和醋酴它们带有特殊气味，较易挥发，它们与酯类共同使香气丰满而带有特殊性，并能促进酯类香气的挥发，在一定范围内，它们的含量稍多，能提高浓香型白酒的香气品质。

其他类化合物成分在浓香型白酒中也检出了一些。如吡嗪类、呋喃类、酚元类化合物等。这些化合物在浓香型白酒香味组分中含量甚微。同时，它们在香气强度上与酯类香气相比不如酯类香气。所以在浓香型白酒的香气中，并未突出表现这些化合物的气味特征。但是，在一些特殊情况下还是能够感觉到这些化合物类别的气味特征。例如，在贮存时间较长的浓香型白酒香气中，多少能感觉到一些似呋喃类化合物气味的特征。另外，一些浓香型白酒的“陈味”是否与呋喃类或吡嗪类化合物有内在的联系还不得而知。浓香型白酒香气中所谓的“窖香”“糟香”与哪一类化合物相关联仍是一个谜，这有待今后深入研究。

2. 浓香型白酒的风味特征

典型的浓香型白酒的风格应是：无色（或微黄）透明，无悬浮物、无沉淀，窖香浓郁（或称芳香浓郁），具有以己酸乙酯为主体、纯正谐调的复合香气，入口绵甜爽净，香味谐调，回味悠长。

在浓香型白酒中，存在着两个风格有所差异的流派，即以苏、鲁、皖、豫等地区的俗称纯（或淡）浓香型和以四川为代表的“浓中带酱”型（实际应称“浓中带陈”）。因地区、气候、水土、微生物区系及工艺上的差异，这两大流派的酒各具微妙的独特风味。以泸州特曲、五粮液、剑南春等为代表的四川浓香型流派的酒以窖香浓郁、香味丰满而著称，在口味上突出绵甜，气味上带“陈香”“老窖香”，有人认为是带“酱香”。以洋河大曲、双沟大曲、古井贡酒等为代表的江淮浓香型流派的酒，其特点是突出己酸乙酯的香气，但较淡雅，而且口味纯正，以醇甜爽净著称，故又称之谓纯浓流派。在全国众多的浓香型酒中，有少数酒厂采用多粮生产，因各种粮食赋予酒不同的风味，用多粮酿造即集各种粮食之精华，使酒体更加丰满，香和味与单粮相比各具特色。

第十一章　酒体设计

第一节　新产品设计

一、 酒体设计准备

1. 调查工作

新产品设计的重要程序应该是进行酒体设计，在进行酒体设计前要做好调查工作，调查工作的内容应是如下几个方面。

（1）市场调查　了解国内外市场对酒的品种、规格、数量、质量的需要，也就是说，市场上能销售多少酒，现在的生产厂家有多少，总产量有多少，群众的购买力如何，何种产品最好销，该产品的风格特征怎样，这些酒属于什么香型，内在质量应达到什么程度，感官指标应达到什么程度，是用什么样的生产工艺在什么样的环境条件下生产出来的，为什么会受人们喜欢等。这从现代管理学来讲就称为市场细分，分得越细，对酒体设计就越有利。

（2）技术调查　调查有关产品的生产技术现状与发展趋势，预测未来酿酒行业可能出现的新情况，为制定新的产品的酒体设计方案准备第一手资料。

（3）分析原因　通过对本厂产品进行感官和理化分析，找出质量上的差距的原因。

（4）新产品构思　根据本厂的实际生产能力、技术条件、工艺特点、产品质量的情况，参照国际国内优质名酒的特色和人民群众饮用习惯的变化情况进行新产品的构思。

2. 关于酒体设计的构思创意及方案筛选

构思创意是新的酒体设计的开始，新的酒体设计的构思创意主要来自以下 3 个方面。

（1）用户　要通过各种渠道掌握用户的需求，了解消费者对原产品有哪些看法，广泛征求消费者对改进产品质量的建议。同一个酒样，高寒地区的消费者会提出此酒太醇和或是香气不足，而东南沿海一带的消费者又会认为酒精度太高、刺激性过大等。

（2）本企业职工　要鼓励本企业职工勇于提出新的酒体设计方案的创意，尤其是对销售人员和技术服务人员，要认真听取他们的意见。少数人了解的情况、懂得的知识，必然是不全面的。所以要动员职工群众来想办法、出主意、提方案。

（3）专业科研人员　专业科研人员知识丰富，了解的信息和收集的资料、数据科学准确，要充分发挥他们的专业知识的作用。要用各种方法鼓励他们从事新的酒体方案的创意。在调查工作结束后，将众多的方案进行对比，通过细致的分析筛选，选择出几个比较合理的方案，在此基础上进行新的酒体设计。在筛选时要防止方案的误舍和误用，也就是说对一个方案不能轻易地肯定或否定，以免造成损失。

3. 关于新酒体设计的决策

为了保证新产品的成功，需要把初步入选的设计创意，同时搞成几个新产品的设计方案，然后再进行新产品酒体设计方案的决策。决策的任务是对不同方案进行技术经济论证和比较，最后决定其取舍。衡量一个方案是否合理，主要的标准是看它是否有价值。价值公式：

$$价值=\frac{功能}{成本}$$

一般有5种途径可使产品价值更高：功能一定，成本降低；成本一定，功能提高；增加一定量的成本，使功能大大提高；既降低成本，又提高功能；功能稍有下降，成本大幅度下降。这里讲的功能是指产品的用途和作用，任何产品都有满足用户某种需要的特定功能。

4. 新酒体设计方案的内容

新酒体设计方案的根据是新酒体设计要达到的目标或者叫质量标准及生产新产品所需的技术条件等。它包括如下内容：

（1）产品的结构形式　结构形式也就是新方案中有几种产品，怎样来对它们进行等级标准的划分。

（2）主要理化参数　即新产品或改造产品的理化指标的绝对含量，也就是产品的色谱骨架成分，主体香味成分与其他香味成分的含量和比例关系，感官特征等。

（3）生产条件　即是现有的生产条件和将要引进的新的生产技术和生产设备，一定要有负担新设计方案中规定的各种质量标准的能力。

在完成上述项目以后，便可以按照新设计方案进行新的样品酒的试制工作了。

二、 酒体设计

浓香型白酒的酒体设计包括工艺设计和风味设计。

1. 工艺设计

（1）采用原料　是单一高粱（糯高粱、粳高粱、杂交高粱）或是多粮（高粱、大米、糯米、玉米、小麦等及其配比）。

（2）制曲　原料、配比、工艺（包括润料水分、温度、时间；粉碎度；曲模大小；踩制或机制；晾汗要求；入房曲摆放方式方法；曲房管理；翻曲时间、温度、次数；控制最高品温；曲的贮存等）、曲房（面积、高度、保温保湿要求等）。

（3）酿造用水要求。

（4）窖池　人工窖泥的培养（包括配方、工艺、标准等）；窖池规格（形状、长宽深尺寸）；建窖材料、方法、要求等。

（5）酿酒车间　总面积、窖池安排（个数、间距）、晾堂面积、堆放原辅料位置、堆放工具位置、行车抱斗、甑桶、冷却器个数、甑桶尺寸（直径、高度、体积）等。

（6）酿酒工艺　粮糟比、润粮时间和要求、上甑要求、蒸粮时间、流酒温度、量质接酒、打量水要求、入窖条件（糠壳用量、水分、淀粉、酸度、温度、用曲量）、发酵期、封窖要求（封窖泥厚度、要求及管理或其他方法封窖）、滴窖要求及其他特殊工艺要求。

（7）酒的贮存　酒库要求、容器（陶缸、不锈钢罐）、时间等。

（8）酒的勾兑调味。

（9）酒的包装。

2. 风味设计

风味设计即酒的勾调（后文详细介绍）。

三、 样品的试制

试制样品的第一步就是进行基础酒的分类定性和制定检测验收标准。基础酒的好坏是大批量成品酒是否达到酒体设计方案规定的质量标准的关键，而基础酒是由合格酒组成的。因为，首先要确定合格酒的质量标准和类型。例如某名酒合格酒的感官标准是：香气正，尾味净。理化标准是：将各种微量香味成分的含量及各种微量香味成分之间的比例关系划分为几个范畴。例如己酸乙酯>乳酸乙酯>乙酸乙酯，这样的酒感官特征是浓香好、味醇甜、典型性强；己酸乙酯<乙酸乙酯<乳酸乙酯，感官指标是闷甜，香短淡（原因是生产过程中入窖温度过低或发酵时间过短而造成），适量用这类酒会使酒体绵甜；乙醛>乙缩醛，味糙辣……按事先制定和划分的范畴来验收合格酒，就比按常规的仅靠感官印象没有标准、没有目标方案先验合格酒，贮存后再尝评复查然后进行小样勾兑，一次不成又重复返工，另挑合格酒再组成基础酒的传统方法准确得多。这样不仅可使在验收合格酒时的感官指标由神秘化变成标准化、数据化，并对于提高名优白酒的合格率、加速勾兑人员的培养等方面将起到积极的作用。

四、 基础酒的组合

基础酒的组合是按照经鉴定合格了的样品规定的各项指标进行组合。其具体要求是：

1. 按照样品标准制定基础酒的验收标准

按样品酒中的理化和感官定性微量香分的含量和相互间比例关系的数据验收基础酒。

2. 数字组合

数字组合可分为人工组合和微机组合两种。不论是人工组合还是微机组合方式，都是首先将基础酒的各种标准数据保存下来。然后将进库的各坛酒用气相色谱仪分析检验，把分析结果（通过人工计算或数字处理机计算出来数据）输入数字库或软盘上储存起来，然后按规定的标准范围进行对照、筛选和组合，最终得出一个最佳的数定平衡组合方案。勾兑师按比例组合小样进行复查，待组合方案与实物酒样一致后，那么整个新产品试制过程就算全部完成了。

五、 样品酒的鉴定

在样品酒试制出来以后还必须要从技术、经济上做出全面评价，再确定是否进入下一阶段的批量生产。鉴定工作必须严格进行，未经鉴定的产品不得投入批量生产。这样才能保证新产品的质量和信誉，新产品才能有强的竞争能力。

第二节　传统白酒勾调

一、 白酒勾调原理

（一）白酒勾兑基本理论

勾兑又称组合，组合与调味既互相联系又互相区别。组合既是色谱骨架成分又是非色谱骨架成分（复杂成分）的组合；组合在解决色谱骨架成分有合理的含量范围方面所起的作用却不是调味所能代替的。组合在全面解决白酒的功能性结构方面起主导作用。复杂成分既可能起好的作用（正面效应）也可能相反（负面效应），而更多出现的情况是两者都有，但又绝非两者刚好相等，或者互相抵消。调味，则是调动某些特色酒中最具特点的一些复杂成分，来最大限度地消除在组合时由复杂成分所带来的负面影响，同时强化和突出正面效应。

勾兑所要解决的主要问题，是把组合用酒所固有的性质和风味相对不同、内部组成差异大、风貌不一的情况予以清除，得到有全新面貌的酒，使组合而成的酒完全脱离窖池发酵蒸馏所得酒的原貌。调味则完全没有组合时伤筋动骨的剧烈过程，而是在保持组合酒基本风貌不变、基本格调不变、酒中1000余种成分组成情况基本不变的情况下，一种特殊的工艺技术过程，这种区别十分明显。

1. 白酒勾兑的作用

大曲酒的生产，基本上还是手工操作，多种微生物共酵，尽管采用的原料和酿酒、制曲工艺大致相同，但影响质量的因素很多，因此每个窖所产的酒，酒质是不一致的。酱香型酒即使是同一个窖，各次蒸出的酒也有很大的差异。不同季节、不同班组、不同窖（缸）生产的酒，质量各异。如果不经过勾兑，每坛分别包装出厂，酒质极不稳定，很难做到质量基本一致。同时勾兑还可以达到提高酒质的目的。实践证明，同级酒，其酒味各不相同：有的醇和味特好；有的醇香均佳而回味不长；有的醇香回味具备，唯甜味不足；有的酒质虽然全面但略带杂味且不爽口等等。通过勾兑就可弥补缺陷，发扬长处，取长补短，使酒质更加完美一致。这对生产优质低度白酒尤为重要。

2. 勾兑原理

20世纪70年代始，勾兑和调味技术引起全国白酒行业的普遍重视，通过多年的生产实践，对勾兑和调味有了较清楚的认识。所谓勾兑，主要是将酒中各种微量成分以不同的比例兑加在一起，使分子间重新排布和结合，通过相互补充、平衡，烘托出主体香气和形成独自的风格特点。也就是将同一类型、不同特征的酒，按统一的特定标准进行综合平衡的工艺技术。如前所述，酒中含有醇、酸、醛、酮等微量芳香成分，含量的多少或有无，因生产条件不同，几乎每批酒都不一样，通过勾兑就可使这些微量成分重新组合、谐调、平衡，使微量成分之间达到恰当的比例，以达到出厂酒的质量标准。

在勾兑中会出现一些奇特的现象，例如：

(1) 好酒和差酒之间勾兑，会使酒变好　其原因是，差酒的微量成分有一种或数种偏多，也有可能稍少，但当它与比较好的酒掺兑时，偏多的微量成分得到稀释，稍少的微量成分能得到补充，所以勾兑后的酒质就会变好。例如有一种酒的乳酸乙酯含量偏多，己酸乙酯含量不足，因而香差、味涩；当与另外的酒组合时，调整了这两种成分的量比关系，酒味就变好了。

（2）差酒与差酒勾兑，有时也会变成好酒　因为一种差酒含的某种或数种微量成分偏多，而另外的一种或数种微量成分却偏少；另一种差酒又恰好与上述差酒的情况相反，于是一经勾兑，互相得到补充，差酒就会变好。又如一种酒丁酸乙酯含量偏高，而呈现异杂味，另一种酒正好丁酸乙酯偏少，窖香不突出，勾兑后正好取长补短，成为好酒。

（3）好酒和好酒勾兑，有时却反而变差　这种情况在不同香型酒之间进行勾兑时容易发生，因各种香型的酒其主要香味成分差异甚大，虽然几种都是好酒，甚至是名酒，由于香味的性质不一致，勾兑后彼此的微量成分量比关系都受到破坏，以致香味变淡或出现杂味，甚至改变了香型。

从 20 世纪 90 年代开始，勾兑组合的概念有了延伸，形成了广义的组合类型的概念。

（1）固态发酵的蒸馏白酒与液态法发酵酒精的组合　以液态法发酵制得的优级食用酒精为酒基（稀释降度），配以一定比例的固态法发酵的白酒，即组成了固液勾兑基础酒。这种方法一是在液态法酒精中引入了固态法白酒的复杂成分，使其口味、闻香变得丰满。二是利用液态法酒精中杂质含量少、口感净的特点，改善固态法白酒后味杂的缺点。将两者有机地结合起来，就组合出了新型白酒——固液勾兑酒。固态法白酒可以是浓香型、清香型、酱香型、四川小曲酒，以及其他香型酒等，其组合量根据具体情况而定。

（2）香型相同、酿造工艺相同、产地不同的酒的互相组合。

（3）相同香型、不同典型酿造工艺酒之间的互相组合。

“剑南春”和“五粮液”酒，酿酒用粮都是五种粮食，但酿造工艺各具特色，即有不同的典型酿造工艺。又如四川省外的许多酒厂在四川大量购进基酒和调味酒，与本厂半成品酒互相组合，取得了明显的质量效益和经济效益。这也是相同香型、不同典型酿造工艺酒之间的互相组合。

（4）不同香型、不同典型酿造工艺酒之间的互相组合。在不同的组合类型中，不同香型、不同典型酿造工艺酒之间的互相结合，是实践最不充分、最有争议但又最值得研究、实践和最有潜力的一类组合。

通过勾兑：第一，可保证名优白酒质量的长期稳定和提高，达到统一产品质量标准的目的。第二，可以取长补短，弥补因客观因素造成的半成品酒的缺陷，改善酒质，使酒质由坏变好，由劣变优，形成酒体，具备特点。第三，勾兑技术的利用还有利于开发新产品，增强企业活力。

（二）白酒调味的基本理论

所谓调味，就是对基础酒进行的最后一道精加工或艺术加工。它通过一项非常精细而又微妙的工作，用极少量的精华酒，弥补基础酒在香气和口味上的欠缺程度，使其优雅丰满。有人把勾兑、调味比喻为“画龙点睛”，勾兑是画龙身，调味则是点睛。所以勾兑和调味是两项相辅相成的工作。“龙身”画不像，眼睛点得再好也不是龙或者根本无法点睛。相反，龙身画得很好，眼睛没有点好，也飞不起来，失去龙的形象。这一比喻说明调味是一项非常精细而微妙的工作。它要求认真、细致，用调味酒要少，效果显著。

准确地说，调味就是产品质量的一个精加工过程，进而使产品更加完美。

关于调味的原理，同勾兑一样，尚无一个统一的认识，存在着不同程度的理解和看法。为什么添加千分之一乃至万分之一的调味酒，就能使基础酒发生明显的变化呢？其奥妙之谜至今尚待探索。下面几种解释可以说明一些问题。

1. 添加作用

添加作用就是在基础酒中添加特殊酿造的微量芳香物质，引起基础酒质量的变化，以提高并完善酒的风格。添加有两种情况：

（1）基础酒中根本没有这类芳香物质，而在调味酒中却较多，这类物质在基础酒中得到稀释后，符合它本身的放香阈值，因而呈现出愉快的香味，使基础酒谐调完美，突出了酒体风格。酒中微量芳香物质的放香阈值，一般都在十万分之一至百万分之一的范围内，如乙酸乙酯 17mg/L，已酸乙酯 0. 076mg/L，因此稍微增加一点，就能达到它的界限值，发出单一或综合的香气来。

（2）基础酒中某种芳香物质较少，达不到放香阈值，香味不能显示出来，而调味酒中这种物质却较多，添加后，在基础酒中增加了该种物质的含量，并达到超过其放香阈值，基础酒就会呈现出香味来。例如乳酸乙酯的味阈值是 14mg/L，而基础酒中乳酸乙酯的含量只有 10mg/L 达不到放香阈值，因此香味就显不出来；假若在调味中添加 6mg/L 乳酸乙酯，该成分之和达到 16mg/L，超过了放香阈值，因而乳酸乙酯的香味就会显示出来，突出了这种酒的风格。当然，这只是简单地从单一成分考虑，实际上白酒中微量成分众多，互相缓冲、抑制、谐调，要比这种简单计算复杂得多。

2. 化学反应

调味酒中的乙醛与基础酒中的乙醇进行缩合，可产乙缩醛，这是酒中的呈香呈味物质；乙醇和有机酸反应，可生成酯类，更是酒中主要呈香物质。但是，这些反应都是极缓慢的，而且也并不一定同时发生。

3. 平衡作用

每一种名优酒典型风格的形成，都是由众多的微量芳香成分相互缓冲、烘托、谐调、平衡复合而成的。根据调味的目的，加进调味酒就是以需要的气味强度和溶液浓度打破基础酒原有的平衡，重新调整基础酒中微量成分的结构和物质组合，促使平衡向需要方向移动，以排除异杂味，增加需要的香味，达到调味的效果。

因此，掌握酒中微量成分的性质和作用，在组合调味时注意量比关系，合理使用调味酒，使微量芳香物质在平衡、烘托、缓冲中发生作用，是勾兑调味的关键。

一般来说，调味中的添加作用、化学反应和平衡作用，在多数时候是同时进行的。这种平衡是否稳定，需要经过贮存验证，若存放一段时间后，酒质稍有下降，还应再次进行补调，以保证酒质稳定。

二、 传统白酒勾调操作

（一）勾兑方法

1. 勾兑中应注意各种酒的配比关系

勾兑是将若干坛酒混合在一起。在勾兑中应注意研究和运用以下配比关系：

（1）各种糟酒之间的混合比例　各种糟酒有各自的特点，具有不同的特殊香和味，将它们按适当的比例混合，才能使酒质全面、风格完美，否则酒味就会出现不谐调。优质酒勾兑时各种糟酒比例，一般是双轮底酒占10%，粮糟酒占65%，红糟酒占20%，丢糟黄浆水酒占5%。各厂可根据具体情况，找出各种糟酒配合的适宜比例，不要千篇一律，要通过小样勾兑来最后确定。

（2）老酒和一般酒的比例　一般来说，贮存1年以上的酒称为老酒，它具有醇、甜、清爽、陈味好的特点，但香味不浓。而一般酒贮存期较短，香味较浓，带糙辣，因此在勾兑组合基础酒时，一般都要添加一定数量的老酒，使之取长补短。其比例以多少恰当，要通过不断摸索，逐步掌握。在组合基础酒时，可添加20%左右的老酒，其余80%为新酒（贮存期3个月的合格酒），具体比例应通过实践验证来确定。

（3）老窖酒和新窖酒的比例　由于人工老窖的创造和发展，有些新窖（5年以下）也能产部分优质合格酒，但与百年老窖酒相比仍有差距。在勾兑时，新窖合格酒的比例占20%~30%。相反，在勾兑一般中档曲酒时，也应注意配以部分相同等级的老窖酒，这样才能保证酒质的全面和稳定。

（4）不同发酵期所产的酒之间的比例　发酵期的长短与酒质有着密切关系。据酒厂经验，发酵期较长（60~90d）所产的酒，香浓味醇厚，但香气较差；发酵期短（30~40d）所产的酒，闻香较好，挥发性香味物质多。若按适宜的比例混合，可提高酒的香气和喷头，使酒质更加全面。一般可在发酵期长的酒中配以5%~10%发酵期短的酒。

2. 勾兑方法

根据上述比例关系，将酒分成香、醇、爽、风格四种类型，然后再以这四种类型把酒分成：

（1）带酒，即具有某种特殊香味的酒，主要是双轮底酒和老酒，比例占15%左右。

（2）大宗酒，即一般酒，无独特之处，但香、醇、尾净、风格也初步具备，比例占80%左右。

（3）搭酒，有一定可取之处，但香差味稍杂，使用比例在5%以下。

勾兑步骤如下：

小样勾兑：以大宗酒为基础，先以1%的比例，逐渐添加搭酒，边尝边加，直到满意为止，只要不起坏作用，搭酒应尽量多加。搭酒加完后，根据基础酒的情况，确定添加不同香味的带酒。添加比例是3%~5%，边加边尝，直到符合基础酒标准为止。在保证质量的前提下，可尽量少用带酒。勾兑后的小样，加浆调到要求的酒精度，再进行品尝，认为合格后进行理化检验。

正式勾兑：大批样勾兑一般都在5~10t（或更大）的食品级不锈钢罐中进行。将小样勾兑确定的大宗酒用酒泵打入勾兑罐内，搅匀后取样尝评，再取出部分样按小样勾兑的比例分别加入搭酒和带酒，混匀，再尝，若变化不大，即可按小样勾兑比例，将带酒和搭酒泵入勾兑罐中，加浆至所需酒精度，搅匀，即成调味的基础酒。

低度白酒的勾兑比高度酒更复杂，也就是说难度更大，要根据酒种、酒型、酒质的实际情况进行多次勾兑。其难度大的主要原因，就是难以使主体香的含量与其他助香物质，在勾兑后获得平衡、谐调、匹配、烘托的关系。

勾兑低度白酒的方法大致分为两种：一是先将选择好的“酒基”进行单独降度，净化澄清后，再按一定比例将其勾兑；另一种是将选择好的“酒基”，按勾兑高度白酒的方法先行勾兑好，然后再加浆降度，调味后再处理澄清。应根据本厂实际情况摸索经验，再确定采用哪种方法。

根据某名酒厂的经验，对浓香型大曲酒进行3次勾兑，第1次是在加水以前，加浆后再勾兑2次。

纵观数十年来各地进行低度白酒生产的经验，低度白酒的质量与风味的优劣，多因原料、辅料、酒曲类别和酿酒工艺等的不同，而发生很大的差异。因此，各种不同香型的白酒，如清香型、酱香型、米香型、浓香型或其他香型的酒，降度后的成品，与原度酒比较差异较大。一般认为清香型白酒内含香味物质较少，比较纯净，降度后风味变化也就较大，尤其是降到38℃以下时，口味淡薄，失去了原酒的风味；酱香型白酒中，高沸点成分较多，风格独特，空杯香明显，酒精度降低后，酒味变淡，甚至出现水味，造成了酱香型低度酒生产的困难。但茅台酒厂和郎酒厂都已成功研制了酒精度为39%vol的茅台酒和郎酒，在评酒会上反映良好。浓香型曲酒，主体香突出，酒精度降至38%vol，只要“酒基”质优，就还能保持原酒的风格，而且芳香醇正、后味绵甜。目前荣获全国优质酒称号的几个低度白酒，均属浓香型。浓香型的中、低度酒最先在市场上打开局面，逐步受到饮者的欢迎。其他香型的代表贵州董酒，也成功地研制出了酒精度为38%vol的董醇，采用除杂重勾工艺，比较完美地保持了董酒的独特风格。随着低度白酒生产技术的进步，风格各异、质量优良的低度白酒必将有更大的发展。

3. 勾兑应注意的问题

勾兑是为了组合出合格的基础酒，基础酒质量的好坏，直接影响到调味工作的难易和产品质量的优劣。如果基础酒质量不好，就会增加调味的困难，并且增加调味酒的用量，既浪费精华酒，又容易发生异杂味和香味改变等不良现象，以致反复多次始终调不出一个好的成品酒。所以，勾兑是一个十分重要而又非常细致的工作，决不能粗心马虎，如选酒不当，就会因一坛之误，而影响几吨或几十吨的质量，造成难以挽回的损失。因此，必须做好小样勾兑，同时通过小样勾兑，还可逐渐认识各种酒的性质，了解不同酒质的变化规律，不断总结经验，提高勾兑技术水平。由于勾兑工作细致、复杂，所以在工作中一定要：

（1）必须先进行小样勾兑。

（2）掌握合格酒的各种情况　每坛酒必须要有健全的卡片，卡片上记有产酒年、月、日，生产车间和班组、窖号、窖龄、糟别（如粮糟酒、底糟酒、双轮底酒、红糟酒和丢糟黄浆水酒等）、酒精含量、质量、酒质情况（如醇、香、味、爽或其他怪杂味等）。勾兑时，应清楚了解各坛合格酒的上述情况，以便搞好勾兑工作。

（3）做好原始记录　不论小样勾兑和正式勾兑都应做好原始记录，以提供研究分析数据。通过大量的实践，可从中找寻规律性的东西，有助于提高勾兑技术。

（4）对杂味酒进行处理　带杂味的酒，尤其是带苦、酸、涩、麻味的酒，要进行具体分析，视情况做出处理：

①带麻味的酒：是因发酵期过长（1年以上），加上窖池管理不善而产生的。这种酒在勾兑时若使用得当，可以提高酒的浓香味，甚至作为调味酒使用，但不能一概而论。

②后味带苦的酒：可以增加勾兑酒的陈味，后味带酸的酒可以增加勾兑酒的醇甜味。

有人认为带苦、涩、酸味的酒，不一定是坏酒，使用得当，可作为调味酒。但带煳味、酒尾味、霉味、倒烧味、焦臭味、生糠味等怪杂味的酒，一般都是坏酒，只能作搭酒。若怪杂味重，只有另作处理。

③丢糟黄浆水酒：原来人们认为这不是好酒，只能作回酒发酵或复蒸之用，不能作为成品酒入库。通过多年的实践，人们发现丢糟黄浆水酒如果没有煳味、尾酒味、霉味、泥臭味等异杂味，在勾兑中可以明显地提高基础酒的浓香和糟香味。总之，勾兑是调味的基础，基础酒质量的好坏，直接影响调味工作和产品质量，若基础酒质量差，调味酒不但用量大，而且调味相当困难。基础酒勾兑得好，调味容易，且调味酒用量少，产品质量稳定，所以勾兑工作是十分重要的。

（二）调味方法

1. 确定基础酒的优缺点

首先要通过尝评，弄清基础酒的不足之处，明确主攻方向，做到对症下药。

2. 选用调味酒

根据基础酒的质量，确定选定哪几种调味酒，选用的调味酒性质要与基础酒相符合，并能弥补基础酒的缺陷。调味酒选用是否得当，关系甚大，选准了效果明显，且调味酒用量少；选取不当，调味酒用量大，效果不明显，甚至会越调越差。怎样才能选准调味酒呢？首先要全面了解各种调味酒的性质及在调味中所能起的作用，还要准确弄清楚基础酒的各种情况，做到有的放矢。此外，在实践中逐渐积累经验，这样才能迅速做好调味工作。

3. 小样调味

就目前各厂的情况，调味的方法主要有下述 3 种。

（1）分别加入各种调味酒，一种一种地进行优选，最后得出不同调味酒的用量。例如，有一种基础酒，经品尝认为浓香差、陈味不足、较粗糙。可采取逐个问题解决的办法。首先解决浓香差的问题，选用一种浓香调味酒进行滴加，从万分之一、二、三依次增加，分别尝评，直到浓香味够为止。但是，如果这种调味酒加到千分之一，还不能达到要求时，应另找调味酒重做试验。然后按上法来分别解决陈味和糙辣问题。在调味时，容易发生一种现象，即滴加调味酒后，解决了原来的缺陷和不足，又出现了新的缺陷，或者要解决的问题没有解决，却解决了其他方面。例如解决了浓香，回甜就可能变得不足，甚至变糙；又如解决了后味问题，前香就嫌不足。这是调味工作复杂和微妙之处．要想调出一个完美的酒，必须“精雕细刻”，才能成为一件“精美的艺术品”，切不可操之过急。只有对基础酒和各种调味酒的性能及相互间的关系深刻理解和领会，通过大量的实践，才能得心应手。本法对初学者甚有益处。

（2）同时加入数种调味酒。针对基础酒的欠缺和不足，先选定几种调味酒，分别记住其主要特点，各以万分之一的量滴加，逐一优选，再根据尝评情况，增添或减少不同种类和数量的调味酒，直到符合质量标准为止。采用本法，比较省时，但需要有一定的调味经验和技术，才能顺利进行。初学者应逐步摸索，掌握规律。

（3）综合调味酒。根据基础酒的缺欠和调味经验，选取不同特点的调味酒，按一定的比例组合成综合调味酒。然后以万分之一的比例，逐滴加入酒中，用量也随着递增，通过尝评找出最适用量。采用本法也常常会遇到滴加千分之一以上仍找不到最佳点的情况，这时就应更换调味酒或调整各种调味酒的比例。只要做到“对症下药”就一定会取得满意的效果。本法的关键是正确认识基础酒的欠缺，准确选取调味酒并掌握其量比关系，也就是说需要有十分丰富的调味经验，否则就可能事倍功半，甚至适得其反。

4. 正式调味

根据小样调味实验和基础酒的实际总量，计算出调味酒的用量，将调味酒加入基础酒内，搅匀尝尝，如符合小样之样品，调味即告完成。若有出入，尚不理想，则应在已经加了调味酒的基础上，再次调味，直到满意为止。调好后，充分搅拌，贮存10d以上，再尝，质量稳定，方可包装出厂。

调味实例：现有勾兑好的基础酒5000kg，尝之，较好，但不全面，故进行调味。根据其欠缺，选取3种调味酒：①甜香；②醇、爽；③浓香。分别取20、40、60mL，混合均匀，分别取基础酒100mL于5个100mL具塞量筒中，各加入混合调味酒10、20、30、40、50μL，摇匀，尝之，以加20、30μL较好。取加30μL的进行计算：1mL＝1000μL，即用量为3/10000。1kg酒精度60%vol的酒为1100mL，5000kg酒共5500L，共需混合调味酒1650mL。根据上述混合时的比例，需甜香调味酒280.5mL，醇、爽调味酒544.5mL，浓香调味酒825mL。分别量取倒入勾兑罐中，充分搅拌后，尝之，酒质达到小样标准。

5. 调味中应注意的问题

（1）酒是很敏感的，各种因素都极易影响酒质的变化，所以在调味工作中，除了十分注意外，使用的器具必须干净，否则会使调味结果发生差错，浪费调味酒、破坏基础酒。

（2）准确地鉴别基础酒、认识调味酒，什么基础酒选用哪几种调味酒最合适，是调味工作的关键。这就需要在实践中，不断摸索，总结经验，练好基本功。

（3）调味酒的用量一般不超过0.3%（酒精含量不同，用量也各异）。如果超过一定用量，基础酒仍然未达到质量要求时，说明该调味酒不适合该基础酒，应另选调味酒。在调味中，酒的变化很复杂，有时只添加十万分之一，就会使基础酒变坏或变好。因此，在调味时要认真细致，并做好原始记录。

（4）计量必须准确，否则大批样难以达到小样的标准。

（5）调味工作完成后，不要马上包装出厂，特别是低度白酒，最好能存放1~2周后，检查质量无大的变化才包装。

（6）选好和制备好调味酒，不断增加调味酒的种类和提高质量，对保证低度白酒的质量尤为重要。

（7）低度酒的调味更加困难，关键是如何去除“水味”保持后味，使其低而不淡。实践证明，低度酒必须进行多次调味，第1次是在加浆澄清以前，第2次是在澄清后，第3次是在通过一段时间贮存以后，最好能在装瓶以前再细致进行1次调味，这样更能保证酒的质量。

6. 注意酸的功能与作用

（1）酸的功能　白酒中的酸绝大部分是羧酸（RCOOH）。它们在白酒中的地位与作用近年有更深入的认识：酸是主要的谐调成分，酸的作用力很强，功能相当丰富，影响面广，也不容易掌握，不少勾调人员未能引起足够重视。

①减轻酒的苦味：白酒中的苦味有很多种，主要是原料和工艺上的问题带来的。正丁醇小苦，正丙醇较苦，异丁醇苦味极重，异戊醇微带苦，酪醇更苦，丙烯醛持续苦，单宁苦涩，一些肽也呈苦味。在勾兑过程中，这些物质都存在，但有的酒就不苦，或有不同程度的苦，说明苦味物质和酒中的某些存在物有一种显著的相互作用关系。实践证明，这种存在物主要是羧酸，问题在酸量的多少，酸量不足酒苦，酸量适中酒不苦，酸量过大有可能不苦但将产生别的问题，因此酸的使用十分重要。

②酸是新酒老熟的催化剂：存在于酒中的酸，自身就是老熟催化剂。它的组成情况和含量多少，对酒的谐调性和老熟的能力影响不同。控制好入库新酒的酸度以及必要的谐调因素，对加速酒的老熟起到很好的效果。

③酸是白酒最好的呈味剂：羧酸主要是对味觉有贡献，是最重要的味感物质。它能增长酒的后味；增加酒的味道；减少或消除杂味；可能出现甜味和回甜；消除燥辣感；减轻水味。在色谱骨架成分合理的情况下，只要酸量适当、比例协调，酒便会出现回甜、柔绵、醇和、清爽之感。

④对白酒香气有抑制和掩蔽作用：酒中含酸量偏高，对正常的酒香气有明显的压抑作用，俗称“压香”；酸量不足，会普遍存在酯香突出、复合程度差等现象。

（2）酸的使用　不同酒种、酒精度对酸量的要求不同，现今市场上一些产品，常遇到的是酸不足。不同香型的酒，各种酸的含量和比例差异较大，可根据色谱数据，寻找适合使用的含酸量高的基酒或调味酒，要注意乙酸、己酸、乳酸、丁酸几种酸的比例关系。酸的添加，一定要先做小样试验，直到满意为止，再放大样。

第三节　微机勾兑

微机勾兑是20世纪80年代中才开始应用的新技术，采用这种方法进行勾兑，首先是将验收入库的原度酒逐坛进行详细的微量香味成分的色谱测定，应用运筹学方法在计算机上进行最优勾兑组合计算，使其最终达到基础酒的质量标准。

一、计算机勾兑系统的主要技术要求

利用气相色谱仪定量分析须参与勾兑的主要芳香成分数据，在计算机上采用所设计的计算软件进行最优勾兑组合计算，得出最优勾兑组合方案，根据这一方案和勾兑工艺要求进行酒的勾兑，勾兑出符合标准的基础酒。要达到此要求，需对计算机勾兑系统提出一些技术指标和要求：

（1）根据计算机应用线性规划或混合整数规划程序计算出来的最优勾兑组合方案，按勾兑工艺要求勾兑成的成品酒要在科学的水平上，保持酒的风格统一，以提高酒质。

（2）应用线性单纯形法或混合整数分支定界法来完成酒中若干种主要芳香成分最优勾兑组合计算，得出最佳勾兑方案，并计算出达到勾兑标准时各主要芳香成分的数值和应加浆量。

（3）计算机勾兑系统既能完成勾兑组合计算，又能完成调味组合计算，还可同时完成勾兑调味组合计算，要求它是一个多用途多功能勾兑组合计算系统。

（4）建立能定量地描述酒的风味和酒质状况的数学模型，即线性规划数学模型和混合整数规划数学模型。数学模型的规模，即参加勾兑计算的决策变量个数 K 和约束条件数 M，由操作人员根据需要人为地控制。

（5）酒库管理技术要求。一般曲酒入库需贮存 3 个月以上，才能进行勾兑。利用计算机软件进行勾兑组合计算时，需调入相应数据记录，建立起适合计算机计算的勾兑数学模型。因此，要建立相应的数据库对酒库进行有效管理：

①要求所设计的各数据库能对 10 个酒库、勾兑标准、各名酒及最优解值库进行有效的管理。

②要求每坛能完成以下数据项的记录：a. 每坛酒的坛号。b. 评分值，质量和密度。c. 每坛酒主要芳香成分数据。

（6）要求所设计出来的计算机软件，在计算过程中能以中文形式在荧光屏上或是在打印机上显示或打印出计算结果和其他有关结果。

（7）要求人机对话功能比较强，程序在运行过程中操作人员根据计算结果来控制程序进行相应运算，以便得到最优解。

（8）要求所设计出来的计算软件功能较齐全，计算结果准确。

二、建立曲酒计算机勾兑系统数学模型

在确定了以线性单纯形法或混合整数分支定界法进行曲酒最优勾兑组合计算以后，建立勾兑数学模型是研究设计系统一项十分重要的工作。一个好的数学模型能够比较全面地描述酒的风味和质量状况，按照这个数学模型求解出来的勾兑组合方案，才能符合实际的需要。在建立数学模型的过程中，应着重解决以下几个问题：

1. 各约束方程约束关系的确定

基于全国名优酒主要芳香成分的剖析确定，虽然酒中芳香成分总量只占酒的 1%～2%，但起着十分重要的作用。在一定范围内，酯类、酸类含量高的酒质较好，含量低的酒质较差。在浓香型大曲酒中，酯类是重要的呈香物质，是形成酒体香气浓郁的主要因素；有机酸类是酒中的呈味物质；而醇类、醛类物质在一定范围内则是含量低的酒质好，含量高的酒质差。这些物质在各香型曲酒中对酒质的好坏起着十分重要的作用。醇类物质是形成酒体风味，促使酒体丰满、浓厚的重要物质。基于上述四类成分对酒质的主要影响，来确定数学模型中各约束方程的相应约束关系。这些约束方程组只描述了酒中各主要芳香成分的量值范围，但是各芳香成分应有一定的比例关系，才能得到较好的酒质。也可以用一些约束方程来描述，但增加了该数学模型的规模和难度，甚至很难求得一个基本可行解，因为这些芳香成分只有一个大致的比例关系，因此把这个问题留在标准设计中去考虑。

2. 各种勾兑标准的设计

在各种勾兑标准设计的过程中，一方面要考虑酒中主要芳香成分的量值范围，另一方面要着重考虑各成分间的比例关系。因为恰当的量比关系使酒体丰满、完美、风格突出、质量优良。反之，若有某种或某几种芳香成分间比例失调，则酒质下降，感官上欠谐调，出现异杂味，严重的使酒体出格。因此，在进行酒体设计时，各种勾兑标准的设

计是需要着重考虑的一个因素。

在进行本厂产品勾兑标准设计时，应首先分析计算现有产品的酒质可能达到的水平，计算出酒中各主要芳香成分间的比例关系，以它作为各种勾兑标准设计的重要依据。为使本厂产品在现有条件下，经相应的勾兑组合计算，得出一组最佳勾兑组合方案，可根据这个方案，按照勾兑工艺要求，勾兑出符合国家名优酒水平的产品。在设计各种勾兑标准时，要参照国家名优酒各主要芳香成分的量值范围和大致的比例关系。根据以上原则，便可进行本厂产品勾兑标准的设计。

3. 目标函数系数的确定

经由酒中主要芳香成分约束条件构成的约束方程组，可以得到多组基本解，但不是最优的。我们希望在所设计的勾兑标准上进行最优勾兑组合计算，得出的勾兑组合方案是最优的，也就是说，根据所设计出来的勾兑组合方案，按照勾兑工艺要求勾兑出符合勾兑标准的成品酒，可用比较少的好酒，而多用一些较低一级的基酒。因此，在建立勾兑数学模型时，需要考虑一个目标函数条件，然后采用单纯形法或混合整数分支定界法对这一数学模型求解，得到的目标函数值达到最小。

目标函数系数是评定各坛酒质的一种记分表示法。要确定目标函数相应系数有各种方法，一种方法是根据各芳香成分对酒质的色、香、味影响不同。例如在浓香型大曲酒中，往往以已酸乙酯含量作为评定这种酒酒质的一个重要标记；另一种方法是由专家们对各芳香成分给予一定评分值 B_n 在计算机中自动求出这坛酒的目标系数 C_i

$$C_i = B_1 + B_2 + \cdots\cdots B_n$$

通常方法是使用 100 分制打分法，满分的酒是最好的酒。该打分法增加了计算数位，在计算机中进行计算，有可能超过计算机的有效数位字长。因此，在建立数学模型时采用的是 10 分制，可有效地保证目标函数值不会超过计算机的有效数位字长。

4. 确定多少成分参加最优勾兑组合计算

现有较先进的色谱，可定量测出白酒中 100 多种芳香成分。一般计算机无能力处理这样多的数据，空间和时间都不允许。在实际应用中，只能选取某些主要芳香成分参加勾兑组合计算，计算结果仍具有重大参考意义。

在测定原酒的 100 多种数据中，选取若干个有代表性的数据参与最优勾兑组合计算，计算结果可较全面地描述酒的风格和质量，因选取的若干种微量成分总量已占酒中微量成分总量的 85%左右。考虑到所建立起来的数学模型要能全面地描述酒中各主要芳香成分对酒质的影响，在设计计算程序时，确定 24 种（或更多）主要芳香成分参与最优勾兑组合计算，便可满足勾兑各种情况需要了。

三、 最优勾兑组合计算程序的设计

由于建立起来的数学模型相当复杂，规模也相当大，用人工求解在短时间内获得一个正确的解已是不可能了。因此，只有求助于计算机快速准确地计算，才能在短时间内获得一个最佳基本可行解，为此，需要研究设计出一个计算软件。

1. 线性规划程序设计

对于适用于大型贮酒设备的线性规划数学模型，采用单纯形法求解。在程序设计中采用了解线性规划问题的两阶段法。第一阶段是设计将人工变量从基内调出来，寻找原始问题的一个基本可行解，即是使目标函数值为零。第二阶段是以第一阶段求得的最优解，作为第二阶段的初始基本可行解，再按原始问题的目标函数进行迭代，直到达到最优解。根据计算结果和需要，可由操作人员控制进行其他有关的计算。

2. 混合整数规划程序设计

求解适合于坛贮酒设备的混合整数规划数学模型，采用分支定界法。在程序设计上，运用了线性规划中变量的上、下界技术。不考虑变量的整数约束条件，把原始问题作为一般线性规划问题求解，采用了带上界变量的单纯形法，这对于求整数变量仅取“0”或“1”2个值的情况及整数变量有上界限制的通常情况，是有好处的。在变量分支后每次线性规划运算中，采用了带上界变量的对偶单纯形法，随着分支的增加可以通过仅仅改变变量的上下界来完成变量分支后的限制，而不需要增加新的约束条件。本程序在进行新的分支时，不需要从头开始求解一个新的线性规划问题，而是从上一个最优解出发，只改变相应分支变量的上下界，即可连续求其最优解。

大多名优曲酒厂均采用坛贮酒，运行混合整数规划程序进行最优勾兑组合计算是最合适的，因在计算过程中参加勾兑计算的各坛酒要整坛参加，或不参加，这样减轻了各坛酒准确计量的负担，只要入库时准确计量各坛酒即可，因是整坛用完，而不是留下部分酒。但为了达到勾兑标准，有一部分坛中的酒还是不能用完，这只是少数几坛。要完成这样的计算是相当困难的，难适合勾兑工艺的要求，所以采用微机勾兑，最好用这种方法进行勾兑组合。

微机勾兑是现代技术在传统白酒中的应用技术，但必须与尝评结合，且很多工作还要完善，才能在白酒勾兑中更广泛应用。

第四节 低度白酒勾调

一、 低度白酒如何保持原酒型的风格

酒的风格是酒中成分综合作用于口腔的结果。高度酒加水稀释后，酒中各组分也随着酒精含量的降低而相应稀释，而且随着酒精含量的下降，微量成分含量也随之减少，彼此间的平衡、谐调、缓冲等关系也受到破坏，并出现“水味”。怎样保持原产品的风格，是生产低度白酒的技术关键。从生产低度白酒的要求来说，必须先将“基酒”做好，也就是说提高大面积酒的质量，使基础酒中的主要风味物质含量提高，当加水稀释后，其含量仍不低于某一范围，才能保持原酒型的风格。

清香型白酒因含风味物质较少，降度后风味变化大，尤其降到酒精度为45%vol时，口味淡薄，失去了原酒的风格；浓香型酒即使降到酒精为38%vol时，基本上还能保持原酒风格，并具有醇正芳香、后味绵甜的特点。浓香型酒降度后还能保持原酒风格的原因是：酒中酸、酯含量丰富。可见，要搞优质低度白酒，首先要采用优质基酒，否则难以加工成优质低度白酒。

二、 低度白酒的几个基本问题

1. 酒精含量不同，溶液的性质不同

酒精度为57.9%vol的白酒，乙醇和水的质量各占50%，是一个重要的分界线。在此酒精含量以下，水是溶剂，乙醇是溶质，是乙醇的水溶液。把水和乙醇作为混合（二元）溶剂看待，水是主溶剂，乙醇是从属性次溶剂，白酒的其余成分则是溶质。

该二元溶剂的组成不同，性质不同。根据道尔顿分压定律，在平衡状态下，该溶液的蒸气总压等于各物质分压之和；恒温下，液相组成改变，其相应各物质的蒸气分压也要改变。温度不同，无论是液相还是气相中乙醇和水的相互比例关系就不同，给人的感官刺激作用也就不同。

白酒中1000余种呈香呈味成分绝大多数是有挥发性的，它们都有自己的蒸气分压。随着乙醇浓度的降低，这些物质的分压（可挥发的程度）也将发生改变（一般变小），必然影响到香气的强度。在液态溶液中呈均相分布的物质，在气态溶液中就不一定呈均相分布。在乙醇浓度低的情况下，这一现象更为突出。

总之，酒精含量不同，溶液的蒸气分压、表面张力、黏度、电导率、离子的迁移系数、液体物质之间的互溶性、热容、熵等诸多性质都随之而变。因此，在酒精度较低如酒精为（38%~46%）vol的情况下，必须考虑溶液的基本性质与较高度数的酒相比，有相当大的偏离度，决不能把较高酒精度的酒的一些工艺原则照搬于降度酒。

2. 低度酒的内在规律性

降度去浊是酒精度为（38%~46%）vol的白酒所必需的工艺步骤，一些相容性不好的许多物质，虽除不尽却大部分被除去了，有的则损失殆尽。也就是说，这些主要表现呈味性质的成分的浓度和味感强度被充分降低了。与度数高的酒相比，这些物质浓度之间的差异相当大，它们对酒的呈味作用已不再是影响白酒口味的重要因素。

酒精度为（38%~46%）vol的酒中的各种物质，即使它们与高度酒有很近似或大体相同的色谱骨架成分，但这些成分之间的相互作用、液相中的相容性、气相中的相容性、味阈值和嗅阈值、相应的味感、嗅感强度、味觉转变区间、酒的酸性大小等，均发生了较大的改变。因此，决不能用高度酒的一般经验规律来认识、解释或代替低度酒的规律性。

用较高度数的白酒加浆降度除浊，还是一个可溶性多种成分的浓度同时被降低的过程。要注意的是，含量本来就少的复杂成分的浓度的降低，使复杂成分对酒风格和质量所作的贡献被大大降低了。

3. 降度酒酒体设计的一些基本原则

在属于色谱骨架成分的所有乙酯中，乳酸乙酯的性质很特殊。它是唯一既能与水又与乙醇互溶的乙酯。这就意味着它不仅在香和味方面做出贡献，而且它起着助溶的作用。与水相容性不好的乙酯，通过乳酸乙酯的媒介作用，使其与水的相容性得到很大改善。乳酸乙酯是羟基酸乙酯，黏滞性远大于其他乙酯，其呈味效力远大于对香气的贡献（多数情况下有压香的效果）。对克服水味增加浓厚感，乳酸乙酯有着特殊的功效，这不是其他乙酯所能替代和相比的。因此，在选用基酒时，高含量的乳酸乙酯应予以首先考虑。

大量而充分的实践证明，乳酸乙酯的量在140mg/100mL是一个界限值。当乳酸乙酯的含量小于这一数值时，或多或少地有水味存在。当高于 140mg/100mL 时，白酒的水味就消失。所以，在实际操作中，一定要注意这一个界限值。一般可考虑乳酸乙酯的量再大些，其含量可在 140~170mg/100mL。

杂醇油中的正丙醇也是一个特殊的物质。它和乳酸乙酯的情况相同，它既可与水、乙醇，也可与其他乙酯互溶。正丙醇作为一种中间溶媒，有双重作用。正丙醇把不溶于水的乙酯和杂醇等带入水中，又可将不溶于酯和杂醇等的水带入酯和杂醇等之中。它的沸点（97.4℃）与水最接近。选择基酒时，正丙醇的含量稍高些，对克服降度酒的水味和提高酒的品质有很大好处。

高含量的乳酸乙酯必然影响降度酒的放香程度，会降低其他香气物质的嗅阈值。故乙醛和乙缩醛的含量也应提高到相当的程度。

不要忽略乙酸乙酯的作用。除乳酸乙酯外，在属于色谱骨架成分的乙酯中，乙酸乙酯沸点最低（蒸气分压高），与乙醇沸点相同，与水的相容性较好。降度酒应该有较高的乙酸乙酯含量。

较低的酸值。同量的同一羧酸在酒精度为 38%vol 的酒中的酸性，要比在较高酒精度的酒中的酸性大得多。酸含量的高低对溶液性质的影响力很强，在溶液中酒精量大幅度降低的情况下，酸量的控制十分重要。

加浆降度后的低度白酒，复杂成分的损失较大。欲增加复杂成分的总量和提高复杂强度，在调味阶段，必须遵循的一个基本要领就是较大剂量地使用“调味”酒，决不能机械地办事。在调味酒的选择上，首先要考虑的不是调味酒的色谱骨架成分组成如何，重要的是要选用那些典型性强的调味酒。

三、低度白酒的勾兑和调味

根据名优酒厂的经验和笔者的实践，低度白酒的勾调最好分数次进行。第 1 次是在加水以前；加浆后勾兑第 2 次；经过一段时间贮存后再勾调 1 次。这样才能使质量更加稳定。

要勾兑出高质量的低度白酒，必需有高质量的基础酒。选择基础酒时，除感官品尝要达到香浓、味醇、尾净、风格较好外，还要进行常规检验，了解每坛（罐）酒的总酸、总酯、总醇、总醛，最好结合气相色谱分析数据，掌握每份酒的微量成分，特别是主体香味成分的具体情况。根据自己的实践经验，选取能相互弥补缺陷的酒，然后进行组合。

低度白酒的调味：

（1）确定基础酒的优缺点　首先要通过尝评，弄清基础酒的不足之处，明确主攻方向，做到对症下药。

（2）选用调味酒　根据基础酒的口感质量、风格，确定选用哪几种调味酒。选用的调味酒性质要与基础酒相符，并能弥补基础酒的缺陷。调味酒选用是否得当，关系甚大。选准了效果明显，且调味酒用量少；选取不当，调味酒用量大，效果不明显，甚至会越调越差。怎样才能选准调味酒呢？首先要全面了解各种调味酒的性质及其在调味中能起的作用，还要准确地弄清楚基础酒的各种情况，做到有的放矢。此外，要在实践中逐渐积累经验，这样才能迅速做好调味工作。

（3）调味的步骤和方法

小样调味：一般调味方法有3种，分别加入各种调味酒，同时加入各种调味酒，综合调味酒的利用。

大批样调味：根据小样调味实验和基础酒的实际总量，计算出调味酒的用量。将调味酒加入基础酒内，搅匀尝评，如符合小样的质量，则调味工作即告完成。若有差距，尚不理想时，则应在已经加了调味酒的基础上，再次调味，直到满意为止。调好后，充分搅拌，贮存1周以上，再尝，质量稳定，方可包装出厂。

第十二章　酿酒生产设备

第一节　原辅料储存处理设备及制曲系统

一、钢板筒仓储存系统

随着白酒行业整体机械化、自动化、信息化水平的提升，目前越来越多的酒企开始采用钢板筒仓替代传统平房仓来储存浓香型白酒酿造、制曲所需的粮食、糠壳等原辅料，与平房仓储存相比钢板筒仓能有效利用上层空间，装粮高度显著提高，单位面积储存量通常可以达到平房仓的数倍，同时，进出仓效率大幅提升，有利于企业原辅料采购及生产调控，并能更好的保障储存物料的品质。

钢板筒仓主要有装配式钢板仓、螺旋式钢板仓及保温仓等，钢板筒仓储存系统除筒仓外还包含：清理系统、通风除尘系统、物料输送系统、测温测湿系统、倒仓降温系统及自动化控制系统等配套系统。钢板筒仓储存系统的主要配套设备有提升机、刮板机、皮带机、初清筛、除尘器、风机等，其基本构造如图 12-1 所示。

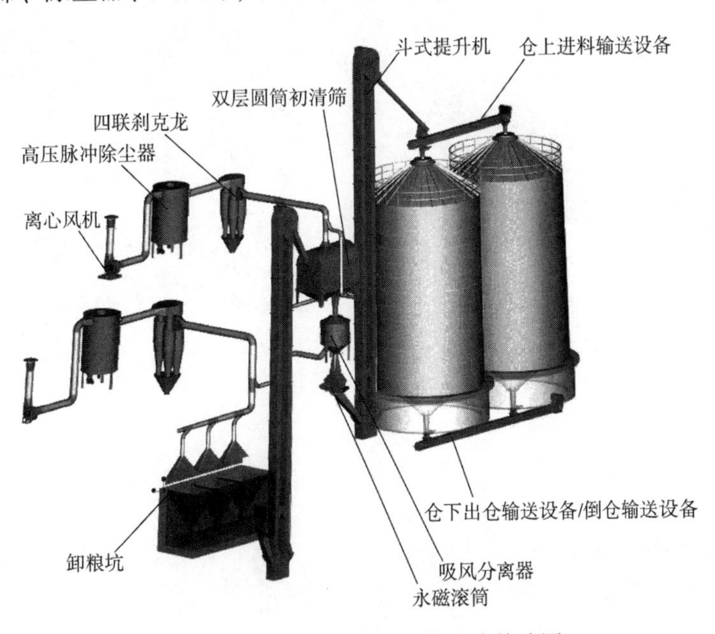

图 12-1　钢板筒仓储存系统基本构造图

二、 原辅料输送系统

浓香型白酒酿造过程中涉及粮食、曲药、稻壳、酒糟等物料的输送，目前行业中应用的原辅料输送系统主要包含：皮带输送机、刮板输送机、链板输送机、绞龙输送机、斗式提升机等设备，而气力输送系统、管线输送机（图 12-2）等在白酒酿造领域也进行了一定的应用（如用于曲粉输送），但由于自身具有一定局限性，且投入和能耗相对较高，尚未得到全面应用。

图 12-2　管线输送机

1. 皮带输送机

皮带输送机（图 12-3）是以挠性输送带作物料承载和牵引构件的连续输送机械，通常由机架、传动辊筒、改向滚筒、输送带、张紧装置、驱动装置、托辊等部件构成，适用于水平和倾斜方向物料的输送，具有输送距离长、输送量大、结构简单、维修方便、部件标准化等特点，常用于散装和袋装酿酒原辅料的输送，也有企业将其用于丢糟的输送。

2. 刮板输送机

刮板输送机（图 12-4）是一种在封闭矩形断面壳体内，借助于运动的刮板链条来输送散装物料的连续运输设备，通常由电动机、减速机、链轮、刮板链条、外壳等部件构成，具有密封性好、结构简单、安装维修方便、布置灵活等特点，但输送距离不如皮带输送机，在酒企通常用于输送距离不超过 100m 的短距离散料输送，如粮食、稻壳筒仓系统的进出料输送。

图 12-3　皮带输送机

图 12-4　刮板输送机

3. 链板输送机

链板输送机（图 12-5）是一种以标准链板为承载面，由马达减速机为动力传动的传送装置，通常由动力装置、传动轴、滚筒、张紧装置、链轮、链条、轴承、链板等部件构成，利用固接在牵引链上的链条提供牵引力，用链板作承载体实现物料的定向输送，其在酿酒车间内的应用较广，如酒糟摊晾机、上甑给料系统、连续蒸糠机等通常就是采用链板输送方式。

4. 绞龙输送机

绞龙输送机（图 12-6）是一种利用旋转的螺旋叶片将物料推移进行螺旋输送的常用输送设备，适用于水平或倾斜输送粉状、粒状和小块状物料，此设备在酒企得到了较为广泛的应用，如稻壳筒仓系统出仓机，一般就采用的绞龙输送机进行糠壳的强制出料，可以有效避免传统重力出料糠壳搭桥堵塞出料口等问题。

图 12-5　链板输送机

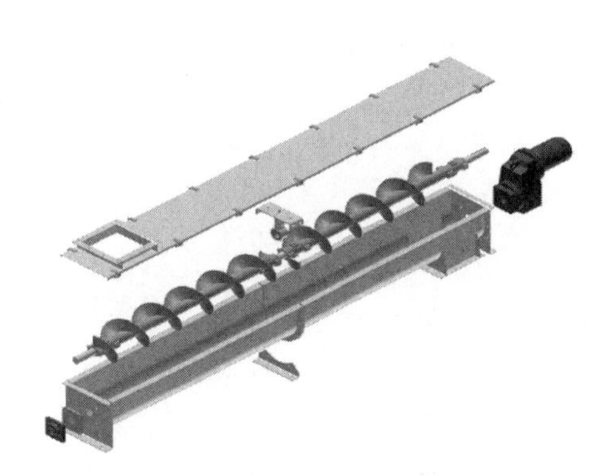

图 12-6　绞龙输送机

5. 斗式提升机

斗式提升机（图 12-7）是利用均匀固接于无端牵引构件上的输送料斗，竖向提升物料的连续输送机械，通常由料斗、驱动装置、顶部和底部滚筒（或链轮）、胶带（或牵引链条）、张紧装置和机壳等组成，料斗从低处把舀入物料，随着输送带提升至顶部，绕过顶轮后向下翻转，将物料倾入高处接受槽内。斗式提升机在浓香型白酒酿造过程中，主要用于粮食、稻壳、曲粉等原辅料的垂直进仓输送。

图 12-7　斗式提升机

三、粉碎设备

浓香型酒企常用粉碎设备有齿辊式粉碎机、锤片式粉碎机和对辊式粉碎机三类。通常根据需粉碎的物料情况来选择，一般高粱、玉米、小麦等原料的粉碎采用对辊式粉碎机，大曲曲块的粉碎主要采用“粗粉+细粉”两级粉碎模式，先使用齿辊式粉碎机将曲块粗粉至乒乓球大小，再进入锤片式粉碎机进行细粉，最终将曲块粉碎成符合企业生产工艺需求的曲粉。

1. 齿辊式粉碎机

齿辊式粉碎机基本构造如图 12-8 所示。它由电动机、传动装置、减速器、齿辊等构件组成，一般用于粉末少、颗粒多的中碎或粗碎工段，在酿酒领域主要用于曲块的粗粉，具有使用维修费低、对水分无要求、性能可靠、电耗小、粉尘少、噪声低等特点，根据生产需要分为双齿辊、四齿辊等多种设备型号。

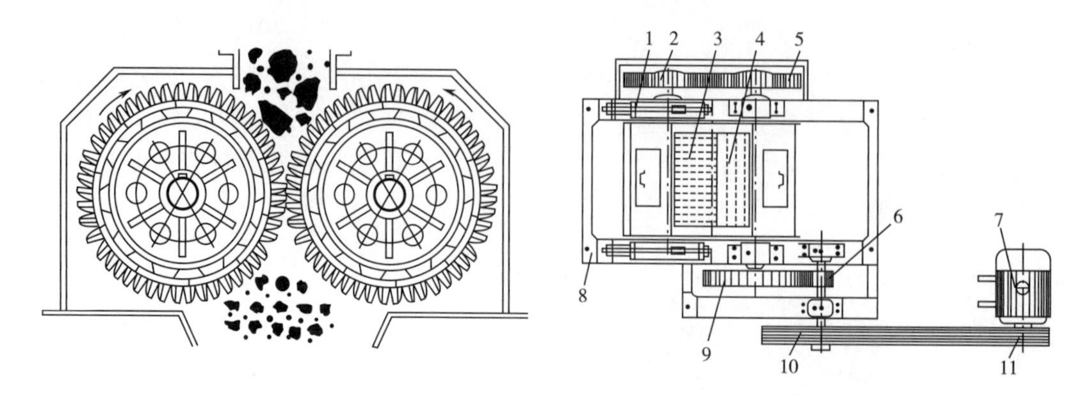

图 12-8　齿辊式粉碎机

1—破碎齿辊移动架　2，5—长齿直齿轮　3—可移动齿辊　4—固定齿辊
6，9—传动齿轮　7—电动机　8—机架　10—大带轮　11—小带轮

常用的双齿辊粉碎机是利用两个互为平行安装的耐磨破碎齿辊（齿辊上布置有大量狼牙形齿环，交错排列），通过齿辊相对旋转产生的高挤压力来破碎物料，物料进入两齿辊间隙（V 形破碎腔）后，受到两个齿辊相对旋转的挤压力和剪切力作用，在挤轧、剪切和啮磨作用下，物料被粉碎成需要的颗粒度后通过排料口排出，其生产能力受粉碎机自身工作参数、物料物理特性、结构形状、进料情况等因素的影响。

2. 锤片式粉碎机

锤片式粉碎机基本构造如图 12-9 所示。它由主轴、转鼓、栅栏，以及传动电机和风机等组成。主轴上装有若干圆盘，圆盘周围安装固定的锤刀，称为转鼓。锤刀有矩形、带角矩形、斧形等多种形式，锤刀应严格地对称安装，以免主轴失去平衡而损坏机件。矩形锤刀一端磨损后，再调换另一端使用。斧形锤刀的重心偏于尖端，适于粉碎韧性较大的物料。锤式粉碎机上附设吸铁装置，进一步吸除铁屑，以保护锤刀。转鼓周围的栅栏，上部表面呈沟形，下部是筛板。粗筛用铜丝构成，细筛为金属板上钻孔，使用前按粉碎度要求可调整更换筛网。

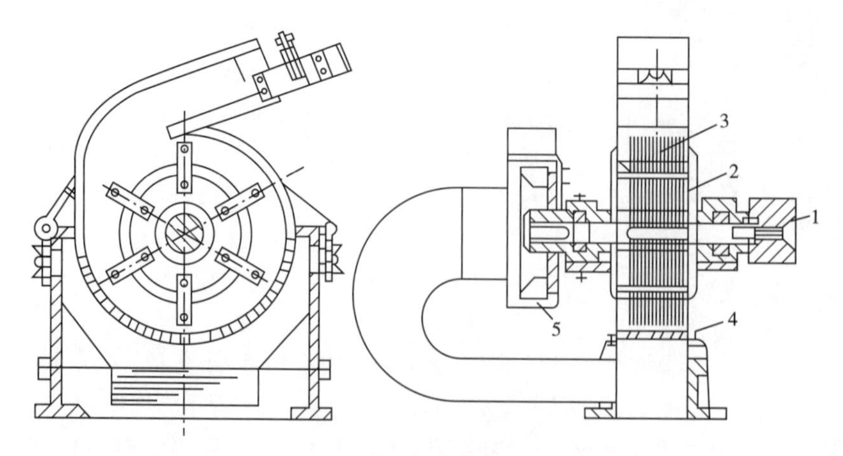

图 12-9　锤片式粉碎机

1—轴　2—转鼓　3—锤刀　4—栅栏　5—抽风机

锤片式粉碎机与抽风机相连，由锤刀击碎的物料从筛孔下落，由吸风机送入离心卸料器。若为干法粉碎，则由下旋沙克龙或组合沙克龙收集细粉，气流可经袋滤器除尘。若气流中含尘量过多，则在袋滤器前加置离心除尘器。为提高干法粉碎效率，可采用密封循环法，即将粉碎机的物料全部通过筛板，再在机外把不合要求的粗料分离出，并回到粉碎机内粉碎，这样可避免细料重复粉碎，提高粉碎效率。若采用吸风设备把粉碎的细粉抽出，经离心卸料器收集，亦可有效提高粉碎效率，并节约电耗。锤片式粉碎机在酿酒领域主要用于经齿辊式粉碎机粗粉后大曲曲块的细粉，设备具有生产能力大、耗电少的优点。

其生产能力可采用以下方式初步测算，设锤式粉碎机生产能力为 V（m^3/h），排料系数为0.7，筛孔直径为 D（m），则产能初步测算公式为：

$V=60\times\pi D^2/4\times$筛孔数（个）$\times0.7\times$排料次数（次/min）$\times$转子转速（r/min）

3. 对辊式粉碎机

对辊式粉碎机（图12-10）主要构件为一对或多对磨辊，目前酒企粮食原料粉碎通常选用四辊粉碎机。辊筒上的磨牙用拉丝床拉成，磨牙的方向与磨辊的地轴角度称为牙齿斜度，斜度越大，则对物料的撕力越大。将一对磨辊平置时，俯视其斜度应一致。调整磨辊的装置有多项。松磨装置可避免在没有物料时的磨辊碰损；校磨装置的作用是使每对磨辊在同一平面上；磨辊弹簧和松磨套筒销子的作用是，在磨辊遇有铁块时能够松开，销子上的套筒即破裂；精细校磨装置可精确地校正轧点距离。另外，气流装置通过辊式粉碎机的上部中间隔板，隔出空间直通下部，吸出湿热空气，以免粉碎物料发热。对辊中有一辊的轴承是固定的，另一辊的轴承是可移动的，并在其上面装有弹簧。两辊的间隙称为开度，若要求物料粉碎得较细，可提高辊筒的表面圆周速度，或增加两辊的转速差。对辊式粉碎机生产能力及消耗功率可采用以下方式初步测算。

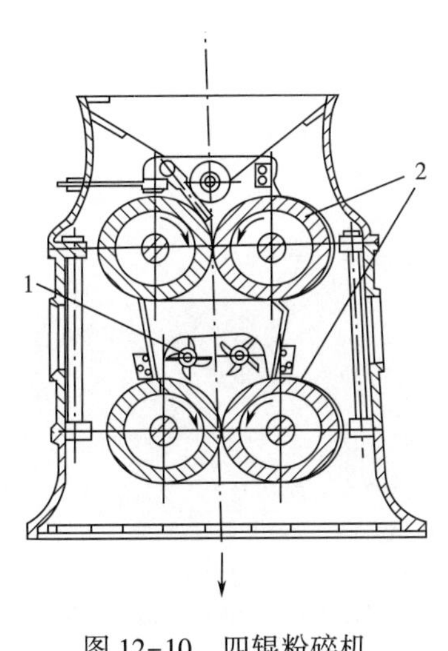

图12-10　四辊粉碎机
1—叶轮　2—辊筒

设生产能力为 G（kg/h），辊的直径为 D（m），辊转速为 n（r/min），原粮填充系数为0.5，则：

$$G=\text{辊间开度(m)}\times\text{辊长(m)}\times D\times n\times60\pi\times0.5\times\text{物料密度}\ (kg/m^3)$$

消耗功率（kW）可估算为：

$$P=1.148\times\text{辊长 (m)}\times n\times D\times[\text{物料密度}\ (kg/m^3)+0.417\times D^2]$$

酿酒生产过程中粉碎设备的选型是根据物料性质来决定的，选择合适设备并合理维护保养是保证物料粉碎效率质量和延长粉碎设备使用寿命的关键。不同物料粉碎前的处理要求也有所不同，如酿酒用的高粱、玉米、大曲等原料通常直接粉碎即可，但制曲用的小麦由于生产工艺要求，粉碎前需要先进行润麦。同时，随着整个白酒产业机械化、自动化水平的不断提升，在不少白酒企业粉碎系统通常和前段的筒仓清理储存系统、后段的配料称重发放系统组成一个完整的功能单元，帮助企业实现原辅料储存处理工段的一体化管理。

四、 连续蒸糠系统

糠壳作为白酒酿造的重要填充辅料需要经过清蒸去除杂味后才能使用，传统生产模式一般都是由酿酒车间各生产班组根据生产需要，使用酒甑自行蒸糠摊晾，这种方式受人为因素影响较大，糠壳质量不稳定，同时一次性产出量少，生产效率较低，能耗高。因此，为了解决传统生产方式存在的相关问题，越来越多的企业开始使用连续蒸糠系统来完成酿酒糠壳的清蒸、摊晾及发放，其基本构成如图 12-11 所示。

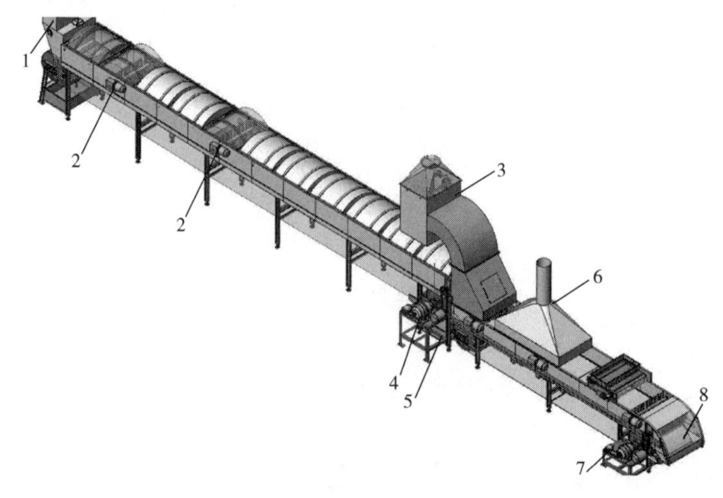

图 12-11 连续蒸糠系统

1—糠壳进料口 2—耙料装置 3—热能回收利用系统 4—蒸煮工段动力系统
5—冲带水回收装置 6—排气系统 7—摊晾工段动力系统 8—糠壳出料口

连续蒸糠系统主要由进出料口、耙料装置、热能回收利用系统、蒸煮及摊晾工段动力系统、热能回收利用系统、物料输送系统及自动控制系统等组成，糠壳进入清蒸系统进料口后，系统自动将糠壳平铺于清蒸链板上，通过调节料层厚度、链板运行速度以及蒸汽调节阀开度等参数控制糠壳清蒸效果，可实现糠壳的自动连续蒸煮，设备生产能力可根据企业具体生产需求设计调整。

清蒸好的糠壳自动输送至摊晾工段冷却摊晾，之后通过斗式提升机等输送设备输送至暂存仓待用，根据酿酒生产现场糠壳需求，定量输送糠壳至现场暂存斗，糠壳传输过程系统可实现自动运行，暂存斗装满时自动停止，缺料时自动补料。根据企业需求不同，摊晾后的糠壳亦可不采用暂存仓储存，可直接采用料斗接料或袋装打包等方式向酿酒车间配送。蒸煮过程中系统会将部分热能回收后重复利用，进一步降低了设备的生产能耗。连续蒸糠系统还可以和糠壳筒仓系统进行联动控制设计，实现联动后筒仓系统会自动向连续蒸糠系统定量补料，无须再进行人工投料，进一步节省人工和提高生产效率。

五、 制曲系统

“曲乃酒之骨”，优质浓香型白酒酿造离不开优质的中偏高温大曲，目前随着白酒行业机械化、自动化水平的提升及企业生产规模的扩大，越来越多的大型白酒企业一般只在大曲培菌阶段保留手工操作，而对于润麦、粉碎、二次着水、压制成型、成曲粉碎及发放工段都采用设备来替代人工，以减少劳动力，提高工作效率，实现制曲生产的标准化管理。

采用成套制曲系统进行制曲生产时，小麦经过清理除杂后进入筒仓储存，需要制曲时，自动输送至制曲工段，经着水机自动着水后（水分检测系统可在线检测物料着水后水分，保证满足生产工艺要求），输送至润麦仓内储存，达到工艺要求的润麦时间后，由输送机输送至待粉碎仓，待粉碎仓内的小麦根据生产需要，由磨粉机进行粉碎，粉碎达到工艺要求后进入待压曲仓储存，粉碎好的小麦根据生产工艺需要，选择是否配入母曲，经二次着水后，送入压曲机（图 12-12）压制成型。压曲机的生产能力和曲模可根据各白酒企业实际需要进行定制。压制成型后的曲坯一般由人工采用平板车送入发酵房内进行培菌。目前也有一些自动化水平很高的白酒生产企业，采用 AGV 小车等智能运输手段来实现曲块的转运，但是由于设备投入较高及各企业生产工艺控制差异，尚未在行业内全面推广。大曲培菌工段目前还是主要依靠人工管理，但部分企业在发酵房内安装了温湿度及二氧化碳浓度监测系统，为人工培菌管理提供数据支撑。

图 12-12 压曲机

目前采用成套制曲系统的企业，一般都采用楼层式制曲模式，在制曲车间各层都设置有发酵房和曲库，发酵房内培菌完成的曲块直接送入曲库储存老熟，达到工艺要求后进行粉碎，每层曲库内都设置有投曲口，投入的曲块通过滑道进入底层曲块粉碎设备粉碎。曲块粉碎设备一般都采用两次粉碎设计并配套除尘装置，先采用齿辊式粉碎机进行粗碎，再经锤片式粉碎机进行细粉，最终成为符合企业生产工艺要求的曲粉，并输送至曲粉暂存仓暂存，之后通过料斗接料或定量打包等方式，运送至酿酒车间使用。

第二节 酿酒生产设备

一、 浓香型白酒发酵设备

浓香型白酒生产的发酵设备一般为泥窖，也有部分企业采用砖砌窖池再在池壁上挂窖泥的做法，同时还有一些企业对使用不锈钢发酵容器和立体库货架发酵模式进行一定的探索，但尚未进行全面的推广应用。窖池容积各白酒生产企业根据自身生产工艺的差异有所不同，随着白酒酿造产业机械化、自动化水平的逐步提升，为方便行车出窖，窖池容积呈现出增大的趋势。

泥窖筑窖有人工筑窖、机械筑窖等多种方式，不同方法其筑窖效率和成本有一定差异，筑窖材料一般包含：黄黏土、窖皮泥、老窖泥、老窖黄水液、大曲粉、窖钉、窖筋等，窖钉和窖筋材质有竹制也存在其他材质，各酒企有所差异。窖基一般选用黏性强的黄黏土，窖墙通常采用未经晾干水分的新鲜黏性黄黏土夯筑，要夯实筑紧，筑窖时应掌握好窖墙斜度和厚度，否则容易出现垮塌现象，窖底预留黄水坑。窖墙夯筑时，每上升一段距离需放入窖筋，以增加其黏合力和抗膨胀力，窖梗上可铺设一层青石板。砌筑好的窖墙上还需钉入窖钉，窖钉钉入窖墙深度一般在 15~20cm，间距约 10cm，呈 45°左右斜角。窖钉上可缠绕麻绳等材料方便挂窖泥，窖泥涂抹厚度一般为：窖壁 10~15cm，窖底 20~30cm。新窖筑成后，不能长时间敞开不用，应边筑窖边投粮，避免窖池干裂。筑窖前应充分掌握窖池周围地下水等情况，在窖池区周围做好防水防渗措施，避免使用过程中出现渗水垮窖。

粮糟入窖后，需要对窖池进行密封。传统操作一般采用窖皮泥进行封窖，目前部分酒企进行了技术创新，采用不锈钢封窖盖替代窖皮泥封窖，如图 12-13 所示。不锈钢封窖盖，四周设置水槽，灌水密封，盖上设置有用于观察发酵吹口的气孔和检测发酵温度的温度探测孔以及黄水抽取孔。发酵过程的监控以及后续黄水收集等问题都能解决，封窖操作以及后续维护管理效率大幅提高，同时还解决了上层糟醅易受杂菌感染、产酒有泥味、杂味重的问题，提升了原酒品质。生产现场不需要堆放窖皮泥，车间卫生环境也得到有效改善。

图 12-13　不锈钢封窖盖意向

二、 糟醅出入窖设备

传统浓香型酿造窖池出窖一般由人工完成，工人劳动强度大，出窖效率低。随着白酒酿造机械化水平的逐步提高，越来越多的酒企开始采用行车出窖，对于酿酒车间空间高度和承重不够又改造困难的企业，也可选择地行车出窖。采用行车出窖，可以大幅提高出窖效率，现场一般只需 1 人辅助，负责将窖池四周的糟醅收拢至中间，避免行车运行时损坏窖池，然后用行车抱斗将糟醅转运至糟醅暂存斗中，装料完成后，再由行车吊至蒸馏区使用。入窖时由行车将经摊晾加曲的糟醅，调至窖池区入窖。

酿酒车间行车一般选用双梁型桥式行车（亦称双梁桥式起重机），行车跨度根据酿酒车间跨度确定，各酒企有所差异，如跨度为 18m 的酿酒车间，其可选用的行车跨度为 16.5m，跨度为 15m 的车间，其可选用的行车跨度则为 13.5m。行车机件由牛腿支撑于道轨架，道轨架上铺设工字梁道轨，主机的道轨轮座于道轨上。在沿道轨的一侧设线滑接通电源，由传动机构使道轨轮运动，同时带动抓斗或吊钩移动，抓斗与吊钩的升降机构为电动葫芦或卷扬机。行车载重、运行速度、起升高度等根据企业生产需要确定，酿酒车间常用行车载重能力为 3t、5t 等。目前部分自动化、智能化水平较高的酒企，已经开始使用智能行车来替代普通行车，如图 12-14 所示，通过网络信息技术、传感器技术等实现行车的自动精准运行，根据预先设定好的出入窖流程完成糟醅的自动抓取和输送，实现无人化作业，提高车间工作效率。

图 12-14　智能行车输送系统

粮糟拌和装置、自动下糠机见图 12-15。

（1）

（2）

图 12-15　粮糟拌和装置（1）、自动下糠机（2）

三、 上甑蒸馏及摊晾设备

1. 酒甑

浓香型白酒蒸馏使用的酒甑容积根据各企业生产需求不同存在一定差异，常用的有 1.8、2.0、2.4m^3 等，材料以不锈钢材质为主。目前酒企主要使用的酒甑有活底甑和翻转甑等形式。

活底甑（图 12-16）是将甑桶的筛板与其支座铆合，筛板为 2 个以活页连接的半圆形。在筛板的支座底部有 2 个导轮，筛板支座与桶身以活动销连接。出糟时，一般由行车将甑桶吊起，并移至适当区域上方，打开活销，使筛板合页合起，甑内酒糟自动落出，出糟结束后，再将甑桶置于地面，由导轮的支撑作用使筛板复原为平置，并将活动销插入销套。

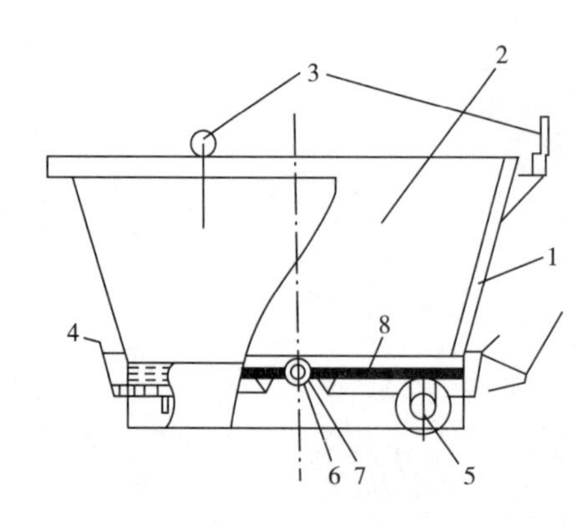

图 12-16 活底甑

1—甑壁及填料 2—甑体 3—吊环 4—活动销及销套
5—支撑导轮 6—活页轴 7—活页套 8—活页底及支撑

部分机械化、自动化水平较高的酒企目前通常采用翻转甑进行蒸馏，翻转甑（图 12-17）一般由机架、酒甑、移盖机构、翻转机构、蒸汽、给排水管路及控制系统等组成，装料后自动上盖，蒸馏完成后，甑盖自动移开，甑体可通过翻转机构进行翻转出料，再通过输送链板等输送装置直接将酒糟输送到指定区域。翻转甑配置的翻转限位器和电机复位稳定器等，可以保证酒甑在生产过程中的翻转及复位操作的稳定。

2. 冷凝器

目前酒企采用的冷凝器主要有水冷凝器和风冷凝器两种。水冷凝器，又称冰桶，多呈列管式，体积小，冷却效率高，冷却水通过散热管与冷凝器中的酒蒸汽交换热量，使酒蒸汽冷凝、冷却并形成酒液，采用水冷凝器进行冷却，耗用的水量较大。传统生产换热后的冷却水少部分可以用于底锅补水、润粮及打量水等，大部分则直接排放污水管网，既造成了水资源和热能的浪费，又增加了企业污水处理站的负荷，因此部分酒企从节能减排角度出发，引入了冷却水循环利用系统，采用溴化锂制冷机组、冷却塔、系统管道输配系统、集成控制系统等实现酿酒车间冷却水降温循环回用，节水率可达到 90%以上，但设备一次性投入相对较大，主要适用于生产规模较大的大型酒企。

风冷凝器，通常采用导热性能良好的合金材质，流体通道和通风道为板翅式结构，

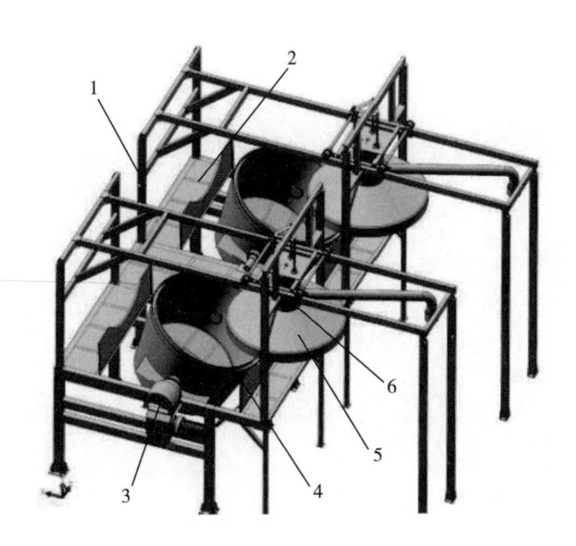

图 12-17　翻转甑

1—机架　2—上甑平台　3—翻转结构　4—甑体　5—甑盖　6—移盖机构

芯体一般采用真空钎焊而成，流体通道设置内翅片，以提高单位体积的热交换面积。运行时，通过连接器将酒蒸汽引入冷却器中，以风机抽取外界冷空气连续对流冷却，使酒蒸汽转变成酒液流出，冷空气变成热空气后可从排气管道排出，从而实现酒蒸汽的降温冷却。风冷凝器与传统水冷凝器相比，能够大幅减少冷却水的使用和排放，但噪声较大，同时由于需要电能驱动，运行过程中需要消耗大量能源。

3. 上甑设备

目前酒企主要的上甑方式有人工上甑、装甑机上甑。人工上甑是最传统的上甑方法，需要严格遵循“轻撒匀铺、探气上甑”的原则，同时做好蒸汽压力的调节控制，对上甑人员的要求较高，劳动强度也比较大。

装甑机是一种机器上甑设备，早期的装甑机通常作为辅助上甑装置，可以替代部分人工操作，在一定程度上降低了上甑劳动强度，但是无法实现全自动化无人上甑，设备工作时通常需要人工辅助。装甑机的种类较多，设计原理上也存在差异。早期的装甑机有多节活动皮带装甑机、回旋绞龙装甑机等。

随着白酒行业自动化、智能化水平的逐步提升，机器人技术、传感器技术等先进技术开始应用到传统酿造领域，新一代的全自动化装甑机即上甑机器人（图 12-18）开始出现在白酒酿造车间。上甑机器人可通过红外探测、视觉检测等感知方式，准确定位和探测上甑压汽厚度，完全做到生产工艺要求的“轻撒匀铺、探气上甑”。上甑系统启动后，系统自动定量添加底锅水并通入蒸汽，上甑过程中机器人根据探测到的料面穿汽情况和甑内物料高度数据结合系统设定的上甑工艺参数，实时调整上甑速率、下料口位置和蒸汽压力等参数，直至上甑完成，并自动关闭甑盖。整个上甑过程均由机器人系统独立完成，无需人工干预。采用上甑机器人装甑可以大幅减少车间劳动定员，实现上甑操作的自动化、数字化、标准化，保障上甑质量，对出酒率和优质品率的提升具有一定的促进作用。由于上甑机器人系统的前期投入相对较高，目前主要在一些大型酿酒企业进行应用，另外不同设备厂提供的上甑机器人在设计形态和工作原理上也有一定的差异，其控制参数设置和设备调试需紧密结合使用酒企的生产工艺。

图 12-18　上甑机器人

4. 摘酒及收酒系统

传统浓香型酿造是通过“看花摘酒”方式对蒸馏得到的原酒进行分段收集，生产的原酒通常先采用接酒桶储存，每天生产结束后，再运送至酒库交酒，这种方式劳动强度大、转运效率低，存在损耗风险及安全隐患。因此，目前一些酒企对传统收酒交酒方式进行了改进，将冷凝器出酒口设计为可旋转出酒口，出酒口下方设置带有多个接酒槽的接酒槽（接酒槽的数量根据各企业分段工艺不同有所差异），接酒槽下方通过管道直接接入酿酒车间收酒间内暂存罐（罐体安放在地面以下，并配置液位或压力变送器、控制阀等），暂存罐通过管道（管道上配置酒泵和质量流量计、控制阀等）直接连接至酒库收酒罐。接酒时，操作工通过旋转出酒口位置，让酒液通过接酒槽自流进入对应的暂存罐储存，当暂存罐液位达到设定的高限时，收酒控制系统自动打开相应的控制阀，酒泵将酒液输送至酒库内对应的收酒罐，直至暂存罐液位下降到设定的低限时，自动终止输送。通过流量计监测和记录每次输送量，并在系统内形成数据报表。对于摘酒环节，虽然目前大多数酒厂仍然延用人工看花摘酒的方式，但部分酒企对于自动摘酒设备也进行了一定的研究和探索，拟通过在线监测酒精度、酒花视觉监测等方式实现自动分级摘酒，取得了一定的研究成果，但尚未形成大规模的应用。图 12-19 为自动收酒系统。

5. 打量水及摊晾加曲设备

传统打量水操作通常在甑内完成，采用人工接取冷凝器中换热得到的高温冷却水（一般要求温度在 80℃以上）再泼洒至甑内糟醅上，对于量水温度和水量难于进行精确把控，泼洒均匀性也存在问题，对后续糟醅发酵质量的稳定性有一定影响。随着白酒行业自动化、信息化水平的提升，量水自动定量添加设备开始得到广泛的应用。该系统采用自动控温热水罐，根据设定的温度自动对量水加热至工艺要求范围，系统输送链板上安装有料位开关，当感应器感应到物料后，自动开启量水喷洒系统，实现量水的定温、定量添加和均匀喷洒，并可设置堆焖时间，糟醅打完量水并达到堆焖时间后，再自动输送至摊晾工段进行摊晾加曲操作。

白酒生产中，蒸馏后的糟醅需经过摊晾和加曲后才能进入窖池发酵，目前常用的设备主要有地面通风晾床和全自动摊晾加曲机。地面通风晾床主要用于酒企传统工艺酿造

图 12-19　自动收酒系统

车间，在地上安装人字形晾棚，晾棚侧面设置风机，通过人工将糟醅翻撒在晾棚表面，经风机鼓风来冷却物料，待糟醅冷却至工艺要求温度时再拌入大曲，这种操作方式劳动强度较大，工作效率不高。

因此，目前机械化酿酒车间一般都采用全自动摊晾加曲机（图 12-20）进行生产。焖粮结束后，糟醅通过输送链板自动输送至摊晾机入口，由耙平机构控制摊晾料层厚度，摊晾机通过限位开关自动检测物料所至位置，自动开启对应位置的风机和翻拌机构，并利用温度传感器实时监测糟醅温度数据，自动控制链板运行速度、翻拌速度、风机启动数量以及每台风机鼓风量。部分全自动摊晾加曲机还配套有空调降温系统，当遇到炎热天气风机全开仍无法达到冷却效果时，将启动空调系统进行降温，以实现自动控温至工艺所需温度。

图 12-20　全自动摊晾加曲机

冷却后的糟醅输送至加曲工段，下曲机检测到糟醅到位后，自动进行定量加曲拌和，通过绞龙定量供给曲粉，曲粉从料斗的调节缝中均匀下落，其速度与链板的传动相对应，以保证配比准确、布曲均匀，曲斗中设有搅拌装置，以免曲粉在曲斗中堵塞。完成摊晾加曲后的糟醅再输送至窖池内发酵。不同设备厂提供的全自动摊晾加曲机外形、工作原理和使用效果上会存在一定差异，企业设备选型时可结合自身工艺控制要求、预算投入和设备应用效果综合确定。

第三节　贮存设备

浓香型白酒的贮存容器有多种，各种容器都有其优缺点。在确保贮存中酒不变质、少损耗并有利于加速老熟的原则下，可因地制宜，选择使用。目前常用的贮酒容器如下：

一、 陶坛容器

陶坛是我国历史悠久的盛酒和贮酒容器，各地一般均有生产，比较知名的产地有四川隆昌、江苏宜兴等。陶坛储存的优点是能保持酒质，由于空气容易进入，有利于酒的陈化老熟。虽然陶坛成本较低，但容量较小，占地面积大，空间利用率低，且陶质容易破裂，怕碰撞，储存期间酒损也远大于不锈钢容器，每年损耗3%~5%，露天陶坛储存则酒损更高，尽管如此陶坛容器依然是酒厂重要的贮酒容器之一。

二、 血料容器

用荆条或竹篾编成的篓、木箱内糊以血料纸，作为贮酒容器的，统称血料容器。这种容器的利用在我国有悠久的历史。所谓血料，是用动物血（一般是用猪血）和石灰制成的一种可塑性的蛋白质胶质盐，遇酒精即形成半渗透的薄膜，这种薄膜的特性是水能渗透而酒精不能渗透。实践证明，这种容器对酒精含量30%vol以上的白酒有良好的防止渗漏的作用，酒精含量30%vol以下的酒，因含水量较高，容易渗透血料纸而引起损耗，贮存过久，可能引起血料纸层泡软而脱落，所以不宜用血料容器贮存酒精度较低的白酒。目前浓香型白酒储存中用到的血料容器主要为酒海，新疆、甘肃等地一些浓香型白酒企业有使用酒海贮存的习惯。

三、 不锈钢容器

随着酿酒生产的发展，企业规模不断扩大，目前，不锈钢贮酒罐已成为各大浓香型白酒生产企业的重要贮存容器，不少一线白酒企业，其不锈钢贮酒罐的贮存总量通常可达数十万立方。不锈钢贮酒罐均采用食品级不锈钢材料焊接而成，单罐容量可根据企业的工艺生产需求确定，从几立方米到数千立方米都有。不锈钢贮酒罐的大规模应用，为酒库自动控制系统的发展创造了空间。目前不少浓香型白酒生产企业，不锈钢贮罐区或白酒库均已引入酒库自动控制系统，通过集中控制系统、液位压力传感器、流量计、管板切换系统（或阀阵系统）等即可实现酒库和贮罐区进出酒、转罐、搅拌、过滤等操作的远程精确自动控制，极大提高了酿酒企业的自动化、信息化水平，避免人员频繁进出贮存区，保障生产安全。

第十三章　生产计算

我国各地白酒主要技术经济指标的计算方法不统一，数据可比性差，不利于白酒技术水平、管理水平的不断提高。为了解决这个问题，轻工业部于 1980 年 4 月编印了《轻工业主要统计指标计算方法（试行本）》，对饮料酒各项技术指标的计算方法做了规定。本章介绍的计算方法，将以此作为依据。

第一节　制曲计算

制曲过程的主要技术经济指标是衡量一个企业技术及管理水平的标志之一。制曲工序主要技术经济指标计算方法如下。

一、出曲率、用曲量

出曲率是指每 100kg 曲料（包括填充料、风干酒糟）制出标准水分曲的数量。由于曲子出房及使用时间不一，大曲及麸曲统一按 12%的标准水分进行折算。液体曲以升（L）计算。

$$\text{出曲率}=\frac{\text{标曲量（kg）}}{\text{用曲料量（包括填充料、风干酒糟）（kg）}}\times 100\%$$

通常大曲的含水量在 15%以下，麸曲的含水量在 15%左右。各种成曲量应折成标准水分为 12%的曲量，称作标准水分曲耗用量，简称标曲量，可用下式计算：

$$\text{标曲量}=\frac{\text{成曲量（t）}\times\text{（1-成曲水分）}}{\text{1-标准水分}}=\frac{\text{成曲量（t）}\times\text{（1-成曲水分）}}{0.88}$$

例：某厂投料为麸皮 500kg，干酒糟 500kg。成曲为 950kg，曲子含水量为 20%，则折合成 12%标准水分的出曲率为：

$$\text{出曲率}=\frac{950\times\frac{1-0.2}{0.88}}{500+500}\times 100\%=86.36\%$$

制曲过程中，由于菌体生长及维持生命，以及生成酶类及其他代谢物质，因此，成曲量比曲料量要减少。例如麸曲的出曲率按干物质计算时，一般为 70%~75%。若出曲率过高，说明曲霉繁殖不良；出曲率过低，则是因为制曲温度过高，曲霉在生长中消耗了过多的营养成分。

二、吨酒（酒精度 65%vol）耗曲量

$$吨酒耗曲量（kg/t）=\frac{标曲量（kg）}{合格原酒产量（kg）}$$

曲的标准水分以12%计；若使用多种曲时，应分别列出每种曲用量；酒精度折合成65%vol计。

三、粮曲比率

粮曲比率（原料用曲率）是表示每100kg原料耗用曲的数量。这里的原料量是指包括制酒的主原料及酒母用料的原料耗用总量。若产品生产中耗用多种曲时，应分别予以计算。

$$粮曲比率=\frac{标曲量（t）}{原料耗用总量（t）}\times 100\%$$

例：某班投料1400kg，酒母料为100kg，使用成曲150kg，成曲的含水量为15%。求原料用曲率。

$$粮曲比率=\frac{150\times\frac{1-0.15}{0.88}}{1400+100}\times 100\%=9.66\%$$

四、淀粉出酒率

该指标是考核原料中主要有效成分利用率的重要技术经济指标。淀粉出酒率是表示每100kg淀粉产酒精为65%vol的白酒的质量（kg）。即白酒的淀粉出酒率与淀粉利用率相等。其计算公式如下：

$$淀粉出酒率=\frac{合格酒精产量（t）}{淀粉总耗用量（t）}\times 100\%$$

淀粉总耗用量（t）为主原料、酒母料、曲料的实际耗用量，分别乘以各自含淀粉量的相加之总和。即含淀粉量在5%以上（包括5%）的原料的淀粉均计算在内，但不包括粗谷皮、稻壳、高粱壳、小麦壳等辅料及酒糟。

$$主原料的淀粉总量（t）=主原料耗用量（t）\times 主原料含淀粉量（\%）$$

$$酒母料淀粉总量（t）=酒母料耗用量（t）\times 酒母料含淀粉量（\%）$$

$$曲料含淀粉量（t）=\frac{用曲量（t）\times 原料含淀粉量（\%）}{出曲率（\%）}$$

$$淀粉总耗用量=主原料的淀粉总量+酒母料淀粉总量+曲粉含淀粉量$$

若使用混合曲（包括大曲、麸曲、液体曲等各种曲的组合），则应计算所用各种曲料含淀粉量之总和。

如果曲料中有不计其淀粉量的辅料。例如麸皮及稻壳各占50%，则应用下式计算：

$$曲料含淀粉量（t）=\frac{用曲量（t）\times 曲料中用麸皮（\%）\times 麸皮含淀粉（\%）}{出曲率（\%）}$$

麸皮淀粉含量可按酶分解法分析计算。用薯干或粮谷原料制曲时，一律用盐酸水解法来分析计算淀粉含量。麸皮通常含淀粉为20%左右。

第二节　生产物料及能耗核算

以下计算数据为例举，具体工程项目计算以各具体企业的实际生产数据为准。

一、按年产酒精度为60%vol的白酒1000t的物料能耗衡算

1. 高粱用量

原料出酒率30%，运输、贮存等损失2%。

全年实际需高粱量：1000÷0.3×（1+0.02）=3400（t）

每天需高粱量：1000÷0.3÷320=10.4（t/d）

（全年生产时间按320d计）

2. 小麦用量

麦曲对粮30%（包括红糟用量），麦曲贮存及其他损失2%，小麦出曲率75%，小麦运输及保管损失2%。

全年实际用曲量：（1000÷0.3）×0.3×（1+0.02）=1000×1.02=1020（t）

全年实际需小麦量：1020÷0.75×（1+0.02）=1360×1.02=1387（t）

每天需小麦量：1360÷320=4.25（t）

3. 谷壳用量

谷壳对粮30%（包括面糟用量），运输损失1%。

全年谷壳需用量=（1000÷0.3）×0.3=1000（t）

全年谷壳实际需用量=1000×（1+0.01）=1010（t）

每天谷壳需用量：1000÷320=3.125（t）

4. 母糟（配糟）用量

母糟对粮500%计。

全年母糟需用量=（1000÷0.3）×500%=16666.7（t）

每日母糟需用量：16666.7÷320=52（t）

5. 生产用水计算

（1）酒甑底锅用水量　酿酒车间共安装甑桶6个，两班制生产，每班换底锅水1次，250kg/次。

每天底锅水用量=250×6×2×10=30（t）

全年底锅水用量=30×320=9600（t）

（2）量水用量　量水用粮平均按70%计。

全年量水用量=（1000÷0.3）×0.7=2333（t）

每天量水用量=2333÷320=7.3（t）

（3）冷却水用量　根据四川酿酒经验，蒸粮蒸酒时，一个甑需冷却水约1.5t/h，使用时间为8h/（甑·d）。

每天需冷却水量=1.5×8×6=72（t）

全年需冷却水量=72×320=23040（t）

（4）加浆水用量　根据生产能力，原度酒按 60%vol 计，加浆后成品 54%。

$$全年需加浆水量=1000\times\left(\frac{0.5209}{0.4623}-1\right)=1000\times0.12676\approx127\ (t)$$

0.5209、0.4623 为 60%vol、54%vol 酒的质量分数。

每天需加浆水量=127÷320=0.4（t）

（5）制曲用水量　主要用于润麦与配料，对小麦而言需水 37%~42%，按 40%计。

全年制曲用水量：1020÷0.75×0.4=544（t）

每天制曲用水量：544÷320=1.7（t）

（6）蒸汽用量见表 13-1

表 13-1　根据年产 1000t 白酒设计的蒸汽用量

序号	用汽部门	蒸汽				冷凝水回收率/%
		压力/MPa	温度/℃	消耗量/（t/h）		
				最大	平均	
1	制酒车间	0.3	饱和	5.0	3.0	—
2	化验、培菌	0.3	饱和	1.0	0.5	—
3	采暖、生活	0.3	饱和	1.4	1.0	80
合计				7.4	4.5	

全厂最大耗汽量 7.4t/h，平均 4.5t/h，考虑到最大负荷同时工作系数（取 0.85）和锅炉房自用汽及输送热损失（取 15%），则需锅炉蒸汽量 D：

$$D=7.4\times0.85\times(1+15\%)=7.23\ (t/h)$$

选用 4t/h 锅炉 2 台，其额定产汽量总计可达 8t/h，压力 1.25MPa，完全可以满足需要。

根据天然气锅炉热效率（按 80%计）和当地天然气情况，按 85m³天然气生产 1t 饱和蒸汽，折合 0.11t 标煤计算，则：

$$最大小时耗天然气量=7.23\times85=614.55\ (m^3/h)$$

$$最大日耗天然气量=(3.5\times16+1.0\times24)\times85=6800\ (m^3/d)$$

$$年耗蒸汽量=3.5\times16\times320+1.0\times24\times150=21520\ (t)$$

$$年耗天然气量=21520\times85=1829200\ (m^3)$$

$$折成标煤=1829200\times0.11=201212\ (t)$$

式中　3.5—制酒车间与化验、培菌部门平均时耗蒸汽量之和（表 13-1，t/h）
　　1.0—采暖、生活部门平均时耗蒸汽量，t/h
　　16—制酒等部门每日工作时间，h
　　24—以整日计，h
　　320—全年生产时间，d
　　150—全年采暖时间，d

二、 理论出酒率

理论出酒率是 100kg 淀粉（或糖），由化学反应式，在理论上计算应得到的绝对酒精或酒精度为65%vol的白酒质量。有了理论产率，才能正确衡量在实际生产中淀粉利用率的高低。

酒精发酵反应方程式为：

$$C_6H_{12}O_6 \rightarrow 2C_2H_5OH+CO_2$$

180. 1　2×46. 05

己糖　酒精

由上反应式可以计算出100kg己糖（葡萄糖或果糖），应得100%的酒精为：

180. 1：100=92. 1：绝对酒精量

$$绝对酒精量=\frac{92.1\times100}{180.1}=51.14\text{（kg）}$$

换算为酒精体积分数65%（65%vol的酒精质量分数57. 15%）的酒为：

57. 15：100=51. 14：酒的质量（65%vol酒精）

$$酒的质量（65\%vol）=\frac{51.14\times100}{57.15}=89.48\text{（kg）}$$

在实际生产中是采用含淀粉的谷物原料，淀粉的理论出酒率为：

$$(C_6H_{10}O_5)n+nH_2O \rightarrow nC_6H_{12}O_6 \rightarrow 2nC_2H_5OH+2nCO_2$$

淀粉　　己糖　酒精

n×162. 1　n×180. 1　n（2×46. 05）

由上反应方程式可知：

162. 1：100=（2×46. 05）：绝对酒精质量

$$绝对酒精质量=\frac{2\times46.05\times100}{162.1}=56.82\text{（kg）}$$

换算成65%vol的酒，则为：

57. 15：100=56. 82：酒的质量

$$酒的质量（65\%vol）=\frac{56.82\times100}{57.15}=99.42\text{（kg）}$$

三、实际生产效率计算

生产中的实际产酒都比理论值小，因为在生产过程中要损失一些淀粉，窖内发酵时各种微生物的生长繁殖也要消耗一定数量的淀粉。所以实际产酒率始终不能达到理论值。现将曲酒生产有关计算公式列举如下：

$$发酵效率=\frac{发酵糟质量（面糟、母糟）\times含酒率\%+黄浆水质量\times含酒率\%}{（原料质量\times淀粉含量\%+曲粉质量\times淀粉含量\%）\times56.82\%}\times100\%$$

$$蒸馏效率=\frac{实际产酒质量（kg）\times酒精质量分数（\%）}{发酵糟质量（kg）\times含酒率\%}\times100\%$$

$$淀粉利用率=发酵效率\times蒸馏效率$$

$$=\frac{实际产酒精质量（成品酒、黄浆水、丢槽酒、尾酒等）}{总淀粉质量（原料、曲粉）\times56.82\%}\times100\%$$

$$原料出酒率=\frac{成品酒质量（65\%vol）}{原料质量（包括曲子）}\times100\%$$

$$淀粉出酒率=\frac{成品酒质量（65\%vol）}{原料淀粉量+曲子淀粉量}\times100\%$$

$$每100kg65\%vol酒粮耗=\frac{原料质量（包括曲子）}{成品酒质量（65\%vol）}\times100$$

$$每100kg65\%vol酒曲耗=\frac{全窖耗曲总量（折合成标准水分）}{成品酒质量（65\%vol）}\times100\%$$

$$吨酒耗煤（kg/t）=\frac{标准煤耗用量（kg）}{成品酒质量（65\%vol）（t）}$$

根据《综合能耗计算通则》（GB/T 2589），计算综合能耗时，各种能源应折合成标准煤。

实际消耗的燃料能源应以其收到基低位发热量为计算依据折算为标准煤量。按照GB/T 3102.4—1993国际蒸汽表卡换算，低位发热量等于29307.6kJ（7000kcal）的燃料，称为1kg标准煤（1kgce）。

注：按照20 ℃卡换算，1kg标准煤（1kgce）其低位发热量等于29271.2kJ；按照15 ℃卡换算，1kg标准煤（1kgce）其低位发热量等于29298.5kJ。

$$吨酒电耗（kW\cdot h/t）=\frac{生产耗电量（kW\cdot h）}{成品酒总产量（65\%vol酒精）（t）}$$

$$名优白酒率=\frac{名优白酒商品量（t）}{同类产品总产量（t）}$$

名优白酒是指被国家、省、自治区、直辖市主管部门正式批准命名的名优白酒。

同类产品总产量，系指与名优白酒同期、同工艺、同原料生产的白酒。其中包括名优白酒和转入其他等级的合格品产量。

四、计算实例

1. 计算基础

（1）投入物料　高粱粉840kg（淀粉含量62.80%）；麦曲粉175.5kg（淀粉含量58.15%）；回沙酒18kg（酒精质量分数为51.47%）。

（2）出窖物料　面糟612.5kg（酒精质量分数为1.28%）；上层母糟3937.3kg（酒精质量分数为4.06%）；下层母糟2133kg（酒精质量分数为4.28%）；黄浆水203kg（酒精质量分数为4.28%）。

（3）成品酒及半制品　成品酒371.52kg（酒精质量分数为57.15%）；丢糟黄浆水酒21.5kg（酒精质量分数为55.5%）；丢糟黄浆水酒酒尾24.75kg（酒精质量分数为14.64%）；出甑酒尾46.75kg（酒精质量分数为9.60%）。

2. 计算

高粱粉及麦曲粉淀粉总质量840×62.80%+175.5×58.15%=527.52+102.05=629.57（kg）。

淀粉理论产酒精量（100%）629.57×56.82%=357.72（kg）

回沙酒折算成100%酒精量18×51.47%=9.26（kg）

面糟应产100%酒精量612.5×1.28%=7.84（kg）

母糟应产100%酒精量3937.3×4.06%+2133×4.28%=251.15（kg）

黄浆水应产100%酒精量203×4.82%=9.78（kg）

本窖剩余母糟279.5kg并与另一窖母糟一起蒸馏，故应产100%酒精量为：279.5×4.28%=11.96（kg）

按蒸馏效率 90%计，应产 100%酒精量：11.96×90%＝10.76kg（折合成 65%vol 的酒为 18.83kg）

成品酒折算为 100%酒精量 371.52×57.15%+10.76＝223.08（kg）

丢糟黄浆水酒折算成 100%酒精量 21.5×55.5%＝11.93（kg）

酒尾折算成 100%酒精量 46.75×9.6%＝4.49（kg）

丢糟黄浆水酒酒尾折算成 100%酒精量 24.75×14.64%＝3.62（kg）

3. 各项生产效率计算

$$\text{发酵效率}=\frac{251.15+7.84+9.78-9.26}{357.72}\times100\%=72.55\%$$

$$\text{蒸馏效率}=\frac{223.08+11.93+4.49+3.62-9.26\times0.9}{251.15+7.84+9.78-9.26}\times100\%=\frac{234.80}{259.51}\times100\%=90.5\%$$

$$\text{淀粉利用率}=72.55\%\times90.5\%=65.7\%$$

$$65\%\text{vol 曲酒每 100kg 粮耗}=\frac{840\times100}{371.52+18.84}=\frac{840}{390.36}\times100=215.18\text{（kg）}$$

$$\text{粮耗（包括曲粮）}=\frac{840+175.5}{371.52+18.84}\times100=260.14\text{（kg）}$$

$$65\%\text{vol 曲酒每 100kg 曲耗}=\frac{175.5}{390.36}\times100=44.96\text{（kg）}$$

$$\text{淀粉出酒率（包括曲粮）}=\frac{390.36}{527.52+102.5}\times100\%=38.44\%$$

$$\text{原料出酒率}=\frac{390.36}{840+175.5}\times100\%=38.44\%$$

$$\text{名优酒率}=\frac{130}{371.52}\times100\%=34.99\%$$

第三节　各种酒精含量的相互换算

一、白酒酒精含量的换算

体积分数与质量分数的换算：白酒酒精含量一般是以体积分数表示的，即用 100mL 酒溶液中的酒精体积表示：

体积分数与质量分数的换算式：

$$\varphi=\frac{\omega\times d_4^{20}}{0.78934}$$

$$\omega=\frac{\varphi\times0.78934}{d_4^{20}}$$

式中　φ——酒精体积分数，%

ω——酒精质量分数，%

d_4^{20}——样品的相对密度，是指 20%时样品的质量与同体积的纯水在 4℃时的质量之比。

0.78934——纯酒精在 20℃时的相对密度

实例：已知 50%vol 白酒相应的相对密度为 0.93017，根据上述换算式，其质量分数为：

$$\omega = \frac{\varphi \times 0.78934}{d_4^{20}} = \frac{50\% \times 0.78934}{0.93017} = 42.43\%$$

《酒精计温度与20℃酒精度（乙醇含量）换算表》就是根据体积分数与质量分数的换算关系制定出来的。

将不同酒精含量换算成65%vol或60%vol酒精含量的计算方法有两种：

折算法：在折算中，明确其纯酒精质量不变，根据质量分数进行换算。

$$m_1 \times \omega_1 = m_2 \times \omega_2 = \text{纯酒精质量}$$

式中 m_1——65%或60%vol白酒的质量

m_2——原酒的质量

ω_1——65%或60%vol白酒的质量分数

ω_2——原酒的质量分数

实例：已知86%vol白酒1000kg，求折算成65%vol的白酒质量是多少？

解：查《酒精计温度与20℃酒精度（乙醇含量）换算表》得：

86%vol白酒的质量分数 $\omega_1 = 80.63\%$

65%vol白酒的质量分数 $\omega_2 = 57.16\%$

换算成65%vol白酒的质量为

$$m_1 = \frac{m_1 \times \omega_2}{\omega_1} = \frac{1000 \times 80.63\%}{57.16\%} = 1410.6\ (\text{kg})$$

这样便于酒厂在原酒入库验收时统一计量和管理。

利用折算因子换算表的方法：本法适用于酒精含量在（30%～80%）vol的原酒。查酒精含量折算成65%vol的折算因子表，得知各种酒精含量的折算因子，再与原酒质量数相乘即得各种高于或低于65%vol的原酒折成65%vol酒的质量。

实例：100kg45%vol白酒折合成65%vol的白酒质量是多少？

解：查表得折算因子为0.6620

$$0.6620 \times 100\% = 66.2\ (\text{kg})$$

即100kg45%vol白酒折合成65%vol白酒为66.2kg。

实例2：100kg75%vol的白酒折合成65%vol白酒质量是多少？

解：查表得折算因子为1.1865

$$1.1865 \times 100\% = 118.65\ (\text{kg})$$

即100kg75%vol的白酒折合成65%vol白酒为118.65kg。

二、 低度白酒生产中的酒精含量计算

一般低度白酒的生产是用高度白酒加浆降度等工序制成，因而在实例操作中涉及酒精含量的计算和加浆量的计算。

设：原酒酒精含量为 φ_1（体积分数），相对密度 $(d_4^{20})_1$，ω_1 为质量分数，降度后的酒精含量为 φ_2（体积分数），相对密度 $(d_4^{20})_2$，质量分数为 ω_2。

（1）求所需原酒质量

$$\text{原酒质量} = \text{降低酒精度后酒的质量} \times \frac{\varphi_2(\text{体积分数}) \times \dfrac{0.78934}{(d_4^{20})_2}}{\varphi_1(\text{体积分数}) \times \dfrac{0.78934}{(d_4^{20})_1}}$$

$$= 降低酒精度后酒的质量 \times \frac{\varphi_2}{\varphi_1}$$

$$= 降低酒精度后酒的质量 \times \frac{\varphi_2(体积分数) \times (d_4^{20})_1}{\varphi_1(体积分数) \times (d_4^{20})_2}$$

（2）求降低酒精度后的质量

$$降低酒精度后酒的质量 = 原酒质量 \times \frac{\omega_1}{\omega_2}$$

$$= 原酒质量 \times \frac{\varphi_1(体积分数) \times (d_4^{20})_1}{\varphi_2(体积分数) \times (d_4^{20})_2}$$

（3）求降低酒精度后酒的酒精含量

$$\varphi_2(体积分数) = \frac{原酒质量}{降低酒精度后酒的质量} \times \varphi_1(体积分数) \times \frac{(d_4^{20})_2}{(d_4^{20})_1}$$

（4）求降低酒精度为 φ_2（体积分数）的原酒酒精含量

$$\varphi_2 = \frac{降低酒精度后的酒的质量 \times (d_4^{20})_1}{原酒质量 \times (d_4^{20})_2}$$

（5）低度白酒加浆量的计算方法　上述 4 种计算方法将酒精度有关的数据进行了计算，但在低度白酒生产中最关键的数据是降度加浆量。

设：原酒酒精含量为 φ_1（体积分数），质量分数为 ω_1，原酒质量为 m，加浆降度后的酒精含量为 φ_2（体积分数），质量分数为 ω_2，求加浆量为多少？

计算原理：白酒在加浆降度过程中，其纯酒精质量不变，即：

$$纯酒精质量 = \omega_1 \times m = \omega_2 \times (m + 加浆量)$$

$$\omega_1 \times m = \omega_2 \times m + \omega_2 \times 加浆量$$

$$\omega_1 \times m - \omega_2 \times m = \omega_2 \times 加浆量$$

$$(\omega_1 - \omega_2)m = \omega_2 \times 加浆量$$

$$加浆量 = \left(\frac{\omega_1}{\omega_2} - 1\right)m$$

实例：将 1000kg 50%vol 的高度酒降度制成 30%vol 低度酒，求所需加浆量。

解：查表得 50%vol 质量分数为 42.43%，30%vol 质量分数为 24.61%。

$$加浆量 = \left(\frac{42.43\%}{24.61\%} - 1\right) \times 1000 = 724kg$$

实例：要配制 1000kg70%vol 的酒，求用 98%vol 的酒精多少千克？需加浆多少千克？

解：查表得 70%vol 的质量分数为 62.39%，98%vol 的质量分数为 96.82%。因在配制过程中，纯酒精质量不变，则

$$需 98\%vol 的酒精质量 = \frac{1000 \times 62.39\%}{96.82\%} = 644.4\ (kg)$$

$$需加浆量 = 1000 - 644.4 = 355.6\ (kg)$$

三、白酒的勾兑计算

在酒厂生产中经常遇到用两种以上不同酒精度的白酒进行勾兑组合，其中酒精含量的计算最为重要。

$$m = \frac{m_1 \times \omega_1 + m_2 \times \omega_2}{\omega}$$

$$= \frac{m_1 \times \varphi_1 \times \frac{0.78934}{(d_4^{20})_1} + m_2 \times \varphi_2 \times \frac{0.78934}{(d_4^{20})_2}}{\varphi \times \frac{0.78934}{d_4^{20}}}$$

式中 φ_1——酒精度较高的酒的酒精含量,%vol

φ_2——酒精度较低的酒的酒精含量,%vol

φ——勾兑组合后要求的酒精含量,%vol

ω_1——较高酒精度的酒的质量分数,%

ω_2——较低酒精度的酒的质量分数,%

ω——勾兑组合后酒的质量分数,%

m_1——较高酒精度原酒的质量

m_2——较低酒精度原酒的质量

m——勾兑组合后酒的质量

例如：有 72%vol 和 58%vol 两种酒，要调成 100kg65%vol 的酒，问各需多少 kg?

查表，72%vol 相当于 64.54%（质量分数）

58%vol 相当于 50.11%（质量分数）

65%vol 相当于 57.15%（质量分数）

则 $m_1 = 100 \times (57.15\% - 50.11\%) / (64.54\% - 50.11\%) = 48.79$（kg）

即 需 72%vol 的酒 48.79kg

需 58%vol 的酒：$m_2 = 100 - 48.79 = 51.21$（kg）

第十四章 白酒生产中的过滤

白酒生产中的过滤包括了白酒的过滤净化、加浆水处理、污水处理过程中的过滤以及白酒滤饼的处理等。由于污水处理中的过滤属于专项的分支，本章内容不包含这部分。

第一节 过滤的原理

一、 过滤的定义

过滤是在外力作用下悬浮液中的液体透过过滤介质，固体颗粒及其他物质被截留，使固体颗粒及其他物质与液体分离的操作。

二、 白酒生产过程中过滤的必要性

白酒应该是无色透明、无悬浮物、无浑浊、无沉淀，但因生产过程中人为因素或非人为因素会给白酒带来悬浮物、沉淀或浑浊，主要原因有：

1. 蒸馏操作过程

在蒸馏操作和流酒过程中，因操作不慎易使酒醅、稻壳残粒落入接酒容器内；撒曲时曲粉的飞扬；打扫场地时酒醅残渣、尘土飞扬也会落入接酒器中。

2. 运输、贮存过程

车间生产的酒往酒库运输过程中路上的尘土；输酒管道不洁；贮酒容器不净；酒库中的尘渣或酒库卫生差等原因。

3. 水质

加浆用水随着酒精含量的降低，用量也随之增大。水中有时金属盐类过高，硬度大。其中碳酸钙、碳酸镁、氧化钙及氧化镁是自然水中硬度的主要成分。硬水加入酒中，与酒中的酸作用，盐类逐渐析出，会造成浑浊和沉淀。

4. 酒中的高级脂肪酸乙酯和高级醇

蒸馏后的白酒，大多酒精度在65%vol以上（指原度酒），一般不会产生浑浊。但在-10℃以下，在容器中会发现成团的絮状物；低度白酒在酒精40%vol以下时，酒中的棕榈酸乙酯、油酸乙酯、亚油酸乙酯及某些高级醇，因溶解度变化而被析出，造成白酒浑浊。

白酒（特别是低度白酒）都必须通过过滤，才能装瓶出厂。

三、白酒过滤的方法

（1）根据过滤介质来区分　浓香型白酒传统的过滤介质为滤布，其过滤原理为滤饼过滤，即滤液通过过滤介质，颗粒等固相物被截留在过滤介质表面形成滤饼的过滤，也称为表面过滤。

近年来，随着制造工艺的进步，过滤介质也产生了相应变化，出现了以 PE 微孔板、不锈钢丝网焊接过滤盘（图 14-1）、陶瓷微孔过滤盘（图 14-2）以及压制烧结空心过滤板等为过滤元件的片（盘）式过滤机，以及采用高精密自动焊接工艺、焊缝稳定度可以达到微米级别、采用不锈钢楔形丝滤棒（图 14-3）制作的烛式过滤器，这种将过滤介质制成管状（或筒状）的过滤元件进行过滤的方法也称为滤芯过滤。

图 14-1　不锈钢丝网焊接过滤盘

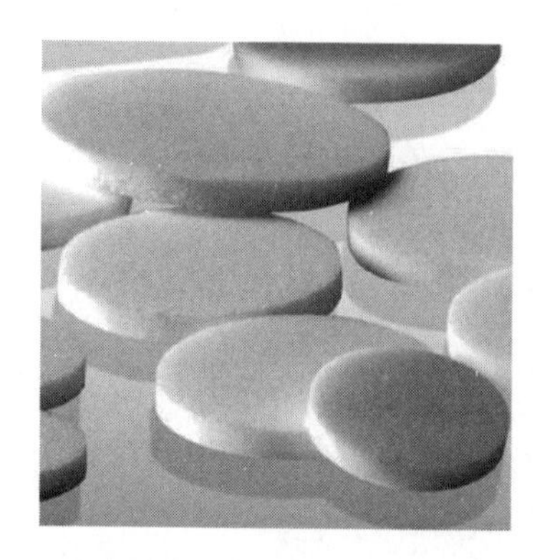

图 14-2　陶瓷微孔过滤盘

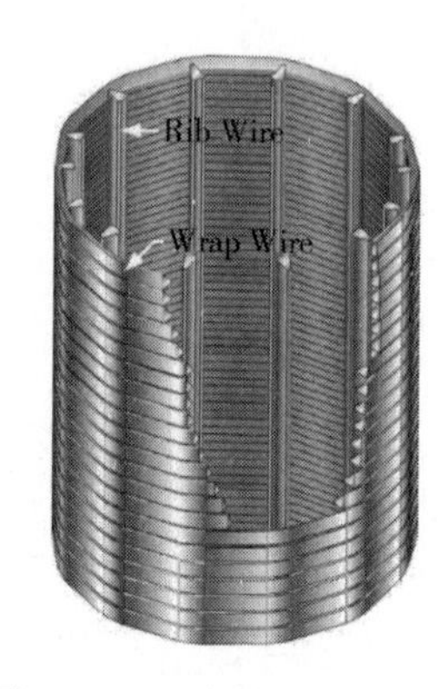

图 14-3　不锈钢楔形丝滤棒

（2）根据过滤温度来区分　常温过滤是指在常温工况下进行的过滤操作，一般适用于白酒最终调味前的过滤净化以及装瓶前的快速过滤。

冷冻过滤则是针对低度白酒以及白酒中的部分高级脂肪酸酯存在低温浑浊或者因溶解度变化而被析出造成白酒浑浊的情况，是适应白酒进一步净化需求而诞生的一种过滤技术。它根据以三种高级脂肪酸乙酯为代表的某些香气成分的溶解度特性，在低温下溶解度降低而被析出、凝集沉淀的原理，经-10℃以下冷冻处理，在保持低温下，用过滤介质过滤除去沉淀物。

（3）根据过滤压力模式来区分　加压过滤，是对过滤部件施加高于大气压的外加压力，此压力与过滤部件外部压力的压差作为过滤推动力。白酒生产中的过滤操作绝大部分都是加压过滤。

真空过滤，是用抽真空形成的压差作为过滤推动力的过程。在浓香型白酒生产中，通常只在对硅藻土活性炭混合滤渣处理的同时需要回收残酒的时候采用真空过滤设备。

第二节　白酒助过滤技术

一、助过滤

用加入助滤剂的方法，强化难过滤物料过滤的过程，称为助过滤。

二、白酒助滤剂

浓香型白酒过滤过程中常采用的助滤剂主要为硅藻土和活性炭。

硅藻土：硅藻是一种单细胞藻类，硅藻土是以硅藻遗骸（壳体）为主的一种生物层积岩。经过加工可以作为助滤剂。

活性炭：活性炭是黑色粉末状或者颗粒状的无定形炭。它是一种多孔炭，堆积密度低，比表面大，可作为助滤剂，同时还有吸附作用。

三、白酒助过滤

在浓香型白酒的蒸馏、储存、运输过程中，不可避免地会混入一些物理性的杂质、生化反应产生一些成品白酒不希望出现的邪杂味物质以及可能出现的成品酒不允许出现的色素等等，都需要在过滤的过程中去除掉。

白酒过滤属于液态过滤，通常采用的过滤介质仅能满足部分物理性质的杂质的滤除，但对于白酒中的色素、部分产生邪杂味的物质以及较小的物理杂质均不能有效去除，这个时候，就必须采用助过滤工艺。

通常采用的助过滤工艺为预敷+掺浆过滤。

在这个工艺过程中，硅藻土的作用是用来形成滤饼层，而活性炭则主要是利用其吸附作用。

首先，活性炭是在过滤前提前加入待过滤的酒液中并搅拌均匀。通常采用的搅拌措施为压缩空气搅拌，即利用压缩空气在容器中形成鼓泡，使气泡成串通过液层，借射流的夹带和湍流脉动促使液体混合。活性炭在酒液中混合的时间根据酒质不同要求在12~24h。

然后过滤前预先进行硅藻土悬浮液的循环，形成由硅藻土组成的疏松预敷层，再将加入活性炭的酒液进行过滤。

需要指出的是，由于活性炭的吸附作用，往往会将水中的 Cl^- 大量吸附其上。在含活性炭酒液储存、输送的过程中，由于酒罐壁活性炭附着而导致局部 Cl^- 浓度增加，会对采用 S30408 材质的酒罐造成一定的腐蚀，缩减其使用寿命。

第三节　白酒生产过滤设备

浓香型白酒生产过程中涉及过滤操作的工序包括白酒的粗滤、精滤、白酒罐装前快速过滤、硅藻土活性炭滤渣处理过滤等，同时根据各个厂家生产规模不同或者对酒质要求的不同，可以选择的过滤设备也是多种多样，下面就市面上常见的几种过滤设备做一下介绍。

一、 板框硅藻土过滤机

工作原理：板框硅藻土过滤机（图 14-4）是由若干个过滤单元组成，而每个过滤单元是由滤板、滤框、滤布构成，滤布夹于板框之间作为吸附过滤介质——硅藻土的支撑板。过滤前先涂好预涂层，即先将含有一定数量的硅藻土混合液用泵以一定压力输入机内的各过滤单元，并进行流动循环以产生压差，使硅藻土较均匀地吸附于滤布表面，形成了过滤层、预涂层，过滤时被滤液经泵的压力输入机内，分别流入各过滤单元，通过硅藻土过滤层及纸板截留了被滤液中的残余物，而滤后的清液再由各个过滤单元集于一起，从清液管流出机外，从而达到了净化目的。

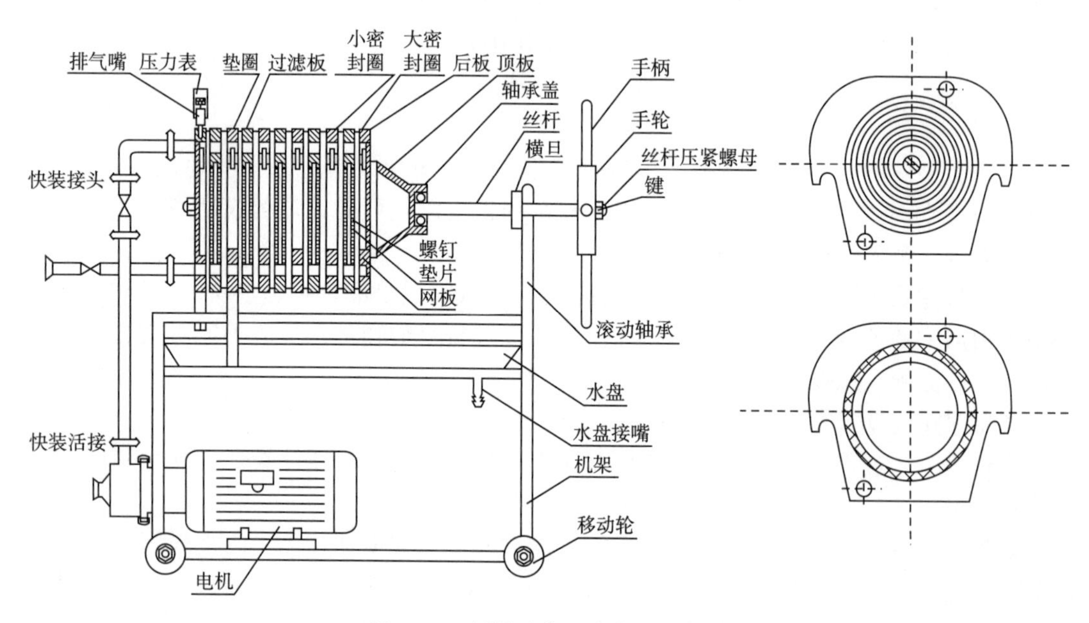

图 14-4 板框硅藻土过滤机示意图

板框硅藻土过滤机优点：

（1）过滤稳定，操作易于掌握，价格便宜。

（2）用支撑板作预涂介质，预涂层附着牢固，沉降均匀，过滤性能一致，酒液澄清度有保证。

（3）过滤过程中，压力波动小，预涂层不易脱落。

（4）耗土量低。

板框硅藻土过滤机缺点：

（1）一组支撑板使用若干个过滤周期后，需清洗更换，增加成本。

（2）要拆开板框排出废硅藻土，劳动强度大。

（3）纸板边缘暴露在板框外，容易出现渗酒或漏酒，表面长霉菌。

（4）酒头酒尾较多。

（5）过滤中断后需重新循环形成过滤层后再进行过滤作业。

二、 水平圆盘硅藻土过滤机

工作原理：在密闭不锈钢容器内，自下而上水平放置不锈钢过滤圆盘，圆盘的上层是不锈钢滤网，下层是不锈钢支撑板，中间是液体收集腔。过滤时，先进行硅藻土预涂，使盘上形成一层硅藻土涂层，待过滤液体在泵压力作用下通过预涂层而进入收集腔内，颗粒及高分子被截流在预涂层，进入收集腔内的澄清液体通过中心轴流出容器，从而达到了净化目的。

水平圆盘硅藻土过滤机优点：

（1）圆盘呈水平状态，压力波动对滤层影响较小。

（2）清洗时，从空心轴反冲清洗，带动滤盘旋转，废硅藻土排除干净。

（3）过滤操作和清洗易实现自动化，密封性好，可用 CO_2 压空酒头酒尾。

（4）如过滤过程中因故中断，硅藻土滤层不被破坏，恢复后可继续进行过滤。

水平圆盘硅藻土过滤机缺点：

（1）硅藻土只能沉积在滤盘表面的滤网上，有效面积小。

（2）垂直圆柱罐的空间高度要求高。

（3）对中心轴精度要求高，以保证滤盘平整均匀。

水平圆盘硅藻土过滤机示意图见图 14-5。

图 14-5　水平圆盘硅藻土过滤机示意图

三、 烛式硅藻土过滤机

工作原理：过滤时，首先在过滤烛上形成硅藻土预涂层，物料通过由附着在过滤烛柱表面的硅藻土过滤层时，悬浮物及胶体粒子被截留下来，清液通过梯形丝间隙从而达到过滤的目的。随着过滤时间的推移，在预涂层上被滤掉的杂质会越来越多，且将阻塞过滤通道。因此在过滤过程中，还需对进入过滤罐的被过滤的液体添加一定剂量相应粒度的硅藻土，以维持正常的过滤过程。另外，如果过滤时需要脱色，还可加入一定比例的活性炭。

烛式硅藻土过滤机优点：

（1）过滤层铺设在钢制的支撑环上，相对过滤面积较大，过滤效率高。

（2）过滤时，随硅藻土的滤层厚度不断增加，过滤面积随之增大，使过滤量较稳定。

（3）有较大的反向冲洗压力，能对每根烛形柱进行良好的清洗。

（4）操作简单，易实现自动化。

（5）过滤单元无运动部件，无易损件，且运行费用低。可常年运行，易于维修和保养。

（6）过滤周期长，硅藻土总耗土量较少，操作工人劳动强度低。

烛式硅藻土过滤机缺点：

（1）硅藻土附着在垂直的圆柱表面，受压力波动影响大，过滤过程不宜停顿。

（2）烛形柱净空高度要求高。

（3）无法用 CO_2 压空酒头酒尾。

（4）滤芯成本高，某处滤芯漏土不容易查找到。

烛式硅藻土过滤机示意图见图 14-6。

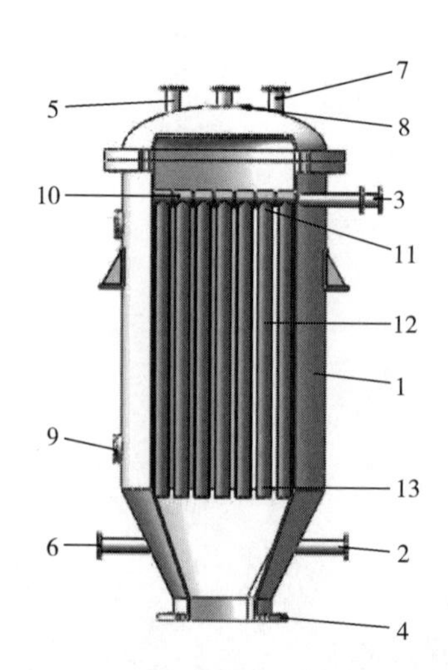

图 14-6　烛式硅藻土过滤机示意图

1—压力容器　2—排土口　3—清液出口　4—排渣口　5—溢流及排气口　6—进料口　7—仪表口　8—备用口　9—观察口　10—集液管　11—过滤单元　12—过滤介质　13—过滤固定夹

四、白酒精密过滤机

采用不锈钢外壳，内部装高分子滤片，主要用在粗过滤之后、灌装之前，用来滤除因粗过滤、管路、罐体等一些其他因素造成液体的污染，从而影响产品质量。

工作原理：利用滤片的孔隙来进行机械过滤（滤片的过滤孔径可以达到 0.1～0.2μm），如果液体中含有微量悬浮物、胶体等，被截留或者吸附在滤片表面和孔隙中，随着过滤时间的增长，滤片因截留的污染，其运行阻力逐渐上升。当运行达到一定的阻力时，应更换滤片。

白酒精密过滤机优点：

（1）过滤精度高。

（2）过滤后残余量小，损耗低，生产效率高，使用成本低。

（3）设备清洗方便，易再生滤片，拆卸方便。

（4）操作简单，设备故障率低。

（5）过滤单元无运动部件，无易损件，且运行费用低。可常年运行，易于维修和保养。

白酒精密过滤机缺点：

（1）过滤效果严格制约于滤片本身，对设备安装及零部件配合要求高。

（2）过滤阻力较大，不适用大规模过滤。

（3）前端液体如浑浊度较大会显著影响设备使用寿命。

白酒精滤机示意图见图 14-7。

图 14-7　白酒精滤机示意图

五、 白酒低温除浊冷冻过滤机

工作原理：利用低温情况下高级脂肪酸酯析出原理，在-10℃下对酒液进行过滤。

白酒低温除浊冷冻过滤机（直冷式）系统由回收单元、制冷单元、冷却水降温单元、粗精滤单元等四大部分组成。32℃左右的液体通过泵增压送入一级交换器之间增加颗粒过滤器，先将颗粒杂质截流掉，一级热交换器目的是冷量回收，将过滤机出口的冷清液进行冷量置换，实现节能目的。经过一级热交换器出口白酒温度为0℃左右，再流入二级热交换器进行再次冷却，冷却后白酒温度为-10℃（等待过滤）。二级热交换器冷媒介质制冷剂 R22，由螺杆压缩机提供冷量，可根据负荷变化自动进行能量调整，并显示能量调整状态，压缩机冷凝器采用水冷却方式，制冷剂与冷却水热交换后，冷却水经冷却塔冷却后再次经水泵增压后回流到压缩机冷凝器进行热交换，冷却水循环利用，节约能源。冷冻过滤，目的是除去沉淀物，得到澄清透明的白酒。

白酒冷冻过滤系统大部分采用直冷方式，即制冷剂通过换热器与酒体交换达到低温冷冻的目的，其优点是：设备投资小，控制简单；其缺点是：一旦换热器泄露，制冷剂将进入酒体中，造成食品安全事故。为避免类似事故发生，通常在系统中增加制冷剂和酒精进行冷量交换单元，以酒精为冷媒载体再与酒体交换，即使换热器泄漏，也不会出现食品安全事故。

间接冷却式冷冻过滤机优点：

（1）消除食品安全隐患：制冷系统增加冷媒酒精与酒进行交换系统，杜绝了制冷剂与酒交换出现食品安全事故的发生，使用更安全。

（2）节能：由于减少运行前预冷量，使制冷能耗大大降低，通过智能控制，可实现电价的峰谷运行。

（3）处理效果好：采用先进水平圆盘硅藻土粗、精滤一体机过滤，得到清澈透明的液体，过滤一次完成，省去复杂的多道重复过滤过程，操作更简单。

（4）设计理念新：采用恒温控制系统，过滤时酒体与设定温度保持一致，无温度差。机体及管路全部采用双层浇筑树脂保温，保温效果更好，设备更美观。

（5）系统自控程度高，适合大规模工业化生产，节省人力。

白酒冷冻过滤系统示意图见图 14-8。

图 14-8 白酒冷冻过滤系统示意图

六、 真空转鼓过滤机

工作原理：该设备是由减速机带动不锈钢转鼓匀速旋转，利用真空泵抽取鼓内空气使之形成鼓内负压，再通过鼓内净液管连接鼓外的自吸泵将鼓内液体吸出，鼓外杂质通过刮刀刮掉，从而达到固、液分离目的。

设备主要由废料（残液）储存罐、不锈钢转鼓、自动进给刮刀、真空泵、自吸泵、输送兼清洗泵、预涂装置、搅拌罐、管道阀门系统及电气控制系统组成。

当转鼓过滤机开始工作前，首先需要预涂硅藻土（转鼓表面预涂硅藻土厚度可根据实际处理量增减），将待处理液体（净液或水）加入转鼓过滤系统中通过输送泵、自吸泵、真空泵运行进行闭路循环，将计算好的硅藻土加入搅拌罐中，闭路循环使鼓面形成硅藻土滤层，利用真空泵抽取鼓内空气使之形成鼓内负压，待过滤液体通过鼓面进入鼓内，而固体物料则吸附在滤层表面，自吸泵将鼓内液体吸出，当滤层达到设定厚度，刮刀自动进给，固体废料就被连续地切削到固料槽中，持续不断实现连续工作，从而实现废液的固、液分离。

真空转鼓过滤机优点：

（1）在硅藻土活性炭滤渣处理时，可有效回收滤渣中的残酒。

（2）过滤效率高：根据物料特性（如浓度、粒度、黏度等）和工艺要求，均可选用相适应机型。由于转鼓不断循环运转，每转一周，即完成过滤、脱水、卸料等工序，从而实现连续操作，提高过滤效率。

（3）调控容易、适应性强：通过调整转鼓速度、滤饼厚度，能使得固、液分离过程达到最佳，使固、液分离过程更符合生产工艺要求，增强适应物料的能力。

（4）可实现全自动连续运转：从进料、吸滤、干燥、卸料可自动连续操作，大幅度降低运转费用，并可大大提高生产价值。

（5）过滤后的滤饼含水率很低，可很方便地收集装袋运走，相对于传统硅藻土活性炭残渣在沉降池处理的方式，效率大大提升。

真空转鼓过滤机缺点：

（1）功耗较大。

（2）真空系统设备要求高，设备维护费用相对较大。

（3）过滤效率相较于加压过滤要小，相对于加压过滤，不适合大规模的白酒过滤操作。

（4）对设备制作要求高，否则容易出现刮刀刮不净的现象，容易造成设备卫生隐患。

真空转鼓过滤机示意图见图 14-9。

图 14-9　真空转鼓过滤机示意图

七、 洗瓶水净化回用系统

随着白酒生产清洁化要求的提高，节约用水是每个酒企必须优先考虑的要素。白酒生产中洗瓶环节产生的废水主要污染成分为玻璃残渣、灰尘等物理性杂质，经过滤后可有效循环利用。

工作原理：该机组由输送泵、杀菌系统、洗瓶水专用水平圆盘硅藻土过滤机、可清洗专用高效过滤元件（滤芯或滤片）组成。冲洗瓶后的水进入洗瓶机水箱，经出口进入输送水泵，经系统处理杀菌净化过滤后再进入冲瓶机喷头完成冲洗。

洗瓶水净化回用系统特点：

（1）采用输送泵、杀菌系统、洗瓶水专用水平圆盘硅藻土过滤机、可清洗专用过滤元件（滤芯或滤片），因采用闭路循环系统，洗瓶时为零排放或控制排放。所以有条件单位可采用纯净水或软化水取代自来水或地下水作为冲洗瓶用水，保证冲洗水的内在质量，从而提高了装瓶酒质量。

（2）采用高精度可再生的膜滤片或过滤芯，将大于 0.3μm 的肉眼可视物全部拦截，保证了冲瓶水体质量。

（3）循环用水后，节水达到 90%以上。

（4）操作简单，使用方便，滤片或滤芯经久耐用，每次清洗后可继续使用。

（5）设备体积小，占地面积小，利用原有冲洗瓶机设备进行安装，实现闭路循环。

洗瓶水净化回用装置示意图见图 14-10。

图 14-10　洗瓶水净化回用装置示意图

以上过滤机类型和用途，不同过滤器生产厂家针对不同酒企对酒质的不同要求，所采用的材料也有不同。譬如白酒精滤机，有的厂家采用膜过滤，也有的厂家采用制造精度更高的烛式过滤设备来使用，本章仅列举一些常见的来做说明。

第十五章　白酒的包装

第一节　酒瓶与外包装

一、 酒瓶

白酒作为一种消费品和嗜好品，其外包装可以采用的材质可以多种多样，包括玻璃、陶器、瓷器、不锈钢制品、塑料制品等。随着人们生活水平的提高、消费观念的改变，加上各酒企为提高竞争力不断改进包装，酒瓶包装样式千变万化，材质选用也日趋多样化。

在现代工业生产中，相较于其他包装容器，玻璃瓶以其得天独厚的优势，始终占据主流。玻璃瓶主要优点如下：

1. 良好的密封、阻隔性

酒是要密封保存的，不然很容易发生质量问题，而玻璃的密封性很好，能有效地阻隔酒与外界的空气接触发生变质，密封还能阻挡瓶内酒的挥发，保证酒的质量和分量。

2. 形式多样性

玻璃酒瓶可以根据客户要求设计成各种颜色，形式也可以多变，透明性也可以多变，可以自由地选择其容量和密封形式，这就满足了不同人的消费需求。有的人想要靠观察去了解酒的一些信息，这时候透明性好的玻璃酒瓶就是他们的首选，有的则不喜欢看见里面的液体，可以选择不透明的玻璃材质，给人提供了多项选择性。

3. 安全、耐腐蚀

玻璃酒瓶有很好的安全性，玻璃主要成分是硅酸盐复盐，是非金属材料，没有来自容器材料的溶出物且不存在化学腐蚀性，很大程度上保证了里面液体的安全，同时，玻璃瓶具有一定的机械强度，能够承受瓶内压力与运输过程中的外力作用。

4. 适合工业化生产

现代工业化生产，白酒灌装生产时除小批量定制产品，基本采用自动灌装工艺。由于玻璃酒瓶适合自动灌装生产线的生产，国内的玻璃酒瓶自动灌装技术和设备发展也较成熟，玻璃瓶的采用可以有效降低生产的成本，使玻璃酒瓶的价格相比较其他材质而言比较便宜。

我国为保证白酒生产的质量稳定和食品卫生安全，制定了国家标准《玻璃容器　白酒瓶》（GBT 24694—2021），对玻璃瓶的材质、尺寸、理化性能、重金属残留、容量等相关指标做出了规定。

其他材料的酒瓶除需要参考上述标准外，还应该满足《食品安全国家标准 食品接触材料及制品通用安全要求》（GB 4806.1—2016）、《食品安全国家标准 食品接触用塑料材料及制品》（GB 4806.7—2016）、《食品安全国家标准 食品接触用金属材料及制品》（GB 4806.9—2016）、《食品安全国家标准 食品接触用橡胶材料及制品》（GB 4806.11—2016）等相关国家规范的要求。

二、 外包装

白酒外包装通常意义上讲的是狭义地将预包装酒瓶按一定数量再行包装的包装箱、盒等。其所选择的材料也是多种多样，常见有纸箱（盒）、木箱（盒）、金属制品、竹制品、皮革制品等，最常见为纸质品。

白酒外包装通常不跟白酒直接接触，除材质要求对人体无害以外，还需要注意的是其物理性能要能满足相应的承重、抗压、抗变形、耐磨损等要求。

三、 标签、标识

根据《中华人民共和国产品质量法》规定，经营者应当在其生产、销售的产品上标注产品标识，并保证其产品或者其产品包装上的标识真实。

根据《食品安全国家标准 预包装食品标签通则》（GB 7718—2011）、《预包装饮料酒标签通则》（GB 10344—2005）和《食品安全国家标准 蒸馏酒及其配制酒》（GB 2757—2012）浓香型白酒包装应该按照国家法律法规要求以及产品标准规定，在标签、标识上清晰、醒目、持久标明产品的相关标示。

通常情况下的酒瓶及外包装上需要包含以下的内容：

1. 净含量

净含量指的是纯白酒的含量，净含量的标示应当符合《定量包装商品计量监督管理办法》的规定，单位应为“mL”（毫升）。

2. 酒精度

酒精度表示酒中乙醇的体积与酒体积的比例，以 vol 作为酒精度的单位。例如：52%vol，其意思是 100 单位体积的酒中含有 52 单位体积的乙醇，也表示 100L 酒中含有 52L 的乙醇。

3. 酒香型分类

浓香型白酒需要明确、清晰标注出来。

4. 配料清单

配料清单中包含了酒的生产原料，以“泸州老窖特曲酒”为例，原料为：水、高粱、小麦。

5. 产品标准号

浓香型白酒标准代号为 GB/T 10781.1。

6. 质量等级

执行的产品标准中有明确要求须标注，标注时要按照设计或生产时产品满足的质量等级进行标注。

7. 生产许可证

浓香型白酒生产属于实施工艺产品生产许可证的行业，在外包装上应标示生产许可证标记和编号。

8. 产地

应当标注白酒产品生产时的真实产地，产地应当按照行政区划分，至少应标注到地市级地域。

9. 生产日期

生产日期应当用年、月、日表示。生产日期应当另列词头标注，生产日期的标注不得另外加贴、补印或篡改。

10. 批号

一般厂家为质量溯源以及防伪鉴定，会在适当位置标示产品的生产批号。

11. 商品条码

在 GB 7718—2011 中没有规定标注商品条码，但无论是烟酒店还是超市，很多都用条码结账，特别是超市，没有标注条码的商品是不允许进入的。

第二节　灌装设备

一、清洗设备

白酒生产企业为了保证设备和产品的卫生质量，每天都要对生产设备、管道和环境进行清洗。生产设备、管道传统的清洗方法是定期停机拆卸清洗。随着生产设备自动化程度的提高，现代白酒生产企业越来越多地采用自动清洗装置。目前，清洗设备种类、型号繁多，不能一一叙述，兹介绍如下几种常用设备。

1. XP-25 型洗瓶机

该机适于洗新瓶。旧瓶应在热碱水池中浸除商标及污物后，才能进入该机。该机可与 YGZ-30 灌酒机及 Y-12 型压盖机配套，多用于中小型白酒厂。

该机采用链套、链条传动，配用 XP-12 型输送带，带长 12m，宽 90mm，带速 5.31m/min，配用电动机功率约 60kW。全机进出口由 2~4 人装卸瓶子。即将瓶子倒插入链套，传入挡罩进入喷水轮，由循环水泵的高压水对瓶内外进行喷淋洗涤后，传送到挡水罩外，由人工转入输送带上进入灌酒工序。

该机有喷水轮 9 个，主电动机功率为 3kW，水泵电动机功率为 7.5kW，可洗装量为 0.5kg 的普通及异形玻璃瓶，生产能力为 2500 瓶/h。

2. JC-16 型洗瓶机

该机为无毛刷冲洗瓶机，适于洗涤新瓶或旧瓶。

全机由进瓶装置、箱体、出瓶装置、链条及瓶盒装置、除商标装置、主机传动装置、电控自控系统、泵与管路系统等组成。瓶子的进出口在同一端，下部为进瓶链道，上部为出瓶链道。瓶子由输送带通过进瓶链道及振动装置自动排列，由托瓶机构导入瓶盒中。每排瓶盒组合在两侧链条上且互相冲压而成，由传动机构的摇臂推动链条间歇运动而进行进瓶和出瓶。浸瓶的 4 个箱体安装在一起，箱体中焊标导轨，安装各种浸槽、加热器及不同用途的喷管，由水泵将洗涤液和清水加压后由喷嘴喷出。洗涤液可重复使用。机尾有除标网带，将瓶渣、商标等排出箱外。排水后的瓶由凸轮推出至出瓶链道。机体设有故障停机装置。

该机生产能力为4000~8000瓶/h，适应瓶的最大规格为ϕ84mm×320mm，每排瓶数为16个，瓶间距为100mm，瓶盒排数为158个，链条节距为160mm。运行周期为38~19min。预浸槽、一浸槽、二浸槽、热水槽及温水槽的容积分别为1.3、4.8、3.4、1.7、1.2m^3。有4BA-25（A）型水泵3台，2BA-6（A）型水泵2台。电动机总装机容量为27kW。耗水量为4~5t/h，耗汽量为0.4t/h。外形尺寸为9640mm×3565mm×3135mm。设备总质量25t。

3. JZC-1型洗瓶机

该机由进出瓶链道、洗瓶转鼓、喷冲装置、除标装置、传动系统、故障停车装置等部件组成。它为浸冲结合的转鼓式洗瓶机。

该机生产能力为1000~2000瓶/h。适应的最大瓶形为ϕ84mm×320mm。每排瓶数为12个，瓶距100mm，转鼓直径为2000mm。

4. 毛刷式半自动洗瓶机

毛刷式洗瓶机为清洗多种圆柱形玻璃瓶的半自动化专用设备，主要由机架、工作圆盘、毛刷组、定位凹槽圆盘、行星齿轮传动组和电动机传动机构等组成。

清洗时将经洗液充分浸泡处理的玻璃瓶在工作圆盘一侧用人工插入与瓶形相应的毛刷中，由定位凹槽圆盘支承随主圆盘转动，旋转的毛刷刷洗瓶内外污垢后，在圆盘另一侧用人工取下玻璃瓶，然后还要用清水冲洗，常与冲瓶机配套使用。

5. 全自动洗瓶机

近年来，大型企业为了提高工作效率和质量，都采用了全自动洗瓶机，它可适用于新瓶和回收旧瓶。其型式按进出瓶的方式分为双端式和单端式两种。双端式洗瓶机的瓶子由一端进入而从另一端出来，也称直通式。单端式洗瓶机的瓶子进出口都在机器的同一侧，其结构紧凑，工作时只需一人操作，但在洗瓶过程中容易因脏瓶污染净瓶。双端式洗瓶机虽然输送带在工作中有一段空载，洗瓶空间利用不及单端式充分，需两人操作，但有利于连续化生产。单端式和双端式的主要构造基本相同，都是由机架、输瓶机构、浸泡槽、喷射系统和自控装置等组成。

二、 灌装设备

1. 灌装基本原理和方法

白酒灌装以定容法为主，定容法又有等压法和压差法之分。等压法就是在灌装时，贮液罐顶部空间压力和包装容器顶部空间压力相同，白酒靠自身重力流入包装容器内，它既可以在常压下灌装（常压法），也可以在大于0.1MPa（高压法）或者在小于0.1MPa时灌装（真空法）。压差法是指在灌装时，贮液罐的压力与容器压力不一样，且贮液罐的压力大于容器内压力，这种灌装方法灌装速度较快。

等压式灌装机中，贮液罐和包装容器之间有两条通道，一条是进液通道，只流过料液。

另一条是排气通道，用于从包装容器中挤出的气体返回到贮液罐中，使灌装过程中贮液罐和包装容器顶部空间之间的压力达到平衡。

压差式罐装机中贮液罐和包装容器的压力差相当大，料液在压力差的作用下从贮液罐流入包装容器。一般采用空气压缩机使贮液罐压力高于包装容器，或者采用真空泵使包装容器压力低于贮液罐的压力。这类灌装机可以通过改变压力降提高灌装速度。

2. 灌装机的主要机构

白酒灌装机主要由瓶、罐输送和升降机构、灌装阀机构及其他附属机构组成。

（1）瓶、罐输送和升降机构　在灌装之前要求准确地将空瓶或空罐输送到自动灌装机的瓶托升降机构上，使瓶或罐自动、连续、准确和单个地保持适当间距送进灌装机构，常采用爪式拨轮或螺旋输送器等。

常用瓶、罐升降机构可分为滑道式、压缩空气式及滑道和压缩空气混合式3种。滑道式升降机构实际上是圆柱形凸轮机构，瓶、罐行至最高点时，瓶、罐嘴能紧压在灌装头上，行至最低点时，退出灌装机构。这种形式结构简单，但机器在运转过程中出故障时，瓶、罐依然沿滑道上升，把瓶挤坏。它要求瓶、罐质量高，送瓶位置准确。压缩式升降机构是利用压缩空气进入汽缸推动活塞带动瓶托移动而完成灌装过程。它克服了滑道式升降机构的缺点，发生故障时，瓶、罐被卡住，压缩空气好似弹簧一样被压缩，这时瓶不再上升，故不会被挤坏，但这种机构在下降时冲击力较大。混合式升降机构是利用压缩空气带动瓶托上升，灌装完后靠滑道使瓶、罐下降，这种机构在下降时比较稳定。

（2）灌装阀机构　灌装阀机构是把贮液罐中的料液定量地灌入瓶、罐的机构，是灌装机的关键部分，其性能好坏直接影响灌装机的性能。

重力式真空灌装阀机构：供料是在贮液罐和包装容器都达到一定真空度后实现的。贮液罐既是饮料容器，又是真空容器，其中安装有浮子液位控制器，以保证贮液罐中料液液面高度恒定不变。工作时，贮液罐中上部空间的真空度由真空泵维持。当瓶、罐进入灌装阀后，先对瓶内抽气，使瓶内压力与贮液罐压力相等，料液就在重力作用下完成灌装作业。这种灌装适用于白酒在常压下灌装。

双式室真空灌装阀机构：贮液罐处于常压下，当包装容器内获得一定真空度后，料液被灌装阀吸入，通过输液管插入瓶内的深度来调节控制灌装量。这种灌装阀的气室与贮液罐分开，但通过两根回流管连接，避免了单室式的缺点。

等压灌装阀和反压灌装阀机械化和自动化程度高，安全性好，适应性广，广泛应用于白酒及其他饮料灌装中。等压式主要应用于非碳酸饮料，反压式主要用于碳酸饮料。

三、　压盖设备

灌装完毕后，应立即进行封口，以保证其进入流通领域后不再受到污染。瓶上应用最广的瓶盖是皇冠盖和防盗盖。封口作业通过压盖机来完成。

皇冠盖用镀锌薄板冲制成型，内配有高弹性密封垫片。压盖时，瓶盖经自动料斗定向装置定向并通过送盖槽送到压盖模处。皇冠盖被压盖头柱塞中的磁铁吸住定位或者不用磁铁而将瓶盖送入压盖机头导槽内定位，压盖头柱塞随即下降，皇冠盖在压盖模作用下，使密封垫片产生较大的弹性接触挤压变形，瓶盖裙边被挤压变形卡在瓶口凸棱下缘，形成盖与瓶口的机械紧密连接而实现封口。随后，压盖头柱塞上升，被封口的玻璃瓶退出，进入输送带。

防盗盖由金属薄板滚压而成，内衬铝复合的软木或泡沫弹性密封材料，具有外形美观、易上色且色彩鲜艳、易开启的优点。封口时，整齐排列的瓶盖流经滑槽，由位于滑槽端部的戴帽机构把防盗盖套在瓶口上；当已套盖的瓶送至压头下方时，压头随即下降，使衬垫密封瓶口；螺纹滚轮沿瓶颈上的螺纹牙滚压螺纹，锁口滚轮沿瓶颈上的环状凸起锁口，一旦完成，压头随即上升；瓶被送出。

第三节　包装机械故障及检修

一、灌装机

等压灌装机故障分析及排除方法见表 15-1。

表 15-1　　等压灌装机故障及检修

故障现象	故障分析	排除方法
不灌装	气阀未打开，灌装缸上腔气体与容器内未形成等压	调整或锁紧开阀板机；调整无瓶不灌装装置；气阀拨板脱落，拆开缸盖重新安装
	开阀机构不工作	提高开阀气缸的气压；调整无瓶不灌装机构
	灌装阀中的水阀不工作	清洗灌装阀；更换水阀弹簧
	饮料瓶控位圈上升受阻，容器与阀不接触	调修控位圈导杆，确保平行、垂直，控位圈滑动灵活
	容器口破损，不能形成等压	剔除不合格容器
灌装不满	气阀开量不够大，不能形成完全等压	调整开阀板机
	水阀弹簧失灵	检修或更换
	分水环脱落、分水环位置偏低、网气管安装歪斜造成回气不畅而减少灌装量	重新安装分水环至指定位置；调修回气管
	灌装缸内液位太低，影响液体流速	调修液位控制机构（浮球）；对混合机背压过低或灌装缸背压过高进行调整
	灌装阀中水阀开阀量小	调整中间位置网位轮的精确度
	容器口与灌装阀间的密封力不足	靠弹簧力密封的瓶托，调修或更换弹簧；靠气缸气压密封的瓶托，检修气缸或提高气压；严重老化变形的容器门密封圈应予以更换
	泄压阀泄压不充分，造成涌瓶液损	清洗泄压阀；调整泄压板，达到全程缓慢完全泄压的程度
	玻璃瓶的高度不符合要求，瓶口与阀不能达到密封要求，不能形成等压	剔除不合格瓶

续表

故障现象	故障分析	排除方法
灌装满瓶口或灌装液位偏高	泄压阀漏气	清洗泄压阀；更换泄压阀密封圈
	灌装阀中的水阀密封不严	更换水阀密封胶垫
	容器口与灌装阀密封圈处漏气	剔除容器门破损或高度不合格的容器；更换老化变形的容器门密封圈；靠弹簧力密封的瓶托调整弹簧力或更换弹簧；靠气缸压力密封的瓶托应检修气缸或提高托瓶气缸的气压

负压灌装机故障分析及排除方法见表15-2。

表15-2　负压灌装机故障分析及排除方法

故障现象	故障分析	排除方法
不正常灌装	液阀未打开，灌装阀与容器口之间的距离偏大	区分个别现象和普遍现象，进而调整个别阀的垫圈或降低灌装缸，保证灌装阀与容器口间的合理距离
	回气管堵塞	清理回气管
灌装液位低于标准值	灌装缸液位太低	将灌装缸液面调整到指定位置
	回气管不通畅	清理回气管
	灌装阀密封圈与容器口密封不良	更换老化、变形的密封圈；更换灌装阀弹簧；调修或更换瓶托弹簧；对靠气缸气压提升的瓶托，检修气缸或提高气缸气压
灌装液位高于标准值	灌装缸的真空度低	调高真空度
	回气管不通畅	清理回气管
	灌装阀的位置偏高	区分个别现象和普遍现象，进而调整个别阀的垫圈或提升灌装缸，保证灌装阀与容器口的合理距离
灌装阀滴液现象	灌装缸真空度低	调高真空度
	灌装阀密封不好	更换密封垫；调修或更换弹簧

二、压盖机

压盖机故障分析及排除方法见表15-3。

表 15-3 压盖机故障分析及排除方法

故障现象	故障分析	排除方法
玻璃瓶压封后有叼瓶现象	封口压头中的缩口套损伤，表面粗糙度被破坏	修整或更换缩口套
	退瓶压缩弹簧失灵	修整或更换弹簧
	瓶盖压偏	调整封口压头与玻璃瓶定位的理论中心线，使二者重合；调整拨瓶导板，避免瓶身歪斜
	瓶口外形尺寸不合格	选择合格的玻璃瓶
	瓶盖不合格	选择合格的瓶盖
玻璃瓶压封时产生碎瓶现象	封口压头与瓶口间距离偏小	适当调高封口压头
	玻璃瓶瓶身过高或瓶身垂直度严重超差	剔除不合格容器
	星形拨盘与主机回转系统不同步	调整星形拨盘
聚酯瓶塑料盖拧封不严	拧封力矩不够	调整控制拧封力矩的碟形弹簧或磁钢力
	瓶口与瓶盖间螺纹配合精度不好（需要合理的过盈配合）	用排除法确定不合格的瓶或瓶盖，予以更换
	拧口封头与瓶口的轴向中心线不重合，由于歪斜造成封口不严	调整瓶口的控位卡拔；调整瓶身定位装置
金属防盗盖旋封不严	旋转滚压封头轴向压缩弹簧的压力不够	调整或更换弹簧
	滚封防盗圈不足 360°	用排除法确定外形尺寸不合格的瓶口或瓶盖，予以调换；瓶盖的材质不具有理想的延伸率，更换合格的瓶盖
金属防盗盖旋压外观质量不好（断裂、划伤、滑牙）	旋压滚轮的外形尺寸欠佳	修整旋压滚轮的圆弧半径；更换不合格的旋压滚轮
	铝盖材质不好，延伸率低	更换合格的瓶盖
玻璃瓶皇冠盖压封不严	封口压头与瓶口间距离偏大	适当调低封门压头
	瓶的外形尺寸不合格，瓶身高度过低	剔除不合格瓶
	瓶盖不合格	选用符合标准的瓶盖

附　录　白酒相关标准

一、GB/T 10781. 1—2021 白酒质量要求　第一部分：浓香型白酒
二、GB/17024—2021 饮料酒术语和分类
三 、QB/T 4259—2011 浓香大曲
四、GB 2757—2012 食品安全国家标准　蒸馏酒及配制酒
五、食品安全国家标准 GB 8951—2016 蒸馏酒及配制酒生产卫生规范
六、SB/T 10713—2012 白酒原酒及基酒流通技术规范
七 、GB/T 23544—2009 白酒企业良好生产规范
八、GB 27631—2011 发酵酒精和白酒工业水污染物排放标准
九、GB 50694—2011 酒厂设计防火规范
十、HJ/T 402—2007 清洁生产标准　白酒制造
十一、GB/T 33404—2016 白酒感官品评导则
十二、GB/T 33405—2016 白酒感官品评术语
十三、GB/T 33406—2016 白酒风味物质阈值测定指标指南
十四、GB/T 10345—2007 白酒分析方法
十五、GB/T 5009. 48—2003 蒸馏酒及配制酒卫生标准的分析方法
十六、QB/T 4257—2011 酿酒大曲通用分析方法
十七、GB 5009. 225—2016 食品安全国家标准　酒中乙醇浓度的测定
十八、GB 5009. 266—2016 食品安全国家标准　食品中甲醇的测定
十九、T/CBJ 002—2016 中国酒业协会团体标准　固态法浓香型白酒原酒
二十、GB/T 10346—2006 白酒检验规则和标志、包装、运输、贮存
二十一、GB/T 5738—1995 瓶装酒、饮料塑料周转箱
二十二、QB/T4254—2011 陶瓷酒瓶
二十三、GB/T 24694—2009 玻璃容器　白酒瓶
二十四、GB 4806. 1—2016 食品安全国家标准　食品接触材料及制品通用安全要求

主要参考文献

[1] 李大和．浓香型大曲酒生产技术［M］．修订版．北京：中国轻工业出版社，1997.

[2] 李大和．白酒酿造与技术创新［M］. 北京：中国轻工业出版社，2017.

[3] 四川省轻工业厅食品日用品工业局．泸州老窖大曲酒［M］. 北京：轻工业出版社，1959.

[4] 李家民．固态发酵［M］. 四川：四川大学出版社，2017.

[5] 李大和．白酒生产问答［M］. 北京：中国轻工业出版社，1999.

[6] 李大和．白酒工人培训教程［M］. 北京：中国轻工业出版社，1999.

[7] 李大和．白酒酿造工教程（上、中、下）［M］. 北京：中国轻工业出版社，2006.

[8] 李大和．白酒增优降耗实用技术问答［M］. 北京：中国轻工业出版社，2009.

[9] 李大和．白酒酿造培训教程（白酒酿造工、酿酒师、品酒师）［M］. 北京：中国轻工业出版社，2013.

[10] 李大和．大曲酒生产问答［M］. 北京：中国轻工业出版社，1990.

[11] 沈怡方，李大和．低度白酒生产技术［M］. 修订版．北京：中国轻工业出版社，2010.

[12] 李大和．白酒勾兑技术问答［M］. 北京：中国轻工业出版社，1995.

[13] 张宿义，许德富．泸型酒技艺大全［M］. 北京：中国轻工业出版社，2011.

[14] 吴衍庸．浓香型曲酒微生物技术［M］. 四川科学技术出版社，1986.

[15] 张宿义．白酒酒体设计工艺学［M］. 北京：中国轻工业出版社，2020.

[16] 王福荣．酿酒分析与检测［M］. 2 版．北京：化学工业出版社，2012.

四川古蔺仙潭酒厂

四川古蔺仙潭酒厂有限公司始建于1964年，是一家集酱香型白酒研发、生产和销售为一体的大型民营企业，公司地处中国酱酒之乡优质酱酒生产的核心腹地——古蔺县太平镇。目前厂区占地1200余亩，职工1800余人，拥有年产酱酒2.3万吨、原酒储存8万余吨、老酒存量4万余吨的生产配套储存能力，名下的“仙潭”与“潭”牌两大商标均系中国驰名商标。

公司拥有786口四十年以上酱香型白酒老窖池，新建（技改）新窖池1600余口，所酿造的酱香型白酒具有“入口柔、不辣喉、不上头，浓郁醇香、酱香味十足”的特点。作为四川省酱香型白酒生产代表企业、首届四川省“十朵小金花”白酒企业，历年来，公司旗下主营产品多次获得国家、部委、省级、酒类行业协会评选的各类奖项，屡次摘获“四川名酒”“中国优质酒”“世界名酒”等荣誉称号。